Lecture Notes in Mathematics

Edited by A. Dold and B. Eckmann

Series: Institut de Mathématiques,
Université de Strasbourg
Adviser: P. A. Meyer

784

de Probabilités XIV

Springer-Verlag
Berlin Heidelberg New York 1980

Editeurs

Jacques Azéma
Marc Yor
Laboratoire de Calcul des Probabilités
Université Paris 6
4, place Jussieu – Tour 56
75230 Paris Cedex 05
France

AMS Subject Classifications (1980): 60G07, 60G17, 60G44, 60H05, 60H10, 60J25, 60J55

ISBN 3-540-09760-0 Springer-Verlag Berlin Heidelberg New York
ISBN 0-387-09760-0 Springer-Verlag New York Heidelberg Berlin

CIP-Kurztitelaufnahme der Deutschen Bibliothek
Séminaire de Probabilités <14, 1978 – 1979, Paris>:
Séminaire de Probabilités XIV [Quatorze]: 1978/79 / éd. par J. Azéma et M. Yor. – Berlin, Heidelberg, New York: Springer, 1980.
(Lecture notes in mathematics; Vol. 784:
Ser. Inst. de Mathématiques, Univ. de Strasbourg)
ISBN 3-540-09760-0 (Berlin, Heidelberg, New York)
ISBN 0-387-09760-0 (New York, Heidelberg, Berlin)
NE: Azéma, Jacques [Hrsg.]

Printing and binding: Beltz Offsetdruck, Hemsbach/Bergstr.
2141/3140-543210

SEMINAIRE DE PROBABILITES XIV

Par la volonté de "l'ancienne rédaction" (*), le Séminaire de Strasbourg se décentralise donc à Paris. Nous ne nous donnerons pas le ridicule de prétendre à une quelconque succession ; tout le monde sait ce qu'il en est.

Nous essaierons de faire en sorte que chacun continue à s'y sentir chez soi. Ce volume, qui se trouve domicilié au Laboratoire de Calcul des Probabilités au moment où son Directeur se prépare à le quitter, apparaîtra pour ce qu'il est :

Un hommage rendu à Robert FORTET.

J.A. / M.Y.

(*) Comme il est dit dans le volume précédent - (C. Dellacherie, P.A. Meyer, M. Weil).

SEMINAIRE DE PROBABILITES XIV

TABLE DES MATIÈRES

.../...

EXPOSES SUPPLEMENTAIRES.

Séminaire de Probabilités XIV
1978/79

DEUX EXEMPLES D'UTILISATION DE MESURES MAJORANTES

par B. HEINKEL

Les mesures majorantes sont devenues des outils essentiels dans l'étude des fonctions aléatoires gaussiennes (X. Fernique [3], [4]) et du théorème central-limite dans C(S) (B. Heinkel [6], [7], [8]). Ainsi les principaux résultats obtenus précédemment par la méthode d'entropie dans le domaine des fonctions aléatoires gaussiennes (R.M. Dudley [1]) et dans celui du théorème central-limite dans C(S) (R.M. Dudley, V. Strassen [2], E. Giné [5], N.C. Jain et M.B. Marcus [12]) apparaissent comme des corollaires des énoncés utilisant des mesures majorantes.

Dans cet exposé, on se propose d'étudier en détails deux exemples de situations dans lesquelles la méthode des mesures majorantes s'applique alors que la méthode d'entropie est impuissante.

EXEMPLE 1. UNE FONCTION ALEATOIRE GAUSSIENNE VERIFIANT L'HYPOTHESE DE MESURE MAJORANTE ET NE VERIFIANT PAS L'HYPOTHESE D'ENTROPIE.

Avant de donner cet exemple, on va rappeler les différentes définitions qui vont intervenir.

Soient T un ensemble et $\{Z(t), t \in T\}$ une fonction aléatoire gaussienne centrée. Désignons par τ l'écart induit par sa covariance, i.e. :

$$\forall s, t \in T, \quad \tau(s,t) = \sqrt{E(Z(s)-Z(t))^2}\ .$$

Posons pour simplifier :

$$g : [1,+\infty] \longrightarrow \overline{R^+} ,$$

$$x \longmapsto \sqrt{\mathrm{Log}\, x} ,$$

et :

$\forall\, u>0$, $N_\tau(u)$ = card{ensemble minimal de τ-boules de rayon $\leq u$ suffisant à recouvrir T } .

On a alors les deux définitions suivantes :

DEFINITIONS.

1) Z <u>vérifie la condition d'entropie si</u> :

$$\int_0 g(N_\tau(u))du < +\infty .$$

2) <u>Une mesure de probabilité</u> λ <u>sur</u> T <u>muni de la tribu</u> τ-<u>borélienne</u> $\mathcal{B}_\tau$ <u>est une mesure majorante pour</u> Z <u>si</u> :

$$(*) \qquad \lim_{\varepsilon\downarrow 0}\ \sup_{t\in T} \int_0^\varepsilon g\left(\frac{1}{\lambda\{x : \tau(x,t) < u\}}\right)du = 0 .$$

<u>Si</u> (*) <u>est satisfaite, on dit que</u> Z "<u>vérifie l'hypothèse de mesure majorante</u>".

Rappelons les faits suivants :

a) Chacune des conditions (1), (2) est suffisante pour que Z soit à trajectoires p.s. continues (Cf. [1], [4])

b) Dans le cas où Z est stationnaire sur $[0,1]$, la condition (1) équivaut à la condition (2) avec λ égale à la mesure de Lebesgue et, de plus, (1) est nécessaire et suffisante pour la continuité p.s. des trajectoires de Z (Cf. [4]).

c) Si (1) est vérifiée, il existe une mesure λ vérifiant (2) (Cf. [4]).

d) Un exemple construit par M.B. Marcus [14] montre que dans le cas non stationnaire, (1) n'est pas nécessaire pour la continuité p.s. des trajectoires de Z .

La question qui reste donc posée est la suivante : "L'existence d'une mesure majorante est-elle nécessaire pour la continuité p.s. des trajectoires de Z , dans tous les cas ?"

Ceci montre l'intérêt de l'exemple construit ci-dessous qui établit que la condition (2) est strictement plus forte que (1).

Considérons la suite $(\varphi_j)_{j \in \mathbb{N}}$ d'éléments de $C[0, 1]$ définie par :

$$\varphi_j(t) = 0 \quad \text{si} \quad t \notin]2^{-j}, 2^{-j+1}[,$$

$$= \frac{1}{\sqrt{L_1 j \, L_4 j}} \quad \text{si} \quad t = 3.2^{-j-1} ,$$

linéaire ailleurs.

On a posé pour simplifier :

$\forall\, n = 1, 2, \ldots, 6 , \quad \forall\, x \geq 0$:

$$L_n(x) = \underbrace{\mathrm{Log}(\mathrm{Log} \ldots)}_{n} x , \quad \text{si} \quad x \geq \underbrace{\exp(\exp \ldots)}_{n-1} e ,$$

$L_n(x) = 1$ sinon.

On gardera cette notation tout au long de l'exposé.

Désignant par $(\theta_j)_{j \in \mathbb{N}}$ une suite de v.a.r. gaussiennes, centrées, réduites et indépendantes, on pose :

$$Y(t) = \sum_{j=1}^{+\infty} \theta_j \, \varphi_j(t) .$$

Il est clair que $\{Y(t) , t \in [0, 1]\}$ est une fonction aléatoire gaussienne, centrée, à trajectoires p.s. continues.

Soit τ l'écart induit par sa covariance ; on va commencer par montrer (en s'inspirant de [14]) que Y ne vérifie pas la condition d'entropie. Les supports des fonctions φ_j étant disjoints, on aura à partir d'un certain rang m_o :

$$N_\tau(2^{-m}) \geq 2^{2^{2m}} m^{-3/2} ,$$

D'où :

$$\sum_{m=1}^{+\infty} \frac{1}{2^m} g(N_\tau(2^{-m})) \geq K \sum_{m=1}^{\infty} \frac{1}{m^{3/4}} .$$

La fonction aléatoire Y ne vérifie donc pas la condition d'entropie car la série considérée ci-dessus est de même nature que l'intégrale intervenant dans (1).

Par contre, elle vérifie la condition de mesure majorante pour la mesure suivante :

$$\lambda = \sum_{j=1}^{+\infty} \lambda_j ,$$

où pour tout entier j , λ_j désigne la mesure uniforme concentrée sur l'intervalle $]2^{-j}, 2^{-j+1}[$ de masse totale $cj^{-(L_5 j)/(L_6 j)}$ (c étant une constante numérique choisie de telle façon que λ soit une mesure de probabilité).

Pour montrer que la condition de mesure majorante est bien satisfaite, on va commencer par poser, pour simplifier les notations :

i) $\forall\, \varepsilon > 0$, $f(\varepsilon) = \sup_{x \in [0,1]} \int_0^\varepsilon g\left(\frac{1}{\lambda(y : \tau(x,y) < u)}\right) du$,

ii) $\forall\, \varepsilon > 0$, $\forall\, x \in [0,1]$, $f(\varepsilon, x) = \int_0^\varepsilon g\left(\frac{1}{\lambda(y : \tau(x,y) < u)}\right) du$,

iii) $\forall\, n \in \mathbb{N}$, $\alpha_n = \frac{1}{\sqrt{L_1 n L_4 n}}$,

iv) $\forall\, n \in \mathbb{N}$, $x_n = 3.2^{-n-1}$,

v) $\beta_n = n^{(L_5 n)/(L_6 n)}$.

Il suffit évidemment de montrer que :

$$\lim_{n \to \infty} f(\alpha_n) = 0 .$$

On va commencer par majorer les termes du type $f(\alpha_n, x_j)$, en distinguant trois cas :

<u>1er cas</u> : $j \leq n$

Dans ce cas $\alpha_j \geq \alpha_n$ et :

$$f(\alpha_n, x_j) \leq \int_o^{\alpha_n} g\Big(\frac{1}{\lambda(y : |x_j - y| < \frac{1}{\alpha_j} 2^{-(j+1)} u)}\Big) \, du \, .$$

Soit encore :

$$f(\alpha_n, x_j) \leq \int_o^{\alpha_n} g\Big(\frac{\alpha_j \beta_j}{cu}\Big) \, du \, ,$$

d'où l'on déduit :

$$f(\alpha_n, x_j) \leq \frac{1}{c} \int_o^{c\alpha_n} g\Big(\frac{1}{u}\Big) du + \alpha_n \, g(\alpha_j \beta_j) \, .$$

Pour n assez grand, on aura :

$$f(\alpha_n, x_j) \leq K_1 \sqrt{\alpha_n} + \frac{1}{(L_4 n)^{\frac{1}{4}}} \leq \frac{K_2}{(L_4 n)^{\frac{1}{4}}} \, .$$

<u>2ème cas</u> : $j > n$

Dans ce cas $\alpha_j < \alpha_n$ et on a :

$$f(\alpha_n, x_j) \leq f(\alpha_j, x_j) + \int_{\alpha_j}^{\alpha_n} g\Big(\frac{1}{\lambda(y \in]2^{-n}, 2^{-n+1}[\, : \tau(x_n, y) < u - \alpha_j)}\Big) \, du \, ,$$

ce qui se majore pour n assez grand par :

$$f(\alpha_n, x_j) \leq \frac{K_2}{(L_4 n)^{\frac{1}{4}}} + \int_o^{\alpha_n - \alpha_j} g\Big(\frac{\alpha_n \beta_n}{cu}\Big) \, du$$

$$\leq \frac{K_2}{(L_4 n)^{\frac{1}{4}}} + \int_o^{\alpha_n} g\Big(\frac{\alpha_n \beta_n}{cu}\Big) \, du \leq \frac{K_2}{(L_4 n)^{\frac{1}{4}}}$$

<u>3ème cas</u> : majorer $f(\alpha_n, 0)$:

$$f(\alpha_n, 0) = \sum_{j=n}^{+\infty} \int_{\alpha_{j+1}}^{\alpha_j} g\left(\frac{1}{\lambda(y : \tau(0, y) < u)}\right) du$$

$$\leq \sum_{j=n}^{+\infty} (\alpha_j - \alpha_{j+1}) \, g\left(\frac{1}{c\alpha_{j+1} \sum_{k=1}^{j} \frac{1}{\beta_k}}\right) .$$

Pour n assez grand, le terme général de cette série sera majoré par :

$$(\alpha_j - \alpha_{j+1}) \, g\left(\frac{2}{\alpha_{j+1}}\right) ,$$

quantité équivalente à :

$$\frac{K_3(L_2 j)^{\frac{1}{2}}}{j(L_1 j)^{3/2} \, (L_4 j)^{\frac{1}{2}}} .$$

On a donc :

$$\lim_{n \to \infty} f(\alpha_n, 0) = 0 .$$

Remarquons à présent que, vue la forme particulière de λ, on a :

$$f(\alpha_n) = \sup(f(\alpha_n, 0) , \sup_{j=1}^{\infty} f(\alpha_n, x_j)) .$$

En vertu des trois cas particuliers étudiés plus haut, on a bien :

$$\lim_{n \to +\infty} f(\alpha_n) = 0 .$$

La fonction aléatoire gaussienne Y vérifie donc l'hypothèse de mesure majorante pour la mesure λ.

EXEMPLE 2. UTILISATION DE MESURES MAJORANTES POUR L'ETUDE DU THEOREME CENTRAL-LIMITE DANS $C([0, 1])$.

On va étudier une v.a. X à valeurs dans $C([0, 1])$, centrée, telle que $E(\|X\|_\infty^2) = +\infty$, dont on puisse établir qu'elle vérifie le théorème central-limite à l'aide du critère en termes de mesures majorantes donné dans [8] ; ceci montre la force de ce critère car les conditions générales en termes d'entropie, suffisantes pour la propriété de limite centrale, ne permettent pas d'atteindre des v.a. dont la norme n'est pas de carré intégrable.

L'idée de la construction est la même que celle utilisée par N.C. Jain [11] pour mettre en évidence une v.a. Z à valeurs dans $C([0, 1])$, telle que $E(\|Z\|_\infty^2) = +\infty$, vérifiant le théorème central-limite mais pas la loi du logarithme itéré. Rappelons brièvement cette idée : étant donné $(Z_k)_{k\in\mathbb{N}}$ une suite de copies indépendantes de Z , on pose pour tout $n\in\mathbb{N}$:

$$S_n(Z) = \sum_{k=1}^{n} Z_k .$$

(La notation "$S_n(.)$" sera gardée dans la suite de l'exposé.)

Pour t assez grand, $P\left\{\frac{\|S_n(Z)\|_\infty}{\sqrt{n}} > t\right\}$ se majore de façon agréable à partir de l'inégalité de J. Hoffmann-Jørgensen [10] sur l'évaluation de la loi d'une somme de v.a. indépendantes et symétriques et ceci permet de montrer que Z vérifie le théorème central-limite.

Venons-en maintenant à notre exemple.

Considérons une suite de v.a.r. indépendantes, symétriques, $(\xi_n)_{n\in\mathbb{N}}$, toutes de même loi que ξ_1 :

$$\begin{aligned} P[|\xi_1| > t\} &- \frac{c}{t^2\, L_1 t (L_2 t)^2} , \quad \forall\, t \geq e^e , \\ &= 1 \qquad\qquad , \quad 0 < t < e^e , \end{aligned}$$

(on a donc : $c = e^{2e+1}$).

Notons pour tout entier j :

$$\beta_j = [e^{jL_1 j}] .$$

Soit $(\varphi_j)_{j \in \mathbb{N}}$ la suite de fonctions de $C[0, 1]$ construite dans l'exemple 1 ; on pose :

$$\forall\, t \in [0, 1] , \quad X(t) = \sum_{j=1}^{+\infty} \xi_j \, \varphi_{\beta_j}(t) .$$

On va établir que X a bien les propriétés annoncées.

Montrons tout d'abord que $\{X(t) , t \in [0, 1]\}$ est une fonction aléatoire à trajectoires p.s. continues ; il suffit évidemment d'établir le lemme suivant :

LEMME 1. $\hat{\tau}$ <u>désignant l'écart induit par la covariance de</u> X , X <u>est p.s.</u> $\hat{\tau}$<u>-continu</u>. <u>De plus</u>, X <u>est une v.a. à valeurs dans</u> $C[0, 1]$.

<u>Démonstration</u>. Il est clair que les termes composant la série définissant X sont p.s. $\hat{\tau}$-continus. On a :

$$\forall\, a > 0 , \quad P\{|\xi_j| > a \frac{1}{\|\varphi_{\beta_j}\|_\infty}\} \geq \frac{K}{a^2 \, j(L_1 j)^2} ,$$

donc :

$$\forall\, a > 0 , \quad \sum_{j=1}^{\infty} P\{|\xi_j| > a \frac{1}{\|\varphi_{\beta_j}\|_\infty}\} < +\infty .$$

Les fonctions φ_j ayant des supports disjoints, la série définissant X est p.s. $\hat{\tau}$-uniformément convergente. X est donc p.s. $\hat{\tau}$-continue.

$\hat{\tau}$ étant clairement continue par rapport à la distance usuelle, X est une v.a. à valeurs dans $C[0, 1]$.

Remarquons que X est centrée et que :

$$\sup_{s \in [0,1]} EX^2(s) < +\infty .$$

Par contre :

LEMME 2. $E\|X\|_\infty^2 = +\infty$.

Démonstration. En vertu de [13], Théorème 3.3, il suffira de montrer que :

$$\forall\, a > 0 , \quad \sum_{j=1}^{+\infty} \int_{(|\xi_j| \|\varphi_{\beta_j}\|_\infty > a)} |\xi_j|^2 \, \|\varphi_{\beta_j}\|_\infty^2 \, dP = +\infty .$$

Le terme général de cette série étant :

$$a^2 P\{|\xi_j| > \frac{a}{\|\varphi_{\beta_j}\|_\infty}\} + 2\, \|\varphi_{\beta_j}\|_\infty^2 \int_{\frac{a}{\|\varphi_{\beta_j}\|_\infty}}^{+\infty} x P\{|\xi_j| > x\}\, dx ,$$

soit encore :

$$a^2 P\{|\xi_j| > \frac{a}{\|\varphi_{\beta_j}\|_\infty}\} + \frac{c}{jL_1 jL_2 jL_3 j} ,$$

on a bien le résultat annoncé.

Posons : $\alpha = \sqrt{E\xi_1^2}$.

On remarque : $\hat{\tau} \le \alpha\tau$,

où τ est l'écart induit par la covariance de la fonction aléatoire gaussienne construite dans l'exemple 1.

Dans toute la suite, on désignera par ψ la fonction :

$$\psi : \mathbb{R}^+ \longrightarrow \mathbb{R}^+ ,$$

$$\psi(x) = \int_0^x (e^{t^2} - 1)\, dt .$$

Pour toute fonction $f : [0, 1] \longrightarrow \mathbb{R}$, on notera :

$$\forall\, s, t \in [0, 1] , \quad \tilde{f}(s, t) = \frac{f(s) - f(t)}{\hat{\tau}(s, t)} I_{(\hat{\tau} \neq 0)}(s, t) .$$

Pour montrer que X vérifie le théorème central-limite, on n'a pas besoin du fait que $\widetilde{X}$ soit p.s. à valeurs dans un sous-espace séparable de l'espace d'Orlicz $L^{\psi}(\lambda\otimes\lambda)$ défini sur $[0,1]\times[0,1]$ par ψ et $\lambda\otimes\lambda$, mais seulement du fait que la norme de $\widetilde{X}$ est une v.a.r. (Cf. Lemme 5 ci-dessous) ; dans ce cas particulier, on peut montrer aisément que $\widetilde{X}$ est à valeurs dans un sous-espace séparable de $L^{\psi}(\lambda\otimes\lambda)$, c'est pourquoi on va l'établir.

On supposera $L^{\psi}(\lambda\otimes\lambda)$ muni de la norme N' :

$$N'(f) = \inf\{\alpha > 0 : \int \exp \frac{f^2}{\alpha^2}\, d\lambda\otimes\lambda \le e\} .$$

LEMME 3. <u>Il existe un sous-espace séparable</u> H <u>de</u> $L^{\psi}(\lambda\otimes\lambda)$ <u>tel que</u> $\widetilde{X}\in H$ <u>presque sûrement.</u>

<u>Démonstration</u>. Désignons par h_j les fonctions $\widetilde{\varphi}_{\beta_j}$. Il est clair que $h_j \in L^{\psi}(\lambda\otimes\lambda)$, pour tout $j\in\mathbb{N}$. Montrons que le sous-espace fermé H engendré par les h_j convient.

Par construction, il existe une constante d telle que :

$$\forall\, j\in\mathbb{N}\ ,\quad \lambda(]2^{-\beta_j}, 2^{-\beta_j+1}[) \le d e^{-jL_1 j} .$$

n étant un entier fixé, on pose :

$$\alpha_n = \frac{1}{\alpha} \sup_{k\ge n} \frac{|\xi_k|}{\sqrt{kL_1 k}} ,$$

et :

$$Y_n = \sum_{k=n}^{+\infty} \xi_k\, \varphi_{\beta_k} .$$

Pour tout $j\in\mathbb{N}$, on note :

$$I_o = \{0\} ,$$

$$\forall\, j\ge 1\ ,\quad I_j =]2^{-j} ; 2^{-j+1}[.$$

On a :

$$\int_{[0,1]\times[0,1]} \exp\left(\frac{\tilde{Y}_n^2(s,t)}{\alpha_n^2}\right) d\lambda(s)\, d\lambda(t) = \sum_{k,j} \int_{I_k \times I_j} \exp\left(\frac{\tilde{Y}_n^2(s,t)}{\alpha_n^2}\right) d\lambda(s)\, d\lambda(t)$$

$$= \sum_{k,j} a_{kj} .$$

Posons à présent :

$A_1 = \{(k, j) | k$ et $j < n\}$,

$A_2 = \{(k, j) | \ k \geq n , j < n$, k n'est pas du type $\beta_r\}$,

$A_3 = \{(k, j) | \ k \geq n , j < n$, k est du type $\beta_r\}$,

$A_4 = \{(k, j) | \ k \geq n , j \geq n$, k est du type β_r , mais pas $j\}$,

$A_5 = \{(k, j) | \ k \geq n , j \geq n$, k et j sont du type $\beta_r\}$,

$A_6 = \{(k, j) | \ k \geq n , j \geq n$, ni k , ni j n'est du type $\beta_r\}$.

La somme précédente s'écrira alors :

$$\sum_{(k,j)\in A_1} a_{kj} + 2 \sum_{(k,j)\in A_2} a_{kj} + 2 \sum_{(k,j)\in A_3} a_{kj} + 2 \sum_{(k,j)\in A_4} a_{kj} + \sum_{(k,j)\in A_5} a_{kj} + \sum_{(k,j)\in A_6} a_{kj}$$

$$\leq 1 + 2\Big(\sum_{(k,j)\in A_3} a_{kj} + \sum_{(k,j)\in A_4} a_{kj} + \sum_{(k,j)\in A_5} a_{kj}\Big)$$

$$\leq 1 + 2\Big(2d \sum_{\substack{k\geq n \\ k=\beta_r}} \exp(-rL_1 r) + d^2 \sum_{\substack{k\geq n,\, j\geq n \\ k=\beta_r \\ j=\beta_s}} \exp-(rL_1 r+sL_1 s)\Big).$$

Il est clair que pour n assez grand, cette dernière quantité est inférieure à e . Si l'on montre que :

i) $\alpha_n < +\infty$ p.s. pour tout $n \in \mathbb{N}$,

ii) $\alpha_n \xrightarrow[n\to+\infty]{P} 0$ (et ceci suffira à impliquer la convergence presque sûre par monotonie),

le Lemme 3 sera établi.

Or :

$$P\{\alpha_n > t\} \le \sum_{k=n}^{+\infty} \frac{K}{t^2\, kL_1 k(L_1\, t\sqrt{k})(L_2\, t\sqrt{k})^2},$$

et ceci démontre à la fois i) et ii).

LEMME 4. X <u>vérifie le TCL dans</u> $C[0, 1]$.

<u>Démonstration</u>. Remarquons qu'en vertu de l'inégalité de J. Hoffmann-Jørgensen [10] sur la loi des sommes de v.a. indépendantes et symétriques, on a :

$$\exists\, K > 0 \text{ et } t_o < +\infty, \text{ tels que :}$$

$$\forall\, n \in \mathbb{N},\quad \forall\, t \ge t_o,\quad P\{\left|\frac{\xi_1 + \ldots + \xi_n}{\sqrt{n}}\right| > t\} \le \frac{K}{t^2 L_1\, t(L_2\, t)^2}.$$

On aura donc, par le calcul fait pour établir le lemme 3 :

$$\exists\, L > 0 \text{ et } t_1 < +\infty, \text{ tels que : } \forall\, n \in \mathbb{N},\ \forall\, t \ge t_1,$$

$$P\{N'(\frac{S_n(\tilde{X})}{\sqrt{n}}) > t\} \le L \sum_{k=1}^{\infty} \frac{1}{t^2\, kL_1\, k(L_1\, tk)(L_2\, tk)^2}.$$

Le Lemme 4 est alors une conséquence immédiate du résultat suivant (Cf. [8]) :

LEMME 5. <u>Soient</u> (S, d) <u>un espace métrique compact</u>, X <u>une v.a. à valeurs dans</u> $C(S)$, <u>centrée</u>, <u>telle que</u> :

$$\sup_{s\in S} EX^2(s) < +\infty .$$

<u>On suppose que les conditions suivantes sont satisfaites</u> :

a) <u>Il existe une fonction de Young</u> φ , <u>un écart</u> ρ <u>sur</u> S , d-<u>continu</u>, <u>tel</u>

que de plus X soit ρ-continu et une mesure de probabilité λ sur (S, β_ρ) vérifiant :

$$\lim_{\varepsilon \downarrow 0} \sup_{x \in S} \int_0^\varepsilon \varphi^{-1} \left(\frac{1}{\lambda^2(y : \rho(x,y) < u)}\right) du = 0 .$$

b) Si l'on pose :

$$\tilde{X}(s, t) = \frac{X(s) - X(t)}{\rho(s, t)} I_{(\rho \neq 0)}(s, t) ,$$

alors $\tilde{X} \in L^\varphi(\lambda \otimes \lambda)$ (espace d'Orlicz défini sur $S \times S$ par $\lambda \otimes \lambda$ et φ, muni de la norme de Luxemburg N).

c) On a : $\forall\, \varepsilon > 0$, $\exists\, M < +\infty$ tel que :

$$\sup_n P\{N(\frac{S_n(\tilde{X})}{\sqrt{n}}) > M\} < \varepsilon .$$

Sous ces hypothèses, X vérifie le TCL dans $C(S)$.

Remarque. G. Pisier [15] a construit des exemples de v.a. Z à valeurs dans un espace de Banach réel séparable $(B, \|.\|)$ (en l'occurence ℓ^α avec $\alpha \in]2, +\infty[$) vérifiant à la fois le théorème central-limite et la loi du logarithme itéré et telles que $E(\|Z\|^2) = +\infty$. La v.a. X telle que $E(\|X\|_\infty^2) = +\infty$, vérifiant le théorème central-limite, construite ci-dessus, vérifie elle aussi la loi du logarithme itéré. En effet, on a le résultat suivant [9] :

LEMME 6. Une v.a. Z à valeurs dans un espace de Banach réel séparable $(B, \|.\|)$, centrée, vérifiant le théorème central-limite et telle que :

$$E(\frac{\|Z\|^2}{L_2\|Z\|}) < +\infty ,$$

vérifie également la loi du logarithme itéré.

Pour établir que X vérifie la loi du logarithme itéré, il suffit donc de montrer que :

$$E\left(\frac{\|X\|_\infty^2}{L_2\|X\|_\infty}\right) < +\infty .$$

Remarquons à cet effet qu'on a pour t assez grand :

$$P\left\{\frac{\|X\|_\infty}{\sqrt{L_2\|X\|_\infty}} > t\right\} \le P\left\{\|X\|_\infty > t\sqrt{L_2 t}\right\} \le K \sum_{n=1}^{\infty} \frac{1}{t^2(L_2 t)\, nL_1 n\, (L_1 nt)(L_2 nt)^2}$$

$$\le \frac{K'}{t^2 L_1\, t(L_2\, t)^{3/2}} ,$$

d'où l'on déduit aisément :

$$E\left(\frac{\|X\|_\infty^2}{L_2\|X\|_\infty}\right) < +\infty .$$

REFERENCES

[1] R.M. DUDLEY : The sizes of compact subsets of Hilbert space and continuity of gaussian processes. J. Funct. Anal. 1 (1967), p. 290-330.

[2] R.M. DUDLEY, V. STRASSEN : The central limit theorem and ε-entropy. Lecture Notes in Math. 89 (1969), p. 224-231.

[3] X. FERNIQUE : Des résultats nouveaux sur les processus gaussiens. C.R.A.S. Paris 278-A (1974), p. 363-365.

[4] X. FERNIQUE : Régularité des trajectoires des fonctions aléatoires gaussiennes. Ecole d'été de probabilités de St-Flour 4-1974. Lecture Notes in Math. 480, p. 1-96.

[5] E. GINE : On the central-limit theorem for sample continuous processes. Ann. Prob. 2 (1974), p. 629-641.

[6] B. HEINKEL : Théorème central-limite et loi du logarithme itéré dans $C(S)$. C.R.A.S. Paris 282-A (1976), p. 711-713.

[7] B. HEINKEL : Mesures majorantes et théorème de la limite centrale dans $C(S)$. Z. Wahr. Verw. Geb. 38 (1977), p. 339-351.

[8] B. HEINKEL : Quelques remarques relatives au théorème central-limite dans $C(S)$. Vector space measures and applications I - Dublin 1977. Lecture Notes in Math. 644, p. 204-211.

[9] B. HEINKEL : Relation entre le théorème central-limite et la loi du logarithme itéré dans les espaces de Banach. C.R.A.S. Paris 288, Sér. A (1979), p. 559-562.

[10] J. HOFFMANN-JØRGENSEN : Sums of independent Banach space valued random variables. Studia Math. 52 (1974), p. 159-186.

[11] N.C. JAIN : An example concerning CLT and LIL in Banach spaces. Ann. Prob. 4 (1976), p. 690-694.

[12] N.C. JAIN, M.B. MARCUS : Central limit theorems for C(S)-valued random variables. J. Funct. Anal. 19 (1975), p. 216-231.

[13] N.C. JAIN, M.B. MARCUS : Integrability of infinite sums of independent vector valued random variables. T.A.M.S. 212 (1975), p. 1-36.

[14] M.B. MARCUS : Some new results on central-limit theorems for C(S)-valued random variables. Probability in Banach spaces - Oberwolfach 1975. Lecture notes in Math. 526, p. 167-186.

[15] G. PISIER : Le théorème de la limite centrale et la loi du logarithme itéré dans les espaces de Banach. Séminaire Maurey-Schwartz 1975-76. Exposés n° 3 et 4.

Corrections to

Domains of attraction in Banach spaces

by Evarist Giné

The following corrections should be made in my article [1]. None of them has any effect on the validity of the results there.

1. The first inequality in (2.13) should read:

$$P\{\xi_1+\xi_2>t\}\geq P\{\xi_1>t(1+\varepsilon)\}P\{|\xi_2|\leq t\varepsilon\}+P\{\xi_2>t(1+\xi)\}P\{|\xi_1|\leq t\varepsilon\},\ 0<\varepsilon<1.$$

2. In condition (2ii), Prop. 3.1, $\{F_m\}$ must also satisfy $F_1=\{0\}$, and then all the $\sup_n$ in (3.2) must be finite, just as in Prop. 2.1.

3. For credits on Theorem 3.2 see the remarks after Prop. 3.1 and after Theorem 2.3.

<u>References</u>:

[1] Giné (1979). Domaine of attraction in Banach spaces. <u>Lecture Notes in Math. 721</u>, 22-40 (Séminaire de Probabilités XIII).

Université de Strasbourg 1978/79
Séminaire de Probabilités

SUR L'EXTENSION DE LA DEFINITION D'INTEGRALE STOCHASTIQUE

par R. Cairoli

En s'inspirant d'un résultat que Wong et Zakai ont établi dans [10], en vue d'étendre la définition des deux types d'intégrale stochastique

$$\int_{\mathbb{R}_+^2} \varphi \, dW \qquad \text{et} \qquad \iint_{\mathbb{R}_+^2 \times \mathbb{R}_+^2} \psi \, dWdW$$

aux processus φ et ψ qui ne satisfont qu'à la condition d'intégrabilité faible

$$\int_{\mathbb{R}_+^2} \varphi^2 dz < \infty \ \text{p.s.}, \quad \text{resp.} \quad \iint_{\mathbb{R}_+^2 \times \mathbb{R}_+^2} \psi^2 dzdz < \infty \ \text{p.s.},$$

Walsh a démontré dans [7] une proposition qui peut être transposée dans un cadre permettant d'effectuer la même extension lorsque les intégrales stochastiques sont prises relativement à une martingale de carré intégrable, resp. martingale forte de puissance 4 intégrable, ou à des processus qui sont localement de ce type.

Le but de la présente note est de mettre en lumière cette possibilité et, par la même occasion, de montrer que l'extension par localisation peut se faire sans l'emploi de théorèmes de projection bidimensionnels.

Parmi les travaux déjà parus, consacrés à l'étude du problème qui nous concerne, il faut citer principalement les deux articles [9] et [10] de Wong et Zakai. Le premier traite de l'extension de l'intégrale stochastique du premier type, prise relativement à une martingale forte de carré intégrable, et de celle du second type, prise relativement à une martingale forte de puissance 4 intégrable et dont les 1- et 2-processus croissants associés sont dominés par une mesure déterministe. La méthode employée s'inspire de celle de Ito. Le deuxième article traite de l'extension par localisation, mais dans le cas du processus de Wiener W seulement. Les auteurs remarquent toutefois que leur lemme de base s'étendrait au cas d'une martingale de carré intégrable quelconque, si l'analogue bidimensionnel du théorème de projection prévisible était disponible. Dans un article non encore publié [5], Merzbach traite du problème de l'extension de l'intégrale du premier type dans le cas d'une martingale de carré intégrable. Malheureusement, la méthode qu'emploie l'auteur repose sur un théorème de projection prévisible non encore établi correctement (voir à ce sujet l'article de Doléans-Dade et Meyer [4]).

Pour la notation et les notions non définies, nous renvoyons le lecteur à [2]. Tout au long de la note, nous supposerons donnés un espace probabilisé complet $(\Omega, \mathcal{F}, P)$ et une famille $\{\mathcal{F}_z : z \in \mathbb{R}_+^2\}$ de sous-tribus de $\mathcal{F}$ satisfaisant aux conditions F1 — F4 de [1].

Nous désignerons par z_k le point (k,k) à coordonnées entières positives; R_z tiendra place de $[0,z]$. Si $\sigma = (u_i)$ et $\tau = (v_j)$ sont des subdivisions dyadiques finies de $[0,k]$ et $\{X_{st} : (s,t) \in R_{z_k}\}$ est un processus, nous poserons (suivant Doléans -Dade et Meyer [4]), pour tout $(s,t) \in R_{z_k}$,

$$X_{st}^{\sigma\tau} = \sum_{i,j} X_{u_i v_j} I_{\{(u_i,v_j) \ll (s,t) \prec (u_{i+1},v_{j+1})\}}.$$

Nous désignerons par $\lim_\sigma$ ou $\lim_\tau$ la limite quand σ ou τ parcourent une suite de subdivisions dyadiques finies de $[0,k]$ dont le pas tend vers 0. Même interprétation lorsque lim est remplacé par lim sup ou lim inf.

Nous commencerons par un lemme, essentiellement déjà démontré par Doléans-Dade et Meyer dans [4], démonstration de la proposition 5.

<u>Lemme</u>. Supposons que le processus croissant $\{A_z : z \in \mathbb{R}_+^2\}$ vérifie la condition suivante: il existe une suite de processus croissants prévisibles intégrables [1] $\{A_z^n : z \in \mathbb{R}_+^2\}$ telle que

a) $\{A_z^{n+1} - A_z^n : z \in \mathbb{R}_+^2\}$ est un processus croissant pour tout n;

b) $\lim_{n\to\infty} A_z^n = A_z$, pour tout $z \in \mathbb{R}_+^2$.

Supposons, en outre, que M est une v.a. bornée $\mathcal{F}_{z_k}$-mesurable et posons, pour tout $z \in R_{z_k}$, $M_z = E\{M | \mathcal{F}_z\}$. Nous avons alors l'inégalité

$$E\{MA_{z_k}\} \geq E\{\int_{R_{z_k}} \liminf_\sigma \liminf_\tau M_z^{\sigma\tau} dA_z\}.$$

<u>Démonstration</u>. Fixons k et désignons par $\{M_{\underline{s}k} : s \in (0,k]\}$ le processus des limites à gauche d'une version càdlàg de la martingale ordinaire $\{M_{sk}, \mathcal{F}_{sk} : s \in [0,k]\}$. Puisque $\{A_{sk}^n : s \in \mathbb{R}_+\}$ est un processus croissant, prévisible par rapport à $\{\mathcal{F}_{sk} : s \in \mathbb{R}_+\}$, en raison d'un théorème de Doléans-Dade [3],

$$E\{MA_{z_k}^n\} = E\{\int_{(0,k]} M_{\underline{s}k} dA_{sk}^n\} = \lim_\sigma E\{\sum_i M_{u_i k}(A_{u_{i+1}k}^n - A_{u_i k}^n)\}.$$

---

[1]) "Intégrable" signifie pour nous que chaque v.a. du processus est intégrable.

Le même raisonnement appliqué, pour chaque i, à la martingale $\{M_{u_i t}, \mathcal{F}_{kt} : t \in [0,k]\}$ et au processus croissant $\{A^n_{u_{i+1} t} - A^n_{u_i t} : t \in \mathbb{R}_+\}$, prévisible par rapport à $\{\mathcal{F}_{kt} : t \in \mathbb{R}_+\}$, nous montre que le dernier membre est égal à

$$\lim_\sigma E\{\sum_i \int_{(0,k]} M_{u_i t-} d(A^n_{u_{i+1} t} - A^n_{u_i t})\} =$$

$$\lim_\sigma \lim_\tau E\{\sum_{i,j} M_{u_i v_j}(A^n_{u_{i+1} v_{j+1}} - A^n_{u_{i+1} v_j} - A^n_{u_i v_{j+1}} + A^n_{u_i v_j})\} =$$

$$\lim_\sigma \lim_\tau E\{\int_{R_{z_k}} M^{\sigma\tau}_z dA^n_z\}.$$

En appliquant le lemme de Fatou au dernier membre, il résulte que l'inégalité de l'énoncé vaut pour A^n à la place de A. Il ne reste alors plus qu'à faire tendre n vers l'infini.

Nous dirons qu'un processus croissant $\{A_z : z \in \mathbb{R}^2_+\}$ est localement intégrable, s'il existe une suite (D_n) de voisinages d'arrêt bornés de l'origine telle que

α) $D_n \subset D_{n+1}$ p.s., pour tout n;

β) $\bigcup_n D_n = \mathbb{R}^2_+$ p.s.;

γ) $E\{\int_{\mathbb{R}^2_+} I_{D_n}(z)dA_z\} < \infty$, pour tout n.

Le résultat de Walsh annoncé au début de cette note peut s'énoncer ainsi:

Théorème. Tout processus croissant qui vérifie la condition du lemme est localement intégrable.

Démonstration. Nous suivons de près le procédé indiqué par Walsh. Soit $\{A_z : z \in \mathbb{R}^2_+\}$ un processus croissant vérifiant la condition du lemme. Désignons par $\mathbb{D}$ l'ensemble des points de $\mathbb{R}^2_+$ dont les deux coordonnées sont dyadiques. Posons

$$M^{kn}_z = P\{A_{z_k} > n \mid \mathcal{F}_z\},$$

$$D^o_{kn} = \bigcup\{[0,z) : M^{kn}_\zeta \leq \tfrac{1}{2} \text{ pour tout } \zeta \in \mathbb{D} \cap [0,z)\}, \quad D_{kn} = \overline{D^o_{kn}}.$$

Il est clair que D_{kn} est un voisinage d'arrêt de l'origine et que $D_{kn} \subset D_{k,n+1}$ p.s.. De plus, par l'inégalité maximale des martingales, nous avons

$$E\{\sup_{\zeta \in \mathbb{D}} (M^{kn}_\zeta)^2\} \leq 16\ P\{A_{z_k} > n\},$$

ce qui entraîne que, pour k fixé, M^{kn}_ζ décroît vers 0 p.s., uniformément en $\zeta \in \mathbb{D}$, quand $n \to \infty$, et donc que $\bigcup_n D_{kn} = \mathbb{R}^2_+$ p.s. D'autre part, en utilisant le lemme, nous pouvons écrire

$$n \geq E\{A_{z_k}\,;\, A_{z_k} \leq n\} \geq E\{\int_{R_{z_k}} \liminf_\sigma \liminf_\tau (1 - M_z^{kn})^{\sigma\tau} dA_z\} =$$

$$E\{\int_{R_{z_k}} (1 - \limsup_\sigma \limsup_\tau (M_z^{kn})^{\sigma\tau}) dA_z\}.$$

Mais si $z \in D_{kn}$,

$$\limsup_\sigma \limsup_\tau (M_z^{kn})^{\sigma\tau} \leq \sup_{\zeta \in \mathbb{D} \cap [0,z)} M_\zeta^{kn} \leq \tfrac{1}{2},$$

ce qui nous permet de conclure que le dernier membre majore

$$\tfrac{1}{2} E\{\int_{R_{z_k}} I_{D_{kn}}(z) dA_z\}$$

et donc que cette espérance est majorée par 2n. Pour avoir le voisinage d'arrêt D_n de la suite cherchée, il ne nous reste alors plus qu'à poser $D_n = \bigcup_{k=1}^{n} (D_{kn} \cap R_{z_k})$.

Nous pouvons maintenant aborder le problème de l'extension de la définition des deux types d'intégrale stochastique.

Nous commencerons par le premier type et supposerons donc qu'une martingale de carré intégrable $M = \{M_z, \mathcal{F}_z : z \in \mathbb{R}_+^2\}$ est donnée. Nous désignerons par $\langle M\rangle = \{\langle M\rangle_z : z \in \mathbb{R}_+^2\}$ l'unique processus croissant prévisible intégrable tel que $\{M_z - \langle M\rangle_z, \mathcal{F}_z : z \in \mathbb{R}_+^2\}$ est une martingale faible. L'existence de ce processus découle d'un résultat récent de Meyer [6], selon lequel le processus croissant construit dans [1], p. 117, est prévisible. Merzbach nous a fait observer qu'en utilisant une des deux projections prévisibles itérées considérées dans [4], l'unicité se démontre exactement comme dans le cas uni-dimensionnel.

Soit $\varphi = \{\varphi(\zeta) : \zeta \in \mathbb{R}_+^2\}$ un processus prévisible tel que

$$\int_{R_z} \varphi^2(\zeta) d\langle M\rangle_\zeta < \infty \quad \text{p.s., pour tout } z \in \mathbb{R}_+^2.$$

En désignant l'intégrale au premier membre par A_z, nous définissons un processus croissant $\{A_z : z \in \mathbb{R}_+^2\}$ qui vérifie la condition du lemme. En effet, une suite $\{A_z^n : z \in \mathbb{R}_+^2\}$ satisfaisant à a) et b) de ce lemme s'obtient, par exemple, en posant

$$A_z^n = \int_{R_z} \varphi^2(\zeta) \wedge n \; d\langle M\rangle_\zeta .$$

Le théorème nous permet donc de conclure qu'il existe une suite (D_n) de voisinages d'arrêt bornés de l'origine vérifiant α) et β) et telle que, pour tout n,

$$E\{\int_{\mathbb{R}_+^2} I_{D_n}(\zeta) dA_\zeta\} = E\{\int_{\mathbb{R}_+^2} (\varphi^2 I_{D_n})(\zeta) d\langle M\rangle_\zeta\} < \infty.$$

Il est dans ce cas possible de ramener la définition de l'intégrale stochastique de φ par rapport à M au cas déjà traité dans [1]. Il suffit pour cela de poser, pour tout $z \in \mathbb{R}_+^2$,

$$\int_{R_z} \varphi(\zeta)dM_\zeta = \lim_{n\to\infty} \int_{R_z} (\varphi I_{D_n})(\zeta)dM_\zeta.$$

Cette limite existe p.s. et ne dépend pas du choix de la suite (D_n). Pour établir cette assertion, il suffit de démontrer que si D et D' sont deux voisinages d'arrêt bornés de l'origine tels que $D \subset D'$ et que

$$E\{\int_{\mathbb{R}_+^2} (\varphi^2 I_{D'})(\zeta)d\langle M\rangle_\zeta\} < \infty,$$

alors

$$\int_{R_z} (\varphi I_{D'})(\zeta)dM_\zeta = \int_{R_z} (\varphi I_D)(\zeta)dM_\zeta, \text{ p.s. sur } \{z \in D\}.$$

De manière équivalente, cela s'exprime en disant que si D est un voisinage d'arrêt borné de l'origine et si

$$E\{\int_{\mathbb{R}_+^2} \varphi^2(\zeta)d\langle M\rangle_\zeta\} < \infty,$$

alors

$$\int_{R_z} (\varphi I_{D^c})(\zeta)dM_\zeta = 0, \text{ p.s. sur } \{z \in D\}.$$

Or, dans le cas particulier où φ est un processus élémentaire et D est étagé, cette conclusion résulte facilement en calculant l'intégrale. Dans le cas général, il suffit d'approcher φ par des processus élémentaires et D, du dessus, par des voisinages d'arrêt étagés ([2], proposition 2.2).

On remarquera que si la martingale M est continue à droite, on pourra choisir une version de l'intégrale stochastique qui est continue à droite.

L'extension de la définition de l'intégrale stochastique du deuxième type s'effectue de manière analogue. La martingale par rapport à laquelle on intègre est forte et de puissance 4 intégrable (cf.[1]): nous la désignerons encore par $M = \{M_z : z \in \mathbb{R}_+^2\}$. Nous désignerons en outre par $\langle M\rangle^1 = \{\langle M\rangle^1_{st} : (s,t) \in \mathbb{R}_+^2\}$ l'unique processus croissant 1-prévisible (c'est-à-dire prévisible par rapport à $\{\mathcal{F}_{s\infty} : s \in \mathbb{R}_+\}$ pour t fixé) intégrable tel que $\{M_{st} - \langle M\rangle^1_{st}, \mathcal{F}_{s\infty} : s \in \mathbb{R}_+\}$ est une martingale, pour tout $t \in \mathbb{R}_+$, et par $\langle M\rangle^2$ le processus défini de la même manière en interchangeant le rôle de s et t. Dans l'introduction, ces deux processus ont été appelés 1- et 2-processus croissants associés à M.

Nous dirons qu'un processus indexé par $(\zeta,\eta) \in \mathbb{R}_+^2 \times \mathbb{R}_+^2$ est prévisible (cf.[1]), s'il est mesurable par rapport à la tribu sur $\mathbb{R}_+^2 \times \mathbb{R}_+^2 \times \Omega$ engendrée par les ensembles de la forme $(z_1, z_1'] \times (z_2, z_2'] \times F$, où les rectangles du produit sont non vides et tels que si ζ appartient au premier et η au deuxième, alors $\zeta \curlywedge \eta$, et où $F \in \mathcal{F}_{z_1 \vee z_2}$.

Soit $\psi = \{\psi(\zeta,\eta): \zeta, \eta \in \mathbb{R}_+^2\}$ un processus prévisible, nul sur $\{(\zeta,\eta): \zeta \not\curlywedge \eta\}$ et tel que

$$\iint_{R_z \times R_z} \psi^2(\zeta,\eta) d\langle M\rangle_\zeta^2 d\langle M\rangle_\eta^1 < \infty \text{ p.s., pour tout } z \in \mathbb{R}_+^2.$$

Désignons par A_z l'intégrale au premier membre et par A_z^n la même intégrale avec $\psi^2(\zeta,\eta) \wedge n$ à la place de $\psi^2(\zeta,\eta)$. Le processus croissant $\{A_z: z \in \mathbb{R}_+^2\}$ ainsi défini satisfait à la condition du lemme. En effet, les processus croissants $\{A_z^n: z \in \mathbb{R}_+^2\}$ sont intégrables et vérifient visiblement a) et b) de ce lemme. Ils sont en outre prévisibles. Pour le démontrer, il suffit de prendre un ensemble $(z_1, z_1'] \times (z_2, z_2'] \times F$ de la famille génératrice de la tribu prévisible et de prouver que le processus croissant dont la v.a. d'indice z est

$$I_F \iint_{R_z \times R_z} I_{(z_1, z_1']}(\zeta)\, I_{(z_2, z_2']}(\eta)\, d\langle M\rangle_\zeta^2\, d\langle M\rangle_\eta^1$$

est prévisible. Or, il est évident que ce processus est à la fois 1- et 2-prévisible, donc un résultat dû à Merzbach et Zakai ([4], corollaire de la proposition 2), nous permet de conclure [1].

En vertu du théorème, il existe une suite (D_n) de voisinages d'arrêt bornés de l'origine vérifiant α), β) et γ). D'autre part, en considérant d'abord le cas particulier d'un voisinage d'arrêt étagé et en approchant ensuite D_n, du dessus, par des voisinages d'arrêt de type, il n'est pas difficile de constater que

$$\int_{\mathbb{R}_+^2} I_{D_n}(\zeta)\, dA_\zeta = \iint_{\mathbb{R}_+^2 \times \mathbb{R}_+^2} (\psi^2 I_{\hat{D}_n})(\zeta,\eta) d\langle M\rangle_\zeta^2 d\langle M\rangle_\eta^1,$$

où $\hat{D}_n = \{(\zeta,\eta): \zeta \vee \eta \in D_n\}$. Ainsi, pour tout n,

$$E\{\iint_{\mathbb{R}_+^2 \times \mathbb{R}_+^2} (\psi^2 I_{\hat{D}_n})(\zeta,\eta) d\langle M\rangle_\zeta^2 d\langle M\rangle_\eta^1\} < \infty$$

et nous pouvons donc, comme pour l'intégrale du premier type, ramener la définition

---

[1]) Nous ne faisons pas de distinction entre processus indistinguables.

de l'intégrale stochastique de ψ par rapport à MM au cas déjà traité dans [1], en posant, pour tout $z \in \mathbb{R}_+^2$,

$$\iint_{R_z \times R_z} \psi(\zeta,\eta)dM_\zeta dM_\eta = \lim_{n\to\infty} \iint_{R_z \times R_z} (\psi\, I_{\hat{D}_n})(\zeta,\eta)dM_\zeta dM_\eta .$$

Cette limite existe p.s. et ne dépend pas du choix de la suite (D_n), ce qui se démontre comme dans le cas de l'intégrale stochastique du premier type.

On remarquera que, puisque M admet une version continue à droite (en vertu d'un résultat dû à Walsh [8]), on pourra choisir une version de l'intégrale stochastique que nous venons de définir qui est aussi continue à droite.

L'extension des deux types d'intégrale au cas où M est localement une martingale de carré intégrable, resp. martingale forte de puissance 4 intégrable, peut se faire par localisation (cf.[2]). Nous laissons au lecteur le soin de la réaliser.

BIBLIOGRAPHIE

[1] R. Cairoli et J. B. Walsh: Stochastic integrals in the plane. Acta mathematica, 134, 1975, p. 111-183.

[2] R. Cairoli et J. B. Walsh: Régions d'arrêt, localisations et prolongements de martingales. Z. Wahrscheinlichkeitstheorie, 44, 1978, p. 279-306.

[3] C. Doléans-Dade: Processus croissants naturels et processus croissants très bien mesurables. C. R. Acad. Sc. Paris, 264, 1967, p. 874-876.

[4] C. Doléans-Dade et P. A. Meyer: Un petit théorème de projection pour processus à deux indices. Séminaire de probabilités XIII, Springer, vol. 721, p. 204-215.

[5] E. Merzbach: Extension and continuity of stochastic integral in the plane. A paraître.

[6] P. A. Meyer: Sur la théorie des processus à deux indices. Exposé 1. A paraître.

[7] J. B. Walsh: Martingales with a multi-dimensional parameter and stochastic integrals in the plane. Cours de 3ème cycle, Université de Paris VI, Paris.

[8] J. B. Walsh: Convergence and regularity of multiparameter strong martingales. Z. Wahrscheinlichkeitstheorie, 46, 1979, p. 177-192.

[9] E. Wong et M. Zakai: An extension of stochastic integrals in the plane. Annals of Probability, 5, 1977, p. 770-778.

[10] E. Wong et M. Zakai: The sample function continuity of stochastic integrals in the plane. Annals of Probability, 5, 1977, p. 1024-1027.

Ecole polytechnique fédérale
Département de mathématiques
Lausanne (Suisse)

Note : Dans un article à paraître intitulé "Sur la régularité des trajectoires des martingales à deux indices", D. Bakry a récemment démontré que les martingales ont des versions càdlàg. Ce résultat permet d'apporter à l'exposé qui précède quelques simplifications évidentes. Il permet en outre d'établir le théorème de projection qui sert à réaliser le programme indiqué par Wong et Zakai mentionné dans l'introduction (voir à ce sujet l'article à paraître de Merzbach et Zakai intitulé "Predictable and dual predictable projection of two-parameter stochastic processes").

PRESENTATION UNIFIEE DE CERTAINES INEGALITES DE LA THEORIE DES MARTINGALES.

E. LENGLART D. LEPINGLE M. PRATELLI

A côté des inégalités qui comme celle de Fefferman concernent simultanément plusieurs martingales, il existe dans la littérature d'abondants exemples d'inégalités du type $E[U^p] \leq c\, E[V^p]$, où U et V désignent deux opérateurs associés à une même martingale ou sous-martingale. Leur démonstration utilise des méthodes très variées : intégration stochastique, décomposition atomique ou inégalité de Fefferman, par exemple. Nous donnons dans la première partie un ensemble de quatre lemmes d'énoncés simples et voisins, qui permettent de vérifier rapidement quel type d'inégalités on peut espérer obtenir entre deux opérateurs donnés. Les autres parties sont consacrées aux principales applications de ces quatre lemmes.

1. QUATRE LEMMES SUR LES PROCESSUS CROISSANTS.

Dans toute la suite, F désigne une fonction réelle définie sur $\mathbb{R}_+$, nulle en zéro, croissante, continue à droite, telle que

$F(x) > 0$ pour $x > 0$. Nous disons que F est <u>modérée</u> (ou <u>à croissance modérée</u>) s'il existe un scalaire $\alpha > 1$ tel que l'on ait

$$\sup_{x>0} \frac{F(\alpha x)}{F(x)} < +\infty \ ;$$

on voit alors que F vérifie cette relation pour tout $\alpha > 1$. Si la fonction F est concave, elle est modérée ; en effet, pour tout $\alpha > 1$,

$$\sup_{x>0} \frac{F(\alpha x)}{F(x)} \leq \alpha .$$

Si en fait

$$\sup_{x>0} \frac{F(\alpha x)}{F(x)} < \alpha$$

pour un $\alpha > 1$, on dira que F est <u>lente</u> (ou <u>à croissance lente</u>). Par contre, si F est convexe, de dérivée à droite f, pour que F soit modérée il faut et il suffit que le nombre

$$p = \sup_{x>0} \frac{x\, f(x)}{F(x)}$$

(que nous appellerons l'<u>exposant</u> de F) soit fini. En outre, si cette condition est remplie, la fonction $F(x)/x^p$ est décroissante, de sorte que l'on a pour tout $\alpha > 1$

$$\sup_{x>0} \frac{F(\alpha x)}{F(x)} \leq \alpha^p .$$

On remarquera que pour la fonction $F(x)=x^p$ (avec $p \geq 1$), l'exposant est égal à p , ce qui justifie le nom adopté. Si la fonction F modérée convexe vérifie

$$\inf_{x>0} \frac{x\, f(x)}{F(x)} > 1 ,$$

on dira dans ce cas que F est une <u>fonction d'Young</u>. On remarquera encore que la fonction F peut etre modérée (et même lente) sans être continue, ce qui n'est pas vrai si F est convexe ou concave. Dans tous les cas on posera

$$F(+\infty) = \lim_{x \mapsto \infty} F(x) .$$

On peut alors classer en cinq types les inégalités de la forme $E[U^p] \leq c\, E[V^p]$, chaque type s'étendant à une classe de fonctions F modérées :

- le type $0 < p < \infty$ à toutes les fonctions modérées,
- le type $1 < p < \infty$ aux fonctions d'Young,
- le type $1 \leq p < \infty$ aux fonctions convexes modérées,
- le type $0 < p \leq 1$ aux fonctions concaves,
- le type $0 < p < 1$ aux fonctions à croissance lente.

Nous ne parlerons pas du second type, qui concerne essentiellement l'inégalité de Doob des sous-martingales positives [6] , mais nous énoncerons un lemme pour chacun des autres types.

L'espace de probabilité filtré $(\Omega, \mathcal{F}, (\mathcal{F}_t), \mathbb{P})$ vérifie les conditions habituelles de [11] . Les martingales locales auront leurs trajectoires continues à droite et pourvues de limites à gauche. En revanche, un processus croissant A sera seulement une application mesurable de $\Omega \times \mathbb{R}_+$ dans $\mathbb{R}_+$, dont les trajectoires seront des fonctions croissantes de t : on posera $A_\infty = \lim_{t \mapsto \infty} A_t$. L'absence de continuité à droite allongera très légèrement les demonstrations mais on évitera ainsi d'avoir recours à deux démonstrations parallèles, une avec les processus prévisibles continus à droite, une autre avec les processus adaptés B continus à droite, où alors c'est B_- qui intervient : en effet, si B est adapté croissant, B_- est croissant prévisible (on posera $B_{0-} = 0$ pour tout processus croissant B). Voici d'ailleurs l'outil qui permet de traiter les processus croissants prévisibles non nécessairement continus à droite.

LEMME PRELIMINAIRE 1.0 *Soit* H *une partie prévisible de* $\Omega \times \mathbb{R}_+$, *de début* $D_H(\omega) = \inf \{ t : (t,\omega) \in H \}$. *Il existe alors une suite croissante* (T_n) *de temps d'arrêt finis de limite* D_H *telle que pour tout* n, $[\![T_n]\!] \cap H \cap \{\Omega \times R_+^*\} = \emptyset$. *De plus,* $\bigcup_n \{T_n = D_H\} = \{D_H \notin H\} \cap \{D_H < \infty\}$.

DEMONSTRATION Si l'on pose $[\![T]\!] = [\![0,D_H]\!] \cap H$, alors T est un temps d'arrêt prévisible, annonçable par une suite croissante (T_n^o) de temps d'arret finis. Posant $T_n = T_n^o \wedge T$, on obtient la suite désirée. □

Voici maintenant les quatre lemmes annoncés. Bien que leurs démonstrations ne soient pas vraiment originales, nous en donnons l'essentiel.

LEMME 1.1 *Soient* A *et* B *deux processus croissants prévisibles. Supposons qu'il existe* q>0, a>0, *tels que pour tout couple* (S,T) *de temps d'arret avec* $S \leq T$, *on ait*

$$E\left[(A_T I_{\{T>0\}} - A_S I_{\{S>0\}})^q\right] \leq a\, E\left[B_T^q I_{\{S<T\}}\right].$$

Alors, pour toute fonction F *modérée, il existe* c = c(a,q,F) *pour lequel*

$$E\left[F(A_\infty)\right] \leq c\, E\left[F(B_\infty)\right].$$

DEMONSTRATION Montrons d'abord que pour tous $\beta > 1$, $\delta > 0$ et $\lambda > 0$, on a l'inégalité de distribution

$$\mathbb{P}\left\{ A_\infty \geq \beta\lambda ,\ B_\infty < \delta\lambda \right\} \leq a\ \delta^q (\beta - 1)^{-q}\ \mathbb{P}\left\{A_\infty \geqslant \lambda\right\} .$$

Il suffit pour cela, en remplaçant β par $\beta - \frac{1}{n}$, d'obténir l'inegalité

$$\mathbb{P}\left\{ A_\infty > \beta\lambda ,\ B_\infty \leq \delta\lambda \right\} \leq a\ \delta^q (\beta - 1)^{-q}\ \mathbb{P}\left\{A_\infty > \lambda\right\} .$$

Soit (R_n) une suite croissante de temps d'arrêt finis de limite $R = \inf\left\{ t : A_t > \lambda\right\}$, telle que pour tout n, $A_{R_n} \leq \lambda$ sur $\{R_n > 0\}$, et de même (T_m) une suite croissante de temps d'arrêt finis de limite $T = \inf\left\{ t : B_t > \delta\lambda\right\}$ vérifiant $B_{T_m} \leq \delta\lambda$ sur l'ensemble $\{T_m > 0\}$ pour tout m. Alors,

$$\mathbb{P}\left\{ A_\infty > \beta\lambda ,\ B_\infty \leq \delta\lambda \right\} \leq \lim_m\ \mathbb{P}\left\{ A_{T_m}\ I_{\{T_m > 0\}} > \beta\lambda\right\} .$$

Pour tout m et tout n,

$$\begin{aligned}\mathbb{P}\left\{ A_{T_m}\ I_{\{T_m>0\}} > \beta\lambda \right\} &\leq \mathbb{P}\left\{ A_{T_m} I_{\{T_m > 0\}} - A_{R_n \wedge T_m}\ I_{\{R_n \wedge T_m > 0\}} > (\beta - 1)\lambda\right\} \\ &\leq \lambda^{-q} (\beta - 1)^{-q}\ \mathrm{E}\left[(A_{T_m} I_{\{T_m > 0\}} - A_{R_n \wedge T_m}\ I_{\{R_n \wedge T_m > 0\}})^q\right] \\ &\leq a\ \lambda^{-q} (\beta - 1)^{-q}\ \mathrm{E}\left[B^q_{T_m}\ I_{\{R_n < T_m\}}\right] \\ &\leq a\ \delta^q (\beta - 1)^{-q}\ \mathbb{P}\left\{R_n < T_m\right\} .\end{aligned}$$

Passant à la limite en n, on obtient

$$\begin{aligned}\mathbb{P}\left\{ A_{T_m}\ I_{\{T_m > 0\}} > \beta\lambda\right\} &\leq a\ \delta^q (\beta - 1)^{-q}\ \mathbb{P}\left\{ R \leq T_m\right\} \\ &\leq a\ \delta^q (\beta - 1)^{-q}\ \mathbb{P}\left\{ R < \infty\right\} ,\end{aligned}$$

et il suffit maintenant de faire tendre m vers l'infini pour avoir l'inégalité de distribution cherchée. On termine comme en [1] : soit g une fonction telle que $F(ax) \leq g(a).F(x)$. Le théorème de Fubini nous donne

$$E[F(A_\infty)] \leq g(\beta)\, E[F(A_\infty/\beta)] \leq g(\beta) \int \mathbb{P}\{A_\infty \geq \beta\lambda\}\, dF(\lambda)$$

$$\leq g(\beta) \int [\mathbb{P}\{A_\infty \geq \beta\lambda,\ B_\infty < \delta\lambda\} + \mathbb{P}\{B_\infty \geq \delta\lambda\}]\, dF(\lambda)$$

$$\leq a\, g(\beta)\, \delta^q (\beta-1)^{-q}\, E[F(A_\infty)] + g(\beta)\, g(\delta^{-1})\, E[F(B_\infty)] .$$

Si δ est assez petit, on obtient finalement

$$E[F(A_\infty)] \leq g(\delta^{-1}) g(\beta) [1 - ag(\beta)\, \delta^q (\beta-1)^{-q}]^{-1}\, E[F(B_\infty)] . \square$$

On déduit immédiatement de ce lemme que lorsque A et B sont deux processus adaptés croissants, pour avoir la même conclusion que dans l'énoncé du lemme, il suffit de vérifier la condition

$$E[(A_{T-} - A_{S-})^q] \leq a\, E[B^q_{T-}\, I_{\{S<T\}}] ;$$

le passage aux processus prévisibles A_- et B_- nous permet en effet de retrouver immédiatement les hypothèses du lemme.

Le second lemme est connu sous le nom de Garsia-Neveu [7,12] . Ses hypothèses ressemblent à celles du lemme 1.1 quand on fixe dans celui-ci $T = +\infty$.

LEMME 1.2 <u>Soient</u> A <u>un processus croissant prévisible et</u> X <u>une variable aléatoire positive intégrable. Si pour tout temps d'arrêt</u> S <u>on a</u>

$$E[A_\infty - A_S\, I_{\{S>0\}}] \leq E[X\, I_{\{S<+\infty\}}],$$

<u>alors pour toute fonction convexe</u> F <u>de dérivée à droite</u> f

a) $E[F(A_\infty)] \leq E[A_\infty f(X)]$,

b) <u>et si de plus</u> $p = \sup_{x>0} x f(x) / F(x) < +\infty$,

$E[F(A_\infty)] \leq E[F(pX)] \leq p^p\, E[F(X)]$.

DEMONSTRATION Rappelons qu'il suffit de montrer que pour tout $\lambda > 0$,

$$E\left[(A_\infty - \lambda)\, I_{\{A_\infty \geq \lambda\}}\right] \leq E\left[X\, I_{\{A_\infty \geq \lambda\}}\right];$$

en effet, en intégrant ensuite en λ, on obtient a), puis b) par la méthode de Dellacherie [6] qui donne la constante optimale. Soit donc (T_m) une suite croissante de temps d'arrêt tendant vers $T = \inf\{t : A_t > \lambda\}$ telle que $A_{T_m} \leq \lambda$ sur $\{T_m > 0\}$ pour tout m ; pour $k \geq 1$ on pose

$$T_m^k = \begin{cases} T_m & \text{sur } \{T_m \leq k\} \\ +\infty & \text{sur } \{T_m > k\}. \end{cases}$$

Alors

$$E\left[(A_\infty - \lambda)\, I_{\{A_\infty \geq \lambda\}}\right] = \lim_k E\left[(A_\infty - \lambda)\, I_{\{T \leq k\}}\right]$$

$$E\left[(A_\infty - \lambda)\, I_{\{T \leq k\}}\right] = \lim_m E\left[(A_\infty - \lambda)^+\, I_{\{T_m \leq k\}}\right]$$

$$\begin{aligned} E\left[(A_\infty - \lambda)^+\, I_{\{T_m \leq k\}}\right] &\leq E\left[(A_\infty - A_{T_m} I_{\{T_m > 0\}})\, I_{\{T_m \leq k\}}\right] \\ &\leq E\left[A_\infty - A_{T_m^k} I_{\{T_m^k > 0\}}\right] \\ &\leq E\left[X\, I_{\{T_m^k < +\infty\}}\right] \\ &\leq E\left[X\, I_{\{T_m \leq k\}}\right], \end{aligned}$$

d'où le résultat en passant à la limite en m, puis en k. $\square$

Il est clair que les inégalités du b) du lemme 1.2 sont encore valables si X n'est pas intégrable car les deux membres de droite sont alors infinis. Pour un processus A optionnel (avec $A_{0-} = 0$), la condition

$$E\left[A_\infty - A_{S-}\right] \leq E\left[X\, I_{\{S<+\infty\}}\right]$$

a les mêmes conséquences que celles indiquées dans le lemme.

Le troisième lemme vient de [1] et de [13] . Ses hypothèses sont semblables à celles du lemme 1.1 quand on fixe dans celui-ci S=0 .

LEMME 1.3 <u>Soient</u> X <u>un processus positif mesurable sur</u> $\Omega\times\mathbb{R}_+$, <u>et</u> B <u>un processus croissant prévisible tels que pour tout temps d'arrêt</u> T <u>fini</u>

$$E\left[X_T\, I_{\{T>0\}}\right] \leq a\, E\left[B_T\, I_{\{T>0\}}\right].$$

<u>Alors, pour toute fonction concave</u> F <u>et tout temps d'arrêt fini</u> R,

$$E\left[F(X_R)\, I_{\{R>0\}}\right] \leq (a+1)\, E\left[F(B_R)\, I_{\{R>0\}}\right].$$

DEMONSTRATION D'après [1] , il suffit de montrer que pour tout $\lambda > 0$,

$$E\left[(X_R\wedge\lambda)\, I_{\{R>0\}}\right] \leq (a+1)\, E\left[(B_R\wedge\lambda)\, I_{\{R>0\}}\right].$$

Soit (T_n) une suite de temps d'arrêt finis croissants vers $T = \inf\{t : B_t > \lambda\}$ avec $B_{T_n} \leq \lambda$ sur $\{T_n > 0\}$ et $\bigcup_n \{T_n = T\} = \{B_T \leq \lambda\} \cap \{T < +\infty\}$. On a alors

$$(X_R\wedge\lambda)\, I_{\{R>0\}} \leq \underline{\lim}_n\, X_{T_n\wedge R}\, I_{\{T_n\wedge R>0\}} + \lambda\, I_{\{R>0\}\cap\{B_R>\lambda\}}.$$

$$E\left[X_{T_n\wedge R}\, I_{\{T_n\wedge R>0\}}\right] \leq a\, E\left[B_{T_n\wedge R}\, I_{\{T_n\wedge R>0\}}\right] \leq a\, E\left[(B_R\wedge\lambda)\, I_{\{R>0\}}\right].$$

$$\lambda \mathbb{P}\{R>0,\ B_R>\lambda\} \leq E\left[(B_R\wedge\lambda)\, I_{\{R>0\}}\right] . \ \square$$

Pour le lemme 1.4 et dans toute la suite, nous utiliserons la notation suivante : si X est un processus, le processus X^* est défini par $X^*_t = \sup_{s\leq t} |X_s|$.

LEMME 1.4 <u>Soient</u> X <u>un processus positif adapté continu à droite et</u> B <u>un processus croissant prévisible tels que pour tout temps d'arrêt</u> T <u>fini</u>

$$E[X_T | \mathcal{F}_0] \leq E[B_T | \mathcal{F}_0] .$$

<u>Si</u> F <u>est une fonction à croissance lente, il existe une constante</u> c <u>ne dépendant que de</u> F <u>telle que</u>

$$E\left[F(X^*_\infty)\right] \leq c\, E\left[F(B_\infty)\right].$$

DEMONSTRATION Il suffit de montrer comme en [8] l'inégalité suivante : pour tout $c>0$ et tout $d>0$,

$$\mathbb{P}\{X^*_\infty > c\} \leq \frac{1}{c} E[B_\infty \wedge d] + \mathbb{P}\{B_\infty > d\},$$

car en posant ensuite d=c et en intégrant en c, on obtient l'inégalité du lemme (voir [14]). Posons

$$T = \inf\{t : B_t > d\},$$

$$S = \inf\{t : X_t > c\},$$

et soit (T_n) une suite de temps d'arrêt finis croissant vers T tels que $B_{T_n} \leq d$ sur $\{T_n > 0\}$. Alors

$$\mathbb{P}\{X^*_\infty > c\} \leq \mathbb{P}\{X^*_\infty > c,\ B_\infty \leq d\} + \mathbb{P}\{B_\infty > d\}.$$

$$\mathbb{P}\{X^*_\infty > c,\ B_\infty \leq d\} = \mathbb{P}\{X^*_\infty > c,\ T=\infty\}$$
$$\leq \lim_n \mathbb{P}\{X^*_{T_n} > c,\ T_n > 0\}.$$

$$\mathbb{P}\{X^*_{T_n} > c,\ T_n>0\} = \mathbb{P}\{S \le T_n\ ,\ T_n>0\}$$
$$\le c^{-1}\ E[X_{S\wedge T_n}\ I_{\{T_n>0\}}]$$
$$\le c^{-1}\ E[B_{S\wedge T_n}\ I_{\{T_n>0\}}]$$
$$\le c^{-1}\ E[B_\infty \wedge d]\ . \ \square$$

Chacun des lemmes 1.1 , 1.2 et 1.4 entraîne que, sous les mêmes hypothèses, la conclusion est encore valable si l'on remplace la valeur en $+\infty$ des processus croissants par leur valeur en un temps d'arrêt R : il suffit d'arrêter simultanément en R les processsus A, B et X.

2. LES INEGALITES DE BURKHOLDER-DAVIS-GUNDY.

Si M est une martingale locale, les processus $[M,M]$ et $\langle M,M\rangle$ (ce dernier uniquement si M est localement de carré intégrable) ont été definis dans [11] . On pose par convention $M_0 = M_{0-} = [M,M]_{0-} = \langle M,M\rangle_{0-} = 0$. On dit que M a ses sauts prévisiblement bornés par D s'il existe un processus croissant prévisible localement borné D tel que $|\Delta M| \le D$; on peut remarquer que dans ce cas M est localement de carré intégrable. Si S et T sont deux temps d'arret, on note ${}^S M^T$ le processus défini par

$${}^S M^T_t = (\ M_{(S+t)\wedge T} - M_{S-}\ )\ 1_{\{S<T\}}\ ,$$

qui est une martingale locale par rapport à la filtration $\mathcal{G}_t = \mathcal{F}_{S+t}$. On pose aussi ${}^S M = {}^S M^\infty$; on remarquera que ${}^0 M^T$ ne coïncide pas avec le processus arrêté $M^T_t = M_{T\wedge t}$ car

$$ {}^{0}M_t^T = M_t^T \, I_{\{T>0\}} \, . $$

On vérifie aisément les égalités et inégalités suivantes:

a) $M_{T-}^* - M_{S-}^* \le ({}^{S}M^T)_\infty^* \le 2\, M_T^* \, I_{\{S<T\}}$

b) $[{}^{S}M^T, {}^{S}M^T]_\infty = ([M,M]_T - [M,M]_{S-}) \, I_{\{S<T\}} \le [M,M]_T \, I_{\{S<T\}}$

c) $\langle {}^{S}M^T, {}^{S}M^T \rangle_\infty = (\langle M,M\rangle_T - \langle M,M\rangle_S + \Delta M_S^2) \, I_{\{S<T\}}$

d) $\Delta [M,M] \le D^2 \quad ; \quad \Delta \langle M,M\rangle \le D^2 \quad ; \quad \Delta M^* \le |\Delta M| \le D$.

Par exemple, l'inégalité $\Delta\langle M,M\rangle \le D^2$ s'obtient en écrivant que si T est un temps d'arrêt totalement inaccessible, $\Delta\langle M,M\rangle_T = 0$, et si T est un temps d'arrêt prévisible,

$$ \Delta\langle M,M\rangle_T = E\,[\Delta M_T^2 \mid \mathcal{F}_{T-}] \le E\,[D_T^2 \mid \mathcal{F}_{T-}] = D_T^2 \, . $$

L'inégalité de Doob nous indique que si M est de carré intégrable

$$ E[M_\infty^{*\,2}] \le 4\, E\,[\,[M,M]_\infty] = 4\, E\,[\langle M,M\rangle_\infty] \le 4\, E[M_\infty^{*\,2}] $$

et c'est encore vrai si M est localement de carré intégrable. En appliquant cette inégalité à ${}^{S}M^T$, qui est bien ici localement de carré intégrable, on obtient

$$ E\,[(M_{T-}^* - M_{S-}^*)^2] \le 4\, E\,[\,[M,M]_T \, I_{\{S<T\}}] $$

$$ \le 4\, E\,[(\,[M,M]_{T-}^{1/2} + D_T)^2 \, I_{\{S<T\}}] $$

$$ E\,[(M_{T-}^* - M_{S-}^*)^2] \le 4\, E\,[(\langle M,M\rangle_T + \Delta M_S^2) \, I_{\{S<T\}}] $$

$$ \le 8\, E\,[(\langle M,M\rangle_{T-}^{1/2} + D_T)^2 \, I_{\{S<T\}}] $$

et aussi

$$ E\,[\,[M,M]_{T-} - [M,M]_{S-}] \le E\,[({}^{S}M^T)_\infty^{*\,2}] \le 2\, E\,[(M_{T-}^* + D_T)^2 \, I_{\{S<T\}}] $$

$$E\left[\langle M,M\rangle_{T-} - \langle M,M\rangle_{S-}\right] \leq E\left[({}^{S}M^{T})^{*\,2}_{\infty} + D_S^2\, I_{\{S<T\}}\right]$$

$$\leq 4\, E\left[(M^*_{T-} + D_T)^2\, I_{\{S<T\}}\right].$$

D'après le lemme 1.1, on obtient alors, pour toute fonction modérée F et toute martingale locale M à sauts prévisiblement bornés par D

$$E\left[F(M^*_\infty)\right] \leq c\, E\left[F(\,[M,M]^{1/2}_\infty + D_\infty)\right]$$

$$E\left[F(M^*_\infty)\right] \leq c\, E\left[F(\,\langle M,M\rangle^{1/2}_\infty + D_\infty)\right]$$

$$E\left[F(\,[M,M]^{1/2}_\infty)\right] \leq c\, E\left[F(M^*_\infty + D_\infty)\right]$$

$$E\left[F(\,\langle M,M\rangle^{1/2}_\infty)\right] \leq c\, E\left[F(M^*_\infty + D_\infty)\right]$$

où la constante c est indépendante de la martingale locale M.

Lorsque M est continue, on peut choisir D=0 et on a ainsi obtenu les inégalités de Burkholder-Davis-Gundy des martingales continues. Lorsque M admet des sauts, il faut utiliser la décomposition de Davis (introduite en [5] et étendue au cas continu en [10]). On pose pour cela

$$S_t = \sup_{s\leq t} |\Delta M_s|$$

et on décompose M en somme d'une martingale K à variation intégrable, dont l'espérance de la variation est majorée par $4\,E\left[S_\infty\right]$, et d'une martingale L dont les sauts sont prévisiblement bornés par le processus $4\,S_-$ (en posant $S_{0-} = 0$). Comme $S \leq 2\,M^*$ et $S \leq [M,M]^{1/2}$, on déduit facilement des inégalités précédentes appliquées à L avec F(x)=x l'<u>inégalité de Da-</u>

vis

$$c^{-1}\,E[M^*_\infty] \le E\,[[M,M]^{1/2}_\infty] \le c\,E[M^*_\infty]\,.$$

En appliquant cette inégalité à ${}^S M$, il vient

$$E[M^*_\infty - M^*_{S-}] \le E[{}^S M^*_\infty] \le c\,E\,[\,[{}^S M,{}^S M]^{1/2}_\infty]$$

$$\le c\,E\,[\,[M,M]^{1/2}_\infty\, I_{\{S<+\infty\}}]\,,$$

et inversement

$$E\,[\,[M,M]^{1/2}_\infty - [M,M]^{1/2}_{S-}] \le E[(\,[M,M]_\infty - [M,M]_{S-})^{1/2}]$$

$$\le c\,E[({}^S M)^*_\infty] \le 2c\,E[\,M^*_\infty\, I_{\{S<+\infty\}}]\,.$$

Il suffit alors d'utiliser le lemme 1.2 pour obtenir le résultat suivant (inégalités de Burkholder-Davis-Gundy) :

THEOREME 2.1 Pour toute fonction convexe modérée F, il existe des constantes c et C telles que pour toute martingale locale M

$$c\,E\,[F(M^*_\infty)] \le E\,[F(\,[M,M]^{1/2}_\infty)] \le C\,E\,[F(M^*_\infty)]\,.$$

REMARQUE 2.2 Dans le théorème précédent, l'hypothèse de convexité de F est essentielle : il est démontré en [3] que si F est concave, les inégalités précédentes sont fausses. En outre, on ne peut pas en général remplacer $[M,M]$ par $\langle M,M\rangle$. Nous verrons en 4.2 les relations entre $[M,M]$ et $\langle M,M\rangle$.

REMARQUE 2.3 Chevalier a démontré récemment [4] la jolie inégalité suivante : si l'on pose $S(M)_t = \max(M^*_t\,,\,[M,M]^{1/2}_t)$ et $I(M)_t = \min(M^*_t\,,\,[M,M]^{1/2}_t)$, il existe pour tout $p\geq 1$ une constante c_p telle que pour toute martingale M ,

$$E\left[S(M)_\infty^p\right] \leq c_p\, E\left[I(M)_\infty^p\right].$$

On peut parvenir au même résultat avec les méthodes décrites ci-dessous. On part de l'inégalité déjà rencontrée

$$E\left[[M,M]_\infty^{1/2}\right] \leq c\, E\left[M_\infty^* + D_\infty\right]$$

où M a ses sauts prévisiblement bornés par D. On en déduit par application du lemme 1.2.a) que

$$E\left[[M,M]_\infty\right] \leq c\, E\left[[M,M]_\infty^{1/2}(M_\infty^* + D_\infty)\right],$$

puis, en posant $X = [M,M]_\infty^{1/2} + D_\infty$, $Y = M_\infty^* + D_\infty$,

$$E[X^2] \leq c\, E[XY],$$

ce qui joint à $E[Y^2] \leq c'\, E[X^2]$ entraîne que

$$E[\max(X^2,Y^2)] \leq E[X^2] + E[Y^2] \leq c(1+c')\, E[XY]$$

$$= c(1+c')\, E[\max(X,Y)\min(X,Y)]$$

$$\leq c(1+c')(E[\max(X^2,Y^2)])^{1/2}(E[\min(X^2,Y^2)])^{1/2}$$

d'où finalement, si M est de carré intégrable, donc $E[X^2] + E[Y^2] < \infty$,

$$E[S(M)_\infty^2] \leq c\, E[(I(M)_\infty + D_\infty)^2],$$

et c'est encore vrai par localisation lorsque M est localement de carré intégrable. Utilisant cette inégalité pour ${}^R M^T$ et les majorations

$$S(M)_{T-} - S(M)_{R-} \leq S({}^R M^T)_\infty$$

$$I({}^R M^T)_\infty \leq 2\,(I(M)_{T-} + D_T)\, I_{\{R<T\}}$$

on obtient alors grâce au lemme 1.1

$$E\left[F(S(M)_\infty)\right] \leq c\, E\left[F(I(M)_\infty + D_\infty)\right]$$

pour toute fonction F modérée, en particulier pour F(x)=x. Là encore, la décomposition de Davis M=K+L permet d'avoir

$$E\left[S(M)_\infty\right] \leq c\, E\left[I(M)_\infty\right]$$

pour toute martingale M, et pour terminer le lemme 1.2.b) nous donne

$$E\left[F(S(M)_\infty)\right] \leq c\, E\left[F(I(M)_\infty)\right]$$

pour toute fonction F convexe modérée et toute martingale M.

3. APPLICATIONS AUX SURMARTINGALES ET SOUS-MARTINGALES.

Nous dirons que un processus positif Z est une surmartingale positive s'il se décompose sous la forme $Z = M - A$, où M est une martingale locale (positive) et A un processus croissant prévisible nul en zéro. Cette décomposition est unique, M et A convergent p.s. à l'infini dans $\mathbb{R}_+$, et on a le résultat suivant :

THEOREME 3.1 *Soit F une fonction modérée. Il existe une constante c telle que pour toute surmartingale positive Z de décomposition $Z = M - A$ et tout temps d'arrêt R, on ait*

$$E\left[F(A_R)\right] \leq c\, E\left[F(Z^*_{R-})\right].$$

DEMONSTRATION Comme Z est optionnel, le processus croissant $B_t = \sup_{s<t} Z^R_s$ (avec $B_0=0$) est adapté et continu à gauche, donc prévisible. Si S et T sont deux temps d'arrêt tels que $S\leq T$ et $M^T - M_0$ soit une martingale uniformément intégrable, a-

lors

$$E\left[A_T^R - A_S^R\right] = E\left[M_T^R - M_S^R + Z_S^R - Z_T^R\right]$$

$$= E\left[Z_S^R - Z_T^R\right] \leq E\left[Z_S^R\, I_{\{S<T\}}\right]$$

$$\leq E\left[B_T\, I_{\{S<T\}}\right].$$

Cette inégalité est encore valable dans le cas général, car on peut réduire la martingale locale $M - M_0$ par une suite croissante (T_n) tendant vers l'infini et passer à la limite dans chaque membre. Le résultat est finalement une conséquence directe du lemme 1.1 . □

On obtient par exemple l'inégalité du théorème 3.1 lorsque Z est le potentiel droit (resp. gauche) du processus croissant prévisible (resp. optionnel) A .

Voyons maintenant les sous-martingales. Nous dirons que Z est une <u>sous-martingale</u> <u>locale</u> si Z = M + A, où M est une martingale locale et A un processus croissant prévisible nul en zéro, la décomposition étant évidemment unique. On obtient dans ce cas les inégalités suivantes :

THEOREME 3.2 <u>Soit</u> Z <u>une</u> <u>sous-martingale</u> <u>locale</u> <u>de</u> <u>décomposition</u> Z = M + A.

1) <u>Si</u> F <u>est</u> <u>convexe</u> <u>modérée</u> <u>d'exposant</u> p, <u>on</u> <u>a</u>

$$E\left[F(A_\infty)\right] \leq (2p)^p\, E\left[F(Z^*_\infty)\right]$$

2) <u>Si</u> Z <u>est</u> <u>prévisible</u> <u>et</u> F <u>modérée</u>, <u>il</u> <u>existe</u> c <u>telle</u> <u>que</u>

$$E\left[F(A_\infty)\right] \leq c\, E\left[F(Z^*_\infty)\right]$$

3) <u>Si</u> Z <u>est</u> <u>positive</u>, M <u>est</u> <u>une</u> <u>martingale</u> <u>uniformément</u> <u>intégra-</u>

<u>ble et F est convexe modérée d'exposant</u> p, <u>on a</u>

$$E\left[F(Z_0 + A_\infty)\right] \le p^p \, E\left[F(Z_\infty)\right]$$

4) <u>Si</u> Z <u>est positive continue à droite et si</u> F <u>est à croissance lente, il existe</u> c <u>telle que</u>

$$E\left[F(Z^*_\infty)\right] \le c \, E\left[F(Z_0 + A_\infty)\right]$$

5) <u>Si</u> Z <u>est positive, converge p.s. à l'infini dans</u> $\mathbb{R}_+$, <u>et si</u> F <u>est concave</u>

$$E\left[F(Z_\infty)\right] \le 2 \, E\left[F(Z_0 + A_\infty)\right] .$$

DEMONSTRATION On peut supposer dans chacun de ces cas que $M-M_0$ est une martingale uniformément intégrable. La démonstration de 1) repose sur le lemme 1.2.b) et l'inégalité

$$E\left[A_\infty - A_S\right] = E\left[M_S - M_\infty + Z_\infty - Z_S\right]$$

$$= E\left[Z_\infty - Z_S\right] \le 2 \, E\left[Z^*_\infty \, I_{\{S<\infty\}}\right].$$

Le même lemme donne la conclusion de 3) avec cette fois l'inégalité

$$E\left[(A_\infty + Z_0) - (A_S + Z_0) I_{\{S>0\}}\right] = E\left[Z_\infty - Z_S + Z_0 I_{\{S=0\}}\right]$$

$$= E\left[Z_\infty - Z_S \, I_{\{S>0\}}\right] \le E\left[Z_\infty I_{\{S<+\infty\}}\right]$$

Si Z est prévisible, ce qui veut dire que M est continue, alors Z^* est également prévisible, car pour $a>0$, l'ensemble $H=\{Z>a\}$ est prévisible et $\{Z^*>a\} =]\!]D_H, +\infty[\![\cup ([\![0, D_H]\!] \cap H)$. On utilise alors le lemme 1.1 et l'inégalité

$$E\left[A_T - A_S\right] = E\left[M_S - M_T + Z_T - Z_S\right] = E\left[Z_T - Z_S\right]$$

$$\le 2 \, E\left[Z^*_T \, I_{\{S<T\}}\right] .$$

On obtient 4) en utilisant le lemme 1.4 avec $X=Z$ et $B=Z_0 + A$, car si T est fini,

$$E[Z_T | \mathcal{F}_0] = E[M_T | \mathcal{F}_0] + E[A_T | \mathcal{F}_0] = E[M_0 + A_T | \mathcal{F}_0].$$

Enfin 5) s'obtient grâce au lemme 1.3 et à l'égalité

$$E\ Z_T\ I_{\{T>0\}} = E[(M_0+A_T)\ I_{\{T>0\}}]. \qquad \square$$

EXEMPLE 3.3 Considérons comme en [14] une martingale locale continue nulle en zéro M, et soit L son temps local en zéro, c'est-à-dire l'unique processus croissant continu nul en zéro tel que $|M| - L$ soit une martingale locale ($M^+ - \frac{1}{2} L$ est alors aussi une martingale locale). On a dans ce cas

1) Si F est modérée

$$E[F(L_\infty)] \leq c\ E[F(\sup_t M_t)]$$

2) Si F est modérée convexe et si M est une martingale uniformément intégrable

$$E[F(L_\infty)] \leq (2p)^p\ E[F(M^+_\infty)]$$

3) Si F est à croissance lente

$$E[F(M^*_\infty)] \leq c\ E[F(L_\infty)]$$

4) Si F est concave et si M converge p.s. à l'infini

$$E[F(|M_\infty|)] \leq 2\ E[F(L_\infty)].$$

4. AUTRES APPLICATIONS.

Soit B un processus croissant continu à droite localement intégrable : on rappelle que la projection duale optionnelle de B est le processus croissant adapté localement intégrable continu à droite A caracterisé par la propriété suivante: pour tout processus optionnel positif X, on a

$$E\left[\int_0^\infty X_s\, dA_s\right] = E\left[\int_0^\infty X_s\, dB_s\right].$$

De façon analogue, la projection duale prévisible est le processus croissant prévisible localement intégrable continu à droite caracterisé par la meme égalité avec X prévisible positif.

THEOREME 4.1 <u>Soit</u> B <u>un processus croissant continu à droite localement intégrable de projection duale (optionnelle ou prévisible</u>) A.

1) <u>Si</u> F <u>est convexe d'exposant</u> p, <u>on a</u>

$$E\left[F(A_\infty)\right] \leq p^p\left[E \ F(B_\infty)\right]$$

2) <u>Si</u> F <u>est concave</u>, <u>on a</u>

$$E\left[F(B_\infty)\right] \leq 2\, E\left[F(A_\infty)\right].$$

DEMONSTRATION Pour tout temps d'arrêt T, le processus $X = I_{[\![T,+\infty[\![}$ est optionnel tandis que le processus $Y = I_{]\!]T,+\infty[\![\,\cup\,([\![0]\!]\cap[\![T]\!])}$ et Z=1-Y sont prévisibles. Si A est la projection duale optionnelle de B, alors (avec $A_{0-}=B_{0-}=0$)

$$E\left[A_\infty - A_{T-}\right] = E\left[\int_0^\infty X_s\, dA_s\right] = E\left[\int_0^\infty X_s\, dB_s\right]$$

$$= E\left[B_\infty - B_{T-}\right] \leq E\left[B_\infty I_{\{T<+\infty\}}\right].$$

Si A est la projection duale prévisible de B,

$$E\left[A_\infty - A_T I_{\{T>0\}}\right] = E\left[\int_0^\infty Y_s\, dA_s\right] = E\left[\int_0^\infty Y_s\, dB_s\right]$$

$$= E\left[B_\infty - B_T I_{\{T>0\}}\right] \leq E\left[B_\infty I_{T<+\infty}\right]$$

Inversement, si A est projection duale (optionnelle ou prévisible) de B,

$$E\left[A_T I_{\{T>0\}}\right] = E\left[\int_0^\infty Z_s\, dA_s\right] = E\left[\int_0^\infty Z_s\, dB_s\right]$$

$$= E\left[B_T\, I_{\{T>0\}}\right] .$$

Les lemmes 1.2 et 1.3 permettent de conclure. □

REMARQUE 4.2 Lorsque M est une martingale localement de carré intégrable, le processus $\langle M,M\rangle$ est projection duale prévisible de $[M,M]$ et le théorème précédent détermine les inégalités entre $\langle M,M\rangle$ et $[M,M]$. On ne peut obtenir mieux, comme le montre l'exemple suivant, repris de [8]. On prend pour Ω l'ensemble $[0,1]$ muni de la mesure de Lebesgue sur la tribu des ensembles mesurables au sens de Lebesgue $\mathcal{F}$. On prend pour $\mathcal{F}_t$ la tribu dégénérée si $t<1$, la tribu $\mathcal{F}$ pour $t\geq 1$. Pour tout n, soit M^n la martingale ainsi définie

- pour $t<1$, $M^n_t = 0$
- pour $t\geq 1$, $M^n_t(\omega) = (n)^{1/2}$ si $0\leq\omega\leq n^{-1}$

$= -(n)^{1/2}$ si $n^{-1}\leq\omega\leq 2n^{-1}$

$= 0$ si $\omega>2n^{-1}$

On a alors $\langle M^n,M^n\rangle_\infty = 2$, $[M^n,M^n]_\infty = (M^{n*}_\infty)^2 = n\, I_{[0,2/n]}$. Pour toute fonction F

$$E\ F(\langle M^n,M^n\rangle_\infty) = E\left[F((M^{n*}_\infty)^2)\right] = F(2)$$

$$E\left[F([M^n,M^n]_\infty)\right] = 2\ F(n)/n .$$

On ne peut donc avoir

$$E\left[F(\langle M,M\rangle_\infty)\right] \leq c\ E\left[F([M,M]_\infty)\right]$$

si $\lim_{x\mapsto\infty} F(x)/x = 0$, ni l'inégalité inverse si $\lim_{x\mapsto\infty} F(x)/x = +\infty$.

REMARQUE 4.3 Métivier et Pellaumail [9] ont démontré l'inégalité suivante : si M est une martingale localement de carré intégrable, on a pour tout temps d'arret T

$$E[(M^*_{T-})^2] \leq 4\,E\,[\,[M,M]_{T-} + \langle M,M\rangle_{T-}\,]\ .$$

Le lemme 1.3 montre alors que pour toute fonction concave F, on a

$$E\,[F((M^*_{T-})^2)\,] \leq 4\,E\,[F(\,[M,M]_{T-} + \langle M,M\rangle_{T-}\,)]\ .$$

Terminos sur une application du lemme 1.4 :

PROPOSITION 4.4 _Soit_ X _un processus continu à droite adapté, et supposons qu'il existe une suite_ (T_n) _de temps d'arrêt croissant vers_ $+\infty$ _telle que pour tout temps d'arrêt fini_ T, $X_{T_n\wedge T}$ _soit intégrable et_ $E[X_{T_n\wedge T}\,|\,\mathcal{F}_0] \geq 0$. _Soit_ A _un processus croissant continu à droite prévisible vérifiant_ $X \leq A$. _Si_ F _est à croissance lente, il existe_ c _tel que_

$$E\,[F(X^*_\infty)\,] \leq c\,E\,[F(A_\infty)\,].$$

DEMONSTRATION L'inégalité

$$E\,[A_{T_n\wedge T} - X_{T_n\wedge T}\,|\,\mathcal{F}_0] \leq E\,[A_{T_n\wedge T}\,|\,\mathcal{F}_0]$$

donne, grâce au lemme de Fatou

$$E\,[A_T - X_T\,|\,\mathcal{F}_0\,] \leq E\,[A_T\,|\,\mathcal{F}_0\,].$$

En appliquant le lemme 1.4, on obtient

$$E\,[F((A-X)^*_\infty)\,] \leq c\,E\,[F(A_\infty)\,]\ ,$$

et comme $F(x+y) \leq c'\,(\,F(x) + F(y)\,)$, il vient

$$E\,[F(X^*_\infty)\,] \leq c'\,E\,[\,F((A-X)^*_\infty) + F(A_\infty)\,]$$

$$\leq c'(1+c)\,E\,[\,F(A_\infty)\,]\ .$$

Par exemple, si Z est une sous-martingale locale prévisible continue à droite, avec $Z_0 \geq 0$, on obtient pour $p<1$

$$E\,[\sup_t |Z_t|^p\,] \leq c_p\,E\,[(\,\sup_t Z_t\,)^p]\ .$$

Cette inégalité a été démontrée pour une martingale locale continue par Burkholder [2] et dans le cas général par Yor [14].

REFERENCES

[1] D. L. BURKHOLDER. Distribution function inequalities for martingales. Ann. Prob. 1 (1973) p. 19-42

[2] D. L. BURKHOLDER. One-sided maximal functions and H^p. J. Funct. Anal. 18 (1975) p. 429-454

[3] D.L. BURKHOLDER, R. F. GUNDY. Extrapolation and interpolation of quasi-linear operators on martingales. Acta Math. 124 (1970) p. 249-304

[4] L. CHEVALIER. Un nouveau type d'inégalités pour les martingales discrètes. A paraitre in Z. Wahrscheinlichkeitstheorie verw. Gebiete

[5] B. J. DAVIS. On the integrability of the martingale square function. Israel J. of Math. 8 (1970) p. 187-190

[6] C. DELLACHERIE. Majorations de martingales et processus croissants. Sém. de Probabilités XIII , Lect. Notes in Math. Springer-Verlag 1979

[7] A. GARSIA. Martingale inequalities. Seminar notes on recent progress. Benjamin, Reading 1973

[8] E. LENGLART. Relation de domination entre deux processus. Ann. I. H. P. 13 (1977) p. 171-179

[9] M. METIVIER, J. PELLAUMAIL. Une formule de majoration pour martingales. C.R.A.S. Paris Série A, t. 275 (1977) p.685-688

[10] P. A. MEYER. Martingales and stochastic integrals I. Lect. Notes in Math. 284. Springer-Verlag 1972.

[11] P. A. MEYER. Un cours sur les intégrales stochastiques . Sém. de Probabilités X Lecture Notes in Math. 511 Springer-Verlag 1976

[12] J. NEVEU. Martingales à temps discret. Masson 1972

[13] M. PRATELLI. Sur certains espaces de martingales localement de carré intégrable. Sém. de Probabilités X. Lect. Notes in Math. 511. Springer-Verlag 1976

[14] M. YOR. Les inégalités de sous-martingales comme conséquence de la relation de domination. Stochastics - Vol 3 - 1979.

E. LENGLART
Dépt. de Mathématique. Université de Rouen.
76130 MONT SAINT AIGNAN. France

D. LEPINGLE
Dépt. de Mathématique. Université d'Orléans
45046 ORLEANS. France

M. PRATELLI
Scuola Normale Superiore
56100 PISA. Italie

APPENDICE A L'EXPOSE PRECEDENT: INEGALITES DE SEMI MARTINGALES

E. Lenglart

Nous considérons un espace de probabilité filtré $(\Omega,\underline{\underline{F}},\underline{\underline{F}}_t,P)$ vérifiant les conditions habituelles et F une fonction convexe modérée (croissante, nulle en 0), d'exposant p.

L^F désigne l'espace des v.a. X telles que $\|X\|_F = \inf\{c>0,\ E\,F(|X|/c)\leq 1\}$ soit fini. L^F muni de cette norme est un espace de Banach. F étant modérée, $X\in L^F$ si et seulement si $F(|X|)\in L^1$. Nous appelons $\underline{\underline{M}}^F(P)$ (resp. $\underline{\underline{A}}^F(P)$, $\underline{\underline{V}}^F(P)$) l'espace des P-martingales M telles que $M^*_\infty\in L^F$ (resp. des processus adaptés à variation finie, prévisibles nuls en 0 pour $\underline{\underline{V}}^F(P)$, tels que $\int_0^{+\infty}|dA_s|\in L^F$). $H^F(P)$ désigne l'espace des P-semimartingales égal à $\underline{\underline{M}}^F(P)+\underline{\underline{A}}^F(P) = \underline{\underline{M}}^F(P)\oplus\underline{\underline{V}}^F(P)$; $S^F(P)$ l'espace des semimartingales X telles que $X^*_\infty\in L^F(P)$. Il est clair que $H^F(P)\subset S^F(P)$.

Si X est une semimartingale spéciale, nous notons $\tilde{X}$ son "compensateur prévisible", c'est à dire l'unique processus à variation finie sur tout compact, prévisible et nul en 0, tel que $X-\tilde{X}$ soit une martingale locale. La martingale locale $\overset{c}{X} = X-\tilde{X}$ est la "compensée" de X.

LEMME. <u>Soit</u> X <u>une semimartingale spéciale</u>. <u>Si</u> σ_X <u>est un processus prévisible à valeurs dans</u> $\{-1,+1\}$ <u>tel que</u> $|d\tilde{X}| = \sigma_X.dX$, <u>on a</u>

$$\left\|\int_0^{+\infty}|d\tilde{X}_s|\right\|_F \leq 2p\,\|(\sigma_X.X)^*_\infty\|_F \quad .$$

DEMONSTRATION. C'est en fait l'inégalité 2 du th. 3.2 de l'exposé précédent:

a) <u>Si</u> X <u>est une sous martingale locale</u> (i.e. $\sigma_X=1$). Par arrêt, on peut supposer que X est de la classe (D). On a alors $E[\tilde{X}_\infty-\tilde{X}_T] = E[X_\infty-X_T]\leq E[2X^*_\infty I_{\{T<+\infty\}}]$ et on conclut par le lemme de Garsia-Neveu.

b) <u>Cas général</u>. $\sigma_X.X$ est associée à $\sigma_X.\tilde{X} = \int_0^{\cdot}|d\tilde{X}_s|$ et donc est une sous martingale locale.

De cette inégalité, nous pouvons déduire une généralisation des inégalités de Burkholder-Davis-Gundy (B-D-G) aux semi martingales. Si X est une semimartingale spéciale, on note $\|X\|_{H^F} = \left\|[\overset{c}{X},\overset{c}{X}]^{\frac{1}{2}}_\infty+\int_0^{+\infty}|d\tilde{X}_s|\right\|_F$ $\|X\|_{S^F} = \|X^*_\infty\|_F$ et $P_{H^F}(X) = \sup\{\|\sigma.X\|_{S^F}\ ,\ \sigma$ prévisible borné par $1\}$.

THEOREME 1. <u>Il existe deux constantes universelles</u> $0<c_F<C_F<+\infty$ <u>telles que pour toute semimartingale spéciale</u> X <u>on ait</u>

$$c_F\,\|X\|_{H^F}\leq\|\sigma_X.X\|_{S^F}\leq P_{H^F}(X)\leq C_F\,\|X\|_{H^F} \quad .$$

DEMONSTRATION. On peut encore supposer que X est une sous martingale locale (i.e. $\sigma_X = 1$) car: $\|\sigma_X . X\|_{H^F} = \|X\|_{H^F}$ et $P_{H^F}(\sigma_X . X) = P_{H^F}(X)$.

a) $\|X\|_{H^F} \leq \| [\overset{c}{X},\overset{c}{X}]_\infty^{\frac{1}{2}} \|_F + \|\tilde{X}_\infty\|_F \leq a_F \|\overset{c}{X}\|_{S^F} + \|\tilde{X}_\infty\|_F$ (B-D-G)

$\leq a_F \|X\|_{S^F} + (a_F+1) \|\tilde{X}_\infty\|_F \leq (a_F + 2p(a_F+1)) \|X\|_{S^F}$ (Lemme).

b) Si σ est prévisible, borné par 1:

$\|\sigma.X\|_{S^F} \leq \|\sigma.\overset{c}{X}\|_{S^F} + \|\tilde{X}_\infty\|_F \leq b_F \| [\sigma.\overset{c}{X}, \sigma.\overset{c}{X}]_\infty^{\frac{1}{2}} \|_F + \|\tilde{X}_\infty\|_F$ (B-D-G) $\leq (b_F+1)\|X\|_{H^F}$

COROLLAIRE 1. <u>Si</u> $Q_{H^F}(X) = \sup \{\|I_A . X\|_{S^F}$, A prévisible$\}$, <u>les normes</u> $\| \, \|_{H^F}$, P_{H^F} et Q_{H^F} <u>sont équivalentes</u>.

COROLLAIRE 2. <u>Si</u> X <u>est une sous martingale locale</u>, <u>on a</u>

$c_F \|X\|_{H^F} \leq \|X\|_{S^F} \leq C_F \|X\|_{H^F}$

Ce résultat figure dans Yor [3] .

COROLLAIRE 3. <u>Si</u> Q <u>est une probabilité absolument continue par rapport à</u> P, <u>de densité bornée</u>, $H^F(P)$ <u>est inclus dans</u> $H^F(Q)$, <u>avec une norme plus forte</u>.

DEMONSTRATION. C'est évident avec les normes $P_{H^F(P)}$ et $P_{H^F(Q)}$.

REMARQUE. En fait, Yor a prouvé dans [4] , à l'aide du lemme de Kintchine, une inégalité beaucoup plus forte: si $p \geq 1$, soit $N_p(X) = \sup_E \|\sigma.X\|_p$ où E désigne l'ensemble des processus prévisibles élémentaires de la forme $\sum a_i I_{]t_i, t_{i+1}]}$ avec $0 \leq t_0 \leq t_1 \leq \dots \leq t_n$ et a_i est $\underline{\underline{F}}_{t_i}$ - mesurable bornée par 1.

Pour tout $p \geq 1$ les normes $\| \, \|_{H^p}$ et N_p sont équivalentes.

Nous allons maintenant démontrer par les méthodes générales exposées dans l'article précédent, une inégalité dûe à Stein dans le cas discret et pour $p > 1$, Lepingle [1] pour $F(x) = x$, et Yor [5] pour le cas général. Ce théorème est démontré, dans les articles précités, par des techniques de dualité (qui donnent d'ailleurs de meilleures constantes).

THEOREME 2. <u>Il existe une constante</u> $c'_F < +\infty$ <u>telle que pour toute semi-martingale spéciale</u> X <u>on ait</u> $\| [\tilde{X},\tilde{X}]_\infty^{\frac{1}{2}} \|_F \leq c'_F \| [X,X]_\infty^{\frac{1}{2}} \|_F$.

DEMONSTRATION.

a) Si $F(x) = x^2$. C'est alors bien connu et est démontré dans Stricker [2] : Si T est un t.a. prévisible, $\Delta \tilde{X}_T = E[\Delta X_T \mid \underline{\underline{F}}_{T-}]$ et donc $E[\Delta \tilde{X}_T^2] \leq E[\Delta X_T^2]$. En sommant sur une suite de temps d'arrêt prévisibles à graphes disjoints et épuisant les sauts de X, on obtient $E[[\tilde{X},\tilde{X}]_\infty] \leq E[[X,X]_\infty]$.

b) Si X est à sauts prévisiblement bornés par un processus croissant prévisible D. Pour tout temps d'arrêt T on a $E[[\tilde{X},\tilde{X}]_T I_{\{T>0\}}] \leq E[([X,X]^{\frac{1}{2}}_{T-} + D_T)^2 I_{\{T>0\}}]$. En appliquant le lemme 1.3 sur les fonctions concaves, on obtient alors $E[[\tilde{X},\tilde{X}]^{\frac{1}{2}}_\infty] \leq 2\, E[[X,X]^{\frac{1}{2}}_\infty + D_\infty]$.

c) Si $F(x) = x$. On obtient le résultat à l'aide d'une sorte de décomposition de Davis, mais plus simple: on peut supposer que X est intégrable. Soit $S_t = \sup_{s\leq t}|\Delta X_s|$ et $K_t = \sum_{s\leq t} \Delta X_s I_{\{|\Delta X_s| \geq 2 S_{s-}\}}$. K a sa variation totale majorée par $2 S_\infty$ elle même majorée par $2[X,X]^{\frac{1}{2}}_\infty$.
On a alors $X = Y + K$ et $|\Delta Y| \leq 2 S_-$ .On a alors, en omettant l'indice ∞ :
$E[[\tilde{Y},\tilde{Y}]^{\frac{1}{2}}] \leq 2\, E[[Y,Y]^{\frac{1}{2}} + 2\, S] \leq 2\, E[[K,K]^{\frac{1}{2}} + 3[X,X]^{\frac{1}{2}}] \leq 10\, E[[X,X]^{\frac{1}{2}}]$.
$E[[\tilde{K},\tilde{K}]^{\frac{1}{2}}] \leq E[\int_0^{+\infty} |d\tilde{K}_s|] \leq E[\int_0^{+\infty} |dK_s|] \leq 2\, E[[X,X]^{\frac{1}{2}}]$.
D'où $E[[\tilde{X},\tilde{X}]^{\frac{1}{2}}] \leq 12\, E[[X,X]^{\frac{1}{2}}]$.

d) Cas général. Considérant la semimartingale par rapport à F_{T+t} , ${}^T X = (X_{T+t} - X_T)\, I_{\{T<+\infty\}}$ (T étant un temps d'arrêt), on obtient
$E[[\tilde{X},\tilde{X}]^{\frac{1}{2}}_\infty - [\tilde{X},\tilde{X}]^{\frac{1}{2}}_T] \leq E[([\tilde{X},\tilde{X}]_\infty - [\tilde{X},\tilde{X}]_T)^{\frac{1}{2}}] \leq 12\, E[[{}^T X, {}^T X]^{\frac{1}{2}}_\infty] \leq 12\, E[[X,X]^{\frac{1}{2}}_\infty I_{\{T<\infty\}}]$
En appliquant le lemme de Garsia-Neveu, on a alors:
$\|[\tilde{X},\tilde{X}]^{\frac{1}{2}}_\infty\|_F \leq 12p\, \|[X,X]^{\frac{1}{2}}_\infty\|_F$.

COROLLAIRE 1. <u>Sous les mêmes hypothèses, on a</u> $\|[\tilde{X},\tilde{X}]^{\frac{1}{2}}_\infty\|_F \leq (c'_F + 1)\, \|[X,X]^{\frac{1}{2}}_\infty\|_F$

COROLLAIRE 2. <u>Soient</u> $X \in H^F(\underline{\underline{F}}_\cdot, P)$, , Q <u>une probabilité absolument continue par rapport à</u> P <u>et de densité bornée</u>, <u>et</u> $\underline{\underline{G}}_\cdot$ <u>une autre filtration</u>. <u>Si</u> X <u>est une</u> $(\underline{\underline{G}}_\cdot, Q)$ <u>semimartingale</u>, <u>alors la</u> $(\underline{\underline{G}}_\cdot, Q)$ <u>compensée de</u> X <u>appartient à</u> $H^F(\underline{\underline{G}}_\cdot, Q)$ <u>et</u> X <u>appartient à</u> $H^F_{loc}(\underline{\underline{G}}_\cdot, Q)$

DEMONSTRATION. Si X appartient à $H^F(\underline{\underline{F}}_\cdot, P)$, on a $\|[X,X]^{\frac{1}{2}}_\infty\|^P_F \leq \|X\|_{H^F(\underline{\underline{F}}_\cdot, P)} < \infty$, par suite, $\|[X,X]^{\frac{1}{2}}_\infty\|^Q_F < +\infty$, d'où le résultat.
X est alors dans $H^F_{loc}(\underline{\underline{G}}_\cdot, Q)$ car tout processus prévisible à variation finie sur tout compact est localement borné.

REMARQUE. Si $\underline{\underline{G}}_\cdot \subset \underline{\underline{F}}_\cdot$, et X est $\underline{\underline{G}}_\cdot$ - adaptée, X appartient à $H^F(\underline{\underline{G}}_\cdot, Q)$ car il est clair que $P_{H^F(\underline{\underline{G}}_\cdot, Q)} \leq P_{H^F(\underline{\underline{G}}_\cdot, Q)} \leq c\, P_{H^F(\underline{\underline{F}}_\cdot, P)}$.

UNE REMARQUE SUR LES CHANGEMENTS DE PROBABILITE.

Dellacherie a montré que si X est une semimartingale, il existe une probabilité Q équivalente à P et de densité bornée telle que pour tout t $X^t \in \underline{\underline{M}}^2(Q) \oplus \underline{\underline{V}}^1(Q)$. Nous allons voir que les théorèmes 1 et 2 entrainent le résultat plus fort, démontré par Bichteler dans le cas p = 2, et par Dellacherie (communication personnelle) dans le cas général.

THEOREME 3. Soit $(X^n)_n$ une suite de semimartingales. Il existe une probabilité Q équivalente à P, de densité bornée, telle que pour tout n et t, X^n arrêtée en t appartienne à $\bigcap_p H^p(Q) \cap H^F(Q)$.

DEMONSTRATION. Nous traitons le cas d'une semimartingale, l'argument étant essentiellement le même pour une suite. Rappelons un lemme du à Dellacherie et qui se déduit immédiatement du lemme de Borel-Cantelli: Si $(Z_n)_n$ est une suite de v.a. p.s. finies, il existe une probabilité Q équivalente à P, de densité bornée, telle que Z_n soit Q-intégrable pour tout n.

Soit Q_1 une probabilité équivalente à P, de densité bornée, telle que pour tout n et t $[X,X]_t^n$ et $F([X,X]_t^{\frac{1}{2}})$ soient Q_1 intégrables. X est alors une Q_1 semimartingale spéciale et, d'après le théorème 2, pour tout t sa Q_1 compensée, M , arrêtée en t appartient à $\bigcap_p H^p(Q_1) \cap H^F(Q_1)$. Si A est le Q_1 compensateur prévisible de X, on peut trouver une probabilité Q équivalente à Q_1, de densité bornée, telle que pour tout n et t $(\int_0^t |dA_s|)^n$ et $F(\int_0^t |dA_s|)$ soient Q intégrables; alors pour tout t $A^t \in \bigcap_p H^p(Q) \cap H^F(Q)$ et, d'après le corollaire 3 du th. 1, il en est de même de M^t et donc de X^t.

REFERENCES

1 D. LEPINGLE. Une inégalité de martingale. Séminaire de probabilité XII

2 C. STRICKER. Quasi martingales, martingales locales, semimartingales et filtration naturelle. Z.W. 39, 1977.

3.M. YOR. Les inégalités de sous martingales comme conséquence de la relation de domination. Stochastics, Vol. 3, 1979.

4 M.YOR. Quelques interactions entre mesures vectorielles et intégrales stochastiques. Sém. de Théorie du potentiel IV, lect. notes in M. n• 713, 1979.

5 M. YOR. En cherchant une définition naturelle des intégrales stochastiques optionnelles. Séminaire de proba. XIII. Lect. Notes in Maths 721. Springer (1979).

Erik LENGLART
Université de Rouen
Département de mathématiques
76 130 Mont saint Aignan.

SUR L'INTEGRABILITE UNIFORME DES MARTINGALES CONTINUES

J. AZEMA, R.F. GUNDY ET M. YOR

I. Introduction. Soit (X_t) une martingale continue définie sur un espace filtré $(\Omega,\underline{\underline{F}},(\underline{\underline{F}}_t),P)$; on note $(\langle X,X\rangle_t)$ son processus croissant, $S(X) = \sqrt{\langle X,X\rangle_\infty}$, $X^* = \sup_t |X_t|$. L'objet de cette note est de montrer le théorème suivant

THEOREME 1 : Si (X_t) est bornée dans L^1, chacune des deux conditions suivantes est nécessaire et suffisante pour que (X_t) soit uniformément intégrable

a) $\lim_{\lambda\to\infty} \lambda P[X^* \geq \lambda] = 0$

b) $\lim_{\lambda\to\infty} \lambda P[S(X) \geq \lambda] = 0$

On trouvera au paragraphe VI des contre-exemples simples montrant qu'on ne peut pas supprimer l'hypothèse : (X_t) est bornée dans L^1 ; en revanche, nous ne savons pas dire grand chose quand on supprime la continuité.

II. Dans ce paragraphe, nous allons montrer la partie a) du théorème ; plus exactement, remarquer que ce résultat se trouve déjà dans la littérature sous une forme légèrement différente. La proposition suivante est en effet un cas particulier d'un théorème de Rao [11] relatif aux quasimartingales, généralisant un résultat bien connu de Johnson et Helms sur les surmartingales positives ([9]).

PROPOSITION 2 : Soit (X_t) une martingale continue à droite, bornée dans L^1 ; on pose $R_n = \inf\{t\ ;\ |X_t| \geq n\}$.

(X_t) est uniformément intégrable si et seulement si

(1) $$\lim_{n\to\infty} E[|X|_{R_n}\ ;\ \{R_n < \infty\}] = 0$$

(Pour avoir le résultat de Rao, il faut remplacer "martingale bornée dans L^1" par "quasimartingale" et "uniformément intégrable" par "de la classe (D)"). Pour éviter au lecteur un déplacement dans une bibliothèque qui n'est pas nécessairement bien chauffée, nous donnerons la démonstration dans le cas simple qui nous occupe.

Démonstration : Si (X_t) est uniformément intégrable, elle est de la classe (D) et l'on peut écrire

$$E[|X|_{R_n}\ ;\ \{R_n < \infty\}] \leq \sup_{T\in\mathcal{C}} E[|X_T|\ ;\ \{T < \infty\}\cap\{|X_T| \geq n\}]$$

où $\mathcal{C}$ désigne l'ensemble des temps d'arrêt de la filtration ; on en déduit que la condition (1) est nécessaire ; inversement, supposons (1) satisfaite, et appelons (A_t) un processus croissant adapté intégrable tel que $(|X_t|-A_t)$ soit une martingale ; on a

$$E[|X_t| \ ; \{|X_t|\geq n\}] \leq E[|X_{R_n}| \ ; \{R_n\leq t\}] + E[(|X_t|-|X_{t\wedge R_n}|) \ ; \{R_n\leq t\}]$$

$$\leq E[|X_{R_n}| \ ; \{R_n<\infty\}] + E[(A_t-A_{t\wedge R_n}) \ ; \{R_n\leq t\}]$$

$$\leq E[|X_{R_n}| \ ; \{R_n<\infty\}] + E[A_\infty \ ; \{R_n<\infty\}],$$

de sorte que le premier membre tend uniformément vers zéro quand n tend vers l'infini, puisque $P(R_n<\infty) \xrightarrow[(n\to\infty)]{} 0$. □

La partie a) du théorème 1 est alors immédiate, quand on a remarqué que la condition (1) s'écrit $\lim\limits_{n\to\infty} nP[X^*\geq n] = 0$ dans le cas où (X_t) est continue.

Le théorème de Rao ne s'étend pas aux semi-martingales : on trouvera un contre-exemple plus loin. Pour l'instant, nous allons nous attacher à la partie b) du théorème en montrant que X^* et $S(X)$ ont même comportement en loi à l'infini.

II. L'inégalité des "bons λ". Dans ce paragraphe les données sont un espace de probabilité $(\Omega,\underline{\underline{F}},P)$ et deux variables aléatoires positives f et g. Si h est une variable aléatoire positive, on notera $\sigma_h = \sup\limits_{\lambda>0} \lambda P[h\geq\lambda]$; $\ell_h = \overline{\lim\limits_{\lambda\to\infty}} \lambda P[h\geq\lambda]$

DEFINITION 3 : Soit $\Phi :]0,a] \to \mathbb{R}_+$ une fonction qui tend vers 0 quand x décroit vers 0 et β un réel > 1. On dit que le couple ordonné (f,g) satisfait à l'inégalité des "bons λ" relative au couple (β,Φ) si

$$(IB(\beta,\Phi)) : \forall\lambda > 0, \ \forall\delta\in]0,a], \quad P[f\geq\beta\lambda \ ; \ g<\delta\lambda] \leq \Phi(\delta)\, P[f\geq\lambda]$$

Il est bien connu qu'un des fondements des inégalités de Burkholder-Gundy ([7], [8]) est la conséquence suivante de $IB(\beta,\Phi)$: pour toute fonction $F : \mathbb{R}_+ \to \mathbb{R}_+$, continue, croissante, à croissance lente, et nulle en 0, il existe une constante positive c, ne dépendant que du triplet (β,Φ,F) telle que :

$$E[F(f)] \leq c\, E[F(g)].$$

(Voir, à ce sujet, l'article de Burkholder [5]).

Nous nous intéressons, pour notre part, aux inégalités de distributions qui découlent de la définition 3.

PROPOSITION 4 : Etant donné un couple (β,Φ) il existe une constante $C_{(\beta,\Phi)} \geq 0$ telle que, pour tout couple (f,g) satisfaisant à $(IB(\beta,\Phi))$ on ait

$$\text{(i)} \ \sigma_f \leq C_{(\beta,\Phi)}\, \sigma_g \quad \text{et} \quad \text{(ii)} \ \ell_f \leq C_{(\beta,\Phi)}\, \ell_g$$

De plus, la constante $C_{(\beta,\Phi)} = \inf\limits_{\{\delta|\beta\Phi(\delta)<1\}} \dfrac{\beta}{\delta(1-\beta\Phi(\delta))}$ convient

Démonstration : Choisissons δ tel que $\beta\Phi(\delta) < 1$; on peut écrire

(2) $P[f \geq \beta\lambda] \leq P[f \geq \beta\lambda \; ; \; g < \delta\lambda] + P[g \geq \delta\lambda] \leq \Phi(\delta)\, P[f \geq \lambda] + P[g \geq \delta\lambda]$

Posons $F(\lambda) = \lambda P[f \geq \lambda]$; on a, d'après ce qui précède :

$$F(\beta\lambda) \leq \beta\Phi(\delta)\, F(\lambda) + \beta/_\delta\, \sigma_g, \text{ ou encore } F(\lambda) \leq \beta\Phi(\delta)\, F(\lambda/_\beta) + \beta/_\delta\, \sigma_g$$

En itérant cette relation, on trouve que, pour tout entier n positif :

$$F(\lambda) \leq (\beta\Phi(\delta))^n\, F(\lambda/_{\beta^n}) + \frac{\beta\sigma_g}{\delta}(1 + \beta\Phi(\delta) + \ldots + (\beta\Phi(\delta))^n)$$

$$\leq F(\frac{\lambda}{\beta^n}) + \frac{\beta\sigma_g}{\delta} \; \frac{1}{1-\beta\Phi(\delta)}$$

Faisons tendre n vers l'infini ; il vient

$$F(\lambda) \leq \frac{\beta\sigma_g}{\delta(1-\beta\Phi(\delta))}, \text{ ce qui démontre (i).}$$

Pour montrer (ii), on peut supposer $\ell_g < +\infty$, ce qui entraine $\sigma_g < +\infty$; on a donc $\ell_f \leq \sigma_f < +\infty$ d'après (i). Revenant alors à l'inégalité (2), on écrit

$$\ell_f \leq \beta\Phi(\delta)\, \ell_f + \beta/_\delta\, \ell_g \quad \text{d'où l'on tire (ii)}$$

Remarque : En pratique, la fonction Φ sera souvent de la forme $cx^p (c,p > o)$. La constante $C_{(\beta,\Phi)}$ donnée dans la proposition 4 se calcule alors facilement et vaut

(3) $C_{(\beta,c,p)} = \beta^{\frac{(p+1)}{p}} (\beta c(p+1))^{1/p}$

IV. L'inégalité des bons λ entre variables terminales de processus croissants.

Voici une condition suffisante pour que les variables terminales de deux processus croissants optionnels satisfassent à l'inégalité des "bons λ". (Voir, par exemple, la démonstration du lemme 1 de Lenglart - Lépingle - Pratelli [10], dans ce volume).

PROPOSITION 5 : Soient p et a deux réels $> o$, A et B deux processus croissants optionnels (resp. prévisibles) vérifiant

(4) $E[(A_{T^-} - A_{S^-})^p] \leq a\, E[B^p_{T^-}\, 1_{\{S < T\}}]$

quelque soient les temps d'arrêt (resp. les temps d'arrêt prévisibles) S et T avec $S \leq T$, (on convient que $A_{o-} = B_{o-} = o$)
Alors, pour tout $\beta > 1$, le couple ordonné (A_∞, B_∞) vérifie $IB_{(\beta,\Phi)}$ avec $\Phi(\delta) = a \dfrac{\delta^p}{(\beta-1)^p}$

COROLLAIRE 6 : On a $\sigma_{A_\infty} \leq C_p^a \, \sigma_{B_\infty}$ et $\ell_{A_\infty} \leq C_p^a \, \ell_{B_\infty}$ avec

$$(5) \qquad C_p^a = a^{1/p} \left[(1+\tfrac{1}{p})^{1+\frac{1}{p}} p^{1/p}\right]^2$$

Démonstration : D'après la proposition 4, et la remarque qui la suit, on peut

écrire $\sigma_{A_\infty} \leq C^a_{\beta,p} \, \sigma_{B_\infty}$, avec $C^a_{\beta,p} = \frac{\beta(p+1)}{p(\beta-1)} a^{1/p} [\beta(p+1)]^{1/p}$.

Un calcul élémentaire montre alors que $C_p^a = \inf_{\beta>1} C^a_{\beta,p}$.

En suivant toujours [10], nous allons montrer que l'on peut associer à une martingale (non nécessairement continue) des couples de processus croissants vérifiant (4). Les exemples que nous donnons sont inutilement généraux pour ce qui nous concerne, mais permettent d'avancer le travail pour le cas discontinu.

Soit (M_t) une martingale locale continue à droite vérifiant $|\Delta M| \leq D_-$, où D est un processus croissant adapté (D_{0-} n'est pas nécessairement nul). M est alors localement de carré intégrable, si bien que $<M,M>$ a un sens. Si (S,T) est un couple de temps d'arrêt, on applique l'inégalité de Doob à la martingale locale ${}^S M^T = (M_{(S+\cdot)\wedge T} - M_{S-}) \, 1_{\{S<T\}}$, et l'on en tire les inégalités suivantes

$$E\left[(M^*_{T-} - M^*_{S-})^2\right] \leq 4E\left[[M,M]_T \, 1_{\{S<T\}}\right] \leq 4E\left[([M,M]^{1/2}_{T-} + D_{T-})^2 \, 1_{\{S<T\}}\right]$$

$$E\left[(M^*_{T-} - M^*_{S-})^2\right] \leq 4E\left[(<M,M>_T + \Delta M_S^2) \, 1_{\{S<T\}}\right] \leq 8E\left[(<M,M>^{1/2}_{T-} + D_{T-})^2 \, 1_{\{S<T\}}\right]$$

$$E\left[[M,M]_{T-} - [M,M]_{S-}\right] \leq E\left[({}^S M^T)^{*2}_\infty\right] \leq 2E\left[(M^*_{T-} + D_{T-})^2 \, 1_{\{S<T\}}\right]$$

$$E\left[<M,M>_{T-} - <M,M>_{S-}\right] \leq E\left[({}^S M^{T*}_\infty)^2 + D^2_{S-} \, ; \{S<T\}\right] \leq 4E\left[(M^*_{T-} + D_{T-})^2 \, ; \{S<T\}\right]$$

Ainsi les couples ordonnés $((M_t)^*, [M,M]_t^{1/2} + D_t)$, $(M_t^*, <M,M>_t^{1/2} + D_t)$, $([M,M]_t^{1/2}, M_t^* + D_t)$, $(<M,M>_t^{1/2}, M_t^* + D_t)$ vérifient tous l'inégalité (4) pour $p = 2$, les valeurs de a étant respectivement 4,8,2,4.

Appliquons maintenant le corollaire 6. On a, puisque $C_2^a = \frac{27}{4}\sqrt{a}$.

THEOREME 7 : Si (X_t) est une martingale locale continue, on a

$$\frac{4}{27\sqrt{2}} \sigma_{S(X)} \leq \sigma_{X^*} \leq \frac{27}{2} \sigma_{S(X)} \quad \text{et} \quad \frac{4}{27\sqrt{2}} \ell_{S(X)} \leq \ell_{X^*} \leq \frac{27}{2} \ell_{S(X)}$$

Il est clair que le théorème 1 est maintenant complètement démontré.

COMMENTAIRES : 1) Si X est une martingale continue bornée dans L^1 on a $\sigma_{X^*} < +\infty$; c'est l'inégalité maximale de Doob. Si maintenant $Y_t = \int_0^t H_s\, dX_s$ avec (H_t) prévisible borné, Y n'est pas nécessairement bornée dans L^1, mais, d'après le théorème 7, on a toujours $\sigma_{Y^*} < +\infty$ puisque $\sigma_{S(Y)} \leq \sigma_{S(X)}$. Ce résultat était déjà connu, même dans le cas discontinu. Voir Burkholder ([3], et [4] pour une inégalité "sharp").

2) De même, si X est maintenant uniformément intégrable, Y n'est pas nécessairement uniformément intégrable (ni même bornée dans L^1) mais vérifie $\ell_{Y^*} = 0$. On peut étendre cette remarque au cas des martingales conformes $Z = X + iY$ pour lesquelles les parties réelle et imaginaire, X et Y, vérifient $\langle X,X\rangle = \langle Y,Y\rangle$: si X est uniformément intégrable, $\ell_{Y^*} = 0$

VI. Quelques contre-exemples.

Les deux premiers contre-exemples que nous donnons illustrent le fait que dans le théorème 1, ni a) ni b) ne suffisent à entrainer l'intégrabilité uniforme de la martingale (X_t) si elle n'a pas été supposée bornée dans L^1.

1) Soient B_t un mouvement brownien réel issu de 0, Z une variable aléatoire ≥ 0 finie indépendante de (B_t) ; posons $T = \inf\{t \geq 0 \mid |B_t| \geq Z\}$, $X_t = B_{t \wedge T}$; X_t est une martingale pour sa filtration naturelle. On voit facilement que $X^* = Z$ d'une part, et que $\sup_{t>0} E|X_t| = EZ$ d'autre part.
Choisissons Z telle que $\varliminf_{\lambda\to\infty} \lambda P[Z \geq \lambda] = 0$ et $EZ = \infty$; la martingale (X_t) n'est pas uniformément intégrable quoiqu'elle vérifie a).

2) Toujours sous les mêmes hypothèses pour (B_t) et Z, prenons maintenant $T = Z$ et considérons la martingale $X_t = B_{t \wedge T}$. On a $\sqrt{\langle X,X\rangle_\infty} = \sqrt{Z}$. D'autre part, on peut écrire

$$\sup_t E|X_t| = \sup_t \int_{\mathbb{R}_+} P[T \wedge t \in da]\, E|B_a| = \sup_t \int_{\mathbb{R}_+} \sqrt{\frac{2}{\pi}} \sqrt{a}\, P[T \wedge t \in da]$$

$$= \sqrt{\frac{2}{\pi}} \sup_t E\sqrt{T \wedge t} = \sqrt{\frac{2}{\pi}} E\sqrt{Z}$$

Il suffit alors de prendre Z telle que $\lim_{\lambda\to\infty} \lambda P[\sqrt{Z} \geq \lambda] = 0$ et $E\sqrt{Z} = +\infty$ pour avoir un contre-exemple pour b), lorsque (X_t) n'est pas uniformément intégrable.

3) Le théorème de Rao ne s'étend pas aux semi-martingales ; appelons (X_t) une martingale continue uniformément intégrable mais telle que : $EX^* = +\infty$. Considérons la variable aléatoire honnête $L = \sup\{t \; ; \; |X_t| = X_t^*\}$. D'après un résultat de Barlow [2] et Yor [12], X est encore une semi-martingale dans la filtration grossie à l'aide de L. Restons dans cette filtration : (X_t) vérifie toujours (1) (qui ne dépend pas de la filtration) et pourtant n'est pas de la classe (D) puisque L est un temps d'arrêt pour lequel

$$E[|X_L|] = E[X^*] = \infty .$$

Cet exemple prouve également, c'est là une idée de Barlow, que la propriété de quasi-martingale n'est pas conservée par grossissement.

4) L'inégalité latérale de Burkholder ([6]) $E[\sup_t |X_t|^p] \leq C_p\, E[\sup_t X_t^p]$ valable pour $o < p < 1$ et (X_t) martingale locale continue, nulle en 0, peut laisser supposer qu'il se passe quelque chose de ce genre du côté de $p = o$. Il n'en est rien ; posons $\tilde{X} = \sup_t X_t$. Il est clair que le théorème 1 devient inexact quand on remplace X^* par $\tilde{X}$; pour s'en convaincre, il suffit de considérer la martingale bornée dans L^1 $X_t = B_{t\wedge T}$ où $T = \inf\{t \; ; \; X_t = 1\}$ $\tilde{X}$ est bornée et pourtant (X_t) n'est pas uniformément intégrable. Pour cette martingale, $\ell_{\tilde{X}} = o$ et $\ell_{X^*} > o$. Un peu plus subtil est le contre-exemple suivant : il prouve que l'on peut avoir $\sigma_{\tilde{X}} < +\infty$ et $\sigma_{X^*} = \infty$; considérons pour $a \geq o$ les temps d'arrêt $T_a = \inf\{t \; ; \; B_t = a\}$, une variable aléatoire Z indépendante de (B_t) et intéressons nous à la martingale $X_t = B_{t\wedge T_Z}$. Il est clair que $\tilde{X} = Z$. Posons $\underset{\sim}{X}_t = \inf_t X_t$; on peut écrire pour $\lambda \geq o$

$$\lambda P[\underset{\sim}{X} < -\lambda] = \int_{\mathbb{R}_+} \lambda P[Z \in da]\; P[\inf_t B_{t\wedge T_a} < -\lambda]$$

$$= \int_{\mathbb{R}_+} P[Z \in da]\; \frac{\lambda a}{\lambda + a} = E\Big[\frac{\lambda Z}{\lambda + Z}\Big]$$

(Pour ceux qui refusent de lire autre chose que les séminaires de Strasbourg, voir les dernières lignes de l'article [1]).

On a donc $\sup \lambda P[\underset{\sim}{X} < -\lambda] = \lim_{\lambda\to\infty} \lambda P[\underset{\sim}{X} < -\lambda] = EZ$, d'où un contre-exemple quand on prend Z vérifiant $\sigma_Z < +\infty$, mais $EZ = +\infty$.

VII. <u>Cas des sous-martingales</u>. Supposons que (X_t) soit une sous-martingale locale prévisible et appelons (A_t) le processus croissant prévisible nul à l'origine tel que $(X_t - A_t)$ soit une martingale locale.

Pour tout couple de temps d'arrêt (S,T) avec $S \leq T$ on a

$$E[A_T - A_S] \leq 2E[X_T^* \; ; \; \{S < T\}]$$

Il n'en pas difficile d'en déduire que le couple de processus croissants $((A_t),(X_t^*))$ vérifie (4) et l'on en déduit les inégalités

(6) $\qquad \sigma_{A_\infty} \leq 32\, \sigma_{X^*} \; ; \; \ell_{A_\infty} \leq 32\, \ell_{X^*}$

Appliquons ces résultats aux sous-martingales locales $(|M_t|)$ ou (M_t^+), quand (M_t) est une martingale locale continue, nulle en 0 : les processus croissants continus (A_t), nuls en 0, qui sont respectivement associés à chacune de ces sous-martingales sont (L_t^o) et $(\frac{1}{2} L_t^o)$, où (L_t^o) désigne le temps local en 0 de (M_t). On déduit donc de (6), en notant $\tilde{M} = \sup_t M_t$:

(7) $\sigma_{(L_\infty^o)} \leq 32\, \sigma_{M^*}$; $\ell_{(L_\infty^o)} \leq 32\, \ell_{M^*}$.

(8) $\sigma_{(L_\infty^o)} \leq 64\, \sigma_{\tilde{M}}$; $\ell_{(L_\infty^o)} \leq 64\, \ell_{\tilde{M}}$.

Nous estimons maintenant, à la manière du théorème 7, $\sigma_{\tilde{M}}$ et $\ell_{\tilde{M}}$.

THEOREME 8 : Soit (M_t) une martingale locale continue nulle en 0. On note $\tilde{M} = \sup_t M_t$, et $N_t = \int_o^t 1_{(M_s > o)} dM_s$ $(t \geq o)$ (rappelons que

$$S(N)_t = (\int_o^t 1_{(M_s > o)}\, d\langle M,M\rangle_s)^{1/2}).$$

Alors :

(9) $\frac{1}{2} \sigma_{\tilde{M}} \leq \sigma_{N^*} \leq 66\, \sigma_{\tilde{M}}$.

(10) $\frac{4}{27\sqrt{2}} \sigma_{S(N)} \leq \sigma_{N^*} \leq \frac{27}{2} \sigma_{S(N)}$.

Les mêmes inégalités sont vraies lorsque l'on remplace le symbole σ par ℓ.

Démonstration : (10) n'est qu'une réécriture du théorème 7 avec $X = N$.

Pour montrer (9), on utilise la formule de Tanaka :

$$M_t^+ = \int_o^t 1_{(M_s > o)} dM_s + \frac{1}{2} L_t^o = N_t + \frac{1}{2} L_t^o,$$

où (L_t^o) désigne le temps local en 0 de M.

Il découle aisément de cette formule que $\frac{1}{2} L_t^o = \sup_{(s \leq t)} (N_s^-)$, et donc :

$\tilde{M} \leq 2N^*$, ce qui entraine $\frac{1}{2} \sigma_{\tilde{M}} \leq \sigma_{N^*}$. D'après la même formule, on a :

$N^* \leq \tilde{M} + \frac{1}{2} L_\infty^o$, d'où l'on déduit aisément, d'après (8), $\sigma_{N^*} \leq 66\, \sigma_{\tilde{M}}$

Pour clore cette discussion, remarquons qu'il existe une martingale locale continue (M_t), nulle en 0, telle que $\sigma_{(L^o_\infty)} < \infty$, mais $\sigma_{\tilde{M}} = \infty$. En effet, si la condition : $\{\sigma_{(L^o_\infty)} < \infty\}$ entraînait : $\{\sigma_{\tilde{M}} < \infty\}$, elle entraînerait aussi (après échange de M en (-M)) $\{\sigma_{M^*} < \infty\}$. Or, cette dernière implication est fausse, comme on le voit aisément à partir du contre-exemple qui termine le paragraphe VI, et du théorème de Paul Lévy indiquant que les processus $(S_t - B_t, S_t)$ et $(|B_t|, L_t)$ ont même loi (ici, $S_t = \sup_{s \leq t} B_s$; (L_t) est le temps local en 0 du mouvement brownien réel (B_t), issu de $x = o$).

Remarque finale : Avec les notations du théorème 8, on a :

$\frac{1}{2} L^o_t = \sup_{(s \leq t)} (N^-_s)$. On sait donc, à l'aide de ce théorème, et de la formule de Tanaka appliquée à (N^-_t) estimer précisément $\sigma_{(L^o_\infty)}$ et $\ell_{(L^o_\infty)}$ à l'aide des quantités analogues associées au suprémum d'une martingale locale continue, ou de la racine carrée de la variable terminale de son processus croissant.

REFERENCES :

[1] J. AZEMA ET M. YOR : Une solution simple au problème de Skorokhod. Sém. de Probabilités XIII. Lect. Notes in Maths. 721. Springer (1979).

[2] M.T. BARLOW : Study of a filtration expanded to include an honest time. Z. für Wahr. 44, 307-323, 1978.

[3] D.L. BURKHOLDER : Martingale transforms. Ann. Math. Statist. 37, 1494-1504, 1966.

[4] D.L. BURKHOLDER : A sharp inequality for martingale transforms. Preprint.

[5] D.L. BURKHOLDER : Distribution function inequalities for martingales. Ann. Probability 1, 19-42, 1973.

[6] D.L. BURKHOLDER : One-sided maximal functions and H^p. Journal of Funct. Analysis. 18, 429-454, 1975.

[7] D.L. BURKHOLDER AND R.F. GUNDY : Extrapolation and interpolation of quasi-linear operators on martingales. Acta Math. 124, 249-304, 1970.

[8] D.L. BURKHOLDER AND R.F. GUNDY : Distribution function inequalities for the area integral. Studia Math. 44, 527-544, 1972.

[9] G. JOHNSON AND L.L. HELMS : Class (D) supermartingales. Bull. Amer. Math. Soc ; 69, 59-62, 1963.

[10] E. LENGLART, D. LEPINGLE, ET M. PRATELLI : Présentation unifiée des inégalités en théorie des martingales. Dans ce volume.

[11] M. RAO : Quasi-martingales. Math. Scand. 24 (1969), 79-92.

[12] M. YOR : Grossissement d'une filtration et semi-martingales : théorèmes généraux. Sém. de Probabilités XII. Lect. Notes in Maths. 649. Springer (1978).

SUR LA CONSTRUCTION D'UNE MARTINGALE CONTINUE, DE VALEUR ABSOLUE DONNEE.

M.T. BARLOW et M. YOR.

Avertissement

Hormis l'introduction, le texte qui suit n'est pas un article écrit en commun, mais la juxtaposition de deux notes qui se complètent de façon naturelle.

La première, écrite par M. Yor, est une remarque simple rédigée en 1977 à la suite de la parution de l'article de D. Gilat [2] ; la seconde, de M.T. Barlow, plus récente et plus substantielle, est une approche constructive du théorème de Gilat, dans un cas particulièrement important.

Enfin, il nous a semblé qu'une rédaction bilingue, non seulement ne nuirait pas à la présentation, mais conserverait la couleur locale de chacun des textes !.

INTRODUCTION

$[\Omega, \mathcal{F}, \mathcal{F}_t, P]$ désigne l'espace de probabilité filtré de référence ; il est supposé vérifier les conditions habituelles.

Soit $M = (M_t, t \geq 0)$ une martingale, et ϕ une fonction convexe positive telle que $E[\phi(M_t)] < \infty$ pour tout t ; d'après l'inégalité de Jensen, $(\phi(M_t), t \geq 0)$ est une sous-martingale.

Récemment, D. Gilat ([2], théorème 3) a obtenu la belle réciproque suivante de cette propriété, pour $\phi(x) = |x|$.

Théorème

Soit $(Y_t, t \geq 0)$ une sous-martingale positive, càdlàg, définie sur $(\Omega, \mathcal{F}, \mathcal{F}_t, P)$. Alors, il existe une martingale $(Z_t, t \geq 0)$, càdlàg, définie sur un (autre) espace filtré $(\Omega', \mathcal{F}', \mathcal{F}'_t, P')$ telle que le processus $(|Z_t|, t \geq 0)$ ait même loi que Y.

Y satisfaisant les hypothèses du théorème, on note $\mathcal{M}(Y)$ (resp. $\mathcal{M}^c(Y)$) l'ensemble des martingales càdlàg (resp : continues) Z, définies éventuellement sur d'autres espaces filtrés que $(\Omega, \mathcal{F}, \mathcal{F}_t, P)$, et vérifiant la conclusion du théorème.

Le second auteur caractérise, dans la note I, les sous-martingales positives continues Y telles que $\mathcal{M}^c(Y)$ ne soit pas vide, et en II, le premier auteur construit, sur un espace de probabilité élargi, et pour une sous-martingale Y vérifiant la caractérisation en question, une martingale continue, dont la valeur absolue soit égale à Y.

Signalons encore, pour être complets, que Ph. Protter et M. Sharpe [4], ainsi que B. Maisonneuve [3] ont construit, sous l'hypothèse - tout à fait différente de la nôtre - que la sous-martingale Y vérifie : $Y Y_- > 0$ sur $]0,\infty[$, une martingale Z, toujours sur un espace filtré élargi, telle que $|Z| = Y$.

I - CARACTERISATION DES SOUS-MARTINGALES Y TELLES QUE $\mathcal{M}^c(Y) \neq \emptyset$.

Théorème 1

Soit Y une sous-martingale positive, càdlàg.
Les assertions suivantes sont équivalentes :

(i) $\mathcal{M}(Y) = \mathcal{M}^c(Y)$ (ii) $\mathcal{M}^c(Y) \neq \emptyset$

(iii) Y est continue, et si A désigne le processus croissant continu tel que Y-A soit une martingale, alors $dP(\omega)$ p.s, la mesure $dA_s(\omega)$ est portée par $\{s \mid Y_s(\omega) = 0\}$.

Remarques :

1) Si Y vérifie les assertions du théorème 1, et N=Y-A désigne la partie martingale continue de Y, alors, d'après [1], A est donné par la formule :

$$A = \sup_{s \leq .} (N_s^-), \text{ où } x^- = \sup(-x;0).$$

2) Si Y est une sous-martingale continue vérifiant les assertions du théorème 1, et : Y > 0 sur $]0,\infty[$, alors Y est une martingale continue positive. Autrement dit, l'intersection des cadres d'étude de ce travail et de celui de Protter-Sharpe [4] est réduit aux martingales positives continues, cas où le théorème de Gilat n'apporte bien sûr rien !!

Démonstration du théorème 1 :

(i) $\Longrightarrow$ (ii) : d'après le théorème de D. Gilat, $\mathcal{M}(Y) \neq \emptyset$.

(ii) $\Longrightarrow$ (iii) : soit Z une martingale continue, appartenant à $\mathcal{M}^c(Y)$.

Y, ayant même loi que $|Z|$, est continue. D'autre part, d'après la formule de Tanaka, $\int_0^{\cdot} 1_{(|Z_s|\neq 0)}\, d|Z_s| = \int_0^{\cdot} 1_{(|Z_s|\neq 0)} \operatorname{sgn}(Z_s) dZ_s$ est une martingale locale. Y et $|Z|$ ayant même loi, $\int_0^{\cdot} 1_{(Y_s\neq 0)} dY_s$ est une $(\mathcal{Y}_t)$-martingale locale, si $(\mathcal{Y}_t)$ désigne la filtration naturelle de Y. On en déduit aisément par localisation, que $E(\int_0^{\infty} 1_{(Y_s=0)} dA_s) = 0$, d'où (iii).

(iii) $\Longrightarrow$ (i) : soit $Z \in \mathcal{M}(Y)$; on note toujours $(\Omega',\mathcal{F}',\mathcal{F}'_t,P')$ l'espace filtré sur lequel Z est définie. Y, et donc $|Z|$, étant continus, on peut, par localisation respective, les supposer bornés. La continuité de $|Z|$ permet de simplifier la formule de Tanaka appliquée à $|Z|$ comme suit :

$$(1) \qquad |Z_t| = |Z_o| + \int_0^t \operatorname{sgn}(Z_{s-}) dZ_s - \sum_{0<s\leq t} \operatorname{sgn}(Z_{s-})\Delta Z_s + \Lambda_t^o,$$

où Λ^o désigne le temps local de Z en 0.

La continuité de $|Z|$ entraîne encore l'égalité :

$$(2) \qquad \operatorname{sgn}(Z_{s-})\Delta Z_s = -2|Z_s|\, 1_{(\Delta Z_s\neq 0)}.$$

L'hypothèse (iii) entraîne alors l'égalité, pour tout $t \geq 0$:

$$0 = E\left[\int_0^t 1_{(Y_s\neq 0)} dY_s\right] = E'\left[\int_0^t 1_{(|Z_s|\neq 0)}\, d|Z_s|\right] = 2E'\left[\sum_{(0<s\leq t} |Z_s| 1_{\Delta Z_s\neq 0}\right]$$

En conséquence, pour tout temps d'arrêt T, on a :

$(\Delta Z_T\neq 0) \subseteq (|Z_T| = 0)$, et le théorème de section optionnel entraîne : $(\Delta Z\neq 0) \subseteq (|Z|=0) \subseteq (\Delta Z=0)$, d'après la continuité de $|Z|$. Ceci n'est possible que si $(\Delta Z\neq 0) = \emptyset$, à un ensemble P'-évanescent près, i.e : si Z est continue.

Y vérifiant les assertions du théorème 1, le temps local de Y en 0, soit $(L_t^o)_{t \geq 0}$, est égal, d'après ([5], théorème 2, iv, c)) à $2A$. Ainsi, d'après le corollaire 2 de [5], on a, pour tout t :

$$A_t = \lim_{\varepsilon \to 0} \frac{1}{2\varepsilon} \int_o^t 1_{(Y_s \leq \varepsilon)} \, d\langle Y,Y\rangle_s \quad , \quad P \text{ p.s.}$$

En particulier, le processus croissant A est mesurable par rapport à la filtration naturelle $\mathcal{Y}$ de Y. Le même corollaire 2 de [5] implique que, si $Z \in \mathcal{M}(Y)$, le temps local Λ^o de Z en 0 est donné par :

$$\Lambda_t^o = \lim_{(\varepsilon \to 0)} \frac{1}{2\varepsilon} \int_o^t 1_{(|Z_s| \leq \varepsilon)} \, d\langle Z,Z\rangle_s \quad , \ P \text{ p.s.}$$

De là, on déduit aisément la :

Proposition 2

Si Y vérifie les assertions du théorème 1, et $Z \in \mathcal{M}(Y)$, les deux triplets de processus :

$$(Y-A) \ ; \ A \ ; \ \langle Y,Y\rangle) \quad \text{et} \quad \left(\int_o^{\cdot} \operatorname{sgn}(Z_s) dZ_s \ , \ \Lambda^o, \ \langle Z,Z\rangle \right)$$

ont même loi.

Corollaire 2·1

Soit $B = (B^1, \ldots, B^n)$ un $(\hat{\mathcal{F}}_t)$ mouvement brownien à valeurs dans $\mathbb{R}^n$ et $|B|^2 = \sum_{i=1}^n (B^i)^2$.

Alors,

a) si $n > 1$, pour tout $\varepsilon \geq 0$, $\mathcal{M}^c(|B|^{1+\varepsilon}) = \emptyset$.

b) si $n=1$, - pour $\varepsilon > 0$, $\mathcal{M}^c(|B|^{1+\varepsilon}) = \emptyset$.

- si $Z \in \mathcal{M}(|B|)$, Z est un mouvement brownien réel.

La dernière assertion du corollaire découle de la caractérisation du mouvement brownien réel comme martingale continue, de processus croissant égal à t.

Il est naturel de se demander si, dans l'énoncé du théorème de Gilat, on peut remplacer la fonction convexe $\phi(x) = |x|$, par $\phi(x) = |x|^p$ $(p > 1)$, par exemple. Le théorème 3 ci-dessous montre en particulier que cela n'est pas possible.

Théorème 3

Soit $(M_t, t \geq 0)$ une martingale locale continue, nulle en 0, mais non identiquement nulle, définie sur l'espace filtré $(\Omega, \mathcal{F}, \mathcal{F}_t, P)$. Soit $f : \mathbb{R} \to \mathbb{R}$ une fonction qui vérifie les propriétés suivantes :

(i) f est la différence de deux fonctions convexes

(ii) $f(0) = 0$, et 0 est le seul zéro de f.

(iii) f est dérivable en 0, et $f'(0) = 0$.

Alors, il n'existe pas de semi-martingale réelle X, définie sur un (autre) espace filtré $(\Omega', \mathcal{F}', \mathcal{F}'_t, P')$ telle que $f(X)$ et $|M|$ aient même loi.

Remarque : D'après le théorème 1, on peut remplacer dans l'énoncé ci-dessus le processus $|M|$ par Y, sous-martingale nulle en 0, vérifiant les assertions du théorème 1.

Démonstration :

1) D'après les hypothèses faites sur f, si X est une semi-martingale telle que $f(X)$ soit continue, on a, d'après la formule d'Ito généralisée :

$$\int_0^t 1_{(f(X_s)=0)}\, df(X_s) = 0.$$

2) Ainsi, s'il existait X, semi-martingale telle que $f(X)$ et $|M|$ aient même loi, on aurait : $L_t^o = \int_o^t 1_{(|M_s| = 0)} \, d|M_s| = 0$, si L^o désigne le temps local de M en 0. $|M|$ serait donc une surmartingale positive nulle en 0, donc identiquement nulle, ce qui n'est pas.

Le corollaire suivant généralise le théorème de [6]

Corollaire 3.1

Soit $M = (M_t, t \geq 0)$ une martingale locale continue, nulle en 0, mais non identiquement nulle, et f une fonction convexe positive, vérifiant les hypothèses (ii) et (iii) du théorème 3.

Alors, si l'on note g^{-1} l'inverse de $g = f|_{[0,\infty[}$, $g^{-1}(|M|)$ n'est pas une semi-martingale.

- II -

CONSTRUCTION OF A CONTINUOUS MARTINGALE, WITH GIVEN ABSOLUTE VALUE.

Let Y be a cadlag positive submartingale defined on a filtered probability space $(\Omega',\mathcal{F}',\mathcal{F}'_t,P')$, let A denote the unique increasing previsible process such that $Y-A$ is a martingale, and suppose that Y satisfies the condition

$$dA_s(\omega) \text{ is carried on } \{s : Y_{s-}(\omega) = 0\}. \qquad (*)$$

In this part of the paper we show how, after suitably enlarging the space $(\Omega',\mathcal{F}',P')$, we may construct a martingale M such that $|M| = Y$. It is known that a Brownian Motion may be obtained by flipping the excursions from 0 of a reflecting Brownian Motion up or down independtly with probability 1/2. We will apply this procedure to Y, and prove that the process M we obtain is a martingale.

Although the basic idea is intuitively clear this type of construction is perhaps sufficiently unfamiliar to merit being set out in some detail. Let $(\Omega'',\mathcal{F}'',P'')$ be another probability space, carrying a sequence ϕ_n of independent random variables, with $\phi_n \in \{-1,1\}$, and $E''\phi_n = 0$. Let $(\Omega,\mathcal{F},P)$ be the product of the spaces $(\Omega',\mathcal{F}',P')$ and $(\Omega'',\mathcal{F}'',P'')$, and $\overline{\mathcal{F}}$ be the P-completion of $\mathcal{F}' \otimes \mathcal{F}''$. Set $\mathcal{F}_t$ to be the $(P,\overline{\mathcal{F}})$-augmentation of $\mathcal{F}'_t \otimes \{\Omega'',\emptyset\}$: the filtration $\mathcal{F}_t$ is then right-continuous. We extend Y and ϕ_n to $(\Omega,\overline{\mathcal{F}})$ in the natural fashion by setting $Y(\omega',\omega'') = Y(\omega')$, $\phi_n(\omega',\omega'') = \phi_n(\omega'')$.

The process Y_{s-} makes only countably many excursions from 0 : let

ε_{nm} denote the m th excursion the duration of which lies in the interval $[^1/_{n+1}, ^1/_n[$, if $n \geq 2$, or $[^1/_2, \infty]$ if n=1. To avoid too many subscripts we shall renumber the ε_{nm} to be indexed by a single integer n. Let α_n, β_n denote the left and right endpoints of ε_n, and note that for each n β_n is a stopping time $/(\mathcal{F}_t)$. (This might not be true if we had chosen a different way of numbering these excursions).

Set

$$C_t = \sum_n \phi_n 1_{[\alpha_n, \beta_n]}(t),$$

$$\gamma_t^n = 1_{[\beta_n, \infty[}(t),$$

$$M_t = C_t Y_t,$$

$$\mathcal{M}_t = \bigcap_{s>t} \sigma(\mathcal{F}_s, C_u, 0 \leq u \leq s).$$

Thus $(\mathcal{M}_t)$ is the right-continuous filtration generated by C and $(\mathcal{F}_t)$. Note also that $|C_t|$ is $\mathcal{F}_t$-adapted.

We require two lemmas on conditional independence.

Lemma 4

For each $t \geq 0$ $\mathcal{M}_t$ and $\mathcal{F}_\infty$ are conditionally independent given $\mathcal{F}_t$.

Remark : This implies that every $(\mathcal{F}_t)$-martingale is an $(\mathcal{M}_t)$-martingale. In particular, therefore, Y-A is an $(\mathcal{M}_t)$-martingale, and Y is an $(\mathcal{M}_t)$-submartingale.

Proof : Let $\mathcal{C}_t$ denote the filtration generated by C. It is enough to show that $\mathcal{C}_t$ and $\mathcal{F}_\infty$ are conditionally independent given $\mathcal{F}_t$ (we abbreviate this to $\mathcal{C}_t$ and $\mathcal{F}_\infty$ are c.i $/\mathcal{F}_t$), since then $\mathcal{C}_t \vee \mathcal{F}_t$ and $\mathcal{F}_\infty$ are c.i. $/\mathcal{F}_t$. As $\mathcal{M}_t = \bigcap_{s>t} (\mathcal{F}_s \vee \mathcal{C}_s)$ it follows that $\mathcal{M}_t$ and $\mathcal{F}_\infty$ are c.i $/\mathcal{F}_s$ for any $s > t$, and hence that $\mathcal{M}_t$ and $\mathcal{F}_\infty$ are c.i $/\mathcal{F}_t$.

It is therefore sufficient to show that for $f \in b\mathcal{C}_t$ of the form

$f = \prod_{i=1}^{n} 1_{(C_{t_i}=a_i)}$, where $0 \leq t_1 \leq \ldots \leq t_n \leq t$ and $a_i = +1, -1$, or 0,

we have $E(f|\mathcal{F}_\infty) \in \mathcal{F}_t$.

Note also that if $a_i=0$ then $1_{(C_{t_i}=a_i)} = 1_{(|C_{t_i}|=0)} \in \mathcal{F}_t$: so we may take the a_i to be equal to ± 1.

Then $E(f|\mathcal{F}_\infty)$

$$= \prod_{i=1}^{n} 1_{(|C_{t_i}|=1)} E(\prod_{i=1}^{n} 1_{(C_{t_i}=a_i)} |\mathcal{F}_\infty)$$

$$= \prod_{i=1}^{n} 1_{(|C_{t_i}|=1)} E(\sum_{m_1,\ldots,m_n} 1_{(t_i \in [\alpha_{m_i},\beta_{m_i}], 1 \leq i \leq n)} \prod_{i=1}^{n} 1_{(\phi_{m_i}=a_i)} |\mathcal{F}_\infty)$$

$$= \prod_{i=1}^{n} 1_{(|C_{t_i}|=1)} \cdot 2^{-n} \in \mathcal{F}_t.$$

Let T be any $(\mathcal{F}_t)$-stopping time. Set $\mathcal{A}(T) = \sigma(\gamma_T^n \phi_n, n \geq 1)$: thus $\mathcal{A}(T)$ is the σ-field generated by the signs of the excursions ending before T.

Lemma 5

$$E(\phi_n(1-\gamma_T^n)|\mathcal{F}_\infty \vee \mathcal{A}(T)) = 0.$$

Proof : Let $f \in b\mathcal{F}_\infty$, $h = \prod_{i=1}^{n} 1_{(\gamma_T^{n_i} \phi_{n_i} = e_i)}$, where $e_i = \pm 1$. It is sufficient to show that $Efh\, \phi_n(1-\gamma_T^n) = 0$. However this may be written as

$$E\left[f. \prod_{i=1}^{n} 1_{(\gamma_T^{n_i}=1)} (1-\gamma_T^n) E(\phi_n \prod_{i=1}^{n} 1_{(\phi_{n_i}=e_i)} |\mathcal{F}_\infty)\right].$$

If one of the n_i equals n then the term outside the conditional expectation is zero, otherwise, by the independence of the ϕ_{n_i} and ϕ_n, the conditional expectation is zero.

Theorem 6

M is a cadlag martingale $/(\mathcal{M}_t)$.

Proof : By the construction of C, C_{t-} exists whenever $Y_{t-} \neq 0$, thus M has left limits, $M_{t-} = C_t Y_{t-}$, and $\Delta M_t = C_t \Delta Y_t$. Similarly C_{t+} exists whenever $Y_t \neq 0$, so that M is right-continuous.

To prove that M is a martingale, it is enough that :

$$(**) \qquad E[M_t | \mathcal{M}_{s-}] = E|M_s | \mathcal{M}_{s-}] \quad \text{for } s < t.$$

Indeed, suppose (**) is true ; if (s_n) decreases to s, and $s_n < t$ for all n, then, as $\mathcal{M}_s = \bigcap_n \mathcal{M}_{s_n^-}$, $E(M_t | \mathcal{M}_{s_n^-})$ converges a.e and in L^1 to $E[M_t | \mathcal{M}_s]$. On the other hand,

$$E\Big[|E(M_{s_n} | \mathcal{M}_{s_n^-}) - M_s|\Big] \leq E(|M_{s_n} - M_s|).$$

This last expression converges to 0 as $n \to \infty$, as M is right-continuous, $|M_{s_n} - M_s| \leq E(Y_t | \mathcal{F}_{s_n}) + Y_s$, and $(E(Y_t | \mathcal{F}_{s_n}), n \geq 0)$ is uniformly integrable.

Finally, under (**), M is a martingale.

So let s and t be fixed with $s \leq t$. Set $T = \inf\{u > s : Y_{u-} = 0\}$, and $R = T_{\{Y_{T-}=0\} \cap \{T > s\}}$. Then the graph of R is the previsible set $(\{Y- = 0\} \cap]s,\infty[) \setminus (]T,\infty])$, and so R is previsible.

Now as dA_s is carried by $\{Y_{s-}=0\}$, for any stopping time V $\Delta A_V \, 1_{(Y_{V-}\neq 0)} = 0$. Thus $1_{(T\neq R)} \, \Delta A_T = 1_{(Y_{T-}\neq 0)} \, \Delta A_T = 0$, and we have $A^{R-}_{t \wedge T} = A_s$. The construction of C ensures that $C^{R-}_{t \wedge T} = C_s$.

Therefore

$$E(M^{R-}_{t \wedge T} | \mathcal{M}_s) = E(C^{R-}_{t \wedge T} \, Y^{R-}_{t \wedge T} | \mathcal{M}_s)$$

$$= C_s \, E(Y^{R-}_{t \wedge T} - A^{R-}_{t \wedge T} | \mathcal{M}_s) + C_s \, A_s$$

$$= M_s,$$

using the fact that Y-A is a martingale $/\mathcal{M}_t$.

Since $Y^{R-}_{t \wedge T} = 1_{(t<T)} \, Y_t + 1_{(t \geq T)} \, 1_{(T=R)} \, Y_{R-} + 1_{(t \geq T)} \, 1_{(T\neq R)} \, Y_T$,

and $1_{(T=R)} \, Y_{R-} = 1_{(T\neq R)} \, Y_T = 0$, we have $Y^{R-}_{t \wedge T} = 1_{(t<T)} \, Y_t$.

Thus $M_t = M^{R-}_{t \wedge T} + 1_{(t \geq T)} \, M_t$, and to complete the proof all that remains to show is that $E(M_t \, 1_{(t \geq T)} | \mathcal{M}_{s-}) = 0$.

Now $1_{[\alpha_n,\beta_n]}(t) \, 1_{(t \geq T)} = 1_{(T \leq \alpha_n \leq t \leq \beta_n)} = (1-\gamma^n_T) \, 1_{[\alpha_n,\beta_n]}(t)$,

as $\alpha_n < \beta_n$. So, as $T \geq s$, we have, for $0 \leq u < s$, $C_u = \sum_n \gamma^n_T \, \phi_n \, 1_{[\alpha_n,\beta_n]}(u)$,

and it follows that

$\mathcal{C}_{s-} \subseteq \mathcal{F}_\infty \vee \mathcal{A}(T)$. Since $\mathcal{M}_{s-} = \mathcal{C}_{s-} \vee \mathcal{F}_{s-}$, we have

$\mathcal{M}_{s-} \subseteq \mathcal{F}_\infty \vee \mathcal{A}(T)$.

Consequently

$$E(M_t 1_{(t \geq T)} | \mathcal{M}_{s-})$$

$$= E(Y_t \sum_n \phi_n 1_{[\alpha_n,\beta_n]}(t) 1_{(t \geq T)} | \mathcal{M}_{s-})$$

$$= E(Y_t \sum_n \phi_n (1-\gamma_T^n) 1_{[\alpha_n,\beta_n]}(t) | \mathcal{M}_{s-})$$

$$= E(Y_t \sum_n 1_{[\alpha_n,\beta_n]}(t) E(\phi_n(1-\gamma_T^n) | \mathcal{F}_\infty \vee \mathcal{A}(T)) | \mathcal{M}_{s-})$$

$= 0$ by Lemma 5, completing the proof of the Theorem.

Remarks :

1. If Y is continuous then Y satisfies the conditions of Theorem 1 of the first section. Since $\Delta M_t = C_t \Delta Y_t$ M is continuous.

2. We have $(\Delta M_t)^2 = (\Delta Y_t)^2$, and therefore $[M,M] = [Y,Y]$. So in particular, if Y is a reflecting Brownian motion, then M is a continuous martingale with $[M,M] = t$, and so M is a Brownian motion.

Note ajoutée au texte initial (Juillet 1979) :

M. Barlow sait maintenant se passer de l'hypothèse (*) pour associer, à toute sous-martingale positive càdlàg Y, une martingale càdlàg M, sur un espace convenablement élargi, telle que $|M| = Y$.

L'article correspondant paraîtra aux Annals of Probability.

REFERENCES

[1] M. CHALEYAT-MAUREL, N. El KAROUI : Un problème de réflexion et ses applications au temps local et aux équations différentielles stochastiques sur $\mathbb{R}$. Cas continu.
In : Temps locaux - Astérique n° 52-53 (1978).

[2] D. GILAT : Every non-negative submartingale is the absolute value of a martingale.
Annals of Proba., 5, p. 475-481, 1977.

[3] B. MAISONNEUVE : Martingales de valeur absolue donnée,d'après Protter et Sharpe.
Séminaire Proba. XIII. Lecture Notes in Maths. Springer (1979).

[4] Ph. PROTTER and M. SHARPE : Martingales with given absolute value.
A paraître.

[5] M. YOR : Sur la continuité des temps locaux associés à certaines semi-martingales.
In : Temps locaux. Astérique n° 52-53 (1978).

[6] M. YOR : Un exemple de processus qui n'est pas une semi-martingale.
In : Temps locaux. Astérique n° 52-53 (1978).

LOCAL TIMES AND SINGULARITIES OF CONTINUOUS LOCAL MARTINGALES

by

M. J. Sharpe(*)

0. INTRODUCTION.

The first section of this paper is mostly expository. Given a complete probability space $(\Omega, \mathcal{F}, P)$ and a filtration $(\mathcal{F}_t)_{t\geq 0}$ of $(\Omega, \mathcal{F}, P)$ satisfying the usual hypotheses — that is, $(\mathcal{F}_t)$ is right continuous and $\mathcal{F}_0$ contains all null sets — we consider some properties of the space $\mathcal{L}^c$ of continuous local martingales over $(\Omega, \mathcal{F}, \mathcal{F}_t, P)$ related to the local time processes L_t^a $(a \in \mathbb{R})$. Though most results in Section 1 are known, they do not all seem to be well known, and they set the stage for the results of Section 2 where we study continuous local martingales having a singularity at the time origin. Given a filtered probability space $(\Omega, \mathcal{F}, \mathcal{F}_t, P)$ as above, let $\mathcal{L}^c_{open}$ denote the space of all real processes $(M_t)_{t>0}$ defined on the *open* interval $]0,\infty[$ such that $t \to M_t$ is a.s. continuous and

(0.1) *There exists a decreasing sequence* $\{S_n\}$ of *stopping times such that* $P\{0 < S_n < \infty\} = 1$ *for all* n, *and* $P\{S_n \downarrow\downarrow 0\} = 1$;

(0.2) *for each* n, *the process* $t \to M(S_n + t)$ *is a local martingale over the filtration* $(\mathcal{F}(S_n + t))_{t\geq 0}$.

(*) Research supported, in part, by NSF Grant MCS-80623

It should be emphasized that in general the sequence $\{T_n^k\}_{k\geq 1}$ which reduces $(M(S_n+t))$ — that is, such that $t\to M(S_n+t\wedge T_n^k)\,1_{\{T_n^k>0\}}$ is a uniformly integrable martingale over $(\mathcal{F}(S_n+t))$ and $T_n^k\uparrow\infty$ a.s. as $k\uparrow\infty$ — depends on n. To illustrate the possibilities, let $(B_t)_{t\geq 0}$ be a standard Brownian motion on $\mathbb{R}^d$ $(d\geq 2)$ and let f be harmonic on $\mathbb{R}^d\setminus\{0\}$. Since B_t never hits 0 at a strictly positive time, the Itô calculus shows that $f(B_t)_{t>0}$ is in $\mathcal{L}^c_{\text{open}}$ relative to P^0, the law of B starting at 0. The nature of the singularity of f at 0 is reflected in the behavior of $f(B_t)$ at $t\downarrow\downarrow 0$. If the singularity is removable, $\lim_{t\downarrow\downarrow 0} f(B_t)$ exists in $\mathbb{R}$. If f has a pole at 0, $\lim_{t\downarrow\downarrow 0} f(B_t)$ exists in $\bar{\mathbb{R}}=[-\infty,\infty]$, while if f has an essential singularity at 0, $\liminf f(B_t)=-\infty$ and $\limsup f(B_t)=\infty$. Walsh [5] studied conformal local martingales on $]0,\infty[$ and showed that almost surely, either the limit as $t\downarrow\downarrow 0$ exists in the Riemann sphere or the path is dense in the Riemann sphere. We consider here two aspects of the space $\mathcal{L}^c_{\text{open}}$. First of all, we shall state and prove the analogue of Walsh's Theorem for real continuous local martingales on $]0,\infty[$, with characterizations of the cases in terms of the quadratic variation and local time at zero. Following that, we consider a generalization of these results to stochastic integrals $\int C_s\,dM_s$, where the stochastic integral is meaningful over any interval bounded away from zero, but may have a singularity at time zero. In this case one may not select one single local martingale on $]0,\infty[$ whose increments give the stochastic integral over an arbitrary interval, so new methods are needed.

1. LOCAL MARTINGALES.

For the basic properties of local martingales we shall use Meyer [4] as a reference, but since we shall consider only continuous local martingales here, little is needed beyond the article of Azema and Yor [1]. Given $M\in\mathcal{L}^c$, the local time process (L_t^a) for M at a is defined to be the unique continuous increasing process with $L_0^a = 0$ such that $|M_t - a| - L_t^a$ belongs to $\mathcal{L}^c$. In addition, the quadratic variation process $\langle M, M\rangle_t$ is the unique continuous increasing process with $\langle M, M\rangle_0 = 0$ such that $M_t^2 - \langle M, M\rangle_t$ belongs to $\mathcal{L}^c$. The following facts are very well known.

(1.1) $\langle M, M\rangle_t$ and M_t have the same intervals of constancy ([3], for example).

(1.2) If $\langle M, M\rangle_t = t$ then $M_t - M_0$ is a standard Brownian motion over $(\mathcal{F}_t)$ (Levy's Theorem [4]).

(1.3) For all $a \in \mathbb{R}$, dL_t^a is carried by $H^a = \{t > 0: M_t = a\}$ and dL_t^a does not charge any interval contained in H^a ([1]).

(1.4) If $M \in \mathcal{L}^c$ and $T_n = \inf\{t: |M_t| \geq n\}$ then $T_n \uparrow \infty$ a.s. and for all n, $t \to M_{t \wedge T_n} 1_{\{T_n > 0\}}$ is a (bounded) martingale over $(\mathcal{F}_t)$.

(1.5) If $M \in \mathcal{L}^c$ and $E\langle M, M\rangle_\infty < \infty$, then $M - M_0$ is a martingale with $E[\sup_{t \geq 0} |M_t - M_0|^2] \leq 4E\langle M, M\rangle_\infty$ (Doob's inequality).

(1.6) If $M \in \mathcal{L}^c$, if $M_0 = 0$ and if M is uniformly bounded below then M_t is a supermartingale (Fatou's lemma) and $M_\infty = \lim_{t\to\infty} M_t$ exists and is finite a.s.

(1.7) One may choose the L_t^a so that $(a, t, \omega) \to L_t^a(\omega)$ is jointly measurable ([1], p.10) and then $\langle M, M\rangle_t = \int_{-\infty}^{\infty} L_t^a \, da$. (Assume M bounded, by stopping, so that $\int da(|M_t - a| - L_t^a)$ is a martingale, and consequently $M_t^2 - \int L_t^a \, da$ is a martingale.)

(1.8) $d\langle M, M\rangle_t$ does not charge H^a for any $a \in \mathbb{R}$ (by (1.7)).

(1.9) (Tanaka's formula [1]). If $M \in \mathcal{L}^c$ then

$$|M_t - a| = |M_0 - a| + \int_0^t \operatorname{sgn}(M_u - a)\, dM_u + L_t^a$$

where $\operatorname{sgn} x = 1$ if $x > 0$, -1 if $x < 0$ and 0 if $x = 0$.

The following consequence of Tanaka's formula seems to be known, at least to experts.

(1.10) Proposition. *Let* $M \in \mathcal{L}^c$ *with* $M_0 = 0$, *and set* $W_t = -\int_0^t \operatorname{sgn} M_u\, dM_u$ *so that by* (1.9), $|M_t| = L_t - W_t$. *Then*

(i) $\langle W, W\rangle_t = \langle M, M\rangle_t$ *for all* $t \geq 0$;

(ii) *for all* $t \geq 0$, $L_t^0 = W_t^m := \max\{W_s : 0 \leq s \leq t\}$.

Proof. Statement (i) comes from the fact that

$$\langle W, W\rangle_t = \int_0^t \operatorname{sgn}^2 M_u\, d\langle M, M\rangle_u$$

which is equal to $\langle M, M\rangle_t$ by (1.8). To prove that $L_t^0 = W_t^m$ for all $t \geq 0$, it suffices to prove that their right continuous inverse processes are indistinguishable. Let $\sigma_r(\omega) = \inf\{t: L_t^0 > r\}$ (with $\inf \phi = \infty$) and $\tau_r(\omega) = \inf\{t: W_t^m > r\}$. If $\sigma_r(\omega) < \infty$, $\sigma_r(\omega)$ is a point of increase of $t \to L_t^0(\omega)$ and so by (1.3), $M_{\sigma_r(\omega)}(\omega) = 0$. Since $|M| = L - W$ and $L_{\sigma_r} = r$ if $\sigma_r < \infty$ we obtain $W_{\sigma_r(\omega)}(\omega) = r$ if $\sigma_r(\omega) < \infty$. It follows that for all $s < r$, $\tau_s(\omega) \leq \sigma_r(\omega)$ and so $\tau_{r-}(\omega) \leq \sigma_r(\omega)$ for all r. On the other hand, if $\tau_r(\omega) < \infty$, $\tau_r(\omega)$ is a point of increase of $t \to W_t^m(\omega)$ so

$W^m_{\tau_r(\omega)}(\omega) = W_{\tau_r(\omega)}(\omega)$. Using $L - W = |M| \geq 0$ this implies $L_{\tau_r(\omega)}(\omega) - r \geq 0$ if $\tau_r(\omega) < \infty$. This implies that for all $s < r$, $\sigma_s(\omega) \leq \tau_r(\omega)$ so $\sigma_{r-}(\omega) \leq \tau_r(\omega)$. By right continuity we obtain $\sigma_r(\omega) = \tau_r(\omega)$ for all $r \geq 0$ a.s. .

As a first application of (1.10), we consider the convergence of $M \in \mathcal{L}^c$ as $t \to \infty$.

(1.11) Theorem. *Let* $M \in \mathcal{L}^c$. *Then, almost surely*

$$\{M_\infty \textit{ exists and is finite}\} = \{\limsup_{t\to\infty} M_t < \infty\} = \{\langle M, M\rangle_\infty < \infty\} = \{L^0_\infty < \infty\}\ .$$

Proof. We may assume that $M_0 = 0$. The first equality is due to Doob ([2], p.382) but since the proof is a model for the other equalities we indicate its proof. Let $T_n = \inf\{t\colon M_t \geq n\}$ so that $\cup\{T_n = \infty\} = \{\limsup M_t < \infty\}$. Since $M_{t\wedge T_n}$ is bounded above, it converges a.s. (1.6), hence M_∞ exists a.s. on $\cup\{T_n = \infty\}$. For the next equality, first set $T_n = \inf\{t\colon |M_t| \geq n\}$ so that $M^{T_n}_t = M_{t\wedge T_n}$ is a uniformly bounded martingale. Since $M_{t\wedge T_n}$ is an L^2 bounded martingale, $E\langle M^{T_n}, M^{T_n}\rangle_\infty \leq n^2$, and in particular $\langle M, M\rangle_{T_n} < \infty$. Since $\cup\{T_n = \infty\} \supset \{M_\infty \text{ exists}\}$, this shows that $\{M_\infty \text{ exists}\} \subset \{\langle M, M\rangle_\infty < \infty\}$. In the same way, $EL^0_{t\wedge T_n} = E|M_{t\wedge T_n}| \leq n$ shows that $\{M_\infty \text{ exists}\} \subset \{L^0_\infty < \infty\}$. Now set $R_n = \inf\{t\colon \langle M, M\rangle_t \geq n\}$ so that $\cup\{R_n = \infty\} = \{\langle M, M\rangle_\infty < \infty\}$. Since $\langle M^{R_n}, M^{R_n}\rangle \leq n$, M^{R_n} is L^2 bounded (1.5) and so $M^{R_n}_\infty$ exists. Thus $\{\langle M, M\rangle_\infty < \infty\} \subset \{M_\infty \text{ exists}\}$. Finally, let $W = L^0 - |M|$ as in (1.10). Because $L^0_\infty = \sup_t W_t$, $\limsup W_t < \infty$ on $\{L^0_\infty < \infty\}$ so W_t converges on $\{L^0_\infty < \infty\}$. But since $\{W_\infty \text{ exists}\} = \{\langle W, W\rangle_\infty < \infty\} = \{\langle M, M\rangle_\infty < \infty\} = \{M_\infty \text{ exists}\}$, we have shown that M converges on $\{L^0_\infty < \infty\}$.

The connection between convergence of M and the local time of M at zero is not surprising because it is well known that L^0_t can be expressed as a normalized limit of the number of downcrossings of $[0, \varepsilon]$ up to time t. If $M \in \mathcal{L}^c$ and $M_0 = 0$, it is easy to see from (1.10) that $EL_\infty^0 = \sup\{E|M_T|: T$ a finite stopping time$\}$ so that in particular, if M is a martingale, M is L^1 bounded if and only if $EL_\infty^0 < \infty$. Further in this direction, if $M \in \mathcal{L}^c$ and $M_0 = 0$ then setting $W = L^0 - |M|$ so that $\langle W, W\rangle = \langle M, M\rangle$, the Burkholder-Davis-Gundy inequalities imply that for every $p > 1$, there exist absolute constants C_p such that

$$\text{(1.12)} \qquad E(L_\infty^0)^p \le C_p \sup\{E|M_T|^p: T \text{ a finite stopping time}\}.$$

Similar arguments show that if M is in BMO then

$$\text{(1.13)} \qquad E[\exp(\lambda L_\infty^0)] < \infty \quad \text{for some } \lambda > 0.$$

The inequality (1.12) was obtained in [1] by different (more elementary) methods.

If in the situation of (1.10), M is a standard Brownian motion then $W = L^0 - |M|$ is also a standard Brownian motion since $\langle W, W\rangle_t = \langle M, M\rangle_t = t$. The fact that $L_t^0 = W_t^m$ $(= \sup\{W_s: 0 \le s \le t\})$ sharpens the well known fact that L_t^0 and the one-sided maximal process of Brownian motion have the same law, by actually producing a Brownian motion for which L_t^0 is the one-sided maximal function. Similarly, (1.10) demonstrates why $|M_t|$ and $M_t^m - M_t$ are processes with the same law: one produces a Brownian motion W_t with $|M_t| = W_t^m - W_t$.

In preparation for a number of arguments in the next section, we need the following simple lemma about birthing a local martingale at a stopping time.

(1.14) Lemma. *Let* $(\Omega, \mathcal{F}, \mathcal{F}_t, P)$ *satisfy the usual hypotheses and let* R *be a stopping time over* $(\mathcal{F}_t)$. *Then*

(i) *for any stopping time* T *over* $(\mathcal{F}_t)$, *the random variable* $(T-R)1_{\{T>R\}}$ *is a stopping time over* $(\mathcal{F}_{R+t})$;

(ii) *if* M *is a local martingale over* $(\Omega, \mathcal{F}, \mathcal{F}_t, P)$ *then* $N_t = M_{t+R}\, 1_{\{R<\infty\}}$ *is a local martingale over* $(\mathcal{F}_{R+t})$ *relative to the conditional probability measure* $P\{\cdot|R<\infty\}$.

Proof. It is easy to see that $(\mathcal{F}_{R+t})$ satisfies the usual hypotheses. To prove (i), just observe that $\{(T-R)1_{\{T>R\}} > t\} = \{T > R + t\} \in \mathcal{F}_{R+t}$. For (ii) we may assume that $P\{R<\infty\} > 0$, for otherwise $N = 0$ and there is nothing to prove, no matter how $P\{\cdot|R<\infty\}$ is defined. If M is uniformly integrable with limit M_∞ then using optional sampling, for $G \in b\mathcal{F}_{R+t}$

$$
\begin{aligned}
E\{N_\infty G|R<\infty\} &= E\{M_\infty\, 1_{\{R<\infty\}}G\}/P\{R<\infty\} \\
&= E\{M_{R+t}\, 1_{\{R<\infty\}}G\}/P\{R<\infty\} \\
&= E\{N_t G|R<\infty\},
\end{aligned}
$$

so N is a uniformly integrable martingale relative to $(\Omega, (\mathcal{F}_{R+t}), P\{\cdot|R<\infty\})$. In the general case assume that $\{T_n\}$ reduces M, and let $T_n' = (T_n-R)1_{\{T_n>R\}}$. Then $\{T_n'\}$ is an increasing sequence of stopping times over $(\mathcal{F}_{R+t})$ such that $P\{\lim T_n' = \infty|R<\infty\} = 1$. For every n

$$
\begin{aligned}
M(R + t \wedge T_n')1_{\{T_n'>0\}} &= M(R + t \wedge (T_n-R))1_{\{T_n>R\}} \\
&= M((t + R) \wedge T_n)1_{\{T_n > R\}}.
\end{aligned}
$$

Since $t \to M_{t\wedge T_n}\, 1_{\{T_n>0\}}$ is a uniformly integrable martingale and $\{T_n > R\} \in \mathcal{F}_R$, it follows that $t \to M(R + t \wedge T_n')\, 1_{\{T_n'>0\}}$ is a uniformly integrable martingale over $(\Omega, (\mathcal{F}_{R+t}), P\{\cdot|R<\infty\})$ for every $n \geq 1$.

2. LOCAL MARTINGALES OVER $]0,\infty[$.

Observe to begin with that (1.14) implies $\mathcal{L}^c \subset \mathcal{L}^c_{open}$. It will turn out (2.16) that if $M \in \mathcal{L}^c_{open}$ and $M_0 = M_{0+}$ exists and is finite a.s. then $(M_t)_{t\geq 0}$ is in $\mathcal{L}^c$.

(2.1) Proposition. *A continuous process* $(M_t)_{t>0}$ *is in* $\mathcal{L}^c_{open}$ *if and only if for some sequence* $\{S_n\}$ *of stopping times (not necessarily finite valued) satisfying*

(2.2) $$P\{S_n > 0\} = 1 \quad \textit{and} \quad P\{S_n \textit{ decreases to } 0\} = 1$$

it is the case that

(2.3) *for all* $n \geq 1$, *the process* $N^n_t = M(S_n + t)1_{\{S_n<\infty\}}$ *is a local martingale over* $(\Omega, (\mathcal{F}_{S_n+t}), P\{\cdot|S_n < \infty\})$.

If $M \in \mathcal{L}^c_{open}$, *then for every sequence* $\{S_n\}$ *satisfying* (2.2) *the condition* (2.3) *holds.*

Proof. Fix one sequence $\{S_n\}$ satisfying (2.2) and (2.3) and let $\{R_n\}$ be a sequence satisfying (2.2). We shall prove then that $\{R_n\}$ satisfies (2.3). Taking each R_n finite valued will show $M \in \mathcal{L}^c_{open}$, and the last assertion of (2.1) will obtain for general $\{R_n\}$. For $m \geq 1$ and $s > 0$, let $T(m, s) = \inf\{t > s: |M_t| \geq m\}$. Then $T(m, s)$ is a stopping time over $(\mathcal{F}_t)$ and for all $s > 0$, $T(m, s)$ increases in m, say to $T(\infty, s)$. By hypothesis $T(\infty, S_n) = \infty$ a.s. for all n. Since $S_n \downarrow 0$ a.s. and $s \to T(m, s)$ is increasing in s for all $m \geq 1$, it follows that $P\{T(\infty, s) = \infty$ for all $s > 0\} = 1$. Because of (2.3), (1.4) and (1.14), the process

$$t \to M((S_n + t) \wedge T(m, S_n)) \, 1_{\{T(m,S_n)>S_n\}}$$

is a bounded martingale over $(\Omega, \mathcal{F}_{S_n+t}, P\{\cdot|S_n<\infty\})$ for all $n \geq 1$ and $m \geq 1$. It follows that as $t \uparrow T(m, S_n)$, $M(t)$ converges a.s. on $\{T(m, S_n) > S_n\}$. Denoting the limit by $M(T(m, S_n)) 1_{\{T(m,S_n)>S_n\}}$, one has

$$M((S_n + t) \wedge T(m, S_n)) 1_{\{T(m,S_n)>S_n\}} = E\{M(T(m, S_n)) 1_{\{T(m,S_n)>S_n\}}|\mathcal{F}_{S_n+t}\} .$$

By optional sampling, with t replaced by $(R_k + t - S_n) 1_{\{R_k+t>S_n\}}$ we obtain, a.s. on $\{R_k + t > S_n\}$,

$$M((R_k + t) \wedge T(m, S_n)) 1_{\{T(m,S_n)>S_n\}} = E\{M(T(m, S_n)) 1_{\{T(m,S_n)>S_n\}}|\mathcal{F}_{R_k+t}\} .$$

This equality holds in particular on $\{R_k > S_n\}$, and one may then interpret the equality to mean that $t \to M(R_k + t) 1_{\{R_k<\infty\}}$ is a local martingale relative to $(\Omega, \mathcal{F}_{R_k+t}, P\{\cdot|R_k<\infty\})$ having reducing times $(T(m, S_n) - R_k) 1_{\{T(m,S_n)>S_n \vee R_k\}} = T^k_{m,n}$. (Note that for a fixed k, $P\{\sup_{m,n} T^k_{m,n} = \infty|R_k < \infty\} = 1$.)

The first important result describing the behavior at the time origin of $M \in \mathcal{L}^c_{open}$ is the following.

(2.4) Theorem. *Let* $M \in \mathcal{L}^c_{open}$. *Then for a.a.* ω, *either*

(i) $\lim_{t\downarrow\downarrow 0} M_t(\omega)$ *exists in* $\mathbb{R}$

or

(ii) $\lim_{t\downarrow\downarrow 0} M_t(\omega) = \pm\infty$

or

(iii) $\liminf_{t\downarrow\downarrow 0} M_t(\omega) = -\infty$ *and* $\limsup_{t\downarrow\downarrow 0} M_t(\omega) = \infty$.

This theorem may be deduced from Walsh's Theorem on conformal martingales since every local martingale is the real part of some conformal martingale. Because Walsh's proof is a little obscure at one point, we shall derive (2.4) from scratch. In preparation for this we need a couple of lemmas.

(2.5) <u>Lemma</u>. *Let* $M \in \mathcal{L}^c$ *and suppose that* $M_0 = b$ *a.s.. Then if* $a < b < c$, $P\{M_t$ *hits* a *before it hits* $c \mid \mathcal{F}_0\} \le (c-b)/(c-a)$.

<u>Proof</u>. Let T_a (resp., T_c) denote the first time M_t hits a (resp., c). As we mentioned in (1.4), a uniformly bounded local martingale is in fact a martingale. Since T_a and T_c are stopping times over $(\mathcal{F}_t)$, it follows that $M_{t\wedge(T_a\wedge T_c)}$ is a bounded martingale whose limit at infinity is

$$M(T_a \wedge T_c) \le a\, 1_{\{T_a<T_c\}} + c 1_{\{T_a\ge T_c\}} .$$

Taking conditional expectations leads to

$$b \le a\, P\{T_a < T_c \mid \mathcal{F}_0\} + c\, P\{T_a \ge T_c \mid \mathcal{F}_0\} ,$$

from which the desired inequality obtains.

(2.6) <u>Lemma</u>. *Let* $M \in \mathcal{L}^c$ *and for* $a < b < c$ *and* k *a positive integer, let* $R^k_{[a,b]} = \inf\{t\colon M_s\ (0 \le s \le t)$ *completes* k *upcrossing of* $[a, b]\}$ *and* $T_c = \inf\{t\colon M_t \ge c\}$ (*with* $\inf \phi = \infty$). *Then*

$$P\{R^k_{[a,b]} < T_c\} \le \left(\frac{c-b}{c-a}\right)^{k-1} .$$

Proof. In the course of the proof, we let R^k denote $R^k_{[a,b]}$. On $\{R^k<\infty\}$, $M(R^k)=b$ by definition of R^k. Let P_k denote the conditional probability measure $P_k\{\cdot\}=P\{\cdot|R^k<\infty\}$ defined in an arbitrary way if $P\{R^k<\infty\}=0$. We showed (1.14) that the process $t\to M(R^k+t)\,1_{\{R^k<\infty\}}$ under $P\{\cdot|R^k<\infty\}$ is a continuous local martingale over the filtration $\mathcal{F}(R^k+t)$. Moreover, if $P\{R^k<\infty\}>0$, $P_k\{M(R^k)=b\}=1$. For all $k\geq 2$ we have

$$\begin{aligned}
P\{R^k<T_c\} &\leq P\{R^{k-1}<T_c,\ M(R^{k-1}+t) \text{ hits } a \text{ before it hits } c\} \\
&= E\{P\{M(R^{k-1}+t) \text{ hits } a \text{ before it hits } c|\mathcal{F}(R^{k-1})\};\ R^{k-1}<T_c\} \\
&= E\{P_{k-1}\{M(R^{k-1}+t) \text{ hits } a \text{ before it hits } c|\mathcal{F}(R^{k-1})\};\ R^{k-1}<T_c\} \\
&\leq (c-b)/(c-a)\ P\{R^{k-1}<T_c\}
\end{aligned}$$

because of (2.5) applied to the filtration $\mathcal{F}(R^{k-1}+t)$. The conclusion of (2.6) is now clear by induction on k.

Proof of (2.4): Given $a<b$, let

$$\Gamma_{a,b} = \{\omega\in\Omega:\ \liminf_{t\downarrow\downarrow 0} M_t(\omega)<a,\ \limsup_{t\downarrow\downarrow 0} M_t(\omega)>b\}$$

$$\Gamma = \{\omega\in\Omega:\ \liminf_{t\downarrow\downarrow 0} M_t(\omega)=-\infty,\ \limsup_{t\downarrow\downarrow 0} M_t(\omega)=\infty\}$$

Obviously $\Gamma=\cap\{\Gamma_{a,b}: a<b \text{ rationals}\}$. In order to prove (2.4) it is enough to prove that $\Gamma\supset\Gamma_{a,b}$ a.s. for any pair of rationals $a<b$. If $c>b$, let $T_c=\inf\{t: M_t\geq c\}$. We shall prove that for all $c>b$, $T_c=0$ a.s. on $\Gamma_{a,b}$ and this will show that $\limsup_{t\downarrow\downarrow 0} M_t=\infty$ a.s. on $\Gamma_{a,b}$. Applying this result to $-M$, one will then obtain $\Gamma\supset\Gamma_{a,b}$ a.s. . Fix $a<b<c$ and let $\{S_n\}$ satisfy (0.1) (and hence (0.2) also by (2.1)). For each $n\geq 1$, let

$T_n^c = \inf\{t\colon M(S_n + t) \geq c\}$ and let R_n^k denote the first time $M(S_n + t)$ completes k upcrossing of $[a, b]$. Now fix $k \geq 1$. As n increases, the events $\{T_c > S_n\} \cap \{R_n^k < T_c^n\}$ increase, for on $\{T_c > S_n\}$, $T_c^n = T_c - S_n$. On the other hand, their union over all n contains $\{T_c > 0\} \cap \Gamma_{a,b}$. Thus

$$P\{\{T_c > 0\} \cap \Gamma_{a,b}\} \leq \lim_n P\{R_n^k < T_c^n\}$$

$$\leq \left(\frac{c-b}{c-a}\right)^{k-1},$$

using (2.6). Since k is arbitrary, this proves that $T_c = 0$ a.s. on $\Gamma_{a,b}$, completing the proof.

We turn now to characterizing the cases (i), (ii) and (iii) of (2.4) in terms of the quadratic variation and local times for M, which we now describe.

If M is a continuous local martingale over an arbitrary filtration $(\mathcal{G}_t)$ (satisfying the usual hypotheses) of $(\Omega, \mathcal{F}, P)$ it is easy to see, using (1.14), that for any finite stopping time R the quadratic variation process and the local time at a for $t \to M(R + t)1_{\{R<\infty\}}$ are respectively $\langle M, M\rangle_{R+t} - \langle M, M\rangle_R$ and $L_{R+t}^a - L_R^a$.

The following result obtains by an elementary covering argument.

(2.7) <u>Proposition</u>. *Let* $M \in \mathcal{L}_{\text{open}}^c$. *There exist unique random measures* $Q(\omega, dt)$ *and* $\lambda^a(\omega, dt)$ *on* $]0,\infty[$ *such that if* $\{S_n\}$ *are stopping times satisfying* (0.1).

Then for all n

(2.8) $M^2_{S_n+t} - Q(\omega,]S_n(\omega), S_n(\omega)+t])$ *is a local martingale over* $(\mathcal{F}_{S_n+t})$;

(2.9) $|M_{S_n+t} - a| - \lambda^a(\omega,]S_n(\omega), S_n(\omega)+t]$ *is a local martingale over* $(\mathcal{F}_{S_n+t})$.

In general, $Q(\omega, dt)$ and $\lambda^a(\omega, dt)$ blow up at the origin and so they are not always generated by continuous increasing processes normalized to vanish at the origin. However, (2.7) shows that a.s., $Q(\omega, \cdot)$ and $\lambda^a(\omega, \cdot)$ are Radon measures on $]0,\infty[$. We record now two elementary operations which preserve the class $\mathcal{L}^c_{open}$. The proofs are routine and are left to the reader.

(2.10) Proposition. *If* $M \in \mathcal{L}^c_{open}$ *then*

(2.11) *for any stopping time* T, $M_{t\wedge T} 1_{\{T>0\}} \in \mathcal{L}^c_{open}$;

(2.12) *if* $H \in \mathcal{F}_0$ *then* $1_H M \in \mathcal{L}^c_{open}$.

It is evident from (2.7) that if Q and λ^a are the quadratic variation and local time measures for M, then those for $M_{t\wedge T} 1_{\{T>0\}}$ and $1_H M$ are respectively $1_{]\!]0,T]\!]}(t)Q(dt)$, $1_{]\!]0,T]\!]}(t)\lambda^a(dt)$ and $1_H(\omega)Q(\omega, dt)$, $1_H(\omega)\lambda^a(\omega, dt)$. For example, the last case above uses the observation that

$$|1_H M_{s+t}-a| - 1_H \lambda^a(]s, s+t]) = 1_H[|M_{s+t}-a| - \lambda^a(]s, s+t])] + 1_{H^c}|a| .$$

is a local martingale over $(\mathcal{F}_{s+t})$ for all $s>0$.

(2.13) Lemma. *If* $M \in \mathcal{L}^c_{open}$ *and* M *is uniformly bounded, then* $(M_t)_{t>0}$ *is a martingale. Consequently,* $M_0 = \lim_{t \downarrow\downarrow 0} M_t$ *exists a.s. and* $(M_t)_{t \geq 0}$ *is a martingale.*

Proof. Once we prove that $(M_t)_{t>0}$ is a martingale, the assertions of the sentence will follow from the reverse martingale convergence theorem. Let $r_n \downarrow\downarrow 0$. Then by (2.1), $t \to M(r_n + t)$ is a local martingale over $(\mathcal{F}(r_n+t))$, and its boundedness implies that it is in fact a uniformly integrable martingale. It follows that M_∞ exists and for all $t \geq 0$, $E\{M_\infty | \mathcal{F}(r_n+t)\} = M(r_n+t)$. That is, $(M_t)_{t>0}$ is a martingale over $(\mathcal{F}_t)$.

(2.14) Lemma. *Let* $M \in \mathcal{L}^c_{open}$ *and suppose that* $M_t^2 - t \in \mathcal{L}^c_{open}$. *Then* $\lim_{t \downarrow\downarrow 0} M_t = M_0$ *exists and is finite, and* $(M_t - M_0)_{t \geq 0}$ *is a standard Brownian motion over* $(\mathcal{F}_t)$.

Proof. Fix a sequence of constant times $r_n \downarrow\downarrow 0$ so that for all n, $M(r_n + t)$ and $M^2(r_n + t) - (r_n + t)$ are continuous local martingales over $(\mathcal{F}_{r_n + t})$. Lévy's Theorem (1.2) implies that $M(r_n + t) - M(r_n)$ is a standard Brownian motion. It follows that for $0 < u < v$, $M_v - M_u$ has a normal distribution with mean 0 and variance $v - u$, and that the increments of M_t are independent. Therefore the process $t \to M_1 - M_{1-t}$ $(0 \leq t < 1)$ is a continuous martingale which is L^2-bounded, so $\lim_{t \uparrow\uparrow 1} M_1 - M_{1-t}$ exists a.s.. Consequently M_0 exists a.s., and since then $M_t - M_0 = \lim_{u \downarrow\downarrow 0} M_t - M_u$ has independent Brownian increments, the result follows.

Here then is the main result of this section.

(2.15) Theorem. *Let* $M \in \mathcal{L}^c_{open}$, *and let* $\Omega_Q = \{\omega \in \Omega: Q(\omega,]0, t]) < \infty$ *for some (and hence all)* $t > 0\}$, $\Omega_a = \{\omega \in \Omega: \lambda^a(\omega,]0, t]) < \infty$ *for some (and hence all)* $t > 0\}$. *For each fixed* $a \in \mathbb{R}$, *almost surely*

(i) $\{\omega: \lim_{t\downarrow\downarrow 0} M_t(\omega)$ *exists and is finite*$\} = \Omega_Q$;

(ii) $\{\omega: \lim_{t\downarrow\downarrow 0} M_t(\omega) = \pm\infty\} = \Omega_a \setminus \Omega_Q$;

(iii) *for all* $\omega \notin (\Omega_Q \cup \Omega_a)$, $\liminf_{t\downarrow\downarrow 0} M_t = -\infty$ *and* $\limsup_{t\downarrow\downarrow 0} M_t(\omega) = \infty$.

Proof. Let $\Lambda = \{\omega: \lim_{t\downarrow\downarrow 0} M_t(\omega)$ exists and is finite$\}$. Since $\Lambda \in \mathcal{F}_{0+} = \mathcal{F}_0$, $N_t = 1_\Lambda M_t \in \mathcal{L}^c_{\text{open}}$ by (2.12). For all $\omega \in \Omega$, $\lim_{t\downarrow\downarrow 0} N_t = N_0$ exists and is finite. For each $k \geq 1$ let $T_k = \inf\{t: |N_t| \geq k\}$. Then a.s. $\cup\{T_k > 0\} = \Omega$. The process $N_{t\wedge T_k} 1_{\{T_k>0\}}$ is uniformly bounded and in $\mathcal{L}^c_{\text{open}}$ by (2.10). According to (2.13), $(N_{t\wedge T_k} 1_{\{T_k>0\}})_{t\geq 0}$ is a bounded martingale over $(\mathcal{F}_t)_{t\geq 0}$. Thus $(N_{t\wedge T_k} 1_{\{T_k>0\}})$ has a finite quadratic variation process A^k_t. On the other hand, by the remarks following (2.12), $A^k_t(\omega) = 1_\Lambda 1_{\{T_k(\omega)>0\}} Q(\omega,]0, t\wedge T_k(\omega)])$ a.s.. Since $\cup\{T_k > 0\} = \Omega$ a.s., it follows that $\Omega_Q \supset \Lambda$ a.s.. In order to show that $\Lambda \supset \Omega_Q$ a.s., we define now $Z_t = 1_{\Omega_Q} M_t$ for $t > 0$. Since $\Omega_Q \in \mathcal{F}_{0+} = \mathcal{F}_0$, $Z \in \mathcal{L}^c_{\text{open}}$ and Z has a finite quadratic variation process $A_t(\omega) = 1_{\Omega_Q}(\omega)Q(\omega,]0, t])$. It suffices to prove that $Z \in \mathcal{L}^c_{\text{open}}$ having a finite quadratic variation process implies that Z_{0+} exists and is finite a.s.. To this end, we may adjoin to the underlying space by the usual product construction a standard Brownian motion (B_t) independent of $\mathcal{F}$. The quadratic variation process for Z remains the same over the augmented filtration $(\overline{\mathcal{F}}_t)$ since it is given by a limit of quadratic variational sums of Z without conditioning. Replacing Z_t by $\overline{Z}_t = Z_t + B_t$ affects neither the limiting behavior at time zero nor the finiteness of the quadratic variation. Let $\overline{A}_t$ be the quadratic variation process for $\overline{Z}_t$. Then $\overline{A}_t$ is continuous, strictly increasing, and $\overline{A}_\infty = \infty$ a.s. If $\tau_t = \inf\{s: A_s > t\}$, then τ_t is strictly increasing, continuous, and $\tau_t < \infty$ for all $t < \infty$. In addition, $\tau_t \uparrow \infty$

as $t \uparrow \infty$. It is easy to see then that $\overline{Z}(\tau_t)_{t>0}$ is a continuous local martingale on $]0,\infty[$ relative to $(\overline{\mathcal{F}}_{\tau_t})$. Since $\overline{Z}_t^2 - A_t \in \mathcal{L}^c_{open}$, it is also the case that $\overline{Z}^2(\tau_t) - A(\tau_t) = \overline{Z}^2(\tau_t) - t$ is a continuous local martingale on $]0,\infty[$ relative to $(\overline{\mathcal{F}}_{\tau_t})$. Then (2.14) shows that $\lim_{t\downarrow\downarrow 0} \overline{Z}_{\tau_t}$ exists a.s., and hence $\lim_{t\downarrow\downarrow 0} Z_t$ exists a.s.. We have now proven (i). We now turn to (ii). On $\{M_{0+} = \pm\infty\}$, $\inf\{t: M_t = a\} > 0$ for all $a \in \mathbb{R}$. Since $\lambda^a(\omega, \cdot)$ is carried by $\{t: M_t(\omega) = a\}$ and $\lambda^a(\omega, \cdot)$ is a Radon measure on $]0,\infty[$, it follows that $\{M_{0+} = \pm\infty\} \subset \Omega_a$. On the other hand, since $\Omega_a \in \mathcal{F}_{0+} = \mathcal{F}_0$, $(1_{\Omega_a} M_t)_{t>0}$ is in $\mathcal{L}^c_{open}$ and so, by the remarks following (2.12), if we set $L_t^a(\omega) = 1_{\Omega_a}(\omega)\lambda^a(\omega,]0, t])$, then

$$N_t = |1_{\Omega_a} M_t - a| - L_t^a \in \mathcal{L}^c_{open} .$$

Obviously $\liminf_{t\downarrow\downarrow 0} N_t \geq 0$ so by (2.4), $\lim_{t\downarrow\downarrow 0} N_t$ exists a.s. in $[0, \infty]$. Because of the alternatives (2.4) for M_t, it is clear that on Ω_a M_{0+} must exist a.s. in $[-\infty, \infty]$. That is $\Omega_a \subset \{M_{0+}$ exists in $\overline{\mathbb{R}}\}$. Using (2.4) again, we see that (2.15) has been proven.

(2.16) <u>Corollary</u>. *If* $(M_t)_{t>0} \in \mathcal{L}^c_{open}$ *and if* $\lim_{t\downarrow\downarrow 0} M_t = M_0$ *exists and is finite a.s., then* $(M_t)_{t\geq 0}$ *is in* $\mathcal{L}^c$.

<u>Proof</u>. The first part of the proof of (2.15) shows that if $T_n = \inf\{t \geq 0: |M_t| \geq n\}$ then $M_{t\wedge T_n} 1_{\{T_n > 0\}}$ is a bounded martingale over $(\mathcal{F}_t)$. Since $T_n \uparrow \infty$ a.s. $(M_t)_{t\geq 0} \in \mathcal{L}^c$.

3. LOCAL MARTINGALE INCREMENTS.

The situation described in §2 does not cover the possible ways a singularity at the time origin can manifest itself. Consider the following examples.

(3.1) Let $M \in \mathcal{L}^c$ (a genuine continuous local martingale) and let C be a predictable process such that for all $t > 0$, $\int_t^{t+h} C_s^2 \, d\langle M, M\rangle_s < \infty$ for all $h > 0$ but $\int_0^1 C_s^2 \, d\langle M, M\rangle_s = \infty$ with positive probability. One may then define the stochastic integral $\int_t^{t+h} C_s \, dM_s$ as a local martingale on $[t, \infty[$ for all $t > 0$, but it is not possible in general to find one single normalization at $t = 0$ which makes $\int_t^{t+h} C_s \, dM_s$ the increment over $]t, t+h]$ of one local martingale on $]0, \infty[$, simultaneously for all $t > 0$.

(3.2) Let $M \in \mathcal{L}^c_{open}$ and let C be a bounded predictable process. Then $\int_t^{t+h} C_s \, dM_s$ is well defined for all $t > 0$ and $n \geq 0$ but, as in (3.1), there is no way to define $N \in \mathcal{L}^c_{open}$ such that $\int_t^{t+h} C_s \, dM_s = N_{t+h} - N_t$.

(3.3) Let $M \in \mathcal{L}^c_{open}$ and let Q be its quadratic variation measure. Though we can define the process $M_t^2 - M_s^2 - Q(\omega,]s, t])$ for $t \geq s$, there is no $N \in \mathcal{L}^c_{open}$ having the same increments on $[s, \infty]$ for all $s > 0$.

These examples motivate the following definition.

(3.4) <u>Definition</u>. *A local martingale increment process* $(M_{s,t})$ *is a family of real random variables indexed by pairs* $0 < s \leq t$ *such that*

(3.5) *for all* $s > 0$, $t \to M_{s,t}$ $(t \geq s)$ *is a local martingale relative to* $(\Omega, (\mathcal{F}_t)_{t \geq s}, P)$;

(3.6) *for all triples* $0 < r \le s \le t$, $M_{r,t} = M_{r,s} + M_{s,t}$.

Note that (3.6) forces $M_{t,t} = 0$ for all $t > 0$. The examples (3.1) – (3.3) obviously fit into the above scheme. Let $\mathcal{L}^c_{inc}$ denote the space of all local martingale increment processes relative to $(\Omega, \mathcal{F}_t, P)$ such that for all $s > 0$, $t \to M_{s,t}$ is a.s. continuous on $[s,\infty[$. If $M \in \mathcal{L}^c_{inc}$ then for all $s > 0$, $t \to M_{s,t}$ $(t \ge s)$ has an associated quadratic variation process $\langle M_{s,\cdot}, M_{s,\cdot}\rangle_t$ $(t \ge s)$. If $0 < r < s$, then since $t \to M_{r,t}$ and $t \to M_{s,t}$ have the same increments over intervals in $[t,\infty[$, one has

$$\langle M_{r,\cdot}, M_{r,\cdot}\rangle_t - \langle M_{r,\cdot}, M_{r,\cdot}\rangle_s = \langle M_{s,\cdot}, M_{s,\cdot}\rangle_t .$$

It follows that there is a well defined random measure $Q(\omega, dt)$ defined on $\mathbb{R}^{++}$ such that if $0 < s < t$, then

$$Q(\cdot,]\, s,t]) = \langle M_{r,\cdot}, M_{r,\cdot}\rangle_t - \langle M_{r,\cdot}, M_{r,\cdot}\rangle_s$$

for all $r \in]\,0,s]$. The random measure Q will be called the quadratic variation measure for M. For obvious reasons it is not in principle possible to define local times for $M \in \mathcal{L}^c_{inc}$.

(3.7) Lemma. *Let* $M \in \mathcal{L}^c_{inc}$ *and let* R *be a stopping time with* $P\{0 < R < \infty\} = 1$. *Then* $Y_t = M_{R,R+t}$ $(t \ge 0)$ *is a local martingale over the filtration* $(\mathcal{F}_{R+t})$.

Proof. Let $s_n \downarrow\downarrow 0$. If we show that for every n, $1_{\{R \ge s_n\}} Y_t$ is a local martingale over $(\mathcal{F}_{R+t})$. Then since $P\{R \ge s_n\} \uparrow 1$ as $n \to \infty$, the claimed result will follow from the following argument. Let $\Lambda_n = \{R \geq s_n\} \in \mathcal{F}_R$ and for $k \geq 1$ let $T_k = \inf\{t: |Y_t| \geq k\}$. Since $1_{\Lambda_n} Y_t$ is a continuous local martingale, $1_{\Lambda_n} Y(t \wedge T_k) 1_{\{T_k > 0\}}$ is a uniformly bounded martingale for all $k \geq 1$ and $n \geq 1$. Now let $n \to \infty$ to see that $Y(t \wedge T_k) 1_{\{T_k > 0\}}$ is a bounded martingale for all k. That is, $(Y_t)_{t \geq 0}$ is a local martingale. Fix now $s > 0$ and let $\Lambda = \{R > s\}$. Then $t \to M_{s,s+t}$ is a continuous local martingale over the filtration $(\mathcal{F}_{s+t})$, and hence because $R \vee s - s$ is a stopping time over $(\mathcal{F}_{s+t})$ we see from (1.14) that $M_{s,s+(R \vee s - s)+t} = M_{s,R \vee s+t}$ is a local martingale over $(\mathcal{F}_{R \vee s+t})$. But since $M_{R \vee s,R \vee s+t} = M_{s,R \vee s+t} - M_{s,R \vee s}$ and $M_{s,R \vee s} \in \mathcal{F}_{R \vee s}$, it follows that $M_{R \vee s,R \vee s+t}$ is a local martingale over $(\mathcal{F}_{R \vee s+t})$. However, $1_\Lambda Y_t = 1_\Lambda M_{R \vee s,R \vee s+t}$ is therefore a local martingale over $(\mathcal{F}_{R \vee s+t})$, and since the trace of $\mathcal{F}_{R \vee s+t}$ on Λ is equal to the trace of $\mathcal{F}_{R+t}$ on Λ, we are done.

(3.8) Proposition. *Suppose that* $M \in \mathcal{L}^c_{inc}$ *and that for some* $r > 0$, $M_{0,r} = \lim_{s \downarrow\downarrow 0} M_{s,r}$ *exists and is finite almost surely. For arbitrary* $t \geq 0$, *define* $M_t = (M_{0,r} - M_{t,r}) 1_{[0,r]}(t) + (M_{0,r} + M_{r,t}) 1_{]r,\infty[}(t)$. *Then* $M \in \mathcal{L}^c$ *and for all* $0 < s < t$, $M_{s,t} = M_t - M_s$.

Proof. The fact that $M_{s,t} = M_t - M_s$ for all $0 < s < t$ is evident, as is the fact that $M_t = \lim_{s \downarrow\downarrow 0} M_{s,t}$ for all $t > 0$. Because the increments $M_{s,t}$ form a local martingale in $t \geq s$ for $s > 0$ it follows that $(M_t)_{t > 0} \in \mathcal{L}^c_{open}$. Since $M_t \to 0$ a.s. as $t \downarrow\downarrow 0$, the result follows from (2.16).

We turn now to a criterion which guarantees that $\lim_{s \downarrow\downarrow 0} M_{s,r}$ exists for some (and hence all) $r > 0$.

(3.9) <u>Proposition</u>. *Suppose that* $M \in \mathcal{L}^c_{inc}$ *has quadratic variation measure* Q *such that* $Q(\omega,]0, t]) < \infty$ *for all* $t > 0$ a.s. . *Then there exists* $N \in \mathcal{L}^c$ *such that for all* $0 < s < t$, $M_{s,t} = N_t - N_s$.

<u>Proof</u>. Let $A_t(\omega) = Q(\omega,]0, t])$ for $t \geq 0$, so that $A_0 = 0$ and A is a continuous increasing process adapted to $(\mathcal{F}_t)$. We show that $\lim_{s \downarrow\downarrow 0} M_{s,1}$ exists in $\mathbb{R}$ almost surely. To this effect we may assume that A is strictly increasing and $A_\infty = \infty$ a.s., for if this is not so, adjoin an independent Brownian motion B_t so that $M_{s,t}$ is replaced by $\overline{M}_{s,t} = M_{s,t} + (B_t - B_s)$. See the proof of (2.15). With the above assumption on A in force, let $\tau_t = \inf\{s: A_s > t\}$. Just as in the proof of (2.15), for every $s > 0$ the process M_{τ_s, τ_t} is a local martingale increment process over the filtration $(\mathcal{F}_{\tau_t})$. We are also using (3.7) at this point. For every $s > 0$, the process $M_{\tau_s, \tau_s + t}$ is a local martingale over $(\mathcal{F}_{\tau_s + t})$ and so is $M^2_{\tau_s, \tau_s + t} - (A(\tau_s + t) - A(\tau_s))$. By time change, it follows that $M^2_{\tau_s, \tau_t} - (t - s)$ is a local martingale for $(t \geq s)$ over the filtration $(\mathcal{F}_{\tau_t})_{t \geq s}$. It follows from Lévy's theorem (1.2) that $t \to M_{\tau_s, \tau_t}$ $(t \geq s)$ is a standard Brownian motion relative to $(\mathcal{F}_{\tau_t})$. In particular, for $s \leq t$, M_{τ_s, τ_t} has a normal distribution with mean zero and variance $t - s$. Consequently $s \to M_{\tau_{1-s}, \tau_1}$ $(0 \leq s < 1)$ is an L^2-bounded martingale so $\lim_{s \uparrow\uparrow 1} M_{\tau_{1-s}, \tau_1}$ exists and is finite almost surely. In other words, $\lim_{u \downarrow\downarrow 0} M_{u, \tau_1}$ a.s. exists and is finite, and one concludes that $M_{0,1} = \lim_{s \downarrow\downarrow 0} M_{s,1}$ exists and is finite.

(3.10) <u>Theorem</u>. *Let* $M \in \mathcal{L}^c_{inc}$ *with quadratic variation measure* Q. *Then* $\Lambda = \{\omega \in \Omega: \lim_{s \downarrow\downarrow 0} M_{s,1}(\omega)$ *exists and is finite*$\}$ *and* $\Gamma = \{\omega \in \Omega: Q(\omega,]0, 1]) < \infty\}$ *are almost surely equal.*

Proof. Since $\Gamma = \{Q(\omega,]0, \varepsilon] < \infty\}$ for every $\varepsilon > 0$, $\Gamma \in \mathcal{F}_{0+} = \mathcal{F}_0$. In addition, $\Lambda = \{\omega \in \Omega: \lim_{s \downarrow\downarrow 0} M_{s,r}(\omega)$ exists and is finite$\}$ for every $r > 0$ so $\Lambda \in \mathcal{F}_{0+} = \mathcal{F}_0$. Obviously $1_\Lambda M_{s,t} \in \mathcal{L}^c_{inc}$ and since $\lim_{s \downarrow\downarrow 0} 1_\Lambda M_{s,1}$ exists and is finite almost surely, (3.8) shows that $1_\Lambda M_{s,t}$ is obtained from the increments of a genuine continuous local martingale N. Since the quadratic variation of $1_\Lambda M$ is given on one hand by $1_\Lambda Q$ and on the other hand by $\langle N, N\rangle$, this proves that $\Lambda \subset \Gamma$ a.s.. Going the other way, $1_\Gamma M_{s,t} \in \mathcal{L}^c_{open}$ has quadratic variation measure $1_\Gamma Q$, which is a.s. finite near zero. Then (3.9) shows that $\lim_{s \downarrow\downarrow 0} 1_\Gamma M_{s,t}$ exists a.s. and is finite, so $\Gamma \subset \Lambda$ almost surely.

We show next that all continuous local martingale increment processes may be obtained as increments of stochastic integrals in the manner of example (3.1).

(3.11) Theorem. *Let* $M \in \mathcal{L}^c_{inc}$. *Then there exists* $N \in \mathcal{L}^c$ *and a predictable process* C *such that for all* $0 < s < t$

(3.12) $$\int_s^t C_u^2 \, d\langle N, N\rangle_u < \infty \quad \text{a.s. ;}$$

(3.13) $$M_{s,t} = \int_s^t C_u \, dN_u$$

Proof. Let Q be the quadratic variation measure for M. Fix a sequence $t_n \downarrow\downarrow 0$ and let D_t denote the predictable process

$$D_t(\omega) = \sum_{n \geq 1} 2^{-n} 1_{[t_n, t_{n-1}[}(t) \, e^{-Q(\omega,]t_n, t])}$$

where t_0 is set equal to $+\infty$. Obviously $D_t(\omega) > 0$ for all $t > 0$.

We have then, since $A_t^n = Q(]t_n, t])$ is continuous and $A_{t_n}^n = 0$

$$\int_0^\infty D_t^2 \, Q(dt) = \sum_{n\geq 1} 2^{-2n} \int_{t_n}^{t_{n-1}} e^{-Q(]t_n,t])} \, Q(dt)$$

$$= \sum_{n\geq 1} 2^{-2n} \int_{t_n}^{t_{n-1}} e^{A_t^n} \, dA_t^n$$

$$= \sum_{n\geq 1} 2^{-2n} (1 - e^{-A^n(t_{n-1})})$$

$$\leq 1 .$$

For any $s > 0$, the stochastic integral

$$N_{s,t} = \int_s^t D_u \, dM_{s,u}$$

is therefore defined, and has quadratic variation process

$$\int_s^t D_u^2 \, d\langle M_{s,\cdot}, M_{s,\cdot}\rangle_u = \int_s^t D_u^2 \, Q(du)$$

bounded by one. If $0 < r < s < t$

$$N_{r,t} = \int_r^t D_u \, dM_{r,u} = \int_r^s D_u \, dM_{r,u} + \int_s^t D_u \, dM_{r,u}$$

$$= N_{r,s} + N_{s,t} + \int_s^t D_u \, d(M_{r,u} - M_{s,u})$$

$$= N_{r,s} + N_{s,t} \, .$$

That is, $N \in \mathcal{L}^c_{inc}$. The quadratic variation measure for N is the measure $D_u^2 \, Q(du)$ which is bounded by one. Consequently, (3.10) shows that $N_{0,t} = \lim_{s\downarrow\downarrow 0} N_{s,t}$ exists a.s. and defines a local martingale. It is clear then that since $M_{s,t} = \int_s^t D_u^{-1} \, dN_u$, one obtains (3.12) and (3.13), setting $C_u = D_u^{-1}$.

Our final results on $\mathcal{L}^c_{inc}$ concerns the behavior of $M_{s,t}$ as $s \downarrow\downarrow 0$ when it is known that convergence does not occur. The result here is rather less precise than either (2.4) or (2.15). Given $M \in \mathcal{L}^c_{inc}$, we define the maximal increment process $W_{s,t} (0 < s < t)$ for M by

(3.14) $$W_{s,t} = \sup\{|M_{u,v}| : s \le u < v \le t\} \, .$$

It is clear that for $0 < s \le t$, $W_{s,t} \in \mathcal{F}_t$, and for fixed $s > 0$, $t \to W_{s,t}$ is continuous and increasing, while for fixed $t > 0$, $s \to W_{s,t}$ is continuous on $]0,t]$ and it increases as s decreases. The quantity

(3.15) $$W_0 = \lim_{t\downarrow 0} \sup_{s<t} W_{s,t}$$

is in $\mathcal{F}_{0+} = \mathcal{F}_0$. It is clear that on $\{W_0 = 0\}$, $\lim_{s\downarrow\downarrow 0} M_{s,t}$ exists and is finite. On $\{W_0 > 0\}$, $\lim_{s\downarrow\downarrow 0} M_{s,t}$ does not exist in $\mathbb{R}$, though it may exist in $\overline{\mathbb{R}}$.

(3.16) Theorem. *Let* $M \in \mathcal{L}^c_{inc}$ *and let* W_0 *be the limiting oscillation of* M, *defined in* (3.15). *Then* $P\{0 < W_0 < \infty\} = 0$.

Proof. As in the proof of (3.9) we may assume, adding an independent Brownian motion of M if necessary, that the quadratic variation measure Q for M has the property that a.s., for all $s > 0$, $t \to Q(]s, t])$ is strictly increasing on $[s, \infty[$ and tends to infinity as $t \to \infty$. We shall prove that for all $a > 0$, $W_0 \geq 2a$ a.s. on $\{W_0 > a\}$, and from this the assertion follows trivially. Observe first that on $\{W_0 > a\}$, for every $t > 0$ there exist $0 < u < v < t$ with $|M_{u,v}| > a$. For $c > 0$ and $s > 0$ let

$$R^1(c, s) = \inf\{t > s: |M_{u,t}| = c \text{ for some } u \in [s, t[\}$$
$$= \inf\{t > s: \max_{s \le u \le t} M_{s,u} \geq \min_{s \le u \le t} M_{s,u} + c\}.$$

Recursively, for $k \geq 1$ set

$$R^{k+1}(c, s) = R^1(c, R^k(c, s))$$
$$= \inf\{t > R^k(c, s): |M_{u,t}| = c \text{ for some } u \in [R^k(c, s), t[\}.$$

On $\{W_0 > a\}$ since M must have oscillations of size $> a$ in arbitrarily small time intervals, it must be that for every $k \geq 1$

$$R^k(a, s) \to 0 \text{ as } s \downarrow\downarrow 0 .$$

On $\{W_0 < 2a\}$ there exists $t > 0$ such that $|M_{u,v}| < 2a$ for all $0 < u < v \leq t$. Consequently, on $\{W_0 < 2a\} \cap \{W_0 > a\}$, for each fixed $k \geq 1$, $R^k(a, s) < R^1(2a, s)$

for all sufficiently small $s>0$. We prove that there exists a sequence $\varepsilon_k(a)$, independent of $s>0$, such that

(3.17) $\quad P\{R^k(a, s) < R^1(2a, s)\} \le \varepsilon_k(a)$ and $\varepsilon_k(a) \to 0$ as $k\to\infty$.

Once we prove (3.17), since k is arbitrary, it will follow that $P\{a < W_0 < 2a\} = 0$. In order to prove (3.17), we set $A_t = Q(]s, s+t])$ and let $\tau_t = \inf\{u: A_u > t\}$. Then the process $B_t = M_{s,s+\tau_t}$ is a standard Brownian motion. Since $M_{s,t}$ $(t \ge s)$ and B_t $(t \ge 0)$ run through the same points in the same order, it is enough to prove that $P\{R^k_a < R^1_{2a}\}$ is dominated by a suitable sequence $\varepsilon_k(a)$, where R^k_c denotes $R^k(c, 0)$ for the process (B_t) $(t\ge 0)$. By definition of the R^k_a, $|B(R^1_{2a})| \le 2a$, and the discrete parameter process $Y_k = B(R^k_a)$ $(k\ge 1)$ is a random walk. Then

$$P\{R^k_a < R^1_{2a}\} \le P\{\sup_{j\le k} |Y_j| \le 2a\} .$$

Letting $\varepsilon_k(a) = P\{\sup_{j\le k} |Y_j| \le 2a\}$, the fact that the law of Y_1 is not degenerate shows that $\varepsilon_k(a)\to 0$ as $k\to\infty$, completing the proof.

(3.18) Corollary. *Let* $M \in \mathcal{L}^c$ *and let* C *be a predictable process such that* $\int_s^t C_u^2 \, d\langle M, M\rangle_u < \infty$ *a.s. for all* $0<s<t<\infty$. *Then for any* $t>0$, $\Lambda = \{\omega: \int_s^t C_u(\omega)dM_u(\omega)$ *converges to a finite limit as* $s \downarrow\downarrow 0\}$ *is almost surely equal to* $\Gamma = \{\omega: \int_0^\varepsilon C_u^2(\omega)d\langle M, M\rangle_u < \infty$ *for some* $\varepsilon > 0\}$, *and a.s. on* Γ^c, $s \to \int_s^t C_u(\omega)dM_u$ *has unbounded oscillations as* $s\downarrow\downarrow 0$.

Proof. The first assertion is just (3.10) applied to $N_{s,t} = \int_s^t C_u dM_u$ and the second assertion follows from (3.16) since $\Lambda^c = \{W_0(N) > 0\}$.

References

1. J. Azéma et M. Yor. En guise d'introduction. Astérisque 52-53 (Temps Locaux) 3-16 (1978).

2. J. L. Doob. Stochastic Processes. Wiley, New York (1953).

3. R. K. Getoor and M. J. Sharpe. Conformal martingales. Invent. Math. 16, 271-308 (1972).

4. P. A. Meyer. Un cours sur les intégrales stochastiques. Sém. de Probab. X, Springer lecture notes 511 (1976).

5. J. B. Walsh. A property of conformal martingales. Sém. de Probab. XI, Springer lecture notes 581 (1977).

Department of Mathematics
University of California, San Diego
La Jolla, California 92093

Séminaire de Probabilités
Volume XIV (1978/79)

SUR UN RESULTAT DE L. SCHWARTZ

par P.A. Meyer

Dans un travail récent sur les semimartingales à valeurs dans les variétés, et les martingales conformes à valeurs dans les variétés analytiques complexes (volume 780 de la collection des Lecture Notes), L. Schwartz a montré l'intérêt de la notion de semimartingale dans un ouvert aléatoire. La définition adoptée par Schwartz n'est pas absolument satisfaisante, car elle n'est pas locale (un processus peut être une semimartingale dans deux ouverts aléatoires, sans l'être dans leur réunion). On se propose ici de la modifier légèrement, pour la rendre locale, et de généraliser un résultat de Schwartz, suivant lequel un processus, qui est une semimartingale dans chacun des ouverts d'une famille (A_n) recouvrant $\overline{\mathbb{R}}_+\times\Omega$, est une semimartingale (jusqu'à l'infini) au sens usuel.

D'autres résultats sur les semimartingales au sens de Schwartz, établis en collaboration avec Stricker, paraîtront dans un volume spécial dédié à L. Schwartz (Advances in Mathematics, 1980). Mais nous avons préféré laisser cette petite note dans le volume XIV, afin d'attirer l'attention de nos lecteurs habituels sur l'intérêt des notions introduites par Schwartz. Toutes les définitions générales figurent dans cet article ; voici le théorème en langage ordinaire :

THEOREME. Soient X un processus optionnel, K un compact aléatoire optionnel, recouvert par une famille (A^n) d'ouverts aléatoires. On suppose que, pour tout n, il existe une semimartingale Y^n telle que $X=Y^n$ sur A^n. Alors il existe une semimartingale Y telle que $X=Y$ sur K .

REMARQUES. a) Les A^n ne sont pas supposés optionnels, mais le gain de généralité est illusoire : l'intérieur de $\{X=Y^n\}$ est un ouvert optionnel contenant A^n.

b) L'extension aux fermés est immédiate : appliquer le résultat au compact aléatoire $K\cap[0,n]$, ce qui fournit une semimartingale Y_n , et définir Y par $Y=Y_n$ sur $[n,n+1[$ (remarque de Lenglart).

c) Dans le cas traité par Schwartz, l'ensemble d'indices est $\overline{\mathbb{R}}_+$, le compact aléatoire est $\overline{\mathbb{R}}_+\times\Omega$, et la conclusion affirme que X lui même est une semimartingale jusqu'à l'infini.

d) Stricker a donné une autre démonstration (plus élémentaire) de ce théorème, qui permet de construire une semimartingale Y telle que $X=Y$ sur un voisinage droit de K. Elle figure dans notre article.

e) Nous dirons que X est une <u>semimartingale dans un ouvert aléatoire</u> A s'il existe des ouverts aléatoires A^n, des semimartingales Y^n, tels que $A=\cup_n A_n$ et $X=Y^n$ dans A^n pour tout n. Alors le théorème s'exprime ainsi : si X est une semimartingale dans A, pour tout fermé optionnel $F\subset A$ il existe une semimartingale Y telle que X=Y sur F.

DEMONSTRATION. Considérons l'ensemble dénombrable Π des suites finies

$$\pi=(r_1,s_1 \ ; \ \dots \ ; \ r_n,s_n, \ a_1,\dots,a_n)$$

où n est un entier, $a_1,\dots,a_n$ sont des entiers, et les r_i,s_i sont des nombres rationnels tels que $r_i<s_i$. On désigne par G_π l'ensemble des $\omega\varepsilon\Omega$ tels que

- pour tout i , $[r_i,s_i[$ est contenu dans la coupe $A^{a_i}(\omega)$
- les intervalles $]r_i,s_i[$ recouvrent la coupe $K(\omega)$ (si $r_i=0$, remplacer $]r_i,s_i[$ par $[r_i,s_i[$).

D'après Borel-Lebesgue, les intervalles rationnels [1] $]r,s[$ tels que $[r,s[$ soit contenu dans l'une des coupes $A^n(\omega)$ recouvrant le compact $K(\omega)$, il existe pour tout $\omega\varepsilon\Omega$ un π tel que $\omega\varepsilon G_\pi$. Montrons que pour tout π il existe une semimartingale Z^π telle que $X=Z^\pi$ sur $(\cup_i [r_i,s_i[) \times G_\pi$. Pour cela, nous représentons $\cup_i [r_i,s_i[$ comme une réunion d'intervalles $[u_k,v_k[$ avec $u_1<v_1\leqq u_2<v_2\dots\leqq u_m<v_m$; chacun des $[u_k,v_k[$ est contenu dans une coupe $A^{a_i}(\omega)$, où i dépend seulement de k. Nous posons alors

$$Z^\pi = \Sigma_k I_{[u_k,v_k[}Y^{a_i} \quad .$$

L'ensemble Π étant dénombrable, il existe une <u>partition</u> (H_π) de Ω telle que $H_\pi\subset G_\pi$ pour tout π (ranger en une suite les éléments de Π, et procéder par récurrence). Soit alors $(\underline{\underline{G}}_t)$ le grossissement de la filtration initiale $(\underline{\underline{F}}_t)$, obtenu en adjoignant à $\underline{\underline{F}}_0$ tous les ensembles H_π . D'après un théorème de Jacod (Sém. XI p. 484-485 , Sém. XII p. 57), toute semimartingale/$(\underline{\underline{F}}_t)$ reste une semimartingale/$(\underline{\underline{G}}_t)$, et par conséquent le processus

$$Z_t(\omega) = \Sigma_\pi I_{H_\pi}(\omega)Z_t^\pi(\omega)$$

est une semimartingale/$(\underline{\underline{G}}_t)$, égale à X sur K . Pour redescendre sur $(\underline{\underline{F}}_t)$, l'idée naturelle est de prendre pour Y la projection optionnelle de Z sur $(\underline{\underline{F}}_t)$: en effet, K étant optionnel ainsi que X, la relation $XI_K=ZI_K$ entraîne $XI_K=YI_K$. Malheureusement, la projection d'une semimartingale n'est pas une semimartingale en général. Qu'à cela ne tienne : nous remplaçons P par une loi équivalente Q telle que Z soit une quasimartingale sur tout intervalle fini (Dellacherie : Sém. XII, p. 742-746) ; alors Y est une quasimartingale/$(\underline{\underline{F}}_t)$ (Stricker), donc une semimartingale.

1. Même convention que plus haut si r=0.

Séminaire de Probabilités XIV

1978-1979

PROLONGEMENT DES SEMIMARTINGALES

-:-:-:-::-:-:-:-::-:-:-:-:-:-:-:-

par C. Stricker

-:-:-:-:-:-:-:-

L'objet de ce travail est d'étudier le prolongement en 0 et $+\infty$ des semimartingales dans $]0,+\infty[$. Après avoir étudié ce cas particulier avec des méthodes probabilistes, nous donnerons un résultat général de prolongement qui a des applications intéressantes pour "les mesures semimartingales" (cf [8]). Pour cela nous utiliserons un théorème d'analyse fonctionnelle dû à Maurey et Pisier [5].

Nous remercions vivement P. A. Meyer pour ses nombreuses remarques et améliorations.

PROLONGEMENT DES SEMIMARTINGALES SUR $]0,+\infty[$.

Précisons d'abord les notations et faisons quelques rappels. Soit $(\Omega,\mathcal{F},(\mathcal{F}_t)P)$ un espace probabilisé filtré vérifiant les conditions habituelles de la théorie des processus. Soit X une semimartingale. On dit que X est une semimartingale jusqu'à l'infini s'il existe une suite (T_n) de temps d'arrêt tendant stationnairement vers $+\infty$, tels que pour tout n le processus X arrêté à l'instant T_n, noté X^{T_n}, soit une semimartingale appartenant à $\mathcal{H}^1$. Le théorème suivant qui améliore un résultat de Lenglart donne une condition nécessaire et suffisante pour qu'il en soit ainsi.

THEOREME 1. Les assertions suivantes sont équivalentes :

a) X est une semimartingale jusqu'à l'infini,

b) il existe une loi de probabilité Q équivalente à P telle que X soit une Q-quasimartingale,

c) pour tout ensemble prévisible A , la suite $(1_A \cdot X)_n$ converge en probabilité lorsque n tend vers $+\infty$.

<u>Démonstration</u> : Meyer a établi l'implication a) $\Longrightarrow$ b) dans l'article [7] . Réciproquement si X est une quasimartingale, il éxiste deux surmartingales positives X' et X'' telles que $X = X' - X''$. On remarque alors aisément que les temps d'arrêt $T_n = \inf\{t, X'_t \geq n \text{ ou } X''_t \geq n\}$ tendent stationnairement vers $+\infty$ et les surmartingales $(X')^{T_n}$ et $(X'')^{T_n}$ appartiennent à la classe D , donc à $\mathcal{H}^1$. L'implication a) $\Longrightarrow$ c) est bien connue. La démonstration de la réciproque est plus délicate et se fera en plusieurs étapes. Nous noterons X^n la semimartingale X arrêtée à l'instant n . D'après un résultat de Dellacherie [1] , il existe une loi Q équivalente à P telle que toutes les semimartingales X^n appartiennent à l'espace normé $\mathcal{M} \oplus \mathcal{A}$: autrement dit, pour la loi Q , X^n est spéciale de décomposition canonique $X^n = M^n + A^n$, M^n appartenant à l'espace vectoriel $\mathcal{M}$ des martingales de carré intégrable muni de la norme $\|M^n\|^2_{\mathcal{M}} = E[M^n,M^n]_\infty$, A^n appartenant à l'espace vectoriel $\mathcal{A}$ des processus à variation intégrable muni de la norme $\|A^n\|_{\mathcal{A}} = E[\int_0^\infty |dA^n|]$. $\tilde{\mathcal{P}}$ désigne la tribu quotient de la tribu prévisible $\mathcal{P}$ par la relation d'équivalence : $A \sim B$ si et seulement si pour tout n , $1_A \cdot X^n = 1_B \cdot X^n$. On pose :

$$\|X^n\| = \|M^n\|_{\mathcal{M}} + \|A^n\|_{\mathcal{A}}$$

$$d(A,B) = \sum_n \frac{\|(1_A - 1_B) \cdot X^n\|}{2^n(1 + \|X^n\|)} \quad \text{pour tout } A,B \in \tilde{\mathcal{P}}$$

$$J^n(A) = (1_A \cdot X^n)_\infty \quad \text{pour tout } A \in \tilde{\mathcal{P}}$$

$$J(A) = \lim_{n\ \infty} J^n(A) \ , \quad \text{la limite étant prise en probabilité.}$$

On désigne par L^0 l'espace vectoriel topologique des variables aléatoires p.s. finies, muni de la topologie de la convergence en probabilité avec la quasinorme $\|U\|_{L^0} = E[1 \wedge |U|]$.

Le lemme suivant est analogue au lemme 1 d'Emery [3] avec une démonstration un peu différente.

LEMME 1. d est une distance sur $\tilde{\mathcal{P}}$ pour laquelle $\tilde{\mathcal{P}}$ est complet. Les applications J^n de $\tilde{\mathcal{P}}$ dans L° sont continues pour tout n et J est aussi continue.

Démonstration : d est évidemment une distance sur $\tilde{\mathcal{P}}$. Si (A_n) est une suite de Cauchy pour d, c'est aussi une suite de Cauchy dans

$$L^2(\mathcal{P}, \sum_n \frac{d[M^n,M^n]dQ}{2^n(1+\|X^n\|)}) \cap L^1(\mathcal{P}, \sum_n \frac{|dA^n|dQ}{2^n(1+\|X^n\|)}) .$$

Donc (1_{A_n}) converge dans $L^2(\ldots) \cap L^1(\ldots)$ vers l'indicatrice d'un ensemble prévisible A. Par conséquent (A_n) converge aussi vers A dans $\tilde{\mathcal{P}}$. Les applications J^n sont lipschitziennes, donc continues. Il en résulte que J admet aussi un point de continuité. Comme J est additive, on vérifie aisément que J est continue partout.

Nous abordons maintenant la deuxième étape de notre démonstration.

LEMME 2. La variable aléatoire $X^* = \sup|X_s|$ est finie p.s.

Démonstration : Par hypothèse, les variables aléatoires $J^n(A)$ convergent dans L° vers $J(A)$. En prenant $A = \mathbb{R}^+ \times \Omega$, on constate que la suite $X^n_\infty = X_n$ converge en probabilité lorsque n $+\infty$. Quitte à extraire une sous-suite, on peut supposer que la convergence a lieu p.s. Notons $T_n = \inf\{t \geq n, |X_t| \geq |X_n|+1\}$. Sur l'ensemble $T_n < +\infty$, $|J(]n,T_n])| \geq 1$. D'après le lemme 1 cette suite de variables aléatoires tend vers 0 dans L°. Donc $P[T_n < +\infty]$ tend vers 0. Mais on a l'inclusion : $\{T_n < +\infty\} \supset \{X^* = +\infty\}$. Donc $P[X^* = +\infty] = 0$ et le lemme est établi.

Notons que le résultat du lemme 2 subsiste si on remplace X par l'intégrale stochastique (sur $[0,+\infty[$) $1_A \cdot X$ pour tout ensemble prévisible A. On peut alors invoquer un résultat de Lenglart [4] ou donner une démonstration directe pour la dernière étape. Rappelons que nous avons choisi pour le lemme 1 une loi Q équivalente à P telle que toutes les semimartingales X^n soient dans $\mathcal{M} \oplus \mathcal{A}$. Compte tenu du lemme 2, on peut exiger de plus que $E_Q[X] < +\infty$. Nous fixons désormais la loi Q et toutes les intégrales se rapporteront à cette loi. Comme la semimartingale X^n est dans $\mathcal{M} \oplus \mathcal{A}$, elle est spéciale, de décomposition canonique $X^n = M^n + A^n$. Il existe un processus prévisible ε à valeurs dans $\{-1,1\}$ tel que $\varepsilon dA^n = |dA^n|$ pour tout n. Posons : $\sigma = 1_{\{\varepsilon=1\}}$, $\sigma' = 1_{\{\varepsilon=-1\}}$. Soit $T_p = \inf\{t, |(\sigma.X)_t| \vee |(\sigma'.X)_t| \geq p\}$. Les processus $\sigma.X$ et $\sigma'.X$ arrêtés à l'instant T_p sont bornés par $p + X^*$ car $\Delta(\sigma.X)_{T_p} = \sigma_{T_p} \Delta X_{T_p}$. Nous noterons encore $\sigma.X$ (resp. $\sigma'.X$) les processus arrêtés à l'instant T_p. D'après le lemme 2, $(\sigma.X)^*$ est aussi fini p.s. et la suite (T_p) tend stationnairement vers $+\infty$. Pour établir que X est une semimartingale jusqu'à l'infini, il suffit de montrer que les semimartingales arrêtées $\sigma.X$ et $\sigma'.X$ sont dans $\mathcal{H}^1$. Or $\sigma.A^n$ est un processus croissant intégrable et $\sigma.M^n$ est une martingale de carré intégrable que nous pouvons supposer nulle en 0. Dans ce cas $E[\sigma.A^n_\infty] = E[\sigma.X^n_\infty] \leq p + E[X^*]$. Grâce au lemme de Fatou, on en déduit que $E[\sigma.A_\infty] < +\infty$. Comme $(\sigma.M^n) \leq (\sigma.X)^* + \sigma.A_\infty$, on en déduit que la martingale $\sigma.M$ appartient à $\mathcal{H}^1$ et le théorème 1 est établi.

On a un théorème analogue pour le prolongement en 0 des semimartingales dans $]0,+\infty[$. Nous dirons d'après [6] et [8] qu'un processus X est une semimartingale dans $]0,+\infty[$ si pour tout n, $X1_{[\frac{1}{n},+\infty[}$ est une semimartingale au sens habituel.

THEOREME 2. Soit X une semimartingale dans $]0,+\infty[$. Alors X est la restriction à $]0,+\infty[$ d'une semimartingale si et seulement si pour tout ensemble prévisible A, les variables aléatoires $\int_{1/n}^{1} 1_A dX$ convergent dans L^0.

Ce théorème est analogue au théorème 1 et on peut transcrire la démonstration précédente mais c'est beaucoup plus pénible... En particulier l'équivalent du lemme 2 utilise un résultat de Mertens explicité dans [9] et qui nous a été communiqué par Meyer.

C'est pourquoi nous allons établir un résultat plus général avec une méthode différente faisant appel à l'analyse fonctionnelle.

UN THEOREME GENERAL DE PROLONGEMENT.

Dans l'étude en 0 et $+\infty$ nous étions amenés à introduire les semimartingales jusqu'à l'infini $X^n = 1_{]1/n,1]}.X$ (resp. $X^n = 1_{[0,n]}.X$). Voici le résultat général qui englobe les théorèmes 1 et 2.

THEOREME 3. Soient (A_n) une suite croissante d'ensembles prévisibles de réunion A et (X^n) une suite de semimartingales jusqu'à l'infini telles que : $X^n = 1_{A_n}.X^{n+1}$ et pour tout ensemble prévisible K la suite $(1_K.X^n)_\infty$ converge dans L^0 vers une v.a. notée $J(K)$. Alors la suite (X^n) converge pour la topologie des semimartingales vers une semimartingale X telle que $1_{A^c}.X = 0$.

Démonstration : La démonstration se fait aussi en plusieurs étapes. Rappelons d'abord un très joli résultat dû à Maurey et Pisier [5].

THEOREME 4. Pour tout $\alpha \in]0,1[$ il existe $\delta \in]0,1[$ tel que pour toute famille finie $Z_1,\dots,Z_n$ de v.a. et toute suite finie de réels $c_1,\dots,c_n$ bornés par 1 :

$$Q[|\sum_{i=1}^{n} c_i Z_i| \geq 1] \leq \alpha + K \sup_{\epsilon} Q[|\sum_{i=1}^{n} \epsilon_i Z_i| \geq \delta]$$

où ϵ parcourt l'ensemble $\{-1,1\}^n$, K étant une constante universelle.

Soit I l'algèbre engendrée par les intervalles stochastiques dyadiques. Comme l'ensemble des v.a. de la forme $J[(A\setminus A_n) \cap B]$, B parcourant I, est dénombrable, on peut supposer que toutes ces v.a. appartiennent à $L^1(Q)$ (cf [1]). Notons que $J(A_n \cap B) = (1_B . X^n)_\infty$ est aussi intégrable pour tout n. Nous nous proposons de montrer maintenant que pour tout $\epsilon > 0$ il existe un réel $c \in R$ tel que $Q[|J(f)| \geq c] \leq \frac{\epsilon}{3}$ pour tout $f \in \bar{I}$, $\bar{I}$ désignant l'enveloppe convexe de I. Fixonx $\epsilon > 0$ et prenons $\alpha = \frac{\epsilon}{3}$. Il lui correspond d'après le théorème 4 un certain $\delta > 0$. Par ailleurs il existe $\eta > 0$ tel que $d(B,\emptyset) < \eta$ implique $Q[|J(B)| > \frac{\delta}{2}] < \frac{\epsilon}{3K}$. Rappelons que $A = \cup A_n$ et que la suite (A_n) est croissante. Ainsi il existe n_o tel que $d(A\setminus A_{n_o},\emptyset) < \eta$. Notons $\bar{J}$ la "restriction" de J à $A\setminus A_{n_o}$ c'est-à-dire : $\bar{J}(B) = J(B \cap (A\setminus A_{n_o}))$ pour tout $B \in \tilde{\mathcal{P}}$. Alors pour tout B prévisible $Q[|\bar{J}(B)| > \frac{\delta}{2}] < \frac{\epsilon}{3K}$. Tout élément f de $\bar{I}$ s'écrit sous la forme : $f = \sum_{p=1}^{n} \lambda_p 1_{D_p}$ où les (D_p) appartiennent à I, sont deux à deux disjoints et $0 \leq \lambda_p \leq 1$ pour tout p. Or $\sum_{p=1}^{n} \pm 1_{D_p} = 1_D - 1_{D'}$ avec $D,D' \in I$ car les (D_p) sont deux à deux disjoints. Donc $Q[|\bar{J}(\sum_{p=1}^{n} \pm 1_{D_p})| \geq \delta] \leq Q[|\bar{J}(D)| \geq \frac{\delta}{2}] + Q[|\bar{J}(D')| \geq \frac{\delta}{2}] \leq 2\frac{\epsilon}{3}$. Le théorème de Maurey et Pisier implique que $Q[|\bar{J}(f)| \geq 1] \leq \epsilon$ pour tout $f \in \bar{I}$. Comme $J(A_{n_o} \cap B) = (1_B . X^{n_o})_\infty$ pour tout $B \in \mathcal{P}$ et que la semimartingale X^{n_o} est une semimartingale jusqu'à l'infini, il existe $c' \in \mathbb{R}$ tel que pour tout $f \in \bar{I}$, $Q[|J(A_{n_o} \cap f)| \geq c'] \leq \epsilon$. Or $J(.) = \bar{J}(.) + J(A_{n_o} \cap .)$. Donc il existe $c \in \mathbb{R}$ tel que pour tout $f \in \bar{I}$, $Q[|J(f)| > c] \leq 2\epsilon$. On sait d'après un résultat de Dellacherie - Mokobodzki dont la démonstration a été améliorée par Yan [11] qu'il existe une loi Q' équivalente à Q telle que $\sup_{f\in\bar{I}} E_{Q'}[J(f)] < +\infty$.

Il en résulte que $X_T = J([0,T])$ est une Q'-quasimartingale dont on peut choisir une version càdlàg (il suffit de reprendre la démonstration du théorème 1.5 de [9]). Après le choix de la bonne version, $X_T = J[0,T])$ a encore lieu pour tout temps d'arrêt dyadique T. A l'aide du lemme 1 et du théorème de convergence dominée pour les intégrales stochastiques, on voit que l'ensemble des $B \in \mathcal{P}$ qui vérifient $J(B) = (1_B.X)_\infty$ est une classe monotone. Comme il contient l'algèbre engendrée pour les temps d'arrêt dyadiques, cette égalité a lieu pour tout B prévisible. Comme $X^n = 1_{A_n}.X$, on en déduit que la suite (X^n) converge pour la topologie des semimartingales vers X. Il en résulte aussi que $1_{A^c}.X = 0$ puisque $1_{A^c}.X^n = 0$ pour tout n.

Remarques :

a) La convergence pour la topologie des semimartingales entraîne en particulier le résultat suivant : si (H^n) est une suite de processus prévisibles uniformément bornés tendant simplement vers un processus (prévisible) H, alors $H^n.X^n$ converge pour la topologie des semimartingales vers $H.X$. Bien entendu, on ne peut pas remplacer la condition de borniture uniforme par la condition plus faible : $H^n \in L(X^n)$ pour tout n.

b) Les applications aux mesures semimartingales sont développées dans [8].

c) Une version plus faible du théorème 2 figure dans [3] et [10].

RECTIFICATION SUR LES EPREUVES. Dans l'énoncé du th.4, ajouter que les c_i sont bornés par 1 <u>en valeur absolue</u>, et remplacer la formule par

$$Q[|\sum_{i=1}^{n} c_i Z_i| \geqq 1] \leqq \alpha + K \sup_{\varepsilon} (\inf\{ \lambda : Q[|\sum_{i=1}^{n} \varepsilon_i Z_i| \geqq \lambda] \leqq \delta \})$$

Dans la démonstration, ligne 9, choisir η tel que $Q[|J(B)| \geqq \frac{\varepsilon}{6K}] \leqq \frac{\delta}{2}$. Ligne 13, pour B prévisible $Q[|\overline{J}(B)| \geqq \frac{\varepsilon}{6K}] \leqq \frac{\delta}{2}$. Enfin, lignes 16-17 $Q[|\overline{J}(\Sigma_p \pm 1_{D_p})| \geqq \frac{\varepsilon}{3K}] \leqq Q[|\overline{J}(D)| \geqq \frac{\varepsilon}{6K}] + Q[|\overline{J}(D')| \geqq \frac{\varepsilon}{6K}] \leqq \delta$. Sans changement ensuite.

REFERENCES

-:-:-:-:-:-

[1] DELLACHERIE C.: Quelques applications du lemme de Borel-Cantelli à la théorie des semimartingales. Séminaire de Probabilités XII, p. 742, L.N. 649, Springer Verlag 1978.

[2] DELLACHERIE C. et MEYER P.A.: Probabilités et Potentiels. Chapitre VI, n° 50b.

[3] EMERY M.: Un théorème de Vitali-Hahn-Saks pour les semimartingales. A paraître dans Z.W.

[4] LENGLART E.: Article à paraître.

[5] MAUREY et PISIER G.: Un théorème d'extrapolation et ses conséquences. CRAS Paris, T. 277, série A, 1973, p. 39-41.

[6] MEYER P.A.: Sur un résultat de Laurent Schwartz. Dans ce volume.

[7] MEYER P.A.: Sur un théorème de C. Stricker. Séminaire de Probabilités XI, p. 482-489, L.N. 581, Springer Verlag 1977.

[8] MEYER P.A. et STRICKER C.: Sur les semimartingales au sens de L. Schwartz. A paraître dans Advances in Mathematics.

[9] STRICKER C.: Mesure de Föllmer en théorie des quasimartingales. Séminaire de Probabilités IX, p. 408-420, L.N. 465, Springer Verlag 1975.

[10] STRICKER C.: Thèse de Doctorat 1979, page 114.

[11] YAN J.A.: Caractérisation d'une classe d'ensembles convexes dans L^1 ou $\mathcal{H}^1$, a paraître dans ce volume.

Laboratoire associé au C.N.R.S n° 1
7 rue René Descartes
67084 STRASBOURG CEDEX

Séminaire de Probabilités XIV
1978/79

PROJECTION OPTIONNELLE ET SEMIMARTINGALES

par C. STRICKER

En théorie du filtrage, on rencontre souvent la situation suivante :

1) L'histoire d'un phénomène : émission - réception - brouillage représenté par la filtration $(\mathcal{F}_t)_{t\geq 0}$ sur l'espace probabilisé $(\Omega, \mathcal{F}, P)$.

2) Le phénomène observé, représenté par une <u>sous-filtration</u> $(\mathcal{G}_t)_{t\geq 0}$ de la filtration $(\mathcal{F}_t)_{t\geq 0}$.

Dans ce cadre, le problème suivant apparaît fréquemment : étant donnée une $\mathcal{F}$ - semimartingale X bornée, est-ce que sa $\mathcal{G}$ - projection optionnelle est une $\mathcal{G}$ - semimartingale ? La proposition suivante montre qu'en général la réponse est négative.

PROPOSITION 1. <u>S'il existe deux</u> $\mathcal{G}$ - <u>temps d'arrêt</u> S <u>et</u> T <u>et une variable aléatoire</u> X <u>prenant</u> (avec prob. positive) <u>une infinité de valeurs, tels que</u> $P\{S<T\}>0$, $X\in\mathcal{F}_S$ <u>et</u> X <u>soit indépendante de</u> $\mathcal{G}_T$, <u>alors il existe une semimartingale bornée dont la</u> $\mathcal{G}$ - <u>projection optionnelle n'est pas une</u> $\mathcal{G}$ - <u>semimartingale</u>.

<u>Démonstration</u> : Notons que l'existence de X est équivalente à l'existence d'une suite d'ensembles (A_n), non négligeables, disjoints deux à deux et appartenant à $\mathcal{F}_S$, tels que la tribu engendrée par eux soit indépendante de $\mathcal{G}_T$. Notons $\alpha = P(\bigcup_i A_i)$ et posons :

$$Y^n = (-1)^n \sum_{m\geq m_n} 1_{A_m} \quad \text{où} \quad m_n = \sup\{n : \sum_{m\geq n} P(A_n) \geq \frac{\alpha}{n}\}$$

$$Y_t = \sum_n Y^n 1_{[S_{n+1}, S_n[}(t) \quad \text{où} \quad S_n = (S+\frac{1}{n})\wedge T .$$

Alors le processus Y est une $\mathcal{F}$ - semimartingale car Y est à variation bornée. Désignons par Y^o sa projection optionnelle sur la filtration $\mathcal{G}$. Supposons que Y^o soit une $\mathcal{G}$ - semimartingale. Comme $|Y| \leq 1$ (et donc $|Y^o| \leq 1$), Y^o est une $\mathcal{G}$ - semimartingale spéciale. Il existe alors un $\mathcal{G}$ - temps d'arrêt K tel que $P\{S<K<T\}>0$ et que la fonction de $\mathbb{N}^*$ dans $\mathbb{R}$ qui à n associe $V_n = E[X^o_{S_n \wedge K}]$, soit à variation bornée. Or $V_n = E[X_{S_n \wedge K}]$ car S_n et K sont des $\mathcal{G}$ - temps d'arrêt. L'appartenance de $S_n \wedge K$ à $\mathcal{G}_T$ entraîne que pour tout $n_o \in \mathbb{N}$ $V_{n_o+1} = \sum_n E[Y^n]\, P\{S_{n+1} \leq K \wedge S_{n_o+1} < S_n\}$

$= \sum_{n>n_o} E[Y^n]P\{S_{n+1} \leq K < S_n\} + E[Y^{n_o}]P\{S_{n_o+1} \leq K\,,\ S_{n_o+1} < S_{n_o}\}$. D'où

$$|V_{n_o+2}-V_{n_o+1}| = |E[Y^{n_o+1}](P\{S_{n_o+2} \leq K,\ S_{n_o+2} < S_{n_o+1}\} - P\{S_{n_o+2} \leq K < S_{n_o+1}\})$$
$$- E[Y^{n_o}]P\{S_{n_o+1} \leq K, S_{n_o+1} < S_{n_o}\}|$$

$$= |E[Y^{n_o+1}]P\{S_{n_o+1} \leq K, S_{n_o+2} < S_{n_o+1}\} - E[Y^{n_o}]P\{S_{n_o+1} \leq K,\ S_{n_o+1} < S_{n_o}\}|$$

$$\geq \frac{2\alpha P\{S_{n_o+1} \leq K,\ S_{n_o+1} < S_{n_c}\}}{n_o+1} - P\{S_{n_o+1} = S_{n_o}\,,\ S_{n_o+2} < S_{n_o+1}\}\,.$$

La série $\Sigma|V_{n_o+1} - V_{n_o}|$ diverge, ce qui est absurde. Aussi Y^o n'est pas une $\mathcal{G}$ - semimartingale.

Toutefois, on a le résultat positif suivant contenu implicitement dans [2].

PROPOSITION 2. <u>Si</u> X <u>est une</u> $\mathcal{F}$ <u>- quasimartingale, alors</u> X^o <u>est une</u> $\mathcal{G}$ <u>- quasimartingale et</u> $\mathrm{Var}(X^o,\mathcal{G}) \leq \mathrm{Var}(X,\mathcal{F})$.

On démontre aisément ce résultat grâce à la décomposition de Rao ou en étudiant directement la variation de X. Notons que cette proposition nous a permis de démontrer dans [2] que si $\mathcal{G}$ contient la filtration naturelle de la $\mathcal{F}$ - semimartingale X, alors X est aussi une $\mathcal{G}$ - semimartingale. Dans ce cas on a donc aussi une réponse positive à notre problème de projection.

Au cours des dernières années, on s'est intéressé aussi au problème inverse, celui du grossissement : étant donnée une $\mathcal{G}$- semimartingale, à quelle condition est-elle aussi une $\mathcal{F}$-semimartingale ? Nous nous proposons maintenant de donner un exemple de grossissement tel qu'aucune $\mathcal{G}$- martingale locale continue non constante ne soit une $\mathcal{F}$ - semimartingale, mais auparavant nous allons répondre à une question d'Azema concernant le lien entre les tribus progressives et optionnelles (ou prévisibles) .

PROPOSITION 3. La $\mathcal{F}$ - tribu progressive est égale à l'intersection de tribus prévisibles (ou optionnelles) relatives aux filtrations translatées $\mathcal{F}^h = (\mathcal{F}_{t+h})_{t \geq o}$, $h > 0$.

Démonstration : Notons d'abord que si un processus X est prévisible (ou optionnel) par rapport à $\mathcal{F}^h$ pour tout h , il est aussi $\mathcal{F}^h$- progressif et donc $\mathcal{F}$ - progressif.

Réciproquement, soient X un processus $\mathcal{F}$ - progressif et $h > o$ fixé. Pour établir que X est un processus $\mathcal{F}^h$- prévisible (ou optionnel), il suffit de démontrer que pour tout $n \in \mathbb{N}$, le processus $(X_t 1^{(t)}_{]nh,(n+1)h]})_{t \geq o}$ est $\mathcal{F}^h$- prévisible. Or la tribu $\mathcal{F}^h$- prévisible contient les processus de la forme $f(t)\ Z(\omega)\ 1_{]nh,(n+1)h]}$ où f est une fonction borélienne sur $\mathbb{R}^+$ et Z une $\mathcal{F}_{(n+1)h}$ variable aléatoire. Par classe monotone, on en déduit que le processus $(X_t 1^{(t)}_{]nh,(n+1)h]})_{t \geq o}$ qui est $\mathcal{B}(\mathbb{R}^+) \otimes \mathcal{F}_{(n+1)h}$ mesurable appartient à la tribu $\mathcal{F}^h$ - prévisible .

PROPOSITION 4. Soit M une $\mathcal{G}$- martingale locale continue non constante. Alors , quel que soit h>0, M n'est pas une $\mathcal{G}^h$- semimartingale.

Démonstration : Quitte à retrancher M_o à M on peut supposer $M_o = 0$. On sait que l'ensemble des extrémités gauches des intervalles contigus au fermé $\{M = 0\}$ est progressif. D'après la proposition 3 , cet ensemble est $\mathcal{G}^h$- optionnel. Il suffit alors de reprendre la démonstration de BARLOW [1] pour conclure que M n'est pas une $\mathcal{G}^h$- semimartingale.

REFERENCES

[1] M.T. BARLOW : On the left end points of brownian excursions. Séminaire de probabilités XIII , L.N. 721 , (1979) p. 646 .

[2] C. STRICKER : Quasimartingales, martingales locales, semimartingales et filtration naturelle Z.W. 39 (1977) p. 55-64 .

REMARQUE. Voici une démonstration beaucoup plus simple de la proposition 4, due à E. Lenglart. Soit X une semimartingale de la filtration $\underline{\underline{G}}^h$, adaptée à $\underline{\underline{G}}$. Par un changement de loi, nous pouvons supposer que X est une quasimartingale sur tout intervalle fini. Soit (t_i) une subdivision de $\mathbb{R}_+$ de pas < h. Alors la variation stochastique de X par rapport à la filtration $\underline{\underline{G}}^h$:

$$\Sigma|E[X_{t_{i+1}}-X_{t_i}|\underline{\underline{G}}^h_{t_i}]|$$

est tout simplement la variation ordinaire de X, puisque $X_{t_{i+1}}$ est $\underline{\underline{G}}^h_{t_i}$-mesurable. Donc X est un processus à variation finie.

Séminaire de Probabilités XIV
1978/79

UNE CARACTERISATION DES SEMIMARTINGALES SPECIALES

par CHOU Ching-Sung

Soit X une semimartingale, et soit A un processus croissant (pas forcément nul en 0). Nous dirons d'après Métivier et Pellaumail que X est <u>contrôlée</u> par A si l'on a, pour tout processus H prévisible borné et tout temps d'arrêt T

$$(1)\qquad E[\sup_{t<T}(\int_0^t H_s dX_s)^2] \leqq E[A_{T-}\int_0^{T-} H_s^2 dA_s] \qquad (A_{0-}=0)$$

Les travaux importants de Métivier et Pellaumail sur cette notion ont été exposés au séminaire de Strasbourg par M. Emery **(ce volume, p. 118), qui a montré, d'après Métivier et Pellaumail que:**

THEOREME . <u>Toute semimartingale</u> X <u>est contrôlée par un processus croissant</u>

PRINCIPE DE LA DEMONSTRATION : On écrit X=M+V, où M est une martingale locale à sauts bornés, nulle en 0, et V est un processus à variation finie. On montre alors que M est contrôlée par $4(\langle M,M\rangle+[M,M]+1)=A'$, V par $\int_0^t |dV_s| = A''_t$, et X=M+V est contrôlé par $2(A'+A'')=A$.

Nous voudrions faire la remarque suivante :

THEOREME. <u>Une semimartingale</u> X <u>peut être contrôlée par un processus croissant</u> A <u>localement intégrable si et seulement si</u> X <u>est spéciale</u>.

DEMONSTRATION. Si X est spéciale, on reprend la démonstration précédente : $\langle M,M\rangle$ est localement intégrable puisqu'il est prévisible, [M,M] aussi puisque M est à sauts bornés . D'autre part, X étant spéciale, V est localement intégrable, donc A est localement intégrable.

Inversement, supposons que dans (1) le processus A soit localement intégrable. Ecrivons la formule (1) avec H=1

$$E[(X^*_{T-})^2] \leqq E[A^2_{T-}]$$

Lenglart énonce cela en disant que le processus (X^{*2}_{t-}) est <u>dominé</u> par le processus croissant (A^2_t). Il démontre alors (voir par exemple Dellacherie et Meyer, chapitre VI, n°111 remarque b)) que l'on a pour toute fonction concave positive F, nulle en 0

$$E[F(X^{*2}_{T-})] \leqq cE[F(A^2_{T-})]$$

Prenons $F(x)=\sqrt{x}$, nous obtenons

$$E[X^*_{T-}] \leqq cE[A_{T-}] \quad \text{puis} \quad E[X^*_T] \leqq cE[A_T]$$

Pour cette dernière inégalité, on passe à la limite dans l'inégalité $E[X^*_{T_n-}] \leqq cE[A_{T_n-}]$, en prenant $T_n=(T+\frac{1}{n})\wedge \inf\{t>T : A_t-A_T \geqq \frac{1}{n}\}$.

Ce résultat étant obtenu, on voit que si A est localement intégrable, il en est de même du processus croissant (X^*_t), et cela entraîne que X est spéciale. Choisissons en effet des temps d'arrêt $U_n \uparrow +\infty$ tels que $E[X^*_{U_n} I_{\{U_n>0\}}] < \infty$, et posons $S_t = (\Sigma_{s\leqq t} \Delta X^2_s)^{1/2}$, $V_n=\inf\{t : S_t \geqq n \}$, $T_n=U_n \wedge V_n$. Nous avons sur $\{T_n>0\}$

$$S_{T_n} = S_{T_n-} + \Delta S_{T_n} \leqq n + 2X^*_{U_n}$$

Donc $E[S_{T_n} I_{\{T_n>0\}}] < \infty$, et X est spéciale d'après le théorème 32 du cours sur les intégrales stochastiques de P.A. Meyer, sém. X p. 310.

Mathematics Department
National Central University
Chung-Li (Taiwan)

Séminaire de Probabilités

Volume XIV

EQUATIONS DIFFERENTIELLES STOCHASTIQUES : LA METHODE DE METIVIER ET PELLAUMAIL

par M. Emery

Les travaux de Métivier et Pellaumail sur l'intégration stochastique les ont conduits à développer une méthode de résolution d'équations différentielles séduisante à plus d'un titre : Elle contient une jolie caractérisation de l'espace des semimartingales et de sa topologie ; elle s'étend très aisément au cas des processus à valeurs dans un espace de Hilbert. Nous allons en exposer les aspects relatifs à la théorie des semimartingales, renvoyant à [2], [3], [4] et surtout [5] pour les aspects que nous négligerons, en particulier l'étude proprement dite des équations différentielles.

On se place sur un espace filtré $(\Omega,\underline{\underline{F}},P,(\underline{\underline{F}}_t)_{t\geq 0})$ vérifiant les conditions habituelles. On convient que, si X est un processus càdlàg, $X_{0-}=0$; que les processus croissants sont adaptés et à valeurs dans $[0,\infty[$. Les processus que nous considérons sont à valeurs réelles. Métivier et Pellaumail caractérisent les semimartingales à l'aide de la relation (*) qu'ils appellent π^*-domination.

THEOREME. <u>Soit</u> X <u>une semimartingale</u>. <u>Il existe un processus croissant</u> A <u>qui</u> contrôle X <u>au sens suivant</u> : <u>Pour tout temps d'arrêt</u> T <u>et tout processus prévisible borné</u> H ,

$$(*)\qquad E\left[\sup_{t<T}\left(\int_0^t H_s\,dX_s\right)^2\right] \leq E\left[A_{T-}\int_0^{T-} H_s^2\,dA_s\right] .$$

<u>Démonstration</u>. 1) Si A contrôle X et B contrôle Y ,

$$\begin{aligned}(H\cdot(X+Y))^{*2}_{T-} &\leq ((H\cdot X)^*_{T-} + (H\cdot Y)^*_{T-})^2 \\ &\leq 2\,((H\cdot X)^{*2}_{T-} + (H\cdot Y)^{*2}_{T-}) ,\end{aligned}$$

donc

$$E\left[(H\cdot(X+Y))^{*2}_{T-}\right] \leq 2\mathbf{E}\left[A_{T-}\;H^2\cdot A_{T-} + B_{T-}\;H^2\cdot B_{T-}\right]$$

$$E\,[(H\cdot(X+Y))^{*2}_{T-}] \leqq 2\,E\,[(A+B)_{T-}\,H^2\cdot(A+B)_{T-}] \qquad ,$$

et $\sqrt{2}\,(A+B)$ contrôle $X+Y$. Toute semimartingale étant somme d'une martingale locale à sauts bornés et d'un processus à variation finie, on est ramené à démontrer le théorème séparément pour ces deux classes de processus.

2) Si X est à variation finie, soit $A_t = \int_0^t |dX_s|$. Grâce à l'inégalité de Schwarz, $(H\cdot X)^{*2}_{T-} \leq (|H|\cdot A_{T-})^2 \leqq A_{T-}\,H^2\cdot A_{T-}$, donc A contrôle X .

3) Pour traiter le cas des martingales de carré intégrable, nous admettrons une inégalité de martingales qui constitue le coeur de la démonstration du théorème :

LEMME. Soit M une martingale de carré intégrable. Pour tout temps d'arrêt T , on a $$E[M^{*2}_{T-}] \leq 4E[[M,M]_{T-} + \langle M,M\rangle_{T-}] \; .$$

Maintenant, si X est une martingale de carré intégrable, soit $B = 4[X,X] + 4\langle X,X\rangle$. Pour H prévisible borné, le lemme appliqué à $M = H\cdot X$ donne

$$E[(H\cdot X)^{*2}_{T-}] \leq E[(H^2\cdot B)_{T-}] \; .$$

Il ne reste qu'à chercher un A tel que $H^2\cdot B \leqq A\,H^2\cdot A$. Le processus $A = 1+B$ convient, ou encore, si l'on préfère conserver l'homogénéité des formules, le processus $A = \sqrt{2B}$ (car alors $dB = \frac{1}{2}(A+A_-)dA$).

4) Si X est une martingale locale à sauts bornés, ou plus généralement une martingale locale localement de carré intégrable, la même expression $A = 1 + 4[X,X] + 4\langle X,X\rangle$ ou $A = (8[X,X] + 8\langle X,X\rangle)^{\frac{1}{2}}$ contrôle X. Soient en effet T_n des temps d'arrêt croissant vers l'infini tels que X^{T_n} soit de carré intégrable. Pour tout T ,

$$E\,[((H\cdot X)^{T_n})^{*2}_{T-}\,] \leqq E[A^{T_n}_{T-} \int_{[\![0,T_n]\!]\cap[\![0,T[\![} H_s^2\, dA_s\,] \quad ,$$

et on a le résultat par limite croissante. ▬

RECIPROQUE. Soit X un processus càdlàg adapté. On suppose qu'il existe un processus croissant A tel que, pour tout processus prévisible borné élémentaire H et pour tout temps d'arrêt T, (*) ait lieu. Alors X est une semimartingale.

<u>Démonstration</u>. Soit $T_n = \inf\{t>0: A_t \geq n\}$. Les processus arrêtés X^{T_n-} vérifient, pour tout processus prévisible élémentaire H borné par 1,

$$(E[|\int_0^\infty H_s \, dX_s^{T_n-}|])^2 \leq E[(\int_0^{T_n-} H_s \, dX_s)^2]$$

$$\leq E[A_{T_n-} \int_0^{T_n-} H_s^2 \, dA_s] \leq n^2 ,$$

donc $\operatorname{var}(X^{T_n-}) \leq \sup_H \|\int_0^\infty H_s \, dX_s^{T_n-}\|_{L^1} \leq n < \infty$, où le sup est pris sur tous les processus prévisibles élémentaires bornés par 1. Ainsi, pour chaque n, X^{T_n-} est une quasimartingale, donc une semimartingale. Comme les temps T_n tendent vers l'infini, par recollement, X est une semimartingale. ▬

Pour les processus réels, la possibilité de contrôle par des processus croissants caractérise la classe des semimartingales. Pour les processus à valeurs hilbertiennes, les processus contrôlés par un processus croissant (que Métivier et Pellaumail appellent les π^*-processus) forment une classe strictement plus grosse que la classe des semimartingales. Ceci est essentiellement dû au fait que les fonctions à variation finie sont trop peu nombreuses ; on peut déjà l'observer dans le cas déterministe où Ω n'a qu'un point (voir [4], exemple 4). Cette classe élargie est susceptible d'un calcul stochastique permettant en particulier la résolution d'équations différentielles.

Pour étudier la stabilité de la solution d'une équation différentielle stochastique lorsqu'on perturbe les processus qui y figurent, Métivier et Pellaumail introduisent, sur l'espace des π^*-processus, une topologie métrisable telle que X^n tend vers X si et seulement si il existe des processus croissants A^n qui contrôlent respectivement les processus $X^n - X$ et tels que, pour tout t, A_t^n tend vers zéro en probabilité. Comme cette topologie est complète, il n'est pas difficile de vérifier, à l'aide du théorème du graphe fermé, que, dans le cas des processus à valeurs réelles, cette topologie est la même que la topologie des semimartingale étudiée dans [1]. Nous allons donner de ce fait une autre démonstration, qui repose sur une équivalence de normes quadratiques pouvant avoir son intérêt propre.

Nous sommes donc dans le cas des processus réels. Nous utiliserons l'espace $\underline{\underline{H}}^2$ de semimartingales (voir [6]).

LEMME 1. Il existe deux constantes universelles c et C telles que, pour toute semimartingale X, on ait

$$c \, \|X\|_{\underline{\underline{H}}^2} \leq \inf_{A \text{ contrôle } X} \|A_\infty\|_{L^2} \leq C \, \|X\|_{\underline{\underline{H}}^2} .$$

Démonstration. Les constantes changent de ligne en ligne. Commençons par l'inégalité de gauche. Si A contrôle X, on peut écrire grâce à [7], le sup portant sur tous les processus prévisibles H bornés par 1,

$$\|X\|^2_{\underline{\underline{H}}^2} \leq c \sup_H \sup_{t>0} \| \int_0^t H_s \, dX_s \|^2_{L^2}$$

$$\leq c \sup_H E[(H \cdot X)^{*2}_\infty]$$

$$\leq c \sup_H E[A_\infty \int_0^\infty H_s^2 \, dA_s] \leq c \; E[A_\infty^2] .$$

Passons maintenant à l'inégalité de droite. Soit X une semimartingale de $\underline{\underline{H}}^2$; écrivons sa décomposition canonique $X = M + V$. Nous avons vu dans la démonstration du théorème précédent que X est contrôlé par

$$A = \sqrt{2} \int |dV_s| + 4 \, ([M,M] + \langle M,M \rangle)^{\frac{1}{2}} ,$$

qui vérifie

$$\|A_\infty\|_{L^2} \leq C \; (\| \int_0^\infty |dV_s| \|_{L^2} + E[[M,M]_\infty + \langle M,M \rangle_\infty]^{\frac{1}{2}})$$

$$\leq C \; (\| \int_0^\infty |dV_s| \|_{L^2} + \|M\|_{\underline{\underline{H}}^2}) \leq C \; \|X\|_{\underline{\underline{H}}^2} .$$

Ceci achève la démonstration du lemme 1. ▬

LEMME 2. Soient X une semimartingale et S un temps d'arrêt.

a) Si A contrôle X, A^{S-} contrôle X^{S-}.

b) Si X est nulle sur $[\![0,S[\![$, il existe un processus croissant A nul sur $[\![0,S[\![$ et qui contrôle X.

Démonstration. Le a) est évident sur la relation (*). Pour le b), en remarquant que X est la somme du processus à variation finie $\Delta X_S \, I_{[\![S,\infty[\![}$ contrôlé par $|\Delta X_S| \, I_{[\![S,\infty[\![}$, et d'une semimartingale nulle sur $[\![0,S]\!]$, on se ramène au cas où X est nulle sur $[\![0,S]\!]$. Soit alors A un processus croissant qui contrôle X ; nous allons vérifier que $B = A\,I_{[\![S,\infty[\![}$ contrôle lui aussi X. Si H est un processus prévisible borné par 1 et T un temps d'arrêt,

$$E[(H\cdot X)^{*2}_{T-}] = E[(H\,I_{]\!]S,\infty[\![}\cdot X)^{*2}_{T-}]$$
$$\leq E[A_{T-}\,(H^2 I_{]\!]S,\infty[\![})\cdot A_{T-}] \quad ;$$

mais $(H^2 I_{]\!]S,\infty[\![})\cdot A_{T-}$ est nul sur $\{T \leq S\}$ et est majoré par $H^2\cdot B_{T-}$ sur $\{T > S\}$, donc $A_{T-}\,(H^2 I_{]\!]S,\infty[\![})\cdot A_{T-} \leq B_{T-}\,H^2\cdot B_{T-}$, et B contrôle X. ▬

L'énoncé qui suit et sa démonstration font appel aux propriétés de la topologie des semimartingales étudiées dans [1] . Pour tout processus croissant A, on pose $r_{cp}(A) = \sum_{n>0} 2^{-n} E[A_n \wedge 1]$, en sorte que $r_{cp}(A^n)$ tend vers zéro si et seulement si pour tout t A^n_t tend vers zéro en probabilité.

THEOREME. <u>Une suite</u> (X^n) <u>de semimartingales tend vers zéro pour la topologie des semimartingales si et seulement si les</u> X^n <u>sont respectivement contrôlés par des processus croissants</u> A^n <u>tels que</u> $\lim_n r_{cp}(A^n) = 0$.

<u>Démonstration</u>. En notant d_{sm} une distance qui définit la topologie des semimartingales, il s'agit de démontrer que $d_{sm}(X^n,0) \longrightarrow 0$ si et seulement si $\inf_{A^n \text{ contrôle } X^n} r_{cp}(A^n) \longrightarrow 0$. Par identification de la limite, on peut donc, dans chaque sens, ne le démontrer que pour une sous-suite.

Si A^n contrôlent X^n avec $r_{cp}(A^n) \longrightarrow 0$, il existe ([1] prop. 1) des temps d'arrêt T_k qui croissent vers l'infini et une sous-suite $A^{n'}$ tels que, pour tout k, $A^{n'}_{T_k-}$ tend vers zéro dans L^2. Mais $(X^{n'})^{T_k-}$ est contrôlé par $(A^{n'})^{T_k-}$, et tend donc vers zéro dans $\underline{\underline{H}}^2$ pour tout k (lemme 1). Le théorème 2 de [1] entraîne que la suite $X^{n'}$ tend vers zéro pour la topologie des semimartingales.

Réciproquement, si $d_{sm}(X^n,0) \longrightarrow 0$, on peut, en extrayant une sous-suite, supposer que X^n tend vers zéro " localement " dans $\underline{\underline{H}}^2$: étant donné ε positif, il existe un temps d'arrêt T assez grand pour que $P(T < 1/\varepsilon) < \varepsilon$, et qui soit tel que $(X^n)^{T-}$ tende vers zéro dans $\underline{\underline{H}}^2$ ([1] théorème 2). Grâce au lemme 1, il existe des B^n qui contrôlent $(X^n)^{T-}$ tels que $B^n_\infty \longrightarrow 0$ dans L^2 ; grâce au lemme 2, il existe des C^n nuls sur $[\![0,T[\![$ qui contrôlent $X^n-(X^n)^{T-}$. Posons $A^n = \sqrt{2}\,(B^n+C^n)$; les processus A^n contrôlent les X^n et sont tels que $A^n_{T-} \longrightarrow 0$ dans L^2. Comme $A^n-(A^n)^{T-}$ est nul sur $[\![0,T[\![$, $r_{cp}(A^n-(A^n)^{T-})$ est majoré par $\varepsilon' = \varepsilon + 2^{1-1/\varepsilon}$ qui tend vers zéro avec ε, et l'on a

$$\begin{aligned} r_{cp}(A^n) &\leqq r_{cp}((A^n)^{T-}) + r_{cp}(A^n-(A^n)^{T-}) \\ &\leqq \|A^n_{T-}\|_{L^2} + \varepsilon' \quad , \end{aligned}$$

d'où $\overline{\lim}_n\, r_{cp}(A^n) \leqq \varepsilon'$, et, ε' étant arbitrairement petit,

$$\lim_n \inf_{A^n \text{ contrôle } X^n} r_{cp}(A^n) = 0 \ . \ ▬$$

REMARQUE. On peut chercher à étendre l'équivalence du lemme 1 aux exposants p autres que 2. Voici un résultat partiel : Pour $2 \leqq p < \infty$, l'inégalité de droite subsiste, avec la même démonstration ; pour $1 \leqq p \leqq 2$, l'inégalité de gauche se déduit du cas $p = 2$ à l'aide de la relation de domination de Lenglart [8]

Pour donner au lecteur l'envie de se reporter à [5], voici en quelques mots comment tout ceci est utilisé pour la résolution d'équations différentielles stochastiques. L'équation étudiée est du type $X = H + FX\cdot M$, où l'inconnue X est un processus càdlàg adapté, et où les données sont une semimartingale (1) M, un processus càdlàg adapté H, et une opération $X \longmapsto FX$ qui transforme les processus càdlàg adaptés en processus prévisibles localement bornés, qui est "prévisible" au sens où, pour tout temps d'arrêt T, $(FX)^T$ ne dépend que de X^{T-}, et qui est lipschitzienne.

Si l'on connaît la solution X de l'équation sur un intervalle stochastique $[\![0,S[\![$, on appelle T un temps d'arrêt tel que, k étant une constante de Lipschitz de F et A un processus croissant qui contrôle M, $A^2_{T-} - A^2_S \leqq \frac{1}{2k}$, d'où $A_{T-} \int_{]\!]S,T[\![} dA_s \leqq \frac{1}{2k}$. La prévisibilité de F permet de prolonger la solution X à l'intervalle $[\![0,S]\!]$; une méthode de point fixe, qui repose sur l'inégalité

(1) Ou un π^*-processus, mais le silence éternel des espaces infinis m'effraie.

$$\begin{aligned} E\,[(FY\cdot M - FZ\cdot M)^{*2}_{T-}] &= E\,[(FY-FZ)\cdot M^{*2}_{T-}] \\ &\leq E\,[A_{T-}\int_0^{T-}(FY-FZ)^2\,dA_s] \\ &\leq E\,[A_{T-}\int_{]\!]S,T[\![} k(Y-Z)^2\,dA_s] \\ &\leq \tfrac{1}{2}\,E\,[(Y-Z)^{*2}_{T-}] \quad , \end{aligned}$$

où Y et Z coincident avec la solution X sur $[\![0,S]\!]$, permet de prolonger la solution à $[\![0,T[\![$. Tout ceci pouvant se faire en contrôlant la solution X au fur et à mesure qu'on la construit, Métivier et Pellaumail obtiennent un théorème de stabilité de la solution lorsqu'on perturbe les données H, F et M.

REFERENCES

[1] M. EMERY. Une topologie sur l'espace des semimartingales. Séminaire de Probabilités XIII, p. 257.

[2] M. METIVIER et J. PELLAUMAIL. Une formule de majoration pour martingales ; et sur une équation stochastique assez générale. C. R. Acad. Sc. Paris, t. 285, pp.685 et 921.

[3] M. METIVIER et J. PELLAUMAIL. On a stopped Doob's inequality and general stochastic equations. Ecole Polytechnique de Paris, rapport interne n° 28, 1978.

[4] J. PELLAUMAIL. Stabilité d'équations différentielles stochastiques hilbertiennes. C. R. Acad. Sc. Paris, t.288, p. 157.

[5] M. METIVIER et J. PELLAUMAIL. Stochastic integration. Ecole Polytechnique de Paris, rapport interne n° 44, 1979.

[6] P.A. MEYER. Inégalités de normes pour les intégrales stochastiques. Séminaire de Probabilités XII, p. 757.

[7] M. YOR. Inégalités entre processus minces et applications. C. R. Acad. Sc. Paris, t. 286, p. 799.

[8] E. LENGLART. Sur l'inégalité de Metivier-Pellaumail Séminaire de Probabilités XIV, p. 125

SUR L'INEGALITE DE METIVIER-PELLAUMAIL

E. Lenglart

Métivier et Pellaumail ont démontré récemment le résultat suivant ([1]) :

Si M est une martingale bornée dans L^2, et T est un temps d'arrêt, on a

$$E[M^{*2}_{T-}] \leq 4\, E[\langle M,M\rangle_{T-} + [M,M]_{T-}]$$

Comme d'habitude, $M^*_t = \sup_{0\leq s\leq t}|M_s|$. Nous verrons plus loin la convention à faire pour X_{0-} .

Cette inégalité, importante dans la théorie des équations différentielles stochastiques, est établie, en [1] et [2] , en décomposant M en une suite de martingales élémentaires et en démontrant ce résultat pour chacune d'entre elles. Nous donnons ici une démonstration directe de cette inégalité, qui est assez proche de la démonstration originale, mais dégage un résultat (théorème 1) qui, nous semble-t-il, mérite d'être explicité.

PRELIMINAIRES. Nous nous plaçons sur un espace de probabilité filtré $(\Omega,\underline{\underline{F}},\underline{\underline{F}}_t,P)$ vérifiant les conditions habituelles, avec la convention que $\underline{\underline{F}}_{0-} = \underline{\underline{F}}_0$. Nous notons $\underline{\underline{P}}$ la tribu des prévisibles et $\underline{\underline{O}}$ celle des optionnels.

UN CALCUL D'ESPERANCE CONDITIONNELLE.

Le concept que nous introduisons ici est beaucoup trop général pour notre situation mais nous semble cependant très utile pour clarifier celle-ci.

Soit $\mathcal{A}$ une tribu située entre $\underline{\underline{P}}$ et $\underline{\underline{O}}$. Un temps d'arrêt T est appelé temps d'arrêt de $\mathcal{A}$ si son graphe appartient à $\mathcal{A}$. Si T est un temps d'arrêt (quelconque), nous désignons par $\underline{\underline{F}}^{\mathcal{A}}_T$ la tribu égale à

$$\left\{A\in \underline{\underline{F}}_\infty ,\ \exists X\ \mathcal{A}\text{ mesurable t.q. } X_T I_{\{T<\infty\}} = I_A I_{\{T<\infty\}} \text{ p.s.}\right\}$$

Avec ces notations: $\underline{\underline{F}}^{\underline{\underline{P}}}_T = \underline{\underline{F}}_{T-}$, $\underline{\underline{F}}^{\underline{\underline{O}}}_T = \underline{\underline{F}}_T$, $\underline{\underline{F}}_{T-} \subset \underline{\underline{F}}^{\mathcal{A}}_T \subset \underline{\underline{F}}_T$.

On montre alors aisèment que si S et T sont deux temps d'arrêt de $\mathcal{A}$ et X est une v.a. , $E[X|\underline{\underline{F}}^{\mathcal{A}}_T]\, I_{\{S=T\}} = E[X|\underline{\underline{F}}^{\mathcal{A}}_S]\, I_{\{S=T\}}$ p.s.

Considérons maintenant un temps d'arrêt T. Désignons par $\mathcal{A}$ la plus petite tribu ayant pour temps d'arrêt les temps d'arrêt prévisibles et T. On a $\mathcal{A} = \underline{\underline{P}} \vee \{[\![T]\!]\} = \underline{\underline{P}} \vee \{[\![0,T[\![\}$. Un processus X est $\mathcal{A}$ mesurable si et seulement si il peut s'écrire $X = Y\, I_{[\![0,T[\![} + Z\, I_{[\![T,+\infty[\![}$ avec Y et Z prévisibles. On en déduit que pour tout temps d'arrêt S, $\underline{\underline{F}}_S^{\mathfrak{a}} = \underline{\underline{F}}_{S-} \vee \{S<T\} = \underline{\underline{F}}_{S-} \vee \{S=T\}$.

<u>En particulier si S est un temps d'arrêt prévisible et X un processus défini à l'infini et intégrable</u>, $E[X_T \mid \underline{\underline{F}}_{T-}]\, I_{\{S=T\}} = E[X_S \mid \underline{\underline{F}}_{S-} \vee \{S<T\}]\, I_{\{S=T\}}$.

Remarquons que T, T_a, T_i sont des temps d'arrêt de $\mathfrak{a}$. (T_a (resp. T_i) désigne la partie accessible (resp. totalement inaccessible) de T) .

Rappelons enfin un lemme établi par METIVIER-PELLAUMAIL [1] .

LEMME. <u>Soient</u> $(\Omega, \underline{\underline{F}}, P)$ <u>un espace de probabilité</u>, $\underline{\underline{B}}$ <u>une sous tribu de</u> $\underline{\underline{F}}$, A <u>un élément de</u> $\underline{\underline{F}}$ <u>et</u> $\underline{\underline{C}}$ <u>la tribu engendrée par</u> $\underline{\underline{B}}$ <u>et</u> A . <u>Si</u> X <u>est une v.a. appartenant à</u> $L^2(\underline{\underline{C}}) \ominus L^2(\underline{\underline{B}})$, <u>on a</u> $E[I_{A^c} X^2] = E[I_A\, E[X^2 \mid \underline{\underline{B}}]]$.

CONVENTION. Afin de ne pas détruire la structure des martingales, nous posons $M_{0-} = M_0$ pour toute martingale M; par contre, pour tout processus croissant A, nous posons $A_{0-} = 0$ ($A_{t-} = \sup\{A_s \, , \, s<t\}$ et $\sup \emptyset = 0$!). Si M est une martingale bornée dans L^2, nous appelons M^a sa partie martingale purement discontinue accessible (= à sauts accessibles) et M^i sa partie martingale quasi continue à gauche (= à sauts totalement inaccessibles) . On a $M = M^a + M^i$, M^a et M^i sont fortement orthogonales.

THEOREME 1. <u>Soit</u> M <u>une martingale bornée dans</u> L^2. <u>Pour tout temps d'arrêt</u> T <u>on a</u> :

$$E\left[E[\Delta M_T \mid \underline{\underline{F}}_{T-}]^2\right] \leq E\left[\langle M,M\rangle_{T-}\right] .$$

DEMONSTRATION. Quitte à multiplier M par $I_{\{T>0\}}$, nous pouvons supposer que $M_0 = 0$ sur $\{T = 0\}$.

a) <u>Si M est quasi continue à gauche</u>.

$$E\left[E[\Delta M_T \mid \underline{\underline{F}}_{T-}]^2\right] \leq E[\Delta M_T^{\ 2}] \leq E\left[[M,M]_T\right] = E\left[\langle M,M\rangle_T\right] = E\left[\langle M,M\rangle_{T-}\right] .$$

b) <u>Si</u> M <u>est accessible</u>.

Soit $(S_n)_n$ une suite de temps d'arrêt prévisibles à graphes disjoints recouvrant la partie accessible de $[\![T]\!]$. Quitte à remplacer S_n par $+\infty$ sur $\{S_n > T\}$, nous pouvons supposer que $S_n \leq T$ sur $\{S_n < +\infty\}$.

M n'ayant que des temps de saut accessibles, nous avons la suite d'égalités: $E[\Delta M_T \mid \underline{\underline{F}}_{T-}]^2 = E[\Delta M_T \mid \underline{\underline{F}}_{T-}]^2\, I_{\{T=T_a\}} = \sum_n E[\Delta M_T \mid \underline{\underline{F}}_{T-}]^2\, I_{\{T=S_n\}} = \sum_n E[\Delta M_{S_n} \mid \underline{\underline{F}}_{S_n-} \vee \{S_n<T\}]^2\, I_{\{T=S_n\}}$.

Posons $X_n = E\left[\Delta M_{S_n} \mid \underline{\underline{F}}_{S_n-} \vee \{S_n<T\}\right]$; on a $X_n\, I_{\{T=S_n\}} = X_n\, I_{\{S_n \geq T\}}$ car $\Delta M_\infty = 0$.

Le lemme de METIVIER-PELLAUMAIL appliqué à X_n, $\underline{\underline{B}}_n = \underline{\underline{F}}_{S_n-}$, $A_n = \{S_n < T\}$ donne:

$$E\left[X_n^2 I_{\{S_n \geq T\}}\right] = E\left[E\left[X_n^2 | \underline{\underline{F}}_{S_n-}\right] I_{\{S_n<T\}}\right] \leq E\left[E\left[\Delta M_{S_n}^2 | \underline{\underline{F}}_{S_n-}\right] I_{\{S_n<T\}}\right] = E\left[\Delta\langle M,M\rangle_{S_n} I_{\{S_n<T\}}\right]$$

En sommant ces inégalités, on obtient:

$$E\left[E\ \Delta M_T | \underline{\underline{F}}_{T-}\right]^2 \leq E\left[\sum_n \Delta\langle M,M\rangle_{S_n} I_{\{S_n<T\}}\right] \leq E\left[\langle M,M\rangle_{T-}\right] .$$

c) Cas général.

De la suite d'égalités: $E\left[\Delta M_T | \underline{\underline{F}}_{T-}\right]^2 = E\left[\Delta M_T | \underline{\underline{F}}_{T-}\right]^2 I_{\{T=T_i\}} + E\left[\Delta M_T | \underline{\underline{F}}_{T-}\right]^2 I_{\{T=T_a\}}$ $= E\left[\Delta M_T^i | \underline{\underline{F}}_{T-}\right]^2 + E\left[\Delta M_T^a | \underline{\underline{F}}_{T-}\right]^2$, on déduit:

$$E\left[E\left[\Delta M_T | \underline{\underline{F}}_{T-}\right]^2\right] \leq E\left[\langle M^i,M^i\rangle_{T-} + \langle M^a,M^a\rangle_{T-}\right] = E\left[\langle M,M\rangle_{T-}\right] .$$

Ce théorème admet pour corollaire immédiat, l'inégalité de METIVIER-PELLAUMAIL.

COROLLAIRE. Soit M une martingale bornée dans L^2. Pour tout temps d'arrêt T on a: $E\left[M_{T-}^{*2}\right] \leq 4\ E\left[\langle M,M\rangle_{T-} + [M^a,M^a]_{T-}\right]$.

DEMONSTRATION. On peut encore supposer que $M_0 = 0$ sur $\{T = 0\}$. Soit $\hat{M}$ la martingale égale à $M - (\Delta M_T^a - E[\Delta M_T^a | \underline{\underline{F}}_{T-}]) I_{[T,+\infty[}$. M et $\hat{M}$ coïncident sur $[0,T[$. On a donc $E\left[M_{T-}^{*2}\right] = E\left[\hat{M}_{T-}^{*2}\right] \leq E\left[\hat{M}_T^{*2}\right] \leq 4\ E\left[\hat{M}_T^2\right]$, cette dernière inégalité étant l'inégalité de DOOB.

Un calcul simple montre alors que $E\left[\hat{M}_T^2\right] = E\left[M_T^2 - \Delta M_T^{a2} + E\left[\Delta M_T^a | \underline{\underline{F}}_{T-}\right]^2\right]$ (car $\Delta M_T \Delta M_T^a = \Delta M_T^{a\ 2} = \Delta M_{T_a}^{\ 2}$) $= E\left[M_T^{i2} + M_T^{a2} - \Delta M_T^{a\ 2} + E\left[\Delta M_T^a | \underline{\underline{F}}_{T-}\right]^2\right]$.

Cette dernière expression vaut $E\left[\langle M^i,M^i\rangle_{T-} + [M^a,M^a]_{T-} + E\left[\Delta M_T^a | \underline{\underline{F}}_{T-}\right]^2\right]$ et est majorée, d'après le théorème 1, par $E\left[\langle M^i,M^i\rangle_{T-} + [M^a,M^a]_{T-} + \langle M^a,M^a\rangle_{T-}\right]$, égale à $E\left[\langle M,M\rangle_{T-} + [M^a,M^a]_{T-}\right]$ $(\leq E\left[\langle M,M\rangle_{T-} + [M,M]_{T-}\right])$.

REMARQUE. Si l'on raisonne sur la martingale $\overline{M} = M - (\Delta M_T - E[\Delta M_T | \underline{\underline{F}}_{T-}]) I_{[T,+\infty[}$ à la place de $\hat{M}$, on aura seulement l'inégalité :

$$E\left[M_{T-}^{*2}\right] \leq 4\ E\left[\langle M,M\rangle_{T-} + [M^d,M^d]_{T-}\right] = 4\ E\left[[M,M]_{T-} + \langle M^d,M^d\rangle_{T-}\right] .$$

REFERENCES

1 M. METIVIER et J. PELLAUMAIL. On a stopped Doob's inequality and general stochastic equations. Rapport interne n°28, Ec. Poly. 1978

2 P.A. MEYER. Présentation de "l'inégalité de Doob" de Métivier-Pellaumail Séminaire de Proba. XIII, lecture notes in M. n°721, Springer 1979.

Erik Lenglart
Université de Rouen, dép^t de math.
76 130 Mont saint Aignan.

SUR LES INTEGRALES STOCHASTIQUES DE PROCESSUS PREVISIBLES NON BORNES

par C.S. Chou, P.A. Meyer, et C. Stricker

La théorie de l'intégrale stochastique de processus prévisibles non localement bornés par rapport aux semimartingales est due à J. Jacod ([1], [2]). Notre propre expérience nous a montré que les résultats de Jacod sont extrêmement utiles, mais que sa méthode (qui utilise une caractérisation des sauts des semimartingales) en rend l'abord assez difficile. Nous les présentons ici suivant une autre méthode, qui utilise la topologie des semimartingales et un résultat explicite de décomposition, et qui nous paraît plus "pédagogique". Jacod est d'ailleurs parvenu, de son côté, au même lemme de décomposition, et l'a utilisé pour construire les intégrales stochastiques vectorielles ([3]), tandis que Mémin a noté les rapports entre ces i.s. et la topologie des semimartingales ([1]). Cela nous confirme dans notre impression qu'un exposé rédigé suivant cette méthode peut rendre service aux lecteurs du séminaire.

Notre exposé utilise les travaux de Jacod et Mémin cités plus haut, ainsi que des notes communiquées par K.A. Yen, où celui-ci développait (sans connaître les travaux de Jacod) la théorie de l'i.s. des processus prévisibles non bornés(1). Nous remercions particulièrement J. Jacod pour ses remarques, faites sur une première rédaction de l'exposé.

RAPPELS SUR LA TOPOLOGIE DES SEMIMARTINGALES

On se place sur un espace probabilisé filtré $(\Omega,\underline{\underline{F}},P,(\underline{\underline{F}}_t))$ habituel. Soient H un processus prévisible, X une semimartingale. Nous dirons que H <u>est intégrable par rapport à</u> X <u>au sens usuel</u> dans chacun des deux cas suivants

1) X est à variation finie, et le processus $\int_0^t |H_s||dX_s|$ est à valeurs finies ; alors $H\cdot X$ est le processus à variation finie $\int_{[0,.[} H_s dX_s$, où l'intégration s'entend au sens de Stieltjes.

2) X est une martingale locale, et le processus croissant $(\int_0^t H_s^2 d[X,X]_s)^{1/2}$ est localement intégrable. Alors $H\cdot X$ est une martingale locale.

Il est bien connu que ces deux définitions sont compatibles : si H et X satisfont à la fois aux deux systèmes de conditions, alors l'i.s. au sens <u>des martingales</u> locales et l'intégrale de Stieltjes coïncident. Cela

1. Ce travail de Yen comportait malheureusement une erreur, ce qui fait qu'il n'a jamais été publié . Une nouvelle version (tenant compte de cet exposé) figure dans ce volume.

donne un sens à la définition suivante, que nous appellerons la définition élémentaire (d.e.) des intégrales stochastiques de processus prévisibles quelconques :

On dit que H (prévisible) est intégrable par rapport à la semimartingale X s'il existe une décomposition X=M+A (M martingale locale, A à variation finie) telle que H·M et H·A existent au sens usuel, et l'on pose alors H·X=H·M+H·A , qui ne dépend pas de la décomposition choisie.

Cette définition a l'avantage d'être très simple, mais elle ne rend pas les choses très faciles : par exemple, il n'est nullement évident que l'intégrabilité et l'i.s. soient invariantes par changement de loi, ni même que l'intégrale soit une opération linéaire en H ! Aussi allons nous introduire une autre définition, la définition sophistiquée (d.s.), qui sera moins intuitive, mais plus commode. Pour cela, il faut quelques rappels :

$\underline{\underline{H}}^1$ est l'espace des martingales X telles que $\|X\|_{\underline{\underline{H}}^1}=E[[X,X]_\infty^{1/2}] < \infty$.

$\underline{\underline{V}}^1$ est l'espace des processus A à variation intégrable, avec la norme $\|A\|_{\underline{\underline{V}}^1} = E[\int_{[0,\infty[} |dA_s|]$.

$\underline{\underline{S}}^1$ (souvent appelé espace $\underline{\underline{H}}^1$ de semimartingales) est l'espace $\underline{\underline{H}}^1+\underline{\underline{V}}^1$. Nous définirons la norme de $X\in\underline{\underline{S}}^1$ comme $\|X\|_{\underline{\underline{S}}^1}=\|M\|_{\underline{\underline{H}}^1}+\|A\|_{\underline{\underline{V}}^1}$, où X=M+A est la décomposition canonique de X (nous attribuons par convention la v.a. X_0 au processus A, de sorte que la martingale M est nulle en 0)

$\underline{\underline{S}}$ est l'espace de toutes les semimartingales, muni de la topologie des semimartingales d'Emery [1]. Il n'est absolument pas nécessaire d'en connaître la définition exacte, mais seulement les propriétés simples que nous recopions ci-dessous.

1) Elle fait de $\underline{\underline{S}}$ un espace vectoriel topologique (non localement convexe) métrisable complet. Si des X^n convergent vers X dans $\underline{\underline{S}}$, on a pour tout t fini

$$\lim_n \ (X^n-X)_t^* = 0 \text{ en probabilité .}$$

Conséquence : Si l'on remplace P par une loi Q équivalente, la topologie de $\underline{\underline{S}}$ reste la même (th. du graphe fermé). Si Q est seulement absolument continue par rapport à P, l'application identique de $\underline{\underline{S}}_P$ dans $\underline{\underline{S}}_Q$ est continue.

2) Soit X^n une suite de semimartingales qui converge vers X prélocalement dans $\underline{\underline{S}}^1$. Cela signifie qu'il existe des temps d'arrêt $T_k\uparrow\infty$ tels que

$$\text{pour tout k,} \quad (X^n)^{T_k-} \longrightarrow X^{T_k-} \quad \text{dans } \underline{\underline{S}}^1 .$$

Alors $X^n \to X$ dans $\underline{\underline{S}}$. Cela a lieu a fortiori si $X^n \to X$ localement dans $\underline{\underline{S}}^1$, i.e. si la propriété ci-dessus a lieu avec des arrêtés à T_k au lieu de T_k- .

3) Inversement, toute suite qui converge dans $\underline{\underline{S}}$ vers X contient une sous-suite qui converge vers X prélocalement dans $\underline{\underline{S}}^1$.

Soit alors H un processus prévisible, que nous supposerons <u>fini</u> pour simplifier[1]. Nous posons $H^n = HI_{\{|H| \leq n\}}$, processus prévisible borné. Voici la <u>définition sophistiquée</u> de l'i.s. de H par rapport à la semimartingale X.

DEFINITION. <u>Soit</u> X <u>une semimartingale</u>. <u>On dit que</u> H <u>est</u> X-<u>intégrable</u>, <u>et que</u> $H \cdot X = Y$, <u>pour exprimer que</u> Y <u>est une semimartingale et que</u> $H^n \cdot X \to Y$ <u>dans la topologie des semimartingales</u>.

<u>L'ensemble des processus prévisibles</u> X-<u>intégrables est noté</u> L(X).

PROPRIETES EVIDENTES DE L'I.S.

Voici une liste de propriétés évidentes de cette i.s. généralisée.

a) Si H est X-intégrable et Y-intégrable, H est (X+Y)-intégrable, et $H \cdot (X+Y) = H \cdot X + H \cdot Y$.

Démonstration : c'est simplement le fait que $\underline{\underline{S}}$ est un e.v.t.. Noter que la linéarité en H, en revanche, n'est absolument pas évidente.

b) Si X est à variation finie, et si $A_t = \int_{[0,t]} |H_s||dX_s|$ est fini, H est X-intégrable, et $H \cdot X = Y$, l'intégrale de Stieltjes usuelle.

Démonstration : nous posons $T_k = \inf\{t : A_t > k\}$. On vérifie aussitôt que $(H^n \cdot X)^{T_k-}$ converge dans $\underline{\underline{V}}^1$ vers Y^{T_k-} .

c) Si X est une martingale locale nulle en 0, et si le processus croissant $A_t = (\int_0^t H_s^2 d[X,X]_s)^{1/2}$ est localement intégrable, H est X-intégrable, et on a $H \cdot X = Y$, l'i.s. usuelle au sens des martingales locales.

Démonstration : on choisit des $T_k \uparrow \infty$ tels que $E[A_{T_k}] < \infty$, et on vérifie aussitôt que $(H^n \cdot X)^{T_k}$ converge dans $\underline{\underline{H}}^1$ vers Y^{T_k}.

d) En conséquence, si H est intégrable par rapport à X au sens de la définition élémentaire, il l'est aussi au sens de la définition sophistiquée, et les i.s. sont les mêmes.

e) Si H est X-intégrable, on a $\Delta(H \cdot X) = H \Delta X$.

---

1. On pourrait permettre à H d'être infini (ou non défini) sur un ensemble <u>X-négligeable</u>, c'est à dire sur un ensemble prévisible A tel que l'i.s. (usuelle) $I_A \cdot X$ soit nulle. Il est clair en effet que l'intégrabilité, et la valeur de l'i.s. $H \cdot X$, ne dépendent que de la classe de H pour l'égalité X-p.p..

Démonstration. On a $\Delta(H^n \cdot X) = H^n \Delta X$, et il faut justifier le passage à la limite. Pour le côté droit, c'est évident. Pour le côté gauche, on s'appuie sur la propriété 1) de la topologie des semimartingales, et sur le procédé diagonal, pour construire une suite (m_n) telle que

$$(H^{m_n} \cdot X - H \cdot X)_k^* \longrightarrow 0 \quad \text{p.s. pour tout } k \text{ fini}$$

et alors $\Delta(H^{m_n} \cdot X) \rightarrow \Delta(H.X)$ hors d'un ensemble évanescent.

Remarque : Si l'on était parti de la définition élémentaire, les propriétés a),b),c),e) auraient été à peu près évidentes. Mais non la suivante, qui est immédiate sous la définition sophistiquée :

f) Soit Q une loi équivalente à P. Le remplacement de P par Q n'altère ni l'espace L(X), ni la valeur de l'i.s. (en effet, il ne change pas la topologie des semimartingales ; rappelons que l'i.s. des processus prévisibles bornés est invariante par changement de loi).

Plus généralement, si Q est absolument continue par rapport à P, un processus prévisible H, X-intégrable sous P, le reste sous Q, et l'i.s. $H \cdot X$ calculée sous P est une version de l'i.s. calculée sous Q.

On en déduit aisément que les résultats sur la localisation de l'i.s., établis pour les i.s. classiques, sont encore valables pour les nouvelles i.s..

CONDITION NECESSAIRE ET SUFFISANTE D'INTEGRABILITE

THEOREME 1. Si H est X-intégrable, le processus

$$U_t = \Sigma_{0 \leq s \leq t} \Delta X_s I_{\{|H_s \Delta X_s| > 1 \text{ ou } |\Delta X_s| > 1\}} \tag{1}$$

est à variation finie. Soit Z la semimartingale X-U, dont les sauts sont bornés par 1, et soit Z=V+W sa décomposition canonique (V martingale locale nulle en 0, W processus à variation finie prévisible). Alors les trois i.s. $H \cdot U$, $H \cdot W$ et $H \cdot V$ existent au sens usuel (les deux premières comme intégrale de Stieltjes, la dernière au sens des martingales locales) et leur somme est $H \cdot X$.

COMMENTAIRE. Ce théorème est un résultat technique essentiel :

- établi, comme nous le faisons, sous la d.s., il nous permet de voir, non seulement que la d.s. et la d.e. sont équivalentes (cf. d) plus haut), mais comment on peut expliciter une bonne décomposition de X en termes tels que les i.s. usuelles existent, et, à partir de là, d'établir diverses conséquences importantes (g),h),i),j),k) ci-dessous).
- Si l'on ne veut pas parler de la topologie des semimartingales, mais seulement développer les conséquences de la d.e., le théorème 1 (établi à partir de la d.e.) constitue une étape obligatoire.

DEMONSTRATION. Nous désignons par Y la semimartingale $H\cdot X$. Comme Y et X sont des processus càdlàg., il n'y a qu'un nombre fini de sauts sur $[0,t]$ fini, pour lesquels on a $|\Delta X|>1$ ou $|\Delta Y|>1$. Compte tenu de e), cela veut dire que la somme (1) est en réalité une somme finie. Donc U existe, et d'après b), $H\cdot U$ existe. D'après a), $H\cdot Z$ existe par différence.

Cela entraîne l'existence d'une sous-suite telle que

$$H^{m_n}\cdot Z \text{ converge vers } H\cdot Z \text{ prélocalement dans } \underline{\underline{S}}^1$$

Mais soit T un temps d'arrêt tel que $(H^{m_n}.Z)^{T-}$ converge dans $\underline{\underline{S}}^1$ vers $(H\cdot Z)^{T-}$. Comme nous avons mis dans U tous les sauts ΔX_t tels que $|H_t \Delta X_t|>1$, nous avons $|H_T\Delta Z_T| \leqq 1$, donc $H_T^{m_n}\ \Delta Z_T$ tend vers $H_T\Delta Z_T$ dans L^1 par convergence dominée. Par conséquent, $(H^{m_n}\cdot Z)^T \rightarrow (H\cdot Z)^T$ dans $\underline{\underline{S}}^1$. Revenant à la définition de la norme $\underline{\underline{S}}^1$, cela signifie que

$$(H^{m_n}.V)^T \text{ converge dans } \underline{\underline{H}}^1 \text{ , donc } E[(\int_{[0,T]} H_s^2 d[V,V]_s)^{1/2}]<\infty$$

$$(H^{m_n}\cdot W)^T \text{ converge dans } \underline{\underline{V}}^1 \text{ , donc } E[\int_{[0,T]} |H_s||dW_s|]<\infty$$

et les deux i.s. existent au sens usuel. Le théorème est établi.

REMARQUE. Dans la démonstration, nous n'avons pas utilisé l'expression explicite de U, mais seulement le fait que $U_t = \Sigma_{0\leqq s\leqq t}\ \Delta X_s I_{\{s\in A\}}$, où l'ensemble A (optionnel) n'a qu'un nombre fini de points sur tout intervalle fini, et <u>contient tous les s tels que</u> $|H_s\Delta X_s|>1$ ou $|\Delta X_s|>1$. Les raisonnements ultérieurs sur Z,V,W, ne sont pas modifiés. Donnons tout de suite des applications de cette remarque.

g) Démontrons la <u>linéarité</u> de l'i.s.. Soient H et K X-intégrables. Reprenons la démonstration précédente, avec comme processus

$$U_t = \Sigma_s\ \Delta X_s I_{\{|H_s\Delta X_s|>1 \text{ ou } |K_s\Delta X_s|>1 \text{ ou } |\Delta X_s|>1\}}$$

Alors les i.s. usuelles $H\cdot U$, $H\cdot V$, $H\cdot W$, $K\cdot U$, $K\cdot V$, $K\cdot W$ existent toutes, et il suffit d'appliquer la linéarité des i.s. usuelles.

h) Soit L une semimartingale. Si H est X-intégrable, le processus croissant $\int_0^t |H_s||d[X,L]_s|$ est fini, et on a $[H\cdot X,L]=H\cdot[X,L]$.

Démonstration : conséquence immédiate du résultat analogue pour les i.s. usuelles.

i) Soient H et K deux processus prévisibles. Supposons H X-intégrable. Alors K est $(H\cdot X)$-intégrable si et seulement si KH est X-intégrable, et on a $K\cdot(H\cdot X)=(KH)\cdot X$.

Démonstration : on utilise le processus U relatif à l'ensemble $\{|\Delta X_s|>1 \text{ ou } |H_s\Delta X_s|>1 \text{ ou } |H_sK_s\Delta X_s|>1\}$, et on se trouve ramené à l'"associativité" des i.s. usuelles .

j) Démontrons un <u>théorème de convergence dominée</u> : soient H un processus X-intégrable, K^n, K des processus prévisibles, majorés en valeur absolue par $|H|$, et tels que K^n converge simplement vers K . Alors tous ces processus sont X-intégrables, et $K^n \cdot X$ tend vers $K \cdot X$ dans $\underline{\underline{S}}$.

Démonstration : Utiliser la décomposition $X=U+V+W$, où le processus U est celui qui est associé à H. On est alors ramené au théorème de convergence dominée pour les i.s. usuelles.

k) La propriété h) donne une condition <u>nécessaire</u> simple d'intégrabilité : le processus croissant $\int_0^t H_s^2 d[X,X]_s$ doit être fini. En particulier, si X^c est la partie martingale locale continue de X, l'i.s. $H \cdot X^c$ existe au sens usuel, et il résulte du théorème 1 que c'est exactement la partie martingale locale continue de $H \cdot X$.

ℓ) Toutes les propriétés précédentes sont des extensions de propriétés de l'i.s. usuelle, et le lecteur pourrait trop aisément en conclure que ≪ tout marche bien ≫ et que l'on peut appliquer sans réfléchir les résultats classiques. Nous verrons plus loin en n), que les <u>grossissements de filtrations</u> renferment un piège. Notons ici deux petits faits auxquels il faut prendre garde.

- Si X est à variation finie, $H \cdot X$ peut exister, mais ne pas être à variation finie. Exemple : soit $(Z_n)_{n>1}$ une suite de Rademacher, et soit X le processus à variation finie qui vaut

$$X_t = \Sigma_{n \geq 2} \; n^{-2} Z_n I_{\{1-1/n \leq t\}}$$

X est une martingale locale par rapport à sa filtration naturelle $(\underline{\underline{F}}_t)$. Comme processus prévisible, nous prenons le processus déterministe H qui vaut n à l'instant $1-1/n$, 0 sinon ($n \geq 2$). Alors $H \cdot X$ existe au sens des martingales locales, mais non au sens de Stieltjes, et $H \cdot X$ n'est pas à variation finie. **(Mais voir v) tout à la fin de l'exposé).**

- Si X est une martingale locale, $H \cdot X$ peut exister, mais ne pas être une martingale locale. Un exemple d'Emery figure dans ce volume.

Toutefois, la première de ces deux difficultés ne peut se présenter lorsque X est à variation finie <u>prévisible</u>, comme le montre le théorème 2 ci-dessous.

UN THEOREME DE JEULIN

Plus généralement, lorsque X et $H \cdot X$ sont spéciales, il n'y a aucune pathologie du type précédent : c'est ce que montre un théorème de Jeulin [1] (Jeulin le présente dans un langage un peu différent(1))

---

1. En fait ce théorème figure aussi dans le livre [2] de Jacod, de manière assez dissimulée : c'est la proposition 2.69 b), p. 54, où l'ensemble D est pris vide (ce qui signifie que X et $H \cdot X$ sont spéciales).

THEOREME 2 . *Soit* X *une semimartingale spéciale*, *de décomposition canonique* X=M+A, *et soit* H *un processus prévisible* X-*intégrable*. *Alors* H•X *est spéciale si et seulement si* H•M *existe au sens des martingales locales*, *et* H•A *existe au sens de Stieltjes*.

En particulier, *si* X *est à variation finie prévisible*[1], *et si* H *est* X-*intégrable*, H•X *est une intégrale de Stieltjes*.

DEMONSTRATION. Il est clair que si H•M et H•A existent au sens usuel, H•X est spéciale, de décomposition canonique H•M+H•A (cf. d)).

Inversement, traitons d'abord le cas où X est une semimartingale *prévisible*, ce qui signifie que M est une martingale locale *continue* . Reprenons le théorème 1 : le processus U est prévisible, donc on a V=M, W=A-U. Les intégrales H•U, H.V, H•W existant au sens usuel, on voit que H•M et H•A existent au sens usuel. On a donc établi un résultat un peu meilleur que la dernière phrase de l'énoncé.

Passons au cas général. Supposons que H•X soit spéciale, de décomposition canonique H•X=N+B. Soit K un processus prévisible borné, partout >0, tel que KH soit borné - par exemple K=1/1+|H| . Alors

(KH)•X est spéciale, de décomposition canonique (KH)•M+(KH)•A

K•(H•X) est spéciale, de décomposition canonique K•N+K•B

d'après la théorie classique de l'i.s. (cas borné). Appliquant i) et l'unicité de la décomposition canonique, nous avons K•N = (KH)•M, K•B=(KH)•A . Soit J=1/K ; J appartient à L(K•N), et J•(K•N)=N . Ecrivant (KH)•M au lieu de K•N et appliquant i), nous trouvons que JKH=H appartient à L(M) et H•M=N. Il s'agit d'une i.s. usuelle, car $(H^2 \cdot [M,M])^{1/2} = [N,N]^{1/2}$ est localement intégrable. De même, on a H.A=B, et il s'agit d'une i.s. de Stieltjes d'après le cas prévisible, traité au début de la démonstration.

(Cette démonstration simplifiée est adaptée de l'article d'Emery qui figure plus loin, où elle est donnée pour une classe de semimartingales un peu plus large que celle des s.m. spéciales. Voir une autre démonstration dans l'article de Yen après celui-ci).

m) Occupons nous maintenant du problème de *grossissement des filtrations*. Soit $(\underline{\underline{G}}_t)$ une filtration satisfaisant aux conditions habituelles, contenant $(\underline{\underline{F}}_t)$, et telle que X *soit encore une semimartingale*/$(\underline{\underline{G}}_t)$. Soit H un processus prévisible *par rapport à* $(\underline{\underline{F}}_t)$, donc par rapport à $(\underline{\underline{G}}_t)$. Si H est borné, on sait que les deux i.s. de H par rapport à X, prises dans les deux filtrations, ont la même valeur. Ici montrons que *si* H•X *existe dans la grosse filtration* $(\underline{\underline{G}}_t)$, *elle existe aussi dans la petite* $(\underline{\underline{F}}_t)$, *et a la même valeur*.

1. Le résultat obtenu est un peu plus général que cet énoncé.

A cet effet, considérons les deux espaces de semimartingales $\underline{\underline{S}}_G$ et $\underline{\underline{S}}_F$, et désignons par $\underline{\underline{S}}'_F$ le sous-espace de $\underline{\underline{S}}_G$ constitué par les semimartingales/$(\underline{\underline{G}}_t)$ adaptées à $(\underline{\underline{F}}_t)$. Il résulte aussitôt de la propriété 1) que $\underline{\underline{S}}'_F$ est <u>fermé</u> dans $\underline{\underline{S}}_G$, donc complet. Le théorème du graphe fermé entraîne alors que l'injection de $\underline{\underline{S}}'_F$ dans $\underline{\underline{S}}_F$ est continue. Mais alors, si les $H^n \cdot X \in \underline{\underline{S}}'_F$ convergent vers Y pour $\underline{\underline{S}}_G$, on a $Y \in \underline{\underline{S}}'_F$ et $H^n \cdot X \to Y$ pour $\underline{\underline{S}}_F$, donc $H\cdot X$ existe dans la filtration $(\underline{\underline{F}}_t)$ et vaut Y .

n) La réciproque est inexacte : $H\cdot X$ <u>peut exister dans</u> $(\underline{\underline{F}}_t)$, <u>mais non dans</u> $(\underline{\underline{G}}_t)$, et c'est là le seul caractère <<pathologique>> de l'i.s. de cet exposé. Voici le contre-exemple de Jeulin : on prend pour $(\underline{\underline{F}}_t)$ la filtration naturelle d'un mouvement brownien X, pour $(\underline{\underline{G}}_t)$ la filtration obtenue en injectant dans $\underline{\underline{F}}_0$ la v.a. X_1 . On peut alors montrer que X reste une semimartingale/$(\underline{\underline{G}}_t)$. Soit Y une martingale de carré intégrable pour $(\underline{\underline{F}}_t)$. Alors Y est une i.s. prévisible $H\cdot X$. Si l'i.s. $H\cdot X$ existait pour $(\underline{\underline{G}}_t)$, elle serait encore égale à Y d'après m), et Y serait une semimartingale pour $(\underline{\underline{G}}_t)$. Or cela n'est pas vrai en général (Jeulin-Yor [1]).

o) Voici une application de m), qui constitue un peu une digression, et peut être omise sans inconvénient.

Considérons un espace mesurable $(\Omega, \underline{\underline{F}}^o)$, une filtration $(\underline{\underline{F}}^o_t)$ continue à droite, un processus càdlàg adapté X et un processus prévisible fini H. On sait que l'ensemble des <u>lois de semimartingales</u> pour X, i.e. des lois P telles que X soit une semimartingale par rapport à la loi P et à la filtration $(\underline{\underline{F}}^P_t)$ complétée habituelle de $(\underline{\underline{F}}^o_t)$, est <u>dénombrablement convexe</u> (ce résultat est dû à Jacod (voir [2], p. 235-236).

THEOREME 3. <u>L'ensemble des lois</u> P <u>qui sont des lois de semimartingales pour</u> X , <u>et telles que</u> $H \in L(X)$, <u>est dénombrablement convexe</u>.

DEMONSTRATION. Désignons par κ cet ensemble de lois, et soit $\overline{P}=\Sigma_n \lambda_n P_n$ une combinaison convexe dénombrable d'éléments de κ . Remarquons que toute loi absolument continue par rapport à un élément de κ appartient à κ (f)). Représentons P comme une somme de mesures $\Sigma_n \mu_n$, où pour chaque n , μ_n est absolument continue par rapport à P_n et étrangère à $P_1,\dots,P_{n-1}$, et supposons pour simplifier que $\mu_n \neq 0$ pour tout n ; la loi $P'_n = \mu_n/\mu_n(1)$ appartient à κ , puisqu'elle est absolument continue par rapport à P_n , et nous avons pour $\overline{P}$ une représentation $\overline{P}=\Sigma_n \lambda'_n P'_n$, du même type que la première, mais avec la condition supplémentaire que P'_n est étrangère à $P'_1,\dots,P'_{n-1}$. Choisissons alors une partition mesurable (U_n), telle que U_n porte P'_n pour tout n, et désignons par $(\underline{\underline{G}}^o_t)$ la filtration obtenue en adjoignant à $\underline{\underline{F}}_0^o$ la partition (U_n) . Pour tout n, il existe une décomposition $X=M^n+A^n$, où M^n est une martingale locale pour P'_n , A^n un processus à variation finie, où le processus $(\int^{\bullet}|H_s||dA^n_s|)$ est à valeurs finies (p.s. sous P'_n) et le processus $(\int^{\bullet} H_s^2 d[M^n,M^n]_s)^{1/2}$ est localement intégrable (sous P'_n). Posons alors

$$M = \Sigma_n I_{U_n} M^n \quad , \quad A = \Sigma_n I_{U_n} A^n$$

processus adaptés à $(\underline{\underline{G}}_t)$, la complétion habituelle de $(\underline{\underline{G}}_t^o)$ pour $\overline{P}$. On vérifie immédiatement que M est une $((\underline{\underline{G}}_t),\overline{P})$-martingale locale, A un processus à variation finie, et que les intégrales stochastiques usuelles H•M et H•A existent. Mais alors H•X existe par rapport à $(\underline{\underline{G}}_t)$, et d'après m), elle existe aussi par rapport à $(\underline{\underline{F}}_t)$.

INTEGRALES STOCHASTIQUES ET PRELOCALISATION

p) Le théorème suivant exprime que <u>l'appartenance à</u> L(X) <u>est une propriété prélocale</u>.

THEOREME 4. <u>Soit</u> H <u>prévisible</u>. <u>Supposons qu'il existe des t. d'a.</u> $T_k \uparrow \infty$, <u>des processus</u> $J_k \in L(X)$, <u>tels que</u> $H=J_k$ <u>sur</u> $[0,T_k[$. <u>Alors on a</u> $H\in L(X)$ <u>et</u> $H\cdot X = J_k\cdot X$ <u>sur</u> $[0,T_k[$.

DEMONSTRATION. Les processus tronqués H^n et J_k^n sont égaux sur $[0,T_k[$. On a donc

$$(H^n\cdot X)^{T_k-} = (J_k^n\cdot X)^{T_k-}$$

d'après la théorie de l'i.s. des processus prévisibles bornés. Par hypothèse, $J_k^n\cdot X$ converge vers $J_k\cdot X$ pour la topologie des semimartingales, donc (d'après une propriété également classique de celle-ci)

$$(J_k^n\cdot X)^{T_k-} \rightarrow (J_k\cdot X)^{T_k-} \quad \text{dans } \underline{\underline{S}}$$

Mais alors, la suite $(H^n\cdot X)^{T_k-}$ converge pour tout k dans la topologie des semimartingales ; or la convergence dans cette topologie est une propriété prélocale, et il existe donc une semimartingale $Y=H\cdot X$, limite de la suite $H^n\cdot X$. D'après la même propriété que ci-dessus, on a

$$(H^n\cdot X)^{T_k-} \rightarrow (H\cdot X)^{T_k-} \quad \text{dans } \underline{\underline{S}}$$

et la démonstration est achevée.

q) On peut dire les choses un peu différemment : <u>s'il existe des</u> $T_k \uparrow \infty$ <u>tels que</u> $H\in L(X^{T_k-})$ <u>pour tout</u> k, <u>on a</u> $H\in L(X)$. En effet, $X^{T_k} - X^{T_k-}$ est un processus à variation finie, à un seul saut, et on déduit aisément de la condition précédente qu'en fait $H\in L(X^{T_k})$ pour tout k. On montre alors que $H\in L(X)$, soit par un raisonnement direct, soit grâce à p) (on prend $J=HI_{[0,T_k]}$)

r) Du raisonnement précédent, extrayons une propriété immédiate : si H appartient à L(X), et T est un t.d'a., on a $H\in L(X^{T-})$ et $H\cdot X^{T-}=(H\cdot X)^{T-}$.

s) Dans le même esprit, revenons à la « définition sophistiquée» de l'intégrale stochastique, pour l'affaiblir : il est inutile de vérifier que les $H^n\cdot X$ convergent dans $\underline{\underline{S}}$: il suffit que $H^n\cdot X$ soit borné dans $\underline{\underline{S}}$ au sens suivant : il existe des t.d'a. $T_k\uparrow\infty$ tels que l'on ait pour tout k

$$\sup_n \|(H^n\cdot X)^{T_k-}\|_{\underline{\underline{S}}^1} < \infty \ .$$

Démonstration : Quitte à diminuer les T_k, on peut supposer que $X^{T_k-}\in\underline{\underline{S}}^1$ pour tout k (on utilise ici le fait que l'arrêt à T- est un opérateur borné dans $\underline{\underline{S}}^1$). La condition ci-dessus signifie que $H^n\cdot X^{T_k-}$ est borné dans $\underline{\underline{S}}^1$. Soit $X^{T_k-} = M^k+A^k$ la décomposition canonique de X^{T_k-} ; on a

$$\sup_n \| \int|H^n_s||dA^k_s| + (\int H^{n2}_s d[M^k,M^k]_s)^{1/2}\|_{L^1} < \infty$$

donc, grâce au lemme de Fatou, $H\in L(X^{T_k-})$ pour tout k, et finalement $H\in L(X)$.

REMARQUE. Cette démonstration donne un peu mieux : si H est prévisible, et s'il existe des $H^n\in L(X)$ - pas nécessairement obtenus par troncation de H - tels que les $H^n\cdot X$ soient bornés dans $\underline{\underline{S}}^1$ comme ci-dessus, et que H^n converge vers H X-p.p., alors H appartient à L(X).

On peut même remplacer $\sup_n$ par $\liminf_n$ dans la condition ci-dessus.

INTEGRALES STOCHASTIQUES ET SOUS-ESPACES STABLES

Il est tout naturel de définir les sous-espaces stables de $\underline{\underline{S}}$ comme les sous-espaces fermés, stables par i.s. des processus prévisibles bornés. Mémin a montré que le sous-espace stable engendré par X est l'ensemble des semimartingales H·X, où H parcourt L(X). Ce résultat est étendu par Jacod [3] à un vecteur $\mathbb{X} = (X^1,\dots,X^n)$ de semimartingales, à condition de définir convenablement l'i.s. vectorielle $\mathbb{H}\cdot\mathbb{X}$.

Esquissons la démonstration du résultat de Mémin. Il revient à montrer que

t) L'ensemble des processus H·X, où H parcourt L(X), est fermé dans $\underline{\underline{S}}$.

Démonstration : Soient des $Y^n=H^n\cdot X$ qui convergent dans $\underline{\underline{S}}$ vers une semimartingale Y. Il s'agit de montrer qu'il existe $H\in L(X)$ tel que $Y=H\cdot X$. Quitte à extraire une sous-suite, on peut supposer que Y^n converge vers Y prélocalement dans $\underline{\underline{S}}^1$. Choisissons des t. d'a. $T_k\uparrow\infty$ tels que $(Y^n)^{T_k-}$ converge dans $\underline{\underline{S}}^1$ vers Y^{T_k-}. Puis, au moyen du procédé diagonal, extrayons encore une sous-suite telle que l'on ait pour tout k

$$\Sigma_n \| (Y^n)^{T_k-} - Y^{T_k-} \|_{\underline{\underline{S}}^1} < \infty .$$

Remarquons que $(Y^n)^{T_k-} = H^n \cdot X^{T_k-}$; explicitant la norme de $J \cdot X^{T_k-}$ dans $\underline{\underline{S}}^1$ au moyen de la décomposition canonique de X^{T_k-}, pour J prévisible, nous voyons que H^n converge X^{T_k-} p.p. vers le processus prévisible $H = \liminf_n H_n$ (que nous pouvons remplacer par $HI_{\{|H|<\infty\}}$ si nous tenons à avoir des processus finis), et que $H \in L(X^{T_k-})$ et

$$(Y^n)^{T_k-} \text{ converge dans } \underline{\underline{S}}^1 \text{ vers } H \cdot X^{T_k-} .$$

Alors $H \in L(X)$ d'après q), et on vérifie sans peine que $Y = H \cdot X$.

u) Plus généralement, considérons une suite de semimartingales X^n, qui converge vers X dans $\underline{\underline{S}}$, et une suite d'i.s. $Y^n = H^n \cdot X^n$ ($H^n \in L(X^n)$) qui converge vers une semimartingale Y dans $\underline{\underline{S}}$. On ne peut affirmer en général que Y est une i.s. $H \cdot X$ (il y a des contre-exemples évidents dans le cas déterministe). Cependant, <u>si les H^n sont majorés en valeur absolue par</u> $K \in L(X)$, <u>il existe</u> $H \in L(X)$ <u>tel que</u> $Y = H \cdot X$.

Démonstration : Il est essentiel ici que le processus $K \in L(X)$ soit fini. Nous allons alors pouvoir nous ramener au cas où les H^n sont uniformément bornés. En effet

$$I_{\{K \leq p\}} \cdot Y^n = I_{\{K \leq p\}} H^n \cdot X^n \quad \text{converge dans } \underline{\underline{S}}^1 \text{ vers } I_{\{K \leq p\}} \cdot Y$$

si le théorème est vrai dans le cas uniformément borné, nous pouvons affirmer que $I_{\{K \leq p\}} \cdot Y = H_p \cdot X$ appartient au sous-espace stable engendré par X ; faisant tendre p vers $+\infty$, et utilisant le fait que K est fini, nous voyons que Y appartient à ce sous-espace, donc d'après le théorème de Mémin t), Y est une i.s. de X .

Supposons donc les H^n uniformément bornés ; alors $H^n \cdot (X^n - X) \to 0$ dans $\underline{\underline{S}}$ (vérification facile par arrêt à T- convenable, ramenant tout dans $\underline{\underline{S}}^1$), donc Y est aussi limite de $H^n \cdot X$, et le théorème de Mémin t) nous permet à nouveau de conclure.

REMARQUE. Dans un travail récent sur les équations différentielles stochastiques, Yen utilise une inégalité de norme du type

$$\|H \cdot X\|_{\underline{\underline{S}}^p} \leq c \|H\|_{\underline{\underline{R}}^p} \|X\|_{\underline{\underline{S}}^\infty} \quad \text{(H prévisible borné)}$$

(où $\|H\|_{\underline{\underline{R}}^p} = \|H^*\|_{L^p}$, et où $\underline{\underline{S}}^p$ et $\underline{\underline{S}}^\infty$ sont les "espaces $\underline{\underline{H}}^p$, $\underline{\underline{H}}^\infty$ de semimartingales " d'Emery : cf. Sém. Prob. XII, p.757) pour remarquer que tout processus prévisible H, qui appartient localement à $\underline{\underline{R}}^p$, appartient à L(X) pour toute semimartingale X. Cette remarque très utile vient d'être retrouvée par Lenglart, d'une manière qui ne fait pas appel à l'i.s. généralisée : si H appartient localement à $\underline{\underline{R}}^p$, le processus croissant H^*_t est fini, et H est <u>prélocalement borné</u>. Or Lenglart montre que tout processus <u>prévisible</u> prélocalement borné est localement borné.

BIBLIOGRAPHIE

EMERY (M.) [1]. Une topologie sur l'espace des semimartingales. Sém.Prob. XIII, 1979, p. 260-280 . LN 721.

JACOD (J.) [1]. Sur la construction des intégrales stochastiques et les sous-espaces stables de martingales. Sém. Prob. XI, 1977, p. 390-410. LN 581.

----- [2] . Calcul stochastique et problèmes de martingales. LN 714, 1979.

----- [3] . Intégrales stochastiques par rapport à une semimartingale vectorielle. A paraître, Sém. Prob. XIV.

JEULIN (T.) [1]. Article sur le grossissement, à paraître.

JEULIN (T.) et YOR (M.) [1] . Inégalité de Hardy, semimartingales, et faux-amis. Sém. Prob. XIII, 1979, p. 332-359. LN 721.

MEMIN (J.) [1]. Changements de probabilité dans des espaces de semi-martingales, et applications. A paraître .

Ajouté sur les épreuves : le théorème de Mémin t) permet de répondre à une question posée par Meyer : soient X et Y deux semimartingales, (T_k) une suite de t. d'a. tendant vers $+\infty$ en croissant. On suppose qu'il existe des $H^k \varepsilon L(X^{T_k-})$ tels que $Y^{T_k-} = H^k . X^{T_k-}$. Peut on affirmer qu'il existe $H \varepsilon L(X)$ tel que $Y=H\cdot X$? La réponse est oui : on écrit

$$Y^{T_k} + H^k_{T_k} \Delta X_{T_k} I_{[T_k,\infty[} - \Delta Y_{T_k} I_{[T_k,\infty[} = (H^k\cdot X)^{T_k}$$

Lorsque $k\to\infty$, on remarque que le côté gauche tend vers Y au sens de $\underline{\underline{S}}$, et on applique le théorème de Mémin.

Soit $\mathfrak{S}(X)$ le sous-espace stable de $\underline{\underline{S}}$ engendré par X, autrement dit l'ensemble de toutes les i.s. $H\cdot X$. Le même raisonnement montre que l'appartenance à $\mathfrak{S}$ est une propriété prélocale : s'il existe des $T_k \uparrow \infty$, des $J_k \varepsilon \mathfrak{S}$ tels que $Y=J_k$ sur $[0,T_k[$, alors $Y \varepsilon \mathfrak{S}$. Mais sous cette forme, le résultat est à peu près évident, et vrai pour tous les sous-espaces stables de $\underline{\underline{S}}$: en effet, les J_k convergent dans $\underline{\underline{S}}$ vers Y .

v) La question suivante est très naturelle. Supposons que X soit à variation finie, que H soit X-intégrable, et que $H\cdot X$ soit à variation finie. L'intégrale est elle alors une i.s. de Stieltjes ? La réponse est oui. Pour le voir, on décompose X en X^c+X^d . La formule $\Delta(H.X)=H\Delta X$ entraîne que $H\cdot X^d$ existe au sens de Stieltjes. Par différence, on voit que $H\in L(X^c)$ et cette intégrale est au sens de Stieltjes d'après le th. 2. (Remarque communiquée par M. Emery).

Séminaire de Probabilités

Volume XIV

METRISABILITE DE QUELQUES ESPACES DE PROCESSUS ALEATOIRES

par M. Emery

L'espace $(\Omega,\underline{\underline{F}},P,(\underline{\underline{F}}_t)_{t\geq 0})$ vérifiant les conditions habituelles, on note

$\underline{\underline{R}}$ l'espace des processus càdlàg adaptés (muni de la quasi-norme $\|X\|_{\underline{\underline{R}}} = \sum_n 2^{-n}E[X_n^*\wedge 1]$, c'est un espace vectoriel topologique métrisable complet) ;

$\underline{\underline{R}}^1$ l'espace de Banach des processus càdlàg adaptés avec limite à l'infini, tels que $\|X\|_{\underline{\underline{R}}^1} = \|X^*\|_{L^1}$ soit fini ;

$\underline{\underline{V}}^1$ l'espace de Banach des processus à variation intégrable (avec la norme $\|A\|_{\underline{\underline{V}}^1} = E[\int_0^\infty |dA_s|]$) ;

$\underline{\underline{A}}^1$ le sous-espace fermé de $\underline{\underline{V}}^1$ formé des processus prévisibles nuls en 0 ;

$\underline{\underline{M}}^1$ le sous-espace fermé de $\underline{\underline{R}}^1$ formé des martingales (c'est l'« espace $\underline{\underline{H}}^1$ des martingales») ;

$\underline{\underline{S}}^1$ l'espace $\underline{\underline{M}}^1\oplus\underline{\underline{A}}^1$ (c'est l'« espace $\underline{\underline{H}}^1$ des semimartingales »).

On désigne par $\underline{\underline{R}}^1_{loc}$ l'ensemble des processus X tels qu'il existe des temps d'arrêt T_n croissant vers l'infini pour lesquels chaque $X^{T_n}I_{\{T_n>0\}}$ est dans $\underline{\underline{R}}^1$; on définit de même l'espace $\underline{\underline{V}}^1_{loc}$ des processus à variation localement intégrable, l'espace $\underline{\underline{M}}^1_{loc}$ des martingales locales et l'espace $\underline{\underline{S}}^1_{loc}$ des semimartingales spéciales.

Si $(X^k)_{k\in\mathbb{N}}$ est une suite de processus de $\underline{\underline{R}}^1_{loc}$ (respectivement $\underline{\underline{V}}^1_{loc}$, $\underline{\underline{M}}^1_{loc}$, $\underline{\underline{S}}^1_{loc}$), Dellacherie a montré dans [2] qu'il existe une suite croissant vers l'infini de temps d'arrêt T_n tels que, pour chaque k , $(X^k)^{T_n}I_{\{T_n>0\}}$ soit dans $\underline{\underline{R}}^1$ (respectivement $\underline{\underline{V}}^1$, $\underline{\underline{M}}^1$, $\underline{\underline{S}}^1$). Si en outre X est dans $\underline{\underline{R}}^1_{loc}$ (resp. ...), on dit que X^k converge vers X localement dans $\underline{\underline{R}}^1$ (resp. ...) lorsqu'il existe des temps d'arrêt T_n croissant vers l'infini tels que, pour chaque n , tous les $(X^k)^{T_n}I_{\{T_n>0\}}$ sont dans $\underline{\underline{R}}^1$ (resp. ...) et convergent dans cet espace vers $X^{T_n} I_{\{T_n>0\}}$.

DEFINITIONS. 1) Pour A dans $\underline{\underline{V}}^1_{loc}$, on appelle $\hat{A}$ la projection duale prévisible du processus croissant $\int_0^t |dA_s|$, et on pose $\|A\|_{\underline{\underline{V}}^1_{loc}} = \|\hat{A}\|_{\underline{\underline{R}}}$.

2) Pour X dans $\underline{\underline{R}}^1_{loc}$, on pose $\|X\|_{\underline{\underline{R}}^1_{loc}} = \|X^*\|_{\underline{\underline{V}}^1_{loc}}$.

3) Pour M dans $\underline{\underline{M}}^1_{loc}$, on pose $\|M\|_{\underline{\underline{M}}^1_{loc}} = \|M\|_{\underline{\underline{R}}^1_{loc}}$.

4) Pour X dans $\underline{\underline{S}}^1_{loc}$, de décomposition canonique $M+A$, on pose $\|X\|_{\underline{\underline{S}}^1_{loc}} = \|M\|_{\underline{\underline{M}}^1_{loc}} + \|A\|_{\underline{\underline{V}}^1_{loc}}$.

On vérifie immédiatement, grâce à la propriété correspondante de $\underline{\underline{R}}$, que chacune de ces expressions est une quasi-norme, et fait donc de l'espace correspondant un espace vectoriel topologique (cela résulte aussi du théorème suivant).

THEOREME. <u>Désignons par $\underline{\underline{X}}$ l'un des quatre espaces $\underline{\underline{V}}^1$, $\underline{\underline{R}}^1$, $\underline{\underline{M}}^1$ et $\underline{\underline{S}}^1$, et par $\underline{\underline{X}}_{loc}$ l'espace « localisé » correspondant.</u>

1) <u>Toute suite dans $\underline{\underline{X}}_{loc}$ qui converge localement dans $\underline{\underline{X}}$ converge dans $\underline{\underline{X}}_{loc}$ (c'est-à-dire pour $\| \ \|_{\underline{\underline{X}}_{loc}}$) vers la même limite.</u>

2) <u>De toute suite convergente de $\underline{\underline{X}}_{loc}$, on peut extraire une sous-suite qui converge localement dans $\underline{\underline{X}}$ vers la même limite.</u>

3) <u>L'espace $\underline{\underline{X}}_{loc}$ est complet.</u>

Les points 1) et 2) du théorème peuvent être reformulés ainsi : <u>Une suite dans $\underline{\underline{X}}_{loc}$ converge dans cet espace vers une limite X ssi toute sous-suite contient une sous-sous-suite qui converge vers X localement dans $\underline{\underline{X}}$</u> . On rapprochera ceci des propriétés analogues de $\underline{\underline{R}}$ et de l'espace des semimartingales (proposition 1 et théorème 2 de [3]).

<u>Démonstration</u>. Nous commencerons par le cas $\underline{\underline{X}} = \underline{\underline{V}}^1$, qui, par l'existence de projections duales prévisibles, constitue la clé du théorème. Les autres cas en découleront ensuite.

Pour les points 1) et 2), on se ramène par translation au cas où la limite est nulle. Comme, pour A dans $\underline{\underline{V}}^1_{loc}$, $\|A\|_{\underline{\underline{V}}^1_{loc}} = \|\hat{A}\|_{\underline{\underline{V}}^1_{loc}}$, et comme A^n tend vers zéro localement dans $\underline{\underline{V}}^1$ ssi $\hat{A}^n$ tend vers zéro localement dans $\underline{\underline{V}}^1$, on peut, dans la démonstration des points 1) et 2), ne s'intéresser qu'à des processus croissants prévisibles.

1) Si des processus croissants prévisibles A^n tendent vers zéro localement dans $\underline{\underline{V}}^1$, ils tendent vers zéro prélocalement dans $\underline{\underline{V}}^1$ (i.e. $\lim_n E[(A^n)^{T_k-}] = 0$ pour des temps d'arrêt T_k croissant vers l'infini), donc (voir [3]) ils tendent vers zéro dans $\underline{\underline{R}}$, et le résultat est établi.

2) Soit (A^n) une suite de processus croissants prévisibles qui tend vers zéro dans $\underline{\underline{V}}^1_{loc}$; il s'agit d'en extraire une sous-suite qui tend vers zéro localement dans $\underline{\underline{V}}^1$. Par arrêt, on peut, compte tenu du résultat de Dellacherie rappelé ci-dessus, supposer que tous les A^n sont dans $\underline{\underline{V}}^1$. L'hypothèse entraîne que pour chaque t entier A^n_t tend vers zéro en probabilité ; de la suite (A^n) on peut donc, en utilisant le procédé diagonal de Cantor, extraire une sous-suite (B^n) telle que B^n_t tende vers zéro p.s. pour chaque t.

Soit alors E_m l'ensemble prévisible $\{(t,\omega) : \exists n \geq m \;\; B^n_t(\omega) > 1\}$. Son début D_m est un temps d'arrêt qui croît vers l'infini avec m. En utilisant le fait que E_m est prévisible, on peut, grâce à un lemme de Lépingle ([4]) construire des temps d'arrêt bornés $T_{m,k}$ qui croissent vers D_m quand k tend vers l'infini, et tels que $[\![0,T_{m,k}]\!] \cap \mathbb{R}_+ \times \{T_{m,k}>0\} \cap E_m$ soit, pour chaque k, évanescent. Pour $n \geq m$, les variables aléatoires $B^n_{T_{m,k}} I_{\{T_{m,k}>0\}}$ sont majorées par 1 ; elles tendent donc vers zéro non seulement p.s., mais aussi dans L^1 quand n tend vers l'infini. Puisque la famille des $T_{m,k}$ est dénombrable et d'enveloppe supérieure p.s. infinie, ceci entraîne que B^n tend vers zéro localement dans $\underline{\underline{V}}^1$.

3) Le fait que $\underline{\underline{V}}^1_{loc}$ est un e.v.t. se déduit immédiatement des points 1) et 2). Pour vérifier qu'il est complet, considérons une série A^n dans $\underline{\underline{V}}^1_{loc}$ telle que $\sum_n \|A^n\|_{\underline{\underline{V}}^1_{loc}} < \infty$; posons $B^n_t = \int_0^t |dA^n_s|$, et appelons $\hat{A}^n$ le compensa-

teur prévisible de B^n . Puisque $\sum_n \|\widehat{A^n}\|_{\underline{\underline{R}}} < \infty$, soit S le processus croissant prévisible $\Sigma_n \widehat{A^n}$ (où la série converge dans $\underline{\underline{R}}$). Un tel processus est localement intégrable, il existe donc des temps d'arrêt T arbitrairement grands tels que $S_T I_{\{T>0\}}$ soit dans L^1 , donc que $\Sigma_n E[B^n_T I_{\{T>0\}}] < \infty$. On en déduit que la série $\Sigma_n (A^n)^T I_{\{T>0\}}$ converge, dans l'espace de Banach $\underline{\underline{V}}^1$, vers une somme ${}^T A \in \underline{\underline{V}}^1$; il ne reste qu'à remarquer que les ${}^T A$ se recollent en un processus $A \in \underline{\underline{V}}^1_{loc}$ vers lequel la série $\Sigma_n A^n$ converge localement dans $\underline{\underline{V}}^1$, donc dans $\underline{\underline{V}}^1_{loc}$.

Passons à $\underline{\underline{R}}^1_{loc}$. Les points 1) et 2) se déduisent immédiatement des points correspondants pour $\underline{\underline{V}}^1_{loc}$ et de la définition de $\| \, \|_{\underline{\underline{R}}^1_{loc}}$. Pour la complétude, soit X^n une série dans $\underline{\underline{R}}^1_{loc}$ telle que $\sum_n \|X^n\|_{\underline{\underline{R}}^1_{loc}} < \infty$. La série $\Sigma_n X^n$ converge, dans l'espace complet $\underline{\underline{R}}$, vers une limite X ; la série $\Sigma_n (X^n)^*$ converge, dans l'espace complet $\underline{\underline{V}}^1_{loc}$, vers une limite S . Il existe des temps d'arrêt arbitrairement grands T tels que $S_T I_{\{T>0\}}$ soit intégrable ; on peut les choisir bornés, de telle sorte que $\Sigma_n (X^n)^T$ converge uniformément en probabilité vers X^T ; comme la convergence est dominée, sur $\{T>0\}$, par S_T , elle a aussi lieu dans $\underline{\underline{R}}^1$, d'où le résultat.

Il résulte des points 1) et 2) pour $\underline{\underline{R}}^1_{loc}$ que $\underline{\underline{M}}^1_{loc}$ est fermé dans $\underline{\underline{R}}^1_{loc}$; le théorème pour $\underline{\underline{X}} = \underline{\underline{M}}^1$ en découle facilement. Comme $\underline{\underline{A}}^1_{loc}$ est fermé dans $\underline{\underline{V}}^1_{loc}$, le cas $\underline{\underline{X}} = \underline{\underline{S}}^1$ ne présente aucune difficulté. ▬

REMARQUES. 1) Il résulte immédiatement du théorème que la convergence dans $\underline{\underline{X}}_{loc}$ est, comme l'appartenance à $\underline{\underline{X}}_{loc}$, une notion locale : Pour qu'une suite (X^n) converge (resp. converge vers X) dans $\underline{\underline{X}}_{loc}$, il suffit qu'il existe des temps d'arrêt T croissant vers l'infini tels que les $(X^n)^T I_{\{T>0\}}$ convergent (resp. convergent vers $X^T I_{\{T>0\}}$) dans $\underline{\underline{X}}_{loc}$.

2) Sur l'espace $\underline{\underline{M}}^1_{loc}$, les quasi-normes $\|[M,M]^{\frac{1}{2}}\|_{\underline{\underline{V}}^1_{loc}}$, $\sup_{\substack{H \text{ prévisible} \\ |H| \leq 1}} \|H \cdot M\|_{\underline{\underline{R}}^1_{loc}}$, $\sup_{\substack{H \text{ optionnel} \\ |H| \leq 1}} \|H \cdot M\|_{\underline{\underline{R}}^1_{loc}}$ (cette dernière étant définie à l'aide des intégrales stochastiques optionnelles compensées) sont

équivalentes à $\|M\|_{\underline{\underline{M}}^1_{loc}}$; cela se vérifie immédiatement en utilisant les résultats correspondants dans $\underline{\underline{M}}^1$. De même, sur $\underline{\underline{S}}^1_{loc}$, les quasi-normes

$$\inf_{X = M + A} \left(\|M\|_{\underline{\underline{M}}^1_{loc}} + \|A\|_{\underline{\underline{V}}^1_{loc}}\right) \quad \text{et} \quad \sup_{\substack{H \text{ prévisible} \\ |H| \leq 1}} \|H \cdot X\|_{\underline{\underline{R}}^1_{loc}} \quad \text{sont équivalentes}$$

à $\|X\|_{\underline{\underline{S}}^1_{loc}}$.

3) Si l'on identifie à L^1 l'espace des martingales uniformément intégrables, on sait ([6]) que toute suite convergeant dans L^1 contient une sous-suite qui converge localement dans $\underline{\underline{M}}^1$. Ceci permet de modifier l'énoncé du théorème pour les martingales : Une suite de martingales locales converge dans $\underline{\underline{M}}^1_{loc}$ vers une limite M ssi toute sous-suite contient une sous-sous-suite qui converge localement dans L^1 vers M.

4) Aucun des espaces $\underline{\underline{V}}^1_{loc}$, $\underline{\underline{R}}^1_{loc}$ et $\underline{\underline{S}}^1_{loc}$ n'est séparable. En effet, si l'un d'eux contenait une suite dense, on pourrait construire une suite de temps d'arrêt qui épuiserait les sauts des processus de la suite, donc aussi les sauts de tous les processus de cet espace. Mais comme cet espace contient tous les processus de la forme $I_{[\![s,\infty[\![}$, ceci est impossible. L'espace $\underline{\underline{M}}^1_{loc}$, en revanche, est parfois séparable ; par exemple lorsque la filtration est constante et égale à une tribu essentiellement séparable.

5) Que se passe-t-il si, dans ce qui précède, on remplace l'exposant 1 par $p \in]1,\infty[$? On peut encore définir une topologie sur $\underline{\underline{V}}^p_{loc}$ par $\|A\|_{\underline{\underline{V}}^p_{loc}} = \|C\|_{\underline{\underline{V}}^1_{loc}}$, où C est la projection duale prévisible du processus croissant $(\int_0^t |dA_s|)^p$; bien que $\| \; \|_{\underline{\underline{V}}^p_{loc}}$ ne soit pas une quasi-norme (au lieu de l'inégalité triangulaire, elle vérifie seulement $\|A+B\| \leq 2^{p-1} (\|A\| + \|B\|)$), elle fait quand même de $\underline{\underline{V}}^p_{loc}$ un e.v.t. métrisable, qui vérifie les points 1) et 2) du théorème, avec $\underline{\underline{X}} = \underline{\underline{V}}^p$. Il en va de même pour $\underline{\underline{R}}^p_{loc}$, $\underline{\underline{M}}^p_{loc}$ et $\underline{\underline{S}}^p_{loc}$. Mais notre démonstration de la complétude ne semble pas s'adapter à ce cas.

La suite de cèt exposé est consacrée à des énoncés qui, sans faire appel à des idées vraiment nouvelles, s'expriment naturellement en termes de topologie des martingales locales et de topologie des semimartingales spéciales.

DEFINITION. Soit H un processus prévisible.

a) Pour X dans $\underline{\underline{M}}^1$ (resp. $\underline{\underline{M}}^1_{loc}$), on dira que H est X-intégrable au sens de $\underline{\underline{M}}^1$ (resp. $\underline{\underline{M}}^1_{loc}$) si le processus croissant $(\int_0^t H_s^2 d[X,X]_s)^{\frac{1}{2}}$ est dans $\underline{\underline{V}}^1$ (resp. $\underline{\underline{V}}^1_{loc}$).

b) Pour X dans $\underline{\underline{S}}^1$ (resp. $\underline{\underline{S}}^1_{loc}$), de décomposition canonique $M+A$, on dira que H est X-intégrable au sens de $\underline{\underline{S}}^1$ (resp. $\underline{\underline{S}}^1_{loc}$) si H est M-intégrable au sens de $\underline{\underline{M}}^1$ (resp. $\underline{\underline{M}}^1_{loc}$) et si l'intégrale $H\cdot A$ existe au sens de Stieltjes et est dans $\underline{\underline{V}}^1$ (resp. $\underline{\underline{V}}^1_{loc}$).

Dans chacun de ces cas, on sait définir l'intégrale stochastique $H\cdot X$; le lecteur connaissant l'intégration au sens de Jacod ([1]) remarquera que si X est dans l'un des quatre espaces évoqués ci-dessus, pour que H soit X-intégrable au sens de cet espace, il faut et il suffit qu'il le soit au sens des semimartingales et que l'intégrale $H\cdot X$ soit dans cet espace : c'est un théorème de Jeulin (théorème 2 de [1]).

Ceci permet d'énoncer un théorème de convergence dominée :

PROPOSITION 1. <u>Le processus</u> X <u>étant dans l'espace</u> $\underline{\underline{M}}^1$ (<u>resp</u>. $\underline{\underline{S}}^1$, $\underline{\underline{M}}^1_{loc}$, $\underline{\underline{S}}^1_{loc}$), <u>soit</u> H <u>un processus prévisible</u> X-<u>intégrable au sens de cet espace</u>. <u>Si</u> (K^n) <u>est une suite de processus prévisibles, tous dominés par</u> $|H|$, <u>qui converge simplement vers un processus</u> K, <u>les intégrales</u> $K^n\cdot X$ <u>convergent vers</u> $K\cdot X$ <u>dans cet espace</u>.

<u>Démonstration</u>. Comme $|K^n-K|\leq 2H$, on peut supposer que $K=0$.

1) Pour établir le résultat dans $\underline{\underline{M}}^1$, il faut montrer que, quand n tend vers l'infini, la quantité $E[(\int_0^\infty (K_s^n)^2\, d[X,X]_s)^{\frac{1}{2}}]$, équivalente à $\|K^n\cdot X\|_{\underline{\underline{M}}^1}$, tend vers zéro. Puisque les v.a. $(\int_0^\infty (K_s^n)^2\, d[X,X]_s)^{\frac{1}{2}}$ sont dominées dans L^1 par $(\int_0^\infty H_s^2\, d[X,X]_s)^{\frac{1}{2}}$, il suffit de démontrer qu'elles tendent p.s. vers zéro. Mais pour chaque ω tel que $\int_0^\infty H_s^2\, d[X,X]_s$ soit fini, donc pour presque tout ω, le théorème de convergence dominée sur $(\mathbb{R}_+, d[X,X](\omega))$ entraîne que $\int_0^\infty (K_s^n)^2\, d[X,X]_s$ tend vers zéro, d'où le résultat.

2) Comme $\underline{\underline{S}}^1=\underline{\underline{M}}^1\oplus\underline{\underline{A}}^1$, il suffit, pour avoir le théorème dans $\underline{\underline{S}}^1$, de démontrer un résultat analogue dans $\underline{\underline{A}}^1$. Mais les éléments de $\underline{\underline{A}}^1$ s'iden-

tifient à des mesures sur la tribu prévisible, auxquelles s'applique le théorème de convergence dominée usuel.

3) La démonstration du théorème pour $\underline{\underline{M}}^1_{loc}$ ou $\underline{\underline{S}}^1_{loc}$ se ramène aussitôt, par localisation, au cas déjà traité de $\underline{\underline{M}}^1$ ou $\underline{\underline{S}}^1$. On obtient un peu mieux que le résultat annoncé : La convergence de $K^n\cdot X$ vers $K\cdot X$ a lieu non seulement dans $\underline{\underline{M}}^1_{loc}$ ou $\underline{\underline{S}}^1_{loc}$, mais aussi localement dans $\underline{\underline{M}}^1$ ou $\underline{\underline{S}}^1$. ▬

La caractérisation de la topologie des semimartingales par des convergences ayant lieu prélocalement dans $\underline{\underline{S}}^1$ (voir [3]) montre que l'injection canonique de $\underline{\underline{M}}^1$ (resp. $\underline{\underline{S}}^1$, $\underline{\underline{M}}^1_{loc}$, $\underline{\underline{S}}^1_{loc}$) dans l'espace des semimartingales est continue. Le théorème de Mémin ([5]) selon lequel, pour X donné, l'ensemble des intégrales stochastiques $H\cdot X$ est fermé dans l'espace des semimartingales entraîne donc immédiatement que, _si_ X _est dans l'espace_ $\underline{\underline{M}}^1$ (_resp._ $\underline{\underline{S}}^1$, $\underline{\underline{M}}^1_{loc}$, $\underline{\underline{S}}^1_{loc}$), _l'ensemble_ $\underline{\underline{I}}(X)$ _des processus prévisibles_ X-_intégrables au sens de cet espace est fermé dans cet espace_. Plus généralement, on pourrait transcrire dans ce cadre le résultat u) de [1].

En plagiant Yor ([6], lemmes 2.2 et 2.3), on peut préciser ce résultat de fermeture par une description des sous-espaces stables. La proposition qui suit reste vraie, avec la même démonstration, dans l'espace des semimartingales, en y remplaçant $\underline{\underline{I}}(X)$ par l'ensemble de toutes les intégrales stochastiques par rapport à X .

PROPOSITION 2. a) _Pour_ X _dans l'espace_ $\underline{\underline{M}}^1$ (_resp._ $\underline{\underline{S}}^1$, $\underline{\underline{M}}^1_{loc}$, $\underline{\underline{S}}^1_{loc}$), $\underline{\underline{I}}(X)$ _est le plus petit sous-espace vectoriel fermé de cet espace qui contienne_ X _et soit stable par les opérations d'arrêt_ $Y \longmapsto Y^T I_{\{T>0\}}$.

b) _Si_ $\underline{\underline{H}}$ _est une partie de l'espace_ $\underline{\underline{M}}^1$ (_resp._ $\underline{\underline{S}}^1$, $\underline{\underline{M}}^1_{loc}$, $\underline{\underline{S}}^1_{loc}$), _le sous-espace vectoriel fermé_ $\underline{\underline{I}}(\underline{\underline{H}})$ _engendré par_ $\cup_{X\in\underline{\underline{H}}}\underline{\underline{I}}(X)$ _est le plus petit qui contienne_ $\underline{\underline{H}}$ _et soit stable par les opérations d'arrêt_.

Démonstration. a) On vient de voir que $\underline{\underline{I}}(X)$ est fermé ; il est stable par arrêt car $(H\cdot X)^T I_{\{T>0\}} = (H I_{[\![0,T]\!]} I_{\{T>0\}})\cdot X$. Soit $\underline{\underline{J}}$ un sous-espace fermé stable par arrêt contenant X . L'ensemble des processus prévisibles bornés H tels que H•X soit dans $\underline{\underline{J}}$ contient les intervalles stochastiques prévisibles]]S,T]] , et (proposition 1) est stable par convergence uniforme et convergence monotone bornée ; $\underline{\underline{J}}$ contient donc l'ensemble de toutes les intégrales H•X , où H est prévisible borné ; mais l'adhérence de cet ensemble n'est autre que $\underline{\underline{I}}(X)$.

b) Le sous-espace vectoriel engendré par $\cup_{X\in\underline{\underline{H}}} \underline{\underline{I}}(X)$ étant stable par arrêt, et les opérations d'arrêt étant continues, $\underline{\underline{I}}(\underline{\underline{H}})$ est stable par arrêt, d'où le résultat. ▬

REFERENCES

[1] CHOU C.S., P.A. MEYER et C. STRICKER. Sur les intégrales stochastiques de processus prévisibles non bornés. Dans ce volume.

[2] C. DELLACHERIE. Quelques applications du lemme de Borel-Cantelli à la théorie des semimartingales. Séminaire de Probabilités XII, Lecture Notes N° 649, Springer-Verlag 1978.

[3] M. EMERY. Une topologie sur l'espace des semimartingales. Séminaire de Probabilités XIII, Lecture Notes N° 721, Springer-Verlag 1979.

[4] E. LENGLART, D. LEPINGLE et M. PRATELLI. Présentation unifiée de certaines inégalités de la théorie des martingales. Scuola Normale Superiore, Pisa (Preprint).

[5] J. MEMIN. Espaces de semimartingales et changements de probabilité. A paraître dans Z. Wahrscheinlichkeitstheorie.

[6] M. YOR. Sous-espaces denses dans L^1 ou H^1 et représentation des martingales. Séminaire de Probabilités XII, Lecture Notes N° 649, Springer-Verlag 1978.

IRMA (L.A. au C.N.R.S.)
7 rue René Descartes
67084 STRASBOURG-Cédex

REMARQUES SUR L'I.S. DE PROCESSUS NON BORNES

par Yan Jia-An

Il existe jusqu'ici deux méthodes présentant la théorie de l'i.s. de processus prévisibles généraux par rapport aux semimartingales. L'une, due à Jacod, utilise une caractérisation des sauts des semimartingales. L'autre, due à Chou, Meyer et Stricker (exposé précédent), utilise la topologie des semimartingales d'Emery. Cet exposé comporte aussi une présentation très rapide de certains résultats, à partir de la <u>définition élémentaire</u> de l'i.s. (voir ci-dessous). Nous allons montrer ici que la définition élémentaire <u>entraîne simplement les autres résultats</u>, tels que l'invariance par changement de loi, le résultat partiel sur les changements de filtration, etc, et qu'elle constitue donc la meilleure approche de la question, d'un point de vue pédagogique. Nous n'insisterons pas sur les points traités en détail dans l'exposé précédent[1].

RAPPELS ET NOTATIONS

$\underline{\underline{S}}$ est l'espace des semimartingales

$\underline{\underline{S}}_p$ semimartingales spéciales

$\underline{\underline{V}}$ processus à variation finie adaptés

$\underline{\underline{M}}_{o,loc}$ martingales locales nulles en 0

Soit $X\varepsilon\underline{\underline{S}}$. Il est bien connu que $X\varepsilon\underline{\underline{S}}_p$ si et seulement si $[X,X]^{1/2}$ est localement intégrable. De même, si $A\varepsilon\underline{\underline{V}}$ et $|\Delta A|$ est borné, A est à variation localement intégrable.

Soit $X\varepsilon\underline{\underline{S}}$. Un processus prévisible H est dit X-<u>intégrable</u> (on écrit alors $H\varepsilon L(X)$) s'il existe une décomposition $X=M+A$ ($M\varepsilon\underline{\underline{M}}_{o,loc}$, $V\varepsilon\underline{\underline{V}}$), dite H-<u>décomposition</u>, telle que $H\cdot M$ et $H\cdot A$ existent au sens usuel. Alors la somme $H\cdot M+H\cdot A$ ne dépend pas de la H-décomposition utilisée, et on la note $H\cdot X$. C'est la "définition élémentaire" de l'exposé précédent.

En voici des conséquences immédiates :

1) $(H\cdot X)^c = H\cdot X^c$, $\Delta(H\cdot X)=H\Delta X$.
2) Pour tout temps d'arrêt T, on a $(H\cdot X)^T=H\cdot X^T=(HI_{[0,T]})\cdot X$ et $(H\cdot X)^{T-}=H\cdot X^{T-}$.
3) Pour tout $Y\varepsilon\underline{\underline{S}}$, on a $[H\cdot X,Y]=H\cdot[X,Y]$ (i.s. de Stieltjes).
4) Si $Y\varepsilon\underline{\underline{S}}$ est tel que $H\varepsilon L(X)\cap L(Y)$, on a $H\varepsilon L(X+Y)$ et $H\cdot(X+Y)=H\cdot X+H\cdot Y$.
5) Si K est un processus prévisible tel que $|K|\leq|H|$, on a $K\varepsilon L(X)$.

Le premier résultat non évident que nous démontrons est le théorème de Jeulin (théorème 2 de l'exposé précédent). La démonstration n'est pas difficile, et ce théorème est vraiment au centre de la théorie de l'i.s..

1. Nous remercions P.A. Meyer d'avoir corrigé une erreur de la démonstration du th. 3.

Théorème 1 . Soit $X\in\underline{\underline{S}}_p$, et soit $H\in L(X)$. Alors $H\cdot X\in\underline{\underline{S}}_p$ si et seulement si la décomposition canonique $X=M+A$ ($M\in\underline{\underline{M}}_{o,loc}$, $A\in\underline{\underline{V}}$ prévisible) est une H-décomposition.

Démonstration. Supposons $H\cdot X$ spéciale. Comme on a $H^2\cdot[X,X]=[H\cdot X,H\cdot X]$, le processus $(H^2\cdot[X,X])^{1/2}$ est localement intégrable. Soit $X=N+B$ une H-décomposition. On a $H\cdot X=H\cdot N+H\cdot B$ de sorte que $H\cdot B$ est à variation localement intégrable. A étant le compensateur de B, $H\cdot A$ existe au sens de Stieltjes (et on a $H\cdot A=(H\cdot B)^{\sim}$). Comme $H\cdot A$ est prévisible, donc spéciale, le processus croissant $[H\cdot A,H\cdot A]^{1/2}=(H^2[A,A])^{1/2}$ est localement intégrable. D'autre part, on a

$$(H^2\cdot[M,M])^{1/2} \leqq (H^2\cdot[X,X])^{1/2} + (H^2\cdot[A,A])^{1/2}$$

le côté gauche est donc aussi localement intégrable, et $H\cdot M$ existe au sens des martingales locales. Cela montre que $X=M+A$ est une H-décomposition. La réciproque est évidente.

Nous en déduisons immédiatement une remarque, qui remplace le théorème 1 de l'exposé précédent.

Remarque. Soient $X\in\underline{\underline{S}}$ et $H\in L(X)$. Soit K un ensemble optionnel, qui n'a qu'un nombre fini de points sur tout intervalle fini, et contient tous les s tels que $|H_s\Delta X_s|>1$ ou $|\Delta X_s|>1$. Posons $U_t=\Sigma_{s\leqq t}\ \Delta X_s I_{\{(s,.)\in K\}}$ et $Z=X-U$. Alors Z est spéciale , $H\in L(U)\cap L(X)\subset L(Z)$, et $H\cdot Z$ est spéciale, donc la décomposition canonique $Z=N+B$ de Z est une H-décomposition de Z, et $X=N+(B+U)$ est une H-décomposition de X.

Comme dans l'exposé précédent, on en tire les conséquences suivantes au sujet de l'i.s. :

6) linéarité : $H,K \in L(X) \Rightarrow H+K\in L(X)$ et $(H+K)\cdot X = H\cdot X+K\cdot X$.
7) associativité : si $H\in L(X)$ et K est prévisible, $K\in L(H\cdot X)\Leftrightarrow KH\in L(X)$, et on a $K\cdot(H\cdot X) = (KH)\cdot X$.
8) théorème de convergence dominée : soient $H\in L(X)$, K^n et K des processus prévisibles majorés en valeur absolue par $|H|$, K^n convergeant simplement vers K. Alors $K^n,K \in L(X)$, et $K^n\cdot X \to K\cdot X$ uniformément en probabilité sur tout intervalle fini (i.e. $(K^n\cdot X-K\cdot X)^*_t \to 0$ en pr. pour $t<\infty$).

A titre d'exemple, détaillons une propriété de localisation :

9) Soient $X\in\underline{\underline{S}}$, H un processus prévisible, T_n une suite de temps d'arrêt croissant vers $+\infty$. Si $H\in L(X^{T_n})$ pour tout n , alors $H\in L(X)$.

Démonstration. Il est clair que $H^2\cdot[X,X]$ existe et est à variation finie. Prenons $K=\{s : |\Delta X_s|>1$ ou $|H_s\Delta X_s|>1\}$, et construisons U, $Z=X-U$, $Z=N+B$ comme dans la remarque. On a $H\in L(U)$, d'autre part $H\in L(N^{T_n})$, $H\in L(B^{T_n})$ pour tout n, car $N^{T_n}+B^{T_n}$ est la décomposition canonique de Z^{T_n}. D'après les propriétés des i.s. usuelles, cela entraîne $H\in L(N)$, $H\in L(B)$, et enfin $H\in L(X)$.

Nous prouvons maintenant l'invariance de l'i.s. par changement de loi.

Théorème 2. Soient $X\in\underline{\underline{S}}$ et $H\in L(X)$. Si Q est une loi telle que $Q\ll P$, H est X-intégrable sous Q, et $H\underset{P}{\cdot}X$ est une version de $H\underset{Q}{\cdot}X$.

Démonstration. Posons $U_t=\Sigma_{s\leqq t}\ \Delta X_s I_{\{|\Delta X_s|>1 \text{ ou } |H_s\Delta X_s|>1\}}$, $Z=X-U$, de décomposition canonique $Z=N+B$ sous la loi P. On se trouve ramené à démontrer que $H\in L_Q(N)$ et que $H\underset{P}{\cdot}N$ est une version de $H\underset{Q}{\cdot}N$. Mais en fait cette seconde propriété résulte aussitôt de la première : elle est bien connue pour H borné, et il suffit de tronquer H à n, et de faire tendre n vers l'infini en appliquant le théorème de convergence dominée ci-dessus.

Remarquons que les sauts de Z et de $H\cdot Z$ sont bornés en valeur absolue par 1 ; passant aux décompositions canoniques, on voit que les sauts de N et de $H\cdot N$ sont bornés en valeur absolue par 2 . Introduisons la martingale $M_t=E[\frac{dQ}{dP}|\underline{\underline{F}}_t]$; comme N est à sauts bornés, $\langle N,M\rangle$ existe et N admet la décomposition canonique de Girsanov relativement à Q[1]

$$N_t = Y_t + C_t \qquad \text{où } C_t = \int_0^t \frac{1}{M_{s-}}\, d\langle N,M\rangle_s\ ,\ Y_t=N_t-C_t$$

Comme $H\cdot N$ existe au sens usuel sous la loi P, $H\cdot\langle N,M\rangle = \langle H\cdot M,N\rangle$ existe au sens de Stieltjes sous P, et donc aussi sous Q. Alors

$$\int_0^t |H_s||dC_s| = \int_0^t \frac{1}{M_{s-}}\ |H_s||d\langle M,N\rangle_s| < +\infty \ \text{ p.s. sous la loi Q}$$

puisque $1/M_-$ est p.s. à trajectoires bornées sous la loi Q. Donc $H\cdot C$ existe au sens de Stieltjes sous Q ; c'est une semimartingale spéciale, donc $(H^2\cdot[C,C])^{1/2}$ est localement intégrable sous la loi Q, et il en est de même de

$$(H^2\cdot[Y,Y])^{1/2} \leqq (H^2\cdot[N,N])^{1/2}+(H^2\cdot[C,C])^{1/2}$$

donc $H\underset{Q}{\cdot}Y$ existe, et le théorème est établi.

Passons à l'invariance par changement de filtration.

Théorème 3. Soit $X\in\underline{\underline{S}}$. Soit $(\underline{\underline{G}}_t)$ une filtration satisfaisant aux conditions habituelles , contenant $(\underline{\underline{F}}_t)$ et telle que X soit encore une semimartingale par rapport à $(\underline{\underline{G}}_t)$. Soit H un processus prévisible par rapport à $(\underline{\underline{F}}_t)$, donc par rapport à $(\underline{\underline{G}}_t)$. Si H est X-intégrable par rapport à $(\underline{\underline{G}}_t)$, il l'est par rapport à $(\underline{\underline{F}}_t)$, et les deux i.s. sont égales.

Démonstration. Il suffit de montrer que H est X-intégrable : l'égalité des deux i.s. résulte alors du cas borné et du théorème de convergence dominée. Reprenons les notations $X=Z+U$, du début de la démonstration précédente ; il est clair que Z est adapté à $(\underline{\underline{F}}_t)$, et il suffit de montrer

1. Voir par ex. Lenglart, ZW 39, 1977, théorème 2 (p. 67).

que $H \in L(Z)$ relativement à $(\underline{\underline{F}}_t)$. Nous pouvons supposer que la loi P a été remplacée par une loi équivalente telle que les semimartingales Z et $H \cdot Z$ appartiennent à la classe $\underline{\underline{H}}^1$ de semimartingales de la filtration $(\underline{\underline{G}}_t)$, sur tout intervalle fini (Dellacherie, Sém. Prob. XII, p. 744). Si l'on considère alors les décompositions canoniques de Z et $H \cdot Z$ par rapport à $(\underline{\underline{G}}_t)$

$$Z = N+B \quad , \; Z'=N'+B'$$

les processus N et N' sont de vraies martingales, tandis que B et B' sont à variation intégrable sur tout intervalle fini. D'après le théorème 1, on a $B' = H \cdot B$, donc $E[\int_0^t |H_s||dB_s|] < \infty$ pour t fini.

Soit $\widetilde{B}$ la projection duale prévisible de B sur $(\underline{\underline{F}}_t)$. Comme H est prévisible/$(\underline{\underline{F}}_t)$, la propriété précédente entraîne $E[\int_0^t |H_s||d\widetilde{B}_s|] < \infty$. D'autre part, il est facile de voir que la décomposition canonique de Z par rapport à $(\underline{\underline{F}}_t)$ est $Z=Y+\widetilde{B}$, où $Y=N+B-\widetilde{B}$. Nous avons vu que $H \cdot \widetilde{B}$ existe au sens de Stieltjes, et l'inégalité

$$(H^2 \cdot [Y,Y])^{1/2} \leqq (H^2 \cdot [Z,Z])^{1/2} + (H^2 \cdot [\widetilde{B},\widetilde{B}])^{1/2}$$

montre que $H \cdot Y$ existe par rapport à $(\underline{\underline{F}}_t)$.

<u>Remarque</u>. Le type de décomposition que l'on vient d'utiliser doit pouvoir rendre service dans d'autres questions de changement de filtrations.

Institut de Recherche Mathématique
Academia Sinica
Pékin, Chine

Séminaire de Probabilités

Volume XIV

COMPENSATION DE PROCESSUS V.F. NON LOCALEMENT INTEGRABLES

par M. Emery

L'intégration stochastique de processus prévisibles non nécessairement bornés par rapport aux semimartingales, étudiée par Jacod, est présentée dans ce volume du Séminaire dans un exposé de Chou, Meyer et Stricker [2]. Ces auteurs jugent vraisemblable qu'il puisse exister une martingale locale M et un élément H de $L(M)$ (c'est-à-dire un processus prévisible intégrable par rapport à M) tels que l'intégrale $H{\cdot}M$ ne soit pas une martingale locale. Nous allons en apporter la preuve par un exemple, puis, en utilisant une remarque de Stricker selon laquelle les intégrales de ce type forment exactement la classe (Σ_m) introduite par Chou dans [1], établir pour cette classe des propriétés analogues à celles des martingales locales.

Pour l'exemple annoncé, on prend pour Ω le produit $\mathbb{R}_+ \times \mathbb{R}_+$; on appelle $\underline{\underline{F}}$ sa tribu borélienne, S et T ses applications coordonnées, P la probabilité qui fait de S et T des v.a. indépendantes de même loi exponentielle de paramètre 1 , $(\underline{\underline{F}}_t)_{t\geq 0}$ la plus petite filtration habituelle faisant de S et T deux temps d'arrêt. On pose

$$A = I_{[\![T,\infty[\![} - I_{[\![S,\infty[\![}$$

$$B = \text{projection duale prévisible de } A$$

$$\left(B \text{ est continu, et } dB_t = \begin{cases} 0 \text{ avant } S\wedge T \text{ et après } S\vee T \\ \text{signe}(T-S)\,dt \text{ entre } S\wedge T \text{ et } S\vee T \end{cases} \right) ;$$

$$M = A-B \ ; \ H_t = \frac{1}{t} \ .$$

Par rapport à M , H est intégrable au sens de Stieltjes, car M est nulle avant le temps p.s. strictement positif $S\wedge T$. Mais le processus v.f.

$H \cdot M$ n'est pas une semimartingale spéciale, car sa variation n'est pas localement intégrable : Soit R un temps d'arrêt non identiquement nul ; puisqu'il ne se passe rien avant $S \wedge T$, R est constant sur $\{R < S \wedge T\}$, et il existe $\varepsilon > 0$ tel que $R \geqq S \wedge T$ sur $\{S \wedge T < \varepsilon\}$, donc que $R \geqq S \wedge T \wedge \varepsilon$; pourtant, comme $S \wedge T$ suit une loi exponentielle, $\int_0^{S \wedge T \wedge \varepsilon} |H_s||dM_s| = \frac{1}{S \wedge T} I_{\{S \wedge T < \varepsilon\}}$ n'est pas dans L^1.

Dans toute la suite, on se place sur un espace filtré $(\Omega, \underline{\underline{F}}, P, (\underline{\underline{F}}_t)_{t \geqq 0})$ vérifiant les conditions habituelles. Voici d'abord pourquoi nous avons fait intervenir deux temps d'arrêt dans l'exemple ci-dessus :

PROPOSITION 1. Soient M une martingale locale à sauts $\geqq 0$ et H un processus prévisible intégrable par rapport à M. Alors $H \cdot M$ est une martingale locale.

Démonstration. En remplaçant H par $|H|$, on se ramène au cas $H \geqq 0$. Comme les sauts du processus v.f. de la décomposition canonique d'une semimartingale spéciale à sauts $\geqq 0$ sont aussi $\geqq 0$, le théorème 1 de [2] permet d'écrire $M = V + N$, avec N martingale locale v.f. à sauts $\geqq 0$, où $H \cdot V$ existe au sens des martingales locales et $H \cdot N$ au sens de Stieltjes. Il reste à vérifier que $H \cdot N$ est une martingale locale.

Soit $A_t = \Sigma_{s \leq t} \Delta N_s$. Le compensateur de A est le processus croissant $B = A - N$. De $\int H_s dA_s \leqq \int H_s |dN_s|$, on déduit que H est intégrable, au sens de Stieltjes, par rapport à A et à B. Le processus croissant $H \cdot B$ est prévisible, donc localement intégrable. Le processus croissant $H \cdot A$ détermine la même mesure sur la tribu prévisible, il est donc aussi localement intégrable. Comme $H^2 \cdot [N,N] \leq (H \cdot A)^2$, $(H^2 \cdot [N,N])^{\frac{1}{2}}$ est localement intégrable. ▬

Une conséquence, que l'on peut aussi vérifier directement, est que si $(\Omega, \underline{\underline{F}}, P, (\underline{\underline{F}}_t)_{t \geqq 0})$ est l'espace naturel d'un processus de Poisson, l'espace des martingales locales (qui sont toutes les intégrales stochastiques par rapport à la martingale fondamentale) est fermé dansl'espace des semimartingales.

Nous allons maintenant établir que les intégrales stochastiques par rapport aux martingales locales (respectivement semimartingales spéciales) sont exactement les semimartingales de la classe (Σ_m) (respectivement (Σ)) étudiée dans [1]. La proposition ci-dessous reste vraie si l'on y remplace l'exposant 1 par $p \in [1,\infty[$, les martingales locales par les martingales localement dans $\underline{\underline{M}}^p$ et les semimartingales spéciales par les semimartingales localement dans $\underline{\underline{S}}^p$ (les notations $\underline{\underline{M}}^p$ et $\underline{\underline{S}}^p$ désignant respectivement les espaces $\underline{\underline{H}}^p$ de martingales et de semimartingales).

PROPOSITION 2. <u>Soit</u> X <u>une semimartingale. Les six assertions suivantes sont équivalentes</u> :

(i) X <u>s'écrit</u> $H \cdot M$ <u>où</u> M <u>est une martingale locale (resp. une semimartingale spéciale) et où</u> H <u>est dans</u> $L(M)$;

(ii) X <u>s'écrit</u> $H \cdot M$ <u>où</u> M <u>est dans</u> $\underline{\underline{M}}^1$ <u>(resp.</u> $\underline{\underline{S}}^1$ <u>) et où</u> H <u>est dans</u> $L(M)$ <u>et strictement positif</u> ;

(iii) <u>il existe une partition dénombrable prévisible</u> (A_n) <u>de</u> $\mathbb{R}_+ \times \Omega$ <u>telle que chacun des processus</u> $I_{A_n} \cdot X$ <u>soit une martingale locale (resp. une semimartingale spéciale)</u> ;

(iv) <u>il existe une partition dénombrable prévisible</u> (B_n) <u>de</u> $\mathbb{R}_+ \times \Omega$ <u>telle que chacun des processus</u> $I_{B_n} \cdot X$ <u>soit dans</u> $\underline{\underline{M}}^1$ <u>(resp.</u> $\underline{\underline{S}}^1$) ;

(v) <u>il existe</u> K <u>dans</u> $L(X)$, <u>ne s'annulant pas, tel que</u> $K \cdot X$ <u>soit une martingale locale (resp. une semimartingale spéciale)</u> ;

(vi) <u>il existe</u> K <u>prévisible borné strictement positif, tel que</u> $K \cdot X$ <u>soit dans</u> $\underline{\underline{M}}^1$ <u>(resp.</u> $\underline{\underline{S}}^1$).

<u>Démonstration</u>. Nous la ferons pour les semimartingales, le cas des martingales étant analogue.

(i) ⇒ (iii) : Prendre $A_n = \{n \leq |H| < n+1\}$.

(iii) ⇒ (iv) : D'après Dellacherie [3], il existe une suite croissant vers l'infini de temps d'arrêt prévisibles T_k tels que, pour chaque k et chaque n , $(I_{A_n} \cdot X)^{T_k} I_{\{T_k > 0\}}$ soit dans $\underline{\underline{S}}^1$. Il existe donc une partition dénombrable prévisible (C_m) de $\mathbb{R}_+ \times \Omega$ telle que, pour chaque couple (m,n) , $I_{C_m} \cdot (I_{A_n} \cdot X)$ soit dans $\underline{\underline{S}}^1$. Ceux des ensembles $C_m \cap A_n$ qui ne sont pas vides fournissent la partition cherchée.

(iv) ⇒ (ii) : Soit (c_n) une suite décroissant vers zéro de réels > 0 telle que $\sum_n c_n \|I_{B_n} \cdot X\|_{\underline{\underline{S}}^1} < \infty$. On pose $M = \sum_n c_n(I_{B_n} \cdot X)$, $H = \sum_n \frac{1}{c_n} I_{B_n}$.

Comme $HI_{\{H \leqq k\}} \cdot M = (\sum_{n \leq n_k} I_{B_n}) \cdot X$, où $n_k = \sup\{n : c_n \geqq \frac{1}{k}\}$ tend vers l'infini avec k , on obtient à la limite $X = H \cdot M$.

(ii) ⇒ (vi) : Soit $J = \frac{1}{H}$. Puisque $JI_{\{J \leqq n\}} \cdot X = I_{\{H \geqq \frac{1}{n}\}} \cdot M$ tend vers M quand n tend vers l'infini, on a $J \cdot X = M$. Il suffit de prendre $K = J \wedge 1$ pour que $K \cdot X = \frac{K}{J} \cdot M$ soit dans $\underline{\underline{S}}^1$.

(vi) ⇒ (v) est trivial.

(v) ⇒ (i) est analogue à (ii) ⇒ (vi). ▬

Chou a déjà observé que les classes (Σ_m) et (Σ) décrites par la proposition 2 sont des espaces vectoriels (cela se voit, par exemple sur le point (vi)). Comme (Σ_m) — et a fortiori (Σ) — contient les martingales locales, une semimartingale $X = M + A$ est dans (Σ_m) (resp. (Σ)) si et seulement si A y est.

PROPOSITION 3. Soient A un processus v.f., C un processus v.f. prévisible. Les cinq propositions suivantes sont équivalentes :

(i) $A - C$ est dans (Σ_m) et nul en zéro ;

(ii) il existe une partition dénombrable prévisible (B_n) de $\mathbb{R}_+ \times \Omega$ telle que chacun des $I_{B_n} \cdot A$ soit à variation localement intégrable, de compensateur prévisible $I_{B_n} \cdot C$;

(iii) même assertion que (ii), mais en supprimant le mot « localement » ;

(iv) il existe K dans $L(A) \cap L(C)$, ne s'annulant pas, tel que $K \cdot A$ soit à variation localement intégrable, de compensateur prévisible $K \cdot C$;

(v) il existe un processus prévisible borné strictement positif K intégrable au sens de Stieltjes par rapport à A et à C , tel que $K \cdot A$ soit à variation intégrable, de compensateur prévisible $K \cdot C$.

Un processus v.f. A étant donné, il existe au plus un processus v.f. prévisible C vérifiant ces conditions.

Démonstration. D'après la proposition 2, $A - C$ est dans (Σ_m) et nul en 0 ss'il existe une partition dénombrable prévisible (B_n) telle que chacun des

$I_{B_n} \cdot (A-C)$ soit une martingale locale nulle en 0, c'est-à-dire ssi (ii) est réalisée. Les implications (ii) ⇒ (iii) ⇒ (v) ⇒ (iv) ⇒ (ii) se vérifient comme dans la proposition 2 (pour (iii) ⇒ (v), il faut utiliser, au lieu de $\underline{\underline{S}}^1$, l'espace de Banach des processus à variation intégrable). L'unicité de C se déduit de (v). ▬

DEFINITION. Lorsque les conditions de la proposition 3 sont réalisées, on dira que le processus v.f. A est compensable, et que C est son compensateur.

L'exemple du début montre que la classe des processus v.f. compensables est en général strictement plus vaste que celle des processus à variation localement intégrable ; pour ces derniers, la définition ci-dessus coïncide avec la compensation ordinaire. Le point (v) montre que les processus compensables forment un espace vectoriel, sur lequel la compensation est une opération linéaire.

La condition (i) de la proposition 3 peut être reformulée ainsi : Pour qu'un processus v.f. nul en zéro X soit dans (Σ_m), il faut et il suffit qu'il soit le compensé d'un processus compensable A ; lorsque c'est le cas, on peut prendre $A_t = \Sigma_{s \leq t} \Delta X_s$.

La condition (v) aussi peut être réécrite : Soit $A = A^+ - A^-$ la décomposition canonique du processus v.f. A en différence de deux processus croissants ; on notera μ^+ et μ^- les mesures correspondantes sur la tribu optionnelle[1], et ν_+ et ν_- leurs restrictions respectives à la tribu prévisible (contrairement à μ^+ et μ^-, ν_+ et ν_- peuvent ne pas être étrangères). Dire que A est compensable, c'est dire que ν_+ et ν_- sont σ-finies, et que leur différence $\nu_+ - \nu_-$ est finie sur des ensembles $[\![0,T_n]\!] \cap \mathbb{R}_+ \times \{T_n > 0\}$ qui croissent vers $\mathbb{R}_+ \times \Omega$. Elle est alors associée à un processus v.f. prévisible C, qui est bien sûr le compensateur de A. En particulier, si A est un processus croissant (ou plus généralement un processus v.f. tel que ν_+ et ν_- soient étrangères), alors pour que A soit compensable, il faut et il suffit qu'il soit à variation localement intégrable. Ceci est à rapprocher de la proposition 1 sur les martingales à sauts positifs.

---

(1) $\mu^+(\Gamma) = E[\int_0^\infty I_\Gamma(s)\, dA_s^+]$; de même pour μ^-.

Les processus v.f. compensables sont tous dans la classe (Σ). La réciproque n'est pas vraie : Si $\Omega = \mathbb{R}_+$ est muni de sa tribu borélienne, d'une loi exponentielle, et de la plus petite filtration habituelle faisant de l'application identique T un temps d'arrêt, le processus $\frac{1}{T} I_{[\![T,\infty[\![}$ est dans (Σ) (car c'est une intégrale par rapport à la semimartingale spéciale $I_{[\![T,\infty[\![}$) mais n'est pas compensable (car il est croissant et à variation non localement intégrable). Voici un critère plus général : <u>Si</u> $(\Omega,\underline{\underline{F}},P,(\underline{\underline{F}}_t)_{t\geq 0})$ <u>est tel que la classe</u> (Σ_m) <u>est strictement plus grosse que celle des martingales locales, il existe dans</u> (Σ) <u>des processus v.f. non compensables</u>. Soit en effet $H\cdot M$ une intégrale stochastique par rapport à une martingale locale, qui ne soit pas une martingale locale. Le théorème 1 de [2] fournit une martingale locale v.f. B telle que $H\cdot(M-B)$ existe au sens des martingales locales, et que $A = H\cdot B$ existe au sens de Stieltjes sans être une martingale locale, donc sans être à variation localement intégrable. Soit $A^+ - A^-$ la décomposition canonique de A en différence de deux processus croissants. L'un au moins d'entre eux, par exemple A^+, n'est pas localement intégrable, donc pas compensable. Mais A est dans (Σ), donc, grâce au théorème de [1], on a pour tout temps d'arrêt T $E[|\Delta A_T| \,|\underline{\underline{F}}_{T-}] < \infty$, d'où $E[|\Delta A_T^+| \,|\underline{\underline{F}}_{T-}] < \infty$, et le processus croissant A^+, bien que non compensable, est dans (Σ).

De même que, pour un processus v.f. A, on a, sans réciproque, les implications

$$A \text{ localement intégrable} \Rightarrow A \text{ compensable} \Rightarrow A \in (\Sigma) \quad ,$$

de même un ensemble de semimartingales vient se coincer strictement entre les semimartingales spéciales et la classe (Σ) :

DEFINITION. <u>Une semimartingale sera dite</u> presque spéciale <u>si elle est la somme d'une martingale locale et d'un processus v.f. compensable</u>.

PROPOSITION 4. <u>Soit</u> X <u>une semimartingale</u>. <u>Les cinq conditions suivantes sont équivalentes</u> :

(i) X <u>est presque spéciale</u> ;

(ii) <u>pour toute décomposition</u> $X = R + B$, <u>où</u> R <u>est dans</u> (Σ_m) <u>et où</u> B <u>est v.f.</u>, B <u>est compensable</u> ;

(iii) <u>il existe une décomposition</u> $X = S + C$, <u>où</u> S <u>est un processus de</u> (Σ_m) <u>nul en zéro et</u> C <u>un processus v.f. prévisible</u> ;

(iv) <u>le processus v.f.</u> $U_t = \Sigma_{s \leq t} \Delta X_s I_{\{|\Delta X_s| \geq 1\}}$ <u>est compensable</u> ;

(v) <u>le processus v.f.</u> $V_t = \sup_{s \leq t} X_s^+ - \sup_{s \leq t} X_s^-$ <u>est compensable</u>.

<u>Lorsque ces conditions sont réalisées, la décomposition (iii) est unique, et pour toute décomposition du type (ii) où</u> $R_0 = 0$, C <u>est le compensateur de</u> B (la décomposition (iii) sera dite <u>canonique</u>).

<u>Démonstration</u>. (i) ⇒ (iii) : Si $X = M + A$ où M est une martingale locale et A un processus v.f. compensable, il suffit de prendre pour C le compensateur de $M_0 + A$.

(iii) ⇒ (ii) et unicité de C : Le processus v.f. B est la somme de $C - R_0$, qui est son propre compensateur, et du processus v.f. de (Σ_m) nul en zéro $S - R + R_0$, qui est le compensé de la somme de ses sauts, donc de compensateur nul. Ainsi, B est compensable, de compensateur $C - R_0$.

(ii) ⇒ (i) est trivial.

(i) ⇔ (iv) : Il résulte de (i) et (ii) qu'un processus v.f. est compensable ssi c'est une semimartingale presque spéciale. Comme $X - U$ est spéciale, donc presque spéciale, X est presque spéciale ssi U est presque spéciale, c'est-à-dire compensable.

(i) ⇔ (v) se démontre de même : il suffit de vérifier que $X - V$ est spéciale. Posons $T = \inf\{t : |X_t| \geq n\}$. Sur $[\![0,T[\![$, les processus $|X|$ et $|V|$ sont bornés par n ; sur $\{X_T \geq n\}$, $|X_T - V_T| = \sup_{s<T} X_s^-$ est majoré par n ; sur $\{X_T \leq -n\}$, $|X_T - V_T| = \sup_{s<T} X_s^+$ est majoré par n . Donc $(X - V)^T$ est bornée, et $X - V$ est localement bornée. ▬

Toute semimartingale de (Σ) s'écrit $H \cdot X$, où X est spéciale, de décomposition canonique $M + A$; le théorème de Jeulin (théorème 2 de [2]) dit que $H \cdot X$ est spéciale ssi H est intégrable par rapport à M au sens des martingales locales et à A au sens de Stieltjes. La proposition ci-dessous montre que $H \cdot X$ est presque spéciale ssi H est intégrable par rapport à M et A au sens de Jacod.

PROPOSITION 5. <u>Soient</u> X <u>une semimartingale presque spéciale de décomposition canonique</u> $S+A$ <u>et</u> H <u>un processus prévisible intégrable par rapport à</u> X. <u>Pour que</u> $H \cdot X$ <u>soit presque spéciale, il faut et il suffit que</u> H <u>soit dans</u> $L(S)$ <u>et</u> $L(A)$.

<u>Démonstration</u>. Si H est intégrable par rapport à S et A, $H \cdot X$ est presque spéciale, de décomposition canonique $H \cdot S + H \cdot A$. Réciproquement, supposons $H \cdot X$ presque spéciale, de décomposition canonique $R+C$. Soit K un processus prévisible > 0 tel que K et HK soient tous deux bornés. Alors $(KH) \cdot X$ est presque spéciale, de décomposition canonique $(KH) \cdot S + (KH) \cdot A$; de même, $K \cdot (H \cdot X)$ est presque spéciale, de décomposition canonique $K \cdot R + K \cdot C$. En vertu de l'associativité de l'intégration stochastique, ces deux semimartingales sont égales, d'où $(KH) \cdot A = K \cdot C$. Mais $\frac{1}{K}$ est intégrable par rapport à $K \cdot C$, d'intégrale C. Toujours par associativité, il s'ensuit que $H = \frac{1}{K}(KH)$ est intégrable par rapport à A (et d'intégrale C), donc aussi par rapport à $X - A = S$. ▬

REMARQUES. 1) Le fait que l'inclusion des semimartingales presque spéciales dans la classe (Σ) soit stricte montre qu'en général une semimartingale de (Σ) ne peut pas être décomposée en un processus de (Σ_m) et un processus v.f. compensable. La seule chose que l'on puisse dire est la trivialité suivante : Pour toute décomposition d'un processus de (Σ) en une martingale locale et un processus v.f., ce dernier est dans (Σ).

2) (P.A. Meyer) On est tenté d'introduire une nouvelle classe : les <u>semimartingales presque v.f.</u>, qui s'écrivent $H \cdot A$, avec A à variation finie et H dans $L(A)$. Mais si A est prévisible, $H \cdot A$ est v.f. ; il ne semble donc pas que l'on puisse obtenir ainsi de nouvelles décompositions.

REFERENCES

[1] CHOU C.S. Caractérisation d'une classe de semimartingales. Séminaire de Probabilités XIII p. 250, Lecture Notes N°721, Springer.

[2] CHOU C.S., P.A. MEYER, C. STRICKER. Sur les intégrales stochastiques de processus prévisibles non bornés. Dans ce volume.

[3] C. DELLACHERIE. Quelques applications du lemme de Borel-Cantelli à la théorie des semimartingales. Séminaire de Probabilités XII p. 742, Lecture Notes N°649, Springer.

INTEGRALES STOCHASTIQUES PAR RAPPORT A UNE SEMIMARTINGALE VECTORIELLE ET CHANGEMENTS DE FILTRATION

par Jean JACOD

Nous avons introduit en [4] l'intégrale stochastique d'un processus prévisible non nécessairement localement borné par rapport à une semimartingale réelle. Nous proposons ci-dessous d'étendre cette construction au cas de l'intégrale d'un processus n-dimensionnel $\underline{H} = (H^i)_{i \leq n}$ par rapport à une semimartingale n-dimensionnelle $\underline{X} = (X^i)_{i \leq n}$, l'unique difficulté provenant de ce que l'intégrale de $\underline{H}$ par rapport à $\underline{X}$ peut parfois être définie "globalement", sans que les intégrales des H^i par rapport aux X^i existent.

Il s'agit à l'évidence d'une généralisation triviale (d'ailleurs, une bonne partie de cet article est consacrée à des rappels, la construction elle-même étant simple). Néanmoins il semble souhaitable de disposer d'une telle construction quand on veut étudier en toute généralité les équations différentielles stochastiques avec un processus directeur qui est une semimartingale vectorielle (à la manière de [2], [10], [12]), et nous l'avons utilisé dans l'article [7].

Nous profitons également de cet article pour rectifier une grave erreur qui s'est glissée dans [6], Théorème (9.26), et qui concerne les changements de filtration: soit X un processus qui est une semimartingale réelle relativement à deux filtrations $\underline{F} = (\underline{\underline{F}}_t)$ et $\underline{G} = (\underline{\underline{G}}_t)$, telles que $\underline{\underline{G}}_t \subset \underline{\underline{F}}_t$ pour tout $t \geq 0$. Dans [6] il est affirmé qu'un processus $\underline{G}$-prévisible réel est $\underline{G}$-intégrable par rapport à X si et seulement s'il est $\underline{F}$-intégrable. Or, seule la condition suffisante est vraie (un contre-exemple à la condition nécessaire, dû à Jeulin, est donné dans [1]). Nous montrons néanmoins que cette condition est nécessaire et suffisante lorsque X satisfait une hypothèse supplémentaire (ce résultat est aussi utilisé dans [7]).

1 - L'INTEGRALE VECTORIELLE. Soit $(\Omega, \underline{\underline{F}}, (\underline{\underline{F}}_t), P)$ un espace probabilisé filtré. Les notations et la terminologie sont celles de [6] et [9]. En particulier le "processus intégrale" (de Stieltjes ou stochastique) de H

par rapport à X sera toujours noté $H\cdot X$. On désigne par $\underline{\underline{V}}$, $\underline{\underline{A}}_{loc}$, $\underline{\underline{L}}$ respectivement les espaces de processus à variation finie, de processus à variation localement intégrable, de martingales locales nulles en 0. Enfin pour tout processus X, on pose $\Delta X_t = X_t - X_{t-}$ et $X_{0-} = 0$.

<u>a - Rappels: intégrales stochastiques par rapport à une martingale locale vectorielle</u> (d'après [5] et [6], ch. IV). Soit $\underline{M} = (M^i)_{i\leq n}$ une martingale locale vectorielle. Il existe un élément C de $\underline{\underline{V}}$, croissant, et un processus $\underline{\underline{c}} = (c^{ij})_{i,j\leq n}$ à valeurs dans l'espace des matrices symétriques non-négatives $n\times n$, tels que

(1) $$[M^i,M^j] = c^{ij}\cdot C.$$

Si $q\in[1,\infty[$ on note $L^q_{loc}(\underline{M})$ l'ensemble des processus prévisibles $\underline{H} = (H^i)_{i\leq n}$ tels que le processus croissant

$$[(\textstyle\sum_{i,j\leq n} H^i c^{ij} H^j)\cdot C]^{q/2}$$

soit dans $\underline{\underline{A}}_{loc}$. L'ensemble $L^q_{loc}(\underline{M})$ ne dépend pas du couple $(C,\underline{\underline{c}})$ choisi, pourvu qu'il satisfasse (1).

Si $\underline{H}\in L^1_{loc}(\underline{M})$, le processus intégrale stochastique ${}^t\underline{H}\cdot\underline{M}$ ("t" pour transposé) est l'unique martingale locale vérifiant

(2) $$\begin{cases} [{}^t\underline{H}\cdot\underline{M},N] = (\sum_{i\leq n} H^iK^i)\cdot C & \text{pour toute martingale locale } N, \\ \text{les } K^i \text{ étant des processus tels que } [M^i,N] = K^i\cdot C. \end{cases}$$

On sait que si $H^i\in L^1_{loc}(M^i)$ pour chaque $i\leq n$, alors $\underline{H}\in L^1_{loc}(\underline{M})$ et

(3) $${}^t\underline{H}\cdot\underline{M} = \sum_{i\leq n} H^i\cdot M^i.$$

Rappelons en outre le fait suivant ([3],[11]): supposons que $\underline{M}$ soit localement de carré intégrable. Il existe alors un élément $\tilde{C}$ de $\underline{\underline{V}}$, croissant et prévisible, et un processus prévisible $\tilde{\underline{\underline{c}}} = (\tilde{c}^{ij})_{i,j\leq n}$, tels que

$$\langle M^i,M^j\rangle = \tilde{c}^{ij}\cdot\tilde{C};$$

dans ce cas, $L^2_{loc}(\underline{M})$ est aussi l'ensemble des processus prévisibles

$\underline{H}$ tels que le processus croissant $(\sum_{i,j \leq n} H^i \tilde{c}^{ij} H^j)\cdot\tilde{C}$ soit dans $\underline{\underline{V}}$. En particulier si $\underline{M}$ est continue, on est dans ce cas, et de plus on a $L^q_{loc}(\underline{M}) = L^2_{loc}(\underline{M})$ pour tout $q \geq 1$.

b - Intégrales de Stieltjes par rapport à un processus vectoriel. Soit $\underline{A} = (A^i)_{i \leq n}$ un processus dont les composantes sont dans $\underline{\underline{V}}$, et $\underline{H} = (H^i)_{i \leq n}$ un processus vectoriel. Lorsque les intégrales de Stieltjes $H^i \cdot A^i$ existent, on pose naturellement

(4) $$^t\underline{H}\cdot\underline{A} = \sum_{i \leq n} H^i \cdot A^i .$$

Mais, de même que pour les martingales locales, on peut parfois donner un sens à $^t\underline{H}\cdot\underline{A}$ lorsque les $H^i \cdot A^i$ ne sont pas définis.

En effet, il existe un processus croissant $A \in \underline{\underline{V}}$ et un processus $a = (a^i)_{i \leq n}$ optionnel, tels que

(5) $$A^i = a^i \cdot A$$

(si $\underline{A}$ est prévisible, on peut choisir A et a prévisibles). On note alors $L_s(\underline{A})$ l'ensemble des processus prévisibles $\underline{H} = (H^i)_{i \leq n}$ tels que le processus croissant $|\sum_{i \leq n} H^i a^i| \cdot A$ soit dans $\underline{\underline{V}}$, et on pose

(6) $$^t\underline{H}\cdot\underline{A} = (\sum_{i \leq n} H^i a^i)\cdot A .$$

On obtient à l'évidence une généralisation de (4). L'espace $L_s(\underline{A})$ et l'intégrale $^t\underline{H}\cdot\underline{A}$ ne dépendent pas du couple (A,a) choisi, pourvu qu'il satisfasse (5). L'indise "s" est pour Stieltjes.

Le lemme suivant montre que la notation $^t\underline{H}\cdot\underline{A}$ n'est pas ambigue.

LEMME 1 : Soit $\underline{A}$ un processus vectoriel dont les composantes sont dans $\underline{\underline{L}} \cap \underline{\underline{V}}$. Soit $\underline{H} \in L^1_{loc}(\underline{A}) \cap L_s(\underline{A})$. Le processus intégrale stochastique de $\underline{H}$ par rapport à $\underline{A}$ (considéré comme martingale locale) coïncide avec le processus intégrale de Stieltjes (6).

Démonstration. Notons N et M respectivement les processus intégrales stochastique et de Stieltjes. Soit $F(m) = \{|\underline{H}| \leq m\}$ et $\underline{H}(m) = \underline{H}\, I_{F(m)}$. Comme $\underline{H}(m)$ est borné, on peut considérer $H(m)^i \cdot A^i$ indifféremment comme intégrale stochastique ou de Stieltjes, tandis que si $X(m) =$

$\sum_{i\leq n} H(m)^i \bullet A^i$ on a $X(m) = I_{F(m)} \bullet N$ (intégrale stochastique) et $X(m) = I_{F(m)} \bullet M$ (intégrale de Stieltjes).

La suite $F(m)$ croît vers $\Omega\times\mathbb{R}_+$. Donc $I_{F(m)} \bullet N$ tend vers N en probabilité uniformément sur tout compact d'après le théorème de convergence dominée pour les martingales locales, et $I_{F(m)} \bullet M$ tend vers M partout d'après le théorème de convergence dominée appliqué pour chaque ω à $dM_t(\omega)$: donc $M = N$. ∎

c - Rappels: intégrales stochastiques par rapport à une semimartingale réelle. Soit X une semimartingale. D'après [6], (2.71), l'espace des intégrands prévisibles par rapport à X est l'ensemble $L(X)$ des processus prévisibles H tels qu'il existe une décomposition $X = M + A$ avec

$$(7) \qquad \begin{cases} M \in \underline{\underline{L}}, & H \in L^1_{loc}(M) \\ A \in \underline{\underline{V}}, & H \in L_s(A) \end{cases}$$

(noter que cette décomposition $X = M + A$ dépend de H). Dans ce cas, l'intégrale stochastique est définie par

$$H \bullet X = H \bullet M + H \bullet A,$$

cette expression ne dépendant pas de la décomposition $X = M + A$ de type (7) choisie. On a les propriétés suivantes:

(8) Si K est prévisible borné et si $H \in L(X)$, alors $KH \in L(X)$, $K \in L(H \bullet X)$, et $(KH) \bullet X = K \bullet (H \bullet X)$.

(9) Si X est une martingale locale, $L^1_{loc}(X) \subset L(X)$.

(10) Si $X \in \underline{\underline{V}}$, alors $L_s(X) \subset L(X)$.

(11) $L(X) \cap L(Y) \subset L(X+Y)$ et $H \bullet X + H \bullet Y = H \bullet (X+Y)$.

(12) $L(X)$ est un espace vectoriel, et $H \bullet X + K \bullet X = (H+K) \bullet X$.

Les quatre premières propriétés sont évidentes (les inclusions dans (9) et (10) sont en général strictes). Par contre la propriété (12) est loin d'être triviale; elle sera redémontrée plus bas dans le cas vectoriel.

Enfin, le fait que $L(X)$ soit l'espace "maximal" d'intégrands prévisibles ayant les propriétés (8) à (12) est discuté dans [6]: c'est une application de la caractérisation des sauts des semimartingales, obtenue en [4]. Le caractère maximal de $L(X)$ est confirmé par le résultat suivant, dû à Mémin [8]: l'espace $\{H \cdot X : H \in L(X)\}$ est fermé dans l'espace des semimartingales, pour la topologie d'Emery.

<u>d - Intégrale stochastique par rapport à une semimartingale vectorielle</u>. Soit $\underline{X} = (X^i)_{i \leq n}$ une semimartingale vectorielle. Par analogie avec ce qui précède, il est naturel de noter $L(\underline{X})$ l'ensemble des processus prévisibles $\underline{H} = (H^i)_{i \leq n}$ tels qu'il existe une décomposition $\underline{X} = \underline{M} + \underline{A}$ avec

$$(13) \qquad \begin{cases} \underline{M} = (M^i)_{i \leq n} \text{ avec } M^i \in \underline{\underline{L}}, \text{ et } \underline{H} \in L^1_{loc}(\underline{M}) \\ \underline{A} = (A^i)_{i \leq n} \text{ avec } A^i \in \underline{\underline{V}}, \text{ et } \underline{H} \in L_s(\underline{A}), \end{cases}$$

et on définit alors l'intégrale stochastique ${}^t\underline{H} \cdot \underline{X}$ par

$$(14) \qquad {}^t\underline{H} \cdot \underline{X} = {}^t\underline{H} \cdot \underline{M} + {}^t\underline{H} \cdot \underline{A}.$$

D'après le lemme 1, cette expression ne dépend pas de la décomposition de type (13) choisie. Il est également évident qu'on a les propriétés (8), (9), (10), (11), ainsi que

(15) Si $H^i \in L(X^i)$ pour tout i, alors $\underline{H} \in L(\underline{X})$ et ${}^t\underline{H} \cdot \underline{X} = \sum_{i \leq n} H^i \cdot X^i$.

Afin de démontrer la propriété (12), nous commençons par un résultat intéressant en lui-même (dans le cas uni-dimensionnel, il découle de [6], (2.69,b), en prenant $D = \emptyset$; il est aussi démontré dans [1] par une méthode différente).

PROPOSITION 2 : <u>On suppose que $\underline{X}$ est spéciale et admet la décomposition canonique $\underline{X} = \underline{M} + \underline{A}$. Soit $\underline{H} \in L(\underline{X})$. Alors ${}^t\underline{H} \cdot \underline{X}$ est une semimartingale spéciale si et seulement si $\underline{H}$ appartient à $L^1_{loc}(\underline{M})$ et à $L_s(\underline{A})$, et dans ce cas sa décomposition canonique est</u>

$$(16) \qquad {}^t\underline{H} \cdot \underline{X} = {}^t\underline{H} \cdot \underline{M} + {}^t\underline{H} \cdot \underline{A}.$$

Démonstration. La condition suffisante est évidente. Inversement, supposons que $Y = {}^t\underline{H}\cdot\underline{X}$ soit spéciale, de décomposition canonique $Y = N + B$. Soit $F(m) = \{|\underline{H}| \leq m\}$ et $\underline{H}(m) = \underline{H}\, I_{F(m)}$. On peut intégrer $\underline{H}(m)$ composante par composante, et la semimartingale $Y(m) = I_{F(m)}\cdot Y = {}^t\underline{H}(m)\cdot\underline{X}$ est spéciale, de décomposition canonique $Y(m) = N(m) + B(m)$, avec

$$N(m) = I_{F(m)}\cdot N = {}^t\underline{H}(m)\cdot\underline{M}\ , \qquad B(m) = I_{F(m)}\cdot B = {}^t\underline{H}(m)\cdot\underline{A}\,.$$

Considérons un couple $(C,\underline{\underline{c}})$ associé à $\underline{M}$ par (1). On a

$$I_{F(m)}\cdot[N,N] = [N(m),N(m)] = (\textstyle\sum_{i,j\leq n} H(m)^i c^{ij} H(m)^j)\cdot C$$

$$= [I_{F(m)}(\textstyle\sum_{i,j\leq n} H^i c^{ij} H^j)]\cdot C\,,$$

et comme $F(m)$ croît vers $\Omega\times\mathbb{R}_+$ on en déduit que

$$[(\textstyle\sum_{i,j\leq n} H^i c^{ij} H^j)\cdot C]^{1/2} = [N,N]^{1/2}$$

est dans $\underline{\underline{A}}_{loc}$. Donc $\underline{H} \in L^1_{loc}(\underline{M})$. De même si le couple (A,a) est associé à $\underline{A}$ par (5), et si $B'_t = \int_0^t |dB_s|$, on a:

$$I_{F(m)}\cdot B' = |\textstyle\sum_{i\leq n} H(m)^i a^i|\cdot A = [I_{F(m)}|\textstyle\sum_{i\leq n} H^i a^i|]\cdot A\,,$$

donc $|\sum_{i\leq n} H^i a^i|\cdot A = B' \in \underline{\underline{V}}$ et $\underline{H} \in L_s(\underline{A})$. Enfin, le fait que (16) donne la décomposition canonique de Y est évident. ∎

On dit qu'un ensemble aléatoire D est <u>discret</u> si ses coupes $\{t : (\omega,t)\in D,\ t\leq s\}$ sont finies pour tout $s<\infty$ et presque tout $\omega\in\Omega$. Par exemple, l'ensemble aléatoire $\{|\Delta\underline{X}|>1\}$ est discret. Si D est un ensemble aléatoire discret optionnel, on pose

$$(18) \qquad \tilde{\underline{X}}^D = \underline{X}_0 + \textstyle\sum_{0<s\leq .} \Delta\underline{X}_s I_D(s)\,, \qquad \underline{X}^D = \underline{X} - \tilde{\underline{X}}^D.$$

Remarquons que $\tilde{\underline{X}}^D$ est bien défini (ses composantes sont dans $\underline{\underline{V}}$) et, lorsque $\{|\Delta\underline{X}|>1\}\subset D$, la semimartingale $\underline{X}^D$ est spéciale puisque ses sauts sont d'amplitude inférieure ou égale à 1.

La proposition suivante permet, lorsque $\underline{H}\in L(\underline{X})$, de construire une décomposition $\underline{X} = \underline{M} + \underline{A}$ de type (13) de manière intrinsèque

PROPOSITION 3 : Soit $\underline{H} \in L(\underline{X})$.

(a) L'ensemble aléatoire $D_o = \{|\Delta \underline{X}| > 1\} \bigcup \{|{}^t\underline{H}\Delta\underline{X}| > 1\}$ est discret (avec la notation ${}^t\underline{H}\Delta\underline{X} = \sum_{i \leq n} H^i \Delta X^i$).

(b) Soit D un ensemble discret optionnel contenant D_o . Soit $\underline{X}^D = \underline{N} + \tilde{\underline{B}}$ la décomposition canonique de $\underline{X}^D$, et $\underline{B} = \tilde{\underline{X}}^D + \tilde{\underline{B}}$. Alors $\underline{H}$ appartient à $L^1_{loc}(\underline{N})$ et à $L_s(\underline{B})$ (en d'autres termes, la décomposition $\underline{X} = \underline{N} + \underline{B}$ vérifie (13) relativement à $\underline{H}$).

Démonstration. Soit $\underline{X} = \underline{M} + \underline{A}$ une décomposition de type (13) relativement à $\underline{H}$, et $Y = {}^t\underline{H} \cdot \underline{X}$.

(a) C'est immédiat, puisque $\Delta Y = {}^t\underline{H}\Delta\underline{X}$ d'après (14).

(b) Définissons $\tilde{Y}^D$ et Y^D à partir de Y par les formules (18). Comme D est discret, on a à l'évidence $\underline{H} \in L_s(\tilde{\underline{X}}^D)$ et $\tilde{Y}^D = {}^t\underline{H} \cdot \tilde{\underline{X}}^D$. D'après (11) il vient alors $\underline{H} \in L(\underline{X}^D)$ et $Y^D = {}^t\underline{H} \cdot \underline{X}^D$. Comme $\underline{X}^D$ et Y^D sont spéciales, le résultat découle de la proposition 2. ∎

COROLLAIRE 4 : $L(\underline{X})$ est un espace vectoriel, et si $\underline{H}, \underline{K} \in L(\underline{X})$ on a ${}^t\underline{H} \cdot \underline{X} + {}^t\underline{K} \cdot \underline{X} = {}^t(\underline{H} + \underline{K}) \cdot \underline{X}$.

Démonstration. Soit $\underline{H}, \underline{K} \in L(\underline{X})$. L'ensemble $D = \{|\Delta\underline{X}| > 1\} \bigcup \{|{}^t\underline{H}\Delta\underline{X}| > 1\} \bigcup \{|{}^t\underline{K}\Delta\underline{X}| > 1\}$ est optionnel, discret, et vérifie la condition (b) de la proposition 3 relativement à $\underline{H}$ et à $\underline{K}$. Les processus $\underline{H}$ et $\underline{K}$ sont donc dans $L^1_{loc}(\underline{N})$ $L_s(\underline{B})$, et le résultat en découle. ∎

REMARQUE 5 : Dans la proposition 3 on a $|\Delta\underline{N}| \leq 2$ et $|{}^t\underline{H}\Delta\underline{N}| \leq 2$, de sorte que $\underline{N}$ est localement de carré intégrable et que $\underline{H} \in L^2_{loc}(\underline{N})$. ∎

REMARQUE 6 : Mémin [8] a montré que l'espace $\{{}^t\underline{H} \cdot \underline{X} : \underline{H} \in L(\underline{X})\}$ est fermé pour la topologie d'Emery dans l'espace des semimartingales réelles. Ce fait exprime que $L(\underline{X})$ est le plus grand espace raisonnable d'intégrands. ∎

2 - CHANGEMENT DE FILTRATION ET SEMIMARTINGALES

Dans cette partie on note $\underline{F}$ la filtration $(\underline{\underline{F}}_t)$, et on considère une autre filtration $\underline{G} = (\underline{\underline{G}}_t)$ telle que $\underline{\underline{G}}_t \subset \underline{\underline{F}}_t$ pour tout $t \geq 0$. On sait que la $\underline{F}$-semimartingale $\underline{X}$ est une $\underline{G}$-semimartingale si et seulement le processus $\underline{X}$ est $\underline{G}$-adapté (théorème de Stricker).

Dans toute la suite, on suppose que $\underline{X}$ est une semimartingale vectorielle, relativement à $\underline{F}$ et à $\underline{G}$. On note $L(\underline{X},\underline{F})$ et $L(\underline{X},\underline{G})$, respectivement, les espaces de processus $\underline{F}$ (resp. $\underline{G}$) prévisibles qui sont intégrables par rapport à $\underline{X}$, considéré comme une semimartingale relativement à $\underline{F}$ (resp. $\underline{G}$).

Nous avons affirmé dans le Théorème (9.26) de [6] que, dans le cas unidimensionnel, un processus $\underline{G}$-prévisible réel est dans $L(X,\underline{G})$ si et seulement s'il est dans $L(X,\underline{F})$. Or la démonstration est fausse (l'affirmation "$H\bullet A\in \underline{\underline{A}}(\underline{F})$", 1.3 de la p.291, est erronée) et Jeulin a donné un contre-exemple à la "condition nécessaire": voir [1]. La condition suffisante est vraie (la démonstration de [6] est apparemment juste dans ce cas, une autre démonstration est donnée en [1]) pour le cas uni-dimensionnel, et également dans le cas vectoriel comme nous le montrons ci-dessous:

THEOREME 7 : <u>Tout processus</u> $\underline{G}$-<u>prévisible</u> $\underline{H}$ <u>appartenant à</u> $L(\underline{X},\underline{F})$ <u>est dans</u> $L(\underline{X},\underline{G})$, <u>et l'intégrale stochastique de</u> $\underline{H}$ <u>par rapport à</u> $\underline{X}$ <u>est la même, relativement aux deux filtrations</u> $\underline{F}$ <u>et</u> $\underline{G}$.

<u>Démonstration</u>. (i) Supposons d'abord $\underline{H}$ borné. On a $\underline{H}\in L(\underline{X},\underline{G})$ et on paut calculer l'intégrale stochastique composante par composante: ${}^t\underline{H}\bullet\underline{X} = \sum_{i\leq n} H^i\bullet X^i$. On sait que les intégrales $H^i\bullet X^i$ sont les mêmes relativement aux deux filtrations (voir [6], (9.19,c); l'argument est très simple: la propriété est évidente si $H^i = I_{[\![0,T]\!]}$, T $\underline{G}$-temps d'arrêt, ou si $H^i = I_A I_{[\![0]\!]}$, $A\in \underline{\underline{G}}_0$; on utilise ensuite un argument de classe monotone, basé sur le théorème de convergence dominée pour les intégrales stochastiques uni-dimensionnelles).

(ii) Soit ensuite $\underline{H}$ quelconque. Soit $D=\{|\Delta\underline{X}|>1\}\cup\{|{}^t\underline{H}\Delta\underline{X}|>1\}$ et $Y={}^t\underline{H}\bullet\underline{X}$ (relativement à $\underline{F}$). Avec les notations (18), on a $\tilde{Y}^D = {}^t\underline{H}\bullet\tilde{\underline{X}}^D$ et cette intégrale de Stieltjes ne dépend pas de la filtration, tandis que $\tilde{Y}^D$ est clairement dans $\underline{\underline{V}}(\underline{G})$ et que $\underline{H}\in L(\tilde{\underline{X}}^D,\underline{G})$. Quitte à remplacer $\underline{X}$ par $\underline{X}^D$ et Y par Y^D, on peut donc supposer que $D=\emptyset$, c'est-à-dire que $|\Delta\underline{X}|\leq 1$ et $|\Delta Y|\leq 1$.

(iii) Posons $F(m)=\{|\underline{H}|\leq m\}$, $\underline{H}(m)=\underline{H}\,I_{F(m)}$, et $Y(m)={}^t\underline{H}(m)\bullet\underline{X}$ (relativement à $\underline{F}$ et à $\underline{G}$, d'après (i)). On a $Y(m)=I_{F(m)}\bullet Y$ d'après (8), l'intégrale étant prise relativement à $\underline{F}$ (on ne sait pas encore que Y est une $\underline{G}$-semimartingale !). D'après le théorème de convergence dominée, Y(m) converge vers Y en probabilité uniformément sur tout compact. Comme $Y(m)$ est $\underline{G}$-adapté, il en est de même de Y, qui est donc une semimartingale relativement à $\underline{G}$.

(iv) $\underline{X}$ et Y sont des $\underline{G}$-semimartingales spéciales (leurs sauts sont ≤ 1), et on note $\underline{X}=\underline{M}+\underline{A}$ et $Y=N+B$ leurs $\underline{G}$-décompositions canoniques. La $\underline{G}$-décomposition canonique de $Y(m)$ est $Y(m) = {}^t\underline{H}(m)\cdot\underline{M} + {}^t\underline{H}(m)\cdot\underline{A}$, donc

$$I_{F(m)}\cdot N = {}^t\underline{H}(m)\cdot\underline{M}, \quad I_{F(m)}\cdot B = {}^t\underline{H}(m)\cdot\underline{A}.$$

On démontre alors exactement comme dans la proposition 2 que $\underline{H}\in L^1_{loc}(\underline{M},\underline{G})$ et $\underline{H}\in L_s(\underline{A},\underline{G})$, donc $\underline{H}\in L(\underline{X},\underline{G})$. Enfin si $Y' = {}^t\underline{H}\cdot\underline{X}$ est la $\underline{G}$-intégrale stochastique, le théorème de convergence dominée appliqué à $Y(m) = I_{F(m)}\cdot Y'$ implique que $Y(m)$ converge vers Y', en probabilité uniformément sur tout compact: donc Y et Y' sont indistinguables. ∎

Voici maintenant une "réciproque" partielle, à peu près évidente.

PROPOSITION 8 : <u>On suppose que pour tout ensemble optionnel discret de la forme</u> $D=\{|\Delta\underline{X}|>1\}\cup\{|{}^t\underline{H}\Delta\underline{X}|>1\}$, <u>où</u> $\underline{H}$ <u>est un processus n-dimensionnel</u> $\underline{G}$<u>-prévisible quelconque, la semimartingale spéciale</u> $\underline{X}^D$ <u>admet la même décomposition canonique relativement à</u> $\underline{F}$ <u>et à</u> $\underline{G}$. <u>On a alors</u> $L(\underline{X},\underline{G})\subset L(\underline{X},\underline{F})$.

<u>Démonstration</u>. Soit $\underline{H}\in L(\underline{X},\underline{G})$ et $D=\{|\Delta\underline{X}|>1\}\cup\{|{}^t\underline{H}\Delta\underline{X}|>1\}$. D'après la proposition 3-b, et avec les notations de cette proposition, on a $\underline{H}\in L^1_{loc}(\underline{N},\underline{G})\cap L_s(\underline{B},\underline{G})$. Mais par hypothèse $\underline{N}$ est une $\underline{F}$-martingale locale et d'après le contenu du §1-a il est évident que $\underline{H}\in L^1_{loc}(\underline{N},\underline{F})$. De même d'après le contenu du §1-b il est évident que $\underline{H}\in L_s(\underline{B},\underline{F})$, et il s'ensuit que $\underline{H}\in L(\underline{X},\underline{F})$. ∎

La condition de la proposition ci-dessus paraitra sans doute extrêmement restrictive et difficile à vérifier (sauf bien-sûr dans le cas où toute $\underline{G}$-martingale est une $\underline{F}$-martingale). C'est pourquoi nous allons donner un exemple, dans le paragraphe suivant.

3 - CHANGEMENT DE FILTRATION ET MESURES ALEATOIRES

Nous avons omis dans le ch. IX de [6] de présenter ce qui se passe pour les mesures aléatoires lorsqu'on change de filtration. C'est très simple, mais c'est aussi utile, et nous allons combler cette lacune ici.

On considère toujours deux filtrations $\underline{F}$ et $\underline{G}$ avec $\underline{\underline{G}}_t \subset \underline{\underline{F}}_t$. Soit $\underline{\underline{P}}(\underline{F})$ et $\underline{\underline{P}}(\underline{G})$ les tribus $\underline{F}$- et $\underline{G}$-prévisibles. Soit $(E,\underline{\underline{E}})$ un espace lusinien et $\tilde{\Omega} = \Omega \times \mathbb{R}_+ \times E$, $\tilde{\underline{\underline{P}}}(\underline{F}) = \underline{\underline{P}}(\underline{F}) \otimes \underline{\underline{E}}$, $\tilde{\underline{\underline{P}}}(\underline{G}) = \underline{\underline{P}}(\underline{G}) \otimes \underline{\underline{E}}$. Pour toute mesure aléatoire μ sur $\mathbb{R}_+ \times E$ et toute fonction W sur $\tilde{\Omega}$ on pose

$$W*\mu_t(\omega) = \int_0^t \int_E \mu(\omega;ds,dy)W(\omega,s,y)$$

dès que cette expression a un sens.

On suppose fixée une mesure aléatoire à valeurs entières μ (voir [6], ch. III, pour toutes les notions qui vont suivre), qui est $\tilde{\underline{\underline{P}}}(\underline{G})$-$\sigma$-finie, c'est-à-dire qu'il existe une partition $\tilde{\underline{\underline{P}}}(\underline{G})$-mesurable $(A(m))$ de $\tilde{\Omega}$ telle que $E(I_{A(m)}*\mu_\infty) < \infty$ pour tout n. On note ν la $\underline{F}$-projection prévisible duale de μ, caractérisée par le fait que pour toute $W \in \tilde{\underline{\underline{P}}}(\underline{F})^+$, $W*\nu$ est $\underline{F}$-prévisible et $E(W*\nu_\infty) = E(W*\mu_\infty)$. Si $W \in \tilde{\underline{\underline{P}}}(\underline{F})$, on pose

$$\tilde{W}_t = \int_E \mu(\{t\},dy)W(t,y) - \int_E \nu(\{t\},dy)W(t,y)$$

($= +\infty$ si cette expression n'a pas de sens). Enfin notons $G^1_{loc}(\mu,\underline{F})$ l'ensemble des $W \in \tilde{\underline{\underline{P}}}(\underline{F})$ telles que le processus $(\sum_{s\leq .}(\tilde{W}_s)^2)^{1/2}$ soit dans $\underline{\underline{A}}_{loc}(\underline{F})$; dans ce cas on peut définir l'intégrale stochastique $W*(\mu-\nu)$ comme l'unique $\underline{F}$-martingale locale somme compensée de sauts dont le processus des sauts égale $\tilde{W}$. On définit évidemment les mêmes notions relativement à la filtration $\underline{G}$.

THEOREME 9 : <u>Pour que la $\underline{F}$-projection prévisible duale ν de μ soit aussi sa $\underline{G}$-projection prévisible duale, il faut et il suffit qu'elle soit $\underline{G}$-prévisible</u> (i.e., $W*\nu \in \underline{\underline{P}}(\underline{G})$ pour toute $W \in \tilde{\underline{\underline{P}}}(\underline{G})^+$). <u>Dans ce cas toute</u> $W \in G^1_{loc}(\mu,\underline{G})$ <u>est dans</u> $G^1_{loc}(\mu,\underline{F})$, <u>et l'intégrale stochastique</u> $W*(\mu-\nu)$ <u>est la même relativement à $\underline{F}$ et à $\underline{G}$</u>.

<u>Démonstration</u>. La première assertion découle immédiatement des rappels ci-dessus, de même que l'inclusion $G^1_{loc}(\mu,\underline{G}) \subset G^1_{loc}(\mu,\underline{F})$.

Soit $W \in G^1_{loc}(\mu,\underline{G})$. Soit $(A(m))$ une partition $\tilde{\underline{\underline{P}}}(\underline{G})$-mesurable de telle que $E(I_{A(m)}*\mu_\infty) < \infty$ et soit

$$W^m = W\, I_{\{|W| \leq m\}} (\sum_{q\leq m} I_{A(q)}) .$$

Les intégrales ordinaires $W^m * \mu$ et $W^m * \nu$ existent, et leur différence égale l'intégrale "stochastique" $M^m = W^m * (\mu - \nu)$, pour chacune des filtrations $\underline{F}$ et $\underline{G}$. Si M et M' désignent les intérgales stochastiques de W par rapport à $(\mu - \nu)$, relativement à $\underline{F}$ et $\underline{G}$ respectivement, on a

$$[M - M^m, M - M^m] = \sum_{s \leq .} (\tilde{W} - \tilde{W}^m)^2 = [M' - M^m, M' - M^m],$$

processus qui tendent vers 0, en probabilité uniformément sur tout compact. On en déduit que $M' = M$. ∎

REMARQUE 10 : On notera que $G^1_{loc}(\mu, \underline{G}) \subset G^1_{loc}(\mu, \underline{F})$ lorsque μ admet la même projection prévisible duale pour $\underline{F}$ et $\underline{G}$, et cette inclusion est en général stricte: la situation est donc inverse de celle des semimartingales, où $\underline{\underline{P}}(\underline{G}) \cap L(\underline{X}, \underline{F}) \subset L(\underline{X}, \underline{G})$, l'inclusion étant en général stricte. La situation pour les mesures aléatoires est similaire à celle des martingales: si M est une martingale locale pour $\underline{F}$ et pour $\underline{G}$, alors $L^1_{loc}(M, \underline{G}) \subset L^1_{loc}(M, \underline{F})$, inclusion en général stricte. ∎

Revenons maintenant aux semimartingales. Soit $\underline{X} = (X^i)_{i \leq n}$ une semimartingale, relativement à $\underline{F}$ et à $\underline{G}$. Soit μ la mesure de ses sauts:

$$\mu(\omega; dt, d\underline{x}) = \sum_{s > 0} I_{\{\Delta \underline{X}_s(\omega) \neq 0\}} \, \varepsilon_{(s, \Delta \underline{X}_s(\omega))}(dt, d\underline{x})$$

sur $E = \mathbb{R}^n$. μ est $\tilde{\underline{\underline{P}}}(\underline{G})$-$\sigma$-finie et on note ν sa $\underline{F}$-projection prévisible duale. Soit $\underline{X}^c$ la partie martingale locale continue de $\underline{X}$ pour $\underline{F}$, et $\underline{\underline{C}} = (C^{ij})$ le processus défini par $C^{ij} = [(X^i)^c, (X^j)^c]$. Soit enfin $D = \{|\Delta \underline{X}| > 1\}$ et $\underline{X}^D = \underline{M} + \underline{B}$ la $\underline{F}$-décomposition canonique de $\underline{X}^D$. On rappelle que $(\underline{B}, \underline{\underline{C}}, \nu)$ constitue le triplet des $\underline{F}$-caractéristiques locales de $\underline{X}$, et que

$$\underline{X}^D = \underline{B} + \underline{M}^d + \underline{X}^c, \tag{19}$$

où $\underline{M}^d$, la "partie totalement discontinue" de $\underline{M}$, s'écrit

$$\underline{M}^d = (\underline{x} I_{\{|\underline{x}| \leq 1\}}) * (\mu - \nu). \tag{20}$$

PROPOSITION 11 : Supposons que $\underline{X}$ admette les mêmes caractéristiques locales $(\underline{B}, \underline{\underline{C}}, \nu)$ pour $\underline{F}$ et $\underline{G}$. Alors

(i) $\underline{X}^D$ admet la même décomposition (19) pour $\underline{F}$ et $\underline{G}$ (en particulier, la partie martingale locale continue $\underline{X}^c$ est la même).

(ii) On a $L(\underline{X},\underline{G}) \subset L(\underline{X},\underline{F})$.

Démonstration. Soit $W(\omega,t,\underline{x}) = \underline{x} I_{\{|\underline{x}| \leq 1\}}$. On sait que $W \in G^1_{loc}(\mu,\underline{G})$ et d'après le théorème 9, l'intégrale stochastique $\underline{M}^d = W*(\mu-\nu)$ est la même relativement à $\underline{F}$ et à $\underline{G}$, d'où (i).

Soit $\underline{H}$ un processus n-dimensionnel $\underline{G}$-prévisible, tel que l'ensemble $D' = D \bigcup \{|{}^t\underline{H}\Delta\underline{X}| > 1\}$ soit discret. Si $W(\omega,t,\underline{x}) = \underline{x} I_{\{|\underline{x}| \leq 1 < |{}^t\underline{H}_s(\omega)\underline{x}|\}}$, un calcul élémentaire montre que $\underline{X}^{D'} = \underline{X}^D - W*\mu$. De plus $|W|*\mu$ est $\underline{G}$- et $\underline{F}$-localement intégrable, donc si $\underline{M} = \underline{M}^d + \underline{X}^c$ on a

$$\underline{X}^{D'} = \underline{B} + \underline{M} - W*(\mu-\nu) - W*\nu,$$

de sorte que si $\underline{B}' = \underline{B} - W*\nu$ et $\underline{M}' = \underline{M} - W*(\mu-\nu)$, la décomposition canonique de $\underline{X}^{D'}$ est $\underline{X}^{D'} = \underline{M}' + \underline{B}'$ pour $\underline{F}$ et $\underline{G}$. Il suffit alors d'appliquer la proposition 8 pour obtenir (ii).∎

BIBLIOGRAPHIE

1 C.S. CHOU, P.A. MEYER, et C. STRICKER: Sur les intégrales stochastiques de processus prévisibles non bornés (dans ce volume).

2 C. DOLEANS-DADE: On the existence and unicity of solution of stochastic integral equations. Z. Wahr. 34, 93-101, 1976.

3 L. GALTCHOUK: The structure of a class of martingales. Proc. School-seminar (Druskininkai), Vilnius, part I, 7-32, 1975.

4 J. JACOD: Sur la construction des intégrales stochastiques et les sous-espaces stables de martingales. Sém. Proba. XI, 1977.

5 J. JACOD: Sous-espaces stables de martingales. Z.W. 44, 103-115, 1978.

6 J. JACOD: Calcul stochastique et problèmes de martingales. Lect. Notes in Math. 714, Springer, 1979.

7 J. JACOD: Weak and strong solutions of stochastic differential equations. A paraitre dans "Stochastics".

8 J. MEMIN: Espaces de semimartingales et changements de probabilité. A paraitre.

9 P.A. MEYER: Un cours sur les intégrales stochastiques. Sém. X, 1976

10 M. METIVIER, J. PELLAUMAIL: Stochastic integration. A paraitre.

11 M. METIVIER, G. PISTONE: Une formule d'isométrie pour l'intégrale stochastique hilbertienne, et équations d'évolution stochastique. Z. W. 33, 1-18, 1975.

12 P. PROTTER: On the existence, uniqueness, convergence and explosionn of solutions of systems of stochastic differential equations. Ann. Proba. 5, 243-261, 1977.

Séminaire de Probabilités XIV 1978/79

LES RESULTATS DE JEULIN SUR LE GROSSISSEMENT DES TRIBUS

par P.A. Meyer

Soit $(\Omega,\underline{\underline{A}},P)$ un espace probabilisé complet, et soient $F=(\underline{\underline{F}}_t)$, $\underline{\underline{G}}=(\underline{\underline{G}}_t)$ deux filtrations sur Ω, satisfaisant aux conditions habituelles, telles que $\underline{\underline{F}}_t \subset \underline{\underline{G}}_t$ pour tout t (il n'y a aucun inconvénient à supposer que tous les ensembles P-négligeables de $\underline{\underline{A}}$ appartiennent à $\underline{\underline{F}}_0$, et nous ferons cette hypothèse dans la suite). Stricker a montré que toute semimartingale/$\underline{\underline{G}}$ adaptée à $\underline{\underline{F}}$ est une semimartingale/$\underline{\underline{F}}$; le problème du grossissement est le problème inverse : donner des conditions pour qu'une semimartingale donnée X de la filtration $\underline{\underline{F}}$ soit encore une semimartingale/$\underline{\underline{G}}$ (et, autant que possible, donner une décomposition explicite de X par rapport à $\underline{\underline{G}}$). Le cas le plus connu, sur lequel des résultats remarquables ont été obtenus par Barlow et Yor , est celui où toute semimartingale/$\underline{\underline{F}}$ est encore une semimartingale/$\underline{\underline{G}}$; cette propriété est connue sous le nom d'hypothèse H' (1). On consultera à ce sujet le volume XII du séminaire. Ce sont les travaux de Jeulin et de Yor (voir dans le volume XIII leurs articles sur les "faux-amis") qui ont montré combien le problème du grossissement peut être intéressant, dans des cas où l'hypothèse H' n'est pas satisfaite. Les travaux récents de Jeulin font avancer notre connaissance du problème du grossissement, de manière décisive, sur plusieurs points

- sous l'hypothèse H' : étude approfondie de la continuité de l'opérateur de grossissement, considéré sur divers espaces de semimartingales/$\underline{\underline{F}}$.
- En toute généralité, découverte de conditions suffisantes simples permettant de vérifier qu'une semimartingale/$\underline{\underline{F}}$ donnée est encore une semimartingale/$\underline{\underline{G}}$, ou bien n'est plus une semimartingale/$\underline{\underline{G}}$.
- Dans une série d'exemples appartenant à la théorie du mouvement brownien, et d'un intérêt extraordinaire, ces conditions suffisantes mènent à une solution complète du problème du grossissement : bien que l'hypothèse H' ne soit pas satisfaite, on peut caractériser entièrement les semimartingales/$\underline{\underline{F}}$ qui restent des semimartingales/$\underline{\underline{G}}$.

L'exposé qui suit donne un avant goût des points 2 et 3. Jeulin a entrepris lui même un exposé "pédagogique" de l'ensemble des résultats

---

1. L'hypothèse H de Brémaud-Yor, plus forte que H', signifie que toute martingale/$\underline{\underline{F}}$ est encore une martingale/$\underline{\underline{G}}$. Il nous semble que cette terminologie est mal choisie, mais nous n'essaierons pas de la changer.

actuellement connus sur le problème du grossissement, que je trouve excellent , et qui me dispense du souci d'être complet[1].

Grossissement initial et grossissement progressif. Les principaux exemples de Jeulin concernent le cas où la filtration $(\underline{\underline{G}}_t)$ est construite à partir de $(\underline{\underline{F}}_t)$ par grossissement initial : une tribu $\underline{\underline{E}}$ - supposée séparable dans toute la suite - est adjointe à la tribu initiale $\underline{\underline{F}}_0$; on pose donc

(1) $$\underline{\underline{G}}^\circ_t = \underline{\underline{F}}_t \vee \underline{\underline{E}} \quad ; \quad \underline{\underline{G}}_t = \underline{\underline{G}}^\circ_{t+}$$

Une manière moins brutale de procéder consiste à introduire les connaissances supplémentaires, représentées par la tribu $\underline{\underline{E}}$, non pas à l'instant 0, mais à un instant aléatoire L : L étant une v.a. $\underline{\underline{E}}$-mesurable positive, on désigne par $\underline{\underline{G}}^\circ_t$ la tribu constituée par les ensembles de la forme

(2) $$(A\cap\{L>t\}) \cup (B\cap\{L\leq t\}) \quad \text{avec } A\in\underline{\underline{F}}_t \text{ , } B\in\underline{\underline{F}}_t \vee \underline{\underline{E}}$$

et l'on pose $\underline{\underline{G}}_t = \underline{\underline{G}}^\circ_{t+}$. Lorsque L=0, on retrouve le grossissement initial ; lorsque $\underline{\underline{E}}$ est la tribu engendrée par L, $(\underline{\underline{G}}_t)$ est la plus petite filtration satisfaisant aux conditions habituelles, contenant $(\underline{\underline{F}}_t)$ et admettant L comme temps d'arrêt. Ainsi les résultats de Barlow et de Yor (sém. XII) sont des résultats de grossissement progressif. Ici, nous nous intéresserons surtout au grossissement initial.

I . PROBLEMES DE GROSSISSEMENT INITIAL

Nous considérons une suite $(\underline{\underline{E}}^n)$ de tribus finies, telle que $\underline{\underline{E}}^n \subset \underline{\underline{E}}^{n+1}$ et que $\bigvee_n \underline{\underline{E}}^n = \underline{\underline{E}}$; par convention, $\underline{\underline{E}}^0 = \{\Omega,\emptyset\}$. Pour tout n , $\underline{\underline{G}}^n$ est la filtration obtenue par grossissement initial de $(\underline{\underline{F}}_t)$ au moyen de $\underline{\underline{E}}^n$; ainsi, $\underline{\underline{F}}=\underline{\underline{G}}^0$. Pour tout n , nous désignons par Π^n une partition finie engendrant la tribu $\underline{\underline{E}}^n$.

Pour tout ensemble U , nous désignons par Z^U une version continue à droite de la martingale/$\underline{\underline{F}}$ $P(U|\underline{\underline{F}}_t)$.

Soit X une martingale/$\underline{\underline{F}}$, nulle en 0, appartenant à $\underline{\underline{H}}^1$. Notre but est de calculer $\mathrm{Var}_{\underline{\underline{G}}}(X)$, ou plus généralement $\mathrm{Var}_{\underline{\underline{G}},Q}(X)$, où Q est une loi de probabilité équivalente à P : si l'une de ces quantités est finie, nous saurons que X est une semimartingale/$\underline{\underline{G}}$. L'expression de la variation au moyen de subdivisions finies montre d'ailleurs que

---

1. La première rédaction de cet exposé a influencé la rédaction définitive de Jeulin, qui à son tour a influencé cette rédaction ci (abrégée)

(3) $$\mathrm{Var}_{\underline{\underline{G}},Q}(X) = \sup_n \mathrm{Var}_{\underline{\underline{G}}^n,Q}(X)$$

la suite au second membre étant d'ailleurs croissante. Il nous faut donc calculer les variations du côté droit, et écrire que leur limite est finie.

Nous faisons le calcul d'abord lorsque Q=P.

LEMME 1. <u>Le processus</u> X <u>est une semimartingale spéciale par rapport à</u> $(\underline{\underline{G}}^n)$. <u>Si l'on désigne par</u> $X=M^n+A^n$ <u>sa décomposition canonique</u>, <u>on a</u>

(4) $$A_t^n = \sum_{U\in\Pi^n} I_U \int_0^t \frac{1}{Z_{s-}^U}\, d\langle X,Z^U\rangle_s$$

<u>et</u>

(5) $$\mathrm{Var}_{\underline{\underline{G}}^n}(X) = \sum_{U\in\Pi^n} E\left[\int_0^\infty |d\langle X,Z^U\rangle|_s\right]$$

DEMONSTRATION. Nous commençons par remarquer que l'expression (4) est bien définie. En effet, la martingale Z^U garde la valeur 0 à partir du premier instant s où $Z_s=0$ ou $Z_{s-}=0$, et d'autre part sa limite à l'infini est égale à 1 sur U , donc en fait sur U la trajectoire $Z^U_.$ est bornée inférieurement par un nombre >0, et l'intégrale porte sur une fonction bornée. D'autre part, la martingale Z^U est bornée, donc appartient a BMO, tandis que X appartient à H^1 par hypothèse, donc $[X,Z^U]$ est à variation intégrable (inégalité de Fefferman) et il en est de même de son compensateur prévisible $\langle X,Z^U\rangle$; (4) a donc un sens, et (5) est une quantité finie.

Vérifions d'abord que X est une quasimartingale/$(\underline{\underline{G}}^n)$. La variation de X est égale au sup des espérances de la forme $E[\int_0^\infty K_s dX_s]$, où K est un processus prévisible élémentaire par rapport à $\underline{\underline{G}}^n$, nul en 0 (puisque $X_0=0$ par hypothèse) et borné par 1 en valeur absolue ; l'intégrale stochastique est une i.s. élémentaire, et se réduit en fait à une somme finie. Nous pouvons écrire

$$K = \sum_{U\in\Pi^n} \sum_i I_U H^{iU} I_{]s_i,s_{i+1}]}$$

où (s_i) est une subdivision finie de $[0,\infty]$, et pour tout i la v.a. H^{iU} est $\underline{\underline{F}}_{s_i}$-mesurable, bornée par 1 en valeur absolue (comme X appartient à $\underline{\underline{H}}^1$, il n'y a pas de problème quant à la définition de X_∞). L'espérance s'écrit donc

$$E[\sum_{i,U} I_U H^{iU}(X_{s_{i+1}}-X_{s_i})] = E[\sum_{i,U} H^{iU}(Z^U_{s_{i+1}}X_{s_{i+1}}-Z^U_{s_i}X_{s_i})]$$
$$= E[\sum_{i,U} H^{iU} \langle X,Z^U\rangle_{s_i}^{s_{i+1}}]$$

Comme $\langle X,Z^U\rangle$ est à variation intégrable prévisible, on voit aisément que le sup de cette expression est exactement (5).

Pour vérifier (4), nous avons besoin de préciser un peu les remarques du début de la démonstration : la projection prévisible/$\underline{\underline{F}}$ du processus I_U/Z^U_{s-} (bien défini partout par la convention habituelle 0/0=0) est indistinguable de $I_{\{Z^U_->0\}}$ (vérification sur la définition d'une projection prévisible), et en particulier elle est p.p. égale à 1 pour la mesure aléatoire $d<Z^U,Z^U>_s$, et donc pour la mesure aléatoire $d<X,Z^U>_s$. Il en résulte sans peine que, si l'on définit A^n par (4)

- on a $E[\int|dA^n_s|] < \infty$
- on a $E[\int K_s dA^n_s] = E[\int K_s dX_s]$ pour tout processus prévisible élémentaire K de la filtration $\underline{\underline{G}}^n$ (la seconde espérance a été calculée plus haut).

Comme A^n est prévisible/$\underline{\underline{G}}^n$, et la seconde propriété exprime que $X-A^n$ est une martingale/$\underline{\underline{G}}^n$, cela entraîne bien que A^n est le processus qui figure dans la décomposition canonique de X par rapport à $\underline{\underline{G}}^n$.

Rappelons quelques notions relatives aux bimesures. Etant donnés deux espaces mesurables $(E,\underline{\underline{E}})$ et $(F,\underline{\underline{F}})$, une bimesure sur $E\times F$ est une fonction $I(A,B)$, où A parcourt $\underline{\underline{E}}$ et B parcourt $\underline{\underline{F}}$, qui est une mesure (bornée, signée) en chacun de ses arguments lorsque l'autre est fixé. La norme $\|I\|$ de la bimesure I est le nombre

$$\|I\| = \sup \ \Sigma_{m,n} \ |I(A_m,B_n)|$$

où les $A_m \in \underline{\underline{E}}$ forment une partition finie de E, les $B_n \in \underline{\underline{F}}$ une partition finie de F, et le sup est pris sur tous les couples possibles de partitions finies. Par exemple, si I est positive, sa norme est égale à $I(E,F)<\infty$, et on peut montrer (Horowitz [1]) qu'une bimesure est différence de deux bimesures positives si et seulement si elle est bornée (i.e., de norme finie). On peut aussi montrer (mais nous ne nous en servirons probablement pas) que, si l'un au moins des espaces mesurables E, F est un bon espace (par exemple, est lusinien), toute bimesure positive $I(A,B)$ est de la forme $\mu(A\times B)$, où μ est une mesure sur $E\times F$; l'extension aux biemsures bornées est alors immédiate.

On peut calculer la norme d'une bimesure I de façon un peu plus explicite. Supposons que la tribu $\underline{\underline{E}}$ soit séparable, et choisissons une suite de tribus finies $\underline{\underline{E}}^n$, croissante, telle que $\bigvee_n \underline{\underline{E}}^n = \underline{\underline{E}}$. Pour chaque n, soit $\Pi^n=(A^n_k)$ une partition finie qui engendre $\underline{\underline{E}}^n$, et soit μ^n_k la mesure $I(A^n_k,.)$ sur F. Alors on a

$$\|I\| = \sup_n \Sigma_k \|\mu^n_k\| \quad (\sup_n \text{ peut être remplacé par } \lim_n) .$$

Nous pouvons associer à la martingale X une bimesure sur $\underline{\underline{E}}\times\underline{\underline{B}}(\mathbb{R}_+)$

$$(6) \qquad I_X(U,V) = E[\int_0^\infty I_V(s)d<X,Z^U>_s] \qquad U\in\underline{\underline{E}},\ V\in\underline{\underline{B}}(\mathbb{R}_+)$$

et nous pouvons énoncer le théorème suivant, fondamental pour la suite

THEOREME 2 . Soit X une martingale/$\underline{\underline{F}}$, nulle en 0 et appartenant à $\underline{\underline{H}}^1$. Dans le cas du grossissement initial par la tribu $\underline{\underline{E}}$, on a exactement

$$\text{(7)} \qquad \mathrm{Var}_{\underline{\underline{G}}}(X) = \|I_X\| \ .$$

On aurait eu le même résultat en utilisant une bimesure un peu plus compliquée : non pas sur $\underline{\underline{E}}\times\underline{\underline{B}}(\mathbb{R}_+)$, mais sur $\underline{\underline{E}}\times\underline{\underline{P}}$, la tribu prévisible/$\underline{\underline{F}}$. Cette bimesure est

$$\text{(6')} \qquad I'_X(U,V) = E[\int_0^{\infty} I_V(s,.)d\langle X,Z^U\rangle_s\ ] \quad (\ V \text{ prévisible }, \ U \in \underline{\underline{E}}\ ).$$

Par hypothèse, la martingale X appartient à $\underline{\underline{H}}^1(\underline{\underline{F}})$, donc la v.a. aléatoire X^* est intégrable. Si l'on a $\mathrm{Var}_{\underline{\underline{G}}}(X)<\infty$, la semimartingale X appartient donc à $\underline{\underline{H}}^1(\underline{\underline{G}})$ (espace $\underline{\underline{H}}^1$ de semimartingales).

VARIANTE. Soit Q une loi de probabilité équivalente à P, admettant une densité bornée q_∞ , et soit (q_t) la martingale $E[q_\infty|\underline{\underline{F}}_t]$. Indiquons rapidement comment on peut calculer la variation $\mathrm{Var}_{\underline{\underline{G}},Q}(X)$. L'intérêt de ce calcul est surtout théorique : X est une semimartingale (jusqu'à l'infini) par rapport à la filtration $\underline{\underline{G}}$ si et seulement s'il existe une loi Q du type ci-dessus telle que $\mathrm{Var}_{\underline{\underline{G}},Q}(X) < \infty$.

Convenons de désigner par des lettres grasses tous les éléments relatifs à la loi Q : $\mathbf{E}$ pour E_Q , $\boldsymbol{<}\ ,\ \boldsymbol{>}$ pour le crochet oblique , $\mathbf{Z}_t^U$ pour $\mathbf{E}[I_U|\underline{\underline{F}}_t]$, avec $U\in\underline{\underline{E}}$. On a

$$\text{(8)} \qquad \mathbf{Z}_t^U = Y_t^U/q_t \ , \text{ où } Y_t^U = E[I_U q_\infty|\underline{\underline{F}}_t] \text{ est une martingale}/\underline{\underline{F}},P \ .$$

Comme dans le raisonnement précédent, il s'agit d'évaluer des quantités de la forme

$$\begin{aligned}\mathbf{E}[\ \Sigma_{i,U}\ I_U H^{iU}(X_{s_{i+1}}-X_{s_i})] &= \mathbf{E}[\ \Sigma_{i,U}\ H^{iU}(\mathbf{Z}^U_{s_{i+1}}X_{s_{i+1}}-\mathbf{Z}^U_{s_i}X_{s_i})] \\ &= E[\ \Sigma_{i,U}\ H^{iU}(q_{s_{i+1}}\mathbf{Z}^U_{s_{i+1}}X_{s_{i+1}}-q_{s_i}\mathbf{Z}^U_{s_i}X_{s_i})] \\ &= E[\ \Sigma_{i,U}\ H^{iU}(Y^U_{s_{i+1}}X_{s_{i+1}}-Y^U_{s_i}X_{s_i})] = E[\ \Sigma_{i,U}\ H^{iU}\langle X,Y^U\rangle_{s_i}^{s_{i+1}}]\end{aligned}$$

et la variation cherchée est exactement la norme de la bimesure

$$\text{(9)} \qquad \mathbf{I}(U,V) = E[\int_0^{\infty} I_V(s)d\langle X,Y^U\rangle_s\ ]$$

MODE DE CALCUL PRATIQUE. Le plus souvent, la tribu $\underline{\underline{E}}$ nous est donnée avec une v.a. L qui l'engendre, et il est plus naturel de changer légèrement de notation, et de poser

$$\text{(10)} \qquad \Lambda_t^U = P\{L\in U|\underline{\underline{F}}_t\} \quad (\ = Z_t^{\{L\in U\}}\ )$$

U désignant cette fois, non une partie de Ω, mais une partie de $\mathbb{E}$. Plus précisément, il suffit de connaître les martingales

(11) $$\Lambda_t(a,.) = P\{L\leq a|\underline{\underline{F}}_t\}$$

dont il est facile de construire de bonnes versions, de telle sorte que

- pour (t,ω) fixés, $\Lambda_t(.,\omega)$ soit une fonction croissante, continue à droite, telle que $\Lambda_t(-\infty,\omega)=0$, $\Lambda_t(\infty,\omega) \leq 1$;
- pour a fixé, $\Lambda_.(a,.)$ soit indistinguable d'une martingale càdlàg.

On obtient alors $\Lambda_t^U(\omega)$ comme $\int_{\mathbb{R}} I_U(a)\Lambda_t(da,\omega)$.

Le plus souvent aussi, la martingale X est de carré intégrable sur tout intervalle fini ; alors la mesure $d\langle X,\Lambda(a,.)\rangle$ est absolument continue par rapport à $d\langle X,X\rangle$, et nous pouvons écrire

(12) $$d\langle X,\Lambda(a,.)\rangle_t = \lambda_t(a,.)d\langle X,X\rangle_t$$

et la variation à calculer est le sup de quantités de la forme

$$E[\ \Sigma_i \int_0^\infty |\lambda_t(a_{i+1},.)-\lambda_t(a_i,.)|d\langle X,X\rangle_t\ ]$$

où les a_i forment une subdivision finie de la droite. En pratique, on parviendra à choisir les fonctions $\lambda_t(a,\omega)$ de telle sorte que

- pour (t,ω) fixés, $\lambda_t(.,\omega)$ soit une fonction à variation bornée, continue à droite en a ;
- pour a fixé, $\lambda_.(a,.)$ soit une version de la densité (12)

et alors la variation de X par rapport aux tribus grossies est

(13) $$E[\int_0^\infty d\langle X,X\rangle_t \int_{\mathbb{R}} |\lambda_t(da,.)|\ ] .$$

CONSIDERATIONS HEURISTIQUES ET MISES EN GARDE. Nous continuons à supposer que $\underline{\underline{E}}$ est engendrée par une v.a. réelle L, et que X est de carré intégrable sur tout intervalle fini. Soit μ une mesure sur $\mathbb{R}$, telle que la loi de L soit absolument continue par rapport à μ (dans les cas usuels, la loi de L elle même, ou bien la mesure de Lebesgue). Au lieu des martingales $\Lambda_t^U = P\{L\in U|\underline{\underline{F}}_t\}$, il semble plus naturel de chercher à construire des martingales "infinitésimales" Λ_t^u satisfaisant à

(14) $$P\{L\in du|\underline{\underline{F}}_t\} = \mu(du)\Lambda_t^u$$

On posera alors $d\langle X,\Lambda^u\rangle_t = \lambda_t^u d\langle X,X\rangle_t$, et la variation cherchée sera simplement

$$E[\int_0^\infty d\langle X,X\rangle_t \int_{\mathbb{R}} |\lambda_t^u|\mu(du)\ ]$$

Une autre hypothèse naturelle est la suivante : posons

$$\tilde{A}_t(u,.) = \int_0^t \frac{1}{\Lambda_{s-}^u}\lambda_s^u d\langle X,X\rangle_s$$

alors, d'après la formule (4), le processus à variation finie prévisible intervenant dans la décomposition canonique de X par rapport à la filtration grossie devrait être

$$A_t(\omega) = \tilde{A}_t(L(\omega),\omega)$$

et en particulier, dA_t devrait être absolument continu par rapport à $d\langle X,X\rangle_t$. Malheureusement, ces extrapolations du cas où $\underline{\underline{E}}$ est une tribu finie au cas général ne sont pas correctes : les processus (Λ_t^u) ne sont pas nécessairement des martingales (ce sont le plus souvent des martingales locales), et il n'est pas évident que l'on ait avec la notation de (12) $\lambda_t(a,.) = \int_{-\infty}^a \lambda_t^u \mu(du)$. De plus, il se peut que X soit une semimartingale par rapport à la filtration grossie, et que le processus à variation finie prévisible associé ne soit pas absolument continu par rapport à $d\langle X,X\rangle$. Un contre-exemple de Jeulin et Yor figure dans le séminaire XIII, p. 356.

On peut toutefois affirmer le résultat suivant : si nous désintégrons P suivant la valeur de la v.a. L :

(15) $$P(A\cap\{L\in U\}) = \int_U P_u(A)\mu(du) \qquad (A\in\underline{\underline{A}}\ ,\ U\in\underline{\underline{B}}(\mathbb{R}_+))$$

(ici μ est la loi de L, et P_u est la loi conditionnelle sur Ω sachant que L=u), et si pour μ-presque tout u X est une semimartingale/$\underline{\underline{F}},P_u$, alors X est une semimartingale/$\underline{\underline{G}}$,P : en effet, la v.a. L étant dégénérée pour la loi P_u , X est une semimartingale/G,P_u et donc, d'après le théorème de Jacod sur les intégrales de lois de semimartingales, une semimartingale/G,$\underline{\underline{P}}$ (séminaire XI, p. 485). Lorsque les lois P_u sont absolument continues par rapport à P - ce qui est exceptionnel - on peut affirmer que les processus Λ_t^u de la formule (14) existent, et sont de vraies martingales.

De même, il est facile de voir que si X est une semimartingale pour (μ-presque) toute loi P_u , X est en fait spéciale pour (μ-p) toute loi P_u, donc il existe un processus à variation finie prévisible $\tilde{A}^u$ tel que $X-\tilde{A}^u$ soit une martingale locale/$\underline{\underline{F}},P_u$ ou (ce qui revient au même) une martingale locale/$\underline{\underline{G}},P_u$, et l'on peut en choisir une version qui dépend mesurablement de u (Stricker-Yor [1]). Posons alors $A_t(\omega)=\tilde{A}_t^{L(\omega)}(\omega)$, processus à variation finie prévisible de la filtration $\underline{\underline{G}}$; comme L=u P_u-p.s. pour (μ-p) tout u , X-A est une martingale locale/$\underline{\underline{G}},P_u$, et il en résulte sans peine que X-A est une martingale locale/$\underline{\underline{G}}$,P (prendre des t.d'a. T_u dépendant mesurablement de u et réduisant ce processus, et poser $T(\omega)=T_{L(\omega)}(\omega)$... les détails sont laissés au lecteur).

RESULTATS NEGATIFS

Le théorème 2 ne répond pas à toutes les questions : il permet de vérifier qu'une martingale/$\underline{\underline{F}}$ X est une quasimartingale/$\underline{\underline{G}}$, donc une semimartingale/$\underline{\underline{G}}$, mais il ne permet pas de vérifier que X n'est pas une semimartingale/$\underline{\underline{G}}$ (il existe des semimartingales qui ne sont pas des quasimartingales !). Le théorème suivant répond partiellement à cette question. Il est vrai pour des filtrations $\underline{\underline{F}} \subset \underline{\underline{G}}$ arbitraires.

THEOREME 3. Soit X une martingale locale/$\underline{\underline{F}}$, qui est aussi une semi-martingale/$\underline{\underline{G}}$. Soit H prévisible/$\underline{\underline{F}}$, tel que Y=H·X existe en tant que martingale locale/$\underline{\underline{F}}$. Soit X=M+A la décomposition canonique[1] de X par rapport à $\underline{\underline{G}}$. Pour que Y soit une semimartingale/$\underline{\underline{G}}$, il faut et il suffit que $\int_0^t |H_s||dA_s| < \infty$ p.s. pour t fini, et alors Y=H·M+H·A .

DEMONSTRATION. On peut supposer que X,M,A sont nuls en 0 ; par arrêt à des t. d'a. convenables, on peut supposer que X et Y appartiennent à $\underline{\underline{H}}^1(\underline{\underline{F}})$. Par arrêt à n constant, on peut supposer que X est une semimartingale jusqu'à l'infini par rapport à $\underline{\underline{G}}$, et se ramener à vérifier que

$$\text{Y semimartingale}/\underline{\underline{G}} \text{ jusqu'à l'infini} \iff \int_0^\infty |H_s||dA_s| < \infty \text{ p.s.}$$

Nous posons $J_n = I_{\{|H| \leq n\}}$, $H_n = J_n H$, processus prévisible borné. Une inégalité de Yor (voir aussi une démonstration simple de Lepingle dans le séminaire XII, p. 135-136) dit que

$$\left.\begin{matrix} E[[A,A]_\infty^{1/2}] \\ E[[M,M]_\infty^{1/2}] \end{matrix}\right\} \leq cE[[X,X]_\infty^{1/2}]$$

Remplaçant X par H_n·X, puis faisant tendre n vers +∞ , on voit que H·M existe toujours au sens des martingales locales/$\underline{\underline{G}}$, et que $H_n \cdot M \to H \cdot M$ dans $\underline{\underline{H}}^1(\underline{\underline{G}})$. Cela donne un sens à la dernière phrase de l'énoncé.

Supposons que $\int_0^\infty |H_s||dA_s| < \infty$. Alors l'égalité $H_n \cdot X = H_n \cdot M + H_n \cdot A$ nous donne par convergence en probabilité Y=H·M+H·A , donc Y est une semimartingale/$\underline{\underline{G}}$ jusqu'à l'infini.

Supposons que Y soit une semimartingale/$\underline{\underline{G}}$ jusqu'à l'infini. Soit Y=N+B sa décomposition canonique [1] par rapport à $\underline{\underline{G}}$. Nous avons $J_n \cdot Y = J_n \cdot (H \cdot X) = H_n \cdot X$ dans $\underline{\underline{F}}$, donc dans $\underline{\underline{G}}$. Mais $J_n \cdot Y = J_n \cdot N + J_n \cdot B$, $H_n \cdot X = H_n \cdot M + H_n \cdot A$ (J_n et H_n sont bornés), et l'unicité de la décomposition canonique/$\underline{\underline{G}}$ nous donne

$$J_n \cdot N = H_n \cdot M \quad , \quad J_n \cdot B = H_n \cdot A$$

Le côté droit nous donne aussi $\int_0^\infty |J_{ns}||dB_s| = \int_0^\infty |H_{ns}||dA_s|$. Faisant tendre n vers l'infini, nous obtenons $\int_0^\infty |H_s||dA_s| = \int_0^\infty |dB_s|$, qui est p.s. fini.

REMARQUES. a) Ce résultat se rattache à la théorie des intégrales stochastiques de processus prévisibles non bornés, développée récemment par Jacod.

b) Dans les exemples, Jeulin transforme ce théorème en un critère beaucoup plus maniable. Nous y reviendrons à la fin, après un bref commentaire sur le "grossissement progressif".

1. X est spéciale/$\underline{\underline{F}}$, donc aussi spéciale/$\underline{\underline{G}}$. De même pour Y .

c) Le théorème 3 met le doigt sur l'un des rares pièges de la théorie de l'intégrale stochastique : l'intégrale stochastique $H\cdot X$ (d'un processus prévisible non localement borné) peut exister dans la petite filtration, et ne pas exister dans la grande. C'est une bonne illustration du fait que l'intégration ne se fait pas toujours " trajectoire par trajectoire " : les trajectoires des deux processus sont les mêmes dans les deux cas.

II. SUR LE GROSSISSEMENT PROGRESSIF

Nous considérons une tribu séparable $\underline{\underline{E}}$ (que nous représentons comme plus haut comme $\bigvee_k \underline{\underline{E}}^k$, où $\underline{\underline{E}}^k$ est engendrée par une partition finie Π^k) Nous considérons une v.a. positive L , $\underline{\underline{E}}$-mesurable, et nous désignons par D_n l'ensemble formé des nombres de la forme $k2^{-n}$ ($k=0,1,\dots,2^{2n}$) et $+\infty$, par L_n la v.a. $\inf\{t\in D_n : t\geq L\}$, de sorte que L_n ne prend qu'un nombre fini de valeurs, et converge en décroissant vers L . Nous supposerons que L_n est $\underline{\underline{E}}_n$-mesurable pour tout n , ce qui revient à choisir des partitions suffisamment riches, et ne restreint pas la généralité.

La filtration grossie ($\underline{\underline{G}}_t$), obtenue en introduisant à l'instant L les connaissances relatives à la tribu $\underline{\underline{E}}$, a été définie dans la formule (2)[1]. Nous désignons

- par $\underline{\underline{G}}^n$ la filtration obtenue en adjoignant $\underline{\underline{E}}^n$ à l'instant L_n
- par $\underline{\underline{G}}^{np}$ la filtration obtenue en adjoignant $\underline{\underline{E}}^{n+p}$ à l'instant L_n
- par $\underline{\underline{G}}^{n\infty}$ la filtration obtenue en adjoignant $\underline{\underline{E}}$ à l'instant L_n

Nous avons pour les tribus prévisibles correspondantes, avec des notations qui se comprennent d'elles mêmes

$$\underline{\underline{P}}(\underline{\underline{F}}) \subset \underline{\underline{P}}^n \subset \underline{\underline{P}}^{np} \subset \underline{\underline{P}}^{n\infty} \subset \underline{\underline{P}}(\underline{\underline{G}}) \quad , \quad \underline{\underline{P}}(\underline{\underline{G}}) = \bigvee_n \underline{\underline{P}}^n$$

X désignant comme plus haut une martingale appartenant à $\underline{\underline{H}}^1(\underline{\underline{F}})$, nulle en 0, nous allons calculer $\mathrm{Var}_{\underline{\underline{G}}^n}(X)$ (ou $\mathrm{Var}_{\underline{\underline{G}}^{np}}(X)$). Seulement, ce résultat a une valeur beaucoup moins grande que le lemme 1 : ce n'est pas ainsi que l'on établit le théorème fondamental de Barlow et Yor sur le grossissement progressif en une fin d'optionnel.

Nous désignons par $\{U^1,U^2,\dots U^k\}$ la partition finie Π^{np} (Π^n si p=0), par ℓ_j la valeur constante de L_n sur U^j. Soit (s_i) une subdivision finie de $\mathbb{R}_+$ contenant D_n . Il est assez facile d'écrire la forme générale des processus prévisibles élémentaires de la filtration $\underline{\underline{G}}^{np}$, nuls en 0, constants sur chaque intervalle $]s_i,s_{i+1}]$. Un tel processus H s'écrit

---

1. Il est facile de voir sur la formule (2) que plus la v.a. L (supposée $\underline{\underline{E}}$-mesurable) est grande, plus la filtration $\underline{\underline{G}}$ est petite.

$$H = KI_{]0,L_n]} + \sum_{ij} I_{U^j} I_{\{s_i \geq \ell_j\}} H^{ij} I_{]s_i,s_{i+1}]}$$

où K est un processus prévisible élémentaire de la filtration $\underline{\underline{F}}$, nul en 0 et constant sur les intervalles $]s_i,s_{i+1}]$, et où H^{ij} est $\underline{\underline{F}}_{s_i}$-mesurable.

Estimer la variation de X par rapport à $\underline{\underline{G}}^{np}$ revient à calculer $\sup_H E[(H\cdot X)_\infty]$ pour les H du type précédent tels que $|H|\leq 1$. Cela revient à choisir arbitrairement K et les H^{ij}, tous majorés par 1 en valeur absolue, et l'on trouve donc

$$\sup_K E[(K\cdot X)_{L_n}] + \sup_{(s_i)} \sum_{ij} \sup_{H^{ij}} E[I_{U^j} I_{\{s_i \geq \ell_j\}} H^{ij}(X_{s_{i+1}} - X_{s_i})]$$

Le premier terme ne pose aucun problème, car il est majoré par $E[(K\cdot X)^*]$, qui reste borné puisque $X\in\underline{\underline{H}}^1(\underline{\underline{F}})$. Pour évaluer le second terme , nous introduisons, comme pour le grossissement initial, les martingales/$\underline{\underline{F}}$ $Z^j_t = P(U^j|\underline{\underline{F}}_t)$, et nous obtenons pour le terme général de la somme

$$\sup_{H^{ij}} E[I_{\{s_i \geq \ell_j\}} H^{ij} <X,Z^j>_{s_i}^{s_{i+1}}] = E[I_{\{s_i \geq \ell_j\}} |<X,Z^j>_{s_i}^{s_{i+1}}|]$$

Puis pour le second terme tout entier

$$\sum_j E[\int_{\ell_j}^{\infty} |d<X,Z^j>_s|]$$

(à comparer avec (5) : $\sum_j E[\int_0^\infty |d<X,Z^j>_s|]$). On en déduit aisément la variation de X par rapport à $\underline{\underline{G}}^{n\infty}$: pour tout élément t de D_n , désignons par I_t la bimesure

$$I_t(U,V) = E[\int_t^\infty I_V(s) d<X,Z^{U\cap\{L_n=t\}}>_s] \quad (U\in\underline{\underline{E}} , V\in\underline{\underline{B}}(\mathbb{R}_+))$$

soit avec les notations de (6) $I_t(U,V)=I_X(U\cap\{L_n=t\},V\cap[t,\infty[)$. Alors la variation cherchée est $\sum_{t\in D_n} \|I_t\|$. Mais il n'est pas facile d'exprimer le passage à la limite de L_n à L .

III. EXEMPLES DE GROSSISSEMENT INITIAL

ETUDE DE L'EXEMPLE DU SEMINAIRE XIII (LES "FAUX-AMIS")

Cet exemple est le plus simple de tous, et il a été étudié par Jeulin et Yor dans le séminaire XIII au moyen de certaines inégalités de Hardy. La famille $(\underline{\underline{F}}_t)$ est la filtration naturelle d'un mouvement brownien X issu de 0, complétée de la façon habituelle (cela suffit pour la rendre continue à droite ; nous poserons $\underline{\underline{F}}^o_t=\underline{\underline{T}}(X_s,s\leq t)$ sans complétion). La famille $(\underline{\underline{G}}_t)$ s'obtient par grossissement initial au moyen de la v.a. X_1 : dans cette filtration, on sait à l'instant 0 où la trajectoire passera à l'instant 1. On constate que X reste une semimartingale/$\underline{\underline{G}}$, mais que l'hypothèse (H') n'est pas satisfaite, <u>bien que toute martingale/$\underline{\underline{F}}$ soit une</u>

intégrale stochastique de X : la pathologie de l'i.s. signalée en remarque c) après le théorème 3 a été découverte sur cet exemple, d'où le nom de "travail sur les faux-amis" donné à l'article de Jeulin et Yor.

On a $\underline{\underline{G}}_t=\underline{\underline{F}}_t$ pour $t\geq 1$, et nous pouvons donc nous borner à travailler sur l'intervalle $[0,1]$. Montrons que X est une quasimartingale/$\underline{\underline{G}}$.

Première méthode : nous avons $E[X_{t+h}-X_t|\underline{\underline{G}}_t]=E[X_{t+h}-X_t|\underline{\underline{F}}_t,X_1]$ $(0\leq t<t+h<1)$. La tribu de conditionnement est engendrée aussi par X_1-X_t et $\underline{\underline{F}}_t$. Or $\underline{\underline{F}}_t$ est indépendante de $\underline{\underline{T}}(X_1-X_t,X_{t+h}-X_t)$, et l'e.c. vaut $E[X_{t+h}-X_t|X_1-X_t]$. Comme on est dans le cas gaussien, elle peut s'écrire $a(X_1-X_t)$, et la constante a se détermine aussitôt :

(16) $$E[X_{t+h}-X_t|\underline{\underline{G}}_t] = \frac{h}{1-t}(X_1-X_t)$$

Par conséquent $V_{\underline{\underline{G}}}(X) = \int_0^1 \frac{E[|X_1-X_t|]}{1-t}dt$ qui est fini, et X est une quasimartingale/$\underline{\underline{G}}$[1]. Le processus à variation finie prévisible associé à X relativement à $\underline{\underline{G}}$ est donné par

$$A_t = \lim E[X_{s_{i+1}}-X_{s_i}|\underline{\underline{G}}_{s_i}]$$ (limite faible dans L^1, pour des subdivisions (s_i) de $[0,t]$ devenant arbitrairement fines)

d'où aussitôt

(17) $$A_t = \int_0^t \frac{X_1-X_s}{1-s}ds \quad (t\leq 1)$$

La martingale/$\underline{\underline{G}}$ $M=X-A$ est continue, et $[M,M]_t=[X,X]_t=t$, donc M est un mouvement brownien/$\underline{\underline{G}}$.

Seconde méthode. Soit P_u la loi conditionnelle sachant que $X_1=u$. Le calcul explicite de P_u (pont brownien entre 0 et u) est classique : P_u est absolument continue par rapport à P sur toute tribu $\underline{\underline{F}}_t$, $t<1$ (mais non sur $\underline{\underline{F}}_1^\circ$) avec la densité

(18) $$\Lambda_t^u = \frac{e^{u^2/2}}{\sqrt{1-t}}\, e^{-(X_t-u)^2/2(1-t)}$$

(c'est la "martingale infinitésimale" de la formule (14), μ étant la loi de X_1). Appliquons le théorème de Girsanov sur $[0,1[$: on peut écrire

$$X=M^u+A^u \ , \quad M^u=X-\langle X,L^u\rangle \ , \quad \tilde{A}^u=\langle X,L^u\rangle \quad \text{où} \quad L_t^u=\int_0^t d\Lambda_s^u/\Lambda_s^u$$

On fait les calculs explicites par la formule d'Ito, et on obtient

$$\tilde{A}_t^u = \int_0^t \frac{u-X_s}{1-s}ds$$

Pour vérifier que X est une semimartingale/P, il suffit de vérifier que X est une semimartingale/P_u pour presque tout u. Or M^u est un mouvement brownien/P_u sur $[0,1[$, donc une semimartingale/P_u jusqu'en 1. Il est certainement vrai que $E_u[\int_0^1|d\tilde{A}_s^u|]<\infty$ pour <u>tout</u> u , mais il nous suffit de le vérifier pour presque tout u, et l'on a

---

1. De la classe (D) puisque $X_1^*\in L^1$, donc A est à variation intégrable et le passage à la limite ci-dessous est justifié.

$$\int\mu(du)E_u[\int_0^1 \frac{|u-X_s|}{1-s}ds] = E[\int_0^1 \frac{|X_1-X_s|}{1-s}ds\ ] < \infty$$

Alors on a $A_t(\omega)=\tilde{A}_t^{X_1(\omega)}(\omega)$, qui nous redonne la formule (17).

On notera qu'aucune des deux méthodes n'utilise la condition donnée par le théorème 2. En revanche, nous allons utiliser le théorème 3 : soit M une martingale/$\underline{\underline{F}}$, nulle en 0 ; M est de la forme H·X, où d'ailleurs $H_t=d\langle X,M\rangle_t/d\langle X,X\rangle_t = d\langle X,M\rangle_t/dt$. Le théorème 3 nous donne le résultat suivant : <u>pour que</u> M <u>soit une semimartingale</u>/$\underline{\underline{G}}$, <u>il faut et il suffit que l'on ait</u>

(19) $$\int_0^1 |H_s||dA_s| = \int_0^1 |H_s|\frac{|X_1-X_s|}{1-s}\,ds < \infty \quad p.s.$$

Malheureusement, cette condition est malcommode : on a bien envie de remplacer $|X_1-X_s|$ par $E[|X_1-X_s||\underline{\underline{F}}_s]=c\sqrt{1-s}$. Autrement dit, on souhaite que les conditions suivantes soient équivalentes, pour un processus prévisible H (par rapport à $(\underline{\underline{F}}_t)$: la filtration $\underline{\underline{G}}$ n'intervient plus) tel que $\int_0^t H_s^2 ds < \infty$ p.s.

a) $\int_0^1 |H_s|\frac{|X_1-X_s|}{1-s}\,ds < \infty$ p.s. et b) $\int_0^1 \frac{|H_s|ds}{\sqrt{1-s}}\,ds < \infty$ p.s.

Yor et Jeulin ont établi cette équivalence à l'aide de l'inégalité de Hardy, mais Jeulin a dégagé ensuite une sorte de lemme de Borel-Cantelli en temps continu, que nous allons présenter maintenant. Nous pouvons supposer H positif, et introduire le <u>processus croissant prévisible</u>, fini pour t<1

(20) $$U_t = \int_0^t H_s ds/\sqrt{1-s}$$

et le <u>processus mesurable positif</u>

(21) $$R_t = |X_1-X_s|/\sqrt{1-s} \quad .$$

D'après la propriété de Markov forte, pour tout temps d'arrêt T<1, R_T est indépendante de $\underline{\underline{F}}_T$, avec une loi λ (la même quel que soit T), qui est celle de la valeur absolue d'une v.a. normale centrée réduite. Nous retiendrons simplement ici les propriétés

(22) λ est une loi sur $\mathbb{R}_+$, $\lambda(\{0\})=0$, $\int x\lambda(dx)=c<\infty$

pour tout temps prévisible T<1, R_T est indépendant de $\underline{\underline{F}}_{T-}$ et de loi λ .

THEOREME 4 . <u>Sous ces hypothèses</u>, <u>les deux ensembles</u>

$$C_1 = \{\int_0^1 R_s dU_s < \infty\ \} \qquad \underline{et} \qquad C_2 = \{U_1<\infty\ \}$$

<u>sont p.s. égaux</u>.

DEMONSTRATION. La projection duale prévisible de R·U est cU, donc $C_1\subset C_2$ p.s. d'après le "lemme de Borel-Cantelli" de P. Lévy .

Pour établir l'inclusion inverse, désignons par J une indicatrice, par J_t la martingale $E[J|\underline{\underline{F}}_t]$, et évaluons pour un t. d'a. prévisible T<1 l'espérance $E[JR_T|\underline{\underline{F}}_{T-}]$. Nous avons

$$E[JR_T|\underline{\underline{F}}_{T-}] = \int_0^{\infty} du\, E[JI_{\{R_T>u\}}|\underline{\underline{F}}_{T-}]$$

Mais

$$E[JI_{\{R_T>u\}}|\underline{\underline{F}}_{T-}] = E[(J-I_{\{R_T\leq u\}})^+|\underline{\underline{F}}_{T-}] \geq E[J-I_{\{R_T\leq u\}}|\underline{\underline{F}}_{T-}]^+$$
$$= (J_{T-}-\lambda([0,u]))^+$$

Intégrant en u, nous trouvons

$$E[JR_T|\underline{\underline{F}}_{T-}] \geq \Phi(J_{T-})$$

où $\Phi(a) = \int_0^{\infty}(a-\lambda([0,u]))^+du$ est une fonction croissante et continue sur $[0,1[$, qui tend vers $\int x\lambda(dx)$ lorsque $a\uparrow 1$. Comme λ ne charge pas 0, on a $\Phi(a)>0$ pour tout $a>0$.

Choisissons maintenant l'indicatrice telle que $E[J\int_0^1 R_s dU_s] < \infty$. La projection duale prévisible de $\int_0^{\cdot} JR_s dU_s$ majore $\int_0^{\cdot}\Phi(J_{s-})dU_s$, et on a donc $\int_0^1 \Phi(J_{s-})dU_s < \infty$ p.s. ; mais si $J(\omega)=1$, la trajectoire $J_{\cdot}(\omega)$ est p.s. bornée inférieurement sur $[0,1]$, donc aussi $\Phi(J_{\cdot}(\omega))$, et finalement $U_1(\omega)<\infty$ p.s. sur $\{J=1\}$.

Pour obtenir le théorème 4, il ne reste plus qu'à appliquer cela en prenant pour J l'indicatrice de $\{\int_0^1 R_s dU_s \leq n\}$, et à faire tendre n vers l'infini.

REMARQUE . Si $U_t=\int_0^t H_s ds$ avec $\underline{\underline{H}}\geq 0$ adapté, on peut se borner à supposer que pour t <u>constant</u> R_t est indépendant de $\underline{\underline{F}}_t$, de loi λ. On peut même faire un peu mieux : supposer que R_t est indépendant de $\underline{\underline{F}}_t$ avec une loi λ_t <u>dépendant de</u> t (si l'on a une propriété de ce genre aux t. d'a., il est facile de voir que la loi doit être la même pour tous les t. d'a.)... et tenter dans tel ou tel cas particulier, où l'on aura quelque uniformité en les λ_t , d'appliquer la méthode ci-dessus (je ne suis pas arrivé à dégager une condition générale).

SECOND EXEMPLE

Ce très joli exemple va être traité en détail, car il n'est pas très compliqué, et offre un double intérêt : il utilise le théorème 2 de façon essentielle, les lois conditionnelles P_u <u>n'étant pas absolument continues par rapport à</u> P ; d'autre part, contrairement à l'exemple précédent, l'hypothèse (H') est satisfaite.

On pose comme d'habitude $T_z=\inf\{t : X_t=z\}$, et $S_t = \sup_{s\leq t} X_s$ (temps d'atteinte et maxima pour la trajectoire brownienne). On rappelle le résultat classique $P\{S_t>u\}=2P\{X_t>u\}$ pour $u>0$ (Bachelier, 1900), qui s'écrit aussi

(23) $\quad P\{S_t>u\} = P\{T_u<z\} = g(u,t) = c\int_{u/\sqrt{t}}^{\infty} \exp(-r^2/2)dr \quad (c=\sqrt{2/\pi})$

Nous poserons $g'_u=g^1$, $g'_t=g^2$, $g''_{uu}=g^3$; g satisfait à l'équation de la chaleur $g^3=2g^2$, et l'on a

(24) $$g^1(u,t) = -\frac{c}{\sqrt{t}} \exp(-u^2/2t) .$$

Nous allons adjoindre la v.a. S_1 à la tribu $\underline{\underline{F}}_0$ pour construire la filtration grossie $\underline{\underline{G}}$. Il est clair que les lois conditionnelles $P_u=P(.|S_1=u)$ ne sont pas absolument continues par rapport à P : en effet, le processus X sous la loi P_u se comporte comme un mouvement brownien jusqu'à l'instant T_u , mais ensuite, comme u est le maximum de la trajectoire, il doit rester sur $]-\infty ,u]$ entre T_u et 1, ce qui est un comportement "singulier" par rapport au brownien.

On peut se borner à étudier les filtrations pour $0\leq t\leq 1$.

Calculons les martingales (11)

$$\Lambda_t(u,.) = P\{S_1>u|\underline{\underline{F}}_t\} = P\{T_u<1|\underline{\underline{F}}_t\} = I_{\{T_u\leq t\}}+I_{\{t<T_u\}}P\{T_u<1|\underline{\underline{F}}_t\}$$
$$= I_{\{T_u\leq t\}}+I_{\{t<T_u\}}g(u-X_t,1-t)$$

Cette martingale est continue, arrêtée à l'instant T_u, donc simplement

(25) $$\Lambda_t(u,.) = g(u-X_{t\wedge T_u} ,1-t\wedge T_u) \quad \text{pour } t\leq 1$$

d'où par la formule d'Ito, deux termes disparaissant grâce à l'équation de la chaleur

(26) $$\Lambda_t(u,.)= g(u,0) -\int_0^{t\wedge T_u} g^1(u-X_s,1-s)dX_s$$
$$= g(u,0) + \int_0^{t\wedge T_u} \frac{c}{\sqrt{1-r}}\exp(- \frac{(u-X_r)^2}{2(1-r)})dX_r$$

On peut remplacer l'intervalle d'intégration par $(0,t)$ à condition d'introduire dans l'intégrale $I_{\{r<T_u\}}=I_{\{S_r<u\}}$. Soit alors $M=H\cdot X$ une martingale/$\underline{\underline{F}}$ de carré intégrable ; on a

(27) $$< \Lambda(u,.),M >_t = \int_0^t \frac{c}{\sqrt{1-r}}\exp(\ )I_{\{S_r<u\}}H_r dr$$

La mesure $d_{u,t}< \Lambda(u,.),M>_t$ (ω fixé) comporte deux termes, en raison de la présence de $I_{\{S_r<u\}}$: une partie absolument continue par rapport à $du\times dr$, admettant pour densité

$$H_r I_{\{u>S_r(\omega)\}} \frac{d}{du}(\frac{c}{\sqrt{1-r}}\exp(\ ))$$

et une partie singulière portée par la droite $u=S_r(\omega)$, avec densité par rapport à dr

$$H_r \frac{c}{\sqrt{1-r}}\exp(\ ) \quad \text{avec } u=S_r \ .$$

On s'intéresse à la valeur absolue de cette mesure : il faut prendre séparément les valeurs absolues des deux termes, ce qui est immédiat, car la dérivée dans le premier terme a un signe constant. Au bout du compte, la norme de la bimesure est

$$(28)\qquad 2E\left[\int_0^1 \frac{c}{\sqrt{1-r}}\exp\left(-\frac{(S_r-X_r)^2}{2(1-r)}\right)|H_r|dr\right]$$

Pour montrer qu'elle est finie, on applique l'inégalité de Schwarz. Il sort d'une part $E[\int_0^1 H_r^2 dr]$, fini par hypothèse, et d'autre part

$$(29)\qquad E\left[\int_0^1 \frac{1}{1-r}\exp\left(-\frac{(S_r-X_r)^2}{1-r}\right)dr\right]$$

On utilise maintenant le fait que le processus (S_r-X_r) a même loi que le processus $|X_r|$, de sorte que

$$E\left[\exp\left(-\frac{(S_r-X_r)^2}{1-r}\right)\right] = a\sqrt{1-r}$$

et l'intégrale (29) est convergente. Jeulin pousse les calculs plus loin, en exprimant explicitement la décomposition canonique de X (et donc de M=H·X) dans la filtration grossie.

EXEMPLES ULTERIEURS

Ici nous cessons de donner les détails, afin de ne pas publier l'article de Jeulin à la place de son auteur ! L'exemple suivant est celui de la filtration obtenue en adjoignant à $\underline{\underline{F}}_0$ la v.a. T_1 ; le résultat est celui-ci

Une martingale M de $\underline{\underline{F}}$ reste une semimartingale après adjonction de T_1 à $\underline{\underline{F}}_0$ si et seulement si la v.a.

$$(30)\qquad \int_0^{T_1} \frac{1}{1-X_r}|d\langle X,M\rangle_r|$$

est p.s. finie. Cette condition est satisfaite par X lui même, mais l' l'hypothèse (H') n'est pas vérifiée.

De plus, dans ce cas-ci comme dans tous les autres cas, Jeulin peut décomposer explicitement M lorsque celle-ci reste une semimartingale. Ce qu'on a fait pour T_1 peut évidemment se faire pour T_a quelconque ; le processus (T_a) étant à accroissements indépendants, on peut adjoindre toutes les v.a. $T_{k/n}$ (k entier, n fixé), faire tendre n vers $+\infty$. On a

M reste une semimartingale après adjonction à $\underline{\underline{F}}_0$ de toutes les v.a. T_a à $\underline{\underline{F}}_0$ si et seulement si le processus croissant

$$(31)\qquad \int_0^t \frac{1}{S_r-X_r}|d\langle X,M\rangle_r|$$

est à valeurs finies.

La tribu engendrée par les T_a est aussi engendrée par les S_t. Au prix de quelques manipulations, on parvient à donner une autre forme à ce résultat, beaucoup plus frappante : soit $\underline{\underline{E}}$ la tribu engendrée par le processus (L_t^0), temps local de X en 0 (ou encore, par les v.a. $D_t=\inf\{s>t : X_s=0\}$, i.e. par l'ensemble des zéros de X), et soit $\underline{\underline{G}}$ la filtration obtenue en adjoignant $\underline{\underline{E}}$ à $\underline{\underline{F}}_0$:

Pour que M reste une semimartingale par rapport à $\underline{\underline{G}}$, il faut et il suffit que le processus croissant

(32) $$\int_0^t \frac{1}{|X_r|}|d\langle X,M\rangle_r|$$

soit p.s. à valeurs finies. Cette condition n'est pas satisfaite par le processus X lui même.

En revanche, elle est satisfaite par $X\cdot X$. Autrement dit, X^2 est une semimartingale/$\underline{\underline{G}}$, puisque $X_t^2-t = 2\int_0^t X_s dX_s$.

BIBLIOGRAPHIE

BARLOW (M.) [1]. Study of a filtration expanded to include an honest time. ZW 44, 1978, p.307-323.

HOROWITZ (J.) [1]. Une remarque sur les bimesures. Sém. Prob. XI, p.59-64. LN 581, 1970.

JEULIN (T.). [1]. Grossissement d'une filtration et applications. Sém. Prob. XIII, 1979, p. 574-609. LN 721.

----- [2],[3]. Articles à paraître (le premier sans doute dans le ZW, le second, plus pédagogique quant à la forme, reprenant toute la question du grossissement, avec les applications).

JEULIN (T.) et YOR (M.) [1]. Grossissement d'une filtration et semimartingales. Formules explicites. Sém. Prob. XII, 1978, p. 78-97. LN 649.

----- [2]. Inégalité de Hardy, semimartingales et faux-amis. Sém. Prob. XIII, 1979, p. 329-356.

STRICKER (C.) et YOR (M.) [1]. Calcul stochastique dépendant d'un paramètre. ZW 45, 1978, p. 109-134.

YOR (M.) [1]. Grossissement d'une filtration et semimartingales : théorèmes généraux. Sém. Prob. XII, 1978, p. 61-69.

APPLICATION D'UN LEMME DE T.JEULIN AU GROSSISSEMENT DE LA FILTRATION BROWNIENNE.

M.YOR

1. INTRODUCTION ET POSITION DU PROBLEME :

$(\Omega,\mathcal{A},P)$ désigne l'espace de probabilité de référence. Soient $(\mathcal{F}_t)_{t\geq 0}$ et $(\mathcal{G}_t)_{t\geq 0}$ deux filtrations (1) composées de sous-tribus de $\mathcal{A}$, et vérifiant : $\forall t, \mathcal{F}_t \subseteq \mathcal{G}_t$. L'espace $\mathcal{L}$ des $\mathcal{F}$-martingales de carré intégrable qui sont également des $\mathcal{G}$-martingales est un $\mathcal{F}$-espace stable (i.e : stable, relativement à la filtration $\mathcal{F}$). Il découle de cette remarque que, pour que l'hypothèse : (H) toute $\mathcal{F}$-martingale est une $\mathcal{G}$-martingale soit réalisée, il suffit (et il est évidemment nécessaire) qu'elle soit vérifiée par une famille génératrice de l'espace des $\mathcal{F}$-martingales de carré intégrable (considéré comme $\mathcal{F}$-espace stable).

Il n'en est pas de même (voir ci-dessous) lorsque l'on s'intéresse à l'hypothèse :

(H') toute $\mathcal{F}$-martingale est une $\mathcal{G}$-martingale.

Dans la suite, - μ est une probabilité sur $[0,\infty[$, telle que $\int_0^\infty \mu(dx)x < \infty$, qui est supposée, dans tout l'exposé, différente de ε_0 (le cas $\mu = \varepsilon_0$ est trivial). - $(\mathcal{F}_t)_{t\geq 0}$ est une filtration donnée, et $(B_t)_{t\geq 0}$ un $(\mathcal{F}_t)$ mouvement brownien réel, nul en 0.

- $(\mathcal{F}^\mu_t)_{t\geq 0}$ est la plus petite filtration contenant $\mathcal{F}$ et telle que le processus $(I^\mu_t = \int_{]t,\infty]} B_s d\mu(s), t\geq 0)$ soit $\mathcal{F}^\mu$-adapté.

---

(1) toutes les filtrations considérées ici satisfont -sauf mention contraire- les conditions habituelles.

L'objet de cette Note est d'étudier la p opriété (H') pour le couple $(\mathcal{F},\mathcal{F}^{\mu})$ et, plus précisément, de caractériser les $\mathcal{F}$-martingales locales qui sont des $\mathcal{F}^{\mu}$-semi-martingales.

En [2], K.Ito a montré que $(B_t)_{t\geq 0}$ est une $\mathcal{F}^{\mu}$-semi-martingale lorsque $\mu = \varepsilon_1$ (voir aussi [4]), et $\mu(ds)=1_{[0,1]}(s)\, ds$, et a posé -sous une forme légèrement différente- la question de savoir si (H') est vérifiée pour le couple $(\mathcal{F},\mathcal{F}^{\mu})$. D'après [4], la réponse est négative pour $\mu = \varepsilon_1$; de façon générale, il résulte de la suite de l'article que (H') est vérifiée -dans ce cadre- si, et seulement si, $\mu(\neq \varepsilon_0 !)$ n'est pas à support compact.

Signalons enfin que la méthode de démonstration employée ci-dessous est tout à fait différente de celle faite en [4], qui reposait essentiellement sur l'inégalité de Hardy dans L^2. Ici, c'est un lemme dû à T.Jeulin [3] qui joue le rôle essentiel (voir le paragraphe 3).

2. LE CAS OU μ EST A SUPPORT COMPACT.

Enonçons tout d'abord un lemme préliminaire qui nous permettra de nous restreindre dans la suite à l'étude des $(\mathcal{F}_t)$ martingales locales qui sont intégrales stochastiques par rapport au mouvement brownien B.

Lemme 1. Soit $(B_t)_{t\geq 0}$ un $(\mathcal{F}_t)$ mouvement brownien réel issu de 0, et $(U_t)_{t\geq 0}$ une $(\mathcal{F}_t)$ martingale locale. Les assertions suivantes sont équivalentes :

i) U et B sont orthogonales, ie : UB est une $(\mathcal{F}_t)$ martingale locale.

ii) U est une martingale locale -réduite à l'aide de $(\mathcal{F}_t)$ de temps d'arrêt- par rapport à la filtration $(\mathcal{F}'_t = \bigcap_{(\varepsilon>0)} (\mathcal{F}_{t+\varepsilon} \vee \mathcal{B}_{\infty}))$, où $\mathcal{B}_{\infty} = \sigma\{ B_s, s \in \mathbb{R}_+ \}$.

Si l'une de ces conditions est réalisée, U est a fortiori une martingale locale par rapport à toute filtration $(\mathcal{G}_t)$ telle que : $\forall\, t, \mathcal{F}_t \subseteq \mathcal{G}_t \subseteq \mathcal{F}'_t$.

Démonstration : Par arrêt (à l'aide de $(\mathcal{F}_t)$ temps d'arrêt), on peut supposer que U est une $(\mathcal{F}_t)$ martingale uniformément intégrable.

i)$\Longrightarrow$ii) Grâce à la continuité à droite (dans L^1) du processus U, il suffit de montrer : $\forall\, s < t$, $\forall\, f_s \in b(\mathcal{F}_s)$, $\forall M_\infty \in b(\mathcal{B}_\infty)$,

$$E[U_t M_\infty f_s] = E[U_s M_\infty f_s].$$

Notons $(\mathcal{B}_t)$ la filtration naturelle de $\mathcal{B}$. La $(\mathcal{B}_t)$ martingale $M_t \overset{\text{def}}{=} E[M_\infty | \mathcal{B}_t]$ est la somme d'une constante et d'une intégrale stochastique par rapport à $\mathcal{B}$: c'est donc une $(\mathcal{F}_t)$ martingale, égale à $E[M_\infty | \mathcal{F}_t]$, et qui est, de plus, orthogonale à U.

On a donc :

$$E[U_t M_\infty f_s] = E[U_t M_t f_s] = E[U_s M_s f_s] = E[U_s M_\infty f_s].$$

ii)$\Longrightarrow$i) Par hypothèse,on a :

$\forall s < t$, $\forall f_s \in b(\mathcal{F}_s)$, $\forall M_\infty \in b(\mathcal{B}_\infty)$,

$E[U_t M_\infty f_s] = E[U_s M_\infty f_s]$.

Pour tout $n \in \mathbb{N}$, notons $T_n = \inf\{t \geq 0 \,/\, |B_t| \geq n\}$, et posons :

$M_\infty = B_{t \wedge T_n}$. Il vient alors :

$E[U_t B_{t\wedge T_n} f_s] = E[U_s B_{t\wedge T_n} f_s]$, et donc : $E[(UB)_{t\wedge T_n} f_s] = E[(UB)_{s\wedge T_n} f_s]$, ie : (UB) est une $(\mathcal{F}_t)$ martingale locale. La fin du lemme est évidente.

Revenons à l'étude du couple $(\mathcal{F}, \mathcal{F}^\mu)$; notons $a(<\infty)$ la borne supérieure du support de μ, et $\bar{\mu}(u) = \mu(]u,\infty[)$, pour tout $u \in \mathbb{R}_+$.

<u>Théorème 1</u>. <u>Si X est une</u> $(\mathcal{F}_t)$ <u>martingale locale qui se décompose en</u> :

$X = \int_0^\cdot \phi_s dB_s + U$, <u>avec ϕ processus</u> $(\mathcal{F}_t)$ <u>prévisible tel que</u> : $\forall t, \int_0^t \phi^2(s)ds < \infty$ Pp.s, <u>et</u> U $(\mathcal{F}_t)$ <u>martingale locale orthogonale à B, alors, X est une $\mathcal{F}^\mu$-semi-martingale si, et seulement si,</u>

$$(1) \quad \int_0^a ds|\phi_s|\bar{\mu}(s) \left\{\int_s^a du(\bar{\mu}(u))^2\right\}^{-1/2} < \infty, \text{ Pp.s.}$$

De plus, si cette condition est réalisée, l'intégrale

(2) $\int_0^a ds|\phi_s| \frac{\bar{\mu}(s)}{\int_s^a du(\bar{\mu}(u))^2} \left| \int_{]s,a]} (B_u - B_s)d\mu(u) \right|$ est finie Pp.s, et

(3) $X_t - \int_0^{t\wedge a} ds\phi_s \frac{\bar{\mu}(s)}{\int_s^a du(\bar{\mu}(u))^2} \{\int_{]s,a]} (B_u - B_s)d\mu(u)\}$

est une $\mathcal{F}^{\mu}$-martingale locale.

Avant de poursuivre, il est aisé de remarquer que, pour $0 \leq s \leq a$, la variable

$J_s^{\mu} = \int_{]s,a]} (B_u - B_s)d\mu(u)$ est gaussienne, centrée, et a pour variance

$\gamma_s^{\mu} = \int_s^a du(\bar{\mu}(u))^2$.

Enonçons les principales conséquences du théorème 1, que l'on démontrera au paragraphe 3.

Corollaire 1.1 : Le $(\mathcal{F}_t)$-mouvement brownien B est une $\mathcal{F}^{\mu}$-semi-martingale si, et seulement si : $A_{\mu} \overset{def}{=} \int_0^a ds\ \bar{\mu}(s)(\gamma_s^{\mu})^{-1/2} < \infty$.

La condition : $A_{\mu} < \infty$ est réalisée dès qu'il existe une constante $c > 0$ et α, avec $0<\alpha<a$, tels que :

$\forall s \in [\alpha,a]$, $\bar{\mu}(\frac{s+a}{2}) \geq c\bar{\mu}(s)$

Enfin il existe des probabilités μ à support compact telles que : $A_{\mu} = \infty$.

Démonstration : La première assertion découle immédiatement du théorème 1, appliqué à $X = B$. Pour la seconde, on minore, pour $s \in [\alpha,a]$, l'intégrale $\int_s^a du(\bar{\mu}(u))^2$ par $\int_s^{\frac{s+a}{2}} du(\bar{\mu}(u))^2 \geq c^2(\frac{a-s}{2})(\bar{\mu}(s))^2$, et, finalement, au voisinage de a, l'intégrand qui figure dans la définition de A_{μ} est majoré par $\frac{\sqrt{2}}{c(a-s)^{1/2}}$, ce qui entraîne : $A_{\mu} < \infty$.

Enfin, la question de l'existence de μ à support compact telle que $A_{\mu} = \infty$ est résolue si l'on exhibe une fonction f continue, décroissante sur $[1/2,1]$, avec $f(1) = 0$, et $\displaystyle\int_{1/2}^{1} du \frac{\sqrt{f(u)}}{\left(\int_u^1 f(v)dv\right)^{1/2}} = \infty.$

Or, la fonction $f(u) = e^{-1/(1-u)} \dfrac{1}{(1-u)^2}$ satisfait ces conditions.

Corollaire 1.2 : Soit $\mu(\neq\varepsilon_0)$ une probabilité sur $[0,\infty[$, à support compact. L'hypothèse (H') n'est pas vérifiée pour le couple $(\mathcal{F},\mathcal{F}^{\mu})$.

Démonstration : Si l'hypothèse (H') était vérifiée, on aurait, pour toute fonction (déterministe) $f \in L^2[0,a]$:

$$\int_0^a ds|f(s)|\frac{\bar{\mu}(s)}{\sqrt{\gamma_s^{\mu}}} < \infty$$

ce qui équivaut à :

$\displaystyle\int_0^a ds(\bar{\mu}(s))^2(\gamma_s^{\mu})^{-1} < \infty$. Or ceci, n'est pas puisque :

$$\frac{(\bar{\mu}(s))^2}{\gamma_s^{\mu}} \geq \frac{1}{(a-s)}$$

3. DEMONSTRATION DU THEOREME 1.

Nous procédons par étapes.

Etape 1. Notons $f^{\mu}(s) = \sqrt{\gamma_s^{\mu}}$, et $Y_t = \displaystyle\int_0^t f^{\mu}(s)dB_s$ $(t\geq 0)$.

Montrons tout d'abord que $(Y_t, t\leq a)$ est une $(\mathcal{G}_t^{\mu}, t\leq a)$ quasi-martingale, ce qui entraînera que $(Y_t, t\geq 0)$ est une $(\mathcal{F}_t^{\mu}, t\geq 0)$ semi-martingale. Pour cela, posons : $\mathcal{G}_t^{\mu} = \mathcal{F}_t \vee \sigma\{I_s^{\mu}, s\leq t\}$

$$= \mathcal{F}_t \vee \sigma\{I_t^{\mu}\} = \mathcal{F}_t \vee \sigma\{\int_{]t,a]} (B_u - B_t)d\mu(u)\},$$ et remarquons que

$\mathcal{F}_t^{\mu} = \mathcal{G}_{t+}^{\mu}$.

Soient s et t deux nombres réels tels que : $0 < s < t < a$. Le processus de Wiener $(B_{u+s} - B_s,\ u \geq 0)$ étant indépendant de $\mathcal{F}_s$, on a :

$$E[Y_t - Y_s | \mathcal{G}_s^\mu] = E[Y_t - Y_s | J_s^\mu]$$

$$= \alpha_{s,t} J_s^\mu$$

où $\alpha_{s,t}$ désigne le nombre réel déterminé par l'égalité suivante :

$$\alpha_{s,t}\, \gamma_s^\mu = E[(Y_t - Y_s)\int_{]s,a]} (B_u - B_s)\,d\mu(u)]$$

$$(4) \qquad = \int_{]s,t]} d\mu(u) \int_s^u f^\mu(v)dv + \left(\int_s^t f^\mu(v)dv\right)\bar{\mu}(t).$$

En remplaçant $\mathcal{G}_s^\mu$ par $\mathcal{G}_{s+\varepsilon}^\mu$, et en faisant tendre ε vers 0, il vient :

$$E[Y_t - Y_s | \mathcal{F}_s^\mu] = \alpha_{s,t} J_s^\mu,$$

soit encore, si l'on note, pour $h > 0$, $p_h Y$ la projection $\mathcal{F}^\mu$-optionnelle de $(Y_{s+h}, s \geq 0)$:

$$(p_h Y)_s - Y_s = \alpha_{s,s+h} J_s^\mu \qquad (s < a).$$

D'après Stricker [6], une condition nécessaire et suffisante pour que $(Y_t, t \leq a)$ soit une $(\mathcal{F}_t^\mu)_{t \leq a}$ quasi-martingale est que $\sup_{a > h > 0} C_h^\mu < \infty$,

où

$$C_h^\mu = \frac{1}{h} E\left(\int_0^{a-h} |(p_h Y)_s - Y_s|\,ds\right).$$

Or,

$$C_h^\mu = \frac{1}{h}\int_0^{a-h} ds\,\alpha_{s,s+h}\, E|J_s^\mu|$$

$$= \frac{c}{h}\int_0^{a-h} ds(\alpha_{s,s+h})\sqrt{\gamma_s^\mu} \qquad (c = \sqrt{2/\pi}).$$

Il découle alors de (4) que $C_h^\mu \leq c \int_0^a ds\bar{\mu}(s) < \infty$, d'où le résultat.

Etape 2. Notons A l'unique processus continu, nul en 0, à variation finie sur tout compact, et adapté à $(\mathcal{F}^{\mu}_t)$ tel que Y - A soit une $(\mathcal{F}^{\mu}_t)$ martingale locale. Le but de cette étape est d'expliciter A.

On a bien sûr : $A_t = A_{t\wedge a}$. D'autre part, le processus $(Y_t, t\leq a)$ étant une $(\mathcal{F}^{\mu}_t)$ quasi-martingale, et vérifiant : $E[\sup_{t\leq a}|Y_t|]<\infty$, une légère modification du théorème 54, p121 et 122, de Dellacherie [1], ou de celui de Meyer [5],p.157, permet d'écrire : $A_t = L^1.\lim_{(h\to 0)} A^h_t$ $(t<a)$, où :

$$A^h_t = \frac{1}{h}\int_0^t [(p_h Y)_s - Y_s]ds = \int_0^t \frac{\alpha_{s,s+h}}{h} J^{\mu}_s ds.$$

Or, $\frac{1}{h}\alpha_{s,s+h} \xrightarrow[(h\to 0)]{} \frac{\bar{\mu}(s)}{f^{\mu}(s)}$, et l'on peut appliquer le théorème de convergence dominée relativement à la mesure $1_{[0,t]}(s)\,ds$, puis à P, à l'aide de la majoration :

$\left|\frac{1}{h}\alpha_{s,s+h} J^{\mu}_s\right| \leq \frac{|J^{\mu}_s|}{f^{\mu}(s)}$, la variable $\left(\frac{J^{\mu}_s}{f^{\mu}(s)}\right)$ étant normale réduite centrée.

Finalement, on obtient : $A_t = \int_0^{t\wedge a} ds\, \frac{\bar{\mu}(s)}{f^{\mu}(s)} J^{\mu}_s$.

(Dans la suite, on note N= Y-A).

Etape 3. Soit $X_t = \int_0^t \phi_s dB_s$, avec ϕ processus $\mathcal{F}$-prévisible tel que : $\forall t, \int_0^t \phi^2(s)ds<\infty$ Pp.s. (d'après le lemme 1, il suffit de considérer ces $\mathcal{F}$-martingales locales). On veut montrer ici que :

i) X est une $\mathcal{F}^{\mu}$-semi-martingale si, et seulement si, l'intégrale figurant en (2), soit : $\int_0^a ds|\phi_s|\frac{\bar{\mu}(s)}{\gamma^{\mu}_s}|J^{\mu}_s|$, est finie Pp.s.

ii) si cette condition est réalisée, $X_t - \int_0^{t\wedge a} ds\phi_s \frac{\bar{\mu}(s)}{\gamma^{\mu}(s)} J^{\mu}_s$ est une $(\mathcal{F}^{\mu}_t)$ martingale locale.

On peut clairement prendre pour intervalle de temps $T = [0,a]$.

Si $X_t = \int_0^t \phi_s \, dB_s$, on a aussi, en posant $\psi_s = \phi_s / f^{\mu}(s) 1_{(s<a)}$, $X_t = \int_0^t \psi_s dY_s$,

pour tout $t \leq a$.

- Si ψ est borné, l'intégrale stochastique de ψ par rapport à Y ne dépend pas de la filtration par rapport à laquelle Y est une semi-martingale. On peut donc écrire, avec les notations de l'étape 2 :

$$(*) \quad X_t = \int_0^t \psi_s \, dN_s + \int_0^t \psi_s \, dA_s \qquad (t \geq 0).$$

- Si on suppose seulement que, pour tout t, $\int_0^t \psi_s^2 \, d\langle Y, Y\rangle_s < \infty$ Pp.s, un passage à la limite (portant sur ψ , pour la convergence en probabilité) permet de montrer que la formule (*) est encore valide pour tout $t < a$.

- Supposons maintenant que X est une $(\mathcal{F}_t^{\mu})$ semi-martingale. D'après (*), l'unique processus C continu, nul en 0, à variation finie, tel que :

X - C soit une $(\mathcal{F}_t^{\mu})$ martingale locale vérifie :

$$\forall t < a, \quad C_t = \int_0^t \psi_s \, dA_s.$$

Cette égalité se prolonge par continuité à $(t = a)$; en particulier,

$$\int_0^a |dC_s| = \int_0^a |\psi_s| |dA_s| < \infty \text{ Pp.s},$$

i.e : l'intégrale figurant en (2) est finie Pp.s.

De même, le processus défini par (3) est une $(\mathcal{F}_t^{\mu})$ martingale locale.

- Inversement, si $\int_0^a |\psi_s| |dA_s| < \infty$ Pp.s, le processus

$(\int_0^a \psi_s dA_s, \; t \geq 0)$ est à variation finie sur tout compact, et l'égalité (*) se prolonge par continuité à tout $t \leq a$. En conséquence, X est une $(\mathcal{F}_t^{\mu})$ semi-martingale, et $(X_t - \int_0^t \psi_s dA_s, \; t \geq 0)$ une $(\mathcal{F}_t^{\mu})$ martingale locale.

Etape 4. Il nous reste à montrer que : $\int_0^a ds|\phi_s|\frac{\bar{\mu}(s)}{\sqrt{\gamma_s^\mu}} < \infty$ Pp.s, si et seulement

si : $\int_0^a ds|\phi_s|\ \frac{\bar{\mu}(s)}{\gamma_s^\mu}|\ J_s^\mu\ | < \infty$ Pp.s.

Comme cela a été annoncé dans l'introduction, c'est le résultat suivant, dû à T.Jeulin [3], qui sert ici, ainsi que pour d'autres exemples de grossissement (cf [3]) d'outil fondamental.

Lemme 2 : $(\Omega,\mathcal{F},(\mathcal{F}_t),P)$ désigne un espace de probabilité filtré usuel, et $(K_t)_{t\geq 0}$ un processus croissant $(\mathcal{F}_t)$ prévisible.

Soit $(R_t,t\geq 0)$ un processus mesurable positif qui vérifie la propriété suivante :

Il existe une probabilité λ sur $[0,\infty[$ telle que :

$\int\lambda(dx)x < \infty$; $\lambda\{0\}= 0$; et :

pour toute fonction $f : \mathbb{R}_+\to\mathbb{R}$, borélienne, bornée :

(5) $\quad {}^{(p)}_{\infty}(f(R))_t = \int\lambda(dx)f(x)$, pour $t\in \operatorname{supp}(K)$

Alors, $(\int_0^{\infty} R_s dK_s < \infty) = (K_\infty < \infty)$ Pp.s.

Quitte à faire le changement de temps : $t\to\frac{at}{(1+t)}$, on peut évidemment prendre pour intervalle de temps $T=[0,a[$. Le résultat cherché découle alors du lemme de Jeulin appliqué au processus croissant

$K_t = \int_0^t ds|\phi_s|\frac{\bar{\mu}(s)}{\sqrt{\gamma_s^\mu}}$, et au processus $R_t=\frac{1}{\sqrt{\gamma_t^\mu}}\ |J_t^\mu|$, qui vérifie (5), avec

$\lambda(dx) = \sqrt{2/\pi}\ \ dx\ e^{-x^2/2}$

4. LE CAS OU μ N'EST PAS A SUPPORT COMPACT.

Dans ce cas, la fonction continue (γ_s^μ) est strictement positive, et donc bornée inférieurement par un réel positif, non nul, sur tout compact de $\mathbb{R}_+$.

Aussi, les difficultés rencontrées au paragraphe 3 disparaissent, et, reprenant la démonstration précédente avec $a = \infty$, on obtient le :

Théorème 2 : Si μ n'est pas à support compact, la propriété (H') est vérifiée pour le couple $(\mathcal{F},\mathcal{F}^\mu)$.

De plus, si X est une $(\mathcal{F}_t)$ martingale locale qui se décompose en : $X=\phi.B+U$, avec ϕ processus $(\mathcal{F}_t)$ prévisible, et $U(\mathcal{F}_t)$ martingale locale orthogonale à B, le processus :

$$X_t - \int_0^t ds\phi_s \frac{\bar{\mu}(s)}{\int_s^\infty du(\bar{\mu}(u))^2} \{\int_{]s,\infty[} (B_u - B_s)d\mu(u)\}$$ est une $(\mathcal{F}_t^\mu)_{t\geq 0}$ martingale locale.

Remarque : Là encore, le lemme de Jeulin permet d'obtenir des précisions intéressantes.

Si X est une $(\mathcal{F}_t)$ martingale locale, on note $X = M + C$ sa $\mathcal{F}^\mu$-décomposition canonique (M est une $\mathcal{F}^\mu$-martingale locale ; C un processus à variation finie, continu, nul en 0).

Si l'on reprend la démonstration du corollaire 1.2, il apparaît que pour que toute $(\mathcal{F}_t)$ martingale de carré intégrable $X = M + C$ vérifie $\int_0^\infty |dC_s| < \infty$ Pp.s, il est nécessaire que $\int_0^\infty ds \frac{(\bar{\mu}(s))^2}{\int_s^\infty du(\bar{\mu}(u))^2} < \infty$.

Or, ceci n'est pas possible, cette dernière intégrale de Riemann étant égale à $+\infty = -\log F(\infty) + \log F(0)$, si $F(u) \overset{def}{=} \int_u^\infty dv(\bar{\mu}(v))^2$. A fortiori, il n'est pas vrai que toute $(\mathcal{F}_t)$ martingale de carré intégrable soit une $(\mathcal{F}_t^\mu)$ semi-martingale de H^1.

REFERENCES :

[1] C.Dellacherie : Capacités et processus stochastiques. Springer-Verlag (1972)

[2] K.Ito : Extension of stochastic integrals. Proc. of Intern. Symp. SDE. Kyoto (1976), p.95-109.

[3] T.Jeulin : Conditions nécessaires et suffisantes pour le grossissement d'une filtration (à paraître).

[4] T.Jeulin et M.Yor : Inégalité de Hardy, semi-martingales et faux-amis. Sém. Proba. Strasbourg XIII, Lect. Notes in Maths. 721 Springer (1979).

[5] P.A.Meyer : Probabilités et potentiel. Hermann, Paris (1966).

[6] C.Stricker : Une caractérisation des quasi-martingales. Sém. Proba. Strasbourg IX, Lect. Notes in Maths 465, Springer (1975).

Note ajoutée au texte initial (Décembre 1979) :

La bonne présentation - selon la terminologie de D. Williams - est de grossir la filtration $(\mathcal{F}_t)$ avec une variable générique (que l'on peut supposer centrée) de l'espace gaussien engendré par le mouvement Brownien (B_t), soit $\int_0^\infty f(s)dB_s$ $(f \in L^2(\mathbb{R}_+,ds))$.

J'espère présenter, aussitôt que possible, cette généralisation des résultats qui figurent dans le présent article, en indiquant dès maintenant que la version "générale" est très voisine de la version "restreinte".

CONSTRUCTION D'UNE MARTINGALE REELLE CONTINUE, DE FILTRATION NATURELLE DONNEE.

J. AUERHAN, D. LEPINGLE ET M. YOR

Position du problème et résumé.

On construit à l'aide de différents procédés une martingale continue réelle dont la filtration naturelle est celle d'un nombre fini ou infini (mais dénombrable) de mouvements browniens réels indépendants.

1. Notations et préliminaires.

$(\Omega,F,(\mathcal{F}_t),P)$ est l'espace de probabilité filtré de référence. $\mathcal{F} = (\mathcal{F}_t)_{t\geq o}$ vérifie les conditions habituelles, ainsi que toutes les filtrations utilisées dans la suite. $\mathcal{P}$ est la tribu prévisible, sur $\Omega \times]o,\infty[$, associée à $(\mathcal{F}_t)$.

Si $Z : \Omega \times \mathbb{R}_+ \to \mathbb{R}^p$ $(p\leq\infty)$ est un processus $\mathcal{B}(\mathbb{R}_+) \otimes F$ mesurable, on note $\mathcal{F}(Z)$ la filtration naturelle de Z, c'est à dire : $(\mathcal{F}^o_t(Z) = \sigma\{Z_s, s\leq t\}, t\geq o)$ rendue (F,P) complète, et continue à droite.

Si Z et Z' sont deux tels processus, on dit que :

- Z domine Z' (ou : Z' est dominé par Z) si $\mathcal{F}(Z') \subseteq \mathcal{F}(Z)$.
- Z équivaut à Z' (ou : Z et Z' sont équivalents) si $\mathcal{F}(Z') = \mathcal{F}(Z)$.

Rappelons, d'après un résultat classique d'approximation, que :

(1) Si M et N sont deux martingales continues, telles que M domine N, alors M domine également $\langle M,N\rangle$.

Le lemme suivant - qui joue un rôle fondamental au paragraphe 2 - est dû à Dellacherie et Stricker ([1], p. 366 et 367).

Lemme : Les assertions suivantes sont équivalentes :

(i) $L^1(\Omega,\mathcal{F}_\infty,P)$ est séparable

(ii) il existe une sous-tribu séparable $\mathcal{H}$ de $\mathcal{F}_\infty$ telle que tout ensemble de $\mathcal{F}_\infty$ soit P p.s égal à un ensemble de $\mathcal{H}$

(iii) il existe un processus strictement croissant, continu à gauche, borné par 1 et $(\mathcal{F}_t)$ adapté, A, tel que tout ensemble de $\mathcal{P}$ soit P-indistinguable d'un ensemble de $\sigma(A)$.

Remarque : Rappelons que pour tout $(\mathcal{F}_t)$t-a T, et tout ensemble $\Gamma \in \mathcal{F}_{T-}$, il existe un processus $(\mathcal{F}_t)$ prévisible Z tel que $1_\Gamma = Z_T$, P p.s sur $(T<\infty)$.

On en déduit immédiatement que, si l'assertion (iii) est vérifiée, l'égalité $\mathfrak{F} = \mathfrak{F}(A)$ s'ensuit.

2. Une construction générale.

Le théorème suivant résoud en particulier le problème posé en début d'article.

Théorème : Les assertions suivantes sont équivalentes :

1) Il existe une martingale locale continue M, dont la filtration naturelle est égale à $\mathfrak{F}$, et telle que :

$P(d\omega)$ p.s, $d\langle M,M\rangle_t(\omega)$ est équivalente à (dt).

2) Il existe un $(\mathfrak{F}_t)$ mouvement brownien réel et $L^1(\Omega, \mathfrak{F}_\infty, P)$ est séparable.

Démonstration : 1) $\Longrightarrow$ 2) :

- Si $\frac{d\langle M,M\rangle_t}{dt} = H_t$ $(H \in \mathcal{P})$, alors, d'après un théorème classique de Paul Lévy, $\beta_t = \int_0^t 1/\sqrt{H_s}\, dM_s$ est un $(\mathfrak{F}_t)$ mouvement brownien réel.

- D'autre part, l'assertion (ii) du lemme est vérifiée avec $\mathcal{H} = \sigma\{M_u, u \in \mathbb{Q}_+\}$.

2) $\Longrightarrow$ 1). On note $(\beta_t)_{t \geq o}$ un $(\mathfrak{F}_t)$ mouvement brownien.

D'après (1), appliqué avec $M=N$, la martingale $M_t = \int_0^t A_s\, d\beta_s$ satisfait à 1), dès que A vérifie l'assertion (iii) du lemme.

Corollaire : Supposons que $(\mathfrak{F}_t)$ soit la filtration naturelle d'un mouvement brownien à valeurs dans $\mathbb{R}^p (p \leq \infty)$. Il existe une martingale continue réelle admettant $(\mathfrak{F}_t)$ pour filtration naturelle.

3. Construction explicite d'une martingale continue réelle, dont la filtration naturelle est celle d'un mouvement brownien à valeurs dans $\mathbb{R}^n (n \leq \infty)$.

On se propose ici de décrire différentes solutions "élémentaires" au problème posé, ne faisant pas intervenir le processus croissant générique A (voir le lemme). On note $B = (B^i)_{i \leq n (\leq \infty)}$ le mouvement brownien donné.

Remarquons tout d'abord que l'on peut toujours supposer $B_o = 0$. En effet, s'il n'en est pas ainsi, la tribu $\sigma(B_o)$ est séparable, et il existe donc une variable réelle bornée, soit m, qui l'engendre. Si $(M_t, t \geq o)$ est une solution, nulle en 0, du problème posé avec $(B_t - B_o, t \geq o)$, alors $(m + M_t, t \geq o)$ est une solution du problème relatif à $(B_t, t \geq o)$. On suppose donc, dans la suite, $B_o = 0$.

1° n fini.

a) Première méthode. Soit $\Phi : \mathbb{R} \to \mathbb{R}_+ \setminus \{o\}$, une fonction continue, engendrant la tribu borélienne (par exemple : $\Phi(x) = 2 + \frac{x}{1+|x|}$).

On définit : $M^{(1)} = B^1$.

$$M^{(2)} = \int_0^\cdot \Phi(M_s^{(1)})dB_s^2$$
$$\vdots$$
$$M^{(p+1)} = \int_0^\cdot \Phi(M_s^{(p)})dB_s^{p+1}$$
$$\vdots$$
$$M^{(n)} = \int_0^\cdot \Phi(M_s^{(n-1)})dB_s^n.$$

A l'aide de (1), appliqué successivement à $M=N=M^{(i)}$, on montre par itération que, pour tout i, $M^{(i)}$ équivaut à $(B^1,\ldots,B^i)$. $M^{(n)}$ est donc une solution au problème.

b) Seconde méthode. Rappelons que si M est une martingale continue nulle en 0, et si l'on note $S = \sup_{s\le\cdot} M_s$, le processus $Y = S-M$ équivaut à M. (Utiliser l'identité : $S_t = \int_0^t 1_{(Y_s=0)}dY_s$). On définit encore une suite de martingales $(M^{(p)}, 1\le p\le n)$ de la façon suivante :

$$M^{(1)} = B^1, \text{ et si l'on note } S^{(p)} = \sup_{s\le\cdot} M_s^{(p)},$$
$$M^{(p+1)} = \int_0^\cdot (S_s^{(p)}-M_s^{(p)})dB_s^{p+1}.$$

A l'aide du rappel précédent et de (1), on obtient l'équivalence pour tout $p\in[2,(n-1)]$ des processus $M^{(p+1)}$ et $(M^{(p)},B^{p+1})$. Par itération, $M^{(n)}$ et B sont équivalents.

c) Troisième méthode. A toute composante B^i du mouvement brownien B, on associe : $\sigma^i = \sup_{s\le\cdot} B_s^i$. L'identité suivante découle de la formule d'Ito, et de ce que la mesure aléatoire $d\sigma_s^i(\omega)$ est portée $\{s \,/\, \sigma_s^i(\omega) = B_s^i(\omega)\}$:

(2) $$(\sigma_t^i-B_t^i)^2 = t - 2\int_0^t(\sigma_s^i-B_s^i)dB_s^i.$$

Une légère modification (utilisant la formule (2)) de la démonstration du théorème 2 de [2], avec A matrice $n\times n$, diagonale, dont les éléments diagonaux sont n nombres réels distincts, non nuls, $(\lambda_i)_{i\le n}$, permet de montrer que la martingale :

$$M_t = \sum_{i=1}^{n} \lambda_i \int_0^t (\sigma_s^i - B_s^i)\, dB_s^i$$

équivaut au processus $(\sigma^i - B^i, i \leq n)$ à valeurs dans $\mathbb{R}^n$, et donc à B, d'après le rappel fait en b).

2° n infini.

On s'inspire beaucoup de la troisième méthode du cas : n fini.
Remarquons tout d'abord que, pour tout $t \in \mathbb{R}_+$, la série : $\sum_{i=1}^{\infty} 2^{-i} \int_0^t (\sigma_s^i - B_s^i)\, dB_s^i$ converge normalement dans L^1 : en effet, il résulte aisément de la formule (2) que la somme des normes dans L^1 de ces variables est majorée par $\sum_i 2^{-i}\, t < \infty$.
Ainsi, d'après l'inégalité maximale de Doob, il existe une martingale continue $(M_t)_{t \geq 0}$ telle que, pour tout t :

$$M_t = \sum_{i=1}^{\infty} 2^{-i} \int_0^t (\sigma_s^i - B_s^i)\, dB_s^i, \ P \text{ p.s.}$$

Nous allons montrer que M est solution du problème posé.
Toujours d'après le raisonnement fait pour n fini, dans la démonstration du théorème 2 de [2], on obtient aisément, en posant $\lambda_i = 2^{-i}$, que pour tout $n \in \mathbb{N}^*$, les processus $Z_t^{(n)} = \sum_{i=1}^{\infty} \lambda_i^n (\sigma_t^i - B_t^i)^2$ sont dominés par M.

En appliquant à $Y^i = \sigma^i - B^i$ la remarque faite au début de b), il nous reste à montrer que, pour tout i, $(\sigma^i - B^i)^2$ est dominé par M. Ce résultat découle des remarques suivantes :

Soit $(x_i)_{i \in \mathbb{N}^*}$ une suite de nombres positifs tels que $\sum_{i=1}^{\infty} \lambda_i x_i < \infty$
(on note toujours $\lambda_i = 2^{-i}$). Nous allons montrer que l'on peut exprimer la suite (x_i) mesurablement en fonction de la suite (f_n) définie par :

$$f_n = \sum_{i=1}^{\infty} \lambda_i^n x_i = \sum_{i=1}^{\infty} \lambda_n^i x_i .$$

En effet, la fonction $\ell(z) = \sum_{i=1}^{\infty} z^i x_i$ est holomorphe pour $|z| < 1/2$, et donc :

$$x_i = \frac{1}{i\,!} \frac{d^i \ell}{dz^i}(0)$$

Or, puisque $\lambda_n \xrightarrow[(n \to \infty)]{} 0$, on a :

$$x_1 = \lim_{n \to \infty} \frac{f_n}{\lambda_n}, \quad x_2 = \lim_{n \to \infty} \frac{f_n - x_1 \lambda_n}{\lambda_n^2},$$

puis, de façon générale :

$$x_p = \lim_{n \to \infty} \frac{1}{\lambda_n^p} \left(f_n - \sum_{i=1}^{p-1} \lambda_n^i x_i\right),$$ d'où le résultat cherché, par récurrence.

4. En guise de conclusion.

Revenons à la situation générale étudiée dans les paragraphes 1 et 2. Supposons maintenant qu'il existe un $(\mathcal{F}_t)$ processus de Poisson $(N_t)_{t\geq o}$ et que, en outre, $L^1(\Omega,\mathcal{F}_\infty,P)$ soit séparable.

Si A désigne un processus continu, $(\mathcal{F}_t)$ adapté, satisfaisant à la condition (iii) du lemme (paragraphe 1), il est immédiat que la martingale $M_t = \int_o^t A_s \, d(N_s-s)$ a pour filtration naturelle $(\mathcal{F}_t)$ (remarquer que : $\int_o^t A_s \, dN_s = \sum_{(s\leq t)} \Delta M_s$).

En rapprochant ce résultat du théorème du paragraphe 2, il est naturel de se poser la question suivante :

si $(\mathcal{F}_t)$ est une filtration telle que $L^1(\Omega,\mathcal{F}_\infty,P)$ soit séparable, existe-t-il une martingale réelle (M_t) dont la filtration naturelle soit identique à $(\mathcal{F}_t)$?

Ne sachant pas répondre en toute généralité à ce problème, signalons toutefois que son analogue "discret" admet une réponse positive :
en effet, si $(\mathcal{F}_n)_{n\in\mathbb{N}}$ est une filtration telle que $L^1(\Omega,\mathcal{F}_\infty,P)$ soit séparable, il existe pour tout $n\in\mathbb{N}$, une variable $Z_n\in b(\mathcal{F}_n)$, qui engendre, aux ensembles négligeables près, la tribu $\mathcal{F}_n$.

La martingale $M_n = Z_o + (Z_1 - E(Z_1/\mathcal{F}_o)) +\ldots+ (Z_n - E(Z_n/\mathcal{F}_{n-1}))$ est alors une solution au problème.

REFERENCES :

[1] C. DELLACHERIE & C. STRICKER : Changements de temps et intégrales stochastiques. Sém. Proba. Strasbourg XI. Lect. Notes in Maths. 581. Springer (1977).

[2] M. YOR : Les filtrations de certaines martingales du mouvement brownien dans $\mathbb{R}^n$. Sém. Proba. Strasbourg XIII. Lect. Notes in Maths. 721 Springer (1979).

Université de Strasbourg
Séminaire de Probabilités 1978/79

SUR LA COMPATIBILITE TEMPORELLE D'UNE TRIBU ET D'UNE FILTRATION DISCRETE

par Aboubakary Seynou

Dans notre note [1], nous avons étudié la compatibilité temporelle de deux tribus, i.e. l'existence d'une filtration dont deux temps d'arrêt admettent les tribus données comme tribus des événements antérieurs. Nous donnons ici deux petits résultats sur la compatibilité temporelle d'une tribu et d'une filtration discrète(1).

Nous partons de la définition suivante, que nous serons amené à modifier légèrement plus loin

DEFINITION. *Soient* $(\Omega,\mathcal{F})$ *un espace mesurable,* $\mathcal{G}$ *une sous-tribu de* $\mathcal{F}$ *et* $(\mathcal{F}_n)$ *une filtration discrète sur* $(\Omega,\mathcal{F})$. *On dit que* $\mathcal{G}$ *et* $(\mathcal{F}_n)$ *sont* temporellement compatibles *s'il existe une filtration discrète* $(\mathcal{H}_n)$ *sur* $(\Omega,\mathcal{F})$ *satisfaisant aux conditions suivantes* :

a) *il existe un t.d'a.* S *de* $(\mathcal{H}_n)$ *tel que* $\mathcal{G} = \mathcal{H}_S$;

b) *pour tout t.d'a.* T *de* $(\mathcal{F}_n)$, *il existe un t.d'a.* T' *de* $(\mathcal{H}_n)$ *tel que* $\mathcal{F}_T = \mathcal{H}_{T'}$.

On dit alors que $(\mathcal{H}_n)$ réalise *la compatibilité temporelle de* $\mathcal{G}$ *et de* $(\mathcal{F}_n)$.

Pour soulager le travail dactylographique, nous écrirons $\mathcal{A}\cdot\mathcal{B}$ l'intersection de deux tribus $\mathcal{A}$ et $\mathcal{B}$, et $\mathcal{A}\vee\mathcal{B}$ la tribu engendrée par ces tribus ; nous noterons aussi $A\cdot B$ l'intersection de deux ensembles A et B tandis que $A+B$ désignera la réunion de A et B quand ceux-ci sont disjoints.

THEOREME 1. *Supposons que* $\mathcal{G}$ *soit une sous-tribu de* $\mathcal{F}_\infty = \bigvee_n \mathcal{F}_n$. *Si, pour tout* n , *les tribus* $\mathcal{G}$ *et* $\mathcal{F}_n$ *sont temporellement compatibles, alors la tribu* $\mathcal{G}$ *et la filtration* $(\mathcal{F}_n)$ *sont temporellement compatibles, et la compatibilité temporelle est réalisée par la filtration* $(\mathcal{H}_n)$ *définie par* $\mathcal{H}_n = \mathcal{F}_n\cdot(\mathcal{G}\vee\mathcal{F}_{n-1})$, *en convenant que* $\mathcal{F}_{-1} = \{\emptyset,\Omega\}$.

----

(1) Une aide de l'ENS de Fontenay-aux Roses a permis la rédaction de cet article.

DEMONSTRATION. Le théorème 1 de [1] permet de trouver, pour tout n, un élément A_n de $\underline{\underline{G}}.\underline{\underline{F}}_n$ de sorte que l'on ait

(1) $\forall K \in \underline{\underline{G}} \vee \underline{\underline{F}}_n \quad K.A_n \in \underline{\underline{G}}$ et $K.A_n^c \in \underline{\underline{F}}_n$

et, quitte à remplacer pour chaque n l'ensemble A_n par $B_n = \bigcap_{m \leq n} A_m$, <u>on peut supposer la suite</u> (A_n) <u>décroissante</u> car, pour $K \in \underline{\underline{G}} \vee \underline{\underline{F}}_n$, on a $K.B_n = (K.B_{n-1}).A_n \in \underline{\underline{G}}$ et $K.B_n^c = \bigcup_{m \leq n}(K.A_m^c) \in \underline{\underline{F}}_n$. Enfin, l'intersection A_∞ des A_n appartient à $\underline{\underline{G}} \vee \underline{\underline{F}}_\infty = \underline{\underline{F}}_\infty$, et l'<u>on a aussi</u> (1) <u>pour</u> $n = \infty$: pour $K \in \underline{\underline{F}}_\infty$, on a évidemment $K.A_\infty^c \in \underline{\underline{F}}_\infty$, et on montre aisément que l'on a $K.A_\infty \in \underline{\underline{G}}$ en supposant d'abord $K \in \underline{\underline{F}}_m$ pour un entier m et en raisonnant ensuite par classes monotones. Ceci fait, il est clair que l'on définit une filtration $(\underline{\underline{H}}_n)$ en posant $\underline{\underline{H}}_n = \underline{\underline{F}}_n.(\underline{\underline{G}} \vee \underline{\underline{F}}_{n-1})$ pour tout entier n et on a évidemment $\underline{\underline{H}}_\infty = \underline{\underline{F}}_\infty$. Définissons une v.a. S par

$$S = n \text{ sur } A_{n-1}.A_n^c \quad (A_{-1} = \Omega) \ , \ S = \infty \text{ sur } A_\infty$$

Comme on a $A_{n-1}.A_n^c \in \underline{\underline{G}}.\underline{\underline{F}}_n \subset \underline{\underline{H}}_n$, la v.a. S est un t.d'a. de $(\underline{\underline{H}}_n)$. Montrons que l'on a $\underline{\underline{G}} = \underline{\underline{H}}_S$. D'abord, il résulte immédiatement de (1) que $\underline{\underline{G}}$ est incluse dans $\underline{\underline{H}}_S$. Soit maintenant $K \in \underline{\underline{H}}_S$; on a, pour n fini,

$$K.\{S = n\} = K.A_{n-1}.A_n^c \in \underline{\underline{H}}_n \subset \underline{\underline{G}} \vee \underline{\underline{F}}_{n-1}$$

et $K.\{S = \infty\} = K.A_\infty \in \underline{\underline{H}}_\infty$. Comme on a $K.A_{n-1}.A_n^c = (K.A_{n-1}.A_n^c).A_{n-1}$, il résulte de (1) que $K.\{S = n\}$ appartient à $\underline{\underline{G}}$ pour $n > 0$, et c'est aussi vrai pour $n = 0$; par ailleurs, on a aussi $K.A_\infty = (K.A_\infty).A_\infty$ et donc $K.\{S = \infty\} \in \underline{\underline{G}}$ d'après (1) étendu à $n = \infty$. D'où, finalement, on a bien $K \in \underline{\underline{G}}$ et l'égalité $\underline{\underline{G}} = \underline{\underline{H}}_S$ est démontrée. Soit enfin T un t.d'a. de $(\underline{\underline{F}}_n)$ et définissons une v.a. T' par

$$T' = n \quad \text{sur } (\{T = n-1\}.A_{n-1}^c) + (\{T = n\}.A_n)$$

$$T' = \infty \quad \text{sur ce qui reste}$$

D'abord, nous montrons que, pour tout $K \in \underline{\underline{F}}_T$, on a $K.\{T' = n\} \in \underline{\underline{H}}_n$, ce qui impliquera que T' est un t.d'a. de $(\underline{\underline{H}}_n)$ (prendre $K = \Omega$) et que $\underline{\underline{F}}_T$ est incluse dans $\underline{\underline{H}}_{T'}$. Soit donc $K \in \underline{\underline{F}}_T$ et écrivons

$$K.\{T' = n\} = (K.\{T = n-1\}.A_{n-1}^c) + (K.\{T = n\}.A_n)$$

On déduit de (1) que le premier ensemble du second membre appartient à $\underline{\underline{F}}_{n-1}$ et que le second appartient à $\underline{\underline{G}}.\underline{\underline{F}}_n$, si bien que $K.\{T' = n\}$ appartient à $\underline{\underline{H}}_n$. Nous terminons la démonstration du théorème en montrant que $\underline{\underline{H}}_{T'}$ est incluse dans $\underline{\underline{F}}_T$. Soit $K \in \underline{\underline{H}}_{T'}$ et écrivons

$$K.\{T = n\} = (K.\{T' = n\}.A_n) + (K.\{T' = n+1\}.A_n^c)$$

Comme $K.\{T' = n\}$ appartient à $\underline{\underline{H}}_n$, le premier ensemble du second membre appartient à $\underline{\underline{F}}_n$, et comme $K.\{T' = n+1\}$ appartient à $\underline{\underline{H}}_{n+1}$, donc à $\underline{\underline{G}} \vee \underline{\underline{F}}_n$, il résulte de (1) que le second ensemble appartient aussi à $\underline{\underline{F}}_n$. D'où finalement $K.\{T = n\}$ appartient à $\underline{\underline{F}}_n$, et c'est fini.

Nous montrons maintenant que le théorème 1 peut être mis en défaut si on ne suppose pas $\underline{\underline{G}}$ incluse dans $\underline{\underline{F}}_\infty$; nous verrons ensuite que l'on a cependant un résultat un peu plus faible dans ce cas.

UN CONTRE-EXEMPLE. Nous prenons $\Omega = \{0,1,\ldots,a,b\}$ où a,b sont deux points ajoutés à $\mathbb{N}$, et $\underline{\underline{G}} = \underline{\underline{F}}$ = la tribu des parties de Ω. Pour $\underline{\underline{F}}_n$, nous prenons la tribu engendrée par $\{0\},\{1\},\ldots,\{n-1\}$ et par l'atome $\{n,n+1,\ldots,a,b\}$. Comme $\underline{\underline{F}}_n$ est incluse dans $\underline{\underline{G}}$ pour tout n, $\underline{\underline{G}}$ est évidemment temporellement compatible avec chacune des $\underline{\underline{F}}_n$. Nous supposons que $\underline{\underline{G}}$ est temporellement compatible avec la filtration $(\underline{\underline{F}}_n)$ et, désignant par $(\underline{\underline{H}}_n)$ une filtration réalisant cette compatibilité temporelle, nous montrons que l'on aboutit alors à une contradiction. D'abord, on a évidemment $\underline{\underline{H}}_\infty = \underline{\underline{G}} = \underline{\underline{F}}$. Soit, pour chaque n, S_n un t.d'a. de $(\underline{\underline{H}}_n)$ tel que $\underline{\underline{F}}_n = \underline{\underline{H}}_{S_n}$. Quitte à remplacer S_n par $\sup_{m\leq n} S_m$, on peut supposer que la suite (S_n) est croissante ; puis, comme $\{0\},\ldots,\{n-1\}$ appartiennent à $\underline{\underline{F}}_n$, on peut supposer $S_n = \infty$ sur $\{0,\ldots,n-1\}$, quitte à remplacer S_n par le t.d'a. de $(\underline{\underline{H}}_n)$ valant ∞ sur $\{0,\ldots,n-1\}$ et S_n sur $\{n,n+1,\ldots,a,b\}$. Posons alors $S = \lim S_n$; on a $S = \infty$ sur $\mathbb{N}$ mais on ne peut avoir $S=\infty$ partout car, alors, $\underline{\underline{F}}_\infty = \bigvee_n \underline{\underline{H}}_{S_n}$ serait égale à $\underline{\underline{H}}_\infty$, ce qui est impossible, les points a,b appartenant à un même atome de $\underline{\underline{F}}_\infty$. Par ailleurs comme, pour n fixé, $\{n,n+1,\ldots,a,b\}$ est un atome de $\underline{\underline{F}}_n$ et que S_n est $\underline{\underline{F}}_n$-mesurable, S_n est égal à une constante s_n, finie, sur cet atome. Et, comme l'ensemble $\{S_n = S_{n+1} < \infty\}$ appartient à $\underline{\underline{F}}_n$, on voit que la suite (s_n) ne peut être que strictement croissante, ce qui contredit le fait que S ne peut être partout égal à ∞.

Nous modifions en conséquence notre définition en supposant que, si $\underline{\underline{G}}$ n'est pas incluse dans $\underline{\underline{F}}_\infty$, la filtration qui doit réaliser la compatibilité temporelle puisse être indexée par $I = \{0,1,\ldots,\infty,\infty+1\}$, ∞ et $\infty+1$ étant deux points ajoutés à $\mathbb{N}$ en convenant que l'on a $n < \infty < \infty+1$ pour tout $n\in\mathbb{N}$ (si l'on veut que l'ensemble d'indices soit inclus dans $\mathbb{R}_+$, on peut prendre $I = \{0,\frac{1}{2},\ldots,1-\frac{1}{n},\ldots,1,2\}$).

THEOREME 2. <u>Sans supposer $\underline{\underline{G}}$ incluse dans $\underline{\underline{F}}_\infty$, si, pour tout n, les tribus $\underline{\underline{G}}$ et $\underline{\underline{F}}_n$ sont temporellement compatibles, alors la tribu $\underline{\underline{G}}$ et la filtration $(\underline{\underline{F}}_n)$ sont temporellement compatibles, et la compatibilité temporelle est réalisée par la filtration $(\underline{\underline{H}}_i)_{i\in I}$ définie par $\underline{\underline{H}}_n = \underline{\underline{F}}_n.(\underline{\underline{G}} \vee \underline{\underline{F}}_{n-1})$ pour $n\in\mathbb{N}$, $\underline{\underline{H}}_\infty = \bigvee_n \underline{\underline{H}}_n$ et $\underline{\underline{H}}_{\infty+1} = \underline{\underline{G}} \vee \underline{\underline{H}}_\infty$.</u>

DEMONSTRATION. Nous nous bornons à indiquer brièvement les modifications à apporter à la démonstration du théorème 1, les A_n ayant la même signification que précédemment. Pour plonger $\underline{\underline{G}}$ dans la filtration $(\underline{\underline{H}}_i)$, on remplace simplement le t.d'a. S précédemment défini par le t.d'a. S' égal à S sur A_∞^c et égal à $\infty+1$ sur A_∞. Pour plonger la filtration $(\underline{\underline{F}}_n)$ dans la filtration $(\underline{\underline{H}}_i)_{i\in I}$, il n'y a rien à changer.

Nous espérons pouvoir aborder le problème de la compatibilité temporelle d'une tribu $\underline{\underline{G}}$ avec une filtration $(\underline{\underline{F}}_t)_{t\in\mathbb{R}_+}$ dans un prochain article.

BIBLIOGRAPHIE

[1] SEYNOU (A.) : Sur les couples de tribus temporellement compatibles (C.R. Acad. Sc. Paris, t. 287, pp 659-661)

A. SEYNOU
Assistant à l'IMP
B.P. 7021
OUAGADOUGOU (Haute-Volta)

Séminaire de Probabilités
Volume XIV (1978/79)

REMARQUES SUR L'INTEGRALE STOCHASTIQUE

J. PELLAUMAIL (*)

1. INTRODUCTION

Le but de l'exposé qui suit est de donner quelques remarques très simples, en liaison avec la construction de l'intégrale stochastique et l'étude des équations différentielles stochastiques. Le théorème 2 donné au § 5 ci-après, quoique d'un énoncé extrêmement simple, généralise les principaux théorèmes d'existence et d'unicité d'équations différentielles stochastiques dans le cas lipschitzien. Cet exposé s'adresse à des lecteursfamiliarisés avec la terminologie classique : notamment on ne redonne pas la définition de termes tels que adapté, martingale, prévisible, temps d'arrêt, etc... Rappelons seulement ce qui suit :

Soit $(\Omega, \mathcal{F}, P, (\mathcal{F}_t)_{t\in T})$ une base stochastique avec $T = [0, t_m]$.
Deux processus X et Y définis sur cette base stochastique sont dits P-équivalents si $P\{\omega : \exists\, t,\ X_t(\omega) \neq Y_t(\omega)\} = 0$

Un processus X est dit prélocalement borné sur $[0,u[$ s'il existe une suite croissante $(u(k))_{k>0}$ de temps d'arrêt telle que $\lim_{k\to\infty} P([u(k) < u]) = 0$ et, pour tout entier k, $X.1_{[0,u(k)[}$ est uniformément borné.

2. SUR LA DEFINITION DE L'INTEGRALE STOCHASTIQUE

Soit $(\Omega, \mathcal{F}, P, (\mathcal{F}_t)_{t\in T})$ une base stochastique et H un espace de Banach séparable. Considérons le problème de la définition de l'intégrale stochastique $\int Y dX$ d'un processus prévisible réel uniformément borné Y par rapport à un processus X à valeurs dans H. On peut faire plusieurs sortes d'hypothèses sur le processus X, notamment :

a) Le processus X est un R-π-processus,(resp. R-π^*-processus), c'est-à-dire qu'il existe un processus Q cadlag adapté croissant tel que pour tout temps d'arrêt u et pour tout processus prévisible réel Y uniformément borné, on ait :

(*) Université de Rennes

$$E\{\|\int_{]0,u[} YdX\|^2\} \text{ (resp. } E\{\sup_{t<u}\|\int_{]0,t]} YdX\|^2\}) \leq E\{Q_{u^-}\cdot\int_{]0,u[}|Y|_t^2\, dQ_t\}$$

b) Le processus X est O-sommable c'est-à-dire que l'application $A \longrightarrow \int 1_A\, dX$ est une mesure définie sur la tribu des prévisibles et à valeurs dans l'espace $L_0^H(\Omega, \mathcal{F}, P)$.

c) Le processus X est une semi-martingale, c'est-à-dire la somme d'une martingale locale et d'un processus à variation bornée.
Dans le cas particulier où H est un espace vectoriel de dimension finie, les trois propriétés ci-dessus a), b), et c) sont équivalentes (cf. MeP-2).
Notons à ce sujet, que le fait que b) implique c) (théorème de Dellacherie, Meyer, Mokobodski) repose sur un lemme topologique essentiellement dû à Nikishin (cf. [Nik]).
Dans le cas où H n'est pas de dimension finie, on a c) implique a) et a) implique b) mais ceci n'est pas réciproque.

La condition c) a été introduite et étudiée systématiquement par l'école de Strasbourg. La condition b) est évidemment la condition naturelle pour avoir une "bonne définition" de l'intégrale stochastique : il faut noter que si cette condition est satisfaite, on peut prouver la formule de Ito ; Par contre, la condition b) ne semble pas suffisante pour prouver l'existence et l'unicité des solutions d'équations différentielles stochastiques ; pour obtenir de tels résultats, la "bonne hypothèse" semble de supposer que X est un π^*-processus.
Il faut aussi remarquer que la condition a) est très commode pour construire et étudier l'intégrale stochastique ; c'est cette condition qui est utilisée au début dans [MeP-2], pour des motifs pédagogiques : la condition b) est plus générale mais sa mise en oeuvre nécessite l'utilisation de théorèmes difficiles sur les mesures vectorielles.
De plus, la condition a) permet de définir l'intégrale stochastique $\int YdX$ pour une classe très vaste de processus Y. Plus précisément, on a le théorème suivant sous une forme qui m'a été suggérée par M. Meyer :

3. INTEGRALE STOCHASTIQUE MAXIMALE

Théorème 1 : Soit $(\Omega,\mathcal{F},P,(\mathcal{F}_t)_{t\in T})$ une base stochastique avec $T = [0,t_m]$.

Soit X un π-processus à valeurs dans un espace de Banach H séparable, dominé par le processus Q c'est-à-dire que, pour tout temps d'arrêt u et pour tout processus prévisible réel Y, on a :

$$E\{||\int_{]0,u[} Y\, dX||^2\} \leq E\{Q_{u^-} \cdot \int_{]0,u[} |Y|_t^2\, d\, Q_t\}$$

Soit v un temps d'arrêt.

Soit U un processus réel prévisible tel que le processus $W_t = \int_{]0,t]} |U|_s^2 . dQ_s$ soit fini pour $t < v$, ce qui est notamment le cas si U est prélocalement borné sur $[0,v[$.

Alors, le processus intégrale stochastique $Z_t = \int_{]0,t]} Y\, dX$ est bien défini sur l'intervalle $[0,v[$.

Preuve :

Pour tout k, on pose $w(k) := v \wedge \inf.\{t : W_t > k\}$.

L'intégrale stochastique Z se construit comme une intégrale L^2 ordinaire sur $[0,w(k)[$ (cf. [MeP-2]) et on a un processus intégrale stochastique Z^k sur $[0,w(k)[$; ensuite, l'unicité de l'intégrale stochastique permet de définir Z sur $[0,v[$ par $Z.1_{[0,w(k)[} = Z^k.1_{[0,w(k)[}$

4. DONNEES ET NOTATIONS

Dans la suite, on considère :

- T un intervalle borné $[0,t_m]$ de l'axe réel
- H un espace vectoriel topologique muni d'une distance d, compatible avec sa topologie, pour laquelle H est séparable et complet ; on posera $||h|| = d(h,0)$.
- $(\Omega,\mathcal{F},P,(\mathcal{F}_t)_{t\in T}) = B^I$ une base stochastique complète, la famille $(\mathcal{F}_t)_{t\in T}$ étant supposée continue à droite : quand on parlera de processus adapté, de temps d'arrêt, etc..., ce sera toujours par rapport à cette base de processus.

On notera S (resp. S_b) l'espace des processus (resp. des processus uniformément bornés) cadlag adaptés à la base B^I, à valeurs dans H et définis à une P-équivalence près. On notera C l'ensemble des processus croissants positifs cadlag adaptés à la base B^I.

5. THEOREME D'EXISTENCE ET D'UNICITE

Théorème 2 : Soit f une application de S_b dans S satisfaisant aux deux conditions suivantes :

(i) f est non anticipative au sens suivant : pour tout temps d'arrêt u, $X \in S_b$, $Y \in S_b$ et $X.1_{[0,u[} = Y.1_{[0,u[}$ implique $f(X).1_{[0,u]} = f(Y).1_{[0,u]}$

(ii) pour tout réel $d > 0$ il existe un élément Q^d de C tel que, si X et Y sont deux éléments de S uniformément bornés par d, on a, pour tout temps d'arrêt u :

$$E\{\sup_{t<u}.||f(X)_t - f(Y)_t||^2\} \leqslant E\{Q^d_{u-} . \int_{]0,u[} \sup_{s<t} ||X_s-Y_s||^2 \, . \, d\, Q^d_t\}$$

Alors il existe un temps d'arrêt prévisible v et un processus X définis sur $[0,v[$ tels que, si on pose $w(k) := v \wedge \inf. \{t : ||X_t|| > k\}$, on a :

(iii) $\quad X.1_{[0,w(k)]} = f(X).1_{[0,w(k)]}$

(iv) pour tout entier k, $\quad P([w(k) < v < t_m]) = P([v < t_m])$

(v) $\quad w(k) \uparrow v$

De plus, $X.1_{[0,v[}$ est unique à une P-équivalence près.

Preuve :

Tout d'abord, soit $(u(n))_{n>0}$ une suite de temps d'arrêt croissant vers un temps d'arrêt u. Soit X un processus appartenant à S tel que, pour tout entier n, $X.1_{[0,u(n)[}$ soit uniformément borné par n. Alors $f(X)$ est défini, à une P-équivalence près, sur le domaine $U = \bigcup_{n>0} [0,u(n)]$ (compte-tenu de la condition (i)). Notamment le processus f(X) est défini, à une P-équivalence près, pour tout processus X prélocalement borné.

De plus, si u est un temps d'arrêt et si X est un processus défini sur $[0,u[$ tel que $X.1_{[0,u[}$ appartienne à S et soit prélocalement borné, alors $f(X.1_{[0,u[})$ est défini sur $[0,u[$; dans ce cas, par abus de notation, on pose

$f(X) := f(X.1_{[0,u[})$ sur $[0,u[$.

La preuve du théorème ci-dessus, à quelques détails formels près, est exactement la même que celle proposée en [MeP-1] ; voir aussi [MeP-2] . Nous la reproduisons dans le contexte ici proposé pour la commodité du lecteur.

Cette preuve se décompose en trois étapes :

- unicité (§ 6)
- extension d'une solution (§ 7)
- solution maximale (§ 8).

6. UNICITE

On se place sous les hypothèses du théorème 2. Soit v et v' deux temps d'arrêt et X et X' deux processus définis respectivement sur $[0,v[$ et $[0,v'[$ et tels que X = f(X) sur $[0,v[$ et X' = f(X') sur $[0,v'[$. Alors, X est P-équivalent à X' sur $[0,v \wedge v'[$.

Preuve :

On pose : $u := v \wedge v' \wedge \inf.\{t : ||X_t - X'_t|| > 0\}$.

Si $P[u < (v \wedge v')] = 0$, l'unicité est démontrée. On suppose donc $P[u < (v \wedge v')] > 0$. Les processus X et X' étant cadlag, il existe un nombre positif d et un temps d'arrêt w' tels que

$$\sup_{u \leq s < w'} (||X_s|| + ||X'_s||) \leq d$$

$$P([w' > u)] > 0 \text{ et } w' \leq (v \wedge v')$$

Soit Q^d le processus intervenant dans la condition (ii).

Soit w le temps d'arrêt défini par

$$w := w' \wedge \inf.\{t : t \geq u,\ Q^d_t(Q^d_t - Q_u) > \frac{1}{2}\}$$

On pose $h := E\{\sup_{u \leq s < w} . ||X_s - X'_s||^2\}$ et on a :

$$h = E\{\sup_{u \leq s < w} ||f(X)_s - f(X')_s||^2\}$$

$$\leq E\ \{Q^d_{w-} . \int_{]0,w[} \sup_{s<t} . ||X_s - X'_s||^2 . d\,Q^d\}$$

$\leq 1/2\ h$ ce qui implique $h = 0$ et $P[u < (v \wedge v')] = 0$.

7. EXTENSION D'UNE SOLUTION

On se place sous les hypothèses du théorème 2. Soit X un processus défini sur $[0,u[$ *tel que* $X.1_{[0,u[}$ *appartient à S et tel que* $X = f(X)$ *sur* $[0,u[$*. On suppose que :*

$$P\ \{\omega : u(\omega) < t_m \text{ et } \lim_{t \uparrow u(\omega)} ||X_t(\omega)|| < +\infty\} = a > 0$$

Alors, pour tout $\varepsilon > 0$*, il existe un temps d'arrêt v et un processus Y tels que :*

(i)' $P[v > u] \geq a - 2\varepsilon$

(ii)' $Y.1_{[0,v[}$ *appartient à S et Y est P-équivalent à f(Y) sur* $[0,v[$

(iii)' *X est P-équivalent à Y sur* $[0,u[$

Preuve :

Soit $d > 0$ tel que, si on pose $u' := u \wedge \inf.\{t : ||X_t|| > \frac{1}{2} d\}$

on a $P[u' = u < t_m] \geq a - \varepsilon$. On pose $X^0 := X.1_{[0,u'[}$, $X^1 := f(X^0)$,

$u(1) := \inf.\{t : t \geq u',\ Q^d_t.(Q^d_t - Q^d_{u'}) > \frac{1}{8},\ ||X^1_t - X^0_t|| > (\frac{1}{4} d \wedge \frac{\sqrt{\varepsilon} d}{32})$.

La continuité à droite de Q^d, X^o et X^1 implique que l'on a $P[u(1) > u'] = P[u' < t_m]$. On construit alors la suite $(u(k))_{k>1}$ de temps d'arrêt et la suite associée de processus $(X^k)_{k>0}$ de la façon suivante :

$$\text{pour } k \geqslant 1, \quad X^{k+1} := f(X^k).1_{[0,u(k)[}$$

$$u(k+1) := u(k) \wedge \inf.\{t : ||X_t^{k+1} - X_t^k|| > 2^{-(k+2)}.\, d\}$$

La suite de temps d'arrêt $(u(k))_{k>0}$ décroit vers un temps d'arrêt w et, pour tout k on a $||X_t^{k+1}|| \leqslant d$ sur $[0,u(k+1)[$.

On pose $h_k := E\{\sup_{t<u(k+1)} ||X_t^{k+1} - X_t^k||^2\}$ et on a :

$$h_k = E\{\sup_{t<u(k+1)} ||f(X^k)_t - f(X^{k-1})_t||^2\}$$

$$\leqslant E\{Q^d_{u(k)-} \int_{]0,u(k)[} \sup_{s<t} .||X_s^k - X_s^{k-1}||^2 .\, d\, Q_t^d\}$$

$$\leqslant \frac{1}{8} h_{k-1} \leqslant (\tfrac{1}{8})^{k-1} h_1 \leqslant (\tfrac{1}{8})^{k+2} \varepsilon\, d^2$$

Or $P[u(k+1) < u(k)] \leqslant h_k.4^{(k+2)} d^{-2} \leqslant 2^{-(k+2)}.\varepsilon$ puisque $u(k+1) < u(k)$ implique $||X^{k+1} - X^k||^2 \geqslant 4^{-(k+2)} d^2$

On a donc $P[w < u(1)] \leqslant \varepsilon$ donc

$$P[w > u \text{ et } u < t_m] \geqslant a - 2\varepsilon$$

Par ailleurs, la suite $(X^k)_{k>0}$ est de Cauchy uniformément par trajectoires sur $[0,w[$ (lemme de Borel-Cantelli) et uniformément bornée par d, cette suite converge donc, sur $[0,w[$, vers un processus cadlag Z tel que $Z = f(Z)$ sur $[0,w[$ puisque $\lim_{k\to\infty}.E\{\sup_{t<w}.||X_t^k - Z_t||^2\} = 0$.

Le lemme d'extension est alors démontré en prenant $Y = \tilde{X}$ sur $[0,u[$ et $Y = Z$ sur $[0,w[$ (par construction, $Y = Z$ sur $[0, u \wedge w[$).

8. SOLUTION MAXIMALE

On se propose maintenant de prouver le théorème 2 en utilisant les deux lemmes précédents.

On considère la famille A des temps d'arrêt u tels qu'il existe X avec $X = f(X)$ sur $[0,u[$. On désigne par v le sup. essentiel (pour P) des éléments de A. Si u et u' appartiennent à A, X et X' étant les processus associés, on peut poser

$$X'' := X.1_{[0,u[} + X'.1_{[u,u \vee u'[}$$

et on a $X'' = f(X'')$ sur $[0,u \vee u'[$ (condition (i) du théorème 1). On peut donc extraire de A une suite croissante $(u(n))_{n>0}$ de temps d'arrêt telle que $v = \lim_{n\to\infty} u(n)$ Pour tout n, soit X^n tel que $X^n = f(X^n)$ sur $[0,u(n)[$; on peut alors définir le processus X sur $[0,v[$ en posant $X.1_{[0,u(n)[} = X^n.1_{[0,u(n)[}$ (compte-tenu du lemme d'unicité).

On considère alors la suite de temps d'arrêt :

$w(n,k) := u(n) \wedge \inf.\{t : ||X_t|| > k\}$

$w(k) := \sup_n w(n,k)$

On a $w(k) \leqslant v$ et on veut prouver que

$$P([w(k) = v < t_m]) = 0$$

Raisonnons par l'absurde et supposons qu'il exsiste un entier k tel que

$$P([w(k) = v < t_m]) = 2\varepsilon > 0$$

Par construction, $X = f(X)$ sur $[0,w(k)[$. De plus, comme le processus X est borné par k sur $[0,w(k)[$, $f(X)=f\circ f(X)$ sur $[0,w(k)]$. Le lemme d'extension nous permet alors de dire qu'il existe un temps d'arrêt w' qui appartient à A et tel que :

$$P([w' > w(k)]) > P([w(k) < t_m]) - \varepsilon$$

ceci inplique $P([w' > v]) > \varepsilon$, ce qui contredit la définition de v.

On a donc prouvé que, pour tout entier k,

$$P([w(k) = v < t_m]) = 0$$

La suite $(w(k))_{k>0}$ est donc une suite qui "annonce" v et v est un temps d'arrêt prévisible ce qui achève la preuve du théorème 2.

9. GENERALISATIONS

Pour alléger l'exposition, on s'est volontairement placé dans un cadre simple à formaliser. Quoique le cadre considéré ici soit déjà très général, il est évidemment possible d'affaiblir les diverses hypothèses :

1°) Dans la condition (ii) du théorème 2, on peut remplacer (dans les deux membres) $||.||^2$ par tout autre fonction croissante de $||.||$.

2°) Il n'est pas nécessaire que f(X) soit un processus partout défini quand X est uniformément borné : il suffit que X soit défini jusqu'à un temps d'arrêt u tel que $\lim_{t\uparrow u} ||X_t|| = +\infty$ si $u < t_m$

3°) Dans la condition (ii), il suffit d'avoir une majoration de la forme

$$\leqslant E\,\{\hat{Q}^d_{u-} \int_{]0,u[} \sup_{s<t} .||X_s - Y_s||^2 . d\,Q^d_t\}$$

où $\hat{Q}^d$ appartient à C et Q^d est une mesure aléatoire positive "continue à droite".

4°) Si le processus "dominant" Q est prévisible, il suffit d'avoir la majoration (ii) le saut en u compris : on utilise le fait que, si $v := \inf.\{t : Q_t > d\}$, v est prévisible est donc peut-être annoncé par une suite de temps d'arrêt strictement plus petits que v ; plus généralement, il suffit, par exemple, que l'on ait :

$$E\{\sup_{t<u} . ||f(X)_t - f(Y)_t||^2$$

$$\leqslant E\{Q^d_{u-} . \int_{]0,u[} \sup_{s<t} ||X_s - X_s||^2 . d\,Q^d_t\}$$

$$+ E\{\hat{Q}^d_u . \int_{]0,u]} \sup_{s<t} ||X_s - Y_s||^2 . d\,\hat{Q}^d_t\}$$

avec Q^d élément de C comme avant et $\hat{Q}^d$ élément de C <u>et</u> prévisible.

La technique évoquée plus haut a été utilisée par Jacod.

5°) On peut évidemment mélanger les diverses généralisations ci-dessus.

10. STABILITE

Dans le cadre considéré ici, l'étude de la stabilité de la solution X de X = f(X) quand on "perturbe légèrement" f peut s'étudier exactement comme dans [MeP-2]. Plus précisément, on considère deux fonctionnelles f et f' comme dans le théorème 2. Pour simplifier, on suppose qu'il existe un élément Q de C tel que, pour tout temps d'arrêt u et pour tout couple (X,Y) d'éléments de S_b, on a :

$$E\{\sup_{t<u} . \|(f(X))_t - (f(Y))_t\|^2\} \leqslant E\{Q_{u-} . \int_{]0,u[} \sup_{s<t} . \|X_s - Y_s\|^2 . \, d\, Q_t\}$$

et de même en remplaçant f par f' (avec le même processus Q).

Soit d > 0 et v := inf.{t : Q_t > d} . Soit Z une solution de f(Z) = Z sur [0,v[; Z est la solution dans le cas "non perturbé". On pose

$$\gamma(f') = E\,\{\sup_{t<v} . \|f(Z)_t - f'(Z)_t\|^2\}$$

$$\delta(f') = E\,\{\sup_{t<v} . \|Z_t - Z'_t\|^2\}$$

où Z' est la solution de Z' = f'(Z') sur [0,v[(Z' est la solution dans le cas perturbé).

On a alors $\lim_{\gamma(f')\downarrow 0} . \delta(f') = 0$

Ceci peut se vérifier exactement comme dans [MeP-2].

BIBLIOGRAPHIE

[Del] C. DELLACHERIE, *Capacités et processus stochastiques*, Ergebn. der Math., vol. 67, Springer Verlag, Berlin, Heidelberg, New-York, 1972.

[Dol] C. DOLEANS-DADE, *On the existence and unicity of solutions of stochastic integral equations*, Z. Wahrscheinlichkeitstheorie Werw. Gebiete, 36 (1976), 93-101.

[Eme] M. EMERY, *Stabilité des solutions des équations différentielles stochastiques, Application aux intégrales multiplicatives stochastiques*, Z. Wahrscheinlichkeitstheorie Werw. Geb., 41, (1978), 241-262.

[GrP] B. GRAVEREAUX, J. PELLAUMAIL, *Formule de Ito pour des processus à valeurs dans des espaces de Banach*, Ann. Inst. H. Poincaré, 10, n°4 (1974), 339-422.

[MeP-1] M. METIVIER, J. PELLAUMAIL, *Notions de base sur l'intégrale stochastique*, Séminaire de Rennes, 1975.

[MeP-2] M. METIVIER, J. PELLAUMAIL, *Stochastic integration*, à paraître.

[MeP-3] M. METIVIER, J. PELLAUMAIL, *Mesures stochastiques à valeurs dans des espaces L_0*, Z. Wahrscheinlichkeitstheorie Werw. Geb., 40 (1977), 101-114.

[Mey] P.A. MEYER, *Un cours sur les intégrales stochastiques*, Séminaire de probabilités X, Lecture Notes in Mathematics, n° 511, Springer Verlag, Berlin, Heidelberg, New York, 1976.

[Nik] E.M. NIKISHIN, *Resonance theorems and superlinear operators*, Transl. of Uspekhi Mat. Nauk. Vol XXV n° 6, Nov-Déc. 1970

[Pro] Ph. E. PROTTER, *On the existence, uniqueness, convergence and explosions of solutions of systems of stochastic integral equations*, Ann. of Probability, 5, n° 2 (1977), 243-261.

CARACTERISATION D'UNE CLASSE D'ENSEMBLES CONVEXES DE L^1 OU H^1

par YAN Jia-An[1]

Le théorème de Dellacherie et Mokobodzki sur la caractérisation des semimartingales repose sur le seul résultat suivant (voir Meyer [1] ou Jacod [2])

<u>Théorème 1</u>. Soit K un sous-ensemble convexe de $L^1(\Omega,\mathcal{F},P)$. Si pour tout $\varepsilon>0$ il existe un réel $c>0$ tel que $P\{\xi>c\}\leq\varepsilon$ pour tout $\xi\in K$, il existe une variable aléatoire bornée Z, telle que $Z>0$ p.s. et que $\sup_{\xi\in K} E[Z\xi]<\infty$.

Le but de cette note est de préciser le théorème 1, et d'établir un résultat analogue dans l'espace H^1 de martingales.

Soit $(\Omega,\mathcal{F},P)$ un espace probabilisé. Nous désignerons par L^1 l'espace $L^1(\Omega,\mathcal{F},P)$, par B_+ l'ensemble des v.a. bornées $\geqq 0$ sur Ω. Pour $G\subset L^1$, $\overline{G}$ désigne l'adhérence de G dans L^1. Nous mettons alors le théorème 1 sous forme de condition nécessaire et suffisante.

<u>Théorème 2.</u> Soit K un sous-ensemble convexe de L^1 tel que $0\in K$. Les trois conditions suivantes sont équivalentes :

a) Pour tout $\eta\in L^1_+$, $\eta\neq 0$, il existe $c>0$ tel que $c\eta\notin\overline{K-B_+}$.

b) Pour tout $A\in\mathcal{F}$ tel que $P(A)>0$, il existe $c>0$ tel que $cI_A\notin\overline{K-B_+}$.

c) Il existe une v.a. bornée Z telle que $Z>0$ p.s. et $\sup_{\xi\in K} E[Z\xi]<+\infty$.

Démonstration. Il est clair que a) => b). Nous allons montrer que b)=>c), en nous inspirant beaucoup de Meyer [1]. Supposons que la condition b) soit vérifiée. Soit $A\in\mathcal{F}$ tel que $P(A)>0$. Par hypothèse il existe un réel $c>0$ tel que $cI_A\notin\overline{K-B_+}$. Comme le dual de L^1 est L^∞ et $K-B_+$ est convexe, d'après le théorème de Hahn-Banach (plus précisément, le théorème d'Ascoli-Mazur) il existe une v.a. bornée Y telle que

$$(1)\qquad \sup_{\xi\in K,\ \eta\in B_+} E[Y(\xi-\eta)] < cE[YI_A] .$$

Remplaçant η par $a\eta$ ($a\in\mathbb{R}_+$) et faisant tendre a vers $+\infty$, on voit que $Y\geqq 0$ p.s.. Appliquant (1) avec $\eta=0$, on trouve alors

$$\sup_{\xi\in K} E[Y\xi] \leqq cE[YI_A] < +\infty .$$

Soit $H = \{ Y\in B_+ : \sup_{\xi\in K} E[Y\xi] < +\infty \}$; d'après ce qui précède H n'est pas vide. Notons $\underline{\underline{C}} = \{ \{Z=0\}, Z\in H \}$, montrons que $\underline{\underline{C}}$ est stable par intersection dénombrable. Soit (Z_n) une suite d'éléments de H . Notons

1. Institut de Recherche Mathématique, Academia Sinica, Pékin, Chine.

$c_n = \sup_{\xi \in K} E[Z_n \xi]$, $d_n = \|Z_n\|_{L^\infty}$, et posons $Z = \Sigma_n b_n Z_n$, où les $b_n > 0$ sont tels que $\Sigma_n b_n c_n < +\infty$, $\Sigma_n b_n d_n < +\infty$; il est évident que $Z \in H$ et que $\{Z=0\} = \cap_n \{Z_n = 0\}$. Il existe donc $Z \in H$ tel que $P\{Z=0\} = \inf_{C \in \underline{C}} P(C)$, nous allons montrer que $Z>0$ p.s.. Supposons que $P\{Z=0\}>0$. Soit $Y \in H$ vérifiant (1) avec $A = \{Z=0\}$. Comme $0 \in K$, on a $0 < E[YI_A] = E[YI_{\{Z=0\}}]$, et alors la v.a. $Y+Z$ appartient à H, avec $P\{Y+Z=0\} = P\{Z=0\} - P\{Z=0, Y>0\} < P\{Z=0\}$, ce qui est absurde puisque $P\{Z=0\}$ est minimale. Donc $Z>0$ p.s. et on a démontré que b) => c).

Il nous reste à démontrer que c)=>a). Supposons que la condition a) ne soit pas satisfaite. Il existe alors $\eta \in L^1_+$, $\eta \neq 0$ tel que pour tout $n \in \mathbb{N}$ on ait $n\eta \in \overline{K-B_+}$, de sorte qu'il existe $\xi_n \in K$, $\zeta_n \in B_+$ et $\delta_n \in L^1$ tels que $n\eta = \xi_n - \zeta_n - \delta_n$, $\|\delta_n\|_{L^1} \leqq 1/n$. Si Z est une v.a. bornée par 1 telle que $Z>0$ p.s. on a alors $E[Z\xi_n] \geqq nE[Z\eta] - 1/n$, donc $\sup_{\xi \in K} E[Z\xi] = +\infty$, et la condition c) n'est pas satisfaite. CQFD.

Pour voir que le théorème 2 entraîne le théorème 1, on peut se ramener par translation au cas où $0 \in K$. Vérifions alors que l'hypothèse du théorème 1 entraîne la condition b) du théorème 2. Soit $A \in \mathcal{F}$ tel que $P(A)>0$. Par hypothèse il existe un réel $c>0$ tel que $P\{\xi > c\} \leq P(A)/2$ pour tout $\xi \in K$. On voit aisément que $2cI_A \notin \overline{K-B_+}$, donc la condition b) est satisfaite.

Passons au cas de H^1. Nous nous plaçons sur un espace probabilisé filtré $(\Omega, \mathcal{F}, P, (\mathcal{F}_t))$ satisfaisant aux conditions habituelles. Nous ne restreignons pas la généralité en supposant que $\mathcal{F} = \mathcal{F}_{\infty-}$, ce qui nous permet d'<u>identifier</u> une martingale uniformément intégrable (M_t) à sa v.a. terminale M_∞ (ainsi I_A désigne ci-dessous la martingale $P(A|\mathcal{F}_t)$, pour $A \in \mathcal{F}$). Dans l'énoncé suivant, B_+ désigne l'ensemble des martingales positives bornées, et les adhérences sont prises dans H^1.

<u>Théorème 3</u>. Soit K un sous-ensemble convexe de H^1 contenant 0. Les trois conditions suivantes sont équivalentes :

a) Pour tout $N \in H^1_+$, $N \neq 0$, il existe un réel $c>0$ tel que $cN \notin \overline{K-B_+}$.

b) Pour tout $A \in \mathcal{F}$ tel que $P(A)>0$, il existe $c>0$ tel que $cI_A \notin \overline{K-B_+}$.

c) Il existe une martingale $Z \in BMO$, telle que $Z>0$ p.s. et que l'on ait $\sup_{\xi \in K} E[[Z,\xi]_\infty] < +\infty$.

Démonstration. Le raisonnement est tout à fait analogue à celui du théorème 2 : on applique le théorème de Hahn-Banach en utilisant le fait que le dual de H^1 est BMO, la dualité étant donnée par $< \xi, Y > = E[[\xi,Y]_\infty]$ en général (qui vaut aussi $E[\xi Y]$ si $\xi \in B_+$. Les détails sont laissés aux lecteurs.

[1]. Meyer (P.A.). Sém. Prob. XIII, p.620-623 (LN 721, Springer 1979).
[2]. Jacod (J.). Calcul stochastique et problèmes de martingales. LN 714.

COMMENTAIRES DU SEMINAIRE

1) Détails de démonstration. Au bas de la page 1, il est clair que H n'est pas vide, car $0\in H$. Le "d'après ce qui précède" est donc inutile. Page 2, de même, le fait que $0\in K$ entraîne que les c_n sont $\geqq 0$.

2) Commentaires (C. Dellacherie). a) Tout élément de L^1_+ étant limite d' une suite d'éléments de B_+, on peut remplacer $\overline{K-B_+}$ par $\overline{K-L^1_+}$ (soit dit en passant, on ne peut ni ôter l'adhérence au $K-L^1_+$, ni omettre que $0\in K$), et la condition $\zeta\in\overline{K-L^1_+}$ peut s'écrire

$$\text{il existe des } k_n\in K \text{ tels que } (\zeta-k_n)^+\to 0 \text{ p.s.}$$

b) La démonstration du théorème 1 par Mokobodzki permet de montrer que, étant donnée une suite (K_n) de convexes bornés en probabilité, il existe une même v.a. bornée Z, p.s. >0, telle que $\sup_{\xi\in K_n} E[Z\xi] < \infty$ pour tout n. Peut on démontrer ce résultat par la méthode de Yan ?

Réponse (P.A. Meyer) : ce résultat peut se déduire directement du théorème 1, et donc aussi bien de la démonstration de Yan que de celle de Mokobodzki ! En effet, soit pour $n\geqq 0$, $m\geqq 1$ un nombre $c_{nm}>0$ tel que

$$\forall\xi\in K_n \;,\; P\{\xi>c_{nm}\} \leqq \frac{1}{m}2^{-(n+1)}$$

Choisissons des $\lambda_n>0$ tels que, pour tout m, on ait $c_m = \Sigma_n \lambda_n c_{nm} < \infty$. Posons $L_k = \Sigma_{p\leqq k} \lambda_p K_p$; nous formons ainsi une suite croissante de parties convexes de L^1, soit L leur réunion, qui est encore une partie convexe de L^1. Tout élément ξ de L est une somme (finie) $\Sigma_n \lambda_n\xi_n$, $\xi_n\in K_n$, et on a

$$P\{\ \xi\geqq c_m\ \} \leqq \Sigma_n\ P\{\xi_n\geqq c_{nm}\} \leqq \Sigma_n\ \frac{1}{m}2^{-(n+1)} = \frac{1}{m}$$

donc L satisfait au théorème 1, et la v.a. Z construite pour L convient pour chacun des K_n (cette astuce d'enveloppe convexe non fermée est empruntée à une autre démonstration de Mokobodzki !).

Séminaire de Probabilités XIV 1978/79

REMARQUES SUR CERTAINES CLASSES DE SEMIMARTINGALES ET SUR LES INTEGRALES STOCHASTIQUES OPTIONNELLES

par YAN Jia-An

1. SEMIMARTINGALES NORMALES

Nous nous proposons de définir dans cette section une classe de semimartingales, dans laquelle on peut définir de manière naturelle, non seulement la partie martingale locale continue d'une semimartingale, mais aussi la partie à variation finie continue. Pour simplifier, nous ne considérons dans toute cette note que des semimartingales nulles en 0 .

On se place sur un espace $(\Omega,\underline{\underline{F}},P,(\underline{\underline{F}}_t))$ satisfaisant aux conditions habituelles.

L'espace des semimartingales $\underline{\underline{S}}$ admet la décomposition en $\underline{\underline{L}}+\underline{\underline{V}}$ (non directe), où $\underline{\underline{L}}$ (resp. $\underline{\underline{V}}$) est l'espace des martingales locales (resp. des processus à variation finie). On a les décompositions plus fines

(1) $$\underline{\underline{L}} = \underline{\underline{L}}^c \oplus \underline{\underline{L}}^d = \underline{\underline{L}}^c \oplus \underline{\underline{L}}^{di} \oplus \underline{\underline{L}}^{dp}$$

$\underline{\underline{L}}^c$ est l'espace des m.l. continues
$\underline{\underline{L}}^d$ --------------------- sommes compensées de sauts
$\underline{\underline{L}}^{di}$--------------------- s.c. de sauts totalement inaccessibles
$\underline{\underline{L}}^{dp}$--------------------- s.c. de sauts en des temps prévisibles

(2) $$\underline{\underline{V}} = \underline{\underline{V}}^c \oplus \underline{\underline{V}}^d = \underline{\underline{V}}^c \oplus \underline{\underline{V}}^{di} \oplus \underline{\underline{V}}^{da}$$

$\underline{\underline{V}}^c$ est l'espace des processus à v.f. continus
$\underline{\underline{V}}^d$ ---------------------------------- sommes de sauts
$\underline{\underline{V}}^{di}$---------------------------------- s. de sauts totalement inaccessibles
$\underline{\underline{V}}^{da}$---------------------------------- s. de sauts en des temps prévisibles

On a écrit $\underline{\underline{V}}^{da}$ et non $\underline{\underline{V}}^{dp}$, car ces processus sont accessibles, mais non prévisibles en général, et $\underline{\underline{V}}^{dp}$ désigne plus naturellement l'espace des processus à v.f., sommes de sauts <u>et</u> prévisibles.

Par combinaison, on reconstitue alors d'autres espaces, par exemple

$\underline{\underline{S}}^c$, espace des semimartingales continues : $\underline{\underline{S}}^c=\underline{\underline{L}}^c\oplus\underline{\underline{V}}^c$
$\underline{\underline{L}}^q$, espace des m.l. quasi-continues à gauche : $\underline{\underline{L}}^q=\underline{\underline{L}}^c\oplus\underline{\underline{L}}^{di}$
$\underline{\underline{V}}^q$, espace des processus à v.f. quasi-continus à gauche : $\underline{\underline{V}}^q=\underline{\underline{V}}^c\oplus\underline{\underline{V}}^{di}$
$\underline{\underline{S}}^q$, espace des semimartingales quasi-continues à gauche : $\underline{\underline{S}}^q=\underline{\underline{L}}^q+\underline{\underline{V}}^q$ (somme non directe)
$\underline{\underline{S}}^{da}$, espace défini par $\underline{\underline{S}}^{da}=\underline{\underline{L}}^{dp}+\underline{\underline{V}}^{da}$ (semimartingales purement discontinues à sauts accessibles). On a évidemment

(3) $$\underline{\underline{S}} = \underline{\underline{S}}^q \oplus \underline{\underline{S}}^{da}$$

On remarquera que $\underline{\underline{S}}$, $\underline{\underline{S}}^d$, $\underline{\underline{S}}^{da}$ sont invariants par changement équivalent de probabilités. Il en est donc de même pour la décomposition (3).

La proposition suivante est la remarque essentielle de cette section.

PROPOSITION 1. <u>Toute semimartingale continue appartenant à</u> $\underline{\underline{L}}^d+\underline{\underline{V}}^{da}$ <u>est nulle</u>.

DEMONSTRATION. Soit X une telle semimartingale. On peut écrire

$$X = M+A = L+V \text{ avec } M\in\underline{\underline{L}}^c,\ A\in\underline{\underline{V}}^c,\ L\in\underline{\underline{L}}^d,\ V\in\underline{\underline{V}}^{da}\ .$$

On a d'abord M=L+V-A, qui n'a pas de partie martingale locale continue, donc M=0. Alors V-A=-L est une martingale locale, donc comme A est prévisible, V est à variation localement intégrable, et $A=\widetilde{V}$. Mais le compensateur prévisible d'un élément de $\underline{\underline{V}}^{da}$ est purement de sauts, donc A=0, et X=0.

Nous poserons alors

$$(4)\qquad \underline{\underline{S}}^{\nu} = \underline{\underline{S}}^c \oplus (\underline{\underline{L}}^d+\underline{\underline{V}}^{da})$$

somme qui est directe d'après la proposition 1. Les éléments de $\underline{\underline{S}}^{\nu}$ seront appelés <u>semimartingales normales</u>, et la décomposition (4) exprime la possibilité de définir la <u>partie semimartingale continue</u> d'une semimartingale normale (elle même à nouveau décomposable, puisque $\underline{\underline{S}}^c=\underline{\underline{L}}^c\oplus\underline{\underline{V}}^c$).

Toute semimartingale spéciale est normale, car l'espace des semimartingales spéciales s'écrit $\underline{\underline{L}}\oplus\underline{\underline{V}}^p$, et $\underline{\underline{L}}=\underline{\underline{L}}^c\oplus\underline{\underline{L}}^d\subset\underline{\underline{S}}^{\nu}$, $\underline{\underline{V}}^p\subset\underline{\underline{V}}^c\oplus\underline{\underline{V}}^{da}\subset\underline{\underline{S}}^{\nu}$. Comme la notion de semimartingale spéciale, la notion de semimartingale normale n'est préservée que par les changements de probabilités avec densité bornée. On a un critère de normalité tout à fait analogue à la caractérisation usuelle des semimartingales spéciales. Avant de l'énoncer, rappelons que si X est une semimartingale, l'ensemble $J(X)=\{\Delta X\neq 0\}$ est une réunion dénombrable de graphes de temps d'arrêt. En ne conservant que les parties totalement inaccessibles de cas graphes, on obtient l'ensemble $J_i(X)$ des <u>instants de sauts totalement inaccessibles</u> de X. Si nous notons $X=X^q+X^{da}$ la décomposition (3) de X, on a $J_i(X)=J(X^q)$.

Avec ces notations, on a

PROPOSITION 2. <u>Les propriétés suivantes sont équivalentes</u>

a) X <u>est normale</u>

b) X^q <u>est spéciale</u>

c) <u>Le processus</u> $\Sigma_{s\in J_i(X),s\leq t} |\Delta X_s| I_{\{|\Delta X_s|>1\}}$ <u>est localement intégrable</u>

d) <u>Pour toute décomposition</u> X=M+A ($M\in\underline{\underline{L}}$, $A\in\underline{\underline{V}}$) <u>le processus</u>

$$\Sigma_{s\in J_i(A),s\leq t} |\Delta A_s| \text{ \underline{est localement intégrable}} .$$

DEMONSTRATION. Comme X^{da} est toujours normale, il est équivalent de dire que X est normale ou que X^q est normale. Ecrivons $X^q=Y+Z$, avec $Y\in\underline{\underline{L}}^q+\underline{\underline{V}}^c$, $Z\in\underline{\underline{V}}^{di}$; Y est spéciale. Supposons X^q normale, alors $X^q=U+V$, $U\in\underline{\underline{L}}^d$, $V\in\underline{\underline{V}}^{da}$. Les sauts de X^q sont alors les sauts totalement inaccessibles de U, et comme U est spéciale, X^q est spéciale. La réciproque étant évidente, on voit que a)<=>b). Alors c) exprime le critère usuel pour que X^q soit spéciale. Dans la décomposition d), M est toujours normale , il faut donc simplement exprimer que A est normale, i.e. que $\Sigma_{s\in J_i(A),s\leqq t}|\Delta A_s|I_{\{|\Delta A_s|\geqq 1\}}$ est localement intégrable. Mais par ailleurs $\Sigma_{s\in J_i(A),s\leqq t}|\Delta A_s|I_{\{|\Delta A_s|<1\}}$ est toujours localement intégrable, et par addition on obtient la condition de l'énoncé.

2. L'INTEGRALE STOCHASTIQUE DES PROCESSUS OPTIONNELS

Soient X une semimartingale, H un processus optionnel (nous supposons pour l'instant que H est borné, pour fixer les idées). Yor a défini dans [2] l'intégrale optionnelle non compensée $H\cdot X$ de la manière suivante : on dit que H est X-intégrable s'il existe un processus prévisible borné K, tel que l'ensemble $\{K\neq H\}$ soit mince, et que l'on ait pour tout t

(5) $$\Sigma_{s\leqq t}|K_s-H_s||\Delta X_s| < \infty \text{ p.s.}$$

On pose alors

(6) $$(H\cdot X)_t = (K\cdot X)_t + \Sigma_{s\leqq t}(H_s-K_s)\Delta X_s .$$

qui ne dépend pas du processus prévisible K utilisé. Dans [1], chap. VIII, n°73, Dellacherie et Meyer font remarquer que si la filtration est quasi-continue à gauche, et s'il existe un processus prévisible K satisfaisant à (5), alors le processus prévisible ^pH satisfait aussi à (5), et ils en déduisent par exemple que si H est à la fois X-intégrable et Y-intégrable, H est (X+Y)-intégrable, et $H\cdot(X+Y)=H\cdot X+H\cdot Y$, propriété qu'on ne sait pas démontrer en général pour l'intégrale de Yor.

En utilisant les décompositions de la section précédente, nous allons modifier la définition de Yor, de manière à obtenir dans tous les cas une intégrale stochastique optionnelle raisonnable.

LEMME. Soient X une semimartingale, H un processus prévisible (non nécessairement localement borné) X-intégrable, et soit $Y=H\cdot X$. Soient

$$X = X^q+X^{da} \quad , \quad Y = Y^q+Y^{da} \quad ,$$

les décompositions de X et Y suivant $\underline{\underline{S}}^q \oplus \underline{\underline{S}}^{da}$. Alors H est séparément intégrable p.r.à X^{da} et X^q, et l'on a

$$Y^{da}=H\cdot X^{da} \quad , \quad Y^q = H.X^q$$

DEMONSTRATION. C'est évident lorsque X est une martingale locale ou un processus à variation finie, l'i.s. $H\cdot X$ existant au sens usuel. Le cas général en résulte par addition, compte tenu de l'unicité de la décomposition (3).

En ce qui concerne la première de ces deux intégrales stochastiques, nous remarquerons aussi que $Y^{da}=H\cdot X^{da}$ est l'unique élément de $\underline{\underline{S}}^{da}$ dont le processus de sauts est $H\Delta X^{da}$.

Soit maintenant H un processus optionnel. Nous allons définir $H\cdot X$ en appliquant les trois règles ci-dessous :

1) H est X-intégrable si et seulement si H est séparément X^{da}-intégrable et X^q-intégrable, et alors $H\cdot X = H\cdot X^{da} + H\cdot X^q$.

2) H est X^{da}-intégrable si et seulement s'il existe une semimartingale Y telle que $\Delta Y = H\Delta X^{da}$. Nous posons alors $H\cdot X^{da} = Y^{da}$; $H\cdot X^{da}$ peut être caractérisé comme l'unique élément de $\underline{\underline{S}}^{da}$ dont le processus des sauts est $H\Delta X^{da}$.

3) H est X^q-intégrable si et seulement s'il existe un processus prévisible K, X^q-intégrable, tel que l'ensemble $\{K \neq H\}$ soit mince et que le processus croissant $\Sigma_{s \leq t} |K_s - H_s||\Delta X^q_s|$ soit à valeurs finies. On pose alors

$$(H\cdot X^q)_t = (K\cdot X^q)_t + \Sigma_{s \leq t} (H_s - K_s)\Delta X^q_s .$$

C'est donc l'i.s. de Yor, mais on a de plus la propriété que, s'il existe un processus K satisfaisant à la définition, tout processus prévisible $\overline{K}$ tel que $\{\overline{K} \neq H\}$ soit mince , les possède. En effet, $\overline{K}-K$ est prévisible mince, les sauts de X^q sont totalement inaccessibles, donc $\Sigma_s |\overline{K}_s - K_s||\Delta X^q_s| = 0$, et le remplacement de K par $\overline{K}$ ne change rien.

Il est facile de voir que cette définition de l'i.s. optionnelle, un peu plus générale que celle de Yor, ne présente plus de difficulté quant à la vérification de l'additivité $H\cdot(X+Y) = H\cdot X + H\cdot Y$.

L'intégrale peut s'étendre aux processus progressifs : étant donné un processus progressif H, il existe un processus optionnel H' unique tel que $H_T = H'_T$ p.s. pour tout temps d'arrêt T ($H' = {}^oH$ si H est borné ; pour définir H' en général, prendre $H' = f^{-1}({}^o(f(H)))$, où f est une bijection croissante de $[-\infty, \infty]$ sur $[0,1]$). On dit alors que H est X-intégrable si et seulement si H' l'est, et on pose $H\cdot X = H'\cdot X$.

[1]. C. Dellacherie et P.A. Meyer. Probabilités et Potentiels B. Hermann, Paris 1980.

[2]. M. Yor. En cherchant une définition naturelle des intégrales stochastiques optionnelles. Sém. Prob. XIII, Lect. Notes in M. n°721, Springer 1979.

Institut de Recherche Mathématique
Academia Sinica, Pékin, Chine

Note sur les épreuves : Je remercie vivement P.A. Meyer pour les améliorations apportées à cette note lors de la frappe définitive (Y.J-A.).

SUR LA CONVERGENCE DES SEMIMARTINGALES VERS UN PROCESSUS A ACCROISSEMENTS INDEPENDANTS

J. JACOD et J. MEMIN

1 - INTRODUCTION

Récemment KABANOV, LIPTZER et SHIRIAYEV [4] ont présenté une application remarquable de la formule exponentielle de Doléans-Dade à l'étude des limites de processus ponctuels: pour chaque $n \in \overline{\mathbb{N}}$ on considère un processus ponctuel N^n de compensateur prévisible A^n sur l'espace probabilisé filtré $(\Omega^n, \underline{\underline{F}}^n, \underline{F}^n, P^n)$. Si A^∞ est <u>déterministe</u> et si

(1.1) $\quad A_t^n \xrightarrow{\mathcal{L}} A_t^\infty \quad$ ($\xrightarrow{\mathcal{L}}$ signifie: converge en loi)

(1.2) $\quad \sum_{s\leq t} (\Delta A_s^n)^2 \xrightarrow{\mathcal{L}} \sum_{s\leq t} (\Delta A_s^\infty)^2$

pour tout $t \geq 0$, alors $(N_{t_1}^n, \ldots, N_{t_m}^n) \xrightarrow{\mathcal{L}} (N_{t_1}^\infty, \ldots, N_{t_m}^\infty)$ pour tous $t_1 < t_2 < \ldots < t_m$. Lorsqu'en plus le processus A^∞ est <u>continu</u>, la condition (1.1) est suffisante (dans ce cas, le résultat était déjà connu: voir BROWN [1]).

L'article de Kabanov, Liptzer et Shiriayev nous semble intéressant surtout pour deux raisons: d'une part par l'utilisation astucieuse des exponentielles de Doléans-Dade $\mathcal{E}(A^n)$; d'autre part par l'étude de la convergence des $\mathcal{E}(A^n)$ vers $\mathcal{E}(A^\infty)$: contrairement à ce qu'on pourrait penser a-priori, ce dernier point est assez délicat, et il faut travailler un peu pour obtenir que $\mathcal{E}(A^n)_t \xrightarrow{\mathcal{L}} \mathcal{E}(A^\infty)_t$ à partir de (1.1) et (1.2).

Nous nous proposons d'exposer ici la méthode de [4], dans un cadre plus général, celui de la convergence d'une suite de semimartingales X^n vers un processus à accroissements indépendants X^∞ : noter que ci-dessus, N^∞ est un processus à accroissements indépendants puisque A^∞ est déterministe.

Le théorème "général" de convergence des lois fini-dimensionnelles de X^n vers X^∞ est énoncé au §2 et démontré au §3: ce théorème s'exprime en termes de convergence en loi de certaines exponentielles de Doléans-

Dade de processus à variation finie. Nous indiquons aussi, sans démonstration, comment on peut renforcer légèrement les conditions de façon à obtenir la convergence des lois des X^n vers la loi de X^{∞}, pour la topologie de Skorokhod.

Dans le §4 nous étudions en détails des conditions assurant que $\mathcal{E}(A^n)$ converge vers $\mathcal{E}(A^{\infty})$ lorsque A^n et A^{∞} sont des processus à variation finie: il s'agit d'une étude purement déterministe. Nous montrons notamment que l'application

$$a \leadsto \mathcal{E}(a) \quad \text{définie par} \quad \mathcal{E}(a)_t = e^{a_t} \prod_{0<s\leq t} (1+\Delta a_s) e^{-\Delta a_s}$$

sur l'espace des fonctions croissantes continues à droite positives est continue pour la restriction à cet espace de la topologie de Skorokhod.

Enfin, les conditions assurant la validité du théorème "général" semblant a-priori difficiles à vérifier, nous consacrons le §5 à divers exemples pour lesquels les conditions ont une allure plus "concrète", mais qui néanmoins restent suffisemment généraux pour couvrir de nombreuses applications.

2 - LE THEOREME DE CONVERGENCE

Pour toutes les notions sur les martingales, semimartingales et mesures aléatoires, nous renvoyons à [2] et [7]. Rappelons cependant le concept de caractéristiques locales d'une semimartingale, concept qui occupe une place centrale dans ce qui suit.

Soit $X=(X^i)_{i\leq d}$ une semimartingale d-dimensionnelle sur l'espace probabilisé filtré $(\Omega,\underline{\underline{F}},\underline{F},P)$, et supposons que $X_0=0$. On associe d'abord à X la mesure aléatoire de ses sauts, définie sur $\mathbb{R}_+\times\mathbb{R}^d$ par

$$(2.1) \qquad \mu(ds,dx) = \sum_{t>0} I_{\{\Delta X_t\neq 0\}}\, \varepsilon_{(t,\Delta X_t)}(ds,dx),$$

où ε_a est la mesure de Dirac au point a. Soit

$$(2.2) \qquad \check{X}_t = \sum_{s\leq t} \Delta X_s\, I_{\{|\Delta X_s|>1\}}.$$

Le triplet (B,C,ν) des caractéristiques locales de X est alors défini comme suit:

- $B=(B^i)_{i\leq d}$ est l'unique processus prévisible à variation finie nul en 0 tel que $X-\check{X}-B$ soit une martingale locale d-dimensionnelle;

- $C = (C^{ij})_{i,j\leq d}$, avec $C^{ij} = \langle (X^i)^c, (X^j)^c \rangle$;
- ν est la mesure aléatoire sur $\mathbb{R}_+ \times \mathbb{R}^d$, projection prévisible duale de μ.

Si W est une fonction sur $\Omega\times\mathbb{R}_+\times\mathbb{R}^d$, on note $W*\mu$ le processus $W*\mu_t = \int_{[0,t]\times\mathbb{R}^d} \mu(ds,dx)W(s,x)$, quand cette expression a un sens. On définit de même $W*\nu$. Si W est mesurable par rapport à $\underline{\underline{P}}\otimes\underline{\underline{\mathbb{R}}}^d$ ($\underline{\underline{P}}$ = tribu prévisible sur $\Omega\times\mathbb{R}_+$), on note $W*(\mu-\nu)$ l'intégrale stochastique, lorsqu'elle existe, de W par rapport à la mesure aléatoire-martingale $\mu-\nu$: c'est l'unique martingale somme compensée de sauts telle que

$$\Delta[W*(\mu-\nu)]_s = \int\mu(\{s\}\times dx)W(s,x) - \int\nu(\{s\}\times dx)W(s,x)\,.$$

Avec ces notations, remarquons qu'on a:

(2.3) $\check{X} = (xI_{\{|x|>1\}})*\mu$ (par abus de notation, on note $f(x)$ la fonction: $(\omega,t,x) \leadsto f(x)$ sur $\Omega\times\mathbb{R}_+\times\mathbb{R}^d$)

(2.4) $X = X^c + (xI_{\{|x|\leq 1\}})*(\mu-\nu) + B + \check{X}$

(2.5) $(|x|^2\wedge 1)*\nu$ est un processus croissant prévisible fini

(2.6) $\Delta B_s = \int\nu(\{s\}\times dx)\, x\, I_{\{|x|\leq 1\}}$.

Terminons enfin ces préliminaires en rappelant que l'exponentielle $\mathcal{E}(Y)$ de la semimartingale réelle Y nulle en 0 est définie par

(2.7) $\mathcal{E}(Y)_t = \exp(Y_t - \frac{1}{2}\langle Y^c,Y^c\rangle_t) \prod_{s\leq t} [(1+\Delta Y_s)e^{-\Delta Y_s}]$.

Après ces rappels, nous pouvons aborder le problème qui nous occupera dans le reste de cet article. Pour chaque $n\in\overline{\mathbb{N}}$ on considère un espace probabilisé filtré $(\Omega^n, \underline{\underline{F}}^n, \underline{F}^n, P^n)$ muni d'une semimartingale d-dimensionnelle $X^n = (X^{n,i})_{i\leq d}$ telle que $X^n_0 = 0$, et on note (B^n, C^n, ν^n) les caractéristiques locales de X^n. On introduit les processus suivants:

(2.8) $F^n = \sum_{i\leq d}[C^{n,ii} + V(B^{n,i})] + (|x|^2\wedge 1)*\nu^n$

(2.9) $A^n(\lambda,b) = \frac{1}{2}\sum_{i,j\leq d}\lambda^i\lambda^j C^{n,ij} + \sum_{i\leq d}\lambda^i B^{n,i} + (e^{\lambda x} - 1 - \lambda x\, I_{\{|x|\leq 1\}})I_{\{|x|\leq b\}}*\nu^n$;

dans ces formules, $V(B^{n,i})$ désigne le processus variation de $B^{n,i}$, on a $b\in[1,\infty[$, $\lambda = (\lambda^i)_{i\leq d}\in\mathbb{R}^d$, et $\lambda x = \sum_{i\leq d}\lambda^i x^i$ si $x = (x^i)_{i\leq d}$.

Ces processus sont $\underline{F}^n$-prévisibles réels, F^n est croissant et $A^n(\lambda,b)$ est à variation finie.

On considère aussi une partie <u>dense</u> D de $\mathbb{R}_+$, fixée une fois pour toutes.

(2.10) HYPOTHESE: $(B^\infty,C^\infty,\nu^\infty)$ <u>est déterministe</u>, ce qui équivaut à dire que X^∞ est un processus à accroissements indépendants sur l'espace $(\Omega^\infty,\underline{\underline{F}}^\infty,\underline{F}^\infty,P^\infty)$. Dans ce cas, F^∞ et $A^\infty(\lambda,b)$ sont déterministes.

(2.11) HYPOTHESE: <u>Pour tous</u> $t>0$, $\varepsilon>0$, <u>on a</u>

$$\lim_{b\uparrow\infty} \limsup_{n\uparrow\infty} P^n[I_{\{|x|>b\}}*\nu^n_t \geq \varepsilon] = 0 .$$

(2.12) HYPOTHESE: <u>Pour tout</u> $t>0$ <u>il existe</u> $K\in\mathbb{R}_+$ <u>avec</u>

$$\lim_{n\uparrow\infty} P^n[F^n_t \geq K] = 0 .$$

(2.13) HYPOTHESE: <u>Il existe une suite</u> (b_q) <u>de réels croissant vers</u> $+\infty$, <u>telle que pour tous</u> $q\in\mathbb{N}$, $\lambda\in\mathbb{R}^d$, $t\in D$, <u>on ait</u>:

$$\mathcal{E}(A^n(\lambda,b_q))_t \xrightarrow{\mathcal{L}} \mathcal{E}(A^\infty(\lambda,b_q))_t .$$

Nous nous proposons de montrer le théorème suivant:

(2.14) THEOREME: <u>Sous les hypothèses (2.10), (2.11), (2.12) et (2.13)</u>, <u>pour tous</u> $t_1,\ldots,t_m\in D$ <u>on a</u>: $(X^n_{t_1},\ldots,X^n_{t_m}) \xrightarrow{\mathcal{L}} (X^\infty_{t_1},\ldots,X^\infty_{t_m})$.

L'un des avantages des hypothèses précédentes est qu'elles s'expriment entièrement en fonction des caractéristiques locales des X^n. Cependant il est intéressant de donner une condition équivalente à (2.11), dans le lemme suivant qui sera démontré au §3:

(2.15) LEMME: <u>On a (2.11) si et seulement si pour tout</u> $t>0$, <u>on a</u>

$$\lim_{b\uparrow\infty} \limsup_{n\uparrow\infty} P^n[\exists s\leq t \text{ avec } |\Delta X^n_s|>b] = 0 .$$

Si les hypothèses (2.10), (2.11) et (2.12) sont faciles à comprendre et en général à vérifier, il n'en est pas du tout de même de (2.13): nous verrons au §5 diverses conditions impliquant (2.13).

Introduisons enfin une dernière hypothèse.

(2.16) HYPOTHESE: <u>Pour tout</u> $n \in \overline{\mathbb{N}}$ <u>il existe un processus croissant fini</u> $\underline{F}^n$<u>-prévisible</u> G^n <u>sur</u> $(\Omega^n, \underline{\underline{F}}^n, \underline{F}^n, P^n)$ <u>tel que</u>

(i) $G^n - F^n$ <u>est croissant</u>;

(ii) G^∞ <u>est déterministe</u>;

(iii) <u>on a</u>: $t \in D \implies G_t^n \xrightarrow{\mathcal{L}} G_t^\infty$;

(iv) <u>ou bien</u> G^∞ <u>est continu, ou bien</u>:

$$t \in D \implies \sum_{s \leq t} (\Delta G_s^n)^2 \xrightarrow{\mathcal{L}} \sum_{s \leq t} (\Delta G_s^\infty)^2$$

(on peut montrer d'ailleurs que si on a (iii), la seconde condition de (iv) est impliquée par la première).

Remarquons que $(2.16) \implies (2.12)$: prendre $K = G_t^\infty + 1$ par exemple. Dans les divers exemples traités au §5, nous aurons non seulement (2.12), mais aussi (2.16).

On peut alors montrer le théorème suivant:

(2.17) THEOREME: <u>Sous les hypothèses (2.10), (2.11), (2.13) et (2.16), les processus</u> X^n <u>convergent en loi vers le processus</u> X^∞ .

En fait, compte tenu de (2.14), ce théorème découle de ce que (2.11) et (2.16) impliquent la relative compacité de la suite de lois $\mathcal{L}(X^n)$, pour la topologie étroite des mesures associée à la topologie de Skorokhod sur l'espace $D([0,\infty[;\mathbb{R}^d)$: nous renvoyons à [3], où la relative compacité est montrée sous une condition bien plus générale.

3 - DEMONSTRATIONS DE (2.14) et (2.15)

Quitte à prendre le produit tensoriel des espaces filtrés $(\Omega^n, \underline{\underline{F}}^n, \underline{F}^n, P^n)$, on peut supposer que tous les processus $(X^n)_{n \in \overline{\mathbb{N}}}$ sont définis sur le même espace $(\Omega, \underline{\underline{F}}, \underline{F}, P)$, espace sur lequel ils sont indépendants. Dans (2.13), les convergences sont alors des convergences en probabilité, puisque les limites sont déterministes.

<u>§a - Le cas borné</u>. Nous allons d'abord montrer (2.14) lorsque les hypothèses (2.11) et (2.12) sont remplacées par les hypotheses plus fortes suivantes:

(3.1) Il existe $b \in [1,\infty[$ tel que $|\Delta X^n| \leq b$ pour tout $n \in \overline{\mathbb{N}}$, ce qui équivaut à: $I_{\{|x|>b\}} * \nu_\infty^n = 0$ pour tout $n \in \overline{\mathbb{N}}$.

(3.2) Il existe $K \in \mathbb{R}_+$ tel que $F^n_\infty \leq K$ pour tout $n \in \overline{\mathbb{N}}$.

Commençons par un calcul préliminaire. Soit X une semimartingale d-dimensionnelle nulle en 0, <u>à sauts bornés</u>, de caractéristiques locales (B,C,ν), la mesure associée à ses sauts par (2.1) étant notée μ. Soit $H = (H^i)_{i\leq d}$ un processus prévisible <u>borné</u>. On notera comme d'habitude $H\bullet X$ ($= \sum_{i\leq d} H^i \bullet X^i$) l'intégrale stochastique de H par rapport à X.

La semimartingale $Y = e^{H\bullet X}$ est localement bornée, donc spéciale. Une application simple de la formule d'Ito et des représentations (2.3) et (2.4) permet d'obtenir la décomposition canonique de Y :

(3.3) $$Y = 1 + Y_-\bullet M + Y_-\bullet A,$$

avec

(3.4) $$\begin{cases} M = H\bullet X^c + (e^{Hx}-1)*(\mu - \nu) \\ A = \frac{1}{2}C(H) + H\bullet B + (e^{Hx} - 1 - Hx\, I_{\{|x|\leq 1\}})*\nu, \end{cases}$$

où $C(H) = \sum_{i,j\leq d} (H^i H^j)\bullet C^{ij}$. On a d'après (3.4) et (2.6):

$$\Delta A_s = \sum_{i\leq d} H^i_s \Delta B^i_s + \int \nu(\{s\}\times dx)[e^{Hx} - 1 - Hx\, I_{\{|x|\leq 1\}}]$$

(3.5) $$= \int \nu(\{s\}\times dx)(e^{Hx} - 1).$$

Comme $\nu(\{s\}\times \mathbb{R}^d) \leq 1$, il est facile d'en déduire que $1 + \Delta A > 0$ identiquement. La propriété caractéristique de l'exponentielle (2.7), et la relation (3.3), montrent que $Y = \mathcal{E}(M + A)$. Mais alors, comme $1 + \Delta A > 0$, on sait d'après [6] que

(3.6) $$e^{H\bullet X} = L\, \mathcal{E}(A), \quad \text{avec } L = \mathcal{E}(\tfrac{1}{1+\Delta A}\bullet M) \text{ est une martingale locale.}$$

Voici encore un lemme préliminaire, qui étend un résultat de [6]:

(3.7) LEMME: <u>Soit</u> $\mathcal{N}$ <u>une ensemble de martingales localement de carré intégrable, nulles en</u> 0. <u>Si</u> $\sup_{N\in\mathcal{N}} \langle N,N\rangle_\infty \leq K'$, <u>où</u> $K' \in \mathbb{R}_+$, <u>la famille de variables</u> $(\mathcal{E}(N)_t : t\geq 0, N\in\mathcal{N})$ <u>est uniformément intégrable</u>.

<u>Démonstration</u>. Soit $M = 2N + [N,N] - \langle N,N\rangle$. On a, d'après la formule de Yor et la formule de [6] déjà utilisée ci-dessus:

$$\mathcal{E}(N)^2 = \mathcal{E}(2N + [N,N]) = \mathcal{E}(M + \langle N,N\rangle) = \mathcal{E}(\tfrac{1}{1+\Delta\langle N,N\rangle}\bullet M)\, \mathcal{E}(\langle N,N\rangle).$$

Il est facile de vérifier que $\frac{\Delta M}{1+\Delta\langle N,N\rangle} > -1$, donc $Z^N = \mathcal{E}(\frac{1}{1+\Delta\langle N,N\rangle}\cdot M)$ est une martingale locale positive, donc une surmartingale positive. Par ailleurs $|\mathcal{E}(\langle N,N\rangle)| \leq \exp\langle N,N\rangle$, et on obtient la majoration

$$E[\mathcal{E}(N)_t^2] \leq E(Z_t^N e^{K'}) \leq e^{K'},$$

d'où le résultat. ∎

Soit $t_0 = 0$ et $t_1,\ldots,t_m \in D$ avec $0 < t_1 < \ldots < t_m$. Soit $t = t_m$. Soit enfin $\lambda_1,\ldots,\lambda_m \in \mathbb{R}^d$ et

(3.8) $$H = \sum_{i=1}^{m} \lambda_i I_{]0,t_i]}$$

qui est déterministe et borné par $a = m \sup_{(i)}|\lambda_i|$. On a

(3.9) $$\exp(\sum_{i\leq m} \lambda_i X^n_{t_i}) = e^{H\cdot X_t}.$$

On associe alors aux processus X^n les processus $C^n(H)$, M^n, A^n , L^n , définis par (3.4) et (3.6).

(3.10) LEMME: (i) Il existe une constante K' telle que $|\mathcal{E}(A^n)_s| \leq K'$ pour tous $n \in \overline{\mathbb{N}}$, $s \geq 0$.

(ii) La famille de variables $(L^n_s : s \geq 0, n \in \overline{\mathbb{N}})$ est uniformément intégrable.

Démonstration. (i) Comme $|H| \leq a$ il est facile de trouver $c \in \mathbb{R}_+$ tel que $|e^{Hx} - 1 - Hx I_{\{|x|\leq 1\}}| \leq c(|x|^2 \wedge 1)$ si $|x| \leq b$. D'après (3.1), (3.2) et (3.4) il existe alors $K' \in \mathbb{R}_+$ tel que $V(A^n)_\infty \leq \operatorname{Log} K'$ et (i) découle de ce que

$$|\mathcal{E}(A^n)_s| \leq \mathcal{E}(V(A^n))_s \leq \exp[V(A^n)_s] \leq K'.$$

(ii) Etant donnée la définition (3.4), on a facilement la majoration

$$\langle M^n,M^n\rangle_\infty \leq C^n(H)_\infty + (e^{Hx}-1)^2 * \nu^n_\infty.$$

Comme en (i), on peut trouver $c \in \mathbb{R}_+$ tel que $(e^{Hx}-1)^2 \leq c(|x|^2 \wedge 1)$ si $|x| \leq b$, donc en utilisant encore (3.1) et (3.2) on peut trouver $K' \in \mathbb{R}_+$ tel que $\langle M^n,M^n\rangle_\infty \leq K'$. Par ailleurs avec le fait que $|H| \leq a$ et (3.1), ainsi que (3.5), on voit que $1 + \Delta A^n \geq e^{-ab}$. Donc si $N^n = (1+\Delta A^n)^{-1}\cdot M^n$ on a $\langle N^n,N^n\rangle_\infty \leq e^{ab}K'$ et le résultat découle du lemme (3.7). ∎

(3.11) LEMME: Avec les hypothèses précédentes, on a $(X^n_{t_1},\ldots,X^n_{t_m}) \xrightarrow{\mathcal{L}} (X^\infty_{t_1},\ldots,X^\infty_{t_m})$.

Démonstration. D'après (3.6) et (3.10), les variables $\exp(H\cdot X_t^n)$ sont intégrables pour tout H de la forme (3.8). Etant donné (3.9), il nous suffit donc de montrer que pour tout H de la forme (3.8), on a

$$E[\exp(H\cdot X_t^n)] \longrightarrow E[\exp(H\cdot X_t^\infty)].$$

Le lemme (3.10) implique que les processus L^n sont des martingales, donc $E(L_t^n)=1$. D'après (3.6) et le fait que $\mathcal{E}(A^\infty)_t$ est déterministe, il vient alors

$$\begin{aligned} E[\exp(H\cdot X_t^n)] - E[\exp(H\cdot X_t^\infty)] &= E[L_t^n\,\mathcal{E}(A^n)_t] - E(L_t^\infty)\,\mathcal{E}(A^\infty)_t \\ &= E[L_t^n(\mathcal{E}(A^n)_t - \mathcal{E}(A^\infty)_t)]. \end{aligned}$$

Une nouvelle application du lemme (3.10) montre que la suite de variables $(L_t^n(\mathcal{E}(A^n)_t - \mathcal{E}(A^\infty)_t) : n\in\mathbb{N})$ est uniformément intégrable. Pour obtenir le résultat il suffit donc de montrer que $\mathcal{E}(A^n)_t$ converge en probabilité vers $\mathcal{E}(A^\infty)_t$. Mais d'après (2.9) et (3.4), on a

$$A_s^n = \sum_{i=1}^m [A^n(\tilde\lambda_i,b_q)_{s\wedge t_i} - A^n(\tilde\lambda_i,b_q)_{s\wedge t_{i-1}}]$$

dès que $b_q \geq b$, et en posant $\tilde\lambda_i = \lambda_i + \lambda_{i+1} + .. + \lambda_m$. On en déduit que

$$\mathcal{E}(A^n)_t = \prod_{i=1}^m \frac{\mathcal{E}(A^n(\tilde\lambda_i,b_q))_{t_i}}{\mathcal{E}(A^n(\tilde\lambda_i,b_q))_{t_{i-1}}}$$

et le résultat découle de l'hypothèse (2.13). ∎

§b - Le cas général. Commençons par démontrer le lemme (2.15). Soit $\tau_b^n = \inf(t : |\Delta X_t^n| > b)$. La condition intervenant dans (2.15) s'écrit aussi: $\lim_{b\uparrow\infty} \limsup_{n\uparrow\infty} P(\tau_b^n \leq t) = 0$ pour tout $t>0$. Le lemme (2.15) découle alors immédiatement du

(3.12) LEMME: Pour tous $n\in\mathbb{N}$, $\varepsilon>0$, $t>0$, on a

$$P(\tau_b^n \leq t) \leq \varepsilon + P(I_{\{|x|>b\}} * \nu_t^n \geq \varepsilon)$$

$$P(I_{\{|x|>b\}} * \nu_t^n \geq \varepsilon) \leq (\tfrac{1}{\varepsilon}+1)\, P(\tau_b^n \leq t).$$

Démonstration. On considère les deux processus croissants $Z = I_{\{|x|>b\}} * \mu^n$ (où μ^n est associé à X^n par (2.1)) et $\tilde Z = I_{\{|x|>b\}} * \nu^n$. Pour tout temps d'arrêt T on a $E(Z_T) = E(\tilde Z_T)$. On a aussi $\{\tau_b^n \leq t\} = \{Z_t \geq 1\}$, et $\tilde Z$ est prévisible. D'après le théorème de Lenglart [5] on a alors pour tout $\varepsilon>0$:

$$P(\tau_b^n \leq t) \;=\; P(Z_t \geq 1) \;\leq\; \varepsilon + P(\tilde{Z}_t \geq \varepsilon)$$

$$P(\tilde{Z}_{t \wedge \tau_b^n} \geq \varepsilon) \;\leq\; \frac{1}{\varepsilon} E(Z_{t \wedge \tau_b^n}) = \frac{1}{\varepsilon} P(\tau_b^n \leq t),$$

d'où le résultat. ∎

Passons maintenant à la preuve de (2.14). Pour tout $b \geq 1$ on pose

$$X^n(b)_t \;=\; X_t^n - \sum_{s \leq t} \Delta X_s^n \, I_{\{|\Delta X_s^n| > b\}},$$

qui est une semimartingale de caractéristiques locales $(B^n, C^n, I_{\{|x| \leq b\}} \cdot \nu^n)$.

Soit $t_1 < t_2 < \ldots < t_m = t$ des points de D. D'après (2.12) il existe $K \in \mathbb{R}_+$ tel que $P(F_t^n \leq K) \longrightarrow 0$ et que $F_t^\infty \leq K$. Posons

$$\sigma^n \;=\; \inf(s : F_s^n > K + 1)$$

$$\overline{X}^n(b)_s \;=\; X^n(b)_{s \wedge t \wedge \sigma^n}.$$

Par construction les semimartingales $\overline{X}^n(b)$ vérifient (3.1), et comme $\Delta F^n \leq d + 1$ ils vérifient (3.2) avec $K + 2 + d$ et on a

(3.13) $$\lim_{n \uparrow \infty} P(\sigma^n \leq t) \;=\; 0,$$

et $\sigma^\infty > t$ car $F_t^\infty < K$. Remarquons aussi que $\overline{X}^n(b)$ vérifie l'hypothèse (2.10). Enfin si $\overline{A}^{n,b'}(\lambda, b)$ est associé à $\overline{X}^n(b')$ par (2.9), d'après la forme des caractéristiques locales de $X^n(b')$, donc de $\overline{X}^n(b')$, on a pour $1 \leq b' \leq b$:

$$\overline{A}^{n,b'}(\lambda, b)_s \;=\; A^n(\lambda, b')_{s \wedge t \wedge \sigma^n}.$$

D'après (3.13) et (2.13), on a alors si $b_q \geq 1$:

$$\lambda \in \mathbb{R}^d,\; b \geq b_q,\; s \in D \;\Longrightarrow\; \mathcal{E}(\overline{A}^{n,b_q}(\lambda, b))_s \xrightarrow{\mathcal{L}} \mathcal{E}(\overline{A}^{\infty,b_q}(\lambda, b))_s .$$

En d'autres termes, les processus $(\overline{X}^n(b_q))_{n \in \overline{\mathbb{N}}}$ vérifient toutes les hypothèses du §a dès que $b_q \geq 1$, et on déduit du lemme (3.11) que

(3.14) $$(\overline{X}^n(b_q)_{t_1}, \ldots, \overline{X}^n(b_q)_{t_m}) \xrightarrow{\mathcal{L}} (\overline{X}^\infty(b_q)_{t_1}, \ldots, \overline{X}^\infty(b_q)_{t_m}).$$

Enfin d'après (3.12) et (3.13), et l'hypothèse (2.12), pour tout $\varepsilon > 0$ il existe $n_0 \in \mathbb{N}$ et $q_0 \in \mathbb{N}$ tels que

(3.15) $$n \geq n_0,\; q \geq q_0 \;\Longrightarrow\; P(\sigma^n > t, \tau_{b_q}^n > t) \geq 1 - \varepsilon .$$

Comme $\overline{X}^n(b)_{t_i} = X_{t_i}^n$ pour tout $i \leq m$ sur l'ensemble $\{\sigma^n > t, \tau_b^n > t\}$, on déduit de (3.14) et de (3.15) que

$$(X^n_{t_1},\dots,X^n_{t_m}) \xrightarrow{\mathcal{L}} (X^\infty_{t_1},\dots,X^\infty_{t_m}),$$

ce qui achève de prouver le théorème (2.14).

4 - EXPONENTIELLES DE FONCTIONS CROISSANTES OU A VARIATION FINIE

Dans cette partie, nous abandonnons les probabilités pour ne considérer que des fonctions (déterministes !), que nous noterons cependant toujours A^n, B^n, .. On note $\mathcal{V}$ (resp. $\mathcal{V}^+$) l'ensemble des fonctions: $\mathbb{R}_+ \longrightarrow \mathbb{R}$ nulles en 0, continues à droite, à variation finie (resp. croissantes). Si $A \in \mathcal{V}$ on note $V(A)$ sa fonction variation. On définit toujours "l'exponentielle" $\mathcal{E}(A)$ par la formule (2.7), qui devient ici:

$$(4.1) \qquad \mathcal{E}(A)_t = e^{A_t} \prod_{s\leq t} [(1+\Delta A_s)e^{-\Delta A_s}].$$

Si les A^n sont continus, on a bien-sûr $\mathcal{E}(A^n)_t \longrightarrow \mathcal{E}(A^\infty)_t$ si et seulement si $A^n_t \longrightarrow A^\infty_t$. Lorsque les A^n ne sont pas continus, la convergence de $\mathcal{E}(A^n)_t$ vers $\mathcal{E}(A^\infty)_t$ est bien plus difficile à établir. Nous allons en faire une étude relativement systématique.

§a - Un résultat général. On considère d'une part une suite $(A^n)_{n\in\overline{\mathbb{N}}}$ d'éléments de $\mathcal{V}$, d'autre part une partie dense D de $\mathbb{R}_+$. Introduisons les hypothèses:

(4.2) $\quad t \in D \Longrightarrow A^n_t \longrightarrow A^\infty_t$.

(4.3) Il existe des $B^n \in \mathcal{V}^+$ tels que $B^n - V(A^n) \in \mathcal{V}^+$ et que: $t \in D \Longrightarrow B^n_t \longrightarrow B^\infty_t$.

(4.4) Pour tout $t>0$ il existe une suite $(t(n))_{n\in\mathbb{N}}$ telle que: $t(n) \longrightarrow t$, $\Delta A^n_{t(n)} \longrightarrow \Delta A^\infty_t$, et $t \in D \Longrightarrow t(n) \leq t$.

(4.5) On a (4.4) et, si $\varepsilon>0$, si $t_1,\dots,t_m,\dots$ sont les instants successifs où $|\Delta A^\infty| > \varepsilon$, et si $(t_m(n))_{n\in\mathbb{N}}$ est la suite associée à t_m par (4.4), on a pour tout $t \geq 0$:

$$\lim\sup_{n\uparrow\infty} \sup_{s\leq t,\, s\neq t_i(n)} |\Delta A^n_s| \leq \varepsilon .$$

(4.6) LEMME: Si on a (4.2), (4.3), (4.5), alors: $t \in D \Longrightarrow \mathcal{E}(A^n)_t \longrightarrow \mathcal{E}(A^\infty)_t$.

Démonstration. Soit $\varepsilon \in]0,1/2[$ et $t \in D$. D'après (4.5) et quitte à négliger les petites valeurs de n, on peut supposer que $|\Delta A^n_s| < 1$

pour tous $s \leq t$, $s \neq t_i(n)$, $n \in \mathbb{N}$. On pose (avec les notations de (4.5)):

$$V_t^n = \prod_{i:\, t_i(n) \leq t} [(1 + \Delta A^n_{t_i(n)}) \exp -\Delta A^n_{t_i(n)}]$$

$$W_t^n = \sum_{s \leq t,\, s \neq t_i(n)} [\Delta A_s^n - \mathrm{Log}(1 + \Delta A_s^n)].$$

Soit c une constante telle que $x - \mathrm{Log}(1+x) \leq c\,\varepsilon\,|x|$ si $|x| \leq 3\varepsilon/2$ (on peut choisir c indépendamment de ε, si $\varepsilon < 1/2$). D'après (4.3) et (4.5) il vient

$$\limsup_{n \uparrow \infty} W_t^n \leq c\,\varepsilon\, B_t^\infty,$$

tandis que $W_t^n \geq 0$. Par ailleurs $\mathcal{E}(A^n)_t = V_t^n \exp(A_t^n - W_t^n)$. D'après (4.4) on a $V_t^n \longrightarrow V_t^\infty$. En utilisant (4.2) et le fait que ε est arbitrairement petit, on en déduit que $\mathcal{E}(A^n)_t \longrightarrow \mathcal{E}(A^\infty)_t$. ■

(4.7) LEMME: <u>Supposons que les</u> $A^n \in \mathcal{V}^+$ <u>vérifient (4.2). Si</u> $s \in D$, $s' > s$, <u>on a:</u>

$$\limsup_{n \uparrow \infty} \sup_{s < r \leq s'} \Delta A_r^n \leq \sup_{s < r \leq s'} \Delta A_r^\infty .$$

<u>Démonstration</u>. Soit a et b les membres de droite et de gauche de l'inégalité à démontrer. Il existe une sous-suite (n') de $\mathbb{N}$ et une suite $(t_{n'})$ de points de $]s,s']$ convergeant vers une limite $t \in [s,s']$, telle que $\Delta A^{n'}_{t_{n'}} \longrightarrow b$. Pour tout $\varepsilon > 0$ il existe $u,v \in D$ avec $s \leq u \leq t < v$, et $u < t$ si $s < t$, et

$$A_v^\infty - A_u^\infty - \Delta A_t^\infty I_{\{t > s\}} \leq \varepsilon$$

On a $t_{n'} \in]u,v]$ si n' est assez grand. D'après (4.2) il vient

$$b = \lim_{(n')} \Delta A^{n'}_{t_{n'}} \leq \lim_{(n')} (A_v^{n'} - A_u^{n'}) = A_v^\infty - A_u^\infty \leq \varepsilon + \Delta A_t^\infty I_{\{t > s\}} \leq \varepsilon + a$$

et comme $\varepsilon > 0$ est arbitraire, on a $b \leq a$. ■

(4.8) COROLLAIRE: <u>Si les</u> $A^n \in \mathcal{V}^+$ <u>vérifient (4.2) et (4.4), ils vérifient (4.5)</u>.

<u>Démonstration</u>. Soit $\varepsilon > 0$. On utilise les notations de (4.5), et on pose

$$\overline{A}_t^n = A_t^n - \sum_{i:\, t_i(n) \leq t} \Delta A^n_{t_i(n)}$$

D'après (4.4), les $(\overline{A}^n)_{n \in \overline{\mathbb{N}}}$ sont des éléments de $\mathcal{V}^+$ vérifiant (4.2). Comme $\Delta \overline{A}_s^\infty \leq \varepsilon$ par construction, il suffit d'appliquer le lemme (4.7). ■

Nous allons immédiatement en déduire deux résultats sur la convergence des exponentielles; seul le premier sera utilisé plus loin.

(4.9) PROPOSITION: Supposons que les $A^n \in \mathcal{V}$ vérifient (4.2) et (4.3), et que B^∞ soit continu. Alors: $t \in D \Longrightarrow \mathcal{E}(A^n)_t \longrightarrow \mathcal{E}(A^\infty)_t$ (en fait, on peut montrer que dans ce cas, cette convergence a lieu pour tout $t \geq 0$).

Démonstration. Il est facile de vérifier que les hypothèses entrainent la continuité de A^∞. Comme A^∞ et B^∞ sont continus, les suites (A^n) et (B^n) vérifient trivialement (4.4). De plus (B^n) vérifie (4.5) d'après le corollaire (4.8), de sorte que

$$\lim\sup_{n\uparrow\infty} \sup_{s\leq t} |\Delta A^n_s| \leq \lim\sup_{n\uparrow\infty} \sup_{s\leq t} \Delta B^n_s = 0$$

(en utilisant la continuité de B^∞ : donc $t_i = \infty$ pour tout $i \in \mathbb{N}$ et tout $\varepsilon > 0$ dans (4.5)). Donc la suite (A^n) vérifie (4.5) et le résultat découle du lemme (4.6). ∎

(4.10) PROPOSITION: L'application: $A \rightsquigarrow \mathcal{E}(A)$ de $\mathcal{V}^+$ dans l'espace $\mathcal{V}^+_1$ des fonctions croissantes continues à droite égales à 1 en 0, est continue pour la restriction de la topologie de Skorokhod sur $D([0,\infty[;\mathbb{R})$ à ces espaces.

Démonstration. On sait que la suite de fonctions A^n converge vers A^∞ dans $\mathcal{V}^+$ (resp. $\mathcal{V}^+_1$) pour la topologie de Skorokhod si et seulement si elle vérifie (4.2) et (4.4) pour une partie dense D de $\mathbb{R}_+$ (et dans ce cas, elle vérifie (4.2) et (4.4) avec $D = \{t : \Delta A^\infty_t = 0\}$). Si la suite (A^n) d'éléments de $\mathcal{V}^+$ vérifie (4.2) et (4.4), elle vérifie (4.5) d'après le corollaire (4.8), donc la suite $(\mathcal{E}(A^n))$ vérifie (4.2) d'après le lemme (4.6). Enfin comme $\Delta\mathcal{E}(A^n) = \mathcal{E}(A^n)\Delta A^n/(1+\Delta A^n)$ il est facile d'en déduire que la suite $(\mathcal{E}(A^n))$ vérifie aussi (4.4), d'où le résultat. ∎

§b - Le cas des fonctions croissantes. La condition (4.4) est difficile à vérifier a-priori. Nous allons donc donner des conditions équivalentes dans le cas où les A^n sont dans $\mathcal{V}^+$. On note $\mathcal{C}$ l'ensemble des fonctions $f : \mathbb{R}_+ \longrightarrow \mathbb{R}_+$ qui sont strictement convexes et vérifient: $f(0) = f'(0) = 0$, $f''(0)$ existe et est fini. Soit la condition:

$$(4.11) \qquad t \in D \Longrightarrow \Sigma_{s\leq t} f(\Delta A^n_s) \longrightarrow \Sigma_{s\leq t} f(\Delta A^\infty_s).$$

(4.12) LEMME: Supposons que les $A^n \in \mathcal{V}^+$ vérifient (4.2). La suite (A^n) vérifie (4.4) si et seulement si elle vérifie (4.11) pour une fonction $f \in \mathcal{C}$, et dans ce cas elle vérifie (4.11) pour toute fonction $f \in \mathcal{C}$.

Démonstration. (a) Soit $f \in \mathcal{C}$, et supposons qu'on ait (4.11) pour f. Il est évident qu'on a (4.4) pour tout $t>0$ tel que $\Delta A_t^\infty = 0$. Supposons donc que $\Delta A_t^\infty > 0$. Pour tout $n \in \mathbb{N}$ il existe $u_m, v_m \in D$ avec

$$u_m < t \leq v_m , \quad t \in D \Longrightarrow t = v_m , \quad A_{v_m}^\infty - A_{u_m}^\infty - \Delta A_t^\infty \leq 1/m .$$

Soit $F_m =]u_m, v_m]$. Il existe $r(m,n) \in F_m$ tel que $\Delta A^n_{r(m,n)} = \sup_{s \in F_m} \Delta A^n_s$. Soit $\underline{a}_m = \liminf_{(n)} \Delta A^n_{r(m,n)}$, $\overline{a}_m = \limsup_{(n)} \Delta A^n_{r(m,n)}$, $\underline{a} = \lim_{(m)} \uparrow \underline{a}_m$ et $\overline{a} = \lim_{(m)} \downarrow \overline{a}_m$. D'après (4.7) on a: $\overline{a} \leq \overline{a}_m \leq \Delta A_t^\infty$. Soit aussi $K \in \mathbb{R}_+$ tel que $f(x) \leq Kx^2$ si $x \leq A_t^\infty$. D'après (4.11) on a

$$f(\Delta A_t^\infty) \leq \sum_{r \in F_m} f(\Delta A_r^\infty) = \lim_{(n)} \sum_{r \in F_m} f(\Delta A_r^n) ,$$

d'où

$$f(\Delta A_t^\infty) \leq K \underline{a}_m \limsup_{(n)} \sum_{r \in F_m} \Delta A_r^n \leq K \underline{a}_m (\Delta A_t^\infty + \tfrac{1}{m})$$

$$f(\Delta A_t^\infty) \leq \liminf_{(n)} f(\Delta A^n_{r(m,n)}) + \limsup_{(n)} f(\textstyle\sum_{s \in F_m, s \neq r(m,n)} \Delta A^n_s)$$

$$\leq f(\underline{a}_m) + \limsup_{(n)} f(A^n_{v_m} - A^n_{u_m} - \Delta A^n_{r(m,n)})$$

$$\leq f(\underline{a}_m) + f(\Delta A_t^\infty + \tfrac{1}{m} - \underline{a}_m)$$

(on applique la convexité, puis la croissance et la continuité de f). En passant à la limite en m, on obtient

$$f(\Delta A_t^\infty) \leq K \underline{a} \Delta A_t^\infty , \qquad f(\Delta A_t^\infty) \leq f(\underline{a}) + f(\Delta A_t^\infty - \underline{a}) .$$

Etant donnée la stricte convexité de f, la seconde inégalité n'est possible que si $\underline{a} = 0$ (ce que contredit la première inégalité), ou si $\underline{a} = A_t^\infty$. Comme on a vu que $\overline{a} \leq \Delta A_t^\infty$ on a donc $\underline{a} = \overline{a} = \Delta A_t^\infty$. Par suite pour tout $q \in \mathbb{N}$ il existe $k(q) \geq q$ tel que

$$\Delta A_t^\infty - \frac{1}{q} \leq \underline{a}_{k(q)} \leq \overline{a}_{k(q)} \leq \Delta A_t^\infty + \frac{1}{q}$$

et il existe $l(q) \geq q$ tel que $|\Delta A_t^\infty - \Delta A^n_{r(k(q),n)}| \leq 2/q$ pour tout $n \geq l(q)$. Il reste à poser $m(n) = \sup(q : n \geq l(q))$ et $t(n) = r(k(m(n)),n)$ pour obtenir (4.4).

(b) Supposons inversement qu'on ait (4.4), et soit $f \in \mathcal{C}$. Soit $\varepsilon \in]0,1[$. D'après (4.8) on sait que la suite (A^n) vérifie la condition (4.5), dont on utilise les notations. Il existe $K \in \mathbb{R}_+$ tel que $f(x) \leq Kx^2$ si $x \leq 1$. D'après (4.5) il vient pour $t \in D$:

$$\limsup_{(n)} \sum_{s\leq t} f(A^n_s) \leq \lim_{(n)} \sum_{i:\ t_i(n)\leq t} f(\Delta A^n_{t_i(n)}) + K\varepsilon \lim_{(n)} A^n_t$$
$$= \sum_{i\ :\ t_i\leq t} f(\Delta A^{\infty}_{t_i}) + K\varepsilon A^{\infty}_t$$
$$\leq \sum_{s\leq t} f(\Delta A^{\infty}_s) + K\varepsilon A^{\infty}_t$$
$$\liminf_{(n)} \sum_{s\leq t} f(\Delta A^n_s) \geq \lim_{(n)} \sum_{i\ :\ t_i(n)\leq t} f(\Delta A^n_{t_i(n)})$$
$$= \sum_{i:\ t_i\leq t} f(\Delta A^{\infty}_{t_i}) \geq \sum_{s\leq t} f(\Delta A^{\infty}_s) - K\varepsilon A^{\infty}_t$$

et comme $\varepsilon > 0$ est arbitraire, on a (4.11) pour la fonction f. ∎

(4.13) COROLLAIRE: Supposons que les $A^n \in \mathcal{V}^+$ vérifient (4.2) et

(4.14) $$t \in D \Longrightarrow \sum_{s\leq t} (\Delta A^n_s)^2 \longrightarrow \sum_{s\leq t} (\Delta A^{\infty}_s)^2 .$$

On a alors: $t \in D \Longrightarrow \mathcal{E}(A^n)_t \longrightarrow \mathcal{E}(A^{\infty})_t$.

Ce corollaire découle immédiatement de (4.6), (4.8) et (4.12), car $f(x) = x^2$ est dans $\mathcal{C}$. Comme $f(x) = x - \mathrm{Log}(1+x)$ est aussi dans $\mathcal{C}$, c'est aussi une conséquence directe de (4.12) et de la formule (4.1).

(4.15) REMARQUE: Le corollaire (4.13) est démontré par Kabanov, Liptzer et Shiriayev [4], par une méthode un peu différente et un peu plus simple. Cependant la méthode utilisée ici donne quelques informations supplémentaires:

1) En utilisant l'équivalence (4.12), on voit que si les $A^n \in \mathcal{V}^+$ vérifient (4.2), on a $\mathcal{E}(A^n)_t \longrightarrow \mathcal{E}(A^{\infty})_t$ pour tout $t \in D$ si et seulement si (4.14) est vérifié.

2) Le corollaire (4.13) reste valide si on remplace (4.14) par

$$t \in D \Longrightarrow \sum_{s\leq t} (\Delta A^n_s)^{\alpha} \longrightarrow \sum_{s\leq t} (\Delta A^{\infty}_s)^{\alpha}$$

pour un réel $\alpha \geq 2$ quelconque. ∎

§c - Le cas des fonctions à variation finie. Dans ce cas, nous allons nous contenter d'étudier une condition très particulière.

(4.16) PROPOSITION: On suppose que les $A^n \in \mathcal{V}$ vérifient (4.2), (4.3), et (4.11) avec les trois fonctions $f(x) = x^2$, $= x^3$, $= x^4$. Alors on a: $t \in D \Longrightarrow \mathcal{E}(A^n)_t \longrightarrow \mathcal{E}(A^{\infty})_t$.

(ces conditions impliquent aussi qu'on ait (4.11) pour toute fonction $f(x) = |x|^{\alpha}$, avec $\alpha \geq 2$).

<u>Démonstration</u>. Posons $C_t^n = \sum_{s \leq t} (\Delta A_s^n)^2$, $D_t^n = \sum_{s \leq t} (\Delta A_s^n)^3$ et $E_t^n = \sum_{s \leq t} (\Delta A_s^n)^4$. Les C^n sont dans $\mathcal{V}^+$ et vérifient (4.2) et (4.14), donc (4.4) et (4.5). Soit $t > 0$ et $(t(n))$ une suite telle que $t(n) \to t$, $(\Delta A_{t(n)}^n)^2 \longrightarrow (\Delta A_t^\infty)^2$, et $t(n) \leq t$ si $t \in D$. Si $\Delta A_{t(n)}^n$ ne converge pas vers ΔA_t^∞, quitte à prendre une sous-suite on peut supposer que $\Delta A_{t(n)}^n \to -\Delta A_t^\infty$.

On pose $\overline{C}_s^n = C_s^n - \Delta C_{t(n)}^n I_{\{t(n) \leq s\}}$, et on définit de même $\overline{D}^n$ et $\overline{E}^n$, avec la convention $t(\infty) = t$. Il est clair que pour tout $s \in D$, on a: $\overline{C}_s^n \longrightarrow \overline{C}_s^\infty$, $\overline{D}_s^n \longrightarrow \overline{D}_s^\infty + 2(\Delta A_t^\infty)^3 I_{\{t \leq s\}}$, et $\overline{E}_s^n \longrightarrow \overline{E}_s^\infty$. Par ailleurs on a $\overline{C}^n + \overline{E}^n - V(\overline{D}^n) \in \mathcal{V}^+$ pour tout $n \in \mathbb{N}$ (car $|x^3| \leq x^2 + x^4$) et $\Delta\overline{C}_t^\infty = \Delta\overline{E}_t^\infty = 0$, donc on doit avoir $\Delta\overline{D}_t^\infty + 2(\Delta A_t^\infty)^3 = 0$. Comme on a aussi $\Delta\overline{D}_t^\infty = 0$ par construction, on arrive à une contradiction, sauf si $\Delta\overline{A}_t^\infty = 0$.

En d'autres termes, on a montré que $\Delta A_{t(n)}^n \longrightarrow \Delta A_t^\infty$. Enfin comme la suite (C^n) vérifie (4.5) on en déduit aisément que (A^n) vérifie également (4.5), et le résultat découle du lemme (4.6).∎

Voici maintenant deux résultats un peu différents, qui ne seront pas utilisés dans la suite et sont donc énoncés sans démonstration.

(4.17) PROPOSITION: <u>On suppose que</u> $A^n \in \mathcal{V}$ <u>s'écrit</u> $A^n = B^n - C^n$ <u>avec</u> $B^n, C^n \in \mathcal{V}^+$, <u>et que les suites</u> $(A^n), (B^n), (C^n)$ <u>vérifient (4.2) et (4.14). On a alors</u>: $t \in D \Longrightarrow \mathcal{E}(A^n)_t \longrightarrow \mathcal{E}(A^\infty)_t$.

(4.18) PROPOSITION: <u>On suppose que les</u> $A^n \in \mathcal{V}$ <u>vérifient (4.2), (4.3), (4.14), et que</u> $\Delta B^\infty = |\Delta A^\infty|$. <u>Alors</u>: $t \in D \Longrightarrow \mathcal{E}(A^n)_t \longrightarrow \mathcal{E}(A^\infty)_t$.

<u>§d - Retour aux probabilités</u>. Revenons aux probabilités en considérant pour chaque $n \in \overline{\mathbb{N}}$ un espace probabilisé $(\Omega^n, \underline{\underline{F}}^n, P^n)$ muni d'un processus A^n à trajectoires dans $\mathcal{V}$. Ce qui précède s'applique de la manière suivante aux convergences en loi: soit d'abord les conditions:

(4.19) $t \in D \Longrightarrow A_t^n \xrightarrow{\mathcal{L}} A_t^\infty$

(4.20) Pour chaque $n \in \overline{\mathbb{N}}$ il existe un processus croissant B^n sur

$(\Omega^n,\underline{\underline{F}}^n,P^n)$ tel que $B^n - V(A^n)$ soit croissant et que $t \in D \Longrightarrow B^n_t \xrightarrow{\mathcal{L}} B^\infty_t$.

(4.21) $t \in D \Longrightarrow \sum_{s \le t} (\Delta A^n_s)^2 \xrightarrow{\mathcal{L}} \sum_{s\le t} (\Delta A^\infty_s)^2$

(4.22) $t \in D \Longrightarrow \sum_{s \le t} (\Delta A^n_s)^3 \xrightarrow{\mathcal{L}} \sum_{s\le t} (\Delta A^\infty_s)^3$

(4.23) $t \in D \Longrightarrow \sum_{s \le t} (\Delta A^n_s)^4 \xrightarrow{\mathcal{L}} \sum_{s\le t} (\Delta A^\infty_s)^4$

Le théorème suivant résume alors ce dont nous aurons besoin dans la suite.

(4.24) THEOREME: <u>On a</u>: $t \in D \Longrightarrow \mathcal{E}(A^n)_t \xrightarrow{\mathcal{L}} \mathcal{E}(A^\infty)_t$ <u>sous chacune des conditions suivantes</u>:

(i) <u>On a (4.19), (4.20),</u> A^∞ <u>et</u> B^∞ <u>sont déterministes,</u> B^∞ <u>est continu</u>.

(ii) <u>On a (4.19), (4.21), les</u> A^n <u>sont croissants,</u> A^∞ <u>est déterministes</u>.

(iii) <u>On a (4.19), (4.20), (4.21), (4.22), (4.23),</u> A^∞ <u>et</u> B^∞ <u>sont déterministes</u>.

<u>Démonstration</u>. Quitte à prendre le produit des espaces $(\Omega^n,\underline{\underline{F}}^n,P^n)$, on peut supposer que tous ces processus sont définis sur le même espace $(\Omega,\underline{\underline{F}},P)$; les diverses limites étant déterministes, on a donc des convergences en probabilité. Si $t \in D$, pour montrer que $\mathcal{E}(A^n)_t \xrightarrow{\mathcal{L}} \mathcal{E}(A^\infty)_t$ il suffit de montrer que de toute sous-suite (n') on peut extraire une sous-sous-suite (n'') pour laquelle il y a convergence presue-sûre. Quitte à restreindre D on peut supposer que D est dénombrable et contient encore t, donc de la sous-suite (n') on extrait une sous-sous-suite (n'') pour laquelle les convergences dans (4.19)-(4.23) sont presque-sûres. Il suffit alors d'appliquer (4.9) (resp. (4.13), resp. (4.16)) quand on a (i) (resp. (ii), resp. (iii)).■

<u>5 - QUELQUES EXEMPLES</u>

Dans cette partie nous revenons à la situation du §2, et nous allons donner diverses conditions portant sur les caractéristiques locales des X^n et assurant qu'on a (2.11), (2.12), (2.13) ou (2.16). Pour simplifier, on supposera que les X^n sont des <u>semimartingales réelles</u> $(d=1)$.

On verra intervenir des conditions du type: $K^n(dx) \xrightarrow{\mathcal{L}} K^\infty(dx)$, où les $K^n(\omega,dx)$ sont des mesures aléatoires finies sur $\mathbb{R}$. Cela signifie que pour toute fonction continue bornée f sur $\mathbb{R}$ on a $K^n(f) \xrightarrow{\mathcal{L}} K^\infty(f)$. De manière équivalente, cela signifie aussi que les variables aléatoires K^n convergent en loi vers la variable K^∞, ces variables prenant leurs valeurs dans l'espace polonais des mesures bornées sur $\mathbb{R}$ muni de la topologie de la convergence étroite: pour se rappeler ceci, on écrira: $K^n \xrightarrow{\mathcal{L},\text{ét}} K^\infty$.

Signalons à ce propos que dans ce cas, si f est une fonction bornée sur $\mathbb{R}$, continue sauf en un nombre fini de points $x_1,..,x_m$, on a $K^n(f) \xrightarrow{\mathcal{L}} K^\infty(f)$ dès que $P[K^\infty(\{x_i\})>0] = 0$ pour tout $i \leq m$.

En particulier, on appliquera les remarques qui précèdent à des mesures K^n construites à partir des ν^n. Or, dans la définition même des caractéristiques locales on voit que les points $x=1$ et $x=-1$ jouent un rôle tout-à-fait particulier. Cela conduit à imposer parfois l'hypothèse suivante; lorsque (2.10) est vérifiée:

(5.1) HYPOTHESE: On a $\nu^\infty(\mathbb{R}_+ \times \{-1,1\}) = 0$.

(5.2) REMARQUES: 1) L'hypothèse (5.1) peut sembler restrictive. En fait il n'en est rien car si elle n'est pas vérifiée on peut toujours choisir un $a>1$ tel que $\nu^\infty(\mathbb{R}_+ \times \{-a,a\}) = 0$. On considère les processus $\overline{X}^n = X^n/a$, qui admettent les caractéristiques locales $\overline{B}^n = B^n/a + \frac{x}{a} I_{\{1<|x|\leq a\}} * \nu^n$, $\overline{C}^n = C^n$, et $\overline{\nu}^n([0,t]\times A) = \int \nu^n([0,t]\times dx) I_A(\frac{x}{a})$. De plus $\overline{\nu}^\infty$ vérifie (5.1). Enfin la conclusion du théorème (2.14) (resp. (2.17)) est valable pour les X^n si et seulement si elle est valable pour les $\overline{X}^n$: on peut donc remplacer dans ce qui suit X^n par $\overline{X}^n$.

2) En fait l'introduction de l'hypothèse (5.1) est due à une définition des caractéristiques locales qui n'est pas adaptée à l'étude des convergences. Il serait plus judicieux ici (mais moins habituel) de modifier la définition (2.2) du processus $\check{X}$, donc la seconde caractéristique B, ainsi: on choisirait une fonction f continue telle que $f(x) = x$ si $|x| \geq 1$, $f(x) = 0$ si $|x| \leq 1/2$, et $|f(x)| \leq |x|$, et on poserait $\check{X}_t = \sum_{s\leq t} f(\Delta X_s)$. Il n'y aurait alors plus lieu de considérer l'hypothèse (5.1).∎

Terminons ces préliminaires par une dernière remarque: dans ce qui suit nous énonçons des résultats de convergence en loi, qui s'appuient sur le théorème (2.17), donc sur [3]. Mais rappelons que dans cet article, seule la convergence fini-dimensionnelle au sens du théorème (2.14) est montrée.

§a - Exemples où X^∞ est quasi-continu à gauche. Dans tout ce qui suit nous nous plaçons dans les conditions du §2, dont nous utilisons les notations. Commençons par un résultat simple.

(5.3) THEOREME: Supposons que chaque X^n soit croissant, que X^∞ soit quasi-continu à gauche, et qu'on ait (2.10). Les mesures aléatoires suivantes sur $\mathbb{R}_+$ sont finies et positives:

$$U_t^n(dx) = (B_t^n - xI_{\{|x|\leq 1\}}*\nu_t^n)\,\varepsilon_0(dx) + (x\wedge 1)\cdot\nu^n([0,t]\times dx)$$

et si: $t\in D \Longrightarrow U_t^n \xrightarrow{\mathcal{L},\text{ét}} U_t^\infty$, les processus X^n convergent en loi vers X^∞.

Ce résultat est un cas particulier du théorème suivant:

(5.4) THEOREME: Supposons que $X^n - X^{n,c}$ soit à variation finie pour chaque $n\in\overline{\mathbb{N}}$ et qu'on ait (2.10). Les mesures aléatoires suivantes sur $\mathbb{R}_+$ sont finies (mais pas nécessairement positives):

$$V_t^n(dx) = (B_t^n - xI_{\{|x|\leq 1\}}*\nu_t^n)\,\varepsilon_0(dx) + (x\wedge 1\vee(-1))\cdot\nu^n([0,t]\times dx)$$

et si on a

(i) $t\in D \longrightarrow C_t^n \xrightarrow{\mathcal{L}} C_t^\infty$, $V_t^n \xrightarrow{\mathcal{L},\text{ét}} V_t^\infty$;

(ii) il existe des processus H^n tels que: $t\in D \Longrightarrow H_t^n \xrightarrow{\mathcal{L}} H_t^\infty$, que H^∞ soit déterministe, et que $H^n - V(B^n - xI_{\{|x|\leq 1\}}*\nu^n) - (|x|\wedge 1)*\nu^n$ soit croissant;

(iii) H^∞ est continu,

alors les processus X^n convergent en loi vers X^∞.

Remarquons que (iii) entraine que $\nu^\infty(\{t\}\times\mathbb{R})=0$, donc X^∞ est quasi-continu à gauche. Le fait que $X^n - X^{n,c}$ soit à variation finie entraine de manière classique que $(|x|\wedge 1)*\nu_t^n<\infty$ p.s. pour tout $t<\infty$, donc la mesure V_t^n est finie, et le processus $B^n - xI_{\{|x|\leq 1\}}*\nu^n$ est bien défini, et continu d'après (2.6).

Si X^n est croissant, on a $C^n=0$, $U^n=V^n$ et $B^n - xI_{\{|x|\leq 1\}}*\nu^n$ est croissant. Donc les hypothèses de (5.3) entrainent (i),(ii) avec $H^n=U^n(1)$, et (iii) car $H^\infty=U^\infty(1)$ est continu si X^∞ est quasi-continu à gauche.

Démonstration. On a $x^2\wedge 1\leq |x|\wedge 1$, et le processus

$$V(B^n - xI_{\{|x|\leq 1\}}*\nu^n) + (|x|\wedge 1)*\nu^n - V(B^n)$$

est croissant. Donc l'hypothèse (2.16) est satisfaite avec $G^n=2H^n+C^n$.

Soit $\Lambda = \{b>0 : \nu^{\infty}(\mathbb{R}\times\{-b,b\}) = 0\}$, qui est une partie dense de $\mathbb{R}_+$. Si $b\in\Lambda$, (i) implique que

$$I_{\{|x|>b\}} * \nu^n_t = V^n_t(I_{\{x>b\}} - I_{\{x<-b\}}) \xrightarrow{\mathcal{L}} V^{\infty}_t(I_{\{x>b\}} - I_{\{x<-b\}}) = I_{\{|x|>b\}} * \nu^{\infty}_t$$

et comme $\lim_{b\uparrow\infty} I_{\{|x|>b\}} * \nu^{\infty}_t = 0$ il est facile d'en déduire qu'on a (2.11).

Soit $b\in\Lambda$, $\lambda\in\mathbb{R}$, $f(x) = \frac{e^{\lambda x}-1}{x\wedge 1\vee(-1)} I_{\{|x|\le b\}}$ si $x\neq 0$ et $f(0) = \lambda$. cette fonction f est bornée et continue sauf en b et en $-b$. Un calcul simple montre que

$$A^n(\lambda,b)_t = \frac{\lambda^2}{2} C^n_t + V^n_t(f),$$

tandis que si $b\ge 1$ et si $c = \sup f(x)$, le processus

$$\frac{\lambda^2}{2} C^n_t + V(B^n - xI_{\{|x|\le 1\}} * \nu^n) + c\,(|x|\wedge 1) * \nu^n - V[A^n(\lambda,b)]$$

est croissant. Donc $\lambda^2 C^n/2 + (|\lambda|+c)H^n - V[A^n(\lambda,b)]$ est croissant. D'après (4.24,i) et les hypothèses (i), (ii) et (iii), on en déduit que $\mathcal{E}(A^n(\lambda,b))_t \xrightarrow{\mathcal{L}} \mathcal{E}(A^{\infty}(\lambda,b))_t$ si $t\in D$, $b\in\Lambda$, $b\ge 1$, $\lambda\in\mathbb{R}$. On a donc (2.13), d'où le résultat. ∎

(5.5) THEOREME: <u>Supposons qu'on ait (2.10) et (5.1) et que</u> X^{∞} <u>soit quasi-continu à gauche. Les mesures aléatoires suivantes sur</u> $\mathbb{R}$ <u>sont finies et positives</u>:

$$W^n_t(dx) = C^n_t\,\varepsilon_0(dx) + (x^2\wedge 1)\cdot\nu^n([0,t]\times dx),$$

<u>et si</u>

(i) $t\in D \Longrightarrow B^n_t \xrightarrow{\mathcal{L}} B^{\infty}_t$, $W^n_t \xrightarrow{\mathcal{L},\text{ét}} W^{\infty}_t$;

(ii) <u>il existe des processus</u> H^n <u>tels que</u> $H^n - V(B^n)$ <u>soient croissants et que</u>: $t\in D \Longrightarrow H^n_t \xrightarrow{\mathcal{L}} H^{\infty}_t$; <u>et que</u> H^{∞} <u>soit déterministe</u>;

(iii) H^{∞} <u>est continu</u>,

<u>alors les processus</u> X^n <u>convergent en loi vers</u> X^{∞}.

<u>Démonstration</u>. L'hypothèse (2.16) est satisfaite avec $G^n = H^n + W^n(1)$ (noter que le processus: $t \rightsquigarrow W^n_t(1)$ est croissant fini). On définit Λ comme dans la preuve de (5.4) et on montre comme dans cette preuve que l'hypothèse (2.11) est satisfaite. (5.1) signifie que $1\in\Lambda$. Soit $b\in\Lambda$ et $\lambda\in\mathbb{R}$; on considère la fonction $f(x) = (e^{\lambda x} - 1 - \lambda x I_{\{|x|\le 1\}})\times I_{\{|x|\le b\}}/(x^2\wedge 1)$ pour $x\neq 0$ et $f(x) = \lambda^2/2$. Cette fonction est bornée par une constante c et est continue sauf en $\{-1,1,-b,b\}$. On a

$$A^n(\lambda,b)_t \quad = \quad B^n_t + W^n_t(f)$$

et le processus

$$V(B^n) \quad + \quad cW^n(1) \quad - \quad V[A^n(\lambda,b)]$$

est croissant. D'après (4.24,i), les hypothèses (i), (ii), (iii), et la quasi-continuité à gauche de X^∞ (qui implique la continuité de: $t \rightsquigarrow W^\infty_t(1)$) entrainent que $\mathcal{E}(A^n(\lambda,b))_t \xrightarrow{\mathcal{L}} \mathcal{E}(A^\infty(\lambda,b))_t$ si $t \in D$, $b \in \Lambda$, $b \geq 1$, $\lambda \in \mathbb{R}$. On a donc (2.13), d'où le résultat. ∎

Terminons ce paragraphe par quelques commentaires sur ces divers théorèmes. Le théorème (5.4) implique que la partie martingale continue $X^{n,c}$ convergent en loi vers $X^{\infty,c}$, tandis que pour les processus $X^n - X^{n,c}$ il peut y avoir des "transferts" entre la partie "purement discontinue" et la partie "continue": cela couvre le cas où, par exemple, les processus croissants X^n purement discontinus convergent vers une processus croissant X^∞ continu (donc déterministe sous (2.10)).

Au contraire dans le théorème (5.5) il y a convergence de B^n vers B^∞, mais il peut y avoir des transferts de la partie "purement discontinue" vers la partie martingale continue: cela couvre le cas bien connu où une suite de processus de Poisson converge vers un mouvement brownien.

Mais bien-sûr ces deux théorèmes n'épuisent pas les possibilités: on peut avoir des transferts simultanés entre $X^{n,c}$, B^n, et la partie "martingale purement discontinue". Par contre, le théorème (5.5) couvre le cas où, séparément, C^n (resp. B^n, resp. ν^n) converge vers C^∞ (resp. B^∞, resp. ν^∞): nous laissons le lecteur écrire lui-même ce cas particulier.

Disons encore un mot de l'hypothèse (5.5,ii), qui peut sembler arbitrairement compliquée. On pourrait la remplacer par: $t \in D \Longrightarrow V(B^n)_t \xrightarrow{\mathcal{L}} V(B^\infty)_t$, mais on ne couvrirait pas le cas élémentaire où les X^n sont déterministes continus (donc $C^n = 0$, $\nu^n = 0$, $B^n = X^n$), convergent vers $X^\infty = 0$, mais admettent une variation constante (en n) et non nulle. La même remarque s'applique à l'hypothèse (5.4,ii).

<u>§b - Exemples où</u> X^∞ <u>n'est pas quasi-continu à gauche</u>. Commençons par généraliser le théorème (5.3).

(5.6) THEOREME: <u>Supposons que chaque</u> X^n <u>soit croissant et qu'on ait (2.10). Si, avec les notations de (5.3), on a</u>

(i) $t \in D \Longrightarrow U^n_t \xrightarrow{\mathcal{L},\text{ét}} U^\infty_t$;

(ii) pour toute fonction continue f telle que $f/(x\wedge 1)$ soit bornée, on a: $t\in D \Longrightarrow \sum_{s\le t}[\nu^n(\{s\},f)]^2 \xrightarrow{\mathcal{L}} \sum_{s\le t}[\nu^\infty(\{s\},f)]^2$,

alors les processus X^n convergent en loi vers X^∞.

Démonstration. La seule chose à montrer est l'hypothèse (2.13). Soit toujours Λ l'ensemble introduit dans la preuve de (5.4). Soit $b\in\Lambda$, $b\geq 1$, $\lambda\in\mathbb{R}$ et $f(x)=\frac{e^{\lambda x}-1}{x\wedge 1}I_{\{|x|\le b\}}$ si $x\neq 0$ et $f(0)=\lambda$. Cette fonction f est bornée et continue sauf en b et $-b$, et il est facile d'en déduire que la convergence dans (ii) est aussi valable pour $f(x)x\wedge 1$.

On a $A^n(\lambda,b)_t = U^n_t(f)$, donc d'après les hypothèses faites la suite de processus $(A^n(\lambda,b))_{n\in\overline{\mathbb{N}}}$ vérifie les conditions de (4.24,ii). On a donc (2.13), d'où le résultat. ∎

(5.7) REMARQUE: On retrouve les résultats de Kabanov, Liptzer et Shiriayev [4] comme cas particulier de ce théorème: soit en effet $X^n = N^n$ des processus ponctuels de compensateurs A^n. Il vient $C^n = 0$, $B^n = A^n$, $\nu^n(dt,dx) = dA^n_t\,\varepsilon_1(dx)$, de sorte que $U^n_t(dx) = A^n_t\,\varepsilon_1(dx)$. Il est facile de voir que les hypothèses de (5.6) se réduisent à (1.1) et (1.2) (et dans le cas où A^∞ est continu, celles de (5.3) se réduisent à (1.1)).

(5.8) THEOREME: Supposons que $X^n - X^{n,c}$ soit à variation finie pour chaque $n\in\overline{\mathbb{N}}$ et qu'on ait (2.10). Si on a (5.4,i), (5.4,ii) et

(iii') pour toute fonction f continue telle que $f/(x\wedge 1)$ soit bornée, on a

$$(5.9)\quad t\in D \Longrightarrow \begin{cases} \sum_{s\le t}\nu^n(\{s\},f)^2 \xrightarrow{\mathcal{L}} \sum_{s\le t}\nu^\infty(\{s\},f)^2 \\ \sum_{s\le t}\nu^n(\{s\},f)^3 \xrightarrow{\mathcal{L}} \sum_{s\le t}\nu^\infty(\{s\},f)^3 \\ \sum_{s\le t}\nu^n(\{s\},f)^4 \xrightarrow{\mathcal{L}} \sum_{s\le t}\nu^\infty(\{s\},f)^4 , \end{cases}$$

alors les processus X^n convergent en loi vers X^∞.

Démonstration. Il suffit de reprendre mot pour mot la preuve de (5.4), en remarquant que si $g(x) = (e^{\lambda x}-1)I_{\{|x|\le b\}}$ on a

$$A^n(\lambda,b)_t = \nu^n(\{t\},g)$$

et que (5.9) est valable pour la fonction g si $b\in\Lambda$. En utilisant (4.24,iii) au lieu de (4.24,i), on obtient le résultat. ∎

Enfin, on généralise de la même manière le théorème (5.5):

(5.10) THEOREME: Supposons qu'on ait (2.10) et (5.1). Si on a (5.5,i),

(5.5,ii), et

(iii') pour toute fonction f continue telle que $f/(x^2 \wedge 1)$ soit bornée, on a (5.9),

alors les processus X^n convergent en loi vers X^∞.

BIBLIOGRAPHIE

1 T. BROWN: A martingale approach to the Poisson convergence of simple point processes. Ann. Probab. 6, 615-628, 1978.

2 J. JACOD: Calcul stochastique et problèmes de martingales. Lect. Notes in Math. 714, Springer, 1979.

3 J. JACOD, J. MEMIN: Un nouveau critère de compacité relative pour une suite de processus. A paraitre aux Sém. de Proba. De Rennes, 1979.

4 I. KABANOV, R. LIPTZER, A. SHIRIAYEV: Some limit theorems for simple point processes (martingale approach). Preprint, 1979.

5 E. LENGLART: Relations de domination entre deux processus. Ann. Inst. H. Poincaré (B), XIII, 171-179, 1977.

6 D. LEPINGLE, J. MEMIN: Sur l'intégrabilité uniforme des martingales exponentielles. Z. für Wahr. 42, 175-203, 1978.

7 P.A. MEYER: Un cours sur les intégrales stochastiques. Sém. Proba. X, Lact. Notes Math 511, Springer, 1976.

SUR LA DERIVATION DES INTEGRALES STOCHASTIQUES

CH. YOEURP

D. Isaacson ([2]) a montré, en 1969, le résultat suivant :

Soient un mouvement brownien (B_t) et un processus continu prévisible (ϕ_t) tel que $\int_0^t \phi_s^2 ds < \infty$, pour tout t. Alors, pour chaque t fixé, le rapport

$\dfrac{\int_t^{t+\varepsilon} \phi_s dB_s}{B_{t+\varepsilon}-B_t}$ converge en probabilité vers ϕ_t, quand $\varepsilon \to 0$.

L'objet de cet article est de montrer que l'on ne peut pas, en général, étendre cette propriété à une martingale continue quelconque. Nous remercions ici P.A. Meyer et M. Yor pour leurs discussions fructueuses sur ce travail.

1. Soit $B = (B_t)$ un mouvement brownien par rapport à sa filtration naturelle $(\mathcal{F}_t)$, défini sur l'espace de probabilité $(\Omega, \mathcal{F}_t, P)$, vérifiant les conditions habituelles.

Nous allons construire une martingale continue changée de temps de B, qui ne possède pas la propriété de "dérivation".

Pour chaque $n \geq 1$, définissons :

$$R_n = \text{Inf}\{t > \tfrac{1}{n} / |B_t| = \tfrac{1}{n}\}$$
$$= \infty \text{ si } \{\cdot\} = \emptyset$$

On a le lemme suivant :

Lemme 1 :

(R_n) est une suite de t.a. tendant vers 0 en probabilité.

Démonstration :

Soit $D_{1/n} = \text{Inf}\{t > \tfrac{1}{n} / B_t = 0\}$

$$= \infty \text{ si } \{\cdot\} = \emptyset$$

Puisque 0 est un point d'accumulation des zéros de B, $(D_{1/n})$ est une suite de t.a. tendant p.s. vers 0. Comme on a $R_n \leq D_{1/n}$ sur l'ensemble $\{|B_{\frac{1}{n}}| \geq \frac{1}{n}\}$ dont la probabilité tend vers 1, on en conclut que R_n converge vers 0 en probabilité. □

Quitte à extraire une sous suite, on peut supposer que (R_n) converge vers 0 p.s.. Rendons cette suite décroissante, en posant :

$$S_n = R_1 \wedge R_2 \wedge \ldots \wedge R_n \wedge 1.$$

La prochaine étape est la construction d'un changement de temps continu (τ_t) tel que $\tau_{\frac{1}{n}} = S_n$. Pour cela, nous avons besoin d'une extension immédiate d'un lemme d'Emery ([1]) :

<u>Lemme 2</u> :

<u>Soient</u> a <u>et</u> b <u>deux réels tels que</u> $a < b$, <u>et</u> S <u>et</u> S' <u>deux t.a. prévisibles tels que</u> $S \leq S'$.

<u>Il existe un processus continu adpaté strictement croissant</u> (A_t) <u>tel que</u> $A_S = a$, et sur $\{S < S'\}$, $A_{S'} = b$.

On applique le lemme 2 à la suite de t.a. prévisibles (car ce sont des t.a. du mouvement brownien) (S_n) construite précédemment :

pour $n \geq 1$, il existe (A^n_t), processus continu adapté strictement croissant vérifiant $A^n_{S_{n+1}} = \frac{1}{n+1}$, et sur $\{S_{n+1} < S_n\}$, $A^n_{S_n} = \frac{1}{n}$.

Posons : $A_t = \sum_{n \geq 1} A^n_t \, I_{[\![S_{n+1}, S_n [\![} + I_{[\![S_1, \infty [\![}$

C'est un processus adapté strictement croissant. Son inverse à droite (τ_t) définit donc un changement de temps continu tel que $\tau_{1/n} = S_n$. La formule de changement de variables nous permet d'écrire :

$$\frac{\int_0^{1/n} B_{\tau_s} dB_{\tau_s}}{B_{\tau_{1/n}}} = \frac{\int_0^{\tau_{1/n}} B_s dB_s}{B_{\tau_{1/n}}} = \frac{1}{2}\left(B_{\tau_{1/n}} - \frac{\tau_{1/n}}{B_{\tau_{1/n}}}\right)$$

$$= \frac{1}{2}\left(B_{S_n} - \frac{S_n}{B_{S_n}}\right)$$

Au second membre de la dernière égalité, B_{S_n} converge vers 0 p.s., mais $\frac{S_n}{B_{S_n}}$ ne converge pas vers 0 en probabilité, d'après les définitions de S_n et de R_n.

On en conclut donc que la martingale continue $(B_{\tau_t})_{t \in [0,1]}$ répond à la question.

Remarque 1 :

Etant donnés un mouvement brownien (B_t) et un processus prévisible continu (ϕ_t) tel que $\int_0^t \phi_s^2 ds < \infty$, pour tout t, est-ce-que $M_t \equiv \int_0^t \phi_s dB_s$ est l'unique martingale, à une constante additive près, telle que la limite en probabilité, quand $\varepsilon \to 0$, de $\frac{M_{t+\varepsilon}-M_t}{B_{t+\varepsilon}-B_t}$ soit égale à ϕ_t, pour tout t ?

La réponse à cette question est affirmative, si on travaille relativement à la filtration naturelle de (B_t). En effet, toute martingale peut s'écrire comme intégrale stochastique par rapport à (B_t), à une constante additive près.

2. On étudie ici les "dérivées partielles" des intégrales stochastiques par rapport à un mouvement brownien dans $\mathbb{R}^n$. Pour ne pas compliquer les choses, on fait les calculs dans $\mathbb{R}^2$ seulement, mais les résultats s'étendent au cas où n est quelconque.

Soit $Z = (X,Y)$ un $(\mathcal{F}_t)$ mouvement brownien dans $\mathbb{R}^2$, c'est-à-dire : $X = (X_t)$ et $Y = (Y_t)$ sont deux $(\mathcal{F}_t)$ mouvements browniens réels indépendants, et soit $H = (\phi,\psi)$ un processus $(\mathcal{F}_t)$ prévisible continu tel que $\int_0^t(\phi_s^2 + \psi_s^2)ds < \infty$, pour tout t. Notons M l'intégrale stochastique de H par rapport à Z : $M_t = \int_0^t \phi_s dX_s + \int_0^t \psi_s dY_s$. Désignons par R et S deux v.a. gaussiennes, centrées, réduites, indépendantes entre elles, et indépendantes de (ϕ,ψ).

Posons :

$$\Delta_\varepsilon^1 = \frac{M_{t+\varepsilon}-M_t}{X_{t+\varepsilon}-X_t} = \frac{\int_t^{t+\varepsilon} \phi_s dX_s}{X_{t+\varepsilon}-X_t} + \frac{\int_t^{t+\varepsilon} \psi_s dY_s}{X_{t+\varepsilon}-X_t}$$

$$\Delta_\varepsilon^2 = \frac{M_{t+\varepsilon}-M_t}{Y_{t+\varepsilon}-Y_t} = \frac{\int_t^{t+\varepsilon} \phi_s dX_s}{Y_{t+\varepsilon}-Y_t} + \frac{\int_t^{t+\varepsilon} \psi_s dY_s}{Y_{t+\varepsilon}-Y_t}$$

$$D^1 = \phi_t + \psi_t \frac{S}{R}$$

$$D^2 = \phi_t \frac{R}{S} + \psi_t$$

On a le résultat suivant qui avait été aussi obtenu par Yor, mais il ne l'a pas publié.

Proposition 1 :

Le couple $(\Delta_\varepsilon^1,\Delta_\varepsilon^2)$ converge en loi vers (D^1,D^2), quand ε tend vers 0.

Démonstration :

A cette fin, on utilise les transformées de Fourier. On va montrer que :

$$\lim_{\varepsilon\to 0} E(e^{i\lambda\Delta_\varepsilon^1+i\mu\Delta_\varepsilon^2}) = E(e^{i\lambda D^1+i\mu D^2})$$

pour tout $(\lambda,\mu)\in\mathbb{R}^2$. On peut écrire :

$$\Delta_\varepsilon^1 = \left[\frac{\int_t^{t+\varepsilon}(\phi_s-\phi_t)dX_s}{X_{t+\varepsilon}-X_t} + \frac{\int_t^{t+\varepsilon}(\psi_s-\psi_t)dY_s}{X_{t+\varepsilon}-X_t}\right] + \left[\phi_t+\psi_t\frac{Y_{t+\varepsilon}-Y_t}{X_{t+\varepsilon}-X_t}\right] \overset{\text{Déf.}}{=} a_\varepsilon^1 + b_\varepsilon^1$$

$$\Delta_\varepsilon^2 = \left[\frac{\int_t^{t+\varepsilon}(\phi_s-\phi_t)dX_s}{Y_{t+\varepsilon}-Y_t} + \frac{\int_t^{t+\varepsilon}(\psi_s-\psi_t)dY_s}{Y_{t+\varepsilon}-Y_t}\right] + \left[\phi_t\frac{X_{t+\varepsilon}-X_t}{Y_{t+\varepsilon}-Y_t} + \psi_t\right] \overset{\text{Déf.}}{=} a_\varepsilon^2 + b_\varepsilon^2$$

Puisque le couple $(X_{t+\varepsilon}-X_t,\ Y_{t+\varepsilon}-Y_t)$ est indépendant de $\mathcal{F}_t$ il est facile de voir que $(b_\varepsilon^1,b_\varepsilon^2)$ et (D^1,D^2) ont même loi. On a donc pour tout $(\lambda,\mu)\in\mathbb{R}^2$:

$$E(e^{i\lambda\Delta_\varepsilon^1+i\mu\Delta_\varepsilon^2}) - E(e^{i\lambda D^1+i\mu D^2}) = E(e^{i\lambda a_\varepsilon^1+i\mu a_\varepsilon^2+i\lambda b_\varepsilon^1+i\mu b_\varepsilon^2}) - E(e^{i\lambda b_\varepsilon^1+i\mu b_\varepsilon^2})$$

$$= E(e^{i\lambda b_\varepsilon^1+i\mu b_\varepsilon^2}(e^{i\lambda a_\varepsilon^1+i\mu a_\varepsilon^2} - 1))$$

D'où :

$$|E(e^{i\lambda\Delta_\varepsilon^1+i\mu\Delta_\varepsilon^2}) - E(e^{i\lambda D^1+i\mu D^2})| \le E(|e^{i\lambda a_\varepsilon^1+i\mu a_\varepsilon^2} - 1|)$$

D'autre part, en reprenant le même raisonnement que celui de Isaacson [2], on voit sans difficulté que a_ε^1 et a_ε^2 tendent vers 0 en probabilité, quand $\varepsilon\to 0$. Il en résulte que le second membre de l'inégalité ci-dessus converge vers 0, quand $\varepsilon\to 0$. D'où le résultat désiré. ▫

Remarque 2 :

Si l'on fait l'hypothèse que, pour t fixé :

$$\lim_{\varepsilon\to 0}\frac{1}{\varepsilon}E\left(\int_t^{t+\varepsilon}(\phi_s-\phi_t)^2ds\right) = 0$$

$$\lim_{\varepsilon\to 0}\frac{1}{\varepsilon}E\left(\int_t^{t+\varepsilon}(\psi_s-\psi_t)^2ds\right) = 0$$

les mêmes calculs que ceux de Żabczyk [3] montrent que a_ε^1 et a_ε^2 convergent vers 0 dans L^p, pour tout $p \in]0,\frac{2}{3}[$. □

On peut se demander si à partir du "vecteur gradient" (D^1,D^2), on peut remonter à (ϕ,ψ), ce qui était évidemment vrai dans le cas uni-dimensionnel. Ici, il se trouve qu'il y a une perte d'information dans les "dérivées partielles" et qu'on ne peut pas obtenir la loi de (ϕ,ψ) à partir de celle de (D^1,D^2). En effet, $D^2 = \frac{R}{S} D^1$ et le système d'équations :

$$\begin{cases} \phi_t + \psi_t \frac{S}{R} = D^1 \\ \phi_t \frac{R}{S} + \psi_t = D^2 \end{cases}$$

est "indéterminé".

BIBLIOGRAPHIE.

[1] M. EMERY : Une propriété des temps prévisibles, dans ce volume.

[2] D. ISAACSON : Stochastic integrals and derivatives, Ann. Math. Statistic, 40 (1969), p. 1610-1616.

[3] J. ŻABCZYK : Remarks on stochastic derivation, Bulletin de l'Académie polonaise des sciences, Série des sciences math., astr. et phys., vol XXI, N° 3, 1973.

RECTIFICATIF A L'EXPOSE DE C.S. CHOU (P. 441, SEM. XIII)

CH. YOEURP

Les processus U^a de Chou ne sont pas assez grands pour majorer les processus V^a. Voici comment on peut modifier la définition de U^a.

En gardant la définition des t.a. T_k^a de Chou, on pose :

$$U^a = \int_0^\infty \phi_s dX_s$$

où :

$$\phi_t = \sum_{k\geq 1} \varepsilon_k I_{]\!]T_k^a, T_{k+1}^a]\!]}(t)$$

avec $\varepsilon_k = 1$ si k est impair

$= -1$ si k est pair

Comme il est facile de voir que les intégrales stochastiques $\int_0^\infty h_s dX_s$ où h est un processus prévisible vérifiant $-1 \leq h_s \leq 1$, sont bornées dans L^1 (par m), on a : $E(|U^a|) \leq m$.

Soit $W^a = \sum_{k\geq 1} X_{T_{2k}^a} 1_{(T_{2k}^a<\infty)}$.

En développant U^a, on voit que :

$U^a \geq W^a + (X_\infty - X_{T_1})$, si le dernier indice k, tel que $T_k < \infty$, est impair

$U^a \geq W^a - (X_\infty + X_{T_1})$, si le dernier indice k, tel que $T_k < \infty$, est pair.

On en déduit que $W^a \leq |U^a| + 2X^*$. Comme Chou a montré que $V^a \leq W^a$, on conclut que $E(V^a) \leq m + 2E(X^*)$.

CORRECTIONS A :

DECOMPOSITION DE MARTINGALES LOCALES

ET RAREFACTION DES SAUTS.

Rolando REBOLLEDO.

Nous avons relevé certaines inexactitudes dans l'article [1] paru au Seminaire de Probabilités n° XIII :

1. Lemme 2, page 140, partie 1), Il est dit que $\underline{M}^{\varepsilon}$ et $\overline{M}^{\varepsilon}$ sont orthogonales, ce qui est faux si M n'est pas quasi-continue à gauche.

Cependant, la relation de domination (1) est juste.

Par ailleurs, la relation de domination (4) doit être remplacée par

(4) $< \underline{M}^{\varepsilon}; \overline{M}^{\varepsilon} >^{*} \quad \prec \widetilde{[\underline{M}^{\varepsilon}, \overline{M}^{\varepsilon}]^{*}} \prec 4\varepsilon \ \tilde{\alpha}(M)$ (c.f. [2] ,I.1.3)

2. La condition de raréfaction asymptotique des sauts [1] (page 143) doit être remplacée par

(1) $< \overline{M}_n^{\varepsilon}, \overline{M}_n^{\varepsilon} > (t) + \widetilde{[\underline{M}_n^{\varepsilon}, \overline{M}_n^{\varepsilon}]^{*}}(t) \xrightarrow[n \uparrow 0]{\mathbb{P}} 0$ pour tout $t \in \mathbb{R}_+$, tout $\varepsilon > 0$.

Avec cette modification, le lemme 5 reste vrai. (C.f. [2] , II.3.15)

[1] REBOLLEDO, R. Décomposition de Martingales locales et Raréfaction des sauts. Sem. de Proba. XIII, Lect. Notes in Maths. 721 (1978), 138-146.

[2] REBOLLEDO, R. La Méthode de Martingales appliquée à l'étude de la convergence en Loi de Processus. Rapport U. de Reims (1978), à paraître aux Mémoires de la S.M.F.

Faculté des Sciences
Département de Mathématiques
Parc Valrose

06034 - NICE CEDEX

CONTROLE STOCHASTIQUE CONTINU ET MARTINGALES

par Masatoshi FUJISAKI

INTRODUCTION Il y a quelques années, R.W.Rishel[14], M.H.A.Davis et P.Varaiya[2] ont démontré que pour qu'un paramètre de contrôle choisi dans une classe assez grande soit optimal, il faut et il suffit que l'éspérance conditionnelle de la fonction de perte soit une martingale uniformément intégrable.

Dans cet article nous développons cette situation et nous résolvons quelques problèmes associés au contrôle stochastique continu.

Les paragraphes 1 à 3 sont consacrés à la formulation du contrôle stochastique continu en terme de théorie des martingales, et les paragraphes 4,5 à quelques exemples.

Les résultats des paragraphes 1 à 4 sont relativement connus, mais nous les réformulons pour résoudre d'autre problèmes. Dans le paragraphe 5 nous obtenons, pour les deux cas (linéaire et nonlinéaire), l'unicité des lois optimales, dont les existences sont déjà vérifiées dans [6] et [10].

Je remercie ici P.A.Meyer de m'avoir accueilli à Strasbourg avec beaucoup de gentillesse pendant deux ans; je remercie aussi les membres du séminaire de probabilités de l'Université de Strasbourg pour des discussions très instructives. Mais surtout, je remercie ici M. Yor avec qui j'ai également eu de nombreuses discussions au sujet de cet article.

§1. PRELIMINAIRES, NOTATIONS, DEFINITIONS.

Soit T un temps fixé, fini. Soit C^n l'espace des fonctions continues sur $[0,T]$ à valeurs dans R^n, muni de la norme uniforme. Désignons un élément de C^n par w, et $\|w\| = \sup_{0\leq t\leq T} |w(t)|$. Soient $\underline{\underline{F}}$ la tribu borélienne de C^n et $(\underline{\underline{F}}_t)$, $0\leq t\leq T$, la famille croissante des sous tribus de $\underline{\underline{F}}$, telle que pour tout $t>0$ $\underline{\underline{F}}_t$ soit engendrée par les variables ($w(s)$; $s\leq t$). Soit U un ensemble borélien de R^l que nous appelons l'espace de contrôle. Posons

$$g_1(t,w,u) : [0,T]\times C^n\times U \to R^{n-m},$$

$$g_2(t,w,u) : [0,T]\times C^n\times U \to R^m,$$

$$\sigma_1(t,w) : [0,T]\times C^n \to R^{n-m}\otimes R^{n-m},$$

$\sigma_2(t,w) : [0,T]\times C^n \to R^m \otimes R^m$,

où $0\leq m\leq n$, $R^k \otimes R^k$ désigne l'espace des matrices carrées à k dimensions.

Nous considérons le système des équations différentielles stochastiques suivant avec condition initiale $Z(o) = z$, où z est un vecteur fixé de R^n:

$$(1.1)\quad \begin{cases} dZ_t = g(t,Z,u(t,Z))dt + \sigma(t,Z)dB_t, & 0<t\leq T,\\ Z_o = z, \end{cases}$$

où

$$Z_t = \begin{pmatrix} X_t \\ Y_t \end{pmatrix},\quad g = \begin{pmatrix} g_1 \\ g_2 \end{pmatrix},\quad \sigma = \begin{pmatrix} \sigma_1 & 0 \\ 0 & \sigma_2 \end{pmatrix},\quad B_t = \begin{pmatrix} B_t^1 \\ B_t^2 \end{pmatrix},$$

et X_t, $B_t^1 \in R^{n-m}$, Y_t, $B_t^2 \in R^m$. $B = (B_t), 0\leq t\leq T$, est un mouvement brownien à n dimension, $X = (X_t), 0\leq t\leq T$, est un processus inobservable que nous appelons l'état du système et $Y = (Y_t), 0\leq t\leq T$, est un processus observable que nous appelons "output". $u = u(t,Z)$ est le paramètre du contrôle: il sera défini rigoureusement plus loin. Nous allons considérer d'abord l'existence et l'unicité de la solution de cette équation (1.1). Ici l'existence signifie celle d'une solution faible et l'unicité signifie l'unicité en loi (voir [13] pour les définitions de la solution faible et l'unicité en loi).

Supposons que le coefficient g de (1.1) ait la forme

$$(1.2)\quad g(t,w,u) = b(t,w) + \sigma(t,w)\theta(t,w,u)$$

où b, σ, θ satisfont aux conditions suivantes:

(b.1) $b(t,w)$ est une application de $[0,T]\times C^n$ dans R^n, mesurable en (t,w),

(b.2) pour tout t, $b(t,w)$ est $\underline{\underline{F}}_t$ - mesurable,

(b.3) $|b(t,w)|^2 \leq k(1 + |w_t|^2)$, k étant une constante positive, et $|.|$ désigne la norme dans R^n.

$\sigma = \sigma(t,w)$ est une application de $[0,T]\times C^n$ dans $R^n \times R^n$ satisfaisant aux conditions (b.1) et (b.2). Quant à $\theta = \theta(t,w,u)$, il satisfait aux conditions suivantes:

(θ.1) $\theta(t,w,u)$ est une application de $[0,T]\times C^n \times U$ dans R^n, mesurable en (t,w,u),

(θ.2) pour tout t et u, $\theta(t,w,u)$ est $\underline{\underline{F}}_t$ - mesurable,

(θ.3) $|g(t,w,u)|^2 \leq k(1 + |w_t|^2 + |u|^2)$.

Nous commençons par considérer l'équation différentielle stochastique suivante:

(1.3) $dZ_t = b(t,Z)dt + \sigma(t,Z)dB_t$, $Z_o = z$.

Hypothèse L'équation (1.3) a une solution faible et une seule(unicité en loi).

Les exemples suivants vérifient cette hypothèse.

Exemple 1. $b(t,w)$ et $\sigma(t,w)$ satisfont (b,1), (b.2) et (b,3) et la condition lipshitzienne suivante:

(b.4) $|b(t,w) - b(t,w')| \leq k \sup_{0\leq s\leq t} |w_s - w'_s|$, où k peut dépendre de t.

Exemple 2. (Stroock et Varadhan) $b = b(t,x):[0,T]\times R^n \to R^n$, $\sigma = \sigma(t,x):[0,T]\times R^n \to R^n \otimes R^n$, autrement dit, $b(t,Z) = b(t,Z_t)$ et $\sigma(t,Z) = \sigma(t,Z_t)$. b et σ sont continues en x et bornées. De plus, $a(t,x) = \sigma'(t,x)\sigma(t,x)$ est uniformément définie positive, où σ' désigne la matrice transposée de σ.(Ultérieurement nous promettons que si A est une matrice quelconque alors A' désigne celle-ci transposée de A)

Comme d'habitude nous employons une méthode de Girsanov([9]) pour obtenir une solution faible de (1.1). Dans ce but, définissons la classe des contrôles. Soit $\underline{\underline{Y}}_t$ une sous tribu de $\underline{\underline{F}}_t$ engendrée par des ensembles $\{w = (w^1,w^2) \in C^{n-m} \times C^m;\ w^2_{s_1} \in \Gamma_1,\ w^2_{s_2} \in \Gamma_2,\dots,w^2_{s_n} \in \Gamma_n\}$, où $0\leq s_1<s_2<\dots<s_n\leq t$, $(\Gamma_i)_{1\leq i\leq n}$, sont des ensemble boréliens dans R^m.

Soit $s<t(0\leq s<t\leq T)$ et soit $\underline{\underline{U}}^t_s$ l'ensemble des applications u ayant les trois propriétés suivantes:

(u.1) u est une application de $[s,t]\times C^n$ dans U, mesurable en (t,w),

(u,2) pour tout $r\in[s,t]$, $u(r,.)$ est $\underline{\underline{Y}}_r$ - mesurable,

(u.3) pour toute solution ν de (1.3), $E^\nu[\rho^t_s(u)] = 1$ p.s.ν ,

où $\rho^t_s(u)$ est défini par la formule:

(1.4) $$\rho^t_s(u) = \exp\{\int_s^t \theta(r,Z,u(r,Z))dB^o_r - \frac{1}{2}\int_s^t |\theta|^2 dr\},$$

et $(\Omega,\Sigma,\nu,Z_t,B^o_t)$ est une solution de l'équation (1.3) et ensuite E [.] représente l'espérance par rapport à .

Définition 1.1 Nous appelons $\underline{\underline{U}}^t_s$ la classe admissible des contrôles sur [s,t]. Posons $\underline{\underline{U}}^T_0 = \underline{\underline{U}}$, nous appelons simplement cet ensemble la classe admissible des contrôles, et tout élément de $\underline{\underline{U}}$ un contrôle admissible.

Remarque 1.1 1) Si u' appartient à $\underline{\underline{U}}^s_r$ et u'' appartient à $\underline{\underline{U}}^t_s$ $(r\leq s\leq t)$ et si on définit $u(\tau,w) = u'(\tau,w)$ sur $[r,s)$ et $u(\tau,w) = u''(\tau,w)$ sur

$[s,t]$ alors $u(\tau,w)$ appatient à $\underline{\underline{U}}_r^t$.
2) Si u appartient à $\underline{\underline{U}}$ alors, pour tout intervalle $[s,t]$ contenu dans $[0,T]$, la restriction de u à $[s,t]$(nous désignons celle-ci par $u|_{[s,t]}$) appartient à $\underline{\underline{U}}_s^t$. (voir [2])

La proposition suivante est fondamentale puisqu'elle assure l'existence de la solution faible de l'équation (1.1) pour tout contrôle admissible.

Proposition 1.1 Pour tout u appartenant à $\underline{\underline{U}}$, il existe une et une seule solution faible (en loi) (Z,B) de (1.1) sur un espace probabilisé (Ω,Σ,μ). En général, μ dépend du paramètre u.

Démonstration Soit (Z,B^o) une solution de l'équation (1.3) sur un espace probabilisé (Ω,Σ,ν). Il résulte de (u.3) et du théorème de Girsanov que si on définit μ par

$$(1.5)\quad d\mu = \rho_0^T(u)d\nu \quad (\text{i.e. } \mu(A) = \int_A \rho_0^T(u)d\nu\,,\ A\varepsilon\Sigma\ ),$$

alors μ est aussi une mesure de probabilité sur (Ω,Σ) et

$$(1.6)\quad dB_t = dB_t^o - \theta(t,Z,u(t,Z))dt,\ B_o = 0,$$

est un mouvement brownien à n dimensions par rapport à cette nouvelle mesure μ. On sait par ailleurs que l'unicité en loi de l'équation (1.3) et la condition (u.3) entrainent unicité en loi de l'équation (1.1). (voir [13])

La fonction de perte. Soit $L(t,w,u)$ une application de $[0,T]\times C^n \times U$ à valeurs dans R_+(i.e. L est nonnégative) satisfaisant aux conditions suivantes:

(L.1) = (θ.1),
(L.2) = (θ.2),
(L.3) $L(t,w,u)$ est bornée uniformément en (t,w,u).

Soit $h(t,x)$ une application borélienne de $[0,T]\times R^n$ dans R_+(i.e.h est nonnégative) et de plus

(h.1) $h(t,x)$ est bornée uniformément en (t,x).

Définition 1.2 Posons

$$(1.7)\quad J(u) = E^\mu[\int_0^\tau L(t,Z,u(t,Z))dt + h(\tau,Z_\tau)],$$

où $Z = (Z_t)$ est une solution de l'équation (1.1) sur un espace probabilisé (Ω,Σ,μ), E^μ désigne l'espérance par rapport à μ, et τ est le temps de sortie du processus Z d'un ensemble ouvert de R^n auquel le point initial appartient. Alors on dit que J(u) est la fonction de perte.

Définition 1.3 On dit qu'un élément u* appartenant à $\underline{\underline{U}}$ est optimal si

(1.8) $J(u^*) = \inf_{u\varepsilon\underline{\underline{U}}} J(u)$.

Remarque 1.2 1) Du fait de l'unicité en loi de l'équation (1.1), il est facile de voir que pour toute solution $Z = (Z_t)$ de (1.1) on a

$$(1.9)\quad E^{\mu}[\int_0^T L(t,Z,u(t,Z))dt + h(T,Z_T)] = E^{P^u}[\int_0^T L(t,w,u(t,w))dt + h(T,w_T)],$$

où P^u est la mesure de probabilité sur l'espace canonique $(C^n,\underline{\underline{F}})$ définie par $P^u(A) = \mu(Z\varepsilon A)$, $A\varepsilon\underline{\underline{F}}$. Si σ est une matrice positive alors il résulte de l'unicité en loi que P^u est uniquement déterminée par

$$(1.10)\quad P^u(A) = \int_A \alpha_0^T(u)dP, \text{ pour } A\varepsilon\underline{\underline{F}},$$

$$(1.11)\quad \alpha_0^T(u) = \exp\{\int_0^T \theta(t,w,u(t,w))d\hat{w}_t - \frac{1}{2}\int_0^T|\theta_t|^2dt\},$$

où P est la mesure sur $(C^n,\underline{\underline{F}})$ déterminée uniquement par la formule $\nu(Z\varepsilon A) = P(A)$, où (Z,ν) est une solution de l'équation (1.3), et $(\hat{w}_t,\underline{\underline{F}}_t,P)$ est un mouvement brownien défini par

$$(1.12)\quad d\hat{w}_t = \sigma^{-1}dw_t - \sigma^{-1}b(t,w)dt,\quad \hat{w}_o = 0.$$

2) Soient $u, u'\varepsilon\underline{\underline{U}}$ et (Ω,Σ,μ,Z,B), $(\Omega',\Sigma',\mu',Z',B')$ des solutions arbitraires de (1.1) associées à u et u' respectivement. Soient P^u et $P^{u'}$ des distributions sur l'espace canonique $(C^n,\underline{\underline{F}})$associées à Z et Z'. Alors l'unicité en loi de l'équation (1.1) implique que P^u et $P^{u'}$ sont absolument continues. Par ailleurs, si σ est une matrice définie positive alors $P^u(P^{u'})$ est uniquement déterminée par (1.10).
3) En général le problème du contrôle stochastique est de chercher un contrôle optimal u* qui minimise une fonction de perte J(u) quelconque dans une classe suffisamment grande. A cause de la forme de J(u) donnée en (1.7), il faut noter que l'on ne s'intéresse pas à la trajectoire elle-même de la solution de l'équation (1.1), mais à sa loi. Donc si l'on se restreint au problème de minimisation, on peut prendre une classe admissible plus général que $\underline{\underline{U}}$ dans la définition 1.1 . Par exemple, d'après [10] , on dit qu'un couple (u,B) est un système admissible sur un espace probabilisé $(\Omega,\Sigma,\mu,\Sigma_t)$ si $B = (B_t)$ est un mouvement brownien, $u = (u_t)$ est un processus optionnel et

uniformément borné sur cet espace. Dans ce cas il faut remarquer que le paramètre du contrôle u_t n'est pas nécessairement de forme de "feedback", c'est à dire, $u(t,\omega) = u(t,Z(\omega))$, $(t,\omega)\varepsilon[0,T]\times\Omega$, mais il est simplement adapté à la tribu Σ_t.

§2. LA FONCTION DE VALEUR ET LE PRINCIPE OPTIMAL

Dans ce paragraphe comme nous n'avons besoin que de la fonction de perte, nous pouvons nous placer dans le cas de l'espace canonique. D'après la remarque 1.2 (1.9), si $\tau = T$ alors

$$(2.1)\quad J(u) = E^u[\int_0^T L(t,w,u(t,w))dt + h(T,w_T)] ,$$

où E^u désigne l'espérance relative à la mesure P^u définie par (1.10).

Hypothèse On suppose désormais que σ est une matrice définie positive.

Alors remarquons que P^u est donnée par la formule (1.10). Soit t arbitraire (fixé). Soient u, $v\,\varepsilon\,\underline{\underline{U}}$ et si on définit $u\overset{t}{\circ}v$ par

$$(2.2)\quad u\overset{t}{\circ}v(s,w) = \begin{cases} u(s,w) \text{ sur } [0,t) \\ v(s,w) \text{ sur } [t,T] \end{cases}$$

alors $u\overset{t}{\circ}v$ appartient à $\underline{\underline{U}}$ d'après la remarque 1.1. Supposons que les familles $(\underline{\underline{F}}_t)$ et $(\underline{\underline{Y}}_t)$, $0\leq t\leq T$, satisfont aux conditions habituelles, i.e. $(\underline{\underline{F}}_t)$ $((\underline{\underline{Y}}_t))$ est continue à droite et complète par rapport à P, et $\underline{\underline{F}}_o$ $(\underline{\underline{Y}}_o)$ est P - triviale.

Définition 2.1 Définissons $\psi(u\overset{t}{\circ}v)$ et $f(u\overset{t}{\circ}v)$ par les formules suivantes:

$$(2.3)\quad \psi(u\overset{t}{\circ}v) = E^{u\overset{t}{\circ}v}[\int_t^T L(s,w,v(s,w))ds + h(T,w_T)|\,\underline{\underline{Y}}_t],$$

où l'espérance est relative à la mesure $dP^{u\overset{t}{\circ}v} = \alpha_0^T(u\overset{t}{\circ}v)dP$,

$$(2.4)\quad f(u\overset{t}{\circ}v) = E[\alpha_0^t(u)\alpha_t^T(v)\{\int_t^T L(s,w,v(s,w))ds + h(T,w_T)\}|\,\underline{\underline{Y}}_t].$$

On a alors

Proposition 2.1

$$\psi(u\overset{t}{\circ}v) = \frac{f(u\overset{t}{\circ}v)}{E[\alpha_0^t(u)|\,\underline{\underline{Y}}_t]} \qquad \text{p.s.}(P).$$

Au lieu de $\psi(u\overset{t}{\circ}u)$, $f(u\overset{t}{\circ}u)$ nous écrirons $\psi_u(t)$, $f_u(t)$ respectivement. D'après l'hypothèse que $\underline{\underline{Y}}_o$ est P-triviale, si on met t = 0 dans (2.3) et (2.4) alors

(2.5) $\psi(u_\circ^0 v) = f(u_\circ^0 v) = J(v)$.

Proposition 2.2 Pour tout t, $f(u_\circ^t v) \in L^1(C^n, \underline{\underline{F}}, P)$.

Démonstration D'après (L.3) et (h,1), on a l'inégalité

$$E[|f(u_\circ^t v)|] = E[\alpha_0^t(u)\alpha_t^T(v)\{\int_t^T L(s,w,v(s,w))dt + h(T,w_T)\}]$$

$$\leqq k\ E[\alpha_0^t(u)\alpha_t^T(v)] = k, \text{ où } k \text{ est une constante positi-}$$

ve.

Il est bien connu que $L^1(C^n, \underline{\underline{F}}, P)$ est un treillis complet par l'ordre partiel $\prec$ défini par: $f_1 \prec f_2 \Leftrightarrow f_1(w) = f_2(w)$ p.s.(P). Notons que pour tout $t>0$, $u\in\underline{\underline{U}}_0^t$ il existe un élément f de $L^1(C^n, \underline{\underline{F}}, P)$ tel que $f \leq f(u_\circ^t v)$ pour tout $v\in\underline{\underline{U}}_t^T$. En effet, pour tout (t,u,v), $f(u_\circ^t v) \geq 0$ puisque $L \geqq 0$ et $h \geqq 0$. Comme $L^1(C^n, \underline{\underline{F}}, P)$ est un treillis et l'ensemble $\{f(u_\circ^t v);\ v\in\underline{\underline{U}}_t^T\}$ est borné inférieurement on peut définir l'inf(1) de cet ensemble dans L^1. Par conséquent, pour tout $t \geqq 0$, $u\in\underline{\underline{U}}$, posons

(2.6) $V_u(t) = \inf_{v\in\underline{\underline{U}}_t^T} f(u_\circ^t v)$.

Nous allons définir une fonction qui jouera un rôle très important plus loin.

Définition 2.2 Posons pour tout $t \geqq 0$ et tout $u\in\underline{\underline{U}}_0^t$,

(2.7) $W_u(t) = \inf_{v\in\underline{\underline{U}}_t^T} E^{u_\circ^t v}[\int_t^T L(s,w,v(s,w))dt + h(T,w_T) | \underline{\underline{Y}}_t]$.

Alors on a

(2.8) $W_u(t) = \inf_{v\in\underline{\underline{U}}_t^T} \psi(u_\circ^t v) = \dfrac{\inf f(u_\circ^t v)}{E[\alpha_0^t(u)|\underline{\underline{Y}}_t]} = \dfrac{V_u(t)}{E[\alpha_0^t(u)|\underline{\underline{Y}}_t]}$ p.s.(P).

Donc c'est une normalisation de $V_u(t)$. On dit que $W_u(t)$ est la <u>fonction de valeur</u>.

---

1) a) pour tout $v\in\underline{\underline{U}}_t^T$, $V_u(t) \leqq f(u_\circ^t v)$ p.s.(P), b) pour tout $\varepsilon > 0$, $M\in\underline{\underline{F}}$, il existe un élément $v\in\underline{\underline{U}}_t^T$ tel que $\int_M V_u(t)dP + \varepsilon > \int_M f(u_\circ^t v)dP$.

D'après [4], l'inf $(=V_u(t))$ est $\underline{\underline{Y}}_t$ - adapté (plus précisément, $\underline{\underline{Y}}_t$ - optionnel puisque $(\underline{\underline{Y}}_t)$ est continue à droite).

Le théorème suivant est fondamental pour nos discussions ultérieures.

Théorème 2.3 (Rishel, Davis et Varaiya) Pour tout $t \geq 0$, $h > 0$, et $u \in \underline{\underline{U}}$, $W_u(t)$ vérifie le "principe optimal" suivant:

$$(2.9)\quad W_u(t) \leq E^u[\int_t^{t+h} L(s,w,u(s,w))ds \,|\, \underline{\underline{Y}}_t] + E^u[W_u(t+h) \,|\, \underline{\underline{Y}}_t] \quad \text{p.s.}(P).$$

En particulier, pour que u soit optimal il faut et il suffit que

$$(2.10)\quad W_u(t) = E^u[\int_t^{t+h} L(s,w,u(s,w))ds \,|\, \underline{\underline{Y}}_t] + E^u[W_u(t+h) \,|\, \underline{\underline{Y}}_t] \quad \text{p.s.}(P).$$

Posons pour tout $t \geq 0$, $u \in \underline{\underline{U}}$,

$$(2.11)\quad W'_u(t) = W_u(t) + E^u[\int_0^t L(s,w,u(s,w))ds \,|\, \underline{\underline{Y}}_t],$$

alors le théorème précédent entraine immédiatement l'énoncé suivant.

Corollaire 2.4 Pour que $u \in \underline{\underline{U}}$ soit optimal il faut et il suffit que $(W'_u(t), \underline{\underline{Y}}_t, P^u)$ soit une martingale. En général, pour tout contrôle admissible u, $(W'_u(t), \underline{\underline{Y}}_t, P^u)$ est une sous-martingale.

Il y a encore un autre critère pour que u soit optimal.

Proposition 2.5 Soit u un contrôle admissible. Les assertions suivantes sont équivalentes:

1) u est optimal,

2) pour tout $t \geq 0$,

$$(2.12)\quad W_u(t) = E^u[\int_t^T L(s,w,u(s,w))ds + h(T,w_T) \,|\, \underline{\underline{Y}}_t] \quad \text{p.s.}(P),$$

3) pour tout $t \geq 0$,

$$(2.13)\quad W'_u(t) = E^u[\int_0^T L(s,w,u(s,w))ds + h(T,w_T) \,|\, \underline{\underline{Y}}_t] \quad \text{p.s.}(P).$$

Démonstration Il est évident que (2) et (3) sont équivalentes d'après les définitions de $W_u(t)$ et $W'_u(t)$. Donc il suffit que l'on vérifie que (1) équivaut à (3). Supposons que (2.13) est vrai pour un élément u de $\underline{\underline{U}}$, alors $(W'_u(t), \underline{\underline{Y}}_t, P^u)$ est une martingale uniformément intégrable. Le corollaire 2.4 implique que u est optimal. Réciproquement, si u est optimal, alors d'après la définition 1.3,

$$J = E^u[\int_0^T L(s,w,u(s,w))ds + h(T,w_T)] = \inf_{v \in \underline{\underline{U}}} E^v[\int_0^T L(s,w,v(s,w))ds + h(T,w_T)].$$

$$\text{Mais, } J \leq \inf_{v \in \underline{\underline{U}}_t^T} E^{u \overset{t}{\circ} v}[\int_0^t L(s,w,u(s,w))ds + \int_t^T L(s,w,v(s,w))ds + h(T,w_T)]$$

$$= E^u[\int_0^t L(s,w,u(s,w))ds] + \inf_{v\in \underline{\underline{U}}_t^T} E^{u\circ^t v}[\int_t^T L(s,w,v(s,w))ds + h(T,w_T)],$$

où $u\circ^t v$ est un élément de $\underline{\underline{U}}$, défini en (2.2). Il résulte de la définition de $f(u\circ^t v)$ que

$$J \leq E^u[\int_0^t L(s,w,u(s,w))ds] + \inf_{v\in \underline{\underline{U}}_t^T} E[f(u\circ^t v)].$$

(voir (2.3), (2.4) et la proposition 2.1) D'après Davis et Varaiya [2], pour tout $\varepsilon > 0$, tout $t > 0$, il existe un élément v de $\underline{\underline{U}}_t^T$ tel que $f(u\circ^t v) < V_u(t) + \varepsilon$, p.s.(P)(1). Donc on a

$$J \leq E^u[\int_0^t L(s,w,u(s,w))ds] + E[V_u(t)] = E^u[\int_0^t L(s,w,u(s,w))ds] + E^u[W_u(t)].$$

Or, $J = J(u) = E^u[\int_0^T L(s,u)ds + h(T,w_T)] = E^u[\int_0^t L(s,u)ds] + E^u[\int_t^T L(s,u)ds + h(T,w_T)] = E^u[\int_0^t L(s,u)ds] + E^u[E^u[\int_t^T L(s,u)ds + h(T,w_T)|\underline{\underline{Y}}_t]]$.

Par conséquent, $E^u[W_u(t) - E^u[\int_t^T L(s,u)ds + h(T,w_T)|\underline{\underline{Y}}_t]] \geq 0$.

La définition de $W_u(t)$ implique que l'intérieur de l'intégrale est nul. Donc on a l'énoncé (2.12) (et par conséquent (2.13)).

§3. UNE FORMULATION EN TERMES DE THEORIE DES MARTINGALES

Supposons dorénavant que $\underline{\underline{Y}}_t = \underline{\underline{F}}_t$: Donc nos arguements ne concernent que le cas complètement observavable. Le cas général est un sujet pour le moment extrêment difficile sur lequel nous travaillerons ultérieurement. Rappelons que le système de contrôle et la fonction de perte sont toujours donnés par les formules suivantes:

$$(3.1)\quad \begin{cases} dZ_t = g(t,Z,u(t,Z))dt + \sigma(t,Z)dB_t, & 0<t\leq T, \\ Z_0 = z, \end{cases}$$

$$(3.2)\quad J(u) = E^u[\int_0^T L(t,Z,u(t,Z))dt + h(T,w_T)],$$

où le coefficient g est du type $g(t,w,u) = b(t,w) + \sigma(t,w)\theta(t,w,u)$.

---

(1) Lorsque l'ensemble $\{f(u^t v); v\in \underline{\underline{U}}_t^T\}$ a cette propriété on dit qu'il est <u>relativement</u> <u>complet</u> (voir aussi[2]).

Pour le moment nous supposons vérifiées les même conditions que le paragraphe 1.

Nous allons, tout d'abord, modifier les résultats du paragraphe 2 (le théorème 2.3, le corollaire 2.4) auxquels on peut appliquer la théorie des martingales. Si dans (3.2) L ne dépend pas du paramètre de contrôle u, alors on peut vérifier aisément que $W'_u(t)$ donnée en (2.10) ne dépend pas non plus de u car $\underline{\underline{Y}}_t = \underline{\underline{F}}_t$. Par conséquent si on écrit celui-ci $W'(t)$ alors il résulte du corollaire 2.4 que u est optimal si et seulement si $(W'(t),\underline{\underline{F}}_t,P^u)$ est une martingale uniformément intégrable.

Dans le cas général où $W'_u(t)$ dépend de u, en utilisant la méthode analogue à celle de Pontriaguine on peut obtenir une martingale quelconque ayant la même propriété que $W'_u(t)$. Dans ce but nous introduisons un nouveau mouvement brownien à une dimension sur un espace probabilisé (Ω',Σ',μ') et nous définissons un nouveau processus $Z' = (Z'_t)$ sur l'espace probabilisé produit $(\bar{\Omega},\bar{\Sigma},\bar{\mu})$ où $\bar{\Omega}=\Omega\times\Omega'$, $\bar{\Sigma}=\Sigma\times\Sigma'$, $\bar{\mu}=\mu\times\mu'$ par la formule suivante:

(3.3) $dZ'_t = L(t,Z,u(t,Z))dt + dB'_t\ ,\quad Z'_0 = 0.$

Ici, $Z = (Z_t)$ est une solution de l'équation (3.1) sur un espace probabilisé (Ω,Σ,μ) et u est un contrôle admissible(i.e. $u\in\underline{\underline{U}}$). Désignons par $\bar{Z}$ le couple des processus (Z,Z') sur l'espace $(\bar{\Omega},\bar{\Sigma},\bar{\mu})$ à valeurs dans R^{n+1}, alors $\bar{Z}$ est une solution de l'équation différentielle stochastique:

$$(3.4)\quad \begin{cases} d\bar{Z}_t = \bar{g}(t,\bar{Z},u(t,\bar{Z}))dt + \bar{\sigma}(t,\bar{Z})d\bar{B}_t \\ \bar{Z}_0 = \binom{z}{0} \end{cases}$$

où $\bar{B}_t = \begin{pmatrix} B_t \\ B'_t \end{pmatrix}$ est un muvement brownien à n+1 dimensions, $\bar{g} = \binom{g}{L}$, $\bar{\sigma} = \begin{pmatrix} \sigma & 0 \\ 0 & 1 \end{pmatrix}$, et, naturellement, u ne dépend que de Z.

On désigne par C^{n+1} l'espace de Banach des fonctions continues sur [0,T] à valeurs dans R^{n+1} muni de la norme uniforme et par $\bar{\underline{\underline{F}}}$ la tribu borélienne de C^{n+1}. On désigne aussi par $(\bar{\underline{\underline{F}}}_t)$,$0\leq t\leq T$, la famille croissante des sous-tribu de $\bar{\underline{\underline{F}}}$ telles que chaque $\bar{\underline{\underline{F}}}_t$ est engendrée par des ensembles cylindriques jusqu'à l'instant t. Supposons de plus que , pour tout t, $\bar{\underline{\underline{F}}}_t$ vérifie les conditions habituelles par rapport à $\bar{P}$ qui est la mesure de probabilité sur $(C^{n+1},\bar{\underline{\underline{F}}})$ déterminée uniquement par la méthode analogue au paragraphe 1. Alors on a la

<u>Proposition</u> 3.1 Pour tout $u\in\underline{\underline{U}}$, l'équation (3.4) a une solution et une seule(toujours unicité en loi !). Sa loi $\bar{P}^u$ sur l'espace

canonique $(C^{n+1},\bar{\underline{\underline{F}}})$ est absolument continue relative à $\bar{P}$: sa densité sur $\underline{\underline{F}}_t$ est donnée par

$$(3.5)\quad d\bar{P}^u/d\bar{P} = \bar{\alpha}_0^t(u) = \exp\{\int_0^t \bar{\theta}(s,w,u(s,w))d\hat{\bar{w}}_s - \frac{1}{2}\int_0^t|\bar{\theta}_s|^2 ds\}$$

où $\bar{\theta} = \binom{\theta}{L}$, $\bar{w} = \binom{w}{w'}$ est un élément de C^{n+1}, et $\hat{\bar{w}}$ est défini par

$$(3.6)\quad d\hat{\bar{w}}_t = \bar{\sigma}_t^{-1}(t,w)d\bar{w}_t - \bar{\sigma}_t^{-1}(t,w)\bar{b}(t,w)dt, \quad \hat{\bar{w}}_0 = 0.$$

En effet l'énoncé résulte du fait que L est bornée et u appartient à $\underline{\underline{U}}$. Notons que $\hat{\bar{w}}_t$ est un mouvement brownien par rapport à $(\bar{\underline{\underline{F}}}_t,\bar{P})$ sur l'espace canonique $(C^{n+1},\bar{\underline{\underline{F}}})$. Pour la commodité nous écrirons encore $\bar{B}_t$ au lieu de $\hat{\bar{w}}_t - \int_0^t \bar{\theta}(s,w,u(s,w))ds$.(1)

De plus il faut remarquer que (3.2) peut s'écrire

$$(3.7)\quad J(u) = \bar{E}^u[\bar{h}(T,\bar{w}_T)] = E[\int_0^T L(s,w,u(s,w))ds + h(T,w_T)]$$

où $\bar{E}^u$ exprime l'espérance par rapport à $\bar{P}^u$ et $\bar{h}$ est l'application de $[0,T]\times R^{n+1}$ dans R^1 telle que $\bar{h}(t,\bar{x}) = x_{n+1} + h(t,x)$ pour $\bar{x} = (x,x_{n+1})$, $x = (x_1,\ldots,x_n)$, autrement dit,

$$(3.8)\quad \bar{h}(t,\bar{w}_t) = w'_t + h(t,w_t).$$

En fait, $\bar{E}^u[\bar{h}(T,\bar{w}_T)] = \bar{E}^u[w'_T + h(T,w_T)] = \bar{E}^u[\int_0^T L(s,w,u(s,w))ds$

$$+ B'_T + h(T,w_T)] = E^u[\int_0^T L(s,w,u(s,w))ds + h(T,w_T)],$$

puisque $(B'_t,\bar{\underline{\underline{F}}}_t,\bar{P}^u)$ est un mouvement brownien et que le reste ne dépend que de w.

<u>Définition</u> 3.1 Nous allons définir la <u>fonction de valeur</u> $\bar{W}_t$ dans cette situation (cf. [5]):

$$(3.9)\quad \bar{W}_t = \inf_{v\in \underline{\underline{U}}_t^T} \bar{E}^{u\overset{t}{\circ}v}[\bar{h}(T,\bar{w}_T)|\bar{\underline{\underline{F}}}_t].$$

Bien que l'application $\bar{h}$ ne soit pas non-négative, il est facile de vérifier que $\bar{E}^{u\overset{t}{\circ}v}[\bar{h}(T,\bar{w}_T)|\bar{\underline{\underline{F}}}_t]$ est bornée inférieurement par une fonction de $L^1(C^{n+1},\bar{\underline{\underline{F}}},\bar{P}^{u\overset{t}{\circ}v})$. Donc on peut bien définir $\bar{W}_t$ par (3.9). Il résulte des arguements précédents (voir §2) que, pour tout t,u, $\bar{W}_t$ est un élément de $L^1(C^{n+1},\bar{\underline{\underline{F}}},\bar{P}^u)$, $\bar{\underline{\underline{F}}}_t$ - adapté, et $\bar{W}_t$ ne dépend pas de contrôle u jusqu'à l'instant t. Par conséquent, on a des théorèmes

(1) Il faut noter que $\bar{B}_t$ est un mouvement brownien par rapport à $(\bar{\underline{\underline{F}}}_t,\bar{P}^u)$.

analogues à ceux du §2, ainsi:

Théorème 3.2 Les trois assertions suivantes sont équivalentes:

1) u^* est optimal dans $\underline{\underline{U}}$,

2) $(\overline{W}_t, \overline{\underline{\underline{F}}}_t, \overline{P}^{u^*})$ est une martingale uniformément intégrable,

3) pour tout $t \geq 0$,

$$(3.10) \quad \overline{W}_t = \overline{E}^{u^*}[\overline{h}(T,\overline{w}_T)|\overline{\underline{\underline{F}}}_t] \quad \text{p.s.}(\overline{P}^{u^*}).$$

En général, pour tout $u \in \underline{\underline{U}}$, $(\overline{W}_t, \overline{\underline{\underline{F}}}_t, \overline{P}^u)$ est une sous-martingale.

Démonstration La démonstration est semblable aux démonstrations des théorème 2.3, corollaire 2.4, et proposition 2.5 en remplaçant L par 0, $h(t,x)$ par $\overline{h}(t,\overline{x})$ dans la définition 1.2 de la fonction de perte.

Plus précisément on a une expression explicite de $\overline{W}_t$ de la manière suivante:

Proposition 3.3 Si u^* est optimal alors $\overline{W}_t$ vérifie l'égalité:

$$(3.11) \quad \overline{W}_t = W_t + \int_0^t L(s,w,u^*(s,w))ds + B'_t \quad \text{p.s.}(\overline{P}),$$

où W_t est définie par (2.7) et $B' = (B'_t)$ est un mouvement brownien à une dimension relative à $(\overline{\underline{\underline{F}}}_t, \overline{P}^{u^*})$, défini par l'équation différentielle stochastique (3.4).

Démonstration Si $u^* = u^*(s,w)$ est optimal alors, d'après le théorème 3.2,

$$\begin{aligned}
\overline{W}_t &= \overline{E}^{u^*}[\overline{h}(T,\overline{w}_T)|\overline{\underline{\underline{F}}}_t] = \overline{E}^{u^*}[w'_T + h(T,w_T)|\overline{\underline{\underline{F}}}_t] \\
&= \overline{E}^{u^*}[\int_0^T L(s,w,u^*(s,w))ds + h(T,w_T) + B'_T|\overline{\underline{\underline{F}}}_t] \\
&= E^{u^*}[\int_0^T L(s,w,u^*(s,w))ds + h(T,w_T)|\underline{\underline{F}}_t] + B'_t \\
&= W_t + \int_0^t L(s,w,u^*(s,w))ds + B'_t \quad \text{p.s.}(\overline{P}).
\end{aligned}$$

En effet, le terme $\int_0^T L(s,w,u^*)ds + h(T,w_T)$ ne dépend que $(\underline{\underline{F}}_t, P^{u^*})$ et (B'_t) est un mouvement brownien par rapport à $(\overline{\underline{\underline{F}}}_t, \overline{P}^{u^*})$. En utilisant la proposition 2.5, le résultat découle immédiatement.

Le théorème suivant assure que si u^* est optimal alors $\overline{W}_t$ est représentée comme intégrale stochastique relative au mouvement brownien $(\overline{B}_t)$ de l'équation (3.4) donc $\overline{W}_t$ est une martingale continue. Soit $u \in \underline{\underline{U}}$, on a alors le

Théorème 3.4 Toute martingale M_t par rapport à $(\overline{\underline{\underline{F}}}_t, \overline{P}^u)$ est représentée comme intégrale stochastique relative au mouvement brownien $\overline{B} = (\overline{B}_t)$ de (3.4) associé à u. Autrement dit, il existe une fonction $\phi(t,w)$ prévisible par rapport à $(\overline{\underline{\underline{F}}}_t)$ telle que $\overline{E}^u[\int_0^T |\phi_s|^2 ds] < \infty$ et

$$(3.12)\quad M_t = M_0 + \int_0^t(\phi_s, d\bar{B}_s) = M_0 + \sum_{i=1}^{n+1}\int_0^t \phi_s^i d\bar{B}_s^i \quad \text{p.s.}(\bar{P}).$$

Dans ce cas là on dit que $\bar{B} = (\bar{B}_t)$ a la <u>propriété de représentation prévisible</u> par rapport à $(\underline{\underline{F}}_t, \bar{P})$. En génégal, soit (Ω, Σ, μ) un espace probabilisé et (Σ_t) une famille croissante des sous-tribu vérifiant les conditions habituelles.

<u>Définition</u> 3.2 (Jacod[11], Yor[16]) On dit qu'une martingale $N = (N_t)$ a la <u>propriété de représentation prévisible</u> par rapport à (Σ_t, μ) si toute (Σ_t, μ) - martingale réelle bornée $M = (M_t)$ peut s'écrire:

$$(3.13)\quad M_t = M_0 + \int_0^t(\phi_s, dN_s) \quad \text{p.s.}(\mu),$$

où ϕ est un processus (Σ_t) - prévisible, convenablement intégrable.

Le théorème 3.4 résulte du lemme bien connu suivant (voir [11], [12]):

<u>Lemme</u> 3.5 Soit N une martingale vérifiant les conditions de la définition 3.2. Soit ν une mesure absolument continue par rapport à μ telle que $d\nu/d\mu|_{\Sigma_t} = L_t$. Si la crochet $\langle N, L\rangle$ existe, alors

$$(3.14)\quad \bar{N}_t = N_t - \int_0^t 1/L_{s-}\, d\langle N, L\rangle_s$$

est une martingale ayant la propriété de représentation prévisible par rapport à (Σ_t, ν).

<u>Démonstration</u> de <u>Théorème</u> 3.4 Admettant le lemme 3.5, l'énoncé est immédiat. En effet, il suffit de prendre $(\Omega, \Sigma, \mu) = (C^{n+1}, \underline{\underline{\bar{F}}}, \bar{P})$, $N_t = \hat{\bar{w}}_t$, où $\hat{\bar{w}}_t$ est le mouvement brownien de (3.6) par rapport à $(\underline{\underline{\bar{F}}}_t, \bar{P})$, $\nu = \bar{P}^u$, et $L_t = d\bar{P}^u/d\bar{P}|_{\underline{\underline{\bar{F}}}_t} = \bar{\alpha}_0^t(u)$. Alors, d'après le lemme 3.5, $\bar{N}_t$

$$= \hat{\bar{w}}_t - \int_0^t \bar{\alpha}_0^s(u)^{-1}\,\bar{\alpha}_0^s(u)\bar{\theta}_s ds = \hat{\bar{w}}_t - \int_0^t \bar{\theta}_s ds = \bar{B}_t$$ a la propriété de

représentation prévisible par rapport à $(\underline{\underline{\bar{F}}}_t, \bar{P}^u)$.

Le théorème 3.2 et 3.4 entrainent immédiatement un résultat relative à $\bar{W}_t$.

<u>Proposition</u> 3.6 Soit u^* un contrôle optimal. Alors il existe ϕ^* processus $(\underline{\underline{\bar{F}}}_t)$ - prévisible tel que

$$(3.15)\quad \bar{W}_t = W_0 + \int_0^t(\phi_s^*, d\bar{B}_s^*) \quad \text{p.s.}(\bar{P}),$$

où $\bar{B}^* = (\bar{B}_s^*)$ est le mouvement brownien de (3.4) associé à u^*.

Remarque 3.1 $\bar{P}^u = \bar{P}^v \Rightarrow P^u = P^v$ (voir les définitions (1.10),(3.5)). Ceci découle de ce que pour tout $A \in \underline{\underline{F}}$,

$$\bar{P}^u(A \times C^1) = \bar{P}^v(A \times C^1) \text{ où } (C^{n+1}, \underline{\underline{\bar{F}}}) = (C^n \times C^1, \underline{\underline{F}} \times \underline{\underline{F}}').$$

$$\text{Or, } \bar{P}^u(A \times C^1) = \int_{A \times C^1} d\bar{P}^u/d\bar{P} \cdot d\bar{P}(w,w') = \int_{A \times C^1} d\bar{P}^u/d\bar{P} \cdot dP \times dP'(w,w')$$

$$= \int_{A \times C^1} dP^u(w)\,\alpha_0^T(u,w,w')\,dP'(w') = \int_A dP^u(w) = P^u(A),$$

où $\alpha_0^T(u,w,w') = \exp\{\int_0^t L(s,w,u(s,w))dw' - \frac{1}{2}\int_0^t |L_s|^2 ds$.

De même, on a $\bar{P}^v(A \times C^1) = P^v(A)$. Par conséquent il est immédiat que pour tout $A \in \underline{\underline{F}}$, $P^u(A) = P^v(A)$.

§4. APPLICATION AU CAS MARKOVIEN

Dans ce paragraphe on se donne une équation différentielle stochastique du type markovien comme système de contrôle.

$$(4.1) \quad \begin{cases} dX_t = g(t,X_t,u(t,X_t))dt + \sigma(t,X_t)dB_t, & 0 < t \leq T, \\ X_0 = x \in R^n, \end{cases}$$

où $B = (B_t), 0 \leq t \leq T$, est un mouvement brownien à n dimensions. Soit U un ensemble ouvert dans R^l (fixé). Les notations suivantes seront utilisées tout au long de ce paragraphe: T est un temps fixé (fini); $Q^o = (0,T) \times R^n$; $\underline{\underline{C}}^j(D)$ est la classe des fonctions continues admettant des dérivées partielles continues de tous ordres $\leq j$ sur D, D étant un ensemble ouvert dans R^n; pour $Q \subset R^{n+1}$, $\underline{\underline{C}}^{1,2}(Q)$ est l'ensemble des $\psi(t,x)$ telles que $\partial\psi/\partial t$, $\partial\psi/\partial x_i$, $\partial^2\psi/\partial x_i \partial x_j$, $i,j=1,\dots,n$, sont continues sur Q; $\underline{\underline{C}}_p^{1,2}(Q)$ est l'ensemble des $\psi(t,x)$ appartenant à $\underline{\underline{C}}^{1,2}(Q)$, satisfaisant en outre à la condition polynomiale; $|\psi(t,x)| \leq c(1+|x|^k)$ pour tout $(t,x) \in Q$, où c et k sont deux constantes positives. On suppose que les coefficients de (4.1) satisfont aux conditions suivantes:

A) $g = g(t,x,u): \bar{Q}^o \times U \to R^n$, $g \in \underline{\underline{C}}^1(\bar{Q}^o \times U)$, $|g(t,0,0)| \leq c$, $|g_x| + |g_u| \leq c$, où $g_x = (\partial g/\partial x_i), 1 \leq i \leq n$, $g_u = (\partial g/\partial u_j), 1 \leq j \leq l$,

B) $\sigma = \sigma(t,x): Q \to R^n \times R^n$ (matrice carrée), $\sigma \in \underline{\underline{C}}^1(\bar{Q}^o)$, $|\sigma(t,0)| \leq c$, $|\sigma_x| \leq c$, est une matrice définie positive.

Soit Ψ la classe des fonctions $\psi = \psi(t,x)$:

(4.2) $\Psi = \{\psi = \psi(t,x); \bar{Q}^o \to U, \ \psi$ est borélienne$\}$.

Rappelons la définition 1.1 de la classe admissible des contrôles $\underline{\underline{U}}$ et posons

(4.3) $\underline{\underline{U}}' = \{u = u(t,w) \varepsilon \underline{\underline{U}};\ [0,T] \times C^n \to U$, il existe un élément ψ de Ψ tel que pour tout (t,w), $u(t,w) = \psi(t,w_t)\}$.

Proposition 4.1 Sous les conditions A) et B), pour tout élément $u \varepsilon \underline{\underline{U}}'$ il existe une solution faible de l'équation (4.1) et une seule(toujours en loi !). De plus il est bien connu que cette solution est un processus de Markov possédant une densité de probabilité de transition.

Soient L et h des applications de $\bar{Q}^o \times U$ dans R_+ et de $\bar{Q}^o$ dans R_+ respectivement, satisfaisant aux conditions suivantes:

C) $L(t,x,u) \leq c(1 + |x|^2 + |u|^2)$,

D) $h(t,x) \leq c(1 + |x|^2)$,

où c est une constante positive.

Remarque 4.1 Bien que dans ce cas L et h ne soient pas bornées, si on réstreint la classe admissible $\underline{\underline{U}}$ des contrôles , alors on peut avoir les même résultats à propos des $W_u(t)$, $\bar{W}(t)$, e.t.c.,que §2 et §3. En effet, prenons $\underline{\underline{U}}^* = \{ u \varepsilon \underline{\underline{U}};\ |u(t,w)|^2 \leq k(1 + |w_t|^2)$, pour tout $(t,w)\}$, k étant une constante positive, alors l'ensemble $\{ f(u \overset{t}{\circ} v);\ v \varepsilon \underline{\underline{U}}^{*T}_t \}$ est relativement complet et $\bar{W}(t)$ sera bien définie (voir (3.9)). Donc nous écrirons encore $\underline{\underline{U}}$ au lieu de $\underline{\underline{U}}^*$pour la classe admissible des contrôles.

Définition 4.1 La fonction de perte est donnée par

(4.4) $J(u) = E[\int_0^T L(s,X_s,u(s,X_s))ds + h(T,X_T)]$,

où $X = (X_t), 0 \leq t \leq T$, est une solution de (4.1) sur un espace probabilisé quelconque (Ω,Σ,μ) et l'espérance est prise pour cette mesure. Mais il faut noter que d'après l'unicité de la solution de (4.1) $J(u)$ peut s'écrire uniquement:

(4.5) $J(u) = E^u[\int_0^T L(s,w_s,u(s,w_s))ds + h(T,w_T)]$,

ici E^u désigne l'espérance relative à P^u où $P^u(\cdot) = \mu(X \varepsilon \cdot)$ est une mesure de probabilité sur l'espace canonique $(C^n,\underline{\underline{F}})$. (voir la remarque 1.2)

Posons pour tout $u \varepsilon \underline{\underline{U}}$,

$$(4.6)\quad \underline{\underline{A}}^u(s) = \frac{1}{2}\sum_{\substack{i=1\\j=1}}^{n} a_{ij}(s,y)\partial^2/\partial y_i\partial y_j + \sum_{i=1}^{n} g_i(s,y,u)\partial/\partial y_i,$$

où $a = (a_{ij}) = \sigma\sigma'$, est une matrice symétrique définie positive. Le théorème suivant est connu sous le nom de "principe de Bellman".

Théorème 4.2 Soit $V = V(s,y)$, $(s,y)\varepsilon\bar{Q}^o$, une solution de l'équation de Bellman:

$$(4.7)\quad 0 = \partial V/\partial s + \min_{v\varepsilon U}\{\underline{\underline{A}}^v(s)V + L(s,y,v)\},\ (s,y)\varepsilon Q^o,$$

avec la condition au bord

$$(4.8)\quad V(T,y) = h(T,y) \text{ pour tout } y\varepsilon R^n,$$

telle que $V\varepsilon\underline{\underline{C}}^{1,2}(Q^o)$ et V est continue sur $\bar{Q}^o$. Alors:

1) pour tout $t>0$, tout $u\varepsilon\underline{\underline{U}}'$,

$$(4.9)\quad V(t,w_t) \leqq \psi(u\overset{t}{\circ}v) \text{ pour tout } v\varepsilon\underline{\underline{U}}_t^T, \text{ où } \psi(u\overset{t}{\circ}v) \text{ est donnée en (2.3)}$$

, et pour $t = 0$, $V(0,x) \leqq J(v)$ pour tout $v\varepsilon\underline{\underline{U}}$,

2) Si $u^*\varepsilon\underline{\underline{U}}'$ est tel que

$$(4.10)\quad \underline{\underline{A}}^{u^*}(s)V + L^{u^*}(s,y) = \min_{v\varepsilon U}\{\underline{\underline{A}}^v(s)V + L(s,y,v)\},\ \text{pour tout } (s,y)\ \varepsilon Q^o,$$

alors pour tout $t\geqq 0$,

$$(4.11)\quad V(t,w_t) = E^{u^*}[\textstyle\int_t^T L(s,w_s,u^*(s,w_s))ds + h(T,w_T)\,|\underline{\underline{F}}_t]\quad \text{p.s.}(P^{u^*}),$$

si on pose $t=0$ dans (4.11) au dessus on a alors $V(0,x) = J(u^*)$. Par conséquent u^* est optimal dans $\underline{\underline{U}}$.

Démonstration D'après (4.7), pour tout élément $(s,y,u)\varepsilon\bar{Q}^o\times U$, on a

$$0 \leqq \partial V(s,y)/\partial s + \frac{1}{2}\sum_{\substack{i=1\\j=1}}^{n} a_{ij}(s,y)\partial^2 V(s,y)/\partial y_i\partial y_j + \sum_{i=1}^{n} g_i(s,y,u)\times \partial V(s,y)/\partial y_i + L(s,y,u).$$

Remplaçons (s,y,u) par $(t,w_t,v(t,w))$, $t\,\varepsilon(0,T)$, $v\varepsilon\underline{\underline{U}}$, on a alors l'inégalité suivante:

$$(4.12)\quad 0 \leqq \partial V(t,w_t)/\partial t + \frac{1}{2}\sum_{\substack{i=1\\j=1}}^{n} a_{ij}(t,w_t)\partial^2 V(t,w_t)/\partial y_i\partial y_j + \sum_{i=1}^{n} g_i(t,w_t,v(t,w_t))\partial V(t,w_t)/\partial y_i + L(t,w_t,v(t,w)).$$

Soient u et v des éléments arbitraires de $\underline{\underline{U}}$ et pour tout $t \geq 0$, soit $u \overset{t}{\circ} v$ un élément de $\underline{\underline{U}}$, défini en(2.2). Pour tout $t \geqq 0$, en prenant l'espérance conditionnelle de (4.12) par rapport à $(P^{u \overset{t}{\circ} v}, \underline{\underline{F}}_t)$,

$$E^{u \overset{t}{\circ} v}[\int_t^T L(s,w_s,v(s,w))ds|\underline{\underline{F}}_t] \geq - E^{u \overset{t}{\circ} v}[\int_t^T \{V_s(s,w_s) + \underline{\underline{A}}^{u \overset{t}{\circ} v}(s) \times$$

$$V(s,w_s)\}ds|\underline{\underline{F}}_t] = - E^{u \overset{t}{\circ} v}[V(T,w_T) - V(t,w_t)|\underline{\underline{F}}_t] = V(t,w_t) -$$

$$E^{u \overset{t}{\circ} v}[h(T,w_T)|\underline{\underline{F}}_t] \quad \text{p.s.}(P^{u \overset{t}{\circ} v}),$$

Ici nous avons utilisé la formule d'Ito pour V puisque $V \in \underline{\underline{C}}^{1,2}(Q^o)$ et la condition (4.8). Finalement, pour tout $t \geqq 0$, tout $v \in \underline{\underline{U}}_t^T$, on a

(4.13) $\quad V(t,w_t) \leqq E^v[\int_t^T L(s,w_s,v(s,w))ds + h(T,w_T)|\underline{\underline{F}}_t] \quad$ p.s.(P^v).

Mais le membre de droite est la définition de $\psi(u \overset{t}{\circ} v)$ de (2.3). Si on met t=0 dans l'inégalité ci-dessus, pour tout $v \in \underline{\underline{U}}$, on a alors:

$$V(0,x) \leqq E^v[\int_0^T L(s,w_s,v(s,w))ds + h(T,w_T)] = J(v).$$

Donc l'enoncé est établi. Maintenant, on va démontrer l'énoncé 2). Pour $u^* \in \underline{\underline{U}}$ satisfaisant à (4.10),

$$E^{u^*}[\int_t^T L(s,w_s,u^*(s,w_s))ds + h(T,w_T)|\underline{\underline{F}}_t] = - E^{u^*}[\int_t^T \{V_s(s,w_s) +$$

$$\underline{\underline{A}}^{u^*}(s)V(s,w_s)\underbrace{}_{+h(T,w_T)}\}ds|\underline{\underline{F}}_t] = - E^{u^*}[V(T,w_T) - V(t,w_t)|\underline{\underline{F}}_t] +$$

$$E^{u^*}[h(T,w_T)|\underline{\underline{F}}_t] = V(t,w_t) \quad \text{p.s.}(P^{u^*}).$$

Par conséquent on a la formule (4.11). Si on fait t=0 dans cette égalité alors $V(0,x) = J(u^*)$. D'après l'énoncé 1), $J(u^*) = V(0,x) \leqq J(v)$ pour tout $v \in \underline{\underline{U}}$, alors u^* est optimal dans $\underline{\underline{U}}$.

Remarque 4.2 1) Il faut remarquer que $\inf_{v \in \underline{\underline{U}}'} J(v) = \inf_{v \in \underline{\underline{U}}} J(v)$. Comme $\underline{\underline{U}}' \subset \underline{\underline{U}}$ d'après les définitions de $\underline{\underline{U}}$, $\underline{\underline{U}}'$, il est clair que $\inf_{v \in \underline{\underline{U}}'} J(v) \geqq \inf_{v \in \underline{\underline{U}}} J(v)$. Toutefois, la relation inverse est aussi immédiate du théorème 4.2. Il résulte de ces arguements qu'il suffit de considérer des contrôles appartenant à $\underline{\underline{U}}'$(qui est plus petit que $\underline{\underline{U}}$) lorsque les conditions du théorème 4.2 sont vérifiées.

2) Ce théorème donne une condition suffisante pour qu'un contrôle admissible u^* soit optimal. Or, sur le problème de l'existence de la

solution de l'équation de Bellman (4.7) et de l'existence du contrôle optimal, il y a jusqu'à présent quelques résultas (voir Fleming et Rishel[6] chapter VI, §6).

Nous allons préciser les résultats dans le cas markovien pour pouvoir les appliquer plus facilement à quelques exemples. Rappelons que lorsque un contrôle admissible u* est optimal, alors, d'après la proposition 2.5, pour tout $t \geq 0$,

$$(4.14) \quad W_t = \inf_{v \in \underline{\underline{U}}_t^T} E^v[\int_t^T L(s,w_s,v(s,w))ds + h(T,w_T)|\underline{\underline{F}}_t]$$
$$= E^{u*}[\int_t^T L(s,w_s,u^*(s,w_s))ds + h(T,w_T)|\underline{\underline{F}}_t] \quad \text{p.s.}(P^{u*}).$$

Cependent, d'après (4.11), W_t est égale à $V(t,w_t)$ lorsque les conditions du théorème 4.2 sont vérifiées. De même pour $W'_{u*}(t)$ définie en (2.13), on a:

$$(4.15) \quad W'_{u*}(t) = V(t,w_t) + \int_0^t L(s,w_s,u^*(s,w_s))ds, \quad \text{p.s.}(P^{u*}).$$

Comme $V(t,y) \in \underline{\underline{C}}_p^{1,2}(Q^o)$, d'après la formule d'Ito, on a alors

$$(4.16) \quad W'_{u*}(t) = V(0,x) + \int_0^t \{V_s(s,w_s) + \underline{\underline{A}}^{u*}(s)V(s,w_s)\}ds +$$
$$\int_0^t (V_y(s,w_s),\sigma dB_s) + \int_0^t L(s,w_s,u^*(s,w_s))ds$$
$$= V(0,x) + \int_0^t (V_y(s,w_s),\sigma dB_s), \quad \text{p.s.}(P^{u*}).$$

Ici nous avons utilisé (4.7) et (4.10). Il faut remarquer que $V(0,x) = J(u^*) = \inf_{v \in \underline{\underline{U}}} J(v) = W_o = W'_{u*}(0)$. Finalement on peut résumer ainsi ce qui précéde:

<u>Théorème</u> 4.3 Sous les conditions 1) et 2) du théorème 4.2, si $u^* \in \underline{\underline{U}}'$ est un contrôle admissible qui est optimal et qui vérifie la formule (4.10), alors la fonction $W'_{u*}(t)$ peut s'écrire (4.16).

Par conséquent on a une formule explicite de $W'_{u*}(t)$ dans le cas markovien et la formule (4.16) justifie l'écriture de $W'_{u*}(t)$ comme intégrale stochastique relative à (B_t,P^{u*}) lorsque u* est optimal. Plus généralement, d'après la proposition 3.3 et (3.11), on a le résultat suivant:

<u>Corollaire</u>4.4 Sous les conditions du théorème 4.3, $\overline{W}_t$ donnée en (3.9) peut s'écrire:

$$(4.17) \quad \overline{W}_t = V(0,x) + \int_0^t (V_y(s,w_s),\sigma dB_s) + B'_t \qquad \text{p.s.}(\overline{P}^{u*}),$$

où $\bar{B}_t = (B_t, B_t')$ est le mouvement brownien sur l'espace canonique $(C^{n+1}, \underline{\underline{F}})$ à valeurs dans R^{n+1}, déterminé uniquement par l'équation différentielle stochastique (3.4) associé à u = u*. Par conséquent dans ce cas, ϕ^* définie en (3.15) est égale à $\begin{pmatrix} V_y(s,w_s) \\ 1 \end{pmatrix}$.

§5. QUELQUES EXEMPLES

I. Le cas linéaire

Bien qu'il y ait quelques résultats relativement à l'équation de Bellman (4.7) (4.8), il est en généal difficile d'obtenir une solution explicite. Poutant dans le cas linéaire on peut avoir facilement une solution explicite de cette équation. Supposons que l'on se donne un système linéaire des équations différentielles stochastiques:

$$(5.1) \quad \begin{cases} dX_t = F_t X_t dt + G_t u_t dt + \sigma_t dB_t, & 0 < t \leq T, \\ X_0 = x \in R^n, \end{cases}$$

et la fonction de perte:

$$(5.2) \quad J(u) = E[\int_0^T \{ X_t' M_t X_t + u_t' N_t u_t \ dt \} + X_T' D X_T],$$

où X'(u') désigne le vecteur transposé de X(u), respectivement.

Supposons que

A) $\sigma = (\sigma_{ij}(t)), 0 \leq t \leq T, 1 \leq i, j \leq n$, est une matrice carrée, définie positive,

$F = (F_{ij}(t))$, $G = (G_{ij}(t)), 0 \leq t \leq T, 1 \leq i, j \leq n$, sont des matrices carrées

B) $M = (M_{ij}(t))$, $D = (D_{ij}(t)), 0 \leq t \leq T, 1 \leq i, j \leq n$, sont des matrices carrées, définies nonnégatives, symétriques,

$N = (N_{ij}(t)), 0 \leq t \leq T, 1 \leq i, j \leq n$, est une matrice carrée, définie positive, symétrique.

Dans ce cas il n'y a pas de contrainte, autrement dit, $U = R^n$. Voici un résultat d'existence de la solution de Bellman que l'on peut calculer aisément à la main.

Théorème 5.1 Posons

$$(5.3) \quad V(s,y) = y' K_s y + q_s, \quad 0 \leq s \leq T,$$

où $K = (K_{ij}(s)), 0 \leq s \leq T, 1 \leq i, j \leq n$, est la matrice solution (unique) de l'équation de Ricatti munie de la condition terminale:

$$(5.4) \quad dK/ds = - FK - kF' + KGN^{-1}G'K - M, \quad K_T = D,$$

et $q = (q_s), 0 \leq s \leq T$, est définie par

$$(5.5) \quad q_s = \sum_{i,j=1}^{n} \int_s^T a_{ij}(s) K_{ij}(s) ds, \quad a = \sigma\sigma'.$$

Alors V(s,y) est une solution de (4.7) (4.8), de plus si on pose

(5.6) $u^*(s,y) = - N_s^{-1}G_s'K_sy$,

alors $u^*(s,y)$ vérifie la formule (4.10), donc, d'après le théorème 4.2, $u(s,w) = u^*(s,w_s)$ est optimal.

Notons que $u^*(s,w)$ appartient à $\underline{\underline{U}}'$ (cf.la remarque 4.1). De plus on peut constater aisément que $K = (K_{ij}(s))$ est une matrice symétrique et, si D est définie positive, alors K est aussi définie positive. En différentiant des deux côtés de (5.3), on a alors

(5.7) $\partial V/\partial y(s,y) = 2K_sy$.

D'après le théorème 4.3, $W'_{u^*}(t)$ et $\overline{W}_t$ peuvent s'écrire:

(5.8) $W'_{u^*}(t) = V(0,x) + 2 \int_0^t(K_sw_s,\sigma_s dB_s^*)$ p.s.(P^{u^*}),

(5.9) $\overline{W}_t = V(0,x) + 2 \int_0^t(K_sw_s,\sigma_s dB_s) + B_t^{*\prime}$ p.s.$(\overline{P}^{u^*})$,

où $\overline{B}^* = (B^*,B^{*\prime})$ est le mouvement brownien sur $(C^{n+1},\underline{\underline{F}})$ à n+1 dimensions de l'équation (3.4) associée à $u = u^*$.

Maintenant, nous allons démontrer unicité des lois optimales de la manière suivante: soit $u = u(t,w) \in \underline{\underline{U}}$ et soit $\overline{B} = (B,B')$ le mouvement brownien à n+1 dimensions sur $(C^{n+1},\underline{\underline{F}})$, déterminé par l'équation (3.4) associée à u, tandis que l'équation (3.4) associée à u peut s'écrire:

$$dw_t = \{ F_tw_t + G_tu_t \}dt + \sigma_t dB_t, \quad w_0 = x,$$

$$dw_t' = \{ (w_t)'M_tw_t + (u_t)'N_tu_t\}dt + dB_t', \quad w_0' = 0.$$

Pour $u^*(s,y)$ défini en (5.6), de même on a l'équation associée à u^* car $u^* \in \underline{\underline{U}}$. En comparant cette deux équations, $\overline{B}^* = (B^*,B^{*\prime})$, le mouvement brownien associé à u^*, peut s'écrire:

$$dB_t^* = dB_t + (\sigma_t)^{-1}\{ G_tu_t - G_tu_t^*\}dt, \quad B_0^* = B_0 = 0,$$

$$dB_t^{*\prime} = dB_t' + \{(u_t)'N_tu_t - (u_t^*)'N_tu_t^*\}dt, \quad B_0^{*\prime} = B_0' = 0.$$

Par conséquent, la formule (5.9) peut s'écrire:

$$\overline{W}_t = V(0,x) + 2\int_0^t(K_sw_s,\sigma_s dB_s) + 2 \int_0^t(K_sw_s,G_su_s - G_su_s^*)ds$$

$$+ B_t' + \int_0^t\{(u_s)'N_su_s - (u_s^*)'N_su_s^*\}ds$$

$$= V(0,x) + \overline{M}_t + \int_0^t\{2(K_sw_s, G_su_s - G_su_s^*) + (u_s,N_su_s) -$$

$(u_s^*, N_s u_s^*)\}ds$,

où $\bar{M}_t = 2\int_0^t (K_s w_s, \sigma_s dB_s) + B_t'$ représente la partie de martingale par rapport à $(\underline{\underline{F}}_t, \bar{P}^u)$ de $\bar{W}_t$. D'après le théorème 3.2, pour que u soit optimal dans $\underline{\underline{U}}$ il faut et il suffit que $\bar{W}_t$ soit une martingale uniformément intégrable par rapport à $(\underline{\underline{F}}_t, \bar{P}^u)$. Donc u est optimal si et seulement si la partie de variation finie de $\bar{W}_t$ est nulle. Autrement dit,

$$2(K_t w_t, G_t u_t - G_t u_t^*) + (u_t, N_t u_t) - (u_t^*, N_t u_t^*) = 0$$

pour tout (t,w) sauf des ensembles négligeables relative à la mesure produite $dt \otimes dP$. Posons $u_t - u_t^* = v_t$, alors on a:

$$(u,Nu) = (v+u^*, N(v+u^*)) = (v,Nv) + 2(v,Nu^*) + (u^*,Nu^*),$$

puisque N est une matrice symétrique d'après l'hypothese. Par conséquent, on a alors

$$0 = 2(Kw,Gv) + (v,Nv) + 2(v,Nu^*).$$

Notons que $u_t^* = -(N_t)^{-1}(G_t)'K_t w_t$ d'après la définition de u*, (5.6), alors

$$(Kw,Gv) + (v,Nu^*) = (Kw,Gv) - (v,(G)'Kw) = 0,$$

par conséquent, $(v,Nv) = 0$. Du fait que N est une matrice définie positive d'après l'hypothèse il est immédiat que $v(t,w) = 0$ p.s.$(dt \otimes dP)$. Finalement nous pouvons récapituler ce qui précéde ainsi:

<u>Théorème</u> 5.2 Supposons que le système de contrôle et la fonction de perte soient donnés par (5.1) et (5.2) respectivement avec les conditions A) et B). Alors la loi optimale est unique, de plus il résulte du théorème 5.1 que cette unique loi est P^{u^*}, où u* est défini en (5.6).

<u>Remarque</u> 5.1 En ce qui concerne le contrôle stochastique dans le cas linéaire, il y a beaucoup de travails jusqu'à présent, mais surtout J.M.Bismut a montré dans son article [1], l'existence et l'unicité du contrôle optimal dans le cas où tous les coefficients mèmes sont des variables aléatoires et de plus σ dépend du paramètre de contrôle. Néanmoins il faut remarquer que notre résultat (le théorème 5.2) n'y est pas compris puisqu'au début la formulation est différente entre lui et nous.(cf. la remarque 1.2,(3) au §1.)

<u>Exemple</u> II

Considérons un exemple nonlinéaire déjà traité dans des articles ([7],[8],[10]). Le système de contrôle est donné par l'équation différentielle stochastique suivante:

$$(5.10) \quad \begin{cases} dX_t = u(t,X)dt + \sigma_t dB_t, & 0<t\leq T \\ X_0 = x\in R^n, \end{cases}$$

et la fonction de perte par:

$$(5.11) \quad J(u) = E[\int_0^T L(s,|X_s|)ds + h(T,|X_T|)],$$

A) $\sigma = (\sigma_{ij}(t)), 0\leq t\leq T, 1\leq i,j\leq n$, est une n-matrice carrée, définie positive, et $B = (B_i(t))$, $0\leq t\leq T$, est un mouvement brownien à n dimensions.

B) $L = L(t,x)$ est une application de $[0,T]\times R_+$ dans R_+(i.e.$L\geq 0$), mesurable en (t,x) et croissante en x pour tout t (fixé),

C) $h = h(t,x)$ est une application $[0,T]\times R_+$ dans R_+ vérifiant les même conditions que L.

On va définir la classe admissible des contrôles de la manière suivante: on écrit $u\in \underline{\underline{U}}^b$ si

i) $u = u(t,w)$ est une application de $[0,T]\times C^n$ dans R^n, mesurable en (t,w),

ii) pour tout t, $u(t,.)$ est $\underline{\underline{F}}_t$ - mesurable,

iii) $u(t,w)\in S_k$ pour tout (t,w), où $S_k = \{x\in R^n; |x|\leq k\}$.

<u>Définition</u> 5.1 On dit que u est un <u>contrôle</u> <u>admissible</u> si u appartient à $\underline{\underline{U}}^b$. On dit aussi que $\underline{\underline{U}}^b$ est la <u>classe</u> <u>admissible</u>.

Remarquons que pour tout $u\in\underline{\underline{U}}^b$ il existe une et une seule(toujours en loi !)solution faible de (5.10) puisque u est borné. Dans ce cas, évidemment, la classe admissible $\underline{\underline{U}}^b$ est plus petite que $\underline{\underline{U}}$ (cf. la définition 1.1 au §1). Mais remarquons aussi que nous pouvons utiliser $\underline{\underline{U}}^b$ au lieu de $\underline{\underline{U}}$ dans les discussions précédentes (§1,2,et§3) du fait que l'ensemble $\{f(u\overset{t}{\circ}v);v\in(\underline{\underline{U}}^b)_t^T\}$ est aussi relativement complet.

Sur le problème de trouver un contrôle admissible u* minimisant J(u) dans $\underline{\underline{U}}^b$ le théorème suivant est bien connu ([10]):

<u>Théorème</u> 5.3 Soit ψ^* l'application de R^n à valeurs dans R^n telle que, pour tout $x = (x_1,\ldots,x_n)$,

$$(5.12) \quad \psi_i^*(x) = \begin{cases} -kx_i/|x|, & \text{si } x\neq 0, \\ 0 & , \text{si } x = 0. \end{cases}$$

Alors $u^*(t,X) = \psi^*(X_t)$ est optimal dans $\underline{\underline{U}}^b$, où $X = (X_t)$ est une solution de l'équation (5.10) sur un espace probabilisé (Ω,Σ,μ) associée à $u = u^*$. Par ailleurs cette solution est unique au sens des trajectoires: donc elle est la solution forte de l'équation (5.10). (cf. , [7])

Comme dans cet exemple L apparaissant en (5.11) ne dépend pas du paramètre de contrôle u,

$$(5.13)\quad W'_t = \inf_{v\in(\underline{\underline{U}}^b)_t^T} E^{u\overset{t}{\circ}v}[\int_t^T L(s,|w_s|)ds + h(T,|w_T|)|\underline{\underline{F}}_t] + \int_0^t L(s,|w_s|)ds$$

ne dépend plus de u, on n'a donc plus besoin ni d'un espace probabilisé $(C^{n+1},\overline{\underline{\underline{F}}},\overline{P})$ ni de $\overline{W}_t$ donnée en (3.11) mais il suffit de considérer W_t ou W'_t sur $(C^n,\underline{\underline{F}},P)$. D'après le paragraphe 2, on sait que lorsque $u = u^*(t,w) = \psi^*(w_t)$ défini en (5.12) est optimal, $(W_t,\underline{\underline{F}}_t,P^{u^*})$ est une sur-martingale et $(W'_t,\underline{\underline{F}}_t,P^{u^*})$ est une martingale uniformèment intégrable (cf. le théorème 2.3, le corollaire 2.4). De plus on sait aussi que $u = u^*$ étant optimal, W_t peut s'écrire

$$(5.14)\quad W_t = E^{u^*}[\int_t^T L(s,|w_s|)ds + h(T,|w_T|)|\underline{\underline{F}}_t],\quad \text{p.s.}(P^{u^*}),$$

ou encore

$$(5.15)\quad W'_t = E^{u^*}[\int_0^T L(s,|w_s|)ds + h(T,|w_T|)|\underline{\underline{F}}_t],\quad \text{p.s.}(P^{u^*}).$$

Ces égalités correspondent à (2.12) et (2.13). Or, d'après le théorème 3.4, $u = u^*$ étant optimal, W'_t est représentée comme intégrale stochastique par rapport à $B^* = (B^*_t)$ de la manière suivante: il existe une fonction ϕ^* prévisible par rapport à $(\underline{\underline{F}}_t)$ telle que

$$(5.16)\quad W'_t = W_0 + \int_0^t(\phi^*_s,dB^*_s)\quad \text{p.s.}(P^{u^*}),$$

où $B^* = (B^*_t)$ est le mouvement brownien de l'équation (5.10) associée à $u = u^*$.

Maintenant nous allons vérifier si u^* de (5.12) est unique dans $\underline{\underline{U}}^b$. Désormais, supposons que $\sigma = I$, $L \equiv 0$. Le lemme suivant est efficace pour notre but.

<u>Lemme</u> 5.4 Posons $\xi_t = |w_t|^2 (= \sum_{i=1}^n |w_t^i|^2)$, alors $(\xi_t,\underline{\underline{F}}_t,P^{u^*})$ est un processus de Markov.

<u>Démonstration</u> Si $u = u^*$ alors l'équation (5.10) peut s'écrire:

$$(5.17)\quad dw_t = u^*(t,w)dt + dB^*_t,\quad w_0 = x,$$

mais, d'après (5.12), on a

$$(5.18)\quad dw_t^i = -\frac{kw_t^i}{|w_t|}dt + dB^{*i}_t,\quad 1\leq i\leq n,\quad w_0 = x.$$

En utilisant la formule d'Ito, on a une équation différentielle stochastique relative à (ξ_t):

$$(5.19)\quad \begin{cases} d\xi_t = -2k(\xi_t)^{1/2}dt + 2(\xi_t)^{1/2}d\beta^*_t + ndt, \\ \xi_0 = x^2, \end{cases}$$

où $\beta^* = (\beta^*_t)$ est un $(\underline{\underline{F}}_t, P^{u^*})$-mouvement brownien à une dimension, défini par la formule suivante:

$$(5.20)\quad \begin{cases} d\beta^*_t = \dfrac{(w_t, dB^*_t)}{|w_t|} = \dfrac{\sum_{i=1}^{n} w^i_t dB^{*i}_t}{|w_t|}, & \text{si } w_t \neq 0, \\ \beta^*_0 = 0, & \text{si } w_t = 0. \end{cases}$$

En effet, il est facile de voir que (β^*_t) est une martingale continue dont la crochet $\langle\beta^*,\beta^*\rangle_t$ est égale à t. Par conséquent β^* est un mouvement brownien à une dimension par rapport à $(\underline{\underline{F}}_t, P^{u^*})$. D'après Yamada et Watanabe [15], on sait que l'équation (5.19) a une solution et une seule en trajectoire. Donc il est naturel que l'unique solution ξ_t de cette équation est un processus de Markov.

<u>Lemme</u> 5.5 Il existe une fonction $K_{\tilde h}: [0,T] \times R_+ \to R$ telle que

$$(5.21)\quad W_t = E^*[\tilde h(T,\xi_T)] + \int_0^t K_{\tilde h}(s,\xi_s)d\beta^*_s, \quad \text{p.s.}(P^{u^*}),$$

où W_t est définie en (2.7) et $\tilde h(t,x) = h(t,x^{1/2})$ pour tout (t,x), $x \geq 0$.

<u>Démonstration</u> Il faut noter que $W'_t = W_t$ car L=0 (cf.(2.11)). Pour la facilité, tout d'abord, discutons sur le cas où la fonction h ne dépend pas de t. Soit P(t,x,dy) la probabilité de transition du processus ξ_t. Si $P_{\tilde h}(t,x) = \int \tilde h(t,y)P(t,x,dy) \in \underline{\underline{C}}^{1,2}(Q^o)$ (cf. §4), alors

$$W_t = E^*[\tilde h(\xi_T)|\underline{\underline{F}}_t] = P_{\tilde h}(T-t,\xi_t)$$

$$= P_{\tilde h}(T,\xi_0) + 2\int_0^t (\xi_s)^{1/2}\frac{\partial}{\partial x}P_{\tilde h}(T-s,\xi_s)d\beta^*_s.$$

En fait, ici nous avons utilisé la formule d'Ito et l'équation différentielle en arrière de Kolmogorov. Donc dans ce cas il suffit de prendre $2(\xi_s)^{1/2}\frac{\partial}{\partial x}P_{\tilde h}(T-s,\xi_s)$ comme $K_{\tilde h}(s,\xi_s)$ en (5.21). Il faut remarquer que $P_{\tilde h}(T,\xi_0) = E^*[\tilde h(\xi_T)]$. Dans le cas général l'énonçé découle du fait que si ξ_t est un processus de Markov alors le couple (t,ξ_t) est aussi un processus de Markov. (Pour le détail, voir [3])

Soit u' un élément arbitraire de $\underline{\underline{U}}^b$, d'après le théorème de Girsanov, le processus défini par

$$(5.22)\quad d\beta'_t = d\beta^*_t - \{(u'_t, w_t/|w_t|) + k\}dt, \quad \beta'_0 = 0,$$

est un mouvement brownien à une dimension sous $P^{u'}$. En substituant (β') à (β^*) dans la formule (5.21), on a alors

$$W_t = E^*[\tilde{h}(T,\xi_T)](=W_0) + \int_0^t K_{\tilde{h}}(s,\xi_s)d\beta'_s$$

$$+ \int_0^t K_{\tilde{h}}(s,\xi_s)\{(u'_s, w_s/|w_s|) + k\} ds.$$

Il résulte du corollaire 2.4 que pour que u' soit optimal il faut et il suffit que $W_t(=W'_t)$ soit une martingale uniformément intégrable relative à $(\underline{\underline{F}}_t, P^{u'})$. Par conséquent, il est immédiat que u' est optimal si et seulement si la partie de variation finie de membre de droite est nulle. Si la fonction $K_{\tilde{h}}(s,\xi_s)$ ne s'annule jamais sauf un ensemble négligeable relative à la mesure ds $\otimes$ $dP^{u'}$, alors u' est optimal si et seulement si $(u'_s, w_s/|w_s|) + k = 0$ p.s.(ds $\otimes$ $dP^{u'}$). Posons $v_s = u^*_s - u'_s$, alors $(v_s, u^*_s) = (-kw_s/|w_s| - u'_s, -kw_s/|w_s|) = k^2 + k(u'_s, w_s/|w_s|) = 0$ p.s.(ds $\otimes$ $dP^{u'}$). Par conséquent deux vecteurs v et u* sont orthogonals, et ensuite il est immédiat que (v,v) = 0. En effet, (u',u') = (u*-v,u*-v) = (u*,u*) + (v,v) = k^2 + (v,v). Toutefois, notons que $(u',u') \leq k^2$ car $u' \varepsilon \underline{\underline{U}}^b$(cf.la définition 5.1), donc si $u' \varepsilon \underline{\underline{U}}^b$ alors (v,v) = 0. En récapitulant ce qui précéde, on a le

<u>Théorème</u> 5.6 Supposons que $\sigma = I$ et $L = 0$ dans les formules (5.10) et (5.11). Si $K_{\tilde{h}}(s,\xi_s)$ apparaissant dans (5.21) ne s'annule jamais sauf un ensemble négligeable par rapport à ds $\otimes$ dP alors la loi optimale est unique, de plus il résulte du théorème 5.3 que cette unique loi est P^{u^*}, où u* est défini en (5.12).

<u>Remarque</u> 5.2 D'après [8], pour u = u*(t,w), $\alpha_0^T(u^*)$ définie en (1.11) est $\sigma\{|w_s|;s\leq t\}$- adaptée. Donc s'il y a unicité de loi optimale alors la loi optimale est $\sigma\{|w_s|;s\leq t\}$ - mesurable.

<u>BIBLIOGRAPHIE</u>

[1]. J.M.Bismut, Linear quadratic optimal stochastic control with random coefficients, SIAM J. Control 14(1976), p.419-444.

[2]. M.H.A.Davis and P.Varaiya, Dynamic programming conditions for partially observable stochastic systems, SIAM, J. Control, 11 (1973), p.226-261.

[3]. E.B.Dynkin, Foundations of the theory of Markov processes, English translation: Pergamon Press 1960.

[4]. N.El-Karoui, Cours de l'Ecole d'été de calcul des probabilités, 1979.

[5]. R.J.Elliott, The optimal control of a stochastic system, SIAM, J. Control, 15(1977), p.756-778.

[6]. W.H.Fleming and R.W.Rishel, Deterministic and stochastic control, 1975, Springer.

[7]. M.Fujisaki, On stochastic control of a Wiener process, J. Math. Kyoto Univ. 18-2(1978), p.229-238.

[8]. M.Fujisaki, On the uniqueness of optimal controls, Séminaire de probabilités XIII, Lecture notes in M. 721, Springer 1979.

[9]. I.V.Girsanov, On transforming a certain class of stochastic processes by absolutely continuous substitution of measures, Theory of Prob, and its appl. 5(1960), p.285-301.

[10]. N.Ikeda and S.Watanabe, A comparison theorem for solutions of stochastic differential equations and its applications, Osaka J. Math. 14(1977), p.619-633.

[11]. J.Jacod, Calcul stochastique et problèmes de martingales, Lecture notes in M. 714, 1979 Springer.

[12]. J.Jacod et M.Yor, Etude des solutions extrémales et représentation intégrale des solutions pour certains problèmes de martingales, Z.W. 38(1977), p.83-125.

[13]. R.S.Liptzer and A.N.Shiryaev, Statistics of stochastic processes, Springer Verlag 1977.

[14]. R.Rishel, Necessary and sufficient dynamic programming conditions for continuous time stochastic optimal control, SIAM J. Control, 8(1970), p.559-571.

[15]. T. Yamada and S.Watanabe, On the uniqueness of solutions of stochastic differential equations, J. Math. Kyoto Univ. 11 (1971), p.156-167.

[16]. M.Yor, Remarques sur la représentation des martingales comme intégrales stochastiques, Séminaire de Probabilités XI, Lecture Notes in M. 581, Springer 1977.

Institute de Recherche Mathématique
Avancée
Laboratoire Associé au CNRS n°1
Université Louis Pasteur
7, Rue René-Descartes
67084 Strasbourg Cédex FRANCE
et
Kobe University of Commerce
4-3-3, Seiryodai Tarumi-ku
Kobé 655 JAPON

On the representation of solutions of stochastic differential equations

Hiroshi Kunita

0. Introduction.

Let us consider the stochastic differential equation

$$(0.1) \qquad d\xi_t = X_0(\xi_t)dt + \sum_{j=1}^{r} X_j(\xi_t)\circ dB_t^j$$

defined on a connected C^∞-manifold M of dimension d. Here X_0, $X_1, \ldots, X_r$ are C^∞-vector fields on M and $B_t = (B_t^1, \ldots, B_t^r)$ is a standard Brownian motion. The symbol $\circ$ denotes the Stratonovich-Fisk integral. Recently a number of authors has expressed the solution directly as a functional of B_t, under some conditions on vector fields $X_0 \ldots, X_r$. In Doss [1] Sussman [7], the solution is expressed in such a way that it is a continuous functional of B_t, if $r=1$ or $X_1, \ldots, X_r$ are commutative. However this is not the case in general if $r \geq 2$ and $X_1, \ldots, X_r$ are not commutative. In fact, Yamato [8] has proved that the solution is a functional of multiple Wiener integrals of B_t, provided that the Lie algebra generated by $X_1, \ldots, X_r$ is nilpotent.

In this paper, we shall consider the similar problem in case that the Lie algebra mentioned above is nilpotent or solvable. In section 2, we will discuss Yamato's result from a different point of view: Applealing Campbell-Hausdorff formula in Lie algebra, we will obtain an explicit expression as a functional of multiple Wiener integrals.

Section 1 is devoted to Campbell-Hausdorff formula. In Section 3, we will discuss the case that the Lie algebra is solvable. We will decompose the equation (0.1) into a chain of equations such that the corresponding Lie algebra of each equation is nilpotent, and then show that the solution of (0.1) is expressed as a composition of solutions of these nilpoitent equations.

1. Campbell-Hausdorff formula.

Given a complete C^∞-vector field X on the manifold M represented as $\sum_{i=1}^{d} X_i(x)\frac{\partial}{\partial x_i}$ with a local coordinate $(x_1, \ldots, x_d)$, we denote by e^{tX} the one parameter group of transformations on M generated by X: This means that $\phi_t(x) \equiv e^{tX}(x)$ satisfies, (i) for each $t \in (-\infty, \infty)$, ϕ_t is a diffeomorphism of M, (ii) $\phi_t \circ \phi_s = \phi_{t+s}$ for any $t, s \in (-\infty, \infty)$, $\lim_{t\downarrow 0} \phi_t(x) = x$ and (iii) it is the solution of the ordinary differential equation $\frac{d\phi_t(x)}{dt} = X(\phi_t(x))$ starting at x, where $X(x) = (X_1(x), \ldots, X_d(x))$. When $t = 1$, we write it as e^X.

Let X and Y be complete C^∞-vector fields. We define the Lie bracket $[X, Y]$ by $XY - YX$. It is often written as $X(\mathrm{ad}Y)$ Campbell-Hausdorff formula is a formula like

$$e^X e^Y = e^{X+Y-\frac{1}{2}[X,\, Y]+\ \cdots}$$

We shall extend the formula to that of n vector fields.

Suppose we are given n C^∞-vector fields $Y_1, \ldots, Y_n$ such that $[\ldots[Y_{i_1}, Y_{i_2}] \ldots,]Y_{i_m}]$, $m = 1, 2, \ldots$ and their linear sums are all complete vector fields. Consider a formal power series

$$(1.1) \qquad Z = \Sigma_{m>0}(-1)^{m-1}m^{-1}\Sigma_{p>0}\frac{1}{p_1^{(1)}!\ldots p_n^{(1)}!p_1^{(2)}!\ldots p_n^{(m)}!}\frac{1}{|p|}$$

$$\times\, Y_1 (\mathrm{ad}Y_1)^{p_1^{(1)}-1} (\mathrm{ad}Y_2)^{p_2^{(1)}} \cdots (\mathrm{ad}Y_n)^{p_n^{(1)}} (\mathrm{ad}Y_1)^{p_1^{(2)}} \cdots (\mathrm{ad}Y_n)^{p_n^{(m)}}$$

where $p_1^{(1)}, \ldots, p_n^{(m)}$ are nonnegative integers, $|p| = \Sigma_{1\le i\le n,\ 1\le j\le m} p_i^{(j)}$ and $\Sigma_{p>0}$ means the sum of terms such that $\sum_{i=1}^{n} p_i^{(j)} > 0$ for all $1 \le j \le m$. If $p_1^{(1)} = 0$, we understand the first member as $Y_2(\mathrm{ad}Y_2)^{p_2^{(1)}-1}$ instead of $Y_1(\mathrm{ad}Y_1)^{p_1^{(1)}-1}$. Now the term corresponding $[\ldots[Y_{i_1}, Y_{i_2}]\ldots, Y_{i_m}]$ appears several times in the power series. Summing up all the corresponding term, we denote the coefficient of the above vector field as $c_{i_1\ldots i_m}$. Then the power series is written as

$$(1.2) \qquad Z = \sum_{m=1}^{\infty} \sum_{(i_1,\ldots,i_m)} c_{i_1\ldots i_m} Y^{i_1\ldots i_m},$$

where

$$(1.3) \qquad Y^{i_1\ldots i_m} = [\ldots[Y_{i_1}, Y_{i_2}] \ldots] Y_{i_m}]$$

Theorem 1.1. (Campbell-Hausdorff formula) Suppose that (1.2) is absolutely convergent and define a complete vector field. Then it holds

$$(1.4) \qquad e^{Y_n} \cdots e^{Y_1} = e^{Z}.$$

The proof may be found in Jacobson [5] in case $n = 2$. It can be applied to the present case with a simple modification.

We shall compute coefficients $c_{i_1\ldots i_m}$. Let us divide the multi-index $I = (i_1, \ldots, i_m)$ to a sequence of shorter ones I_j, $j = 1, \ldots, \ell$ and write it as $\hat{I}$;

$$(1.5)\qquad \hat{I} = (I_1, \ldots, I_{k_1})(I_{k_1+1}, \ldots, I_{k_2}) \ldots (I_{k_{\ell-1}+1}, \ldots, I_{k_\ell}).$$

where each index I_k consists of same number $\hat{i}_k$ and these numbers $\hat{i}_k$, $k = 1, \ldots, k_\ell$ satisfies

$$(1.6)\qquad \hat{i}_1 > \hat{i}_2 > \ldots > \hat{i}_{k_1} < \hat{i}_{k_1+1} > \ldots > \hat{i}_{k_2} \ldots < \hat{i}_{k_{\ell-1}+1} > \ldots > \hat{i}_{k_\ell}$$

The division $\hat{I}$ is defined uniquely from I. We call this a natural division. We denote the length of I_k (the number of elements in I_k) as n_k. Then $\sum_{k=1}^{k_\ell} n_k = m$. Divide again each index I_k into j_k indices, each of which consists of $n_k^{(i)}$ elements ($i = 1, \ldots, j_k$). Hence it holds $n_k^{(1)} + \ldots + n_k^{(j_k)} = n_k$. Then we have

$$(1.7)\qquad c_{i_1 \ldots i_m} = \frac{1}{m} \sum_{s=0}^{\ell-1} \Sigma_* \binom{\ell-1}{s} (-1)^{j_1+\ldots+j_{k_\ell}-s-1} (j_1 + \ldots + j_{k_\ell} - s)^{-1} \times \frac{1}{n_1^{(1)}! \ldots n_1^{(j_1)}! \ldots n_{k_\ell}^{(1)}! \ldots n_{k_\ell}^{(j_\ell)}!}$$

Here, the sum Σ_* is taken for all subdivisions of I_k, $k = 1, \ldots, k_\ell$, i.e., for all positive integers $n_k^{(i)}$, $i = 1, \ldots, j_k$, $k = 1, \ldots, k_\ell$ such that $\sum_i n_k^{(i)} = n_k$.

Let I' be another multi-index of length m and let

$$\hat{I}' = (I'_1, \ldots, I'_{k'_1}) \ldots (I'_{k'_{\ell-1}+1}, \ldots, I'_{k'_\ell})$$

be its natural division. We say that I and I' are equivalent if for each k I_k and I'_k contain the same number of elements and $k'_1 = k_1, \ldots, k'_\ell = k_\ell$ hold. Note that $c_I = c_{I'}$ holds if I and I' are equivalent.

If each I_k in (1.5) contains a single element, I is divided as

$$\hat{I} = (i_1, \ldots, i_{k_1})(i_{k_1+1}, \ldots, i_{k_2}) \ldots (i_{k_{\ell-1}+1}, \ldots, i_{k_\ell})$$

where $k_\ell = m$. We will call such I as single. In this case, (1.7) becomes

$$(1.8) \qquad c_{i_1 \ldots i_m} = \frac{1}{m} \sum_{s=0}^{\ell-1} \binom{\ell-1}{s} (-1)^{m-s-1} (m - s)^{-1}$$

We shall calculate a few of coefficients

(a) $c_i = 1$

(b) $c_{ij} = -\frac{1}{4}$ if $i > j$, $c_{ij} = \frac{1}{4}$ if $i < j$

(c)
$$c_{ijk} = \begin{cases} \frac{1}{9} & \text{if } i < j < k \text{ or } k < j < i \\ -\frac{1}{18} & \text{if } j < i \ \& \ j < k \text{ or } j > i \ \& \ j > k \\ \frac{1}{36} & \text{if } i \neq j = k \end{cases}$$

2. Representation of solutions (I). Nilpotent case.

Consider the stochastic differential equation on M.

$$(2.1) \qquad d\xi_t = X_0(\xi_t)dt + \sum_{j=1}^{r} X_j(\xi_t) \circ dB_t^j,$$

where $X_0, X_1, \ldots X_r$ are complete C^∞-vector fields. If $X_0, X_1, \ldots X_r$ are commuting, i.e., $[X_i, X_j] = 0$ for each i and j, then the solution of the above equation starting at x is represented as

$$(2.2) \qquad \xi_t(x) = \exp(tX_0 + B_t^1 X_1 + \dots + B_t^r X_r)(x)$$

Here we understand that $tX_0(\omega) + B_t^1(\omega)X_1 + \dots + B_t^r(\omega)X_r$ is a vector field for each t and a. s. ω. This means that $\xi_t(x, \omega)$ equals $\phi_1(x, \omega)$ a.s., where $\phi_s(x, \omega)$ is the solution of the ordinary differential equation

$$\frac{d\phi_s}{dt} = (tX_0(\omega) + \dots + B_t^r(\omega)X_r)(\phi_s),$$

regarding t and ω as parameters. The fact can be proved directly, applying Ito's formula [4] to (2.2). However, if $X_0, \dots, X_r$ are not commuting, the formula (2.2) is not valid. We have to add several terms to the right hand of (2.2). This will be done in Theorem 2.3.

Our basic assumption in this section is that the Lie algebra $L = L(X_0, X_1, \dots, X_r)$ generated by $X_0, X_1, \dots, X_r$ is nilpotent of step p, i.e.,

$$[\dots[X_{i_1}, X_{i_2}]\dots]X_{i_m}] = 0$$

holds whenever $i_1, \dots, i_m \in \{0, 1, \dots, r\}$ and $m > p$. The algebra L is then a finite dimensional vector space, obviously. Then any element of L is a complete (or proper) vector field (See Palais [6], p.95). Under the same condition, Yamato [8] showed that the solution ξ_t of equation (2.1) is a functional of multiple Wiener integrals of B_t of degrees less than or equal to p. We will obtain the functional in a more explicit manner, making use of Campbell-Hausdorff formula.

We begin with notations on multi-index. We shall divide a multi-index $I = (i_1, \ldots, i_m)$ to shorter ones; $I = I_1 \ldots, I_q$ $(q \leq m)$, where each I_k consists of the same element $\hat{i}_j$. Given positive integers $k_1 < k_2 < \ldots < k_\ell = q$, we define a divided index of I as

$$\Delta I = (I_1, \ldots, I_{k_1})(I_{k_1+1}, \ldots, I_{k_2}) \ldots (I_{k_{\ell-1}+1}, \ldots, I_{k_\ell}) \tag{2.3}$$

(This time we do not assume relation (1.6)). If each I_k contains a single element (or at most two), we say that ΔI is single (or double). The equivalence of two indices ΔI and $\Delta I'$ is defined similarly as in Section 1. Suppose now we are given an index I and a divided one ΔI. ΔI is not equal to the natural division of I. But if there is an index I' such that its natural division $\hat{I}'$ is equivalent to ΔI, then we set $c_{\Delta I} = c_{I'}$ for convention.

Let $B_t = (B_t^1, \ldots, B_t^r)$ be a standard r-dimensional Brownian motion. We set $B_t^0 = t$ for convention. Given a single divided index ΔI, we define the multiple Wiener integral $B_t^{\Delta I}$ as

$$B_t^{\Delta I} = \int \cdots \int_A dB_{t_1}^{i_1} \cdots dB_{t_m}^{i_m} \tag{2.4}$$

where

$$A = \{t_{k_1} < \ldots < t_1 < t, \ldots, t_{k_\ell} < \ldots < t_{k_{\ell-1}+1} < t, \; t_{k_i} < t_{k_i+1}, \quad i = 1, \ldots, \ell\} \tag{2.5}$$

If ΔI is a double index, we define

$$(2.6) \qquad B_t^{\Delta I} = \int \cdots \int_A dB_{t_1}^{I_1} \cdots dB_{t_\ell}^{I_{k_\ell}} ,$$

where

$$(2.7) \qquad B_t^{I_k} = \begin{cases} B_t^{i_k} & \text{if } I_k = \{i_k\} \quad \text{(single)} \\ t & \text{if } I_k = \{i_k, i_k\} \quad \text{(double)} \end{cases}$$

Lemma 2.1. Let $\xi_t(x)$ be the solution of (2.1) with $\xi_0 = x$. Then it is represented as

$$(2.8) \qquad \xi_t(x) = (\exp W_t)(x),$$

where

$$(2.9) \qquad W_t = tX_0 + \ldots + B_t^r X_r + \sum_{J:1<|J|\le p} \{\sum_{\Delta J}^* c_{\Delta J} B_t^{\Delta J}\} X^J$$

$$X^J = [\ldots[X_{j_1}, X_{j_2}] \ldots]X_{j_m}] \qquad (J = (j_1, \ldots, j_m))$$

Here $\sum_{\Delta J}^*$ is the sum for all single and double divided indices of J.

Proof. For a fixed positive integer n and positive time t, set $\delta B_k^j = B_{\frac{k}{n}t}^j - B_{\frac{k-1}{n}t}^j$ and define

$$Y_1 = \frac{t}{n}X_0 + \delta B_1^1 X_1 + \ldots + \delta B_1^r X_r$$

$$\vdots$$

$$Y_n = \frac{t}{n}X_0 + \delta B_n^1 X_1 + \ldots + \delta B_n^r X_r$$

Set

$$(2.10) \qquad \xi_t^{(n)}(x) = (\exp Y_n \cdots \exp Y_1)(x)$$

Then, clearly it is the value at 1 of the solution of equation

$$\frac{d\xi'_s}{ds} = (X_0 + \frac{n}{t}\sum_{j=1}^{r} \delta B_k^j X^j)(\xi'_s) \text{ if } (\frac{k-1}{n})t \le s \le \frac{k}{n}t$$

There is a subsequence of $\xi_t^{(n)}(x)$ converging to $\xi_t(x)$ a.s.

We shall next apply Campbell-Hausdorff formula to the right hand side of (2.10). It holds

$$(2.11) \qquad \sum_{(i_1,\ldots,i_m)} c_{i_1\ldots i_m} Y^{i_1\ldots i_m}$$

$$= \sum_{j_1,\ldots,j_m} \{ \sum_{(i_1,\ldots,i_m)} c_{i_1\ldots i_m} \delta B_{i_1}^{j_1} \cdots \delta B_{i_m}^{j_m} \} X^{j_1\ldots j_m}$$

$$= \sum_{J:|J|=m} \{ \sum_{\Delta J} c_{\Delta J} \sum_{I:\hat{I}\sim\Delta J} \delta B_{i_1}^{j_1} \cdots \delta B_{i_m}^{j_m} \} X^J$$

Here $\Sigma_{I:\hat{I}\sim\Delta J}\delta B_{i_1}^{j_1} \cdots \delta B_{i_m}^{j_m}$ means the sum for all indices I such that $\hat{I}$ is equivalent to ΔJ. The sum converges to $B_t^{\Delta J}$ if ΔJ is a single or double index. If ΔJ is more than double (i.e., ΔJ contains a subindex I_k with more than two elements), then the sum converges to 0. Therefore, (2.11) converges a.s. to

$$\sum_J \{ \sum_{\Delta J}{}^{*} c_{\Delta J} B_t^{\Delta J} \} X^J .$$

This proves that the sum of (2.11) for m = 1, 2, ... converges to W_t a.s.

Then the exponential map converges a.s. to e^{W_t}. The proof is complete.

We shall next calculate multiple Wiener integrals in (2.9) in cases that $|J|$ are 2 and 3. We introduce notations.

$$[B^i, B^j]_t = \int_0^t B_s^i dB_s^j - \int_0^t B_s^j dB_s^i$$

This indicates the stochastic area enclosed by the Brownian curve (B_s^i, B_s^j), $0 \leq s \leq t$ and its chord. Similarly, we set

$$[[B^i, B^j], B^k]_t = \int_0^t [B^i, B^j]_s dB_s^k - \int_0^t B_s^k d[B^i, B^j]_s$$

Lemma 2.2 (i) Coefficient of X^{ij} in (2.9) equals $\frac{1}{2}[B^i, B^j]_t$ if $i \neq j$. (ii) Coefficient of X^{ijk} equals $\frac{1}{18}[[B^i, B^j], B^k]_t$ if i, j, k are different or $0 = j = k \neq i$. If $0 < j = k \neq i$, it equals $\frac{1}{36} tB_t^i$ plus the above quantity.

Proof. The coefficient of X^{ij} equals

$$c_{(i)(j)} B_t^{(i)(j)} + c_{(ij)} B_t^{(ij)}$$

$$= \frac{1}{4} \iint_{0<s<u<t} dB_s^i dB_u^j - \frac{1}{4} \iint_{0<u<s<t} dB_s^i dB_u^j = \frac{1}{4}[B^i, B^j]_t$$

The coefficient of X^{ji} is then equal to $\frac{1}{4}[B^j, B^i]_t$. Since $X^{ij} = -X^{ji}$, joining these two terms, we see that coefficient of X^{ij} is $\frac{1}{2}[B^i, B^j]_t$.

We shall next consider coefficient of X^{ijk}. If i, j, k are different or if $0 = j = k \neq i$, terms corresponding to double indices are 0 and what we have is

$$c_{(i)(j)(k)} B_t^{(i)(j)(k)} + c_{(i)(jk)} B_t^{(i)(jk)} + c_{(ij)(k)} B_t^{(ij)(k)} + c_{(ijk)} B_t^{(ijk)}$$

$$= \frac{1}{9}\iiint_{0<t_i<t_j<t_k<t} dB^i_{t_i}\, dB^j_{t_j}\, dB^k_{t_k} - \frac{1}{18}\iiint_{(0<t_i<t_j<t)\cap(0<t_k<t_j<t)} dB^i_{t_i} dB^j_{t_j} dB^k_{t_k}$$

$$- \frac{1}{18}\iiint_{(0<t_j<t_i<t)\cap(0<t_j<t_k<t)} dB^i_{t_i}\, dB^j_{t_j}\, dB^k_{t_k} + \frac{1}{9}\iiint_{0<t_k<t_j<t_i<t} dB^i_{t_i}\, dB^j_{t_j}\, dB^k_{t_k}$$

$$= \frac{1}{18}\{[[B^i, B^j], B^k]_t + [[B^j, B^k], B^i]_t\}$$

Similarly, the coefficient of X^{jik} is

$$\frac{1}{18}\{[[B^j, B^i], B^k]_t + [[B^i, B^k], B^j]_t\}$$

Since $X^{jik} = -X^{ijk}$, we join these two and see that the coefficient of X^{ijk} is

$$\text{(2.12)} \quad \frac{1}{18}\{2[[B^i, B^j], B^k]_t + [[B^j, B^k], B^i]_t - [[B^i, B^k], B^j]_t\}$$

We have on the other hand Jacobi identity

$$[[B^i, B^j], B^k]_t + [[B^k, B^i], B^j]_t + [[B^j, B^k], B^i]_t = 0.$$

Substitute the above to (2.12), then we see that the coefficient of X^{ijk} is $\frac{1}{18}[[B^i, B^j], B^k]_t$.

If $i \neq j = k \neq 0$ the coefficient of X^{ijk} contains terms with double indices. These are

$$c_{(ijj)}\int_0^t s dB^i_s + c_{(i)(jj)}\int_0^t B^i_s ds = \frac{1}{36} t B^i_t$$

which should be added to the quantity obtained above.

Summarizing these two lemmas, we establish the following theorem.

Theorem 2.3. Suppose that the Lie algebra generated by X_0, ..., X_r is nilpotent of step p. Then the solution of equation (2.1) with $\xi_0 = x$ is represented as $\xi_t(x) = (\exp W_t)(x)$, where

$$(2.13)\qquad W_t = \sum_{i=1}^{r} B_t^i X^i + \frac{1}{2}\sum_{i<j}[B^i, B^j]_t [X_i, X_j]$$

$$+ \frac{1}{18}\sum_{i<j,k}[[B^i, B^j], B^k]_t [[X^i, X^j], X^k] + \frac{1}{36}\sum_{i=0}^{r}\sum_{j=1}^{r} tB_t^i [[X_i, X_j], X_j]$$

$$+ \sum_{J;3<|J|\le p}\{\sum_{\Delta J}^{*} c_{\Delta J} B_t^{\Delta J}\} X^J$$

Example (Yamato [8]) Consider the equation in R^3 where $X_0 = 0$, $X_1 = \frac{\partial}{\partial x_1} + 2x_2\frac{\partial}{\partial x_3}$ and $X_2 = \frac{\partial}{\partial x_2} - 2x_1\frac{\partial}{\partial x_3}$. Then $[X_1, X_2] = -4\frac{\partial}{\partial x_3}$ and $[[X_1, X_2], X_1] = [[X_1, X_2], X_2] = 0$. Hence the corresponding Lie algebra is nilpotent of step 2. The solution is then written as $\xi_t(x) = \exp W_t(x)$, where

$$W_t = B_t^1 X_1 + B_t^2 X_2 + \frac{1}{2}[B^1, B^2]_t [X_1, X_2]$$

$$= B_t^1\frac{\partial}{\partial x_1} + B_t^2\frac{\partial}{\partial x_2} + 2\{B_t^1 x_2 - B_t^2 x_1 - [B^1, B^2]_t\}\frac{\partial}{\partial x_3}$$

Therefore

$$\exp W_t(x) = \begin{cases} x_1 + B_t^1 \\ x_2 + B_t^2 \\ x_3 + 2\{B_t^1 x_2 - B_t^2 x_1 - [B^1, B^2]_t\} \end{cases}$$

where $x = (x_1, x_2, x_3)$.

We shall mention that similar representation is valid for a more general class of stochastic differential equation. Let us consider a vector field valued stochastic process. Let $X(t, x, \omega) = X(t, \omega)$ be a stochastic process such that for each $t > 0$, it is a C^∞-vector field for almost all ω. We assume that it is continuous in t for almost all ω and F_t-adapted, where F_t, $t \geq 0$ is a given family of increasing σ-fields. Suppose we are given $r + 1$ vector field valued stochastic processes $X_0, X_1, \ldots, X_r$. We will call that $\{X_0, X_1, \ldots, X_r\}$ is nilpotent of step p, if

$$[\ \ldots [X_{i_1}, X_{i_2}] \ldots,]X_{i_m}](t_1, \ldots, t_m \omega) = 0 \qquad \text{a.s.} \quad p$$

holds for any $i_1, \ldots, i_m \in \{0, 1, \ldots, r\}$ and $t_1, \ldots, t_m \geq 0$ if $m > p$.

Let $B_t = (B_t^1, \ldots, B_t^r)$ be a F_t-Brownian motion. Consider the stochastic differential equation

$$\xi_t = x + \int_0^t X_0(s, \xi_s, \omega)ds + \sum_{j=1}^r \int_0^t X_j(s, \xi_s, \omega) \circ dB_s^j \tag{2.14}$$

Theorem 2.2. Suppose that for each i, $X_i(t, \omega)$ is a complete vector field for any t and a.s. ω. Suppose further that the Lie algebra generated by $\{X_0, X_1, \ldots, X_r\}$ is finite dimensional and nilpotent. Then the solution of (2.14) is represented as exp W(t), where

$$W(t, x) = \int_0^t X_0(s, x)ds + \sum_{j=1}^r \int_0^t X_j(s, x) \circ dB_s^j$$

$$+ \sum_{J:1<|J|\leq p} \sum_{\Delta J}^{*} c_{\Delta J} \int_A X^J(\hat{s}_1, \ldots, \hat{s}_\ell) \circ dB_{s_1}^{J_1} \cdots \circ dB_{s}^{J_\ell},$$

where A is the set of (2.5), $B_s^{J_k}$ is defined by (2.7) and $\hat{s}_k = s_k$ if $|J_k| = 1$ and $\hat{s}_k = (s_k, s_k)$ if $|J_k| = 2$. The sum Σ^* is taken for all single or double divided indices ΔJ of J.

The proof is similar to that of Lemma 2.1.

3. Representation of solutions (II). Solvable case

Let $L = L(X_0, X_1, \ldots, X_r)$ be the Lie algebra of vector fields generated by $X_0, X_1, \ldots, X_r$. Define a chain of Lie algebras as $L_1 = [L, L]$, $L_2 = [L_1, L_1]$, $\ldots$, $L_n = [L_{n-1}, L_{n-1}]$. Then $L \supset L_1 \supset L_2 \supset \ldots$ and L_i is an ideal in L_{i-1}. The Lie algebra L is called solvable if there exists p such that $L_p = \{0\}$. By the definition, nilpotent Lie algebra is solvable.

Consider the stochastic differential equation

$$(3.1) \qquad d\xi_t = X_0(\xi_t)dt + \sum_{j=1}^{r} X_j(\xi_t) \circ dB_t^j.$$

The purpose of this section is to show that the above equation is decomposed to a chain of equations whose coefficients are nilpotent vector fields if L is a finite dimensional solvable algebra. We will then prove that the solution of (3.1) is expressed as a composition of solutions of these equations.

The differential of smooth map is needed for our discussion. Let Φ be a diffeomorphism of the manifold M. The differential Φ_* is an automorphism of the space of vector fields defined by

$$(3.2) \qquad \Phi_* X(f)(x) = X(f\circ\Phi)(\Phi^{-1}(x)), \qquad \forall f \in C^\infty(M),$$

where $C^\infty(M)$ is the space of all real C^∞-functions on M.

Let $\{Y_0, \ldots, Y_r\}$ be a nilpotent subset of L. Consider the stochastic differential equation

$$(3.3) \qquad d\zeta_t = Y_0(\zeta_t)dt + \sum_{j=1}^{r} Y_j(\zeta_t)\circ dB_t^j .$$

The solution $\zeta_t(x)$ starting at x is represented as (2.6), so that ζ_t may be regarded as a diffeomorphism for each $t > 0$ and almost all ω. Set

$$(3.4) \qquad Z_j = (\zeta_t^{-1})_*(X_j - Y_j), \qquad j = 0, \ldots, r.$$

These are vector field valued stochastic processes. Consider

$$(3.5) \qquad d\eta_t = Z_0(\eta_t)dt + \sum_{j=1}^{r} Z_j(\eta_t)\circ dB_t^j$$

Proposition 3.1. Solutions of equations (3.1), (3.3) and (3.5) are linked by the relation $\xi_t = \zeta_t\circ\eta_t$.

Proof. Using a local coordinate, we shall write $\eta_t = (\eta_t^1, \ldots, \eta_t^d)$ etc. We put t as B_t^0 for convention. Let f be a C^∞-function. By Ito's formula we have

$$(3.6) \qquad f(\zeta_t\circ\eta_t) - f(x) = \sum_k \int_0^k \frac{\partial f}{\partial x_k}(\zeta_t(x))\circ d\zeta_t^k(x)\Big|_{x=\eta_t}$$
$$+ \sum_\ell \int_0^t \frac{\partial}{\partial x_\ell}(f\circ\zeta_t)(\eta_t)\circ d\eta_t^\ell$$

Since $d\zeta_t^k = \sum Y_j^k(\zeta_t)\circ dB_t^j$, the first term of the right hand side equals

$$\sum_k \int_0^t \sum_j Y_j^k(\zeta_t(x)) \frac{\partial f}{\partial x_k}(\zeta_t(x)) \circ dB_t^j \Big|_{x=\eta_t}$$

$$= \sum_j \int_0^t Y_j f(\zeta_t \circ \eta_t) \circ dB_t^j.$$

The second term is

$$\sum_\ell \int_0^t \sum_j Z_j^\ell(\eta_t) \frac{\partial}{\partial x_\ell}(f \circ \zeta_t)(\eta_t) \circ dB_t^j$$

$$= \sum_j \int_0^t Z_j (f \circ \zeta_t)(\eta_t) \circ dB_t^j$$

$$= \sum_j \int_0^t (X_j - Y_j)(f \circ \zeta_t \circ \zeta_t^{-1})(\zeta_t \circ \eta_t) \circ dB_t^j$$

$$= \sum_j \int_0^t (X_j - Y_j) f(\zeta_t \circ \eta_t) \circ dB_t^j$$

Therefore we have

$$f(\zeta_t \circ \eta_t) - f(x) = \sum_j \int_0^t X_j f(\zeta_t \circ \eta_t) \circ dB_t^j$$

Since this holds for any C^∞-function, we see that $\zeta_t \circ \eta_t(x)$ is the solution of (3.1) starting at x. The proof is complete.

Now we shall decompose vector fields $X_0, \ldots, X_r$ into sums of vector fields

$$X_0 = X_0^{(1)} + \ldots + X_0^{(n)}, \quad \ldots, \quad X_r = X_r^{(1)} + \ldots + X_r^{(n)}$$

such that

$$L^{(1)} = L(X_0^{(1)}, \ldots, X_r^{(1)}), \ldots, L^{(n)} = L(X_0^{(n)}, \ldots, X_r^{(n)})$$

are all nilpotent Lie algebra. Such a decomposition exists always, although it is not unique. For example, let us choose a basis of $L = L(X_0, \ldots, X_r)$ and denote it as $Y_1, \ldots, Y_n$. Then each X_i is written as $X_i = \sum_{j=1}^{n} a_{ij} Y_j$. Setting $X_i^{(j)} = a_{ij} Y_j$, for example, we have a decomposition mentioned above.

Let us now consider a chain of stochastic differential equations.

$$(3.7) \qquad d\zeta_t^{\ell} = \sum_{j=0}^{r} X_j^{\ell} \circ dB_t^j, \qquad \ell = 1, \ldots, n$$

$$(3.8) \qquad d\xi_t^{\ell} = \sum_{j=0}^{r} (\xi_t^{\ell-1})_*^{-1} \cdots (\xi_t^1)_*^{-1} X_j^{\ell} \circ dB_t^j, \qquad \ell = 2, 3, \ldots n$$

where $\xi_t^1 = \zeta_t^1$ and

$$(3.9) \qquad d\eta_t^{\ell} = \sum_{j=0}^{r} (\zeta_t^{\ell})_*^{-1} \{(\xi_t^{\ell-1})_*^{-1} \cdots (\xi_t^1)_*^{-1} X_j^{\ell} - X_j^{\ell}\} \circ dB_t^j, \qquad \ell = 2, 3, \ldots, n$$

Since $L^{(\ell)}$ is nilpotent, the solution $\zeta_t^{\ell}(x)$ is a diffeomorphism of M for each t and a.s. ω. Hence the differential $(\zeta_t^{\ell})_*^{-1}$ is well defined. In order to show the analogous fact for $\xi_t^{\ell}(x)$ and $\eta_t^{\ell}(x)$, we require

Lemma 3.2. Coefficients of equations on η_t^{ℓ} are nilpotent.

Proof. We will prove that coefficients of the equation are in L_1, since L_1 is nilpotent ([5], p. 51). We first consider the case $\ell = 2$. Since $\xi_t^1(x) = \zeta_t^1(x) = \exp W_t$ where W_t is the vector field valued stochastic process of (2.9), it is a diffeomorphism of M for each t and a.s. ω. Hence the differential $(\xi_t^1)_*^{-1}$ is well defined. We shall show that $(\xi_t^1)_*^{-1}X_j^\ell - X_j^\ell$ belongs to L_1 a. s. P for each j and ℓ, following the argument of Ichihara-Kunita [3]. Let us choose $Y_1, \ldots, Y_n$ as a basis of L, such that $Y_1, \ldots, Y_k$ $(k < n)$ is a basis of L_1. Set $Y_k(s) = (e^{sW_t})_* Y_k$, the parameter t being fixed. Then it is known that

$$\frac{dY_k(s)}{ds} = (e^{sW_t})_*[W_t, Y_k]$$

Since $[W_t, Y_k]$ in L_1, it is written as

$$[W_t, Y_k] = \sum_{i=1}^{n} a_{ki}(t)Y_i, \qquad a_{ki}(t) = 0 \text{ if } k < i \leq n.$$

Then the above equation derives a system of linear differential equations

$$\frac{dY(s)}{ds} = AY(s), \quad Y(s) = [Y_1(s), \ldots, Y_n(s)], \quad A = (a_{ki}(s))$$

The solution is then written as

$$Y(s) = e^{As}Y(0) = \sum_{p=0}^{\infty} \frac{s^p}{p!} A^p Y(0)$$

Note that $a_{mi}^{(p)} = 0$ if $k < i \leq n$, where $(a_{mi}^{(p)}) = A^p$. Then $Y(s) - Y(0)$ is a linear sum of $Y_1, \ldots, Y_k$. Since X_j^ℓ is written as a linear sum of $Y_1, \ldots, Y_n$, $(e^{sW_t})_*X_j^\ell - X_j^\ell$ also a linear sum of $Y_1, \ldots, Y_k$, so that it is in L_1. Since $(e^{-W_t})_* = (e^{W_t})_*^{-1}$, we see that $(e^{W_t})_*^{-1}X_j^\ell - X_j^\ell$ is in L_1 a.s. P for any $t > 0$, $0 \leq j \leq r$, $1 \leq \ell \leq n$.

Now noting that L_1 is an ideal in L, we can show similarly as the above argument that $(\zeta_t^2)_*^{-1}$ maps L_1 into itself. Therefore $(\zeta_t^2)_*^{-1}\{(\xi_t^2)_*^{-1}X_j^\ell - X_j^\ell\}$ is in L_1 a.s. P for any $t > 0$, $0 \leq j \leq r$ and $1 \leq \ell \leq n$. We have thus shown that coefficients of equation on η_t^2 are nilpotent.

The solution ξ_t^2 has the decompotion $\zeta_t^2 \circ \eta_t^2$ by Lemma 3.1. Hence ξ_t^2 is a diffeomorphism of M for each t and a.s. ω. Thus equations (3.8) and (3.9) are well defined for $\ell = 3$. We then see that coefficients of equation on η_t^3 are nilpotent as before. Repeating this argument, it turns out that coefficients of equations on η_t^ℓ are nilpotent for all $\ell = 2, 3, \ldots, n$. The proof is complete.

We can now show the following theorem.

Theorem 3.3. Suppose that the Lie algebra generated by X_0, $X_1, \ldots, X_r$ is finite dimensional and solvable. Then the solution of the equation (3.1) is represented as

$$\xi_t = \zeta_t^1 \circ \zeta_t^2 \circ \eta_t^2 \circ \ldots \circ \zeta_t^n \circ \eta_t^n , \tag{3.10}$$

where ζ_t^ℓ and η_t^ℓ are solutions of equations (3.7) and (3.9) with nilpotent coefficients.

Proof. We have $\xi_t = \xi_t^1 \circ \ldots \circ \xi_t^n$ by Lemma 3.1. Furthermore it holds $\xi_t^\ell = \zeta_t^\ell \circ \eta_t^\ell$ for $\ell = 2, \ldots, n$. Hence we get the representation (3.10).

If coefficients of equations on ξ_t^ℓ in (3.8) are already nilpotent, it is not necessary to decompose it to ζ_t^ℓ and η_t^ℓ, and we may obtain a shorter decomposition of ξ_t. This occurs if X_j^ℓ, $j = 0, \ldots, r$ are in the derived ideal L_1, since $(\xi_t^{\ell-1})_*^{-1} \ldots (\xi_t^1)_*^{-1} X_j^\ell$ are in L_1 for any $j = 0, \ldots, r$. We shall discuss two examples.

Example 1. (Linear System) Consider

$$\text{(3.11)} \qquad d\xi_t = A\xi_t dt + CB_t,$$

where A is a $d{\times}d$-matrix and C is a $d{\times}r$-matrix. Corresponding vector fields are

$$X_0 = \sum_i \left(\sum_j a_{ij} x_j\right)\frac{\partial}{\partial x_i}, \quad X_j = \sum_i c_{ij}\frac{\partial}{\partial x_i}$$

It holds

$$(\mathrm{ad}X_0)^n X_j = (-1)^n \sum_i (A^n C)_{ij}\frac{\partial}{\partial x_i}$$

The Lie algebra L generated by X_0 and X_j is the linear span of X_0 and $(\mathrm{ad}^n X_0)X_j$, $n = 0, 1, 2, \ldots$ The derived ideal $L_1 = [L, L]$ is the linear span of $(\mathrm{ad}X_0)^n X_j$, $n = 1, 2, \ldots$ Since latters are commuting each other, it holds $L_2 = [L_1, L_1] = \{0\}$. Hence L is solvable.

Consider two equations

$$d\xi_t^1 = X_0 dt$$

$$d\xi_t^2 = \sum_{j=1}^r (\xi_t^1)_*^{-1} X_j \circ dB_t^j$$

Then it holds $\xi_t^1(x) = e^{tA}x$ and

$$(\xi_t^1)_*^{-1} X_j = \sum_i (e^{-tA}C)_{ij}\frac{\partial}{\partial x_i},$$

so that

$$d\xi_t^2 = e^{-tA}C\circ dB_t$$

The solution is $\xi_t^2(x) = x + \int_0^t e^{-sA}CdB_s$. Therefore we have

$$\xi_t = \xi_t^1\circ\xi_t^2 = e^{tA}(x + \int_0^t e^{-sA}CdB_s).$$

This is a well known formula for the solution of the linear system.

Example 2. (Bilinear system) Consider the equation

$$(3.12)\qquad d\xi_t = A_0\xi_t dt + \sum_{j=1}^{r} A_j\xi_t\circ dB_t^j$$

where $A_j = (a_{k,\ell}^{(j)})$, $j = 0, \ldots, r$ are d×d-triangular matrices such that $a_{k\ell}^{(j)} = 0$ if $k > \ell$. Corresponding vector fields are

$$X_j = \sum_k(\sum_\ell a_{k\ell}^{(j)}x_\ell)\frac{\partial}{\partial x_k}, \quad j = 0, \ldots, r.$$

It holds $[X_i, X_j] = -\sum_k(\sum_\ell [A_i, A_j]_{k\ell}x_\ell)\frac{\partial}{\partial x_k}$, where $[A_i, A_j] = A_iA_j - A_jA_i$. Hence $L(X_0, X_1, \ldots, X_r)$ is isomorphic to the matrix Lie algebra $L(A_0, \ldots, A_r)$. The derived ideal L_1 of $L(A_0, \ldots, A_r)$ consists of nilpotent matrices as is easily seen. Thus $L(A_0, \ldots, A_r)$, or equivalently, $L(X_0, \ldots, X_r)$ is a solvable Lie algebra.

We shall decompose matrices A_j to sums of diagonal matrices $D_j = (\delta_{k\ell}a_{k\ell}^{(j)})$ and nilpotent ones $N_j = ((1 - \delta_{k\ell})a_{k\ell}^{(j)})$, where $\delta_{k\ell}$ is Kronecker's delta. Consider

$$d\xi_t^1 = \sum_{j=0}^{r} D_j \xi_t^j \circ dB_t^j$$

where $B_t^0 = t$. The solution is then written as

$$(3.13) \qquad \xi_t^1(x) = e^{W_t} x, \quad W_t = \sum_{j=0}^{r} B_t^j D_j$$

It holds $(\xi_t^1)_*^{-1} N_j = e^{-W_t} N_j e^{W_t}$. Consider

$$d\xi_t^2 = \sum_{j=0}^{r} e^{-W_t} N_j e^{W_t} \xi_t^2 \circ dB_t^j$$

Since $e^{-W_t} N_j e^{W_t}$, $j = 0, \ldots, r$ are nilpotent matrices, the solution is represented as $\xi_t^2(x) = e^{V_t} x$, where

$$(3.14) \qquad V_t = \sum_{j=0}^{r} \int_0^t e^{-W_s} N_j e^{W_s} \circ dB_s^j$$

$$+ \frac{1}{2} \sum_{i<j} \iint_{0<s<u<t} [e^{-W_s} N_i e^{W_s}, e^{-W_u} N_j e^{W_u}] \circ (dB_s^i dB_u^j - dB_s^j dB_u^i) + \ldots$$

The solution of (3.12) is then written as,

$$\xi_t(x) = e^{W_t} e^{V_t} x.$$

Department of Applied Science
Faculty of Engineering
Kyushu University
Fukuoka, 812 Japan

References

[1] Doss, H: Liens entre équations différentielles stochastiques et ordinaires, Ann. Inst. H. Poincaré 13, 99-125(1977).

[2] Ichihara, K - Kunita, H: A classification of the second order degenerate elliptic operators and its probabilistic characterization, Z. Wahrscheinlichkeitstheorie und verw. Gebiete 30, 235-254(1974).

[3] Ichihara, K - Kunita, H: Supplements and corrections to the above paper, Z. Wahrscheinlichkeitstheorie und verw. Gebiete 39, 81-84(1977).

[4] Itô, K: Stochastic differentials, Appl. Math. Optimization 1, 374-384(1975).

[5] Jacobson, N: Lie algebras, New York-London. Wiley 1962.

[6] Palais, R. S : A global formulation of the Lie theory on transformation groups, Memoirs of the American Mathematical Society, No. 22 (1957).

[7] Sussman, H. J : On the gap between deterministic and stochastic ordinary differential equations, The Annals of Probability 6, 19-41(1978).

[8] Yamato, Y: Stochastic differential equations and nilpotent Lie algebras, Z. Wahrscheinlichkeitstheorie und verw. Gebiete 47, 213-229(1979).

SUR UNE EQUATION DIFFERENTIELLE STOCHASTIQUE GENERALE

par YAN Jia-An*

Soit $(\Omega,\underline{\underline{F}},P)$ un espace probabilisé complet, muni d'une filtration $(\underline{\underline{F}}_t)_{t\in\mathbb{R}_+}$ satisfaisant aux conditions habituelles. On désigne par $\mathfrak{X}$ l'ensemble des processus càdlàg. adaptés, et par $\mathcal{P}$ l'ensemble des processus prévisibles. Dans cette note, nous allons étudier l'équation différentielle stochastique du type suivant :

$$(*) \qquad X_t = \Phi(X)_t + \int_0^t F(X)_s dM_s \quad ,$$

où M est une semimartingale, F est une application de $\mathfrak{X}$ dans $\mathcal{P}$ telle que pour tout $X\in\mathfrak{X}$, F(X) soit intégrable par rapport à M au sens de Jacod [6], et Φ est une application de $\mathfrak{X}$ dans $\mathfrak{X}$. Sous certaines conditions, on va montrer que l'équation (*) admet une solution et une seule dans $\mathfrak{X}$, et étudier la stabilité des solutions. Cela généralise les résultats principaux d'Emery [3], tandis que la méthode que l'on utilise dans cette note est très inspirée d'Emery [3], et de Doléans-Dade et Meyer [2].

1. PRELIMINAIRES

Les trois définitions suivantes sont dues à Emery [3].

__Définition__ 1. Soit X un processus optionnel. On pose pour $1\leq p\leq +\infty$

$$\|X\|_{\mathcal{S}^p} = \|X^*\|_{L^p}$$

où $X^*= \sup_{t\in\mathbb{R}_+} |X_t|$. On dit que X appartient à $\mathcal{S}^p$ si $\|X\|_{\mathcal{S}^p} < +\infty$ [1].

Evidemment, $\mathcal{S}^p\cap\mathfrak{X}$ est un espace de Banach.

__Définition__ 2 . Soit M une semimartingale admettant une décomposition M=N+A (N martingale locale, A processus à variation finie). Pour $1\leq p\leq +\infty$, posons

$$j_p(N,A) = \| [N,N]_\infty^{1/2} + \int_{0-}^{\infty} |dA_s| \|_{L^p}$$

$$\|M\|_{\mathcal{H}^p} = \inf_{M=N+A} j_p(N,A) .$$

On dit que M appartient à $\mathcal{H}^p$ si $\|M\|_{\mathcal{H}^p} < +\infty$.

__Définition__ 3 . Soient b>0 une constante et M une semimartingale. On dit que M appartient à $\mathcal{S}(b)$ si $M\in\mathcal{H}^\infty$, et s'il existe une suite finie de temps d'arrêt $0=T_0\leq T_1 \ldots \leq T_k$, telle que $M=M^{T_k-}$ et que, pour i=1,2..,k on ait

$$\|(M-M^{T_{i-1}})^{T_i-}\|_{\mathcal{H}^\infty} \leq b \quad .$$

---

1. La nouvelle édition du livre de Dellacherie-Meyer écrit $\mathcal{R}^p$ et non $\mathcal{S}^p$.

(*) Institut de Recherche Mathématique, Academia Sinica, Pékin, Chine.

Ici, comme d'habitude, pour tout $X\in\mathfrak{X}$ et tout temps d'arrêt T, on pose

$$X^{T-} = X^T - \Delta X_T I_{[\![T,\infty [\![}$$

en convenant que $X_{0-}=0$. Dans ce cas, on dit que la suite $(T_0,\ldots,T_k)$ découpe M en tranches plus petites que b.

Le lemme suivant est dû à Emery [3] .

Lemme 1. Soit M une semimartingale.

1) Pour tout temps d'arrêt T, on a

$$\|M^T\|_{\mathcal{H}^\infty} \leqq \|M\|_{\mathcal{H}^\infty} \quad , \quad \|M^{T-}\|_{\mathcal{H}^\infty} \leqq 2\|M\|_{\mathcal{H}^\infty} \quad .$$

2) Si $M\in\mathcal{S}(b)$, alors pour tout temps d'arrêt T on a $M^{T-}\in\mathcal{S}(2b)$.

3) Pour tout $b>0$, il existe des temps d'arrêt $T_n\uparrow\infty$ p.s., tels que pour chaque n , $M^{T_n-}\in\mathcal{S}(b)$.

Le lemme suivant, dû à Emery [3], a été généralisé par Meyer [4].

Lemme 2. Soit $1\leqq p<+\infty$. Si $M\in\mathcal{H}^\infty$ et si H est un processus prévisible tel que $H\in\mathcal{S}^p$, alors H est intégrable par rapport à M (au sens de Jacod [1] [6]), et l'on a

$$\|H\cdot M\|_{\mathcal{H}^p} \leqq c_p\|H\|_{\mathcal{S}^p}\|M\|_{\mathcal{H}^\infty}$$

où c_p est une constante qui ne dépend que de p.

Définition 4 . Soient $X\in\mathfrak{X}$, et (X^n) une suite d'éléments de $\mathfrak{X}$. On dit que (X^n) converge vers X prélocalement dans $\mathcal{S}^p$ (resp. $\mathcal{H}^p$) s'il existe des temps d'arrêt $T_k\uparrow+\infty$ p.s., tels que

i) pour tout k et tout n, X^{T_k-} et $(X^n)^{T_k-}$ sont dans $\mathcal{S}^p$ (resp. $\mathcal{H}^p$) ;

ii) pour tout k la suite $(X^n-X)^{T_k-}$ tend vers 0 dans $\mathcal{S}^p$ (resp. $\mathcal{H}^p$) .

Soient $X,Y\in\mathfrak{X}$; posons

$$d(X,Y) = \sum_{n=1}^{\infty} 2^{-n}E\left[\frac{\sup_{t\leqq n}|X_t-Y_t|}{1+\sup_{t\leqq n}|X_t-Y_t|}\right]$$

Il est clair que la distance d définit sur $\mathfrak{X}$ la topologie de la convergence uniforme sur tout compact en probabilité.

Le lemme suivant est dû à Emery [3].

Lemme 3. Soient $X\in\mathfrak{X}$ et (X^n) une suite d'éléments de $\mathfrak{X}$. Soit $1\leqq p<+\infty$. Pour que $d(X^n,X)\xrightarrow[n\to\infty]{}0$, il faut et il suffit que, de toute sous-suite de (X^n), on puisse à nouveau extraire une sous-suite qui converge vers X prélocalement dans $\mathcal{S}^p$.

1. Note du Séminaire : en fait, Lenglart vient de démontrer qu'un $H\in\mathcal{S}^p$ prévisible est localement borné. On n'a donc pas besoin de l'i.s. de Jacod.

2. EXISTENCE ET UNICITE DES SOLUTIONS

Lemme 4. Soit M une semimartingale. Pour tout $b>0$, il existe des temps d'arrêt $T_n \uparrow +\infty$ (avec $T_0=0$) tels que pour tout $n \geqq 1$ on ait $T_n > T_{n-1}$ sur $\{T_{n-1}<\infty\}$ et que

$$\| M^{T_n -} - M^{T_{n-1}} \|_{\mathcal{H}^\infty} \leqq b .$$

Démonstration. Posons $\bar{A}_t = \Sigma_{0<s\leqq t} \Delta M_s I_{\{|\Delta M_s|>b/8\}}$. Soit $M-\bar{A} = N+B$ la décomposition canonique de la semimartingale spéciale $M-\bar{A}$. Il est bien connu que pour tout temps d'arrêt $T>0$ on a $|\Delta N_T| \leqq b/4$ p.s.. Notons $A=\bar{A}+B$, et définissons une suite de temps d'arrêt T_n par

$$T_0=0$$
$$T_{n+1} = \inf\{t>T_n \ : \ [N,N]_t - [N,N]_{T_n} > 3b^2/16 \text{ ou } \int_{T_n}^t |dA_s| > b/4\}$$

On a alors $T_n \uparrow +\infty$ p.s. et $T_n > T_{n-1}$ sur $\{T_{n-1}<+\infty\}$. Notons

$$M^{T_n -} - M^{T_{n-1}} = (N^{T_n} - N^{T_{n-1}}) + (A^{T_n -} - A^{T_{n-1}} - \Delta N_{T_n} I_{[\![T_n,\infty [\![})$$
$$= \quad N^n \quad + \quad A^n$$

On a pour tout $n \geqq 1$

$$[N^n,N^n]_\infty = [N,N]_{T_n} - [N,N]_{T_{n-1}} \leqq \frac{3}{16} b^2 + \frac{1}{16} b^2 = \frac{b^2}{4}$$
$$\int_0^\infty |dA^n_s| = \int_{T_{n-1}}^{T_n -} |dA_s| + |\Delta N_{T_n}| \leqq \frac{b}{4} + \frac{b}{4} = \frac{b}{2}$$

Par conséquent on a (définition 2)

$$\| M^{T_n -} - M^{T_{n-1}} \|_{\mathcal{H}^\infty} \leqq j_\infty(N^n, A^n) \leqq b . \qquad \text{CQFD .}$$

Lemme 5 . Soient M une semimartingale et H un processus prévisible qui est localement dans $\mathcal{S}^p$ pour un certain $p \geqq 1$. Alors H est intégrable par rapport à M au sens de Jacod [6].

Démonstration. Ce lemme se déduit aisément des lemmes 1 et 2 .

Lemme 6 . Soient M une semimartingale et F une application de $\mathfrak{X}$ dans $\mathcal{P}$. Si les conditions suivantes sont vérifiées

(i) Pour tout $X \in \mathfrak{X}$ et pour tout temps d'arrêt T, on a

$$F(X) I_{]\!] 0,T]\!]} = F(X^{T-}) I_{]\!] 0,T]\!]}$$

(ii) Il existe $1 \leq p < +\infty$ et $a>0$ tels que pour $X,Y \in \mathfrak{X}$ on ait

$$\| F(X) - F(Y) \|_{\mathcal{S}^p} \leqq a \| X-Y \|_{\mathcal{S}^p}$$

(iii) F(0) est intégrable par rapport à M .

Alors pour tout $X\in\mathfrak{X}$ $F(X)$ est intégrable par rapport à M .

Démonstration. Soit $X\in\mathfrak{X}$. Posons

$$T_n=\inf\{ t : |X_t|\geq n \} .$$

On a $X^{T_n-}\leq n$, et

$$\|(F(X)-F(0))I_{]\!]0,T_n]\!]}\|_{\mathcal{S}^p} = \|(F(X^{T_n-})-F(0))I_{]\!]0,T_n]\!]}\|_{\mathcal{S}^p}$$
$$\leq \|F(X^{T_n-})-F(0)\|_{\mathcal{S}^p} \leq a\|X^{T_n-}\|_{\mathcal{S}^p} \leq an$$

Comme $T_n\uparrow+\infty$ p.s., cela signifie que $F(X)-F(0)$ est localement dans $\mathcal{S}^p$. D'après le lemme précédent, $F(X)-F(0)$ est intégrable par rapport à M. On conclut en vertu de la propriété de linéarité pour les intégrales stochastiques (cf. Jacod [6], chap. II, p. 55). CQFD

Lemme 7. Soit Φ une application de $\mathfrak{X}$ dans $\mathfrak{X}$ satisfaisant aux conditions suivantes :

(i) Pour tout $X\in\mathfrak{X}$ et tout temps d'arrêt T, on a

$$\Phi(X)I_{[\![0,T[\![} = \Phi(X^{T-})I_{[\![0,T[\![} .$$

(ii) Il existe $1\leq p<+\infty$ et $0\leq\beta<1$ tels que pour $X,Y \in \mathfrak{X}$ on ait

$$\|\Phi(X)-\Phi(Y)\|_{\mathcal{S}^p} \leq \beta\|X-Y\|_{\mathcal{S}^p} .$$

Si $X,Y \in \mathfrak{X}$ et T est un temps d'arrêt tel que l'on ait

$$X-Y = (\Phi(X)-\Phi(Y))^{T-} ,$$

on a alors $X=Y$.

Démonstration. Posons $T_n=\inf\{t : |X_t-Y_t|\geq n\}$. On a

$$\|X^{T_n-}-Y^{T_n-}\|_{\mathcal{S}^p} \leq n < +\infty \quad ;$$

$$\|X^{T_n-}-Y^{T_n-}\|_{\mathcal{S}^p} = \|(\Phi(X)-\Phi(Y))^{T_n\wedge T-}\|_{\mathcal{S}^p} \leq \|\Phi(X)^{T_n-}-\Phi(Y)^{T_n-}\|_{\mathcal{S}^p}$$
$$= \|(\Phi(X^{T_n-})-\Phi(Y^{T_n-}))^{T_n-}\|_{\mathcal{S}^p} \leq \|\Phi(X^{T_n-})-\Phi(Y^{T_n-})\|_{\mathcal{S}^p}$$
$$\leq \beta\|X^{T_n-}-Y^{T_n-}\|_{\mathcal{S}^p}$$

d'où $\|X^{T_n-}-Y^{T_n-}\|_{\mathcal{S}^p}=0$, i.e. $X^{T_n-}=Y^{T_n-}$. Comme $T_n\uparrow+\infty$, on a $X=Y$. CQFD.

Notations. Dans toute la suite on désignera par $\mathcal{L}^p_M(a)$ l'ensemble des applications de $\mathfrak{X}$ dans $\mathcal{P}$ vérifiant les conditions (i)-(iii) du lemme 6, et par $\mathcal{C}^p(\beta)$ l'ensemble des applications de $\mathfrak{X}$ dans $\mathfrak{X}$ vérifiant les conditions (i) et (ii) du lemme 7.

Lemme 8 . Soient $1\leq p<\infty$, $a>0$, $1>\beta\geq 0$. Si $M\in\mathcal{H}^\infty$ est telle que $M_0=0$ et $\|M\|_{\mathcal{H}^\infty} < \frac{1-\beta}{ac_p}$ (c_p est la constante figurant dans le lemme 2), si $\Phi\in\mathcal{C}^p(\beta)$ est telle que $\Phi(0)\in\mathcal{S}^p$, et $F\in\mathcal{L}^p_M(a)$ est telle que $F(0)=0$, l'équation

$$X = \Phi(X) + F(X)\cdot M$$

admet une solution et une seule dans $\mathcal{S}^p\cap\mathfrak{X}$.

Démonstration. Soit $X\in\mathcal{S}^p\cap\mathfrak{X}$. Comme $F(0)=0$, on a $F(X)\in\mathcal{S}^p\cap\mathfrak{X}$. Posons

$$W(X) = \Phi(X) + F(X)\cdot M .$$

D'après le lemme 2, on a pour $X,Y \in \mathcal{S}^p\cap\mathfrak{X}$

$$\begin{aligned}\|W(X)-W(Y)\|_{\mathcal{S}^p} &\leq \|\Phi(X)-\Phi(Y)\|_{\mathcal{S}^p} + \|F(X)\cdot M-F(Y)\cdot M\|_{\mathcal{S}^p} \\ &\leq \beta\|X-Y\|_{\mathcal{S}^p} + c_p\|F(X)-F(Y)\|_{\mathcal{S}^p}\|M\|_{\mathcal{H}^\infty} \\ &\leq (\beta+ac_p\|M\|_{\mathcal{H}^\infty})\|X-Y\|_{\mathcal{S}^p} .\end{aligned}$$

Comme $W(0)=\Phi(0)\in\mathcal{S}^p\cap\mathfrak{X}$, on déduit de l'inégalité ci-dessus que pour tout $X\in\mathcal{S}^p\cap\mathfrak{X}$ on a $W(X)\in\mathcal{S}^p\cap\mathfrak{X}$. Comme on a $\beta+ac_p\|M\|_{\mathcal{H}^\infty} <1$ par hypothèse, il est bien connu que l'équation $W(X)=X$ admet une solution et une seule dans $\mathcal{S}^p\cap\mathfrak{X}$.

CQFD.

Lemme 9. Soient $1\leq p<+\infty$, $a>0$, $1>\beta\geq 0$. Soient $M\in\mathcal{H}^\infty$ telle que $M_0=0$ et que $\|M\|_{\mathcal{H}^\infty} < \frac{1-\beta}{2ac_p}$, $\Phi\in\mathcal{C}^p(\beta)$, $F\in\mathcal{L}^p_M(a)$. Alors l'équation

(9.1) $$X = \Phi(X) + F(X)\cdot M$$

admet une solution et une seule dans $\mathfrak{X}$.

Démonstration. Posons $\Psi(X)=\Phi(X)+F(0)\cdot M$, $G(X)=F(X)-F(0)$. Alors $\Psi\in\mathcal{C}^p(\beta)$, $G\in\mathcal{L}^p_M(a)$ et $G(0)=0$. L'équation (9.1) est équivalente à celle que voici

(9.2) $$X = \Psi(X) + G(X)\cdot M .$$

Soit $T_n = \inf\{t : |\Psi(0)_t|\geq n\}$, on a $|\Psi(0)^{T_n-}|\leq n$. Notons $\Psi^n(X)=\Psi(X)^{T_n-}$, on a encore $\Psi^n\in\mathcal{C}^p(\beta)$, mais maintenant on a $\Psi^n(0)\in\mathcal{S}^p$ et $\|M^{T_n-}\|_{\mathcal{H}^\infty} < \frac{1-\beta}{ac_p}$ (lemme 1). En vertu du lemme 8, l'équation

$$Z = \Psi^n(Z) + G(Z)\cdot M^{T_n-}$$

admet une solution et une seule X^n dans $\mathcal{S}^p\cap\mathfrak{X}$. D'après le fait évident que $(H\cdot M)^{T-}=H\cdot(M^{T-})=(HI_{[\![0,T]\!]})\cdot M^{T-}$ et les propriétés de Ψ et G, on voit aisément que l'on a

$$(X^n)^{T_n-} = X^n , \quad (X^{n+1})^{T_n-} = X^n$$

Donc il existe un unique élément X de $\mathfrak{X}$ tel que pour tout n on ait $X^{T_n-}=X^n$.

En conséquence, on a pour tout n

$$(9.3)\qquad X^{T_n-} = \Psi(X^{T_n-})^{T_n-} + G(X^{T_n-})\cdot M^{T_n-}$$
$$= \Psi(X)^{T_n-} + (G(X)\cdot M)^{T_n-} .$$

Comme $T_n \uparrow +\infty$ p.s., cela signifie que X est une solution de l'équation de l'équation (9.2).

Passons à l'unicité. Soit $\overline{X}$ une autre solution de l'équation (9.2) appartenant à $\mathfrak{X}$. Posons

$$S_n = \inf\{ t : |\overline{X}_t| \geqq n\} \wedge T_n .$$

On a $|\overline{X}^{S_n-}| \leqq n$. Par conséquent $\overline{X}^{S_n-}$ est l'unique solution dans $\mathcal{S}^p \cap \mathfrak{X}$ de l'équation

$$Z = \Psi(Z)^{S_n-} + G(Z)\cdot M^{S_n-} .$$

Mais d'après (9.3), X^{S_n-} en est une seconde. Donc on a $\overline{X}^{S_n-} = X^{S_n-}$; comme $S_n \uparrow +\infty$ on a $\overline{X}=X$, d'où l'unicité. CQFD

Le théorème suivant est le résultat principal de cette note.

Théorème 10 . Soient $1 \leqq p < +\infty$, $a>0$, $1>\beta \geqq 0$. Si M est une semimartingale nulle en 0, et si $F \in \mathcal{L}^p_M(a)$, $\Phi \in C^p(\beta)$, l'équation

$$(10.1)\qquad X = \Phi(X) + F(X)\cdot M$$

admet une solution et une seule dans $\mathfrak{X}$.

Démonstration. Choisissons un b tel que $0<b<\frac{1-\beta}{2ac_p}$. D'après le lemme 4, il existe des temps d'arrêt $T_n \uparrow +\infty$ ($T_0=0$) tels que pour tout $n \geqq 1$ on ait $T_n > T_{n-1}$ sur $\{T_{n-1} < +\infty\}$ et $\|M^{T_n-} - M^{T_{n-1}}\|_{\mathcal{H}^\infty} \leqq b$. Notons $\Phi^1(X) = \Phi(X)^{T_1-}$. D'après le lemme 9, l'équation

$$(10.2)\qquad Z = \Phi^1(Z) + F(Z)\cdot M^{T_1-}$$

admet une seule solution X^1 dans $\mathfrak{X}$. Raisonnons par récurrence, en supposant que l'équation

$$(10.3)\qquad Z = \Phi(Z)^{T_n-} + F(Z)\cdot M^{T_n-}$$

admette une solution unique X^n dans $\mathfrak{X}$. Posons

$$(10.4)\qquad \begin{aligned} M^{n+1} &= M^{T_{n+1}-} - M^{T_n} \\ \Phi^{n+1}(X) &= \Phi(X)^{T_{n+1}-} + F(X^n)\cdot M^{T_n} \end{aligned}$$

Alors $\Phi^{n+1} \in C^p(\beta)$, $F \in \mathcal{L}^p_{M^{n+1}}(a)$. D'après le lemme 9, l'équation

(10.5) $$Z = \Phi^{n+1}(Z)+F(Z)\cdot M^{n+1}$$

admet une solution unique X^{n+1} dans $\mathfrak{X}$. Il résulte de (10.3)-(10.5) et du fait que $(M^{n+1})^{T_n^-} = 0$, que

$$(X^{n+1})^{T_n^-} = \Phi^{n+1}(X^{n+1})^{T_n^-} = \Phi(X^{n+1})^{T_n^-} + F(X^n)\cdot M^{T_n^-}$$
$$= X^n + \Phi((X^{n+1})^{T_n^-})^{T_n^-} - \Phi(X^n)^{T_n^-} .$$

Par conséquent, on a d'après le lemme 7

(10.6) $$(X^{n+1})^{T_n^-} = X^n .$$

Enfin de (10.4)-(10.6) on déduit que

$$X^{n+1} = \Phi^{n+1}(X^{n+1})+F(X^{n+1})\cdot M^{T_{n+1}^-} - F(X^{n+1})\cdot M^{T_n}$$
$$= \Phi^{n+1}(X^{n+1})+F(X^{n+1})\cdot M^{T_{n+1}^-} - F((X^{n+1})^{T_n^-})\cdot M^{T_n}$$
$$= \Phi^{n+1}(X^{n+1})-F(X^n)\cdot M^{T_n} + F(X^{n+1})\cdot M^{T_{n+1}^-}$$
$$= \Phi(X^{n+1})^{T_{n+1}^-} + F(X^{n+1})\cdot M^{T_{n+1}^-}$$

ce qui montre que X^{n+1} est l'unique solution dans $\mathfrak{X}$ de l'équation suivante

(10.7) $$Z = \Phi(Z)^{T_{n+1}^-} + F(Z)\cdot M^{T_{n+1}^-}$$

(l'unicité provient du fait que toute solution de (10.7) satisfait à (10.6), puis à (10.5)). On peut donc passer du rang n au rang n+1.

D'après (10.6), il existe un unique élément X de $\mathfrak{X}$ tel que l'on ait, pour tout n, $X^n = X^{T_n^-}$. Par conséquent, on a pour tout n

$$X^{T_n^-} = \Phi(X^{T_n^-})^{T_n^-} + F(X^{T_n^-})\cdot M^{T_n^-}$$
$$= \Phi(X)^{T_n^-} + F(X)\cdot M^{T_n^-}$$
$$= (\Phi(X)+F(X)\cdot M)^{T_n^-}$$

Cela signifie que X est solution dans $\mathfrak{X}$ de l'équation (10.1), et l'unicité est immédiate, comme dans le lemme 9 . CQFD

3. STABILITE DES SOLUTIONS

Lemme 11. Soient $1 \leq p < +\infty$, $a > 0$, $1 > \beta \geq 0$, $b < \frac{1-\beta}{ac_p}$. Soient M une semimartingale nulle en 0, $\Phi \in \mathcal{C}^p(\beta)$, $F \in \mathcal{L}^p_M(a)$, et X l'unique solution dans $\mathfrak{X}$ de l'équation

$$X = \Phi(X) + F(X) \cdot M \quad .$$

Si

(i) $M \in \mathcal{D}(b)$ et la suite finie de temps d'arrêt $(T_0, \ldots, T_k)$ découpe M en tranches plus petites que b (définition 3),

(ii) $\Phi(0)^{T_k -} \in \mathcal{S}^p$, $F(0) \cdot M \in \mathcal{S}^p$

alors on a

$$(11.1) \qquad \|X^{T_k -}\|_{\mathcal{S}^p} \leq \frac{1}{1-\beta-ac_p b} \frac{\alpha^k - 1}{\alpha - 1} (\|\Phi(0)^{T_k -}\|_{\mathcal{S}^p} + \|F(0) \cdot M\|_{\mathcal{S}^p})$$

où

$$(11.2) \qquad \alpha = \frac{2ac_p \|M\|_{\mathcal{H}^\infty}}{1-\beta-ac_p b}$$

(si $\alpha=1$, on interprétera $(\alpha^k - 1)/(\alpha - 1)$ comme égal à k).

Démonstration. Soit $1 \leq i \leq k$. On a

$$\begin{aligned}(11.3) \qquad X^{T_i -} &= \Phi(X)^{T_i -} + F(X) \cdot M^{T_i -} \\ &= \Phi(X^{T_i -})^{T_i -} + F(X^{T_i -}) \cdot M^{T_i -} \\ &= (\Phi(X^{T_i -}) - \Phi(0))^{T_i -} + \Phi(0)^{T_i -} + F(0) \cdot M^{T_i -} + \\ &+ (F(X^{T_i -}) - F(0)) \cdot (M^{T_{i-1}})^{T_i -} + (F(X^{T_i -}) - F(0)) \cdot (M - M^{T_{i-1}})^{T_i -}\end{aligned}$$

Comme

$$\|(M^{T_{i-1}})^{T_i -}\|_{\mathcal{H}^\infty} = \|(M^{T_i -})^{T_{i-1}}\|_{\mathcal{H}^\infty} \leq \|M^{T_i -}\|_{\mathcal{H}^\infty} \leq 2\|M\|_{\mathcal{H}^\infty}$$

on a (en remarquant que $F(X).M^S = F(X^{S-}).M^S$)

$$\begin{aligned}(11.4) \qquad &\|(F(X^{T_i -}) - F(0)) \cdot (M^{T_{i-1}})^{T_i -}\|_{\mathcal{S}^p} \\ &= \|(F(X^{T_{i-1} -}) - F(0)) \cdot (M^{T_{i-1}})^{T_i -}\|_{\mathcal{S}^p} \\ &\leq 2ac_p \|X^{T_{i-1} -}\|_{\mathcal{S}^p} \|M\|_{\mathcal{H}^\infty} \quad .\end{aligned}$$

En outre, on a

$$(11.5) \qquad \| \Phi(X^{T_i -})^{T_i -} - \Phi(0)^{T_i -} \|_{\mathcal{S}^p} \leq \beta \|X^{T_i -}\|_{\mathcal{S}^p}$$

(11.6) $\|(F(X^{T_i-})-F(0))\cdot(M-M^{T_{i-1}})^{T_i-}\|_{\mathcal{S}^p} \leq ac_p b\|X^{T_i-}\|_{\mathcal{S}^p}$

(11.7) $\|\Phi(0)^{T_i-}\|_{\mathcal{S}^p} \leq \|\Phi(0)^{T_k-}\|_{\mathcal{S}^p}$

(11.8) $\|F(0)\cdot M^{T_i-}\|_{\mathcal{S}^p} \leq \|F(0)\cdot M\|_{\mathcal{S}^p}$.

On déduit de (11.3)-(11.8) que l'on a

$$\|X^{T_i-}\|_{\mathcal{S}^p} \leq \frac{1}{1-\beta-ac_p b}\left(\|\Phi(0)^{T_k-}\|_{\mathcal{S}^p} + \|F(0)\cdot M\|_{\mathcal{S}^p}\right) + \alpha\|X^{T_{i-1}-}\|_{\mathcal{S}^p}$$

d'où par récurrence l'inégalité (11.1). CQFD

Le théorème suivant est le théorème de stabilité des solutions.

__Théorème 12__ . Soient $1\leq p<+\infty$, $a>0$, $1>\beta\geq 0$, M une semimartingale nulle en 0, $\Phi\in\mathcal{C}^p(\beta)$, $F\in\mathcal{L}^p_M(a)$, et X l'unique élément de $\mathfrak{X}$ tel que

(12.1) $X = \Phi(X) + F(X)\cdot M$.

Soient d'autre part, pour tout n , $\Phi^n\in\mathcal{C}^p(\beta)$, $F^n\in\mathcal{L}^p_M(a)$, et X^n l'unique élément de $\mathfrak{X}$ tel que

(12.2) $X^n = \Phi(X^n) + F^n(X^n)\cdot M$.

1) Si $\Phi^n(X)-\Phi(X)$ et $(F^n(X)-F(X))\cdot M$ convergent vers 0 prélocalement dans $\mathcal{S}^p$, alors X^n-X converge vers 0 prélocalement dans $\mathcal{S}^p$.

2) Si $\Phi^n(X)$ et $F^n(X)\cdot M$ convergent vers $\Phi(X)$ et $F(X)\cdot M$ respectivement, uniformément sur tout compact en probabilité, alors X^n converge vers X uniformément sur tout compact en probabilité.

Démonstration. 1) On a

$$X^n-X = \Phi^n(X^n) - \Phi(X) + (F^n(X^n)-F(X))\cdot M .$$

Soit $Y\in\mathfrak{X}$. Posons

$$\Psi^n(Y) = \Phi^n(Y+X)-\Phi(X) , \quad G^n(Y) = F^n(Y+X)-F(X) .$$

On a $\Psi^n\in\mathcal{C}^p(\beta)$, $G^n\in\mathcal{L}^p_M(a)$. Si l'on pose $Y^n=X^n-X$, Y^n est l'unique élément de $\mathfrak{X}$ satisfaisant à

$$Y^n = \Psi^n(Y^n) + G^n(Y^n)\cdot M$$

Par hypothèse il existe des temps d'arrêt $S_k\uparrow+\infty$ tels que, pour chaque k, on ait

$$\lim_{n\to\infty} \|(\Phi^n(X)-\Phi(X))^{S_k-}\|_{\mathcal{S}^p} = 0 \qquad ,$$

$$\lim_{n\to\infty} \| F^n(X)-F(X))\cdot M^{S_k-} \|_{\mathcal{S}^p} = 0 \ .$$

D'autre part, choisissons un $b< \frac{1-\beta}{ac_p}$. En vertu du lemme 1, il existe des temps d'arrêt $U_k\uparrow+\infty$ tels que pour chaque k, on ait $M^{U_k-} \in \mathcal{D}(b/2)$. Posons $T_k=S_k\wedge U_k$; on a d'après le lemme 1 $M^{T_k-} \in \mathcal{D}(b)$. En remarquant

$$Y^n(0) = \Phi^n(X)-\Phi(X) \ , \quad G^n(0) = F^n(X)-F(X)$$

on a pour tout k, d'après le lemme 11

$$\lim_{n\to\infty} \|(Y^n)^{T_k-}\|_{\mathcal{S}^p} = 0$$

ce qui signifie que X^n-X converge vers 0 prélocalement dans $\mathcal{S}^p$.

2). C'est une conséquence immédiate du point 1) ci-dessus et du lemme 3.

4. REMARQUES SUPPLEMENTAIRES

Ce paragraphe est inspiré de Protter [5].

Dans ce paragraphe on désigne par $\tilde{\mathfrak{X}}$ l'espace des semi-martingales. On va examiner l'équation suivante

$$X = \Phi(X) + F(X)\cdot M$$

où M est une semi-martingale nulle en 0, Φ est une application de $\tilde{\mathfrak{X}}$ dans $\tilde{\mathfrak{X}}$, et F est une application de $\tilde{\mathfrak{X}}$ dans $\mathcal{P}$.

<u>Notations</u>. 1) Soient $1\leq p<+\infty$ et $0\leq\beta<1$. On désignera par $\tilde{C}^p(\beta)$ l'ensemble des applications Φ de $\tilde{\mathfrak{X}}$ dans $\tilde{\mathfrak{X}}$ vérifiant les conditions suivantes

(i) Pour tout $X\in\tilde{\mathfrak{X}}$ et tout temps d'arrêt T, on a

$$\Phi(X)I_{[\![0,T[\![} = \Phi(X^{T-})I_{[\![0,T[\![} \ .$$

(ii) Pour $X,Y \in \tilde{\mathfrak{X}}$, on a

$$\|\Phi(X)-\Phi(Y)\|_{\mathcal{H}^p} \leq \beta\|X-Y\|_{\mathcal{H}^p} \ .$$

2) Soient $1\leq p<+\infty$, $a>0$, et M une semi-martingale nulle en 0. On désignera par $\tilde{\mathcal{L}}^p_M(a)$ l'ensemble des applications F de $\tilde{\mathfrak{X}}$ dans $\mathcal{P}$ vérifiant les conditions suivantes :

(i) Pour tout $X\in\tilde{\mathfrak{X}}$ et tout temps d'arrêt T, on a

$$F(X)I_{]\!]0,T]\!]} = F(X^{T-})I_{]\!]0,T]\!]} \ .$$

(ii) Pour $X,Y \in \tilde{\mathfrak{X}}$, on a

$$\|F(X)-F(Y)\|_{\mathcal{S}^p} \leq a\|X-Y\|_{\mathcal{H}^p}$$

(iii) F(0) est intégrable par rapport à M.

Soit $M\in\mathcal{H}^p$ ($1\leq p<\infty$) ; alors M est une semi-martingale spéciale, et nous désignons par M=N+A sa décomposition canonique (i.e. N est une martingale locale, A est un processus prévisible nul en 0 à variation finie). Meyer a démontré dans [4] qu'il existe une constante $\alpha_p>1$, ne dépendant que de p, telle que l'on ait

$$\|M\|_{\mathcal{H}^p} \leqq j_p(N,A) \leqq \alpha_p\|M\|_{\mathcal{H}^p}$$

où $j_p(N,A) = \|[N,N]_\infty^{1/2}+\int_0^\infty|dA_s|\|_{L^p}$. En conséquence, $\mathcal{H}^p$ est un espace de Banach.

Par des raisonnements tout à fait analogues à ceux des deux paragraphes précédents, on obtient les deux théorèmes suivants :

Théorème 13. Soient $1\leq p<+\infty$, $a>0$, $1>\beta\geqq 0$. Si M est une semi-martingale nulle en 0, et si $F\in\widetilde{\mathfrak{L}}_M^p(a)$, $\Phi\in\widetilde{\mathcal{C}}^p(\beta)$, l'équation

$$X = \Phi(X) + F(X)\cdot M$$

admet une solution et une seule dans $\widetilde{\mathfrak{X}}$.

Théorème 14. Conservons les mêmes notations. Soient d'autre part, pour tout n, $\Phi^n\in\widetilde{C}^p(\beta)$, $F^n\in\widetilde{\mathfrak{L}}_M^p(a)$, et X^n l'unique solution de l'équation

$$X^n = \Phi^n(X^n) + F^n(X^n)\cdot M .$$

Si $\Phi^n(X)-\Phi(X)$ et $(F^n(X)-F(X))\cdot M$ convergent vers 0 prélocalement dans $\mathcal{H}^p$, alors X^n-X converge vers 0 prélocalement dans $\mathcal{H}^p$.

Enfin, il faut noter que les résultats obtenus peuvent être généralisés au cas d'équations (ou systèmes d'équations) du type

$$X_t = \Phi(X)_t + \sum_{i=1}^n \int_0^t F^i(X)_s dM_s^i .$$

Références

[1] Doléans-Dade (C.). On the Existence and Unicity of Solutions of Stochastic Integral Equations. Z.W. 36, 1976, p. 93-101.

[2] Doléans-Dade (C.) et Meyer (P.A.). Equations différentielles stochastiques. Sém. Prob. XI, Lecture Notes in M. 581, 1977.

[3] Emery (M.). Stabilité des solutions des équations différentielles stochastiques. Z.W. 41, 1978, p. 241-262.

[4] Meyer (P.A.). Inégalités de normes pour les intégrales stochastiques. Sém. Prob. XII, 1978, Lect. Notes in M. 649.

[5] Protter (P.). H^p stability of solutions of stochastic differential equations. Z.W. 44, 1978, p. 337-352.

[6] Jacod (J.). Calcul stochastique et problèmes de martingales. Lect. Notes in M. 714, Springer 1979.

Séminaire de Probabilités

Volume XIV

UNE PROPRIETE DES TEMPS PREVISIBLES

par M. Emery

On est parfois amené à s'interesser aux processus définis sur un intervalle $[\![0,T[\![$, où T est un temps prévisible. Lors d'une séance du séminaire de Strasbourg, P.A. Meyer a remarqué que l'étude de ces processus doit pouvoir se ramener, par changement de temps, à la théorie générale, où les processus sont définis sur $\mathbb{R}_+$ tout entier. Cette courte note en apporte une démonstration.

Pour la simplicité, on supposera que $(\Omega,\underline{\underline{F}},P,(\underline{\underline{F}}_t)_{t\geq 0})$ vérifie les conditions habituelles (faute de quoi, il conviendrait de truffer l'énoncé suivant de p.s.).

THEOREME. <u>Soit</u> T <u>un temps prévisible qui ne s'annule pas</u>. <u>Il existe un processus</u> A <u>continu</u>, <u>strictement croissant et adapté</u>, <u>tel que</u> $A_0=0$ <u>et</u> $A_T=1$.

La démonstration, qui rappelle le théorème d'Urysohn, fait un usage répété du théorème d'annonçabilité des temps prévisibles par des temps prévisibles, très légèrement renforcé :

LEMME. <u>Soit</u> $\varepsilon>0$. <u>Si</u> S <u>et</u> S' <u>sont deux temps prévisibles tels que</u> $S<S'$, <u>il existe une suite</u> (R_n) <u>de temps prévisibles telle que</u> $R_0=S$, $0<R_{n+1}-R_n\leq\varepsilon$ <u>et</u> $\lim_n R_n = S'$.

<u>Démonstration du lemme</u>. Il existe une suite (T_n) de temps prévisibles qui annonce S' (voir Probabilités et Potentiel, 2° édition, chap. 4, th. 77) ; appelons S_n le temps prévisible $n\varepsilon$. L'ensemble

$$H = \bigcup_{n\geq 0}[\![T_n]\!] \cup \bigcup_{n\geq 0}[\![S_n]\!] \cup [\![S]\!]$$

est prévisible, ainsi que $K = H \cap [\![S,S'[\![$. Pour chaque ω, la coupe $K(\omega)$ est un ensemble infini de $[S(\omega),S'(\omega)[$ sans autre point d'accumulation que $S'(\omega)$, rencontrant tout intervalle de longueur $>\varepsilon$. Pour obtenir la suite

(R_n) , il suffit d'énumérer les points de K par ordre croissant ; $R_0 = S$ est prévisible, ainsi que, pour tout n, le début R_{n+1} de l'ensemble prévisible fermé à droite $K \cap]\!]R_n, S'[\![$. ▬

<u>Démonstration du théorème</u>. Soit ε_n une suite qui décroît vers zéro.

On applique le lemme à l'intervalle $[\![S,S'[\![= [\![0,T[\![$ avec $\varepsilon = \varepsilon_1$,et on obtient une suite (R_n) ; on définit alors le processus A sur

$$H_1 = \bigcup_n [\![R_n]\!] \cup [\![T]\!]$$

par $A_T = 1$, $A_{R_n} = 1-2^{-n}$.

Ensuite, on applique le lemme avec $\varepsilon = \varepsilon_2$ à chaque intervalle $[\![R_n, R_{n+1}[\![$; on obtient des suites $(R_{n,m})_{m \geqq 0}$ et on définit A sur

$$H_2 = \bigcup_{m,n} [\![R_{n,m}]\!] \cup [\![T]\!]$$

par $A_{R_{n,m}} = A_{R_n} + (1-2^{-m})(A_{R_{n+1}} - A_{R_n})$.

On recommence avec ε_3 sur les intervalles $[\![R_{n,m}, R_{n,m+1}[\![$, etc... On définit ainsi A sur des ensembles prévisibles à coupes dénombrables H_p de plus en plus grands.

La limite $H = \bigcup_p H_p$ est partout dense dans $[\![0,T]\!]$ car H_p rencontre tout intervalle de longueur plus grande que ε_p. Le processus A est strictement croissant sur H car il l'est sur chaque H_p , continu sur H car il prend toutes les valeurs dyadiques de $[0,1]$. On peut donc prolonger A par continuité à $[\![0,T]\!]$, et le processus continu strictement croissant obtenu est optionnel car, pour tout x dyadique de $[0,1[$, l'ensemble $\{A \geqq x\}$ est de la forme $[\![R,T]\!]$ où R est un temps d'arrêt.

Il ne reste, si on le désire, qu'à prolonger A après T par $A_{T+t} = 1+t$. ▬

Séminaire de Probabilités
Volume XIV

ANNONÇABILITE DES TEMPS PREVISIBLES : DEUX CONTRE-EXEMPLES

par M. Emery

Il est bien connu (Probabilités et Potentiel, 2° édition, chap. 4) que tout temps prévisible sur un espace filtré $(\Omega,\underline{\underline{F}},P,(\underline{\underline{F}}_t)_{t\geq 0})$ est annoncé presque sûrement par une suite de temps prévisibles. Il s'agit là d'un résultat de nature probabiliste, dont la démonstration utilise la théorie de la mesure. Nous allons montrer sur un exemple que ceci devient faux dans un cadre "algébrique" $(\Omega,\underline{\underline{F}},(\underline{\underline{F}}_t)_{t\geq 0})$ où, faute de probabilité, on ne dispose pas d'ensembles négligeables où fourrer les ω trop gênants : Il existe des temps annonçables que n'annonce aucune suite de temps prévisibles ; il existe des temps prévisibles non annonçables.

On prend pour Ω le sous-ensemble de $\mathbb{R}^{\mathbb{N}}$ formé des suites $(t_n)_{n\geq 0}$ strictement croissantes, telles que $t_0=0$, et convergentes (dans $\mathbb{R}_+$) ; c'est un borélien de $\mathbb{R}^{\mathbb{N}}$; on note $\underline{\underline{F}}$ la tribu borélienne sur Ω . Pour

$$\omega = (t_0, \ldots ,t_n, \ldots) \in \Omega ,$$

on pose $T_n(\omega) = t_n$ et $T(\omega) = \lim_n T_n(\omega)$. (On peut s'imaginer Ω comme l'espace des trajectoires possibles d'un processus de comptage à temps d'explosion fini ; T_n est le n^e temps de saut et T l'instant d'explosion.) Pour tout ω de Ω , on note $D_n(\omega)$ le vecteur de $\mathbb{R}^{n+1}$ $(T_0(\omega), \ldots ,T_n(\omega))$; une fonction U sur Ω sera notée indifféremment $U(\omega)$ ou $U(T_0, \ldots ,T_n, \ldots)$; si U est borélienne, on l'appellera aussi, par abus de language, variable aléatoire.

Pour $t\geq 0$, on appelle $\underline{\underline{F}}^\circ_t$ la sous-tribu de $\underline{\underline{F}}$ engendrée par toutes les fonctions $(T_n \wedge t)$ quand n décrit $\mathbb{N}$. La filtration $(\underline{\underline{F}}_t)=(\underline{\underline{F}}^\circ_{t+})$ est continue à droite, les T_n sont des temps d'arrêt de $(\underline{\underline{F}}_t)$ et $\underline{\underline{F}}^\circ_t=\underline{\underline{F}}_{t-}$.

On se garde bien de définir une probabilité sur Ω .

Voici d'abord une description explicite des filtrations $(\underline{\underline{F}}^\circ_t)$ et $(\underline{\underline{F}}_t)$.

PROPOSITION 1. a) Soit S un temps d'arrêt >0 de $(\underline{\underline{F}}_t^o)$. Une variable aléatoire U est $\underline{\underline{F}}_S^o$-mesurable si et seulement si pour tout n, U ne dépend que de D_n sur $\{T_n < S \leq T_{n+1}\}$.

b) Soit S un temps d'arrêt de $(\underline{\underline{F}}_t)$. Une variable aléatoire U est $\underline{\underline{F}}_S$-mesurable si et seulement si, pour tout n, U ne dépend que de D_n sur $\{T_n \leq S < T_{n+1}\}$.

c) En particulier, pour tout n, les trois tribus $\sigma(T_0, \dots, T_n)$, $\underline{\underline{F}}_{T_n-}$ et $\underline{\underline{F}}_{T_n}$ sont égales.

La démonstration de cette proposition n'offre guère d'intérêt ; nous la rejettons en appendice.

REMARQUES. 1) Le a) appliqué à $U=S$ entraîne que T_{n+1} est d'une certaine manière inaccessible. En effet, si S est un temps d'arrêt de $(\underline{\underline{F}}_t^o)$ — ou a fortiori un temps prévisible de $(\underline{\underline{F}}_t)$ — sur $\{S=T_{n+1}\}$, S ne dépend que de D_n , et l'égalité $S=T_{n+1}$ a lieu "par hasard".

2) Pour tout temps d'arrêt S de $(\underline{\underline{F}}_t^o)$, S ne dépend que de D_n sur $\{T_n < S \leq T_{n+1}\}$; mais cette propriété ne caractérise pas les temps d'arrêt. Elle est en effet vérifiée par la variable aléatoire S qui vaut T_n+1 si n est le plus grand entier tel que $T_{n+1} \geq T_n+1$ et qui vaut T s'il n'existe aucun tel entier ; cependant S n'est pas un temps d'arrêt. On pourrait faire une remarque analogue relativement à la filtration $(\underline{\underline{F}}_t)$.

PREMIER CONTRE-EXEMPLE

Nous allons voir que le temps prévisible T, annoncé par la suite (T_n), n'est annoncé par aucune suite de temps prévisibles. Comme les tribus prévisibles associées aux filtrations $(\underline{\underline{F}}_t^o)$ et $(\underline{\underline{F}}_t)$ sont les mêmes (Probabilités et Potentiel, IV 61 b), c'est une conséquence de la proposition suivante:

PROPOSITION 2. Soit S un temps d'arrêt de $(\underline{\underline{F}}_t^o)$ strictement antérieur à T . Alors $S=0$.

Démonstration. Elle se fait par l'absurde, en supposant $S \neq 0$ (et donc, $\underline{\underline{F}}_0^o$ étant dégénérée, $S>0$ partout). Pour tout $\omega \in \Omega$, on peut définir un entier $n(\omega)$ par $T_{n(\omega)}(\omega) < S(\omega) \leq T_{n(\omega)+1}(\omega)$.

Remarquons d'abord que, <u>à chaque</u> $\omega \in \Omega$, <u>on peut associer un</u> $\omega' \in \Omega$ <u>tel que</u> $D_{n(\omega)}(\omega') = D_{n(\omega)}(\omega)$ <u>et que</u> $n(\omega') > n(\omega)$.

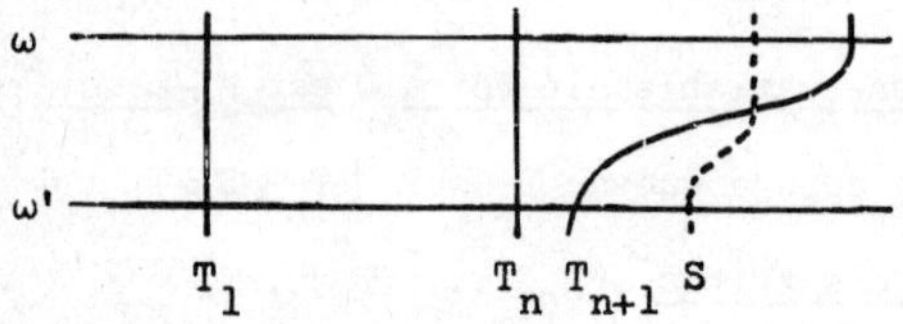

En effet, il suffit de choisir ω' tel que, en posant $n = n(\omega)$, l'on ait $D_n(\omega') = D_n(\omega)$ et $T_{n+1}(\omega') < S(\omega)$. On a alors $T_{n+1}(\omega') < S(\omega')$ (d'où $n(\omega') > n$), car sinon ω et ω' seraient dans $\{T_n < S \leqq T_{n+1}\}$, et la proposition 1.a) appliquée à $U = S$ donnerait $S(\omega) = S(\omega')$, d'où l'on tirerait

$$S(\omega) = S(\omega') \leqq T_{n+1}(\omega') < S(\omega) \quad .$$

On choisit maintenant un ω_0 dans Ω et on itère la construction ci-dessus. Ceci fournit une suite (ω_k) telle que $n(\omega_k) \geqq k$ et que

$$D_{n(\omega_k)}(\omega_{k+1}) = D_{n(\omega_k)}(\omega_k) \quad ,$$

donc que $D_k(\omega_k) = D_k(\omega_{k+1})$. Les ω_k se recollent en un $\omega \in \Omega$ tel que, pour tout k, $D_k(\omega) = D_k(\omega_k)$. L'événement $\{S \geqq T_k\}$ est dans $\underline{\underline{F}}_{T_k}$, il ne dépend donc que de D_k (proposition 1.c). Réalisé pour ω_k (car $n(\omega_k) \geqq k$), il l'est aussi pour ω, d'où, pour tout k, $S(\omega) \geqq T_k(\omega)$. On en tire $S(\omega) \geqq T(\omega)$, ce qui contredit l'hypothèse. ▬

DEUXIEME CONTRE-EXEMPLE

Maintenant, un exemple de temps prévisible non annonçable. Intuitivement, il n'est pas difficile de se convaincre que $T + I_{\{T \in \mathbb{Q}\}}$ n'est pas annonçable ; toute la pathologie est en fait déjà présente pour $T + I_{\{T \geqq 1\}}$. (Il n'y a en réalité dans tout ceci aucune pathologie ; c'est au contraire le théorème d'annonçabilité p.s. qui est surprenant!)

PROPOSITION 3. <u>Le temps prévisible</u> $T + I_{\{T \geqq 1\}}$ <u>n'est annoncé par aucune suite de temps d'arrêt de</u> $(\underline{\underline{F}}_t)$.

<u>Démonstration</u>. Il est prévisible car c'est l'infimum des deux temps prévisibles $T + 1$ et $T_{\{T < 1\}}$.

Supposons qu'une suite (S_n) de temps d'arrêt de $(\underline{\underline{F}}_t)$ annonce le temps $T + I_{\{T \geqq 1\}}$. Nous allons effectuer une construction fournissant un ω tel que

$\sup_n S_n(\omega) \leq 1$ et $T(\omega) = 1$, ce qui est contradictoire.

Soit $t_0 < t_1 < \ldots$ une suite qui croît vers 1.

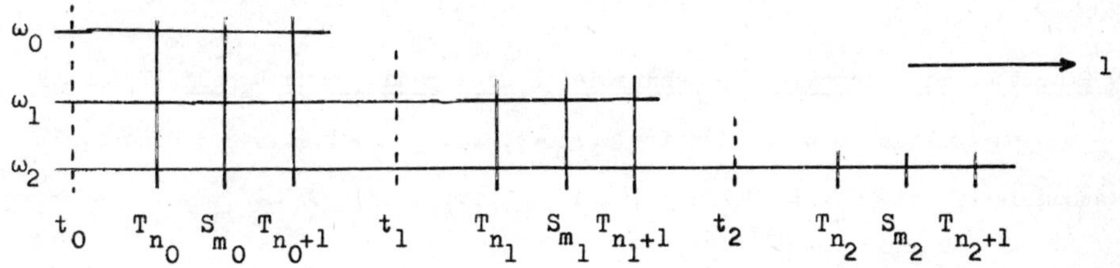

Il existe $\omega_0 \in \Omega$ tel que $t_0 < T(\omega_0) < 1$. Comme les suites $S_n(\omega_0)$ et $T_n(\omega_0)$ croissent vers $T(\omega_0)$, il existe $n_0 > 0$ et $m_0 \geq 0$ tels que

$$t_0 < T_{n_0}(\omega_0) \leq S_{m_0}(\omega_0) < T_{n_0+1}(\omega_0) < 1 \quad .$$

Puis il existe ω_1 tel que $t_1 < T(\omega_1) < 1$ et que $D_{n_0+1}(\omega_1) = D_{n_0+1}(\omega_0)$. Comme les suites $S_n(\omega_1)$ et $T_n(\omega_1)$ croissent vers $T(\omega_1) > t_1$, il existe $n_1 > n_0$ et $m_1 > m_0$ tels que

$$t_1 < T_{n_1}(\omega_1) \leq S_{m_1}(\omega_1) < T_{n_1+1}(\omega_1) < 1 \quad .$$

Puis on recommence... Il existe ainsi une suite (ω_k) dans Ω et deux suites strictement croissantes (n_k) et (m_k) dans $\mathbb{N}$ telles que

$$D_{n_{k-1}+1}(\omega_k) = D_{n_{k-1}+1}(\omega_{k-1}) \quad ;$$

$$t_k < T_{n_k}(\omega_k) \leq S_{m_k}(\omega_k) < T_{n_k+1}(\omega_k) < 1 \quad .$$

Les ω_k se recollent en un $\omega \in \Omega$ tel que, pour tout k, $D_{n_k+1}(\omega) = D_{n_k+1}(\omega_k)$. En particulier, $T_{n_k}(\omega) = T_{n_k}(\omega_k)$ est compris entre t_k et 1, d'où $T(\omega) = 1$. L'événement $\{S_{m_k} < T_{n_k+1}\}$ est dans $\underline{\underline{F}}_{T_{n_k+1}}$, il ne dépend donc que de D_{n_k+1}. Etant réalisé pour ω_k, il l'est pour ω, d'où $S_{m_k}(\omega) < T_{n_k+1}(\omega) < 1$, et $\lim_m S_m(\omega) \leq 1$. ▬

APPENDICE

DEMONSTRATION DE LA PROPOSITION 1

1) Pour $t > 0$ et U fonction $\underline{\underline{F}}^{\circ}_{t}$-mesurable, U ne dépend que de D_n sur $\{T_n < t \leq T_{n+1}\}$.

La fonction U peut s'écrire $u(T_0 \wedge t, \ldots, T_k \wedge t, \ldots)$; donc sur l'ensemble $\{T_n < t \leq T_{n+1}\}$ $U = u(T_0, \ldots, T_n, t, t, \ldots)$. ▬

1bis) Pour $t \geq 0$ et U fonction $\underline{\underline{F}}_t$-mesurable, U ne dépend que de D_n sur $A = \{T_n \leq t < T_{n+1}\}$.

Quand ε décroît vers zéro, $A_\varepsilon = \{T_n < t+\varepsilon \leq T_{n+1}\} \cap A$ croît vers A. Comme U est $\underline{\underline{F}}^{\circ}_{t+\varepsilon}$-mesurable, il existe d'après 1) des fonctions u_ε sur $\mathbb{R}^{n+1}$ telles que, sur A_ε , $U = u_\varepsilon \circ D_n$. En posant $u = \limsup_k u_{1/k}$, on a alors $U = u \circ D_n$ sur A . ▬

2) Soit S un temps d'arrêt > 0 de $(\underline{\underline{F}}^{\circ}_{t})$, U une fonction $\underline{\underline{F}}^{\circ}_{S}$-mesurable. Sur $\{T_n < S \leq T_{n+1}\}$, U ne dépend que de D_n .

Soient ω et ω' dans $\{T_n < S \leq T_{n+1}\}$ tels que $D_n(\omega) = D_n(\omega')$. On pose $t = \inf(S(\omega), S(\omega'))$. Sur $\{T_n < t \leq T_{n+1}\}$ (qui contient les deux points ω et ω'), l'événement $\{S \leq t\}$ ne dépend que de D_n (point 1) ci-dessus). Réalisé pour l'un des deux, il l'est pour l'autre ; donc $S(\omega) = S(\omega')$. Puis $UI_{\{S \leq t\}}$, qui est $\underline{\underline{F}}^{\circ}_{t}$-mesurable, prend, toujours grâce à 1), la même valeur en ω et ω', d'où $U(\omega) = U(\omega')$. ▬

2bis) Soient S un temps d'arrêt de $(\underline{\underline{F}}_t)$, U une fonction $\underline{\underline{F}}_S$-mesurable. Sur $\{T_n \leq S < T_{n+1}\}$, U ne dépend que de D_n .

L'argument est tout-à-fait analogue au précédent.

3) Soient S un temps d'arrêt > 0 de $(\underline{\underline{F}}^{\circ}_{t})$ et U une variable aléatoire ne dépendant que de D_n sur $\{T_n < S \leq T_{n+1}\}$. Alors U est $\underline{\underline{F}}^{\circ}_{S}$-mesurable.

En effet, l'hypothèse entraîne

$$U = \sum_{n\geq 0} I_{\{T_n\wedge S < S\,,\,T_{n+1}\wedge S = S\}} U(T_0\wedge S, \ldots, T_n\wedge S, S+\tfrac{1}{2}, S+\tfrac{3}{4}, S+\tfrac{7}{8}, \ldots)$$
$$+ U\, I_{\{\forall n\ T_n\wedge S < S\}} .$$

Donc U est fonction borélienne de S et des $T_n\wedge S$; il reste à vérifier que $T_n\wedge S$ est $\underline{\underline{F}}^\circ_S$-mesurable. Ceci résulte de ce que, pour tout t,

$$(T_n\wedge S)\, I_{\{S\leq t\}} = ((T_n\wedge t)\wedge(S\wedge t))\, I_{\{S\leq t\}}$$

est $\underline{\underline{F}}^\circ_t$-mesurable. ▬

3bis) <u>Soient</u> S <u>un temps d'arrêt de</u> $(\underline{\underline{F}}_t)$ <u>et</u> U <u>une variable aléatoire ne dépendant que de</u> D_n <u>sur</u> $\{T_n \leq S < T_{n+1}\}$. <u>Alors</u> U <u>est</u> $\underline{\underline{F}}_S$-<u>mesurable</u>.

L'argument précédent se simplifie un peu car les T_n sont des temps d'arrêt de $(\underline{\underline{F}}_t)$.

4) <u>Pour tout</u> n, <u>les trois tribus</u> $\sigma(T_0, \ldots, T_n)$, $\underline{\underline{F}}_{T_n-}$ <u>et</u> $\underline{\underline{F}}_{T_n}$ <u>sont égales</u>.

Tout temps d'arrêt S est toujours $\underline{\underline{F}}_{S-}$-mesurable ; de là

$$\sigma(T_0, \ldots, T_n) \subset \underline{\underline{F}}_{T_n-} \subset \underline{\underline{F}}_{T_n} .$$

Le point 2bis) appliqué à $S = T_n$ entraîne $\underline{\underline{F}}_{T_n} \subset \sigma(T_0, \ldots, T_n)$. ▬

WIENER-HOPF FACTORIZATION FOR MATRICES

by

M.T. Barlow, L.C.G. Rogers, and David Williams

1. The main results. Let E be a finite set. Let $\mathcal{Q}(E)$ denote the set of (real) $E \times E$ matrices Q such that, for $i, j \in E$,

$$Q(i,j) \geq 0 \quad (i \neq j), \quad \sum_{k \in E} Q(i,k) \leq 0 .$$

Let Q now denote some fixed element of $\mathcal{Q}(E)$. Let v be a function from E to $\mathbb{R} \setminus \{0\}$, and let V be the diagonal $E \times E$ matrix $\mathrm{diag}\{v(i) : i \in E\}$. Let $E^+ = \{i \in E : v(i) > 0\}$, and $E^- = \{i \in E : v(i) < 0\}$. Let I denote the identity $E \times E$ matrix, I^+ the identity $E^+ \times E^+$ matrix, and I^- the identity $E^- \times E^-$ matrix.

Let c be a strictly positive real number.

THEOREM I. There exists a unique pair (Π_c^+, Π_c^-), where Π_c^+ is an $E^- \times E^+$ matrix and Π_c^- is an $E^+ \times E^-$ matrix, such that, if

$$S = \begin{pmatrix} I^+ & \Pi_c^- \\ \Pi_c^+ & I^- \end{pmatrix}, \tag{1}$$

then S is invertible and

$$S^{-1}[V^{-1}(Q - cI)]S = \begin{pmatrix} \tilde{Q}_c^+ & 0 \\ 0 & -\tilde{Q}_c^- \end{pmatrix}, \tag{2}$$

where $\tilde{Q}_c^+ \in \mathcal{Q}(E^+)$ and $\tilde{Q}_c^- \in \mathcal{Q}(E^-)$. Moreover, Π_c^+ and Π_c^- are strictly substochastic: thus, for $i \in E^-$, $j \in E^+$,

$$\Pi_c^+(i,j) \geq 0, \quad \sum_{k \in E^+} \Pi_c^+(i,k) < 1 .$$

Theorem I will be said to yield the 'Wiener-Hopf factorization' of the matrix $V^{-1}(Q-cI)$.

Now let X be a Markov chain on $E \cup \{\partial\}$ (∂ is the cemetery state) with Q-matrix Q. Thus the transition matrix function of X is $P(t) = \exp(tQ)$. For $t \geq 0$, define :

$$\phi(t) = \int_0^t v(X_s)ds\ , \quad \tau^+(t) = \inf\{s : \phi(s) > t\}\ .$$

As usual, we shall (for example) write τ_t^+ for $\tau^+(t)$ when more convenient. Note that $X(\tau_t^+) \in E^+ \cup \{\partial\}$.

THEOREM II. For $i \in E^-$ and $j \in E^+$,

$$\text{(3)} \qquad \underset{\sim}{E}^i[\exp(-c\tau_0^+)\ ;\ X(\tau_0^+) = j] = \Pi_c^+(i,j)\ .$$

For $i \in E^+$, $j \in E^+$, and $t \geq 0$,

$$\text{(4)} \qquad \underset{\sim}{E}^i[\exp(-c\tau_t^+)\ ;\ X(\tau_t^+) = j] = [\exp(t\tilde{Q}_c^+)](i,j)\ .$$

The corresponding 'minus' results follow, on replacing ϕ by $(-\phi)$.

The problem of finding the joint distribution of τ_t^+ and $X(\tau_t^+)$ is of course solved by Theorems I and II. The way in which Π_c^+ and Π_c^- may be calculated will be clear from the proofs.

Comment. The reader may feel that the martingale techniques used in this paper are more sophisticated than those required for this Markov chain problem. The following two statements are therefore apposite. First, we do not know how to prove the purely algebraic Theorem I without appealing to probability theory (and ultimately to martingale theory). Second, the martingale technique generalises to other (more interesting) cases, though the problem of obtaining explicit answers proves to be very difficult. First thoughts on the 'continuous' state-space case appear in the following article by Rogers and Williams.

2. Basic martingales. It is important to regard the strictly positive number c as fixed throughout the remainder of the paper, except in section 7.

Let f be a function on $(E \cup \{\partial\}) \times \mathbb{R} \times [0,\infty)$ such that $f(\partial,\cdot,\cdot) = 0$. A natural extension of Dynkin's formula shows that (for <u>every</u> initial distribution)

$$f(X_t, \phi_t, t) - \int_0^t \mathcal{A} f(X_s, \phi_s, s)\, ds$$

is a local martingale, where

$$\mathcal{A} f(x,\phi,t) = Qf + V\frac{\partial f}{\partial \phi} + \frac{\partial f}{\partial t} .$$

Here, of course,

$$Qf(x,\phi,t) = \sum_{y \in E} Q(x,y) f(y,\phi,t) .$$

In particular, if g is any vector on E, and

(5) $$f(x,\phi,t) = \{\exp[-ctI - \phi V^{-1}(Q - cI)]g\}(x) \quad \text{on } E,$$

then $f(X_t, \phi_t, t)$ is a local martingale (in fact, a <u>martingale</u>, because it is bounded on every finite interval).

3. <u>Definition of $\mathcal{N}$.</u> Before recalling part of the theory of the Jordan form, we recall the proof of the well-known fact that $V^{-1}(Q - cI)$ cannot have an eigenvalue on the imaginary axis. For suppose that μ lies on the imaginary axis and that

(6) $$(Q - cI)g = \mu V g$$

for some non-zero vector g. Choose i in E with $|g(i)| \geq |g(j)|$ for all j in E. The i-th coordinate of (6) reads :

$$[Q(i,i) - c - \mu v(i)]g(i) = -\sum_{j \neq i} Q(i,j) g(j) .$$

But the left-hand side has modulus at least equal to $(|Q(i,i)| + c)|g(i)|$, while the right-hand side has modulus at most equal to $|Q(i,i)||g(i)|$. The contradiction establishes the 'well-known fact'.

One of the main steps in Jordan-form theory shows that <u>the space of complex vectors on</u> E <u>has a basis</u> $\mathcal{G}$ <u>such that every</u> g <u>in</u> $\mathcal{G}$ <u>solves an equation</u>

(7) $$[V^{-1}(Q - cI) - \mu I]^k g = 0 ,$$

where μ is an eigenvalue of $V^{-1}(Q - cI)$ and k is a positive integer. Fix $\mathcal{G}$, and let $\mathcal{N}$ [respectively, $\mathcal{P}$] <u>denote the set of those vectors</u> g <u>in</u> $\mathcal{G}$ <u>for which the associated</u> μ<u>-value has (strictly) negative [respectively, positive] real part</u>.

4. <u>The structure of $\mathcal{N}$.</u> Let $g \in \mathcal{N}$, so that g satisfies (7) for some k and some μ with negative real part. Then the function f at (5) may be written

$$f(\cdot,\phi,t) = \exp(-ct - \mu\phi)\exp\{-\phi[V^{-1}(Q - cI) - \mu I]\}g ,$$

and the second exponential may be expanded in a power series in which all terms after the (k-1)-th annihilate g. Hence, since μ has negative real part,

(8) <u>for</u> $g \in \mathcal{N}$ <u>and</u> f <u>as at</u> (5), $f(X_s,\phi_s,s)$ <u>is bounded on</u> $[0,\tau_t^+]$ <u>for every</u> t.

In particular, on applying the optional stopping theorem at time τ_0^+, we find that (for all $i \in E$)

$$\mathbb{E}^i[\exp(-c\tau_0^+)g \circ X(\tau_0^+)] = g(i) .$$

Now <u>define</u> Π_c^+ via the probabilistic formula (3). We have just shown that

(9) <u>if</u> $g \in \mathcal{N}$, <u>then</u> $g = \begin{pmatrix} I^+ \\ \Pi_c^+ \end{pmatrix} g^+$ <u>where</u> g^+ <u>denotes the restriction of</u> g <u>to</u> E^+.

Hence $\mathcal{N}$ has at most $|E^+|$ elements, and, by a similar argument, $\mathcal{P}$ has at most $|E^-|$ elements. The only explanation is that

(10) $\mathcal{N}$ <u>has precisely</u> $|E^+|$ <u>elements and the elements</u> g^+ <u>where</u> $g \in \mathcal{N}$ <u>form a basis for the space of vectors on</u> E^+.

5. <u>Proof of the uniqueness of Wiener-Hopf factorization.</u> Suppose that for some $E^- \times E^+$ matrix K_c^+, some $E^+ \times E^-$ matrix K_c^-, some $\ddot{Q}_c^+$ in $\mathcal{Q}(E^+)$,

and some $\hat{Q}_c^-$ in $\mathcal{Q}(E^-)$, we have that $\begin{pmatrix} I^+ & K_c^- \\ K_c^+ & I^- \end{pmatrix}$ is invertible, and

$$\begin{pmatrix} I^+ & K_c^- \\ K_c^+ & I^- \end{pmatrix}^{-1} V^{-1}(Q - cI) \begin{pmatrix} I^+ & K_c^- \\ K_c^+ & I^- \end{pmatrix} = \begin{pmatrix} \hat{Q}_c^+ & 0 \\ 0 & -\hat{Q}_c^- \end{pmatrix} .$$

Then the eigenvalues of $V^{-1}(Q - cI)$ with negative real part must coincide with the eigenvalues of $\hat{Q}_c^+$. Moreover, if

(11) $$(\hat{Q}_c^+ - \mu I^+)^k u^+ = 0$$

for some positive integer k, some μ(with negative real part) and some vector u^+ on E^+, then

$$\{V^{-1}(Q - cI) - \mu I\}^k \begin{pmatrix} I^+ \\ K_c^+ \end{pmatrix} u^+ = 0 ,$$

so that, from the argument leading to (9),

(12) $$\begin{pmatrix} I^+ \\ K_c^+ \end{pmatrix} u^+ = \begin{pmatrix} I^+ \\ \Pi_c^+ \end{pmatrix} u^+ .$$

By the theory of the Jordan canonical form for $\hat{Q}_c^+$, equation (11) holds for a set of vectors u^+ spanning the vectors on E^+, and so therefore does equation (12). Hence

$$K_c^+ = \Pi_c^+$$

and the required uniqueness follows from this fact and its 'minus' analogue.

6. Existence of the Wiener-Hopf factorization. For the moment, regard $t \geq 0$ as fixed. Let $g \in \mathcal{N}$, define f as at (5), and recall that $f(X_s, \phi_s, s)$ is a martingale. Using (8) as justification, apply the optional stopping theorem at time τ_t^+ to obtain

$$\underset{\sim}{E}^{\cdot}[\exp(-c\tau_t^+) h \circ X(\tau_t^+)] = g = \exp[tV^{-1}(Q - cI)]h ,$$

where $h = \exp[-tV^{-1}(Q - cI)]g$. Note that h will automatically satisfy the same version of (7) as does g, so that h, like g, has property (9). Hence, since $X(\tau_t^+) \in E^+$, we have

$$(13)\qquad \begin{pmatrix} I^+ \\ \Pi_c^+ \end{pmatrix} \underset{\sim}{E}^{\cdot}[\exp(-c\tau_t^+)h^+\circ X(\tau_t^+)] = \exp[tV^{-1}(Q-cI)] \begin{pmatrix} I^+ \\ \Pi_c^+ \end{pmatrix} h^+ .$$

We have obtained (13) for a class of vectors h^+ which clearly spans the space of all vectors on E^+, so that <u>(13) holds for all vectors</u> h^+ <u>on</u> E^+.

It is almost immediate from the strong Markov property of X that

$$\widetilde{P}_c^+(t;i,j) = \underset{\sim}{E}^i[\exp(-c\tau_t^+);\ X(\tau_t^+) = j] \qquad (i,j \in E^+)$$

defines a subMarkovian transition function on E^+, so that

$$\widetilde{P}_c^+(t) = \exp(t\widetilde{Q}_c^+)$$

for some $\widetilde{Q}_c^+$ in $\mathcal{Q}(E^+)$. (One can alternatively deduce this from (13).) On differentiating (13) with respect to t and setting $t = 0$, we obtain

$$(14)\qquad \begin{pmatrix} I^+ \\ \Pi_c^+ \end{pmatrix} \widetilde{Q}_c^+ = V^{-1}(Q-cI) \begin{pmatrix} I^+ \\ \Pi_c^+ \end{pmatrix} .$$

Theorems I and II now follow from (14) and its 'minus' analogue.

7. <u>The case $c = 0$</u>. As has already been noted, Theorems I and II solve the problem of calculating the joint distribution of τ_t^+ and $X(\tau_t^+)$, but the involvement of the positive parameter c complicates the formulae, and is irrelevant if only the law of $X(\tau_t^+)$ is sought. This corresponds to the case $c = 0$, in which case we have the following result.

THEOREM III. <u>There exists a unique pair</u> (Π^+,Π^-), <u>where</u> Π^+ <u>is an</u> $E^- \times E^+$ <u>matrix, and</u> Π^- <u>is an</u> $E^+ \times E^-$ <u>matrix, such that, for some</u> $Q^+ \in \mathcal{Q}(E^+)$ <u>and</u> $Q^- \in \mathcal{Q}(E^-)$,

$$(15)\qquad V^{-1}Q\,S = S \begin{pmatrix} Q^+ & 0 \\ 0 & -Q^- \end{pmatrix}$$

where

$$(16)\qquad S = \begin{pmatrix} I^+ & \Pi^- \\ \Pi^+ & I^- \end{pmatrix} .$$

Moreover, Π^+ and Π^- are substochastic, and for $i \in E^-$, $j \in E^+$, $k \in E^+$,

(17) $$P^i[X(\tau_0^+) = j] = \Pi^+(i,j)$$

and

(18) $$P^k[X(\tau_t^+) = j] = [\exp(tQ^+)](k,j)$$

for each $t \geq 0$.

Remarks. The matrix S need no longer be invertible, and it is also possible that both Q^+ and Q^- may be conservative.

Proof. The existence of such a decomposition follows easily from Theorem I: by considering a sequence $(c_n : n \geq 0)$ of reals decreasing to 0, we may suppose, by taking a subsequence if necessary, that $\Pi^+_{c_n}$, $\Pi^-_{c_n}$, $\tilde{Q}^+_{c_n}$, and $\tilde{Q}^-_{c_n}$ each converge entry by entry to Π^+, Π^-, Q^+, and Q^- respectively. Thus (15) follows immediately from (2), (17) follows from (3), and (18) follows from (4).

As to the uniqueness of the decomposition (15), the argument of section 5 serves again with minor modification. Suppose that there exists $\hat{Q}^+ \in \mathcal{Q}(E^+)$ and an $E^- \times E^+$ matrix K^+ such that

$$V^{-1}Q \begin{pmatrix} I^+ \\ K^+ \end{pmatrix} = \begin{pmatrix} I^+ \\ K^+ \end{pmatrix} \hat{Q}^+ .$$

Consider a basis $\mathcal{B}$ for the space of complex vectors on E^+ such that for each $u^+ \in \mathcal{B}$ there exists an integer $k \geq 1$ and an eigenvalue μ of $\hat{Q}^+$ such that

(19) $$(\hat{Q}^+ - \mu I^+)^{k-1} u^+ \neq 0 , \quad (\hat{Q}^+ - \mu I^+)^k u^+ = 0 .$$

(Such a basis is guaranteed by the theory of the Jordan form.)

As the argument of section 3 shows, the non-zero eigenvalues of $\hat{Q}^+$ have strictly negative real part, so if $u^+ \in \mathcal{B}$ is associated through (19) with a non-zero eigenvalue, the argument of section 5 leads to

(20) $$\begin{pmatrix} I^+ \\ K^+ \end{pmatrix} u^+ = \begin{pmatrix} I^+ \\ \Pi^+ \end{pmatrix} u^+ .$$

To complete the proof, we must notice that if $a^+ \in \mathcal{B}$ is associated through (19) with a zero eigenvalue, then $\hat{Q}^+ a^+ = 0$. [Indeed, were this not so, then $\hat{P}^+(t)\, a^+ \equiv \exp(t\,\hat{Q}^+)\, a^+$ would not remain bounded as $t \to \infty$.] Accordingly, if a is defined by

$$a \equiv \begin{pmatrix} I^+ \\ \\ K^+ \end{pmatrix} a^+ ,$$

then $a \in \ker(Q)$ and so $a(X_t)$ is a martingale, whence (20) is satisfied by a, and we conclude as before that $K^+ = \Pi^+$.

Department of Pure Mathematics
University of Liverpool
P.O. Box 147
Liverpool L69 3BX

(Barlow)

Department of Pure Mathematics
University College of Swansea
Singleton Park
Swansea SA2 8PP

(Rogers, Williams)

Correction. The uniqueness assertion for the case when $c = 0$ is obviously false, as can be seen by taking $Q = \begin{pmatrix} 0 & 0 \\ 0 & 0 \end{pmatrix}$.

The error occurs in the last two lines of the paper. The treatment of the '$c = 0$' case in the following Rogers-Williams paper is correct, and points to the way in which Section 7 above can be redeemed.

TIME-SUBSTITUTION BASED ON FLUCTUATING ADDITIVE FUNCTIONALS

(WIENER-HOPF FACTORIZATION FOR INFINITESIMAL GENERATORS)

by

L.C.G. Rogers and David Williams

1. This note is merely a first indication of how some of the ideas in the preceding paper [2] by Barlow, Rogers, and Williams (hereafter denoted by [BRW]), extend to Markov processes with 'continuous' state-space. We hope to publish a more detailed study soon. Unusual and interesting purely-analytic problems are posed by the work. However, our main purpose is to attempt to understand what is going on in the probabilistic aspects of the subject.

Our problem has considerable practical importance (but we can make no such claims for the results presented here!) Pure-mathematical technicalities are therefore avoided. We remark however that this work (though not today's examples) forces us to acknowledge the practical usefulness of branch-points, incursions, and other 'exotica' of the general theory. Vivent les hypothèses droites!

Here, we try to convey just a whiff of the flavour of things via two concrete examples. But, for the deepest concrete work done, and on a problem which is important, see McKean [5].

Note. We are aware that many of the results in the present paper may be obtained via the classical Wiener-Hopf methods described for example in Bingham [3]. That our methods are (in principle!) of much wider applicability is of course evident from [BRW].

Acknowledgement. We thank Professor J.F.C. Kingman for proving our conjecture that (4.5) <==> (4.7), and for allowing us to publish his fine proof.

2. Let X be a nice Markov process with state-space E. Let $\{R_\lambda\}$ be the resolvent of X, defined as usual, but now for all complex λ with $\mathcal{R}(\lambda) > 0$, by

$$R_\lambda f(x) \equiv \underset{\sim}{E}^x \int_0^\infty e^{-\lambda t} f(X_t)\,dt.$$

(Here, f is a bounded complex-valued function on E. The symbol '$\equiv$' signifies 'is defined to equal'). We use Q to denote the 'natural' infinitesimal generator of X defined as follows. If g is a bounded (complex-valued) function on E, write $g \in D(Q)$ and $Qg = f$ is f is a bounded function on E such that for some (then every) λ with $\mathcal{R}(\lambda) > 0$,

$$g = R_\lambda(\lambda g - f).$$

Notes.

(a) Q extends the classical strong generator of Hille-Yosida theory. Meyer uses a similar (but not identical) form of generator in [6].

(b) For $g \in D(Q)$, $f = Qg$ is defined only 'modulo a set of potential zero'. Two 'versions' f_1 and f_2 of f satisfy

$$\underset{\sim}{P}^x[\text{meas}\{t : f_1(X_t) \neq f_2(X_t)\} = 0] = 1, \qquad \forall x. \qquad \square$$

Let φ be a fluctuating perfect continuous additive functional of X; by this, we mean:

(i) $t \mapsto \varphi_t$ is continuous,

(ii) φ is $\{\mathcal{F}_t\}$ adapted,

(iii) $\varphi_{s+t} = \varphi_s + \varphi_t \circ \theta_s$, $\forall s, \forall t$.

The case when

(2.1) $$\varphi_t = \int_0^t V(X_s)\,ds$$

for some function $V : E \to \mathbb{R}$ is the most important. However, cases in which φ

involves local times, and cases where φ is not of finite variation, are also of interest. For $t \geq 0$, set

$$\tau_t^+ \equiv \inf\{s : \varphi_s > t\}.$$

A standard argument based on the strong Markov property of X shows that $\widetilde{X}^+$, where $\widetilde{X}_t^+ \equiv X(\tau_t^+)$, is a (strong) Markov process. For $c \geq 0$, we wish to calculate the transition function $\{\widetilde{P}_c^+(t)\}$, where

$$\widetilde{P}_c^+(t)f(x) \equiv \underset{\sim}{E}^x[\exp(-c\tau_t^+)f \circ X(\tau_t^+)],$$

or, equivalently, the resolvent $\{\widetilde{R}_c^+(\lambda)\}$, or 'natural' generator $\widetilde{Q}^+$, of $\{\widetilde{P}_c^+(t)\}$. When $c = 0$, we suppress c from the notation; but note that

$$\widetilde{P}^+(t)f(x) \equiv \underset{\sim}{E}^x[f \circ X(\tau_t^+);\ \tau_t^+ < \infty].$$

Amongst interesting probabilistic problems posed by this work is the following: what form of killing of $\widetilde{X}^+$ is induced by killing X at rate c ?

3. Let φ be of the form (2.1), and suppose that E^+ is closed, where $E^+ \equiv \{x \in E : V(x) \geq 0\}$. By right-continuity of paths, $\widetilde{X}^+$ lives in E^+.

Suppose first that $c > 0$, and regard c as fixed. Keep [BRW] in mind, and hope for the best! So, write $g \in N_{1,c}$ if $g \in D(Q)$ and

(3.1) $$Qg = \mu V g + cg$$

for some complex number $\mu = \mu(g)$ with $\mathcal{R}(\mu) < 0$. Then, $\exp(-\mu\varphi_t - ct)g(X_t)$ is a martingale (right-continuous under the right hypotheses) which is bounded on $[0,\tau_u^+]$ for every $u \geq 0$. Apply the optional-sampling theorem at time τ_t^+ to obtain

(3.2) $$\widetilde{P}_c^+(t)g^+ = \underset{\sim}{E}^{\cdot}[\exp(-c\tau_t^+)g^+ \circ \widetilde{X}^+(t)] = e^{\mu t}g^+ \text{ on } E^+,$$ where g^+ denotes the restriction of g to E^+. Note that the fact that $c > 0$ takes care of difficulties associated with the possibility that $\tau_t^+ = \infty$.

Let $N^+_{1,c} \equiv \{g^+ : g \in N_{1,c}\}$. We say that $N^+_{1,c}$ is <u>full</u> on E^+ if whenever ν is a complex-valued measure of finite total variation on E^+,

$$\int_{E^+} g^+(x)\nu(dx) = 0 \qquad (\forall g^+ \in N^+_{1,c}) \Longrightarrow \nu = 0.$$

(3.3) OBVIOUS LEMMA. Let $c > 0$. <u>Suppose that</u> $N^+_{1,c}$ <u>is full on</u> E^+. <u>Then</u> $\{\widetilde{P}^+_c(\cdot)\}$ <u>is uniquely determined by (3.2). Moreover,</u> $\{\widetilde{R}^+_c(\cdot)\}$ <u>is the unique subMarkovian resolvent on</u> E^+ <u>such that</u>

$$\forall g^+ \in N^+_{1,c}, \qquad 2\lambda\widetilde{R}^+_c(\lambda)g^+ = g^+ \ \underline{\text{where}}\ \lambda = -\mu(g).$$

4. <u>Example</u>. Suppose that X is Brownian motion on $\mathbb{R}$, and that

(4.1) $$V(x) = 1 \quad (x > 0); \qquad 0 \quad (x = 0); \qquad -K \quad (x < 0);$$

where $K > 0$. Then equation (3.1) takes the form:

(4.2) $$g = \lambda R_{\lambda+c}(g + Vg).$$

Now it is well known that for $\mathcal{R}(\alpha) > 0$,

$$\beta R_\alpha h(x) = \int_{\mathbb{R}} e^{-\beta|y-x|}h(y)dy, \qquad \beta \equiv (2\alpha)^{\frac{1}{2}}, \quad \mathcal{R}(\beta) > 0.$$

It is now easy to show that to obtain a bounded solution g of (4.2) we must choose λ <u>real</u> with $\lambda > c$, and that we then have (with the normalisation $g(0) = 1$) $g = g_{c,\lambda}$, where

$$g_{c,\lambda}(x) \equiv \cos[(2\lambda-2c)^{\frac{1}{2}}x] + \frac{(2K\lambda+2c)^{\frac{1}{2}}}{(2\lambda-2c)^{\frac{1}{2}}} \sin\,[(2\lambda-2c)^{\frac{1}{2}}x] \qquad (x \geq 0);$$

$$\equiv \exp[(2K\lambda+2c)^{\frac{1}{2}}x] \qquad (x < 0).$$

Thus,

$$\underset{\sim}{E}^x[\exp(-c\tau^+_t)g_{c,\lambda}(\widetilde{X}^+_t)] = \exp(-\lambda t)g_{c,\lambda}(\widetilde{X}^+_t).$$

Let $c \downarrow\downarrow 0$ to obtain for $x \geq 0$, and with $\gamma \equiv (2\lambda)^{\frac{1}{2}} > 0$,

$$(4.3) \qquad \underset{\sim}{E}^x[\cos\gamma \tilde{X}_t^+ + K^{\frac{1}{2}} \sin\gamma \tilde{X}_t^+;\ \tau_t^+ < \infty] = \exp(-\tfrac{1}{2}\gamma^2 t)[\cos\gamma x + K^{\frac{1}{2}} \sin\gamma x].$$

Now let $\gamma \downarrow\downarrow 0$ to obtain

$$\underset{\sim}{P}^x[\tau_t^+ < \infty] = 1, \qquad \forall t.$$

Assume for the moment that

(4.4) <u>the functions</u> $\{g_\gamma^+ : \gamma > 0\}$ <u>on</u> $[0,\infty)$, <u>where</u>

$$g_\gamma^+(x) \equiv \cos\gamma x + K^{\frac{1}{2}} \sin\gamma x, \qquad x \in [0,\infty),$$

<u>are full on</u> $[0,\infty)$.

Then the transition function $\{\tilde{P}^+(\cdot)\}$ is uniquely determined by the fact that its resolvent $\{\tilde{R}^+(\cdot)\}$ satisfies:

$$2\lambda \tilde{R}^+(\lambda) g_\gamma^+ = g_\gamma^+ \qquad (\lambda = \tfrac{1}{2}\gamma^2).$$

Let us make an intelligent guess about $\{\tilde{R}^+(\cdot)\}$. <u>Let</u> $\tilde{Y}^+$ <u>be the Markov process on</u> $[0,\infty)$ <u>which behaves like Brownian motion away from</u> 0, <u>never 'exits</u> 0 <u>continuously', and jumps from</u> 0 <u>according to the Lévy measure</u>

$$(4.5) \qquad J(dx) = \text{constant}.\ x^{-(1+\alpha)} dx, \quad 0 < \alpha < 1, \quad \tan \tfrac{1}{2}\pi\alpha = K^{-\frac{1}{2}}.$$

Let $\{{}_0R^+(\cdot)\}$ be the resolvent of Brownian motion on $(0,\infty)$ killed at 0. Then the resolvent $\{\tilde{U}^+(\cdot)\}$ of Y is given by

$$\tilde{U}^+(\lambda)h^+(x) = {}_0R^+(\lambda)h^+(x) + e^{-\gamma x} J({}_0R^+(\lambda)h^+)/\lambda J({}_0R^+(\lambda) I_{(0,\infty)}),$$

where h^+ denotes an arbitrary bounded function on $[0,\infty)$, and, as always, $\gamma \equiv (2\lambda)^{\frac{1}{2}}$. It is easily checked that

$$(4.6) \qquad {}_0R^+(\lambda) g_\gamma^+(x) = (2\lambda)^{-1}[\cos\gamma x + K^{\frac{1}{2}} \sin\gamma x - e^{-\gamma x}],$$

$$ {}_0R^+(\lambda) I_{(0,\infty)}(x) = \lambda^{-1}[1 - e^{-\gamma x}].$$

The essential fact is that for J as at (4.5),

$$(4.7) \qquad \int_{(0,\infty)} (\cos\gamma x + K^{\frac{1}{2}} \sin\gamma x - 1)\ J(dx) = 0, \qquad \forall \gamma > 0.$$

This is known in the theory of stable processes, and is intuitively obvious because

$$\int_{(0,\infty)} (1 - e^{i\gamma x})x^{-(1+\alpha)}dx = (-i\gamma)^{\alpha} \int_{(0,\infty)} (1 - e^{-y})y^{-(1+\alpha)}dy,$$

so that

$$\arg \int_{(0,\infty)} (1 - e^{i\gamma x})x^{-(1+\alpha)}dx = \arg[(-i)^{\alpha}] = -\tfrac{1}{2}\pi\alpha,$$

and hence

$$\int_{(0,\infty)} (\sin\gamma x)x^{-(1+\alpha)}dx = (\tan\tfrac{1}{2}\pi\alpha)\int_{(0,\infty)} (1-\cos\gamma x)x^{-(1+\alpha)}dx.$$

See page 168 of Gnedenko and Kolmogorov [4] for more rigour.

Putting the pieces together, we find that

$$\forall\gamma > 0, \qquad 2\lambda\tilde{U}^{+}(\lambda)g_{\gamma}^{+} = g_{\gamma}^{+}.$$

Hence, $\tilde{X}^{+}$ has the same transition function as $\tilde{Y}^{+}$.

5. Kingman's proof that (4.7) ⟹ (4.5). As things have turned out, the fact that (4.7) ⟹ (4.5) follows from our probabilistic method - see §6. However, Kingman's proof of this fact is one of the few sensible pieces of analysis in this area at the moment - contrast §6! - and it may well point to better things.

Suppose that (4.7) holds for some non-negative measure J on $(0,\infty)$. For complex γ with $\mathcal{I}(\gamma) \geq 0$, define

$$f(\gamma) \equiv \int_{(0,\infty)} (1 - e^{i\gamma x})J(dx).$$

Then f is analytic in $\{\mathcal{I}(\gamma) > 0\}$, and continuous on $\{\mathcal{I}(\gamma) \geq 0\}$. Moreover, $\mathcal{R}(f(\gamma)) \geq 0$ (with equality at $\gamma = 0$ and perhaps at multiples of a purely real θ). Now, f is real and positive on the upper imaginary axis $\{\mathcal{R}(\gamma) = 0, \ \mathcal{I}(\gamma) > 0\}$; and, since (4.7) holds, $(1 - K^{\frac{1}{2}}i)f$ is imaginary on the right half $\{\mathcal{R}(\gamma) > 0, \ \mathcal{I}(\gamma) = 0\}$ of the real axis. Hence, in the first quadrant the harmonic function φ, where

$$\varphi(\gamma) \equiv \arg f(\gamma) = (\log f(\gamma)),$$

stays bounded between $-\frac{1}{2}\pi$ and $\frac{1}{2}\pi$, and has boundary values as shown in Figure 1.

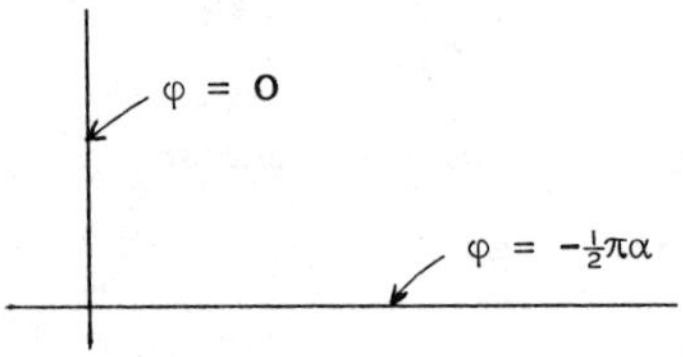

Figure 1

Hence, $\varphi(\gamma) = \alpha \arg(-i\gamma)$. Thus $\log f(\gamma)$ is determined up to an additive constant, and

$$f(\gamma) = \text{constant}.(-i\gamma)^{\alpha}.$$

In particular, for real $\theta > 0$,

$$\int_{(0,\infty)} (1 - e^{-\theta x})J(dx) = \theta^{\alpha},$$

and so J is determined.

6. <u>Proof of (4.4)</u>. One of the main difficulties which we have encountered in this work is that of proving that various classes of functions are full.

We have so far failed to adapt Kingman's method to prove (4.4); and we do <u>need</u> (4.4) to show that $\tilde{X}^+$ cannot exit 0 continuously. Note that since (4.4) implies that $\tilde{X}^+$ and $\tilde{Y}^+$ have the same transition function, it follows that (4.4) implies Kingman's result that (4.7) $\Longrightarrow$ (4.5). However, Kingman's method of proof proves to be useful in the study of analogues of (4.7).

We now prove (4.4) by a bizarre probabilistic method. We know from (4.3) that

$$\int_{(0,\infty)} \tilde{P}_t^+(0,dx)(\cos\gamma x + K^{\frac{1}{2}}\sin\gamma x) = \exp(-\tfrac{1}{2}\gamma^2 t),$$

so that

$$(6.1) \qquad \int_{(0,\infty)} \tilde{P}_t^+(0,d\gamma)(\cos\gamma x + K^{\frac{1}{2}}\sin\gamma x) = \exp(-\tfrac{1}{2}tx^2).$$

Suppose now that ν is a signed (or, more generally, complex-valued) measure on $(0,\infty)$ of finite total variation such that

$$(6.2) \qquad \int_{(0,\infty)} (\cos\gamma x + K^{\frac{1}{2}}\sin\gamma x)\nu(dx) = 0, \qquad \forall\gamma > 0.$$

Integrate (6.2) with respect to the measure $\tilde{P}_t^+(0,d\gamma)$ over $\gamma \in (0,\infty)$ to obtain

$$\int_{(0,\infty)} \exp(-\tfrac{1}{2}tx^2)\nu(dx) = 0, \qquad \forall t > 0.$$

Hence (on putting $t = s^{-1}$ and multiplying by $(2\pi s^3)^{-\frac{1}{2}}$),

$$\int_{(0,\infty)} (2\pi s^3)^{-\frac{1}{2}} \exp(-x^2/2s)\nu(dx) = 0.$$

Multiply by $\exp(-\frac{1}{2}\theta^2 s)$, where $\theta > 0$, and integrate over s in $(0,\infty)$ to obtain

$$\int_{(0,\infty)} e^{-\theta x}\nu(dx) = 0, \qquad \forall\theta > 0.$$

Hence $\nu = 0$. You can easily check that the various appeals to Fubini's theorem are justified.

7. Now, of course, there is much more to study in connection with the above example. In particular, the question mentioned earlier about how killing X at rate c induces a killing of $\tilde{X}^+$, is rather interesting. It is clear that $\tilde{X}^+$ is killed according to a <u>discontinuous</u> multiplicative functional which takes into account the jumps of $\tilde{X}^+$ from 0. But we are not going to become involved with the analytic complexities of that problem now.

Instead, we end with an example of a very different type.

8. <u>Example</u>. Let $\{B_t ; t \geq 0\}$ be a Brownian motion on $\mathbb{R}$, starting at 0, with drift $\mu > 0$, so that the law of $\{B_t - \mu t ; t \geq 0\}$ is Wiener measure. Define :

$$V_t \equiv M_t - B_t , \qquad \varphi_t \equiv 2M_t - B_t = V_t + M_t ,$$

$$\tau_t^+ \equiv \inf\{s ; \varphi_s > t\}, \qquad \tilde{V}_t^+ \equiv V(\tau_t^+) .$$

Now V is a time-homogeneous strong Markov process, and M is local time at 0 for V. Thus φ is a fluctuating continuous additive functional for V. Obviously, $P[\tau_t^+ < \infty] = 1$.

The results of Rogers and Pitman [7] make it plain that the transition semigroup $\{\tilde{P}_t^+\}$ of $\tilde{V}^+$ is given by the following formulae:

$$(8.1.i) \qquad \tilde{P}_t^+ (0,dy) = 2\mu\, e^{-2\mu y}(1 - e^{-2\mu t})^{-1}\, dy \quad \text{on} \quad [0,t] ,$$

and, for $x > 0$,

$$(8.1.ii) \qquad \tilde{P}_t^+ (x,\{x+t\}) = e^{-2\mu t}(1 - e^{-2\mu x})(1 - e^{-2\mu(x+t)})^{-1} ,$$

$$(8.1.iii) \qquad \tilde{P}_t^+ (x,dy) = 2\mu e^{-2\mu y}(1 - e^{-2\mu t})(1 - e^{-2\mu(x+t)})^{-2}\, dy \quad \text{on} \quad [0,x+t),$$

$$(8.1.iv) \qquad \tilde{P}_t^+ (x,(x+t,\infty)) = 0 .$$

Here is a martingale proof in the spirit of the remainder of this paper. Begin by observing that for $\theta \geq 0$,

(8.2) $\exp(\theta\varphi_t)\ \ g_\theta(V_t)$ is a martingale,

where

$$g_\theta(x) \equiv \theta e^{(2\mu - \theta)x} - (2\mu + \theta)e^{-\theta x} .$$

Indeed,

$$e^{\theta\varphi} g_\theta(V) = \theta e^{(2\mu + \theta)M - 2\mu B} - (2\mu + \theta)e^{\theta M} ,$$

so that

$$d[e^{\theta\varphi} g_\theta(V)] = (2\mu + \theta)\theta e^{\theta M}[e^{2\mu(M - B)} - 1]dM$$

$$- 2\mu\theta\, e^{(2\mu + \theta)M - 2\mu B}(dB - \mu dt).$$

But whenever M increases, $M = B$, so that

$$[e^{2\mu(M - B)} - 1]dM = 0 .$$

This observation was used by Azema and Yor [1] to find similar families of martingales of Brownian motion. Now (8.2) follows, since $\exp(\theta\varphi_t)\ g_\theta(V_t) \in L^1$ for each $t \geq 0$. By the fact that, for $u > 0$, V and φ are bounded on $[0,\tau_u)$, we deduce from the optional sampling theorem that

(8.3) $$\tilde{P}_t^+ g_\theta(x) = e^{-\theta t} g_\theta(x).$$

We need only prove now that

(8.4) $\{g_\theta\ ;\ \theta \geq 0\}$ <u>is full on every interval of the form $[0,K]$</u>, and that (8.3) holds if $\{\tilde{P}_t^+\}$ is defined by (8.1). These parts are left as exercises for the reader.

We can get results for $\mu = 0$ by letting $\mu \downarrow 0$, to obtain

$$\tilde{P}_t^+(0,dy) = t^{-1}\, dy \qquad \text{on } [0,t] ,$$

$$\tilde{P}_t^+(x,\{x + t\}) = \frac{x}{x + t} ,$$

$$\tilde{P}_t^+(x,dy) = \frac{t\,dy}{(x + t)^2} \qquad \text{on } [0,\ x + t).$$

This is a strikingly simple semigroup!

REFERENCES

[1] AZEMA, J. and YOR, M. Une solution simple au problème de Skorokhod Séminaire de Probabilités XIII, 90-115, Springer Lecture Notes 721, 1979.

[2] BARLOW, M.T., ROGERS, L.C.G. and DAVID WILLIAMS, Wiener-Hopf factorisation for matrices this volume.

[3] BINGHAM, N.H. Fluctuation theory in continuous time, Adv. Appl. Probability 7 705-766, 1975.

[4] GNEDENKO, B.V. and KOLMOGOROV, A.N. Limit Theorems for Sums of Independent Random Variables Addison-Wesley, Reading, Mass., 1954.

[5] McKEAN, H.P. A winding problem for a resonator driven by a white noise J. Math. Kyoto Univ. 2-2, 227-235, 1963.

[6] MEYER, P.A. L'operateur carré du champ, Séminaire de Probabilités X, 142-162, 1976, Springer Lecture Notes 511.

[7] ROGERS, L.C.G. and PITMAN, J.W. Markov functions submitted to Ann. Probability.

Department of Pure Mathematics
University College
Swansea SA2 8PP
Great Britain

REMARQUES SUR UNE FORMULE DE PAUL LEVY

Marc YOR

1. Soit $(X_t, Y_t)_{t\geq 0}$ un mouvement brownien à valeurs dans $\mathbb{R}^2$, issu de 0.

M.R. Berthuet [(1)] a obtenu une expression explicite de la fonction caractéristique du couple $(\int_0^1 X_u dY_u \,;\, \int_0^1 Y_u dX_u)$, qui est :

pour tout $(\alpha,\beta)\in\mathbb{R}^2$,

$$(1)\qquad E\left[\exp i\{\alpha\int_0^1 X_u dY_u + \beta\int_0^1 Y_u dX_u\}\right]$$

$$= \begin{cases} \left[ch^2(\frac{\alpha-\beta}{2}) + (\frac{\alpha+\beta}{\alpha-\beta})^2\, sh^2(\frac{\alpha-\beta}{2})\right]^{-1/2} & , \text{ si } \alpha \neq \beta \\ (1+\alpha^2)^{-1/2} & , \text{ si } \alpha = \beta \end{cases}$$

Par continuité, il suffit évidemment de prouver la formule pour $\alpha \neq \beta$, ce que l'on suppose dans la suite. Nous remarquons ci-dessous que la formule (1) se déduit, de façon directe, de la formule de Paul Lévy [2]: pour tout $b\in\mathbb{R}\setminus\{o\}$,

$$(2)\qquad E\left[\exp i\{b\int_0^1 (X_u dY_u - Y_u dX_u)\} \,/\, X_1 = x \,;\, Y_1 = y\right]$$

$$= \frac{b}{(shb)} \exp \frac{x^2+y^2}{2}\left[1-b \coth b\right]$$

(Cette formule joue un rôle important dans l'étude de certains groupes nilpotents ; voir, par exemple, l'article de B. Gaveau [1]).

On donne ensuite une démonstration simple de la formule (2).

2. Faisons le changement de paramètres : $\alpha = a+b$; $\beta = a-b$.
Il vient alors, d'après la formule d'Ito :

$$\alpha\int_0^1 X_u dY_u + \beta\int_0^1 Y_u dX_u = a(X_1Y_1) + b\int_0^1 (X_u dY_u - Y_u dX_u),$$

et donc, d'après (2) :

$$E\left[\exp i\{\alpha\int_0^1 X_u dY_u + \beta\int_0^1 Y_u dX_u\} \,/\, X_1 = x,\ Y_1 = y\right]$$

$$= \exp(iaxy)\ E\left[\exp\{ib\int_0^1 (X_u dY_u - Y_u dX_u)\} \,/\, X_1 = x \,;\, Y_1 = y\right]$$

$$= \exp(iaxy)\ \frac{b}{shb} \exp(\frac{x^2+y^2}{2})\left[1-b \coth b\right].$$

---

(1) Un résumé des résultats de M. Berthuet paraîtra dans un prochain volume des Annales de l'Université de Clermont, lequel rassemble les exposés faits à l'Ecole d'Eté de Saint-Flour (1979).

On a donc :

$$E\left[\exp i\{\alpha\int_0^1 X_u dY_u + \beta\int_0^1 Y_u dX_u\}\right]$$

$$= \frac{b}{2\pi(\mathrm{sh} b)}\int_{\mathbb{R}^2} dx\, dy\, \exp\left[(-\, b\coth b)\,\frac{x^2+y^2}{2} + iaxy\right]$$

$$= \left[\mathrm{ch}^2 b + \left(\frac{a}{b}\right)^2 \mathrm{sh}^2 b\right]^{-1/2} \quad \text{(d'où (1))},$$

à l'aide de la formule élémentaire, valable pour tout $\lambda > 0$, et $\mu \in \mathbb{R}$:

$$(3) \qquad \frac{1}{2\pi}\,(\lambda^2+\mu^2)^{1/2}\int_{\mathbb{R}^2} dx\, dy\, e^{\left[-\,\lambda\left(\frac{x^2+y^2}{2}\right)+i\mu xy\right]} = 1$$

3. Pour prouver (2), remarquons tout d'abord que

$$\int_0^1 (X_u dY_u - Y_u dX_u) = \int_0^1 (X'_u dY'_u - Y'_u dX'_u),$$

où $\binom{X'}{Y'} = R\binom{X}{Y}$, et R est une transformation orthogonale de $\mathbb{R}^2$ (on peut, par exemple, utiliser l'égalité : $\int_0^1 (X_u dY_u - Y_u dX_u) = \int_0^1 \left(A\binom{X_u}{Y_u}\ ;\ d\binom{X_u}{Y_u}\right)$ avec $A = \begin{pmatrix}0 & -1\\ 1 & 0\end{pmatrix}$, et $\tilde{R}AR = A$).

D'autre part, la loi du mouvement brownien $\binom{X}{Y}$ est invariante par toute transformation orthogonale R ; on déduit de ces 2 remarques que :

$$E\left[\exp ib\int_0^1 (X_u dY_u - Y_u dX_u) \,/\, X_1 = x,\ Y_1 = y\right]$$

$$= E\left[\exp ib\int_0^1 (X_u dY_u - Y_u dX_u) \,/\, X_1^2 + Y_1^2 = x^2 + y^2\right].$$

Définissons maintenant $\rho_t = \sqrt{X_t^2+Y_t^2}$ $(t \geq 0)$, et notons $\rho = \sqrt{x^2+y^2}$.

Rappelons que la filtration naturelle du processus (ρ_t) est égale à celle du mouvement brownien réel (voir, par exemple, [4]) :

$$\beta_t = \int_0^t \frac{X_u dX_u + Y_u dY_u}{\rho_u} \qquad (t \geq 0).$$

En conséquence, le processus $(\rho_t)_{t\geq 0}$ est indépendant du second mouvement brownien réel :

$$\gamma_t = \int_0^t \frac{X_u dY_u - Y_u dX_u}{\rho_u} \qquad (t \geq 0),$$

orthogonal à (β_t).

Il découle de ces dernières remarques que :

$$E[\exp ib\int_0^1 (X_u dY_u - Y_u dX_u) \,/\, \rho_1 = \rho]$$

$$= E[\exp ib\int_0^1 \rho_u d\gamma_u \,/\, \rho_1 = \rho] = E[\exp - \frac{b^2}{2}\int_0^1 \rho_u^2 du \,/\, \rho_1 = \rho]$$

Or, D. Williamns ([3], p. 238) a montré très simplement la formule :

(4) $$E[\exp\{\alpha\rho_1^2 - \frac{b^2}{2}\int_0^1 \rho_u^2 du\}] = b[b \text{ ch } b - 2\alpha \text{sh } b]^{-1},$$

pour tout couple (α,b) vérifiant : $2\alpha < b \coth b$.

On vérifie alors immédiatement, en appliquant la formule élémentaire :

(5) $$(E[\exp(-\lambda X^2)])^2 = \frac{1}{1+2\lambda} \quad (\lambda > 0),$$

où X est une variable gaussienne, centrée, réduite, que : pour tout $b \in \mathbb{R} \setminus \{0\}$,

$$E[\exp\{- \frac{b^2}{2}\int_0^1 \rho_u^2 du\} \,/\, \rho_1] = \frac{b}{\text{sh } b} \exp[\frac{\rho_1^2}{2}(1 - b \coth b)],$$

ce qui termine la preuve de (2).

4. Pour être complet, indiquons la preuve de (4) -très légèrement modifiée- donnée par D. Williams en [3].

Puisque $\rho^2 = X^2 + Y^2$, on a, pour tout $\alpha > 0$:

$$I_{\alpha,b} \stackrel{\text{déf}}{=} E[\exp\{- \alpha\rho_1^2 - \frac{b^2}{2}\int_0^1 \rho_u^2 du\}]$$

$$= (E[\exp\{-\alpha X_1^2 - \frac{b^2}{2}\int_0^1 X_u^2 du\}])^2$$

$$= E_Q[\exp(-\alpha X_1^2) \exp(- b\int_0^1 X_u dX_u)]^2,$$

où Q désigne la probabilité : $\exp\{b\int_0^1 X_u dX_u - \frac{b^2}{2}\int_0^1 X_u^2 du\}\cdot P$

(d'après un théorème de Novikov, Q est une probabilité dès que $E_P[\exp \frac{b^2}{2}\int_0^1 X_u^2 du] < \infty$, ce qui est assuré, d'après l'inégalité de Jensen, si $E[\exp(\frac{b^2}{2} X_1^2)] < \infty$; dans la suite, on suppose donc que b vérifie cette condition, ce qui suffit pour établir (4), par un raisonnement d'analyticité).

On a donc :

$$I_{\alpha,b} = E_Q[\exp\{-\alpha X_1^2 - \frac{b}{2}(X_1^2-1)\}]^2$$

$$= \exp(b) \quad (E_Q[\exp - (\alpha + \frac{b}{2})X_1^2])^2.$$

Or, d'après le théorème de Girsanov, (X_t) vérifie, sous Q, l'équation :
$X_t = \tilde{X}_t + b\int_0^{t\wedge 1} X_u du$, où $(\tilde{X}_t)$ est un mouvement brownien réel.

Ainsi : $X_t = \int_0^t e^{b(t-s)} d\tilde{X}_s$ $(t \leq 1)$, et, en particulier, X_1 est, sous Q, une variable gaussienne, centrée, de variance $\sigma_b^2 = \int_0^1 e^{2b(1-s)} ds = \frac{1}{2b}(e^{2b}-1)$.

Donc, si X désigne une variable gaussienne, centrée, réduite, on a :

$$I_{\alpha,b} = \exp(b) \; (E[\exp - (\alpha + \frac{b}{2}) \sigma_b^2 X^2])^2$$

$$= b[b \operatorname{ch} b + 2\alpha \operatorname{sh} b]^{-1},$$ d'après (5), et la formule (4) est établie.

REFERENCES :

[1] B. GAVEAU : Principe de moindre action, propagation de la chaleur et estimées sous-elliptiques sur certains groupes nilpotents.
Acta Mathematica, Vol. 139, 1977.

[2] P. LEVY : Wiener's Random Function, and other Laplacian Random Functions.
Second Symposium of Berkeley. Probability and Statistics (1950), 171-186.

[3] D. WILLIAMS : On a stopped Brownian motion formula of H.M. Taylor.
Séminaire de Probabilités X, Lect. Notes in Maths 511, Springer (1976).

[4] M. YOR : Les filtrations de certaines martingales du mouvement brownien dans $\mathbb{R}^n$.
Séminaire de Probabilités XIII. Lect. Notes 721. Springer (1979).

ON STOPPED FEYNMAN-KAC FUNCTIONALS

by

Kai Lai Chung*

1. Introduction

Let $X = \{x(t),\ t \geq 0\}$ be a strong Markov process with continuous paths on $R = (-\infty, +\infty)$. Such a process is often called a diffusion. For each real b, we define the hitting time τ_b as follows:

$$\tau_b = \inf\{t > 0 \mid x(t) = b\} . \tag{1}$$

Let P_a and E_a denote as usual the basic probability and expectation associated with paths starting from a. It is assumed that for every a and b, we have

$$P_a\{\tau_b < \infty\} = 1 . \tag{2}$$

Now let q be a bounded Borel measurable function on R, and write for brevity

$$e(t) = \exp\left(\int_0^t q(x(s))ds\right). \tag{3}$$

*Research supported in part by NSF Grant MCS77-01319, and in part by a Guggenheim fellowship in 1975-6.

This is a multiplicative functional introduced by R. Feynman and M. Kac. In this paper we study the quantity

$$u(a,b) = E_a\{e(\tau_b)\} . \tag{4}$$

Since q is bounded below, (2) implies that $u(a,b) > 0$ for every a and b, but it may be equal to $+\infty$. A fundamental property of u is given by

$$u(a,b)\, u(b,c) = u(a,c) , \tag{5}$$

valid for $a < b < c$, or $a > b > c$. This is a consequence of the strong Markov property (SMP).

2. The Results

We begin by defining two abscissas of finiteness, one for each direction.

$$\begin{aligned} \beta &= \inf\{b \in R \mid \exists\ a < b : u(a,b) = \infty\} \\ &= \sup\{b \in R \mid \forall\ a < b : u(a,b) < \infty\}; \\ \alpha &= \sup\{a \in R \mid \exists\ b > a : u(b,a) = \infty\} \\ &= \inf\{a \in R \mid \forall\ b > a : u(b,a) < \infty\}. \end{aligned} \tag{6}$$

It is possible, e.g., that $\beta = -\infty$ or $+\infty$. The first case occurs when X is the standard Brownian motion, and $q(x) \equiv 1$; for then, $u(a,b) \geq E_a(\tau_b) = \infty$, for any $a \neq b$.

<u>Lemma 1</u>. We have

$$\beta = \inf\{b \in R \mid \forall\, a < b : u(a,b) = \infty\}$$

$$= \sup\{b \in R \mid \exists\, a < b : u(a,b) < \infty\} \;;$$

$$\alpha = \sup\{a \in R \mid \forall\, b > a : u(b,a) = \infty\}$$

$$\inf\{a \in R \mid \exists\, b > a : u(b,a) < \infty\} \;.$$

<u>Proof</u>: It is sufficient to prove the first equation above for β, because the second is trivially equivalent to it, and the equations for α follow by similar arguments. Suppose $u(a,b) = \infty$; then for $x < a < b$ we have $u(x,b) = \infty$ by (5). For $a < x < b$ we have by SMP,

$$u(x,b) \geq E_x\{e(\tau_a) \;;\; \tau_a < \tau_b\}\, u(a,b) = \infty$$

since $P_x\{\tau_a < \tau_b\} > 0$ in consequence of (2).

The next lemma is a martingale argument. Let $\mathfrak{F}_t$ be the σ-field generated by $\{x_s,\ 0 \leq s \leq t\}$ and all null sets, so that $\mathfrak{F}_{t+} = \mathfrak{F}_t$ for $t \geq 0$; and for any optional τ let $\mathfrak{F}_\tau$ and $\mathfrak{F}_{\tau+}$ and $\mathfrak{F}_{\tau-}$ have the usual meanings.

<u>Lemma 2</u>. If $a < b < \beta$, then

$$\lim_{a \uparrow b} u(a,b) = 1 \;; \tag{7}$$

$$\lim_{b \downarrow a} u(a,b) = 1 \;. \tag{8}$$

Proof: Let $a < b_n \uparrow b$ and consider

$$(9) \qquad E_a\{e(\tau_b)\,|\,\mathfrak{F}(\tau_{b_n})\}\,, \qquad n \geq 1\,.$$

Since $b < \beta$, $u(a,b) < \infty$ and the sequence in (9) forms a martingale. As $n \uparrow \infty$, $\tau_{b_n} \uparrow \tau_b$ a.s. and $\mathfrak{F}(\tau_{b_n}) \uparrow \mathfrak{F}(\tau_n-)$. Since $e(\tau_b) \in \mathfrak{F}(\tau_b-)$, the limit of the martingale is a.s. equal to $e(\tau_b)$. On the other hand, the conditional probability in (9) is also equal to

$$E_a\{e(\tau_b)\exp(\int_{\tau_{b_n}}^{\tau_b} q(x(s))ds)\,|\,\mathfrak{F}(\tau_{b_n})\} = e(\tau_{b_n})u(b_n,b)\,.$$

As $n \uparrow \infty$, this must then converge to $e(\tau_b)$ a.s.; since $e(\tau_{b_n})$ converges to $e(\tau_b)$ a.s., we conclude that $u(b_n,b) \to 1$. This establishes (7).

Now let $\beta > b > a_n \downarrow a$, and consider

$$(10) \qquad E_a\{e(\tau_b)\,|\,\mathfrak{F}(\tau_{a_n})\}\,, \qquad n \geq 1\,.$$

This is again a martingale. Although $a \to \tau_a$ is a.s. left continuous, not right continuous, for each fixed a we do have $\tau_{a_n} \downarrow \tau_a$ and $\mathfrak{F}(\tau_{a_n}) \downarrow \mathfrak{F}(\tau_a)$. Hence we obtain as before $u(a_n,b) \to u(a,b)$ and consequently

$$u(a,a_n) = \frac{u(a,b)}{u(a_n,b)} \to 1\,.$$

This establishes (8).

The next result illustrates the basic probabilistic method.

Theorem 1. The following three propositions are equivalent:

(i) $\beta = +\infty$;

(ii) $\alpha = -\infty$;

(iii) For every a and b, we have

$$u(a,b)u(b,a) \leq 1 . \tag{11}$$

Proof: Suppose $x(0) = b$ and let $a < b < c$. If (i) is true then $u(b,c) < \infty$ for every $c > b$. Define a sequence of successive hitting times T_n as follows (where θ denotes the usual shift operator):

$$S = \begin{cases} \tau_a & \text{if } \tau_a < \tau_c , \\ \infty & \text{if } \tau_c < \tau_a ; \end{cases}$$

$$T_o = 0 , \qquad T_1 = S , \tag{12}$$

$$T_{2n} = T_{2n-1} + \tau_b \circ \theta_{T_{2n-1}} , \qquad T_{2n+1} = T_{2n} + S \circ \theta_{T_{2n}} ,$$

for $n \geq 1$. Define also

$$N = \min\{n \geq 0 \,|\, T_{2n+1} = \infty\} . \tag{13}$$

It follows from $P_b\{\tau_c < \infty\} = 1$ that $0 \leq N < \infty$ a.s. For $n \geq 0$, we have

$$E_b\{e(\tau_c)\ ;\ N = n\} = E_b\{\exp(\sum_{k=0}^{2n} \int_{T_k}^{T_{k+1}} q(x(s))ds)\}$$

(14)

$$= E_b\{e(\tau_a)\ ;\ \tau_a < \tau_c\}^n\, E_a\{e(\tau_b)\}^n\, E_b\{e(\tau_c)\ ;\ \tau_c < \tau_a\} .$$

Since the sum of the first term in (14) over $n \geq 0$ is equal to $u(b,c) < \infty$, the sum of the last term in (14) must converge. Thus we have

(15) $$E_b\{e(\tau_a)\ ;\ \tau_a < \tau_c\}\, u(a,b) < 1 .$$

Letting $c \to \infty$ we obtain (11). Hence $u(b,a) < \infty$ for every $a < b$ and so (ii) is true. Exactly the same argument shows that (ii) implies (iii) and so also (i).

We are indebted to R. Durrett for ridding the next lemma of a superfluous condition.

<u>Lemma 3</u>. Given any $a \in R$ and $Q > 0$, there exists an $\varepsilon = \varepsilon(a,Q)$ such that

(16) $$E_a\{e^{Q\sigma_\varepsilon}\} < \infty$$

where

$$\sigma_\varepsilon = \inf\{t > 0 \,|\, x(t) \notin (a - \varepsilon,\ a + \varepsilon)\} .$$

<u>Proof</u>: Since X is strong Markov and has continuous paths, there is no "stable" point. This implies $P_a\{\sigma_\varepsilon \geq 1\} \to 0$ as $\varepsilon \to 0$ and so there exists ε such that

(17) $$P_a\{\sigma_\varepsilon \geq 1\} < e^{-(Q+1)} .$$

Now σ_ε is a terminal time, so $x \to P_x\{\sigma_\varepsilon \geq 1\}$ is an excessive function for the process X killed at σ_ε. Hence by standard theory it is finely continuous. For a diffusion under hypothesis (2) it is clear that fine topology coincides with the Euclidean. Thus $x \to P_x\{\sigma_\varepsilon \geq 1\}$ is in fact continuous. It now follows that we have, further decreasing ε if necessary:

(18) $$\sup_{|x-a|<\varepsilon} P_x\{\sigma_\varepsilon \geq 1\} < e^{-(Q+1)} .$$

A familiar inductive argument then yields for all $n \geq 1$.

(19) $$P_a\{\sigma_\varepsilon \geq n\} < e^{-n(Q+1)}$$

and (16) follows.

Lemma 4. For any $a < \beta$ we have

(20) $$u(a,\beta) = \infty ;$$

for any $b > \alpha$ we have $u(b,\alpha) = \infty$.

Proof: We will prove that if $u(a,b) < \infty$, then there exists $c > b$ such that $u(b,c) < \infty$. This implies (20) by Lemma 1, and the second assertion is proved similarly.

Let $Q = \|q\|$. Given b we choose a and b so that $a < b < d$ and

$$(21) \qquad E_b\{e^{Q(\tau_a \wedge \tau_d)}\} < \infty .$$

This is possible by Lemma 3. Now let $b < c < d$; then as $c \downarrow b$ we have

$$(22) \quad E_b\{e(\tau_a); \tau_a < \tau_c\} \leq E_b\{e^{Q(\tau_a \wedge \tau_d)}; \tau_a < \tau_c\} \to 0$$

because $P_b\{\tau_a < \tau_c\} \to 0$. Hence there exists c such that

$$(23) \qquad E_b\{e(\tau_a); \tau_a < \tau_c\} < \frac{1}{u(a,b)} .$$

This is just (15) above, and so reversing the argument there, we conclude that the sum of the first term in (14) over $n \geq 0$ must converge. Thus $u(b,c) < \infty$, as was to be shown.

To sum up:

Theorem 2. The function $(a,b) \to u(a,b)$ is continuous in the region $a \leq b < \beta$ and in the region $\alpha < b \leq a$. Furthermore, extended continuity holds in $a \leq b \leq \beta$ and $\alpha \leq b \leq a$, except at (β,β) when $\beta < \infty$, and at (α,α) when $\alpha > -\infty$.

Proof: To see that there is continuity in the extended sense at (a,β), where $a < \beta$, let $a < b_n \uparrow \beta$. Then we have by Fatou's lemma

$$\underline{\lim}_{n\to\infty} u(a,b_n) \geq E_a\{\lim_{n\to\infty} e(\tau_{b_n})\} = E_a\{e(\tau_\beta)\} = u(a,\beta) = \infty .$$

If $\beta < \infty$, then $u(\beta,\beta) = 1$ by définition, but $u(a,\beta) = \infty$ for all $a < \beta$; hence u is not continuous at (β,β). The case for α is similar.

3. The Connections

Now let X be the standard Brownian motion on R and q be bounded and continuous on R.

Theorem 3. Suppose that $u(x,b) < \infty$ for some, hence all, $x < b$. Then $u(\cdot,b)$ is a solution of the Schrödinger equation:

$$\frac{1}{2}\varphi'' + q\varphi = 0$$

in $(-\infty,b)$ satisfying the boundary condition

$$\lim_{x\to b} \varphi(x) = 1.$$

There are several proofs of this result. The simplest and latest proof was found a few days ago while I was teaching a course on Brownian motion. This uses nothing but the theorem by H. A. Schwarz on generalized second derivative and the continuity of $u(\cdot,b)$ proved in Theorem 2. It will be included in a projected set of lecture notes. An older proof due to Varadhan and using Ito's calculus and martingales will be published elsewhere. An even older unpublished proof used Kac's method of Laplace transforms of which an incorrect version (lack of domination!) had been communicated to me by an *ancien collègue*.

But none of these proofs will be given here partly because they constitute excellent exercises for the reader, and partly because the results have recently been established in any dimension (for a bounded open domain in lieu of $(-\infty, b)$), in collaboration with K. M. Rao. These are in the process of consolidation and extension.

I am indebted to Pierre van Moerbeke for suggesting the investigation in this note. The situation described in Theorem 1 for the case of Brownian motion apparently means the absence of "bound states" in physics!

ON SKOROHOD EMBEDDING IN n-DIMENSIONAL BROWNIAN MOTION BY MEANS OF NATURAL STOPPING TIMES

by

Neil Falkner[1]

ABSTRACT

Let μ be a measure on $\mathbb{R}^n$ whose electrostatic potential is well-defined and not everywhere infinite. Let (B_t) be Brownian motion in $\mathbb{R}^n$ with $\text{law}(B_0) = \mu$. We give sufficient conditions for a measure ν on $\mathbb{R}^n$ to be of the form $\text{law}(B_T)$ where T is a natural (ie., non-randomized) stopping time for (B_t) which is not "too big". (If $n \geq 3$, any stopping is not "too big" but if $n = 1$ or 2, some stopping times are "too big"). If the measure μ does not charge polar sets, the conditions we give are not only sufficient but necessary.

1. INTRODUCTION

Let $(\Omega, \mathcal{B}, \mathcal{B}_t, B_t, \theta_t, P^x)$ be Brownian motion in $\mathbb{R}^n$. In this paper we consider questions of the following sort : let μ and ν be measures on $\mathbb{R}^n$. When can one find a stopping time T such that

$$\nu(dx) = P^\mu(B_T \in dx) \quad ?$$

We emphasize that the fields $\mathcal{B}_t$ are the usual completed natural fields of the process (B_t) and that when we speak of a stopping time we mean a stopping time with respect to these fields. Thus the stopping times we consider are natural stopping times rather than randomized ones.

Skorohod [1] was the first to consider these questions. He considered the case $n = 1$, μ = the unit point mass at 0, ν a probability measure on $\mathbb{R}$ such that $\int x^2 \, d\nu(x) < \infty$, $\int x \, d\nu(x) = 0$, and he obtained a randomized stopping time τ such that $\nu(dx) = P^{\mu}(B_{\tau} \in dx)$ and $E^{\mu}(\tau) < \infty$. Dubins [1] and Root [1] considered the same case and obtained, by different methods, natural stopping times T such that $\nu(dx) = P^{\mu}(B_T \in dx)$ and $E^{\mu}(T) < \infty$. Rost [1 and 2] considered questions of this sort for general Markov processes and obtained randomized stopping times. Baxter and Chacon [1] considered the case of general n and showed that under suitable hypotheses, which included the supposition that the potential of ν be finite and continuous, it is possible to find a natural stopping time T such that $\nu(dx) = P^{\mu}(B_T \in dx)$. In this paper we improve the result of Baxter and Chacon by eliminating certain of their hypotheses, including the hypothesis of continuity of the potential of ν and "part of" the hypothesis of finiteness of the potential of ν. Our result is still not the best possible however, as we show by an example.

2. THE CASE OF A GREEN REGION

Throughout this section, D denotes a Green region in $\mathbb{R}^n$ with Green function G and ζ is the stopping time defined by

$$\zeta(\omega) = \inf \{t \geq 0 : B_t(\omega) \notin D\} .$$

For any measure μ in D, $G\mu : D \to [0,\infty]$ is defined by

$$G\mu(x) = \int_D G(x,y) \, d\mu(y) \qquad (x \in D) .$$

One says $G\mu$ is a potential iff it is not identically infinite on any component of D. (We remark that if μ is finite then $G\mu$ is a potential, but not conversely). If T is any stopping time then μ_T will denote the measure in D defined by

$$\mu_T(dx) = P^{\mu}(B_T \in dx, \, T < \zeta) .$$

That is, μ_T is the measure obtained by letting μ diffuse under Brownian motion up to the random time T where only paths of (B_t) which stay in D for the whole random time interval $[0,T]$ contribute to μ_T. The question we consider is:

Given μ such that $G\mu$ is a potential, what measures ν in D are of the form $\nu = \mu_T$ for some stopping time T ?

We shall make extensive use of classical potential theory and of the connections between Brownian motion and classical potential theory. For the former, the reader may consult Helms [1] and Brelot [1 and 2]; for the latter, Rao [1] and Blumenthal and Getoor [1].

The following lemma gives necessary conditions for ν to be of the form μ_T.

2.1. LEMMA

Let μ be a measure in D such that $G\mu$ is a potential and let T be a stopping time. Let $\nu = \mu_T$.

Then:

a) $G\mu \geq G\nu$. (Thus ν is finite on compact subsets of D).

b) There is a Borel set $C \subseteq D$ such that $\nu(Z) = \mu(Z \cap C)$ for every Borel polar set $Z \subseteq D$.

Proof :

a) For any non-negative Borel function f in D we have

$$\int f(x)\ G\mu(x)\ dx = E^{\mu}\left[\int_0^{\zeta} f(B_t)\ dt \right]$$

and

$$\int f(x)\ G\nu(x)\ dx = E^{\mu}\left[\int_{T\wedge\zeta}^{\zeta} f(B_t)\ dt \right].$$

Hence $G\mu \geq G\nu$ a.e. $[dx]$. But then $G\mu \geq G\nu$ throughout D as $G\mu$ and $G\nu$ are hyperharmonic functions.

b). As T is a natural stopping time, $P^x(T=0) \in \{0,1\}$ for all x, by the zero-one law. Let $C = \{x \in D : P^x(T=0) = 1\}$. C may not be Borel but at least it is universally measurable, which is close enough. If Z is any polar subset of D then $P^\mu(B_t \in Z$ for some $t > 0) = 0$ so certainly $P^\mu(B_T \in Z, T > 0) = 0$. Thus $\nu(Z) = \mu(Z \cap C)$ for every universally measurable polar set $Z \subseteq D$.

Remarks : Clearly the proof of part a) shows that if S and T are stopping times with $S \leq T$ then $G\mu_S \geq G\mu_T$. This inequality remains valid for randomized stopping times $\sigma \leq \tau$ but for part b) we need the fact that T is a natural stopping time.

Let us also point out another way of phrasing b). Note that $\{G\nu = \infty\}$ is a polar set and ν does not charge polar subsets of $\{G\nu < \infty\}$. Thus b) can be expressed more explicitly as follows : there is a Borel set $C \subseteq D$ such that $\nu(Z) = \mu(Z \cap C)$ for all Borel sets $Z \subseteq \{G\nu = \infty\}$.

We conjecture that conditions a) and b) of the lemma imply that there exists a stopping time T such that $\nu = \mu_T$ but we are unable to prove this. We can however prove the following weaker result.

2.2. THEOREM

Let μ and ν be measures in D such that $G\mu$ and $G\nu$ are potentials. Suppose $G\mu \geq G\nu$ in D and $\mu(Z) \leq \nu(Z)$ for every Borel set $Z \subseteq \{G\nu = \infty\}$. Then there is a stopping time T such that $\nu = \mu_T$.

Remarks :Once we have T, it follows from 2.1 (b), and from the fact that ν does not charge polar subsets of $\{G\nu < \infty\}$, that $\nu(Z) = \mu(Z \cap \{G\nu = \infty\})$ for every Borel polar set $Z \subseteq D$. This is why the theorem is weaker than the conjecture. Let us remark though, that for the case when μ does not charge polar sets, the theorem completely characterizes the measures ν which are of the form μ_T for some stopping time T.

So that the ideas in the proof of the theorem will not be lost among a mass of asides, we first establish some preliminary results.

2.3. NOTATION

A property which holds except on a polar set will be said to hold quasi-everywhere, abbreviated q.e. If u is a non-negative superharmonic function in D and $E \subseteq D$ then among all the non-negative superharmonic functions v in D such that $v \geq u$ q.e. on E, there is a smallest one which we denote by bal(u,E), read "the balayage of u over E". We write reg(E,D) for the set of regular points of E in D ; that is, the set

$$\{x \in D : u(x) = \mathrm{bal}(u,E)(x) \text{ for all } u \text{ superharmonic and } \geq 0 \text{ in } D\}.$$

One can show that $E \setminus \mathrm{reg}(E,D)$ is a polar set, that reg(E,D) is a G_δ-set, and that reg(E,D) is equal to the set of fine accumulation points of E in D, if $n \geq 2$, or the closure of E in D, if $n=1$.

If μ is a measure in D such that $G\mu$ is a potential then bal($G\mu$,E) is the potential of a unique measure ν in D which we denote by bal(μ,E), read "the balayage of μ onto E". One can show that bal(μ,E) lives on reg(E,D).

T_E denotes the first hitting time of E : $T_E(\omega) = \inf\{t > 0 : B_t(\omega) \in E\}$. If E is a Borel set (or just analytic) then T_E is a-stopping time and we have the well-known formula

$$\mathrm{bal}(u,E)(x) = E^x(u(B_{T_E})\, 1_{\{T_E < \zeta\}})$$

for any non-negative superharmonic function u in D.

2.4. LEMMA

Let μ be a measure in D such that $G\mu$ is a potential. Let E be a Borel subset of D and let $T=T_E$. Let $\nu = \mu_T$. Then

a). for all $x \in D$, $G\nu(x) = E^x(G\mu(B_T)\, 1_{\{T < \zeta\}})$.

b). $\nu = \mathrm{bal}(\mu,E)$.

Proof :

Clearly a) and b) are equivalent. Let us prove a). For any

$x,y \in D$, $\mathrm{bal}(G(y,.),E)(x) = \mathrm{bal}(G(x,.),E)(y)$; see Brelot [1, p. 15]. Thus

$$E^x(G\mu(B_T)\, 1_{\{T < \zeta\}}) = \int \mu(dy)\, E^x(G(y,B_T)\, 1_{\{T < \zeta\}})$$

$$= \int \mu(dy)\, \mathrm{bal}(G(y,.),E)(x) = \int \mu(dy) \mathrm{bal}(G(x,.),E)(y)$$

$$= \int \mu(dy)\, E^y(G(x,B_T)\, 1_{\{T < \zeta\}}) = E^\mu(G(x,B_T)\, 1_{\{T < \zeta\}})$$

$$= \int \nu(dz)\, G(x,z) = \int \nu(dz) G(z,x) = G\nu(x).$$

2.5. COROLLARY

Let μ be a measure in D such that $G\mu$ is a potential. Let U be a Borel finely open subset of D and let $T=T_{U^c}$. Then $\mu_T(U) = 0$.

Proof :

By 2.4, $\mu_T = \mathrm{bal}(\mu,U^c)$. Therefore μ_T lives on $\mathrm{reg}(U^c,D)$. But $\mathrm{reg}(U^c,D) \subseteq U^c$ since U is finely open.

2.6. COROLLARY

Let μ be a measure in D such that $G\mu$ is a potential. Let v be a superharmonic function in D such that $G\mu \geq v$. Let U be a Borel relatively compact subset of D and suppose there is a function h which is harmonic in a neighbourhood of $\overline{U}$ such that $G\mu \geq h \geq v$ on U. Let $T=T_{U^c}$. Then $G\mu_T \geq v$ in D.

Proof :

For $x \in \mathrm{reg}(U^c,D)$ we have $P^x(T > 0) = 0$ so $G\mu_T(x) = G\mu(x)$ by 2.4. Suppose $x \in U$. Then $P^x(T < \zeta) = 1$ since U is relatively compact in D. Also for every $\omega \in \{B_0=x\}$ and for every $t \in [0,T(\omega)) \cup \{0\}$ we have $G\mu(B_t(\omega)) \geq h(B_t(\omega))$. Now $G\mu$ need not be continuous but nevertheless

$t \mapsto G\mu(B_t(\omega))$ is continuous on $[0,\zeta(\omega))$ for P^x - a.a. ω. Therefore $G\mu(B_T) \geq h(B_T)$ P^x - a.s.. From 2.4 we then obtain $G\mu_T(x) \geq E^x(h(B_T))$. But $E^x(h(B_T)) = h(x)$ as h is harmonic in a neighbourhood of $\overline{U}$. Thus we find that $G\mu_T \geq v$ except possibly on the set $U^c \setminus \mathrm{reg}(U^c,D)$. But this exceptional set is polar. Therefore $G\mu_T \geq v$ throughout D.

2.7. LEMMA

Let μ be a measure in D such that $G\mu$ is a potential. Let (T_i) be a sequence of stopping times converging pointwise on Ω to a random time T.

Then :

a) T is a stopping time

b) For any Borel function ϕ in D such that

$$\int |\phi(x)| G\mu(x)dx < \infty$$

we have $\int_D \phi(x) G\mu_{T_i}(x)dx \to \int_D \phi(x)\, G\mu_T(x)dx$.

(One can deduce from this that

$$\int \psi \, d\mu_{T_i} \to \int \psi \, d\mu_T$$

for any continuous function ψ with compact support in D but we shall not need this).

Proof :

a) follows from the right continuity of (B_t). Let us prove b). Consider the decreasing process

$$Z_t = \int_{t \wedge \zeta}^{\zeta} \phi(B_s)ds \quad (0 \leq t < \infty).$$

For any stopping time S we have

$$\int_D \phi(x) G\mu_S(x)dx = E^\mu(Z_S).$$

Also, for $\omega \in \{Z_0 < \infty\}$ the map $t \mapsto Z_t(\omega)$ is continuous on $[0,\infty]$. The proof may now be concluded by applying the Lebesgue dominated convergence theorem.

2.8. LEMMA

Let μ be a measure in D. Let U be a finely open Borel subset of D. Let (T_i) be a sequence of stopping times converging pointwise on Ω to a stopping time T. Suppose $\mu_{T_i}(U) = 0$ for all i. Then $\mu_T(U) = 0$.

Proof : First suppose U is of the form $V \cap \{v < c\}$ where V is open in D, v is superharmonic in D, and c is a real number. Suppose that $\mu_T(U) \neq 0$. Then there is an open set W which is relatively compact in V and a real number $d < c$ such that $\mu_T(W \cap \{v < d\}) \neq 0$.

Let f be a $[0,1]$ -valued continuous function in D such that f=1 on W and f=0 outside some compact subset of V, let g be a $[0,1]$ -valued continuous function on $(-\infty,\infty]$ such that g=1 on $(-\infty,d]$ and g=0 on $[c,\infty]$, and let $\phi(x) = f(x)g(v(x))$ for $x \in D$. Since ϕ vanishes outside U we have $E^\mu(\phi(B_{T_i})\, 1_{\{T_i < \zeta\}}) = 0$ for all i. Thus if we let

$$A = \{x \in D : E^x(\phi(B_{T_i})\, 1_{\{T_i<\zeta\}}) = 0 \text{ for all } i\}$$

then A is universally measurable and $\mu(A^c) = 0$.

Let $x \in A$. Then for P^x-a.a. ω the map $t \mapsto \phi(B_t(\omega))$ is continuous on $[0,\zeta(\omega))$. From this it is clear that $\phi(B_{T_i})\, 1_{\{T_i<\zeta\}} \to \phi(B_T) 1_{\{T<\zeta\}}$ P^x-a.s. on $\{T\neq\zeta\}$. This convergence also holds on $\{T=\zeta<\infty\}$ since ϕ vanishes outside a compact subset of D. If $P^x(T=\zeta=\infty) \neq 0$ then we must have $n \geq 3$ (D is a Green region so if $n \leq 2$ then $\mathbf{R}^n \setminus D$ is not polar and $P^x(\zeta<\infty) = 1$) so $||B_t|| \to \infty$ P^x-a.s. . Thus we find that

$\phi(B_{T_i})\, 1_{\{T_i<\zeta\}} \to \phi(B_T)\, 1_{\{T<\zeta\}}$ P^x-a.s. on Ω in any case. Applying the Lebesgue dominated convergence theorem we conclude that $E^x(\phi(B_T)\, 1_{\{T<\zeta\}}) = 0$. As this is true for μ-a.a. $x \in D$ we have $E^\mu(\phi(B_T)\, 1_{\{T<\zeta\}}) = 0$. But $\phi \geq 1_{W \cap \{v < d\}}$ so this implies that $\mu_T(W \cap \{v < d\}) = 0$, which is a contradiction. Thus we must have $\mu_T(U) = 0$ after all.

We remark that for the proof of theorem 2.2 it suffices to have the lemma for U of the special form we have just considered.

Now suppose U is a general finely open Borel subset of D. Then $U = \bigcup_{\alpha \in \Sigma} U_\alpha$ where $(U_\alpha)_{\alpha \in \Sigma}$ is a family of finely open sets of the form considered in the first part of the proof. Next, there is a countable set $\Sigma_0 \subseteq \Sigma$ such that $Z \equiv U \setminus \bigcup_{\alpha \in \Sigma_0} U_\alpha$ is a polar set. (See Blumenthal and Getoor [1, p. 203]). By the first part of the proof we have $\mu_T(U_\alpha) = 0$ for all α. Now $\mu_T(Z) = P^\mu(B_T \in Z, T=0)$ since Z is polar. That is, $\mu_T(Z) = \int_Z \mu(dx)\, P^x(T=0)$. Let $S=\inf\{t \geq 0 : B_t \notin U\}$. Then $P^x(S > 0) = 1$ for each $x \in U$ as U is finely open. For each i we have $\int_U \mu(dx)\, P^x(T_i < S)$

$$\leq \int_U \mu(dx)\, P^x(B_{T_i} \in U, T_i<\zeta) \leq \mu_{T_i}(U) = 0.$$

Thus for μ-a.a. $x \in U$ we have $P^x(T \geq S) = 1$. Hence $\mu_T(Z) = 0$. This completes the proof of the lemma.

2.9. DOMINATION PRINCIPLE

Let λ be a measure in D such that $G\lambda$ is a potential. Let v be a non-negative superharmonic function in D with Riesz measure $\nu \equiv -\Delta v$. Then the following are equivalent :

a) $v \geq G\lambda$ throughout D.

b) $v \geq G\lambda$ a.e. $[\lambda]$ and $\nu(Z) \geq \lambda(Z)$ for all Borel polar sets $Z \subseteq D$.

c) $v \geq G\lambda$ a.e. $[\lambda]$ and $\nu(Z) \geq \lambda(Z)$ for all Borel sets $Z \subseteq \{v=\infty\}$.

d) $v \geq G\lambda$ a.e. $[\lambda]$ and $\nu(Z) \geq \lambda(Z)$ for all Borel sets $Z \subseteq \{G\lambda = \infty\}$

Proof : b) $\Longrightarrow$ c). Any subset of $\{v=\infty\}$ is a polar set.

c) $\Longrightarrow$ d). $\lambda(\{G\lambda=\infty, v<\infty\}) = 0$.

d) $\Longrightarrow$ a). $v = G\nu + h$ where h is a non-negative harmonic function in D. Let $P = \{G\lambda=\infty\}$ and let λ_1,λ_2 be the measures in D defined by $\lambda_1(dx) = \lambda(P^c \cap dx)$, $\lambda_2(dx) = \lambda(P \cap dx)$. Then $\lambda_2 \leq \nu$ so $\nu = \nu_1 + \lambda_2$ for some (unique) measure ν_1 in D. Let $v_1 = G\nu_1 + h$. Then $v_1 \geq G\lambda_1$ a.e. $[\lambda_1]$. Also λ_1 does not charge polar sets. Hence λ_1 lives on $E \equiv \mathrm{reg}(\{v_1 \geq G\lambda_1\}, D)$. Thus we have $v_1 \geq G\lambda_1$ throughout D. This follows from the integral representation of balayage due to Brelot [1].

a) $\Longrightarrow$ b). The only thing to prove is that ν dominates λ on polar sets. For this, see lemma 3.11 below. We remark that we have included the fact that a) $\Longrightarrow$ b) only for completeness ; it is not needed for understanding the rest of the paper.

Proof of theorem 2.2. : Let V be a countable open base for D consisting of relatively compact subsets of D. Let G be the weakest topology on D which is stronger than the usual topology on D and which makes $G\nu$ continuous. Let U be the collection of sets of the form $V \cap \{G\nu < c\}$ where $V \in V$ and c is a positive rational. Then U is a base for the topology G induces on $\{G\nu < \infty\}$. (This assertion is not used below ; indeed we do not explicitly use the topology G, but it gives a perspective on the proof).

Now U is countable. Let $(U_i)_{i \geq 1}$ be a sequence in U in which each element of U occurs infinitely many times. Let S be the set of all stopping times S such that $G\mu_S \geq G\nu$. For each $i \geq 1$ let $H_i = \inf\{t > 0 : B_t \in U_i\}$. Let $T_0 = 0$ and for $i \geq 1$ let

$$T_i = \begin{cases} T_{i-1} + H_i \circ \theta_{T_{i-1}} & \text{if this stopping time is in } S \\ T_{i-1} & \text{otherwise.} \end{cases}$$

(Note that $T_{i-1} + H_i \circ \theta_{T_{i-1}} = \inf\{t > T_{i-1} : B_t \notin U_i\}$).

Then (T_i) is an increasing sequence of stopping times in S. Let $T = \lim_{i \to \infty} T_i$.

Then $T \in S$ by 2.7. Let $\lambda = \mu_T$. We claim $\lambda = \nu$. We know $G\lambda \geq G\nu$ so it suffices to prove $G\nu \geq G\lambda$. By 2.1, λ charges polar sets less than μ. Hence $\lambda(Z) \leq \nu(Z)$ for every Borel set $Z \subseteq \{G\nu = \infty\}$. Thus by 2.9 we have only to show that $G\nu \geq G\lambda$ a.e. $[\lambda]$. Suppose $\lambda(\{G\lambda > G\nu\}) \neq 0$. Then there is a positive rational c such that $\lambda(\{G\lambda > c\} \cap \{G\nu < c\}) \neq 0$. But $\{G\lambda > c\}$ is open in D (as $G\lambda$ is lower semicontinuous) and hence is a countable union of elements of V. Thus there exists $V \in V$ such that $G\lambda > c$ on V and $\lambda(U) \neq 0$, where $U = V \cap \{G\nu < c\}$. Let $I = \{i \geq 1 : U_i = U\}$. Then I is infinite. Note that for any stopping times R and S, the strong Markov property implies that $(\mu_R)_S = \mu_{R+S\circ\theta_R}$. Suppose $i \in I$. Then $G\mu_{T_{i-1}} > c > G\nu$ on $U_i = U$ so by 2.6, $G(\mu_{T_{i-1}})_{H_i} \geq G\nu$ in D ; hence $T_i = T_{i-1} + H_i \circ \theta_{T_{i-1}}$. Therefore by 2.5, $\mu_{T_i}(U) = 0$. But this is true for arbitrarily large i (as I is infinite) so by 2.8, $\mu_T(U) = 0$. That is, $\lambda(U) = 0$. This is a contradiction so we cannot have $\lambda(G\lambda > G\nu\}) \neq 0$. The theorem is proved.

2.10 EXAMPLE

Let μ be the unit point mass at the origin in $\mathbb{R}^n$. Let (r_j) be a sequence of distinct strictly positive real numbers and for $j = 1,2,\ldots$ let ν_j be the uniform unit distribution on $\{x \in \mathbb{R}^n : ||x|| = r_j\}$. Let $(p_j)_{j\geq 1}$ be a sequence of non-negative real numbers such $\Sigma_{j\geq 1} p_j = 1$ and let $\nu = \Sigma_{j\geq 1} p_j \nu_j$. we shall show that there is a stopping time T such that $\mu_T = \nu$. (When $n \geq 3$, in which case $\mathbb{R}^n$ is a Green region, and $\Sigma_{j\geq 1} p_j/r_j{}^n = \infty$ this result does not follow from theorem 2.2. Thus theorem 2.2 is not best possible.) Our method of proof does not use potential theory at all but instead relies on the following measure-theoretic result:

Lemma : Given a probability space $(\Omega, \mathcal{A}, P)$, a decreasing sequence $(\mathcal{A}_j)_{j\geq 1}$ of sub-σ-fields of $\mathcal{A}$ such that P is non-atomic on each $\mathcal{A}_j$, and a sequence $(p_j)_{j\geq 1}$ of non-negative reals such that $\Sigma_{j\geq 1} p_j = 1$, there exist disjoint $A_j \in \mathcal{A}_j$ with $P(A_j) = p_j$.

This result is taken from Dudley and Gutmann [1]. We cannot resist the temptation to sketch a proof which is much easier than the one they give. If we have chosen disjoint $A_j^k \in \mathcal{A}_j$ with $P(A_j^k) = p_j$ for $j = 1,\ldots,k$ then we can choose any $A_{k+1}^{k+1} \in \mathcal{A}_{k+1}$ with $P(A_{k+1}^{k+1}) = p_{k+1}$ and we can modify $A_k^k, A_{k-1}^k, \ldots, A_1^k$ in turn to obtain $A_k^{k+1}, A_{k-1}^{k+1}, \ldots, A_1^{k+1}$ such that $A_{k+1}^{k+1}, A_k^{k+1}, A_{k-1}^{k+1}, \ldots, A_1^{k+1}$ are disjoint and for $j = 1,\ldots,k$, $A_j^{k+1} \in \mathcal{A}_j$, $P(A_j^{k+1}) = p_j$, <u>and</u> $P(A_j^{k+1} \,\Delta\, A_j^k) \leq 2P(A_{k+1}^{k+1}) = 2p_{k+1}$. Then for each j, $(A_j^k)_{k\geq j}$ is a P-Cauchy sequence in $\mathcal{A}_j$, which therefore converges in P-measure to a set $A_j^\circ \in \mathcal{A}_j$. We have $P(A_j^\circ) = p_j$ and for $j_1 \neq j_2$, $P(A_{j_1}^\circ \,\Delta\, A_{j_2}^\circ) = 0$. Now let $A_j = A_j^\circ \setminus \cup_{k>j} A_k^\circ$.

Now here is how to use the lemma to construct the stopping time T. Let $\mathcal{F} = \sigma(||B_s|| : 0 \leq s < \infty)$ and for $0 \leq t < \infty$ let $\mathcal{F}_t = \sigma(||B_s|| : 0 \leq s \leq t)$. For each j let $H_j = \inf\{t : ||B_t|| = r_j\}$ (which is an $(\mathcal{F}_t)$-stopping time) and let $\mathcal{A}_j = \mathcal{F}_{H_1\wedge\ldots\wedge H_j}$. Now $B_{H_1\wedge\ldots\wedge H_j}$ is $\mathcal{A}_j$-measurable and its P^μ-law is the uniform unit distribution on $\{x \in \mathbb{R}^n : ||x|| = r_1 \wedge \ldots \wedge r_j\}$ so A_j is P^μ-non-atomic. Thus by the lemma there exist disjoint $A_j \in A_j$ such that $P^\mu(A_j) = p_j$. We may assume that $\bigcup_{j \geq 1} A_j = \Omega$. Now define T on Ω by $T = H_j$ on A_j $(j = 1,2,\ldots)$. Since $A_j \in F_{H_j}$ $(\supseteq A_j)$, T is an (F_t)-stopping time. Evidently $P^\mu(||B_T|| = r_j) = p_j$. Now it follows from the spherical symmetry of Brownian motion that if R is any F-measurable random time then $\text{law}(B_R;P^\mu)$ is spherically symmetric. Thus $\mu_T = \nu$.

We reiterate that, as one might have hoped in view of the spherical symmetry of ν, the stopping time T we have constructed is actually a stopping time with respect to the filtration of the process $(||B_t||)$ which is of course smaller than the filtration of (B_t). Let us also point out that T has the property that $||B_T|| = \sup_{0 \leq t < \infty} ||B_{T \wedge t}||$. From this it follows that if ν is special (see section 3) then T is μ-standard (see 4.1). Hence this example also shows that in the case $n = 2$, theorem 4.12 below is not best possible (choose (r_j) and (p_j) so $\Sigma_{j \geq 1} -p_j \log r_j = \infty$).

3. POTENTIAL THEORY IN $\mathbb{R}^1$ AND $\mathbb{R}^2$

To state and prove the analoque of theorem 2.2 for the case in which the Green region D is replaced by $\mathbb{R}^1$ or $\mathbb{R}^2$ we need to develop some potential theory for $\mathbb{R}^1$ and $\mathbb{R}^2$ and we also need to discuss the notion of "standard" stopping times. The standard times are those which are not too big in a certain sense. The detailed discussion of these stopping times will be taken up in the next section. In this section we shall develop the required potential theory.

Suppose that $n = 1$ or 2. Define $\Phi : \mathbb{R}^n \to (\infty,\infty]$ by

$$\Phi(x) = \begin{cases} -\frac{1}{2}|x| & \text{if } n = 1, \\ -\frac{1}{2\pi}\log||x|| & \text{if } n = 2 \text{ and } x \neq 0, \\ \infty & \text{if } n = 2 \text{ and } x = 0. \end{cases}$$

If μ is a measure on $\mathbb{R}^n$ then define U_+^μ , $U_-^\mu : \mathbb{R}^n \to [0,\infty]$ by

$$U_\pm^\mu(x) = \int \Phi^\pm(x-y)\, d\mu(y)$$

and define U^μ , the potential of μ , on the set where U_+^μ and U_-^μ are not both infinite, by

$$U^\mu = U_+^\mu - U_-^\mu \ .$$

If μ is finite on compact sets and U_-^μ is finite at at least one point then we say μ is <u>special</u>. If μ is special then μ is finite, U_-^μ is Lipschitz (in particular U_-^μ is finite everywhere), U^μ is everywhere-defined and superharmonic, and $\mu = -\Delta U^\mu$ in the sense of generalized functions. It is easy to see that: if $n = 1$ then μ is special iff μ is finite and $\int_{\mathbb{R}} |x|\, d\mu(x) < \infty$; if $n = 2$ then μ is special iff μ is finite and $\int_{\mathbb{R}^2} \log^+||x||\, d\mu(x) < \infty$.

3.1. LEMMA

Let μ be a non-zero measure on $\mathbb{R}$ and let ξ be the centre of mass of μ . Define $f : \mathbb{R} \to \mathbb{R}$ by $f(x) = \mu(\mathbb{R})\Phi(x-\xi) - U^\mu$. Then $f \geq 0$, f is increasing on $(-\infty,\xi]$, f is decreasing on $[\xi,\infty)$, and $f(x) \to 0$ as $|x| \to \infty$.

The proof of this lemma is a simple computation. The two corollaries below follow immediately.

3.2. COROLLARY

Let μ and ν be special measures on $\mathbb{R}$ and let c be a real number. Suppose $U^\nu + c \geq U^\mu$. Then:

a) $\nu(\mathbb{R}) \leq \mu(\mathbb{R})$

b) if $\nu(\mathbb{R}) = \mu(\mathbb{R})$ then $c \geq 0$ and μ and ν have the same centre of mass.

3.3. COROLLARY

Let μ be the unit point mass at $\xi \in \mathbb{R}$ and let ν be a special probability measure on $\mathbb{R}$. Then $U^\mu \geq U^\nu$ iff the centre of mass of ν is equal to ξ.

3.4. DOMINATION PRINCIPLE FOR $\mathbb{R}$:

Let μ be a non-zero special measure on $\mathbb{R}$ and let v be a superharmonic function on $\mathbb{R}$ such that :

a) $v \geq U^\mu$ a.e. $[\mu]$

b) $\liminf_{|x| \to \infty} [v(x) - \mu(\mathbb{R})\Phi(x)] > -\infty$.

Then $v \geq U^\mu$ everywhere on $\mathbb{R}$.

Proof : A function on $\mathbb{R}$ is superharmonic iff it is finite and concave. Note that such a function is automatically continuous. Let $E = \{v \geq U^\mu\}$ and let $W=E^c$. Then W is open. Also $\mu(W) = 0$ so U^μ is harmonic in W. Since we are in dimension one, this just amounts to saying that on each component of W the graph of U^μ is a straight line. By the continuity of U^μ, this actually holds on the closure of each component of W. Suppose $p \in W$. We shall show that $v(p) \geq U^\mu(p)$. (Whence W is actually empty). Let C be the component of W containing p. Then $C = (a,b)$ where $a \in E \cup \{-\infty\}, b \in E \cup \{\infty\}$, and $a < p < b$. Also $E \neq \emptyset$ since $\mu \neq 0$, so at least one of a and b is finite.

Case 1 :

a and b both finite. Then $v(a) \geq U^\mu(a)$ and $v(b) \geq U^\mu(b)$. Also v is concave and U^μ is a straight-line function on $[a,b]$. Hence $v \geq U^\mu$ on $[a,b]$. In particular $v(p) \geq U^\mu(p)$.

Case 2 :

$a = -\infty$, $b \in E$. By b) and 3.1 we have $\liminf_{x \to -\infty} [v(x) - U^\mu(x)] > -\infty$. Hence $v-U^\mu$ is bounded below on $(-\infty,b]$. Now for each $x \in (-\infty,p]$ there is a unique number $c(x) \in [0,1]$ such that $p = [1-c(x)]x + c(x)b$. As $x \to -\infty$, $c(x) \to 1$.

Now

$$v(p) \geq [1-c(x)]v(x) + c(x)\, v(b)$$

$$\geq [1-c(x)]\, [v(x)-U^\mu(x)] + [1-c(x)]\, U^\mu(x) + c(x)\, U^\mu(b)$$

$$= [1-c(x)]\, [v(x) - U^\mu(x)] + U^\mu(p).$$

Letting $x \to -\infty$ we obtain $v(p) \geq U^\mu(p)$.

Case 3 :

$a \in E$, $b=\infty$. Similar to case 2.

3.5. COROLLARY

Let μ and ν be special measures on $\mathbb{R}$ and let c be a real number. Then $U +c \geq U^\mu$ on all of $\mathbb{R}$ iff $U^\nu+c \geq U^\mu$ a.e. $[\mu]$ and $\nu(\mathbb{R}) \leq \mu(\mathbb{R})$ and either $\mu \neq \nu$ or $c \geq 0$.

Proof : Combine 3.1, 3.2, and 3.4.

3.6. LEMMA

Let μ be a special measure on $\mathbb{R}^2$. Then :

a) $\lim\limits_{||x|| \to \infty} [U^\mu_-(x) - \mu(\mathbb{R}^2)\, \Phi^-(x)] = 0.$

b) $\liminf\limits_{||x|| \to \infty} [U^\mu(x) - \mu(\mathbb{R}^2)\, \Phi(x)] \geq 0.$

c) If μ has compact support,

$$\lim_{||x|| \to \infty} [U^\mu(x) - \mu(\mathbb{R}^2)\, \Phi(x)] = 0.$$

Proof :

a). $U^\mu_-(x) - \mu(\mathbb{R}^2)\Phi^-(x) = \int \Phi^-(x-y) - \Phi^-(x)\, d\mu(y).$

Now if $||x|| \geq 1$ and $||x-y|| \geq 1$ then

$$\Phi^-(x-y) - \Phi^-(y) = \frac{1}{2\pi} \log \frac{||x-y||}{||x||} .$$

Thus for each $y \in \mathbb{R}^2$, $\Phi^-(x-y) - \Phi^-(x) \to 0$ as $||x|| \to \infty$. Now $\int \log^+||x||\, d\mu(x) < \infty$ since μ is special. Hence the desired result follows from the Lebesgue dominated convergence theorem in view of the following estimate.

<u>Claim</u> : $|\Phi^-(x-y) - \Phi^-(x)| \leq \frac{1}{2\pi} (\log 2 + \log^+||y||)$.

First note that for all $r \geq 0$, $\log(1+r) \leq \log 2 + \log^+ r$. (Consider the two cases $0 \leq r \leq 1$ and $r \geq 1$). Now for the proof of the claim consider the four cases $||x-y|| \geq ||x|| \geq 1, ||x|| \geq ||x-y|| \geq 1$, $||x-y|| \leq 1$, and $||x|| \leq 1$.

b). This is evident.

c). As μ has compact support, so does U_+^μ.

<u>3.7. LEMMA</u>

Let μ be a special measure on $\mathbb{R}^2$. For each positive real number r let D_r be the open disc of radius r centred at 0 in $\mathbb{R}^2$ and let μ_r, μ_r' be the measures on $\mathbb{R}^2$ defined by $\mu_r(dx) = \mu(D_r \cap dx)$, $\mu_r'(dx) = \mu(D_r^c \cap dx)$. Then :

a) For all $x \in \mathbb{R}^2$ and all $r > 0$,
$$U^{\mu_r'}(x) \geq U^{\mu_r'}(0) - \frac{1}{2\pi}\mu(D_r^c)\log(1 + \frac{||x||}{r}).$$

b) For all $\varepsilon > 0$ and all $k \geq 0$ there exists $r_0 \in (0,\infty)$ such that for $r_0 \leq r < \infty$ we have $U^\mu + \varepsilon \geq U^{\mu_r}$ on $\overline{D}_{kr}$.

<u>Proof</u> :

a). This follows from the estimate
$$\Phi(x-y) \geq \Phi(y) - \frac{1}{2\pi}\log(1+\frac{||x||}{r}),$$
which holds for $x \in \mathbb{R}^2$ and $y \in D_r^c$.

b). Choose $r_0 \in [1,\infty)$ such that
$$\mu(D_{r_0}^c)\log(1+k) + \int_{D_{r_0}^c} \log||y||\, d\mu(y) \leq 2\pi\varepsilon$$

Then for any $r \geq r_0$ we have $U^{\mu'_r} \geq -\varepsilon$ on $\overline{D}_{kr}$, by a). The lemma is proved.

3.8. LEMMA

Let A be a Borel non-polar subset of $\mathbb{R}^2$. Then there is a non-zero special measure λ on $\mathbb{R}^2$ such that $\lambda(A^c) = 0$ and U^λ is bounded above on $\mathbb{R}^2$.

Proof : There is some open ball D in $\mathbb{R}^2$ such that $D \cap A$ is not polar. By the capacitability theorem, $D \cap A$ contains a compact set K which is not polar. Let u be the capacitary potential of K relative to D and let $\lambda \equiv -\Delta u$ be the Riesz measure of u. Extend λ to a measure on $\mathbb{R}^2$ by setting $\lambda(dx) = \lambda(D \cap dx)$. Then $\lambda \neq 0$ as K is not polar. Now there is a harmonic function h in D such that $U^\lambda = u+h$ in D. We have $u \leq 1$ in D, h continuous in D, U^λ continuous in K^c, and (by 3.6) $U^\lambda(x) \to -\infty$ as $||x|| \to \infty$. Hence U^λ is bounded above.

3.9. DOMINATION PRINCIPLE FOR $\mathbb{R}^2$

Let μ and ν be special measures on $\mathbb{R}^2$.

Let c be a real number. Then $U^\nu + c \geq U^\mu$ on $\mathbb{R}^2$ iff the following four conditions hold :

a) $U^\nu + c \geq U^\mu$ a.e. $[\mu]$

b) $\nu(Z) \geq \mu(Z)$ for every Borel polar set $Z \subseteq \mathbb{R}^2$.

c) $\nu(\mathbb{R}^2) \leq \mu(\mathbb{R}^2)$

d) $\mu \neq \nu$ or $c \geq 0$.

(We remark that just as in 2.9, b) can be replaced by either of the two weaker conditions :

b_1) $\nu(Z) \geq \mu(Z)$ for every Borel set $Z \subseteq \{U^\nu = \infty\}$.

b_2) $\nu(Z) \geq \mu(Z)$ for every Borel set $Z \subseteq \{U^\mu = \infty\}$).

Proof : Let us remark that for the purpose of embedding in Brownian motion in $\mathbb{R}^2$ we need only the implication ($\Leftarrow$) of this theorem. We state the theorem in "if and only if" form for completeness. As to the proof of ($\Rightarrow$), it is obvious that a) and d) follow from the assumption that $U^\nu + c \geq U^\mu$ everywhere. The reader who wishes to see that b) and c) also follow is referred to lemmas 3.10 and 3.11 below. These lemmas are not needed for understanding the rest of the paper.

Now let us prove ($\Leftarrow$). We proceed by reducing to the case of a Green region. Clearly we need only consider the case in which $\mu \neq \nu$. Then from b) and c) we can conclude that there is no polar set which carries μ. Hence μ must charge the set $A \equiv \{U^\nu + c \geq U^\mu\} \cap \{U^\mu < \infty\}$. But then A is not a polar set since μ does not charge polar subsets of $\{U^\mu < \infty\}$. Choose $\varepsilon > 0$. Then by 3.8there is a non-zero special measure λ on $\mathbb{R}^2$ such that $U^\lambda \leq \frac{\varepsilon}{2}$ on $\mathbb{R}^2$ and $\lambda(A^c) = 0$. We may suppose λ has compact support. For each $r > 0$ let μ_r and D_r be as in the statement of lemma 3.7. By b) of that lemma, there exists $r_0 \in (0,\infty)$ such that $U^\mu + \frac{\varepsilon}{2} \geq U^{\mu_r}$ on $\overline{D}_r$ for all $r \geq r_0$. Choose $\alpha \in (0,1]$. Then $U^{\alpha\lambda} = \alpha U^\lambda \leq \frac{\varepsilon}{2}$ on $\mathbb{R}^2$. Thus for all r in $[r_0,\infty)$ we have $U^\mu + \varepsilon \geq U^{\mu_{r,\alpha}}$ on $\overline{D}_r$, where $\mu_{r,\alpha} = \mu_r + \alpha\lambda$. As $\alpha\lambda \neq 0$, there exists $r_1 \in [r_0,\infty)$ such that $\mu_{r_1,\alpha}(\mathbb{R}^2) > \mu(\mathbb{R}^2)$. Then for all $r \in [r_1,\infty)$ we have $\liminf_{||x|| \to \infty} [v(x) - \mu_{r,\alpha}(\mathbb{R}^2)\,\Phi(x)] = +\infty$, where $v = U^\nu + c$.

We may suppose r_1 is chosen so that $\text{supp}(\gamma) \subseteq D_{r_1}$.

Choose $r_2 \in [r_1,\infty)$ and let $\gamma = \mu_{r_2,\alpha}$. Then there exists $r_3 \in [r_2,\infty)$ such that on $\mathbb{R}^2 \setminus D_{r_3}$ we have $v \geq \gamma(\mathbb{R}^2)\Phi$ and $\gamma(\mathbb{R}^2)\Phi + \varepsilon \geq U^\gamma$ where the second estimate follows from 3.6 (c) because γ has compact support. Now choose $r_4 \in [r_3,\infty)$ and consider the Green region $D \equiv D_{r_4}$. Since the support of γ is a compact subset of D, U^γ is finite and continuous on ∂D. Let h be the unique continuous function on $\overline{D}$ which is harmonic in D and which agrees with U^{γ} on ∂D. Then $U^{\gamma}-h = G\gamma$ in D where G is the Green function of D. Now $v+\varepsilon-h$ is lower semicontinuous on $\overline{D}$, superharmonic in D, and non-negative on ∂D. Hence $v+\varepsilon-h$ is non-negative in D by the minimum principle. Next observe that $v+\varepsilon-h \geq U^{\mu}+\varepsilon-h$ on $\{v \geq U^{\mu}\} \cap D$, $U^{\mu}+\varepsilon-h \geq G\gamma$ in D, γ lives on $\{v \geq U^{\mu}\} \cap D$, and γ charges polar sets no more that μ does and so certainly no more than ν does. Thus $v+\varepsilon-h \geq G\gamma$ throughout D by the domination principle for a Green region (see 2.9). That is, $v+\varepsilon \geq U^{\gamma}$ in D_{r_4}. As $r_4 \in [r_3,\infty)$ was arbitrary, $v+\varepsilon \geq U^{\mu_{r_2,\alpha}}$ on all of $\mathbb{R}^2$. Now this holds for all $r_2 \in [r_1,\infty)$. Letting $r_2 \to \infty$ we obtain $v+\varepsilon \geq U^{\mu+\alpha\lambda}$, which holds for all $\alpha \in (0,1]$. Now letting $\alpha \to 0$ we get $v+\varepsilon \geq U^{\mu}$. This holds for all $\varepsilon > 0$. Hence $v \geq U^{\mu}$. The theorem is proved.

3.10 LEMMA

Let μ and ν be special measures on $\mathbb{R}^2$ and let c be a real number. Suppose $U^{\nu}+c \geq U^{\mu}$. Then :

a) $\nu(\mathbb{R}^2) \leq \mu(\mathbb{R}^2)$.

b) If $\nu(\mathbb{R}^2) = \mu(\mathbb{R}^2)$ then $c \geq 0$.

Proof : Let γ be the uniform unit distribution on $\{x \in \mathbb{R}^2 : ||x|| = 1\}$. Then $U^{\gamma} = -\Phi^{-}$.

Let $\alpha = \mu*\gamma$, $\beta = \nu*\gamma$. Then $-U^{\mu}_{-} + c = U^{\gamma} * \mu + c = U^{\mu} * \gamma + c$

$$= (U^{\mu}+c) * \gamma \geq U^{\nu}*\gamma = -U^{\nu}_{-}.$$

The proof may be concluded by applying 3.6 (a).

3.11. LEMMA

Let D be an open subset of $\mathbb{R}^n$ and let u and v be superharmonic functions in D with Riesz measures $\mu = -\Delta u$ and $\nu = -\Delta v$ respectively. Suppose $v \geq u$. Then $\nu(Z) \geq \mu(Z)$ for every Borel polar set $Z \subseteq D$.

Proof : It suffices to consider Z's which are relatively compact in D. Then $Z \subset W \subseteq D'$ where D' is open and relatively compact in D and W is open and relatively compact in D'. Then u and v are bounded below in D', say by c, and if we let $u' = \mathrm{bal}((u-c)|D', W)$ and $v' = \mathrm{bal}((v-c)|D', W)$ then u' and v' are potentials in D' whose Riesz measures agree in W with μ and ν respectively. Thus we see that we may suppose that D is a Green region and that $u = G\mu$ and $v = G\nu$, where G is the Green function of D. Then since $G\nu \geq G\mu$, there is a randomized stopping time τ such that $\mu = \nu_\tau$, by Rost [1]. But then $\mu(Z) = \int_Z \text{"}P^z(\tau=0)\text{"}\, d\nu(z)$ since Z is polar, so $\mu(Z) \leq \nu(Z)$.

We remark that it is also possible to give a proof of this lemma which uses only classical potential theory.

We conclude this section with a convergence theorem. First we need a definition.

3.12. DEFINITION

A measure γ on $\mathbf{R}^n$ will be called good iff γ has compact support and U^γ is continuous and finite.

Observe that if ϕ is a bounded compactly supported Borel function on $\mathbf{R}^n$ and $\gamma(dx) = \phi(x)dx$ then γ is good. Hence if u and v are superharmonic functions on $\mathbf{R}^n$ such that $\int u d\gamma \geq \int v d\gamma$ for all good measures γ on $\mathbf{R}^n$ then $u \geq v$ everywhere on $\mathbf{R}^n$. If n=1 the point masses are good measures, but not if n=2.

3.13. THEOREM

Let μ be a measure on $\mathbf{R}^n$ (where n=1 or 2) which is finite on compact sets and let $(\mu_i)_{i \in I}$ be a net of special measures on $\mathbf{R}^n$ such that $\int \phi\, d\mu_i \to \int \phi\, d\mu$ for all compactly supported continuous functions ϕ on $\mathbf{R}^n$. Then :

a) $\int U_+^{\mu_i}\, d\gamma \to \int U_+^{\mu}\, d\gamma$ for all good measures γ on $\mathbf{R}^n$

Now suppose also that the net $(\int U_-^{\mu_i}\, d\nu)$ converges to a finite limit for some non-zero special measure ν on $\mathbf{R}^n$. Then :

b) μ is special.

c) The net $(U_-^{\mu_i})$ converges uniformly on compact sets to $U_-^{\mu} + C$, where C is some finite non-negative constant.

d) $\int U^{\mu_i}\, d\gamma \to \int U^{\mu} - C\, d\gamma$ for all good measures γ on $\mathbf{R}^n$.

<u>Proof</u> : For any good measure γ , U_+^{γ} is compactly supported and continuous. Part a) follows immediately from this, upon interchanging orders of integration. Now suppose ν is an in the statement of the theorem. Then for some i_0, $\sup_{i \geq i_0} \int U_-^{\nu}\, d\mu_i < \infty$. Hence

$$\lim_{r \to \infty} \left[\sup_{i \geq i_0} \mu_i(\{x \in \mathbf{R}^n : ||x|| \geq r\})\right] = 0.$$

Also, as $\mu_i \to \mu$ vaguely, for each compact set $K \subseteq \mathbf{R}^n$ there exists i_0' such that $\sup_{i \geq i_0'} \mu_i(K) < \infty$. Combining these two observations we find that $\sup_{i \geq i_1} \mu_i(\mathbf{R}^n) < \infty$ for some $i_1 \geq i_0$, $\mu(\mathbf{R}^n) < \infty$, and $\int f\, d\mu_i \to \int f d\mu$ for all bounded continuous functions f on $\mathbf{R}^n$. Next, it is easy to show that :

$$(*) \qquad U_-^{\mu} \leq \liminf U_-^{\mu_i}.$$

Thus by Fatou's lemma, $\int U^{\mu}\, d\nu \leq \lim \int U^{\mu_i}\, d\nu$. Hence $\int U_-^{\mu}\, d\nu < \infty$. Therefore, as $\nu \neq 0$, U_-^{μ} is not identically infinite. Hence U_-^{μ} is finite everywhere and μ is special. Also, for any $x \in \mathbf{R}^n$ the function $y \mapsto U_-^{\nu}(y) - \nu(\mathbf{R}^n)\Phi^-(x-y)$ is bounded and continuous. It follows that the net $(U_-^{\mu_i}(x))$ converges to a finite limit $u_-(x)$ for each x in $\mathbf{R}^n$. But $|U_-^{\mu_i}(x) - U_-^{\mu_i}(y)| \leq \mu_i(\mathbf{R}^n)||x-y||$ so $\{U_-^{\mu_i} : i \geq i_1\}$ is equicontinuous. Hence u_- is continuous and $U_-^{\mu_i} \to u_-$ uniformly on compact sets. Now for any $x \in \mathbb{R}^n$ the function $y \mapsto \Phi^-(x-y) - \Phi^-(y)$ is bounded and continuous so $[U_-^{\mu}(x) - U_-^{\mu_i}(x)] - [U_-^{\mu}(0) - U_-^{\mu_i}(0)]$

$$= \int \Phi^-(x-y) - \Phi^-(y) d\mu(y) - \int \Phi^-(x-y) - \Phi^-(y)\, d\mu_i(y)$$

$$\rightarrow 0.$$

Thus $u_- = U_-^{\mu} + C$ where C is some constant. As $U_-^{\mu} \leq u_-$, C is non-negative.

Remark : The constant C need not be zero. For instance on $\mathbb{R}^1$, let μ_i be the point mass at $2i$ of total mass $1/i$ for $i=1,2,3,\ldots$. Then (μ_i) converges vaguely to 0 but $U^{\mu_i} \rightarrow -1$. In this case, $C=1$. The next result gives a useful condition under which C will be 0.

3.14. COROLLARY

Let μ be a measure on $\mathbb{R}^n$ (where $n=1$ or 2) which is finite on compact sets and let $(\mu_i)_{i \in I}$ be a net of special measures on $\mathbb{R}^n$ such that $\int \phi d\mu_i \rightarrow \int \phi d\mu$ for all compactly supported continuous functions ϕ on $\mathbb{R}^n$. Suppose there is a special measure α on $\mathbb{R}^n$ such that $U^{\mu_i} \geq U^{\alpha}$ and $\mu_i(\mathbb{R}^n) = \alpha(\mathbb{R}^n)$ for all i. Then μ is special, $(U_-^{\mu_i})$ converges uniformly on compact sets to U_-^{μ}, and $\int U^{\mu_i} d\gamma \rightarrow \int U^{\mu} d\gamma$ for all good measures γ on $\mathbb{R}^n$.

Proof : It suffices to show that every subnet of (μ_i) has a further subnet for which the conclusions of the corollary hold. But if $n=2$ then $U_-^{\mu_i} = - U^{\mu_i} * \sigma \leq -U^{\alpha} * \sigma = U_-^{\alpha}$, where σ is the uniform unit distribution on $\{x \in \mathbb{R}^n : ||x|| = 1\}$. Thus whatever n is, the net $(U_-^{\mu_i}(0))$ is bounded. Thus we may reduce to the case in which this net converges to a finite limit. But then by the theorem, with ν = the unit point mass at 0, μ is special and there is a constant

$C \in [0,\infty)$ such that $U_-^{\mu_i} \to U_-^{\mu} + C$ uniformly on compact sets and $\int U^{\mu_i}\, d\gamma \to \int U^{\mu}\, d\gamma$ for all good measures γ on $\mathbf{R}^n$. Then $U_-^{\mu} + C \le U_-^{\mu}$.

Also $\mu(\mathbf{R}^2) = \alpha(\mathbf{R}^2)$. Now apply 3.6 (a), if $n=2$, or 3.2, if $n=1$, to see that C must be zero.

4. THE CASE OF BROWNIAN MOTION IN $\mathbf{R}^1$ OR $\mathbf{R}^2$

In this section, if μ is a measure on $\mathbf{R}^n$ and T is a stopping time then μ_T will denote the measure on $\mathbf{R}^n$ defined by $\mu_T(dx) = P^{\mu}(B_T \in dx)$. If $n \ge 3$, we may think of μ_T as being obtained from μ by letting μ "spread out" under Brownian motion up to time T. The measure μ_T is more spread out than μ in the sense that its electrostatic potential is lower. As soon as $n \le 2$ this need no longer be true. For example let $E = \{x \in \mathbf{R}^n : ||x|| = 2\}$, let $F = \{x \in \mathbf{R}^n : ||x|| = 1\}$, let μ be the uniform unit distribution on E, and let $T = \inf\{t \ge 0 : B_t \in F\}$. If $n \ge 3$ then $P^{\mu}(T=\infty) > 0$ and the mass of μ_T is sufficiently smaller than that of μ so that the potential of μ_T is $\le$ that of μ. If $n=1$ or 2 though, then any non-polar set is hit in finite time with probability one and so μ_T is the uniform unit distribution on F, whence $U^{\mu} < U^{\mu_T}$ on $\{x \in \mathbf{R}^n : ||x|| < 2\}$.

Here is another example, due to Doob. Let $n=1$. Let μ and ν be two arbitrary probability measures on $\mathbf{R}$. Let $\rho = \text{law}(B_1 \,;\, P^{\mu})$. Then ρ is μ convolved with a Gaussian, so ρ has no atoms. Hence there is a Borel function $f : \mathbf{R} \to \mathbf{R}$ such that $\nu = \text{law}(f\,;\rho)$. Let $T = \inf\{t \ge 1 : B_t = f(B_1)\}$. Then T is a stopping time and, since the paths of (B_t) are continuous and unbounded above and below P^{μ}- a.s., $B_T = f(B_1)$ P^{μ}-a.s. . In particular $\text{law}(B_T \,;\, P^{\mu}) = \text{law}(f(B_1);P^{\mu}) = \nu$. Thus in the one dimensional case the possibilities for μ_T are unrestricted if no restriction is placed on T !

If, however, we restrict our attention to small enough stopping times then examples of the sort described above do not occur. Traditionally the stopping times considered small enough have been those with finite expectation; see Skorohod [1], Dubins [1], Root [1], and Baxter and Chacon [1]. This is too stringent a restriction though since it implies that μ_T has a finite variance if μ does. What we want is a theorem analagous to 2.2, which would say that if μ and ν are special measures with $U^\mu \geq U^\nu$ and μ and ν well-related on polar sets then $\nu = \mu_T$ for some "small enough" stopping time T. For us, the stopping times which are small enough are the ones we call standard following Chacon [1].

4.1. DEFINITION

Let μ be a special measure on $\mathbb{R}^n$, where $n = 1$ or 2. Let T be a stopping time. We shall say T is μ-standard iff whenever R and S are stopping times with $R \leq S \leq T$ then μ_R and μ_S are special and $U^{\mu_R} \geq U^{\mu_S}$.

Remarks : From 3.2 (if $n = 1$) or 3.10 (if $n = 2$) we see that if T is μ-standard then $P^\mu(T = \infty) = 0$. Also note that if T is μ-standard then any stopping time smaller than T is also μ-standard.

4.2. LEMMA

Let μ be a special measure on $\mathbb{R}^n$, where $n = 1$ or 2, and let T be a bounded stopping time. Then T is μ-standard and

$$E^\mu\left[\int_0^T f(B_t)\, dt \right] = \int \left[U^\mu(x) - U^{\mu_T}(x) \right] f(x)\, dx$$

for any non-negative Borel function f on $\mathbb{R}^n$.

(Remark : We are working with Brownian motion normalized so that $E^x(||B_t-x||^2) = 2nt$).

Proof : First let f be a non-negative compactly supported C^2 function on $\mathbb{R}^n$ and let $u = U^\gamma$, where $\gamma(dx) = f(x)dx$. Then u is C^2 and u and its partials up to order 2 don't grow too fast at infinity so by Dynkin's formula the process

$$M_t \equiv u(B_t) - \int_0^t \Delta u(B_s)ds \quad (0 \leq t < \infty)$$

is a martingale over $(\Omega, \mathcal{B}, \mathcal{B}_t, P^x)$ for every $x \in \mathbb{R}^n$. Now $\Delta u = -f$ so $\int_0^t \Delta u(B_s)ds$ is bounded. Also $E^\mu(|u(B_t)|) < \infty$ as μ is special. Thus (M_t) is a martingale over $(\Omega, \mathcal{B}, \mathcal{B}_t, P^\mu)$. Also the sample paths of (M_t) are continuous. Thus for any bounded stopping time R, M_R is P^μ-integrable and $E^\mu(M_R) = E^\mu(M_o)$.

Thus $\int |u|\, d\mu_R = E^\mu(|u(B_R)|) < \infty$ (so μ_R is special - if we take $\int f(x)dx = 1$ then $u + \Phi^-$ is bounded) and

$$E^\mu\left[\int_0^R f(B_s)ds\right] = E^\mu(u(B_o)) - E^\mu(u(B_R))$$

$$= \int u\, d\mu - \int u\, d\mu_R$$

$$= \int [U^\mu(x) - U^{\mu_R}(x)]\, f(x)dx.$$

Now by a monotone class argument one can show that this equality holds if f is any non-negative Borel function.

From this we see that if R and S are stopping times with $R \leq S \leq T$ then μ_R and μ_S are special and for any non-negative Borel function f on $\mathbb{R}^n$,

$$\int [U^{\mu_R}(x) - U^{\mu_S}(x)]\, f(x)dx = E^\mu\left[\int_R^S f(B_s)ds\right] \geq 0 ;$$

hence $U^{\mu_R} \geq U^{\mu_S}$. Thus T is μ-standard.

4.3. LEMMA

Let M be a family of special measures on $\mathbf{R}^n$, where $n=1$ or 2. Suppose $\sup_{\mu \in M} \mu(\mathbf{R}^n) < \infty$ and $\{x \in \mathbf{R}^n : \inf_{\mu \in M} U^\mu(x) > -\infty\}$ is not polar. Then $\lim_{r\to\infty} \sup_{\mu \in M} \mu(\{x \in \mathbf{R}^n : ||x|| \geq r\}) = 0.$

Proof : Suppose not. Then there is a countable set $N \subseteq M$ such that $\lim_{r\to\infty} \sup_{\mu \in N} \mu(\{x \in \mathbf{R}^n : ||x|| \geq r\}) > 0$. Let $A_k = \{x \in \mathbf{R}^n : \inf_{\mu \in N} U^\mu(x) \geq -k\}$, for positive integers k. Then each A_k is Borel and for some k_0, A_{k_0} is not polar. But then by 3.8, there is a non-zero special measure λ on $\mathbf{R}^n$ such that U^λ is bounded above and $\lambda(A^c_{k_0}) = 0$. Then for each $\mu \in N$, $\int U^\lambda d\mu = \int U^\mu \, d\lambda \geq -k_0\lambda(A_{k_0})$.

$$\text{Thus } \sup_{\mu \in N} \int (U^\lambda)^- \, d\mu \leq k_0\lambda(A_{k_0}) + \sup_{\mu \in N} \int (U^\lambda)^+ \, d\mu < \infty$$

Now we may suppose λ has compact support. Then $(U^\lambda)^-(x) \to +\infty$ as $||x|| \to \infty$ so we conclude that $\lim_{r\to\infty} \sup_{\mu \in N} \mu(\{x \in \mathbf{R}^n : ||x|| \geq r\}) = 0$ after all.

4.4. LEMMA

Let μ be a finite measure on $\mathbf{R}^n$.

Let T be a collection of stopping times such that if $T \in T$ and S is a stopping time satisfying $S \leq T$ then $S \in T$. Suppose $\lim_{r\to\infty} \sup_{T \in T} \mu_T(\{x \in \mathbf{R}^n : ||x|| \geq r\}) = 0$. Then $\lim_{t\to\infty} \sup_{T \in T} P^\mu(T \geq t) = 0$.

Proof : For $i=1,2,\ldots$ let $R_i = \inf\{t > 0 : ||B_t|| \geq i\}$. Then $P^\mu(R_i=\infty) = 0$. If $T \in T$ then $T \wedge R_i \in T$ and $P^\mu(T \geq R_i) = \mu_{T \wedge R_i}(\{x \in \mathbf{R}^n : ||x|| \geq i\})$.

Thus $\lim_{i\to\infty} \sup_{T\in\mathcal{T}} P^{\mu}(T \geq R_i) = 0$. Now fix $\varepsilon > 0$. Then for some i, $\sup_{T\in\mathcal{T}} P^{\mu}(T \geq R_i) \leq \frac{\varepsilon}{2}$. Next for some $t \in [0,\infty)$, $P^{\mu}(R_i \geq t) \leq \frac{\varepsilon}{2}$. Then $P^{\mu}(T \geq t) \leq \varepsilon$ for all $T \in \mathcal{T}$.

4.5. PROPOSITION

Let μ be a special measure on $\mathbf{R}^n$, where $n=1$ or 2. Let Γ be a set of good measures on $\mathbf{R}^n$ such that whenever α and β are good measures on $\mathbf{R}^n$ such that $\int U^{\alpha}\, d\gamma \geq \int U^{\beta}\, d\gamma$ for all $\gamma \in \Gamma$, then $U^{\alpha} \geq U^{\beta}$. Suppose (T_i) is a sequence of μ-standard stopping times converging pointwise on Ω to a stopping time T. Consider the following statements :

a) There is a special measure σ on $\mathbf{R}^n$ such that $\sigma(\mathbf{R}^n) = \mu(\mathbf{R}^n)$ and $U^{\mu_{T_i}} \geq U^{\sigma}$ for all i.

b) μ_T is special and $\int U^{\mu_{T_i}}\, d\gamma \to \int U^{\mu_T}\, d\gamma$ for all $\gamma \in \Gamma$.

c) T is μ-standard.

Then a) $\Longrightarrow$ b) $\Longrightarrow$ c).

Proof : a) $\Longrightarrow$ b). Let $\mathcal{H}$ be the set of stopping times H such that $H \leq T_i$ for some i. Then for all $H \in \mathcal{H}$, μ_H is special and $U^{\mu_H} \geq U^{\sigma}$, since each T_i is μ-standard. Therefore $\lim_{r\to\infty} \sup_{H\in\mathcal{H}} \mu_H(\{x \in \mathbf{R}^n : ||x|| \geq r\}) = 0$, by 4.3. Hence $\lim_{t\to\infty} \sup_{i} P^{\mu}(T_i \geq t) = 0$, by 4.4. Therefore T is P^{μ}-a.s. finite so for each bounded continuous function ϕ on $\mathbf{R}^n$, $\int \phi\, d\mu_{T_i} \to \int \phi\, d\mu_T$, since (B_t) is continuous on $[0,\infty)$. The statement b) now follows from 3.14.

b) $\Longrightarrow$ c). If Q is any bounded stopping time then $U^{\mu_{T_i \wedge Q}} \geq U^{\mu_Q}$ for all i, so by the argument of a) $\Longrightarrow$ b) we find that $\int U^{\mu_{T_i \wedge Q}} d\gamma \to \int U^{\mu_{T \wedge Q}} d\gamma$ for all $\gamma \in \Gamma$. Now for each i, $U^{\mu_{T_i \wedge Q}} \geq U^{\mu_{T_i}}$ as T_i is μ-standard. Since $\int U^{\mu_{T_i}} d\gamma \to \int U^{\mu_T} d\gamma$ for all $\gamma \in \Gamma$, it follows that $\int U^{\mu_{T \wedge Q}} d\gamma \geq \int U^{\mu_T} d\gamma$ for all $\gamma \in \Gamma$, whence $U^{\mu_{T \wedge Q}} \geq U^{\mu_T}$. In particular, if R and S are stopping times satisfying $R \leq S$ then $U^{\mu_{T \wedge R \wedge t}} \geq U^{\mu_{T \wedge S \wedge t}} \geq U^{\mu_T}$. (Also $U^{\mu} \geq U^{\mu_T}$ so $\mu(\mathbf{R}^n) \leq \mu_T(\mathbf{R}^n)$, whence $P^{\mu}(T=\infty) = 0$). If in addition $S \leq T$, then $U^{\mu_{R \wedge t}} \geq U^{\mu_{S \wedge t}} \geq U^{\mu_T}$. Letting $t \to \infty$ and applying 3.14 we obtain $U^{\mu_R} \geq U^{\mu_S}$. Thus T is μ-standard.

4.6. COROLLARY

Let μ be a special measure on $\mathbf{R}^n$, where $n=1$ or 2, and let T be a stopping time. Then T is μ-standard iff μ_T is special and $U^{\mu_{T \wedge t}} \geq U^{\mu_T}$ for all $t \in [0,\infty)$.

4.7. COROLLARY

Let μ be a special measure on $\mathbf{R}^n$, where $n=1$ or 2, and let T be a stopping time. Let m denote Lebesgue measure on $\mathbf{R}^n$. Then :

a) For any finite measure ν on $\mathbf{R}^n$, $U^{\mu} - U^{\nu}$ is defined a.e. $[m]$ and its m-integral over any compact subset of $\mathbf{R}^n$ makes sense, though it may be $+\infty$.

b) T is μ-standard iff for each compact subset $K \subseteq \mathbf{R}^n$, $\int_K U^{\mu} - U^{\mu_T} dm$ is finite and equal to $E^{\mu}[\int_0^T 1_K(B_s)ds]$

Proof :

a) is trivial

b) Combine 3.14, 4.2, and 4.6.

Remark : In order that T be μ-standard it is not enough that $E^{\mu}[\int_0^T 1_K(B_s)ds]$ be finite for each compact set $K \subseteq \mathbf{R}^n$. An example showing this is furnished by taking μ to be the uniform unit distribution on $\{x \in \mathbf{R}^n : ||x|| = 2\}$ and T to be $\inf\{t \geq 0 : ||B_t|| = 1\}$.

4.8. COROLLARY

Let μ be a special measure on $\mathbf{R}^n$, where $n=1$ or 2. Let R be a μ-standard stopping time and let S be a μ_R-standard stopping time. Then $R+S\circ\theta_R$ is a μ-standard stopping time.

Proof : Apply 4.7 in conjunction with the strong Markov property.

4.9. PROPOSITION :

Let μ be a special measure on $\mathbf{R}^n$, where $n=1$ or 2, and let T be a stopping time. Then the following are equivalent :

a) T is μ-standard

b) T is P^{μ}-a.s. finite, $E^{\mu}(\Phi^-(B_T)) < \infty$, and whenever S is a stopping time satisfying $S \leq T$ then

$\Phi^-(B_S) \leq E^{\mu}(\Phi^-(B_T)|\mathcal{B}_S)$.

c) The collection of random variables of the form $\Phi^-(B_S)$, where S is a stopping time satisfying $S \leq T$ and $P^{\mu}(S=\infty) = 0$, is P^{μ}-uniformly integrable.

d) $\{\Phi^-(B_{T\wedge t}) : 0 \leq t < \infty\}$ is P^{μ}-uniformly integrable.

(Remark : We remind the reader that if $n=1$, $\Phi^-(x) = \frac{1}{2}|x|$ while if $n=2$, $\Phi^-(x) = \frac{1}{2\pi}\log^+||x||$).

Proof : a) $\Longrightarrow$ b). $E^{\mu}(\Phi^-(B_S)) = U_-^{\mu_S}(0)$

$$= -(U^{\mu_S} * \sigma)(0) \leq -(U^{\mu_T} * \sigma)(0) = E^{\mu}(\Phi^-(B_T)),$$

where σ is the unit point mass at 0 if $n=1$ or the uniform unit distribution on $\{x \in \mathbf{R}^n : ||x|| = 1\}$ if $n=2$. Therefore $E^\mu(\Phi^-(B_T)) < \infty$ and if $A \in \mathcal{B}_S$ then $E^\mu(\Phi^-(B_{S'})) \leq E^\mu(\Phi^-(B_T))$ where S' is the stopping time $S1_A + T\,1_{A^c}$. It follows that $E^\mu(\Phi^-(B_S)1_A) \leq E^\mu(\Phi^-(B_T)1_A)$ for all $A \in \mathcal{B}_S$, whence $\Phi^-(B_S) \leq E^\mu(\Phi^-(B_T)|\mathcal{B}_S)$.

b) $\Longrightarrow$ c) $\Longrightarrow$ d). Clear.

d) Let $\mathcal{S}$ be the set of bounded stopping times S such that $S \leq T$. If $S \in \mathcal{S}$ then there exists $t \in [0,\infty)$ such that $S \leq T \wedge t$; then $\Phi^-(B_S) \leq E^\mu(\Phi^-(B_{T\wedge t})|\mathcal{B}_S)$ since $T \wedge t$ is μ-standard. It follows that $\{\Phi^-(B_S) : S \in \mathcal{S}\}$ is P^μ-uniformly integrable. But then $\limsup_{r\to\infty} \sup_{S\in\mathcal{S}} \mu_S(\{x \in \mathbf{R}^n : ||x|| \geq r\}) = 0$. Hence $\limsup_{t\to\infty} \sup_{S\in\mathcal{S}} P^\mu(S \geq t) = 0$, by 4.4. It follows that $P^\mu(T=\infty) = 0$. Hence $\int \phi d\mu_{T\wedge t} \to \int \phi d\mu_T$ as $t \to \infty$, for every bounded continuous function ϕ on $\mathbf{R}^n$. Also $\lim_{t\to\infty} E^\mu(\Phi^-(B_{T\wedge t}))$ exists, is finite, and is equal to $E^\mu(\Phi^-(B_T))$; that is, $U_-^{\mu_T}(0) = \lim_{t\to\infty} U_-^{\mu_{T\wedge t}}(0) < \infty$. Thus by 3.13, μ_T is special and $\int U^{\mu_{T\wedge t}} d\gamma \to \int U^{\mu_T} d\gamma$ for every good measure γ on $\mathbf{R}^n$. Hence by 4.5, T is μ-standard.

<u>4.10. COROLLARY</u> .

Let μ be a special measure on $\mathbf{R}^n$, where $n=1$ or 2. Let A be a bounded Borel subset of $\mathbf{R}^n$ and let $T = \inf\{t > 0 : B_t \notin A\}$. Then T is μ-standard.

<u>Proof</u> : Let d be the diameter of A. Then $||B_{T\wedge t} - B_0|| \leq d$ so $\Phi^-(B_{T\wedge t}) \leq \Phi^-(B_0) + d$. Thus $\{\Phi^-(B_{T\wedge t}) : 0 \leq t < \infty\}$ is not only P^μ-uniformly integrable, but is actually bounded by a fixed

P^{μ}-integrable function. Hence T is μ-standard by d) $\Longrightarrow$ a) of the proposition.

4.11. COROLLARY

Let μ be a special measure on $\mathbb{R}$ and let T be a stopping time. Then T is μ-standard iff $P^{\mu}(T=\infty) = 0$ and whenever S is a stopping time satisfying $S \leq T$ then $E^{\mu}(|B_S|) < \infty$ and $E^{\mu}(B_S) = E^{\mu}(B_o)$.

Proof : ($\Longrightarrow$) $(B_{T\wedge t})$ is a martingale over $(\Omega,\mathcal{B},\mathcal{B}_t,P^{\mu})$ and by a) $\Longrightarrow$ d) of the proposition, it is uniformly integrable.

($\Longleftarrow$) Let S be a stopping time $\leq T$, let $A \in \mathcal{B}_S$, and consider the stopping time $S' = S\,1_A + T\,1_{A^c}$. Then $E^{\mu}(B_{S'}) = E^{\mu}(B_o) = E^{\mu}(B_T)$. Hence $E^{\mu}(B_S\,1_A) = E^{\mu}(B_T\,1_A)$. It follows that $B_S = E^{\mu}(B_T|\mathcal{B}_S)$, so $|B_S| \leq E^{\mu}(|B_T|\,|\mathcal{B}_S)$. Thus T is μ-standard by b) $\Longrightarrow$ a) of the proposition.

Remark : In Monroe [1] it is shown, for the case when μ is the unit point mass at 0 in $\mathbb{R}$, that if T is a stopping time then $(B_{T\wedge t})$ is P^{μ}-uniformly integrable iff $P^{\mu}(T=\infty) = 0$, $E^{\mu}(|B_T|) < \infty$, $E^{\mu}(B_T) = 0$, and T is minimal in the sense that if S is a stopping time such that $S \leq T$ and $\text{law}(B_S\,;\,P^{\mu}) = \text{law}(B_T\,;\,P^{\mu})$ then $S=T$ P^{μ}-a.s. Monroe's proof of the forward implication here is not difficult and is based on the fact that the paths of Brownian motion are a.s. without intervals of constancy. (Another way of proving this implication is to use the fact that $E^{\mu}[\int_0^T f(B_s)ds] = \int [U^{\mu}(x)-U^{\mu_T}(x)]f(x)dx$ for any non-negative Borel function f on $\mathbb{R}$; see 4.7). Monroe's proof of the reverse implication is not simple. Recently Chacon and Ghoussoub [1] have found an elegant and easy proof of this implication. The analogous result for the case of $\mathbb{R}^2$ remains an open question on account of difficulties with polar sets. (For the three dimensional case, or more generally for case of a Green region, there is nothing to prove since all stopping times in this case are "standard" and minimal ; see 2.1 (a)).

4.12. THEOREM

Let μ and ν be special measures on $\mathbb{R}^n$, where $n=1$ or 2. Suppose :

a) $U^{\mu} \geq U^{\nu}$.

b) $\mu(Z) \leq \nu(Z)$ for every Borel set $Z \subseteq \{U^{\nu} = \infty\}$.

c) $\mu(\mathbb{R}^n) = \nu(\mathbb{R}^n)$.

Then there is a μ-standard stopping time T such that $\mu_T = \nu$.

(Remark : It then follows that actually $\nu(Z) = \mu(Z \cap \{U^{\nu}=\infty\})$ for every Borel polar set $Z \subseteq \mathbb{R}^n$).

Proof : As the proof of this theorem is very similar to the proof of theorem 2.2, we shall limit ourselves to a few comments. First, the only real difference is that here we must check that we are working with standard stopping times. This is easy, given the results about standard stopping times which we have already developed in this section.

Second, we need the analogues of the preliminary results of section 2, for the case where the Green region D is replaced by $\mathbb{R}^1$ or $\mathbb{R}^2$. Most of these are easy to establish. We remark only that the required analogue of the convergence lemma 2.7 is 3.14 and the required analogue of the domination principle 2.9 is 3.4 (if $n=1$) or 3.9 (if $n=2$).

Remarks :

a). If μ does not charge polar sets then the condition b) of the theorem is vacuous. In this case, ν is of the form μ_T where T is a μ-standard stopping time iff $U^{\mu} \geq U^{\nu}$ and $\mu(\mathbb{R}^n) = \nu(\mathbb{R}^n)$.

b). If $n=1$ and μ is the unit point mass at 0 then ν is special iff $\int |x| \, d\nu(x) < \infty$, and if ν is special and $\nu(\mathbb{R}) = 1$

then $U^\mu \geq U^\nu$ iff $\int x \, d\mu(x) = 0$, by 3.3. In this case the measures of the form μ_T , where T is a μ-standard stopping time, are precisely the probability measures on $\mathbb{R}$ whose centre of mass is defined and equal to 0 .

c) It follows from 4.7(b), together with lemma 5 of Baxter and Chacon [1], that if μ is a special measure on $\mathbb{R}^n$ and T is a μ-standard stopping time then

$$\int x^2 \, d\mu_T(x) = \int x^2 \, d\mu(x) + 2nE^\mu(T) ;$$

in particular; if μ_T has a finite second moment then T has finite P^μ-expectation (and μ has a finite second moment too).

ACKNOWLEDGEMENTS

I thank Professor R.V. Chacon of the University of British Columbia for suggesting the problem considered in this paper and for the assistance and encouragement he gave me while I was working on this problem. The results of this paper are mostly drawn from my Ph.D. thesis and Professor Chacon was my research supervisor. I also thank Marc Yor of the Université de Paris VI, who made a number of comments which helped to clarify the exposition in this paper.

REFERENCES

J.R. Baxter and R.V. Chacon : 1. Potentials of Stopped Distributions, Ill. J. Math. 18 (1974) 649-656.

R.M. Blumenthal and R.K. Getoor : 1. Markov Processes and Potential Theory, Academic Press, 1968.

M. Brelot : 1. Minorantes sous-harmoniques, Extrémales et Capacités, J. de Math. Pures et App. IX, 24 (1945) 1-32;
2. Eléments de la Théorie classique du Potentiel, 3ème édition (1965), Centre de Documentation Universitaire, 5 Place de la Sorbonne, Paris.

R.V. Chacon : 1. Potential Processes, Trans. Amer. Math. Soc. 226 (1977) 39-58.

R.V. Chacon and N. Ghoussoub : 1. Embeddings in Brownian Motion, preprint.

L.E. Dubins : 1. On a Theorem of Skorohod, Ann. Math. Stat. 39 (1968) 2094-2097.

R.M. Dudley and S. Gutman : 1. Stopping Times with Given Laws, Strasbourg Séminaire de Probabilités XI, 1975/76, Springer Verlag Lecture Notes in Mathematics, no. 581.

L.L. Helms : 1. Introduction to Potential Theory, John Wiley and Sons Inc., 1969.

I. Monroe : 1. On Embedding Right-Continuous Martingales in Brownian Motion, Ann. Math. Stat. 43 (1972) 1293-1311.

M. Rao : 1. Brownian Motion and Classical Potential Theory, Feb., 1977, Aarhus University Lecture Notes Series, no. 47.

D.H. Root : 1. The Existence of Certain Stopping Times of Brownian Motion, Ann. Math. Stat. 40 (1969) 715-718.

H. Rost : 1. Die Stoppverteilungen eines Markoff-Prozesses mit Lokalendlichem Potentiel, Manuscr. Math. 3 (1970) 321-330; 2. The Stopping Distributions of a Markov Process, Invent. Math. 14 (1971) 1-16.

A.V. Skorohod : 1. Studies in the Theory of Random Processes, Addison-Wesley, 1965.

Footnote

1. This research was partially supported by the Isaac Walton Killam Memorial Fund of the University of British Columbia.

LE PROBLEME DE SKOROKHOD : UNE REMARQUE SUR LA DEMONSTRATION D'AZEMA-YOR.

Michel PIERRE

Dans [1], J. Azéma et M. Yor ont donné une solution explicite pour le problème de Skorokhod. Nous montrons ici comment, grâce à un procédé d'approximation, la démonstration de leur formule dans le seul cas où la mesure donnée μ (ou plutôt la fonction ψ_μ) est régulière suffit : ceci rend les calculs plus agréables pour le point crucial de la démonstration.

Nous reprenons ici les notations de [1] : (X_t) désigne donc une martingale locale continue avec $\langle X,X\rangle_\infty = \infty$ et $S_t = \sup_{s\leq t} X_s$. Nous notons de plus M l'ensemble des lois de probabilité sur $\mathbb{R}$, centrées, et admettant un moment d'ordre 1. Si $\mu \in M$, $\psi_\mu(x)$ désigne le barycentre de la restriction de μ à $[x,\infty[$.

Nous utilisons essentiellement les deux propositions suivantes.

Proposition 1 : Soit $\mu \in M$; alors il existe $(\mu_n)_{n\in\mathbb{N}} \subset M$ avec :

i) ψ_{μ_n} croît en tout point vers ψ_μ

ii) ψ_{μ_n} est continue sur $\mathbb{R}$

iii) μ_n est à support dans $[b_n,a_n]$, $(-\infty<b_n \leq 0 \leq a_n<+\infty)$,

et ψ_{μ_n} est strictement croissante sur $[b_n,+\infty[$.

Proposition 2 : Soit $(\mu_n)_{n\in\mathbb{N}\cup\{\infty\}}$ dans M ; on suppose que ψ_{μ_n} croît en tout point vers ψ_{μ_∞}. Alors :

i) μ_n converge étroitement vers μ_∞

ii) $\int_{\mathbb{R}} |x|\,d\mu_n$ converge vers $\int_{\mathbb{R}} |x|\,d\mu_\infty$.

De plus, si $T_n = \inf\{t \geq 0 \,;\, S_t \geq \psi_{\mu_n}(X_t)\}$ $(n\in\mathbb{N}\cup\{\infty\})$:

iii) X_{T_n} converge p.s. vers X_{T_∞}.

Remarque 1 : Si l'on sait que X_{T_n} a pour loi μ_n pour tout $n\in\mathbb{N}$, on déduit de la proposition 2 que X_{T_∞} a pour loi μ_∞. Compte-tenu de la proposition 1, il suffit donc de démontrer ce résultat pour les mesures μ à support compact telles que ψ_μ vérifie les points ii) et iii) de la proposition 1.

D'autre part, l'uniforme intégrabilité de la martingale $(X_{t\wedge T_\infty})$ se déduit de celle des martingales $(X_{t\wedge T_n})$ à l'aide de la proposition 2 (ii).

La formule suivante montre bien comment μ varie en fonction de ψ_μ et est à l'origine de la proposition 2.

Lemme 1 : Soit $\mu \in M$ et $a = \inf\{x \in [o,\infty] ; \psi_\mu(x) = x\}$; alors :

$$\forall A \geq 0,\ \forall x \in]-\infty,a[,\ \frac{\bar{\mu}(x)}{\bar{\mu}(-A)} = \frac{\psi_\mu(-A)+A}{\psi_\mu(x)-x} \exp\left[-\int_{-A}^{x} \frac{ds}{\psi_\mu(s)-s}\right].$$

Démonstration du lemme 1 :

Nous savons (cf. [1]) que $\psi_\mu(x) > x$ sur $]-\infty,a[$ et que $\bar{\mu}$ est solution sur cet intervalle de :

$$(1) \qquad (\psi_\mu(x^+)-x)d\bar{\mu} + \bar{\mu}\, d\psi_\mu = 0.$$

D'autre part, toute solution continue à gauche de (1) est proportionnelle à $\bar{\mu}$. Il suffit donc de montrer que $\phi(x) = \dfrac{\psi_\mu(-A)+A}{\psi_\mu(x)-x} \exp\left[-\int_{-A}^{x} \dfrac{ds}{\psi_\mu(s)-s}\right]$ est solution sur $]-\infty,a[$ de cette équation. Or, sur cet intervalle :

$$d[\phi(x)\ (\psi_\mu(x)-x)] = -\phi(x)dx,$$

soit, puisque ϕ est continue à gauche :

$$(\psi_\mu(x^+)-x)d\phi + \phi(x)\ (d\psi_\mu-dx) = -\phi(x)dx.$$

Démonstration de la proposition 2 :

On vérifie que $a_n = \inf\{x \in [o,\infty] ; \psi_{\mu_n}(x)=x\}$ croît avec n vers a_∞. D'après le lemme 1, pour tout $x \in]-\infty,a_\infty[$, $\dfrac{\bar{\mu}_n(x)}{\bar{\mu}_n(0)}$ converge vers $\dfrac{\bar{\mu}_\infty(x)}{\bar{\mu}_\infty(0)}$; d'autre part, $\bar{\mu}_n$ et $\bar{\mu}_\infty$ sont nulles sur $]a_\infty,+\infty[$; enfin, si $\bar{\mu}_\infty$ est continue en a_∞ (i.e., $\bar{\mu}_\infty(a_\infty) = 0$), d'après la décroissance de $\bar{\mu}_n$, on a :

$$\limsup_{n\to+\infty} \frac{\bar{\mu}_n(a_\infty)}{\bar{\mu}_n(0)} \leq \inf_{x<a_\infty} \frac{\bar{\mu}_\infty(x)}{\bar{\mu}_\infty(0)} = 0.$$

Donc, $\dfrac{\bar{\mu}_n}{\bar{\mu}_n(0)}$ converge vers $\dfrac{\bar{\mu}_\infty}{\bar{\mu}_\infty(0)}$ en tout point de continuité de $\bar{\mu}_\infty$. Or, on vérifie que $(\mu_n)_{n\in\mathbb{N}}$ est étroitement compact, car :

$$\forall X > 0, \int_{[X,\infty[} d\mu_n \leq \frac{1}{X} \int_{[0,\infty[} t\, d\mu_n = \frac{1}{X}\, \psi_{\mu_n}(0)\, \overline{\mu}_n(0) \leq \frac{\psi_{\mu_\infty}(0)}{X}.$$

$$\int_{]-\infty,-X]} d\mu_n \leq \frac{1}{X} \int_{]-\infty,0]} -t\, d\mu_n = \frac{1}{X}\, \psi_{\mu_n}(0)\, \overline{\mu}_n(0) \leq \frac{\psi_{\mu_\infty}(0)}{X}.$$

On en déduit le point i). D'autre part :

$$\int_{[0,\infty[} t\, d\mu_n = \psi_{\mu_n}(0)\, \overline{\mu}_n(0) \leq \psi_\mu(0)\, \overline{\mu}_n(0) = \frac{\overline{\mu}_n(0)}{\overline{\mu}_\infty(0)} \int_{[0,\infty[} t\, d\mu_\infty .$$

Puisque μ_n converge étroitement vers μ_∞, on en déduit :

$$\int_{[0,\infty[} t\, d\mu_\infty = \int_{]0,\infty[} t\, d\mu_\infty \leq \liminf_{n\to\infty} \int_{[0,\infty[} t\, d\mu_n \leq \limsup_{n\to\infty} \int_{[0,\infty[} t\, d\mu_n \leq \int_{[0,\infty[} t\, d\mu_\infty .$$

Comme par ailleurs les mesures $(\mu_n)_{n\in\mathbb{N}\cup\{\infty\}}$ sont centrées, ii) s'en déduit.

Enfin, pour iii), notons que T_n croît vers un temps d'arrêt $\theta \leq T_\infty$ et T_∞ est p.s. fini (cf. [1]) ; or :

$$\forall p \leq n,\ \psi_{\mu_p}(X_{T_n}) \leq \psi_{\mu_n}(X_{T_n}) \leq S_{T_n} \leq S_\theta .$$

Soit, en passant à la limite en n, puisque ψ_{μ_p} est s.c.i. :

$$\forall p,\ \psi_{\mu_p}(X_\theta) \leq S_\theta .$$

D'où $\psi_{\mu_\infty}(X_\theta) \leq S_\theta$ et $\theta = T_\infty$. Ainsi, par continuité, X_{T_n} converge p.s. vers X_{T_∞}.

<u>Démonstration de la proposition 1</u> :

Considérons pour $n \geq 1$, la solution (continue) ϕ_n de :

$\frac{1}{n}\phi'_n + \phi_n = \psi_\mu \wedge n$ sur $]-n,\infty[$, $\phi_n(0) = 0$ sur $]-\infty,-n]$, donnée explicitement sur $[-n,\infty[$ par :

$$\phi_n(x) = \int_0^{n(x+n)} e^{-u}\left[\psi_\mu\left(x - \frac{u}{n}\right) \wedge n\right] du.$$

Puisque ψ_μ est croissante, positive, ϕ_n est croissante sur $\mathbb{R}$, majorée par $\psi_\mu \wedge n$ et croît vers ψ_μ en tout point, par continuité à gauche. D'autre part, si $b = \sup\{x \in [-\infty,0],\ \psi_\mu(x) = 0\}$ et $b_n = (-n) \vee b$, on vérifie que $\phi_n < \psi_\mu \wedge n$ sur $]b_n,\infty[$ et donc ϕ_n est strictement croissante sur $]b_n,\infty[$.

Soit alors $a_n = \inf\{x ; \phi_n(x) = x\}$ $(a_n < +\infty)$ et ψ_n définie par :

$\psi_n = \phi_n$ sur $]-\infty, a_n]$, $\psi_n(x) = x$ sur $[a_n, +\infty[$.

Il existe $\mu_n \in M$ telle que $\psi_n = \psi_{\mu_n}$, ceci d'après [1] ou directement en vérifiant -vu le lemme 1- que :

$$\bar{\mu}_n(x) = \frac{-b_n}{\psi_n(x)-x} \exp\left[-\int_{b_n}^{x} \frac{ds}{\psi_n(s)-s}\right] \text{ sur }]-\infty, a_n[$$

$$\bar{\mu}_n(x) = 0 \qquad\qquad \text{sur }]a_n, \infty[,$$

convient. Les fonctions ψ_{μ_n} ainsi construites vérifient les conditions requises.

<u>Théorème</u> (cf. Azéma - Yor [1] et [2]) : <u>Soit</u> $\mu \in M$ <u>et</u> $T = \inf\{t \geq 0 ; S_t \geq \psi_\mu(X_t)\}$.

<u>Alors</u> :

a) <u>la loi de</u> X_T <u>est</u> μ

b) <u>la martingale</u> $(X_{t \wedge T})$ <u>est uniformément intégrable</u>

c) $E[\langle X,X\rangle_T] = \int_{\mathbb{R}} x^2 \, d\mu$ $(\leq +\infty)$.

<u>Démonstration du théorème</u> :

Compte-tenu de la remarque 1, pour démontrer a) et b) on peut supposer μ à support compact dans $[-A,a]$, ψ_μ continue sur $\mathbb{R}$ et strictement croissante sur $[-A,+\infty[$.

Soit Φ continue à support compact dans $\mathbb{R}$ et $g = \Phi \circ \psi^{-1}$ où $\psi^{-1} : [0,\infty[\to [-A,\infty[$ est l'inverse de la restriction de ψ_μ à $[-A,\infty[$ (g est continue sur $[0,\infty[$) et $G(x) = \int_0^x g(\sigma)d\sigma$.

D'après [1], $M_t = G(S_t) + (X_t - S_t)\, g(S_t)$ est une martingale locale. De plus, μ étant à support compact, $(X_{t\wedge T})$ est bornée ; puisque G et g sont bornées, $(M_{t \wedge T})$ est donc une martingale bornée. On a ainsi :

$$E[M_T] = E[M_0] = 0.$$

Puisque, par continuité de $\psi = \psi_\mu$, $S_T = \psi(X_T)$, ceci s'écrit :

$$E\left[\int_0^{\psi(X_T)} \Phi(\psi^{-1}(\sigma))d\sigma + [X_T - \psi(X_T)]\, \Phi(X_T)\right] = 0.$$

Ainsi, si ν désigne la loi de X_T et $\bar{\nu}(x) = \nu[x,\infty[$:

$$\int_{\mathbb{R}} d\bar{\nu} \int_0^x \Phi(v)\, d\psi(v) + \int_{\mathbb{R}} (x-\psi(x))\, \Phi(x) d\bar{\nu} = 0,$$

Soit encore, après intégration par parties :

$$\int_{\mathbb{R}} \Phi(x) \left[- \bar{\nu}(x)d\psi + (x - \psi(x))d\bar{\nu}\right] = 0.$$

On en déduit $\bar{\nu} = \bar{\mu}$ (cf. (1) dans la démonstration du lemme 1).

Pour c), si μ est à support compact, on obtient comme dans [1] que $E[X_T^2] = E[<X,X>_T] = \int_{\mathbb{R}} x^2 \, d\mu$.

Pour montrer cette formule dans le cas général, on peut utiliser la formule (4) de [1] ou aussi la formule plus simple suivante :

<u>Lemme 2</u> : <u>Si</u> $\int_{\mathbb{R}} x^2 d\mu < +\infty$, $\int_{\mathbb{R}} x^2 d\mu = \int_{\mathbb{R}} \psi(x)\, \bar{\mu}(x) dx$.

Admettant cette formule, et utilisant les fonctions (ψ_{μ_n}) construites dans [1] troncature à partir de ψ_μ, on a :

$$\int_{\mathbb{R}} x^2 d\mu_n = \int_{-n}^{n} \psi_\mu(x)\, \bar{\mu}_n(x) dx = c_n \int_{-n}^{n} \psi(x)\, \bar{\mu}(x) dx,$$

où $\lim_{n\to\infty} c_n = 1$. On en déduit que $\lim_{n\to\infty} \int_{\mathbb{R}} x^2 d\mu_n = \int_{\mathbb{R}} x^2 d\mu$ et c) en découle (le cas où $\int_{\mathbb{R}} x^2 d\mu = \infty$ est immédiat).

<u>Démonstration du lemme 2</u> : Par intégration par parties :

$$\int_{\mathbb{R}} x^2 d\mu = \int_{\mathbb{R}} -x \, d(\psi(x)\ \bar{\mu}(x)) = \int_{\mathbb{R}} dx\ \psi(x)\ \bar{\mu}(x) - \left[x\ \psi(x)\ \bar{\mu}(x)\right]_{-\infty}^{+\infty}.$$

Or :

$$\lim_{x\to\infty} x\ \psi(x)\ \bar{\mu}(x) = \lim_{x\to\infty} x \int_{[x,\infty[} t\ d\mu \le \lim_{x\to\infty} \int_{[x,\infty[} t^2 d\mu = 0.$$

$$\lim_{x\to-\infty} (-x)\ \psi(x)\ \bar{\mu}(x) = \lim_{x\to-\infty} x \int_{]-\infty,x[} t\ d\mu \le \lim_{x\to-\infty} \int_{]-\infty,x[} t^2 d\mu = 0.$$

<u>REFERENCES</u> :

[1] <u>J. AZEMA - M. YOR</u> : "Une solution simple au problème de Skorokhod" Séminaire de Probabilités XIII. Lect. Notes in Maths 721, Springer 1979.

[2] <u>J. AZEMA - M. YOR</u> : "Le Problème de Skorokhod : compléments à l'exposé précédent". Séminaire de Probabilités XIII. Lect. Notes in Maths 721. Springer 1979

Transiensce and Recurrence of Markov Processes

by

R. K. Getoor*

1. INTRODUCTION.

The purpose of this paper is to present an elementary exposition of some various conditions that have been used to define transience or recurrence of a Markov process. Transience is discussed in Proposition 2.2 and Corollary 2.3 while Proposition 2.4 deals with recurrence. In several important papers ([1] and [2]) Azema, Kaplan-Duflo, and Revuz have treated the question of recurrence and transience. Most of the results discussed here may be found in those papers or are easy consequences of them. Moreover, Proposition 2.4 follows in outline the series of somewhat opaque exercises II-(4.17) through II-(4.22) in [3]. In spite of this I think that an elementary and unified discussion of these ideas may be worthwhile.

2. STATEMENT OF RESULTS.

In this paper we assume that $X = (\Omega, \mathcal{F}, \mathcal{F}_t, X_t, \theta_t, P^x)$ is a Markov process with state space $(E, \mathcal{E})$ which satisfies the right hypotheses as stated in Section 9 of [4]. In particular E is a universally measurable subset of a

* This research was supported, in part, by NSF Grant MCS 76-80623

compact metric space $\hat{E}$, $\mathcal{E}$ is the σ-algebra of Borel subsets of the metric space E, and $\mathcal{E}^*$ the σ-algebra of universally measurable subsets of E. The process X is a right continuous strong Markov process such that if f is α-excessive for some $\alpha \geq 0$, then $t \to f(X_t)$ is almost surely right continuous. Let $(P_t)_{t \geq 0}$ and $(U^\alpha)_{\alpha \geq 0}$ be the semigroup and resolvent of X. As usual we write $U = U^0$ for the potential kernel of X. Each P_t and U^α sends universally measurable functions into universally measurable functions, but we do not assume that they map Borel functions to Borel functions. Moreover, we do not assume that excessive functions are nearly Borel, although they are nearly Borel in the Ray topology. However, we shall make no explicit use of the Ray topology or the Ray-space of X. We do *not* assume that $P_t 1 = 1$ and so we suppose the existence of a point $\Delta \notin E$ that acts as a cemetery. As usual we write $E_\Delta = E \cup \{\Delta\}$ and $\zeta = \inf\{t: X_t = \Delta\}$ for the lifetime of X. Then $P_t 1(x) = P^x(t < \zeta)$.

We adopt the following notational conventions. A function f is a non-negative universally measurable function on E and a set B is a universally measurable subset of E unless stated otherwise. Also any function f is automatically extended to E_Δ by setting $f(\Delta) = 0$. The statements $f > 0$ or $f < \infty$ mean $f(x) > 0$ or $f(x) < \infty$ for all x in E. For each $\alpha \geq 0$, $\mathcal{S}^\alpha$ denotes the cone of α excessive functions. These are functions on E which vanish at Δ by our convention. Let $\mathcal{E}^e$ be the σ-algebra generated by $\bigcup_{\alpha \geq 0} \mathcal{S}^\alpha$. It is immediate from the resolvent equation that $\mathcal{E}^e = \sigma(\mathcal{S}^\alpha)$ for each fixed $\alpha > 0$. Under our assumptions $\mathcal{E} \subset \mathcal{E}^e \subset \mathcal{E}^*$. If $B \in \mathcal{E}^e$, define

$$T_B = \inf\{t > 0: X_t \in B\}$$

(2.1)

$$L_B = \sup\{t: X_t \in B\}$$

where the infimum, resp. supremum, of the empty set is taken to be ∞, resp. 0. Then T_B is the hitting time of B and is an $(\mathcal{F}_t)$ stopping, and L_B is the last exit time from B and is $\mathcal{F}$ measurable.

A set $B \in \mathcal{E}^e$ is called *transient* if $L_B < \infty$ almost surely. *We shall denote by* (LSC) *the condition that for some* $\alpha > 0$ *the* α*-excessive functions are lower-semi-continuous* (ℓsc). If $\beta < \alpha$, $\mathcal{S}^\beta \subset \mathcal{S}^\alpha$ and so under (LSC) all excessive functions $(\alpha = 0)$ are ℓsc. In Proposition 2.4 we shall use the (apparently weaker) condition that *all excessive functions* $(\alpha = 0)$ *are* ℓsc *which we denote by* (LSC_0).

We are now prepared to state our results.

(2.2) PROPOSITION. *The following conditions are equivalent.*

(i) *There exists a bounded* h *with* Uh *bounded and* $Uh > 0$.

(ii) *There exists a bounded finely continuous* $\mathcal{E}^e$ *measurable* $h > 0$ *with* Uh *bounded. (Under* (LSC) h *may be chosen* ℓsc.*)*

(iii) *There exists a sequence* (h_n) *with each* h_n *and* Uh_n *bounded and* $Uh_n \uparrow \infty$.

(iv) *There exists a sequence* (B_n) *with* $B_n \uparrow E$ *and* $U(\cdot, B_n)$ *bounded for each* n.

(i') *There exists* $h < \infty$ *with* $0 < Uh < \infty$.

(ii') *There exists a finely continuous* $\mathcal{E}^e$ *measurable* h *with* $0 < h < \infty$ *and* $Uh < \infty$. *(Under* (LSC) h *may be chosen* ℓsc.*)*

(iii') *There exists a sequence* (h_n) *with* $h_n < \infty$ *and* $Uh_n < \infty$ *for each* n *and* $Uh_n \uparrow \infty$.

(iv') *There exists a sequence* (B_n) *with* $B_n \uparrow E$ and $U(\cdot, B_n) < \infty$ *for each* n.

(v) *There exists a sequence* (B_n) *of transient sets with* $B_n \uparrow E$; *that is, each* $B_n \in \mathcal{E}^e$ *and* $L_{B_n} < \infty$ *almost surely.*

If X satisfies any, and hence all, of the conditions in (2.2) we shall say that X is *transient*. It will be evident from the proof of (2.2) that the sets B_n in (iv), (iv'), and (v) may be chosen finely open and $\mathcal{E}^e$ measurable, and even open under (LSC). If one assumes a bit more about X, then the statements in (2.2) are equivalent to statements involving compact sets. For example, the following result is an immediate consequence of (2.2) and the fact that the sets B_n in (iv), (iv'), and (v) may be chosen open under (LSC).

(2.3) <u>COROLLARY</u>. *Assume* (LSC) *and that* E *is a countable union of compact sets. Then each of the following conditions is equivalent to* X *being transient.*

(vi) $U(\cdot, K)$ *is bounded for all compact* K.

(vi') $U(\cdot, K) < \infty$ *for all compact* K.

(vii) *Each compact* K *is transient.*

We turn now to recurrence. If f is a function and $c \in \overline{\mathbb{R}}$, then the statement $f = c$ means $f(x) = c$ for all x in E. If $B \in \mathcal{E}^e$, define

$$\phi_B(x) = P^x(T_B < \infty).$$

It is well known that ϕ_B is excessive and ϕ_B is called the equilibrium potential of B. Clearly $\phi_B(x) = P^x(L_B > 0)$.

(2.4) <u>PROPOSITION</u>. *If* E *has at least two points the following conditions are equivalent.*

(i) *For each* B, $U(\cdot, B) = 0$ *or* $U(\cdot, B) = \infty$.

(ii) *If* B *is nonvoid and finely open,* $U(\cdot, B) = \infty$.

(iii) *If* $B \in \mathcal{E}^e$ *is not polar, then* $\phi_B = 1$.

(iv) *If* $B \in \mathcal{E}^e$ *is nonvoid and finely open (or only open under* (LSC_0)), *then* $\phi_B = 1$.

(v) *Each excessive function is constant.*

(vi) *If* $B \in \mathcal{E}^e$ *is not polar, then* $L_B = \infty$ *almost surely.*

(vii) *If* $B \in \mathcal{E}^e$ *is nonvoid and finely open (or only open under* (LSC_0)), *then* $L_B = \infty$ *almost surely.*

If X satisfies any, and hence all, of the conditions in (2.4) we shall say that X is *recurrent.*

3. PROOFS. We begin by establishing Proposition 2.2. Clearly the statements (i), (ii), (iii), and (iv) imply respectively the corresponding primed statements (i'), (ii'), (iii'), and (iv'). In addition it is obvious that (ii) $\Rightarrow$ (i) and (ii') $\Rightarrow$ (i') since $Uh > 0$ if $h > 0$.

(a) (i) $\Rightarrow$ (ii). Let h be bounded with Uh bounded and $Uh > 0$. Let $g = U^\alpha h$ with $\alpha > 0$. Then $Uh > 0$ implies that $g = U^\alpha h > 0$. Clearly $g \le Uh$ and so g is bounded. From the resolvent equation

$$Ug = UU^\alpha h = \alpha^{-1}[Uh - U^\alpha h] \le \alpha^{-1} Uh$$

and so Ug is bounded. Since g is α-excessive it is finely continuous and $\mathcal{E}^e$ measurable. Under (LSC) one may choose $\alpha > 0$ such $g = U^\alpha h$ is ℓsc. Thus (i) $\Rightarrow$ (ii).

(b) (i) $\Leftrightarrow$ (iii). If (i) holds let $h_n = nh$. Then $Uh_n = nUh \uparrow \infty$ since $Uh > 0$. If (iii) holds, let $b_n = \sup\{1, \|h_n\|, \|Uh_n\|\}$ where $\|f\| = \sup_x |f(x)|$ for any function f, and define $h = \Sigma\,(2^n b_n)^{-1} h_n$. Then h and Uh are bounded, and since for each $x \in E$ there exists an n with $Uh_n(x) > 0$, it follows that $Uh > 0$.

(c) (iv) $\Rightarrow$ (iii). Let $h_n = n1_{B_n}$. Since for each x, $U(x, B_n) \uparrow U(x, E) > 0$ it follows that $Uh_n \uparrow \infty$.

(d) (ii) $\Rightarrow$ (iv). Let $B_n = \{h > 1/n\}$. Then $B_n \uparrow E$ since $h > 0$. Clearly B_n is finely open and $\mathcal{E}^e$ measurable, and even open under (LSC). Now $1_{B_n} \le nh$ and so $U(\cdot, B_n) \le n\,Uh$ is bounded for each n.

We have now established the equivalence of (i), (ii), (iii), and (iv). The equivalence of the primed statements is established by exactly the same arguments except for the implication (iii') ⇒ (i'). We shall actually show that (iii') ⇒ (i) establishing the implications from the primed to unprimed statements. To this end if f is a function, $a > 0$, and $A = \{Uf \le a\}$, then

$$U(1_A f)(x) = E^x \int_0^\infty 1_A(X_t) f(X_t)\,dt$$

$$\le E^x \int_{T_A}^\infty f(X_t)\,dt = P_A Uf(x) \le a .$$

Let (h_n) be the sequence in (iii'). Set

$$h_n' = \sup_{1 \le k \le n} h_k \le h_1 + \ldots + h_n .$$

Then (h_n') is increasing, $Uh_n' < \infty$, and $Uh_n' \uparrow \infty$. Now replacing h_n' by $h_n' \wedge n$ we see that we may suppose that the sequence (h_n) in (iii') is increasing and that each h_n is bounded. For $n \ge 1$ and $k \ge 1$ let $A_{n,k} = \{Uh_n \le k\}$ and $g_{n,k} = 1_{A_{n,k}} h_n$. Then by the above estimate $Ug_{n,k} \le k$. For each fixed n, $A_{n,k} \uparrow E$ as $k \uparrow \infty$, and so

$$\lim_n \lim_k Ug_{n,k} = \lim_n Uh_n = \infty .$$

Hence for each x there exist n and k with $Ug_{n,k}(x) > 0$. Therefore

$$h = \sum_{n,k} (2^{n+k} b_{n,k})^{-1} g_{n,k} ,$$

where $b_{n,k} = \sup(1, \|g_{n,k}\|, \|Ug_{n,k}\|)$, is a bounded function with Uh bounded and $Uh > 0$. Hence (iii') $\Rightarrow$ (i).

This completes the equivalence of all the statements in (2.2) except (v).

(e) (i) $\Rightarrow$ (v). Let $B_n = \{Uh > 1/n\}$. Then $B_n \in \mathcal{E}^e$, B_n is finely open (even open under (LSC)), and $B_n \uparrow E$. Thus it suffices to show that each B_n is transient. To this end let $B = \{Uh > a\}$ where $a > 0$. Then if $t > 0$,

$$P_t Uh(x) \geq P_{t+T_B \circ \theta_t} Uh(x) \geq a\, P^x(t + T_B \circ \theta_t < \infty) .$$

But $P_t Uh \to 0$ as $t \to \infty$ since Uh is bounded, and consequently $P^x(n + T_B \circ \theta_n < \infty \text{ for all } n) = 0$ for each x. Therefore $L_B < \infty$ almost surely. Hence each B_n is transient.

Before coming to the final implication we state and prove a well-known fact that will also be needed in the proof of (2.4).

(3.1) LEMMA. *Let* g *be a bounded excessive function with* $P_t g \to 0$ *as* $t \to \infty$. *Define* $g_n = n(g - P_{1/n}\, g)$. *Then each* g_n *is a bounded, nonnegative, finely continuous* $\mathcal{E}^e$ *measurable function such that*

$$Ug_n = n \int_0^{1/n} P_t g \, dt \uparrow g$$

as $n \to \infty$.

PROOF. Since g is excessive, $P_{1/n}\, g$ is also excessive and so each g_n is bounded, nonnegative, finely continuous, and $\mathcal{E}^e$ measurable. Now

$$\int_0^t P_s g_n ds = n \int_0^t P_s g \, ds - n \int_{1/n}^{t+1/n} P_s g \, ds =$$

$$= n \int_0^{1/n} P_s g \, ds - n \int_t^{t+1/n} P_s g \, ds$$

provided $t > 1/n$. But $s \to P_s g$ is decreasing and so the last term is dominated by $P_t g$. Thus letting $t \to \infty$ and using the hypothesis we obtain $Ug_n = n \int_0^{1/n} P_s g \, ds$. Making the change of variable $t = ns$ it is clear that $Ug_n \uparrow g$.

(f) (v) $\Rightarrow$ (i). Let $B_n \in \mathcal{E}^e$ be transient with $B_n \uparrow E$. Fix $B = B_n$ and let $\phi(x) = P^x(L_B > 0) = P^x(T_B < \infty)$. Then ϕ is excessive and

$$P_t \phi(x) = P^x(L_B \circ \theta_t > 0) = P^x(L_B > t) \to 0$$

as $t \to \infty$ since $L_B < \infty$ almost surely. Now let $\phi_k(x) = P^x(T_{B_k} < \infty)$. Since $B_k \uparrow E$, it follows that $T_{B_k} \downarrow 0$ and so $\phi_k \uparrow 1$. Let $g_{n,k} = n(\phi_k - P_{1/n} \phi_k)$. Then $g_{n,k} \le n$ and by (3.1), $Ug_{n,k} \uparrow \phi_k \le 1$ as $n \to \infty$. Therefore for each x there exist n and k with $Ug_{n,k}(x) > 0$, and so we can construct a bounded h with Uh bounded and $Uh > 0$ as before. This completes the proof of Proposition 2.2.

We turn now to the proof of (2.4). The following implications are obvious: (i) $\Rightarrow$ (ii), (iii) $\Rightarrow$ (iv), and (v) $\Rightarrow$ (iv). We shall break up the proof into a series of steps.

(3.2) LEMMA. *Assume* (ii). *If* $B \in \mathcal{E}^e$ *is such that* $\phi_B(x) = 1$ *for some* x *in* E, *then* $\phi_B = 1$.

PROOF. Since ϕ_B is excessive, $t \to P_t\phi_B$ is decreasing. Let $\psi = \lim_{t\to\infty} P_t\phi_B \le \phi_B$. Then $P_s\psi = \lim_{t\to\infty} P_{t+s}\,\phi_B = \psi$ for all $s \ge 0$. Let $g = \phi_B - \psi$. Then

$$P_t g = P_t\phi_B - P_t\psi = P_t\phi_B - \psi \uparrow \phi_B - \psi$$

as $t \to 0$ and so g is excessive. Clearly $P_t g \to 0$ as $t \to \infty$ and $g \le 1$. Thus by (3.1) there exists a sequence (g_n) of bounded, finely continuous, $\mathcal{E}^e$ measurable functions with $Ug_n \uparrow g$. If $B_n = \{g_n > 0\}$ is not empty, then (ii) implies that $Ug_n = \infty$. Since $g \le 1$ we conclude that each $g_n = 0$ and so $g = 0$. That is $\phi_B = \psi$, and hence $P_t\phi_B = \phi_B$ for all t.

So far we have not used the hypotheses on B. Let $D = \{\phi_B < 1\}$. Then D is finely open and $\mathcal{E}^e$ measurable. By assumption there exists an x with $\phi_B(x) = 1$, and so

$$1 = \phi_B(x) = P_t\phi_B(x) = E^x[\phi_B(X_t)].$$

Consequently for each $t \ge 0$, $P^x(X_t \in D) = 0$, which in turn implies that $U(x, D) = 0$. But by (ii) if D is not empty, $U(\cdot, D) = \infty$, and this establishes (3.2).

(ii) $\Rightarrow$ (iv). Let $B \in \mathcal{E}^e$ be nonvoid and finely open. If $x \in B$, $\phi_B(x) = 1$, and so $\phi_B = 1$ by (3.2).

(iv) $\Rightarrow$ (v). Let f be a non-constant excessive function. Then there exist $0 < a < b$ and $x \in E$ with $f(x) < a$ and $B = \{f > b\}$ nonvoid. Also B is finely open (open under (LSC_0)). Hence $\phi_B = 1$ by (iv). But

$$\begin{aligned} a > f(x) &\ge P_B f(x) = E^x[f(X_{T_B}); T_B < \infty] \\ &\ge b\,P^x(T_B < \infty) = b\phi_B(x) = b, \end{aligned}$$

establishing (v).

In view of the obvious implications mentioned above (3.2) we now have established the following:

(3.3) (i) $\Rightarrow$ (ii) $\Rightarrow$ (iv) $\Leftrightarrow$ (v) and (iii) $\Rightarrow$ (iv).

The next lemma is the only place where we explicitly use the assumption that E has at least two points.

(3.4) LEMMA. *Assume* (iv) *and that* E *has at least two points. Then* $P^x(\zeta < \infty) = 0$ *for all* $x \in E$.

PROOF. Let $\psi(x) = E^x(1 - e^{-\zeta})$. Observe that

$$P_t\psi(x) = E^x\{\psi(X_t);\ t < \zeta\} = E^x\{1 - e^{-(\zeta - t)};\ t < \zeta\} \uparrow \psi(x)$$

as $t \to 0$. Hence ψ is constant since (iv) $\Leftrightarrow$ (v). Therefore $E^x(e^{-\zeta}) = c$ for all x in E. Since E is a metric space with at least two points there exist x in E and a nonvoid open set $G \subset E$ with x not in $\overline{G}$, the closure of G. By (iv), $\phi_G = 1$. Of course, since $G \subset E$, $\{T_G < \infty\} = \{T_G < \zeta\}$. Hence

$$\begin{aligned} c = E^x(e^{-\zeta}) &= E^x(e^{-\zeta};\ T_G < \zeta) \\ &= E^x(e^{-T_G} E^{X(T_G)}[e^{-\zeta}];\ T_G < \zeta) \\ &= cE^x(e^{-T_G}). \end{aligned}$$

But $x \notin \overline{G}$ and so $E^x(e^{-T_G}) < 1$. Therefore $c = 0$, establishing (3.4).

(3.5) (iv) $\Rightarrow$ (i). Let $B \in \mathcal{E}^*$ and suppose that $b = \sup U(\cdot, B) > 0$. Let $0 < a < b$ and $A = \{U(\cdot, B) > a\}$. Then by (iv), $\phi_A = 1$, and from (3.4), $\zeta = \infty$ almost surely. Now fix $x \in E$ and $t > 0$, and observe that

$$E^x \int_{t+T_A\circ\theta_t}^{\infty} 1_B(X_s)ds = E^x\{E^{X(t)} \int_{T_A}^{\infty} 1_B(X_s)ds\}$$

$$= E^x\{E^{X(t)}[U(X_{T_A}, B); T_A < \infty]\}$$

$$\geq aP^x(t < \zeta) = a.$$

Moreover

$$U(x, B) \geq E^x \int_0^t 1_B(X_s)ds + E^x \int_{t+T_A\circ\theta_t}^{\infty} 1_B(X_s)ds$$

$$\geq E^x \int_0^t 1_B(X_s)ds + a,$$

and letting $t \to \infty$ we obtain $U(x, B) \geq U(x, B) + a$. This yields $U(x, B) = \infty$, establishing (i) since x is arbitrary.

(3.6) (ii) $\Rightarrow$ (iii). Since (ii) $\Rightarrow$ (iv), $\zeta = \infty$ almost surely by (3.4). Suppose $B \in \mathcal{E}^e$ is not polar. Then by (iv), $\phi_B = c$ where c is a strictly positive constant. Hence for each $x \in E$ and $t > 0$

$$c = P^x(T_B < \infty) = P^x(T_B \leq t) + P^x(t < T_B, T_B < \infty)$$

$$= P^x(T_B \leq t) + E^x[P^{X(t)}(T_B < \infty); t < T_B]$$

$$= P^x(T_B \leq t) + cP^x(t < T_B),$$

and letting $t\to\infty$ we obtain $c(1-c)=0$. Since $c\neq 0$ we must have $c=1$ proving (iii).

In view of (3.3), (3.5), and (3.6) we have now established the equivalence of the first five statements in (2.4).

(v) $\Rightarrow$ (vi). Let $B\in\mathcal{E}^e$ and assume that B is not polar. By (iii), $P^x(L_B>0) = \phi_B(x)=1$ for all x. Let $\psi(x)=P^x(L_B<\infty)=P^x(0<L_B<\infty)$. Then $P_t\psi(x) = P^x(t<L_B<\infty)$. Thus ψ is excessive and $P_t\psi\to 0$ as $t\to\infty$. By (v) $\psi=c$, and since $\zeta=\infty$ almost surely according to (3.4), $c=P_tc$. But $P_tc = P_t\psi\to 0$ as $t\to\infty$. Therefore $c=0$ proving (vi).

It remains to show that (vii) $\Rightarrow$ (i) in order to complete the proof of (2.4). Let $B\in\mathcal{E}^*$ and suppose that for some $x\in E$, $U(x, B)<\infty$. Then for this x, $P_tU1_B(x)\to 0$ as $t\to\infty$. If $a>0$ let $G = \{U(\cdot, B)>a\}$. If G is not empty (vii) implies that $L_G=\infty$ almost surely and consequently for each t, $P^x(t+T_G\circ\theta_t<\infty)=1$. But

$$\begin{aligned}P_tU1_B(x) &\geq E^x[U1_B(X_{t+T_G\circ\theta_t}); t+T_G\circ\theta_t<\infty]\\ &= E^x\{E^{X(t)}[U1_B(X_{T_G}); T_G<\infty]\}\\ &\geq aP^x(t+T_G\circ\theta_t<\infty) = a.\end{aligned}$$

Hence G must be empty and since $a>0$ was arbitrary $U(\cdot, B) = 0$. This completes the proof of (2.4).

REFERENCES

1. J. Azéma, M. Kaplan-Duflo, and D. Revuz. Récurrence fine des processus de Markov. Ann. Inst. Henri Poincaré, 11 (1966), 185-220.

2. ________. Propriétés relatives des processus de Markov récurrents. Zeit. Wahrscheinlichkeitstheorie, 13 (1969), 286-314.

3. R. M. Blumenthal and R. K. Getoor. Markov Processes and Potential Theory. Academic Press. New York. 1968.

4. R. K. Getoor. Markov Processes: Ray Processes and Right Processes. Springer Lecture Notes in Math. Vol. 440. Springer-Verlag. Berlin-Heidelberg. 1975.

REMARQUES SUR LES FONCTIONNELLES ADDITIVES NON ADAPTEES

DES PROCESSUS DE MARKOV

J. JACOD et B. MAISONNEUVE

1 - INTRODUCTION. Considérons un processus de Markov $(\Omega,\underline{\underline{M}},\underline{\underline{M}}_t,\theta_t,X_t,P^x)$ avec des tribus $\underline{\underline{M}}_t$ et $\underline{\underline{M}}$ qui sont strictement plus grosses que les complétées usuelles $\underline{\underline{F}}_t$ et $\underline{\underline{F}}$ des tribus naturelles $\underline{\underline{F}}_t^o = \sigma(X_s : s \leq t)$ et $\underline{\underline{F}}^o = \bigvee_{(t)} \underline{\underline{F}}_t^o$. Il arrive fréquemment que la propriété de Markov soit vraie relativement aux tribus $\underline{\underline{M}}_t$ et $\underline{\underline{M}}$, ces grosses tribus étant utilisées pour décrire à la fois le passé et le futur; c'est-à-dire que pour tous x, $t \geq 0$, $f \in b\underline{\underline{M}}$ on a

$$(1) \qquad E^x(f\circ\theta_t | \underline{\underline{M}}_t) = E^{X_t}(f)$$

(noter la différence avec l'hypothèse usuelle, qui ne requiert (1) que pour $f \in b\underline{\underline{F}}$). Cette situation se présente naturellement pour les processus additifs markoviens (Çinlar [1]), ou pour certains processus dérivés des ensembles et systèmes régénératifs [4]; les changements de temps dans les processus de Markov fournissent également des exemples d'une telle situation.

Nous nous proposons d'établir que les fonctionnelles additives croissantes prévisibles relativement à la grosse filtration $(\underline{\underline{M}}_t)$ sont en fait prévisibles relativement à la filtration naturelle $(\underline{\underline{F}}_t)$. Ceci généralise un résultat de Çinlar [1] qui avait montré cette propriété pour des fonctionnelles continues (nous utilisons d'ailleurs la même méthode, simplifiée et étendue).

2 - DEFINITIONS ET HYPOTHESES. Précisons nos hypothèses, quant au processus de Markov $(\Omega,\underline{\underline{M}},\underline{\underline{M}}_t,\theta_t,X_t,P^x)$.

a) L'espace d'état $(E,\underline{\underline{E}})$ du processus est un espace mesurable quelconque.

b) L'espace Ω est quelconque (il peut être "plus gros" que l'espace canonique).

c) $(\underline{\underline{M}}_t)$ et $\underline{\underline{M}}$ sont les complétées usuelles d'une filtration $(\underline{\underline{M}}_t^o)$ et d'une tribu $\underline{\underline{M}}^o$. On a $\underline{\underline{F}}_t^o \subset \underline{\underline{M}}_t$. On n'impose pas à $(\underline{\underline{M}}_t)$ d'être continue à droite.

d) On exige la propriété de Markov renforcée (1), mais pas la propriété forte de Markov.

En outre, nous ferons <u>parfois</u> l'hypothèse suivante

<u>Hypothèse (R)</u>: (i) les tribus $\underline{\underline{M}}_t^o$ sont séparables;

(ii) pour toute mesure P^x il existe une probabilité de transition $(\omega, A) \rightsquigarrow Q_\omega^x(A)$ de $(\Omega, \underline{\underline{F}})$ dans $(\Omega, \underline{\underline{M}}^o)$ qui soit une version régulière de la probabilité conditionnelle $P^x(.|\underline{\underline{F}})$ sur $\underline{\underline{M}}^o$.

Noter que (ii) est vérifiée si $(\Omega, \underline{\underline{M}}^o)$ est un U-espace [2].

<u>3 - FONCTIONNELLES ADDITIVES $(\underline{\underline{M}}_t)$-PREVISIBLES.</u> Un processus croissant fini $A = (A_t)$ continu à droite, mesurable, tel que $A_0 = 0$ p.s., sera appelé <u>fonctionnelle additive</u> (f.a.) si pour tous $s, t \geq 0$ on a

$$A_{t+s} = A_t + A_s \circ \theta_t \qquad \text{p.s.}$$

Une f.a. A est dite <u>faiblement</u> $(\underline{\underline{M}}_t)$-<u>prévisible</u> si pour tout x elle est P^x-indistinguable d'un processus A^x qui est $(\underline{\underline{M}}_t)$-prévisible. Dans ce cas, A est $(\underline{\underline{M}}_t)$-adaptée.

Remarquons d'abord le fait très simple suivant, qui fait comprendre les résultats qui vont suivre.

PROPOSITION 1 : <u>Soit</u> A <u>une f.a., non nécessairement adaptée à</u> $(\underline{\underline{M}}_t)$, <u>de caractéristique finie</u> (i.e., $E^x(A_t) < \infty$ pour tous x,t). <u>Supposons que</u> A <u>admette une projection prévisible duale</u> B <u>relativement à</u> $(\underline{\underline{F}}_t)$ <u>qui ne dépende pas de</u> P^x <u>et qui soit additive. Alors</u> A <u>admet aussi</u> B <u>comme</u> $(\underline{\underline{M}}_t)$-<u>projection prévisible duale pour toute loi</u> P^x.

Dire que B est la $(\underline{\underline{F}}_t)$-projection prévisible duale de A n'implique pas que B soit $(\underline{\underline{F}}_t)$-prévisible, mais seulement faiblement $(\underline{\underline{F}}_t)$-prévisible. L'existence de B est assurée, par exemple, dès que $\underline{E}$ est séparable et que le processus de Markov est normal.

Démonstration. Pour tous $x \in E$, $t \geq s \geq 0$, on a

$$E^x(A_t - A_s | \underline{\underline{M}}_s) = E^{X_s}(A_{t-s}) = E^x(A_t - A_s | \underline{\underline{F}}_s)$$

$$E^x(B_t - B_s | \underline{\underline{M}}_s) = E^{X_s}(B_{t-s}) = E^x(B_t - B_s | \underline{\underline{F}}_s) .$$

Les membres de droite sont égaux, donc aussi les membres de gauche. Comme B est P^x-indistinguable d'un processus $(\underline{\underline{F}}_t)$-prévisible, donc $(\underline{\underline{M}}_t)$-prévisible, la propriété en résulte. ∎

Il résulte de cette proposition qu'une f.a. A faiblement $(\underline{\underline{M}}_t)$-prévisible est faiblement $(\underline{\underline{F}}_t)$-prévisible (donc $(\underline{\underline{F}}_t)$-adaptée) dès qu'elle est de caractéristique finie et qu'elle admet une $(\underline{\underline{F}}_t)$-projection prévisible duale B indépendante de la loi P^x et additive. On a évidemment $B = A$. Comme on le voit dans la démonstration précédente, l'additivité joue un rôle essentiel.

Avant de passer à des résultats plus généraux, notons immédiatement la conséquence suivante de cette proposition.

COROLLAIRE 2 : Si le processus X est de Hunt relativement à $(\underline{\underline{F}}_t)$, il est quasi-continu à gauche relativement à $(\underline{\underline{M}}_t)$.

Dire que le processus est de Hunt signifie que E est borélien d'un compact métrisable, que X est continu à droite, pourvu de limites à gauche, fortement markovien relativement à $(\underline{\underline{F}}_t)$, et enfin quasi-continu à gauche relativement à $(\underline{\underline{F}}_t)$.

Démonstration. Il est classique qu'il existe une fonction h sur $E \times E$, telle que $h(x,x) = 0$ et $h(x,y) > 0$ si $x \neq y$, et que la f.a. $A_t = \sum_{0 < s \leq t} h(X_{s-}, X_s)$ admette un 1-potentiel fini. De plus A admet une $(\underline{\underline{F}}_t)$-projection prévisible duale B qui est additive. La fonctionnelle B est continue à cause de la $(\underline{\underline{F}}_t)$-quasi-continuité à gauche de X, donc de A. D'après la proposition 1, B est aussi la $(\underline{\underline{M}}_t)$-projection prévisible duale de A, donc A est $(\underline{\underline{M}}_t)$-quasi-continu à gauche, donc X également. ∎

Remarque. Sous les hypothèses du corollaire, le processus X n'est pas nécessairement fortement markovien pour $(\underline{\underline{M}}_t)$. ∎

THEOREME 3 : (a) <u>Toute f.a. $(\underline{\underline{M}}_t)$-adaptée et continue</u> A <u>est</u> $(\underline{\underline{F}}_t)$-<u>adaptée</u>.

(b) <u>Sous l'hypothèse (R), toute f.a. faiblement</u> $(\underline{\underline{M}}_t)$-<u>prévisible</u> A <u>est faiblement</u> $(\underline{\underline{F}}_t)$-<u>prévisible</u> (donc $(\underline{\underline{F}}_t)$-adaptée).

L'assertion (a) est due à Çinlar [1]. Le lemme suivant nous a été suggéré par P. Protter.

LEMME 4 : <u>Une f.a.</u> A (ou plus généralement, un processus croissant fini) <u>faiblement</u> $(\underline{\underline{M}}_t)$-<u>prévisible et</u> $(\underline{\underline{F}}_t)$-<u>adaptée est faiblement</u> $(\underline{\underline{F}}_t)$-<u>prévisible</u>.

<u>Démonstration</u>. Soit $A^n = A \wedge n$, qui est un processus croissant borné. Soit $B^{n,x}$ la $(\underline{\underline{F}}_t)$-projection prévisible duale de A^n pour la loi P^x. Comme A^n est $(\underline{\underline{F}}_t)$-adapté, le processus $A^n - B^{n,x}$ est une martingale uniformément intégrable relativement à la filtration $(\underline{\underline{F}}_t)$ et pour la loi P^x. Mais on a $E^x(Z|\underline{\underline{F}}_t) = E^x(Z|\underline{\underline{M}}_t)$ pour toute variable intégrable $\underline{\underline{F}}$-mesurable Z (c'est évident d'après (1) pour Z de la forme $Z = F_t.F\circ\theta_t$ où $F_t \in \underline{\underline{F}}_t$ et $F \in \underline{\underline{F}}$, et on obtient le cas général par un argument de classe monotone). Cette propriété implique que $A^n - B^{n,x}$ soit également une martingale relativement à la filtration $(\underline{\underline{M}}_t)$. Comme $B^{n,x}$ et A^n sont P^x-indistinguables de processus $(\underline{\underline{M}}_t)$-prévisibles, il s'ensuit que $A^n = B^{n,x}$ P^x-p.s. Donc chaque A^n est faiblement $(\underline{\underline{F}}_t)$-prévisible et la propriété cherchée en résulte en faisant tendre n vers l'infini. ∎

Pour obtenir le théorème, il reste à montrer dans (b) comme dans (a) que A est $(\underline{\underline{F}}_t)$-adapté. De façon à traiter de manière unique, autant que possible, les deux cas, nous effectuons le changement de notations suivant: dans le cas (a) nous désignons maintenant par $\underline{\underline{M}}_t^o$ et $\underline{\underline{M}}^o$ les tribus $\underline{\underline{M}}_t^o = \sigma(A_s : s \leq t)$ et $\underline{\underline{M}}^o = \bigvee_{(t)} \underline{\underline{M}}_t^o$ (attention: $\underline{\underline{M}}_t$ et $\underline{\underline{M}}$ ne sont plus les complétées de $\underline{\underline{M}}_t^o$ et $\underline{\underline{M}}^o$); dans le cas (b) on augmente $\underline{\underline{M}}_t^o$ et $\underline{\underline{M}}^o$ de manière à ce que A soit $(\underline{\underline{M}}_t^o)$-adapté. Avec ce changement de notations, l'hypothèse (R) est vérifiée pour (a) comme pour (b), et A est $(\underline{\underline{M}}_t^o)$-adapté. Notons Q_ω^x les probabilités associées par l'hypothèse (R). La démonstration repose sur les trois lemmes suivants.

LEMME 5 : <u>Soit</u> $M_t \in b\underline{\underline{M}}_t^o$. <u>On a</u> $E^x(M_t|\underline{\underline{F}}) = E^x(M_t|\underline{\underline{F}}_t)$.

<u>Démonstration</u>. Si $F_t \in b\underline{\underline{F}}_t^o$ et $F \in b\underline{\underline{F}}^o$, on a

$$E^x(F_t\, F\circ\theta_t\, E^x(M_t|\underline{\underline{F}})) = E^x(F_t\, F\circ\theta_t\, M_t) = E^x(F_t\, E^{X_t}(F)\, M_t)$$

$$= E^x(F_t\ E^{X_t}(F)\ E^x(M_t|\underline{\underline{F}}_t)) = E^x(F_t\ F\circ\theta_t\ E^x(M_t|\underline{\underline{F}}_t))\ .$$

Le lemme résulte alors de ce que les variables $F_t.F\circ\theta_t$ engendrent $\underline{\underline{F}}^o$. ∎

LEMME 6 : <u>Pour</u> P^x-<u>presque tout</u> ω, <u>le processus</u> $(\Omega,\underline{\underline{M}}^o,\underline{\underline{M}}^o_{t+},A_t,Q^x_\omega)$ <u>est un processus à accroissements indépendants (non stationnaires)</u>: ce qui signifie que pour tous $s,t\geqslant 0$, $A_{t+s}-A_t$ est une variable indépendante de la tribu $\underline{\underline{M}}^o_{t+}$ pour la loi Q^x_ω.

<u>Démonstration</u>. Commençons par montrer que pour tous $s,t\geqslant 0$, $M_t\in b\underline{\underline{M}}^o_t$, $f\in b\underline{\underline{\mathbb{R}}}_+$ fixés, on a

(2) $$Q^x_\omega(M_t\ f(A_{t+s}-A_t)) = Q^x_\omega(M_t)\ Q^x_\omega(f(A_{t+s}-A_t))$$

pour P^x-presque tout ω. Soit $F_t\in b\underline{\underline{F}}^o_t$ et $F\in b\underline{\underline{F}}^o$. Il vient

$$E^x\{F_t\ F\circ\theta_t\ Q^x_\cdot(M_t\ f(A_{t+s}-A_t))\}$$

$$= E^x(F_t\ F\circ\theta_t\ M_t\ f(A_s)\circ\theta_t) \qquad \text{(définition de } Q^x_\cdot)$$

$$= E^x\{F_t\ M_t\ E^{X_t}(F\ f(A_s))\} \qquad \text{(d'après (1))}$$

$$= E^x\{F_t\ Q^x_\cdot(M_t)\ E^{X_t}(F\ f(A_s))\} \qquad \text{(définition de } Q^x_\cdot)$$

$$= E^x(F_t\ Q^x_\cdot(M_t)\ F\circ\theta_t\ f(A_s)\circ\theta_t) \qquad \text{(lemme 6 et (1))}$$

$$= E^x\{F_t\ F\circ\theta_t\ Q^x_\cdot(M_t)\ Q^x_\cdot(f(A_{t+s}-A_t))\} \qquad \text{(définition de } Q^x_\cdot)\ .$$

Comme les variables $F_t.F\circ\theta_t$ engendrent $\underline{\underline{F}}^o$, on en déduit l'égalité (2). Les tribus $\underline{\underline{M}}^o_t$ et $\underline{\underline{\mathbb{R}}}_+$ étant séparables, on peut trouver un ensemble P^x-négligeable N tel que, pour $\omega\in N^c$, l'égalité (2) soit valable pour tout choix possible de $s,t\in\mathbb{Q}_+$, $M_t\in b\underline{\underline{M}}^o_t$, $f\in b\underline{\underline{\mathbb{R}}}_+$. Soit maintenant $s,t\geqslant 0$ et $M_t\in\underline{\underline{M}}^o_{t+}$. Si f est continue bornée et si (s_n), (t_n) sont des suites de rationnels décroissant strictement vers s, t, respectivement, on a pour tous $\omega\in N^c$, $n\in\mathbb{N}$:

$$Q^x_\omega(M_t\ f(A_{t_n+s_n}-A_{t_n})) = Q^x_\omega(M_t)\ Q^x_\omega(f(A_{t_n+s_n}-A_{t_n}))\ ,$$

ce qui entraine (2) par passage à la limite. Le lemme est donc démontré. ∎

LEMME 7 : <u>Supposons que pour tout</u> $x\in E$ <u>et pour</u> P^x-<u>presque tout</u> ω, <u>le processus</u> A <u>soit</u> Q^x_ω-<u>p.s. déterministe. Alors</u> A <u>est</u> $(\underline{\underline{F}}_t)$-<u>adapté</u>.

Démonstration. Comme A_t est $\underline{\underline{M}}^o$-mesurable et que $Q^x_{\cdot}(A_t)$ est $\underline{\underline{F}}$-mesurable, on a pour P^x-presque tout ω :

$$P^x(A_t \neq Q^x_{\cdot}(A_t) | \underline{\underline{F}})(\omega) = Q^x_\omega[A_t \neq Q^x_\omega(A_t)].$$

Par hypothèse le second membre est nul pour P^x-presque tout ω. Par suite $A_t = Q^x(A_t) = E^x(A_t | \underline{\underline{F}})$ P^x-p.s., et comme A_t est $\underline{\underline{M}}^o_t$-mesurable, le lemme 5 implique alors que A_t soit $\underline{\underline{F}}_t$-mesurable. ∎

Passons à la preuve du théorème, en distinguant maintenant les deux cas.

Cas (a). D'après le lemme 6, pour $x \in E$ et pour P^x-presque tout ω, A est un processus à accroissements indépendants pour la loi Q^x_ω. Comme A est croissant et continu, il est donc déterministe pour ces lois Q^x_ω, et il suffit d'appliquer le lemme 7.

Cas (b). Par hypothèse, A est P^x-indistinguable d'un processus croissant $(\underline{\underline{M}}_t)$-prévisible, ce dernier étant de manière classique P^x-indistinguable d'un processus croissant B^x qui est $(\underline{\underline{M}}^o_t)$-prévisible. A et B^x étant $\underline{\underline{M}}^o$-mesurables, il existe un ensemble P^x-négligeable N^x_1 tel que A et B^x soient Q^x_ω-indistinguables pour tout $\omega \notin N^x_1$. Par suite, si N^x_2 désigne l'ensemble P^x-négligeable intervenant dans le lemme 6, le processus $(\Omega, \underline{\underline{M}}^o, \underline{\underline{M}}^o_t, B^x_t, Q^x_\omega)$ est à accroissements indépendants et prévisible pour $\omega \notin N^x_1 \cup N^x_2$ (attention: il est prévisible relativement à $(\underline{\underline{M}}^o_t)$, mais pas nécessairement relativement à sa filtration naturelle; c'est là la différence d'avec le cas (a), différence qui nous impose l'introduction de l'hypothèse (R)). Il nous reste à montrer que B^x, donc A, est Q^x_ω-p.s. déterministe pour $\omega \notin N^x_1 \cup N^x_2$, ce qui permettra d'appliquer le lemme 7.

D'après un résultat classique sur les processus à accroissements indépendants, on peut écrire Q^x_ω-p.s.:

$$(3) \qquad B^x_t = b(t) + \textstyle\sum_{(n)} U^n I_{\{t \geq t_n\}} + \sum_{(n)} V^n I_{\{t \geq T_n\}}$$

où b est une fonction croissante (déterministe), où les t_n sont des réels strictement positifs distincts, où les T_n sont des $(\underline{\underline{M}}^o_{t+})$-temps d'arrêt totalement inaccessibles pour Q^x_ω, et où les U^n et les V^n sont des variables aléatoires positives ou nulles (pour une telle décomposition avec une filtration plus grosse que la filtration naturelle de

B^x, on peut consulter [3], ch. III). Utilisons la prévisibilité de B^x : d'une part B^x n'a pas de sauts totalements inaccessibles, donc le troisième terme à droite de (3) est Q^x_ω-p.s. nul. D'autre part $U^n = Q^x_\omega(U^n | \underline{\underline{M}}^o_{(t_n)-})$; mais $U^n = \Delta B_{t_n} - \Delta b(t_n)$ est indépendant de $\underline{\underline{M}}^o_{(t_n)-} = \bigvee_{(m)} \underline{\underline{M}}^o_{(t_n-1/m)}$, donc $U^n = Q^x_\omega(U^n)$ Q^x_ω-p.s. et le second terme à droite de (3) est Q^x_ω-p.s. déterministe, d'où le résultat.

4 - <u>UN EXEMPLE LIE AUX SYSTEMES REGENERATIFS</u>. Nous allons donner ici un exemple de processus possédant la propriété de Markov renforcée (1), et associée à un système régénératif $(\Omega, \underline{\underline{F}}, \underline{\underline{F}}_t, \theta_t, X_t, P^x; M)$ au sens de [4] ou de [5]: le lecteur ne connaissant pas la théorie des systèmes régénératifs pourra supposer que $(\Omega, \underline{\underline{F}}, \underline{\underline{F}}_t, \theta_t, X_t, P^x)$ est un processus fortement markovien canonique muni d'un fermé aléatoire homogène progressivement mesurable M. La propriété qui nous importe pour la suite est que, pour $t \geq 0$, $f \in b\underline{\underline{F}}^o$ et avec la notation $D_t = \inf(s > t : s \in M)$,

$$(4) \qquad E^x(f \circ \theta_{D_t} | \underline{\underline{F}}_{D_t}) = E^{X_{D_t}}(f) .$$

X_∞ et θ_∞ sont supposés définis. Notons aussi $R_t = D_t - t$.

D'après [4] le processus (R_t, X_{D_t}) est, pour chaque P^μ, un processus de Markov relativement à la famille $(\underline{\underline{F}}_{D_t})$, à valeurs dans $\hat{E} = \overline{\mathbb{R}}_+ \times E$. Pour obtenir une réalisation de son semi-groupe, plaçons-nous sur l'espace $\hat{\Omega} = \overline{\mathbb{R}}_+ \times \Omega$ muni de la tribu produit $\hat{\underline{\underline{M}}}^o = \underline{\underline{\overline{\mathbb{R}}}}_+ \otimes \underline{\underline{F}}^o$ et des mesures $\hat{P}^{r,x} = \varepsilon_r \otimes P^x$. Soit

$$\hat{X}_t(r,\omega) = \begin{cases} (r-t, X_0(\omega)) & \text{si } t < r \\ (R_{t-r}(\omega), X_{D_{t-r}}(\omega)) & \text{si } t \geq r \end{cases}$$

$$\hat{\theta}_t(r,\omega) = \begin{cases} (r-t, \omega) & \text{si } t < r \\ (R_{t-r}(\omega), \theta_{D_{t-r}}(\omega)) & \text{si } t \geq r . \end{cases}$$

Enfin $(\hat{\underline{\underline{M}}}_t)$ désigne la filtration complétée usuelle de la filtration $(\hat{\underline{\underline{M}}}^o_t)$, où $\hat{\underline{\underline{M}}}^o_t$ est la tribu des $A \in \hat{\underline{\underline{M}}}^o$ tels que pour tout r on ait $A \cap (\{r\} \times \Omega) = \{r\} \times A_r$, avec $A_r \in \underline{\underline{F}}_0$ si $r > t$, et $A_r \in \underline{\underline{F}}_{D_{t-r}}$ si $r \leq t$.

Le système $(\hat{\Omega}, \hat{\underline{\underline{M}}}, \hat{\underline{\underline{M}}}_t, \hat{\theta}_t, \hat{X}_t, \hat{P}^{r,x})$ constitue alors un processus markovien au sens de (1): la vérification de ce que $(\hat{\theta}_t)$ est un semi-groupe est facile et analogue à des calculs faits dans [4]; la propriété (1) découle de ce que, si $f \in b\hat{\underline{\underline{M}}}^o$, on a

$$E^x(f(R_t,\theta_{D_t})|\underline{\underline{F}}_{D_t}) = \hat{E}^{(R_t,X_{D_t})}(f) , \tag{5}$$

formule qui résulte immédiatement de (4). On notera que l'information contenus dans $\hat{\underline{\underline{M}}}^o$ est en général plus grande que celle fournie par le processus $\hat{X}$.

BIBLIOGRAPHIE

1 ÇINLAR E.: Markov additive processes I, Z. für Wahr. 24, 85-93, 1972.

2 GETOOR R.K.: On the construction of kernels, Sém. Proba IX, Lect. Notes in Math. 465, 1975.

3 JACOD J.: Calcul stochastique et problèmes de martingales. Lect. Notes in Math. 714, 1979.

4 MAISONNEUVE B.: Systèmes régénératifs. Astérisque 15, 1974.

5 MAISONNEUVE B., MEYER P.A.: Ensembles aléatoires markoviens homogènes, Sém. Proba. VIII, Lect. Notes in Math. 381, 1974.

Séminaire de Probabilités XIV
1978/79

A NOTE ON REVUZ MEASURE

Murali Rao

Introduction

In [3] under mild conditions on the potential kernel, a representation for the equilibrium potential was derived. General as they were, there was some dissatisfaction with these conditions on the grounds that, for example, potential kernels of many Lévy processes failed to fulfil these conditions. In this note, we resolve this problem with a set of conditions which include many Lévy processes and those in [3].

In §1, Revuz measure is examined and we prove that whenever Uf_n increases to a class D potential, f_n converges weakly to its Revuz measure, provided it is finite. We consider only Hunt processes satisfying hypothesis L.

In §2 we introduce the following condition: There is a version $u(x,y)$ of the potential kernel such that

> $y \to u(x,y)$ is lower semi-continuous and there exists a $\varphi > 0$ such that $\int u(x,y)\varphi(x)dx$ is continuous and positive.

If these are satisfied, we show that u can be modified to v so that the relation

$$s(x) = \int v(x,y)\mu(dy)$$

is valid for any class D potential s and its Revuz measure μ. And then μ is unique.

§3 is devoted to showing that the conditions i [3] are included in those of the present article.

We gratefully acknowledge the kindness of Professor P. A. Meyer in accepting to publish this note in spite of the large overlap with [6]. Thanks are due to Professor K. L. Chung for discussions and encouragement.

§1. We use no duality assumptions except **Hypothesis L.** X_t will denote a Hunt process with a locally compact metric state space.

Proposition 1. Let ξ be an excessive reference measure. Then $f, g \geqq 0$ and $Uf \leqq Ug < \infty$ a.e. imply

(1) $$\int f \leqq \int g$$

where integration is always relative to ξ unless specified.

Proof. We may assume f and g are integrable. Indeed, if $(g,\xi) = \infty$, there is nothing to show. If $(g,\xi) < \infty$, replace f by $f\cdot\varphi$ with $0 \leqq \varphi \leqq 1$ and $(f\varphi,\xi) < \infty$, apply the result to $f\varphi$ and let $\varphi \uparrow 1$.

Suppose first that for some $\alpha > 0$, $U_\alpha f \leqq U_\alpha g$. Since ξ is excessive, $(\beta U_\beta f, \xi)$ increases with β and tends as $\beta \uparrow \infty$ to (f,ξ). From the resolvent equation for $\beta > \alpha$,

$$U_\alpha g - U_\alpha f = U_\beta g - U_\beta f + (\beta-\alpha) U_\beta (U_\alpha g - U_\alpha f)$$

so that

$$(U_\beta g - U_\beta f, \xi) = (U_\alpha g - U_\alpha f, \xi) - (\beta-\alpha)(U_\beta(U_\alpha g - U_\alpha f), \xi).$$

Since $U_\alpha g \geqq U_\alpha f$, by assumption we get

$$(U_\beta g - U_\beta f, \xi) \geqq \alpha (U_\beta (U_\alpha g - U_\alpha f), \xi) \geqq 0.$$

The left side is thus $\geqq 0$. Multiply by β and let $\beta \uparrow \infty$ to conclude $(g,\xi) \geqq (f,\xi)$.

Now suppose $Uf \leqq Ug$. Let $0 < \lambda < 1$. Then $\lambda Uf < Ug$ a.e. Let A_n be the set

$$A_n = \{\lambda U_{\frac{1}{n}} f \leqq U_{\frac{1}{n}} g\}.$$

We claim that $\liminf A_n = E$, ξ-a.e. Indeed, if $x \in A_n^c$ for infinitely many n, then $\lambda U_{\frac{1}{n}} f > U_{\frac{1}{n}} g$ for infinitely many $n \Rightarrow$ $\lambda Uf \geqq Ug$ and this set has ξ-measure 0. Now for any n,

$$\lambda U_{\frac{1}{n}}(f 1_{A_n}) \leqq \lambda U_{\frac{1}{n}} f \leqq U_{\frac{1}{n}} g$$

on A_n and hence $\lambda U_{\frac{1}{n}}(f 1_{A_n}) \leqq U_{\frac{1}{n}} g$ everywhere. From what we have already shown, $\lambda \int f 1_{A_n} \leqq \int g$. This being true for all n, $\lambda \int f \leqq \int g$. Let λ increase to 1.

<u>Proposition 2</u>. Let s be excessive and finite a.e. Let f_n be such that $\lim Uf_n = s$ a.e.. Let $g \geqq 0$ and $Ug \leqq s$. Then

$$\int g \leqq \liminf \int f_n. \tag{2}$$

<u>Proof</u>. Let $\lambda < 1$ and A_n the set

$$A_n = \{Uf_n \geqq \lambda Ug\}.$$

Then $\liminf 1_{A_n} = 1$ a.e.

$$U(f_n) \geqq \lambda U(g 1_{A_n}) \quad \text{on } A_n$$

and hence everywhere. By Proposition 1,

$$\lambda \int g 1_{A_n} \leqq \int f_n.$$

Let $n \uparrow \infty$ and use the Fatou lemma and note that $\lambda < 1$ is arbitrary. Q.e.d.

Corollary 3. Let s be excessive and finite a.e. Suppose $Uf_n \leqq s$, $Ug_n \leqq s$ and $\lim Uf_n = \lim Ug_n = s$. Then

(3) $$\lim \int g_n = \lim \int f_n .$$

Proof. From Proposition 2, for all n,

$$\int g_n \leqq \liminf \int f_m ,$$

i.e.

$$\limsup \int g_n \leqq \liminf \int f_m .$$

By the same reasoning can be applied $\limsup \int f_m \leqq \liminf \int g_n$. Q.e.d.

Proposition 4. Let A be a natural additive functional with potential s. Let $Uf_n \leqq s$ and $\lim Uf_n = s$. Suppose $\lim \int f_n < \infty$. Then for all bounded continuous φ

(4) $$\lim \int f_n \varphi \text{ exists.}$$

Proof. Note that $\lim \int f_n$ exists because from Corollary 3, if $Ug_n \uparrow U_A = s$, then $\lim \int g_n = \lim \int f_n$ and $\int g_n \uparrow$. Suppose $0 \leqq \varphi \leqq 1$ is continuous. We know $U[f_n \varphi] \to U_A \varphi = E.[\int_0^\infty \varphi(x_t)\, dA_t]$ and $U[f_n(1-\varphi)] \to U_A(1-\varphi)$. Let g_n and h_n be such that $Ug_n \uparrow U_A \varphi$ and $Uh_n \uparrow U_A(1-\varphi)$. Then since $\lim Uf_n = s = U_A 1$, $\lim Ug_n = U_A$, $\lim Uh_n = U_A(1-\varphi)$. From Proposition 2

$$\lim \int g_n \leqq \liminf \int f_n \varphi$$
$$\lim \int h_n \leqq \liminf \int f_n (1-\varphi) .$$

But

$$U(g_n + h_n) \uparrow U_A = \lim Uf_n \Rightarrow \lim \int f_n = \lim \int g_n + \lim \int h_n$$

$$\leq \liminf \int f_n\varphi + \liminf \int f_n(1-\varphi)$$

$$\leq \limsup \int f_n\varphi + \liminf \int f_n(1-\varphi) \leq \lim \int f_n .$$

Showing that $\lim \int f_n\varphi$ exists. Q.e.d.

Proposition 5. Let A be natural additive and ν its Revuz measure [1]. Then

1. For every f with $Uf \leqq U_A$ we have $\int f \leqq \nu(1)$. If B is a natural additive functional with $U_B \leqq U_A$, then $\mu(1) \leqq \nu(1)$ where μ is the Revuz measure of B.

2. Let f_n be such that $Uf_n \leqq U_A$ and $\lim Uf_n = U_A$. Then for all bounded positive continuous φ

$$\nu(\varphi) \leqq \liminf \int f_n\varphi .$$

3. If $\nu(1) < \infty$, $Uf_n \leqq U_A$ and $\lim Uf_n = U_A$, then

$$\lim \int f_n\varphi = \nu(\varphi)$$

for all bounded continuous φ, i.e. f_n converges to ν weakly.

Proof. 1. If $Uf \leqq U_A$, then $\int f \leqq \nu(1)$ is proved as in Proposition 1.

2. If $\varphi \geqq 0$ is bounded and continuous, $U_A^\alpha\varphi = \lim U^\alpha(f_n\varphi)$. So by Fatou,

$$(\xi, \alpha U_A^\alpha\varphi) \leqq \liminf \alpha(\xi, U^\alpha(f_n\varphi)) \leqq \liminf \int f_n\varphi \quad (\xi \text{ is excessive}).$$

As $\alpha \uparrow \infty$, the left side above increases to (ν, φ). That proves 2.

3. From 1, $\nu(1) \geqq \int f_n$ and from 2, $\liminf \int f_n\varphi \geqq \nu(\varphi)$. These obviously give 3.

Corollary 6. Let D be relatively compact open and $s = P_D 1$. Suppose the process is transient so that $P_D 1$ is given by a natural additive functional A. Then the Revuz measure of A is concentrated on $\overline{D}$.

Proof. By (4.15), p. 88 of [7] we can choose functions f_n with support $(f_n) \subset D$ so that $Uf_n \uparrow s$. If φ is continuous $\geqq 0$ and vanishes on $\overline{D}$, then from 2 of Proposition 5 we see

$$\nu(\varphi) \leqq \liminf \int f_n \varphi = 0. \qquad \text{Q.e.d.}$$

Remark. The same proof shows that if $s = U_A$ satisfies $s = P_D s$ for an open set D, then the Revuz measure of s is concentrated on $\overline{D}$.

Proposition 7. Let A be a natural additive functional with Revuz measure ν. Then we can write $A = \sum_1^\infty A_n$, A_n natural such that the Revuz measure of A_n is finite.

Proof. Let f be integrable so that $Uf > 0$ everywhere. Put $s = U_A 1$. Define s_n inductively as follows:

Put $s_0 = s$. Now $s_0 = s_0 \wedge Uf + x_1$ where $x_1 = s_0 - s_0 \wedge Uf$. By a theorem of Mokobodzki [2],

$$s_0 = s_1 + Rx_1 = s_1 + s^1, \quad \text{say},$$

where $s_1 \leqq s_0 \wedge Uf$ and Rx_1 is the smallest excessive function dominating x_1. Similarly we can write

$$s_1^1 = s_2 + Rx_2 = s_2 + s_2^1, \quad \text{say},$$

where $s_2 \leqq s_1^1 \wedge 2Uf$ and $x_2 = s_1^1 - 2Uf$. We then have $s = s_1 + s_2 + s_2^1$. In general, if $s = s_1 + \ldots + s_n + s_n^1$, we write

$$s_n^1 = s_{n+1} + s_{n+1}^1,$$

where $s_{n+1} \leqq (n+1)Uf \wedge s_n^1$ and $s_{n+1}^1 = R\{(s_n^1 - (n+1)Uf)^+\}$.

We claim that s_n^1 decreases to zero. It is clear that $R(s_n^1 - (n+1)Uf)$ decreases. Further $s_n^1 - (n+1)Uf \leqq s - (n+1)Uf$. If $D_n = \{s > (n+1)Uf\}$, then $P_{D_n} s \geqq s.1_{D_n} \geqq (s - (n+1)Uf)^+$ so that $s_{n+1}^1 \leqq P_{D_n} s$. So it suffices to show that $P_{D_n} s$ tends to zero. Because $s(X_t)$ is a class D potential, we need only show that $T_{D_n} \uparrow \infty$ a.s. If $T = \lim T_{D_n}$, on the set $T < \infty$, $s(x_{T_{D_n}}) \geqq (n+1)Uf(X_{T_{D_n}})$. Now $\lim s(X_{T_{D_n}})$ and $\lim Uf(X_{T_{D_n}})$ exist and both are finite almost surely and the latter $\geqq Uf(X_T) > 0$. Therefore $T = \infty$ a.s.

Thus we have written

$$s = \sum_1^\infty s_i$$

where $s_i \leqq i.Uf$. If A_i is the natural additive functional of s_i, then Revuz measure of A_i is finite and $A = \Sigma A_i$ as desired. Q.e.d.

§2. In [3] the starting point was the following conditions on the potential kernel u:

1) $y \to u(x,y)^{-1}$ is finite and continuous

2) $u(x,y) = \infty$ iff $x = y$.

Using these it was shown that there is a σ-finite measure n such that

$$P_K 1(x) = \int u(x,y)\,n(dy) \qquad (K \text{ compact}). \tag{1}$$

There has been dissatisfaction with these conditions on the grounds that these do not cover, for example, many Lévy processes. Now we give a set of conditions - such that (1) is still true - which are more general that that of [3] and which include the case of Lévy processes. In the next section we shall show that these conditions are indeed more general than those in [3].

More precisely, we shall prove the following: Suppose $y \to u(x,y)$ is l. s. c. for fixed x and there exists a $\varphi > 0$ such that

$$\int u(x,y)\varphi(x)\,dx$$

is continuous. Then we can find a version v of u so that $y \to v(x,y)$ is l.s.c., $x \to v(x,y)$ is excessive and for every natural additive functional A with Revuz measure ν:

$$U_A f = \int v(x,y) f(y)\,\nu(dy).$$

So suppose that we denote by u a density for U:

$$Uf(x) = \int u(x,y) f(y)\,dy. \tag{2}$$

Proposition 1. Suppose $y \to u(x,y)$ is l.s.c. Let A be a natural additive functional with Revuz measure μ. Then

$$(3) \qquad U_A f \geqq U(f\mu) = \int u(x,y) f(y) \mu(dy), \qquad f \geqq 0.$$

Proof. It is enough to prove (3) when $f \geqq 0$ is bounded and continuous. Let $Uf_n \uparrow U_A 1$. From part 2 of Proposition 5, §1,

$$\liminf \int f_n \varphi = \nu(\varphi)$$

for all bounded continuous $\varphi \geqq 0$. Since $u(x,\cdot)$ is l.s.c. and f is continuous, this implies

$$\liminf U(f_n f) \geqq \int u(x,y) f(y) \mu(dy).$$

The left side above is just $U_A f$. Q.e.d.

Remark. If for each compact K there exists x such that $\inf_{y \in K} u(x,y) > 0$, the above implies, taking $f = 1$, that μ is a Radon measure. Also, we cannot claim equality in (3), in general. For example, let $D \subset R^n$ be an open set and G its Green function. Choose a compact set K of zero measure and put $u(x,y) = G(x,y)$, if $y \notin K$, and $u(x,y) = 0$, if $y \in K$. Then $y \to u(x,y)$ is l.s.c. if μ is the equilibrium measure of K, $\int u(x,y) \mu(dy) \equiv 0$.

Proposition 2. Suppose $y \to u(x,y)$ is l.s.c. and for some $0 \leqq \varphi$, $\hat{U}\varphi(y) = \int u(x,y) \varphi(x) dx$ is strictly positive. Then the Revuz measure of a natural additive functional is a Radon measure.

Proof. If $s = U_A 1$, we masy assume $\int s\varphi dx < \infty$. Let $Uf_n \uparrow s$. By l.s.continuity,

$$\int \hat{U}\varphi d\mu \leqq \liminf \int (\hat{U}\varphi) f_n dx = \liminf \int \varphi U f_n dx \leqq \int \varphi s \, dx < \infty. \qquad \text{Q.e.d.}$$

Theorem 3. Let $y \to u(x,y)$ be l.s.c. and suppose that there is $\varphi > 0$ such that $\hat{U}\varphi(y)$ is continuous. Let A be natural additive with Revuz measure μ and $s = U_A 1$. If $x \to u(x,y)$ is super median, then

$$(4) \qquad s = U\mu = \int u(x,y)\mu(dy).$$

In any case there is a version v of u such that $x \to v(x,y)$ is excessive, $y \to v(x,y)$ is l.s.c. and

$$(5) \qquad s = V\mu = \int v(x,y)\mu(dy).$$

Proof. If $\hat{U}\varphi$ is strictly positive, we have seen in Proposition 2 above that μ is a Radon measure. In all cases we can write $s = \Sigma s_n$ where each s_n has finite Revuz measure, by Proposition 7, §1. Thus there is no loss of generality in assuming that μ is finite.

It is given that $\varphi > 0$ and $\hat{U}\varphi$ is continuous. We will show in §4 that we may assume that $\hat{U}\varphi$ is bounded. If $\varphi = a+b$, because $\hat{U}a$ and $\hat{U}b$ are l.s.c. with sum continuous, both have to be continuous. So making φ smaller does not affect continuity. We may thus assume $\int \varphi s < \infty$.

Let $Uf_n \uparrow s$. Then by Proposition 5, §1, $f_n dx$ converges weakly to μ.

$$\int \varphi U\mu = \int \hat{U}\varphi d\mu = \lim \int (\hat{U}\varphi) f_n = \int \varphi s < \infty.$$

On the other hand, by Proposition 1, $U\mu \leqq s$. We deduce

(6) $$U\mu = s \quad \text{a.e.}$$

If $x \to u(x,y)$ is super median and $\underline{u}$ its excessive regularization, then $\underline{u} \leqq u$, $U\mu = \underline{U}\mu$ a.e., $\underline{U}\mu = s$ a.e. Hence $\underline{U}\mu = s$ everywhere. Since $\underline{U}\mu \leqq U\mu \leqq s$, we also have $U\mu \equiv s$.

It remains to prove the last claim.

Claim 1. Let U^{α} denote the resolvent corresponding to U. Then for every y

(7) $$\alpha U^{\alpha} u(x,y) \leqq u(x,y) \qquad \text{almost all } x.$$

To prove this, note that $\alpha U^{\alpha} u(x,y)$ is l.s.c. in y. Since for each $f \geqq 0$, $\alpha U^{\alpha} Uf(x) \leqq Uf(x)$:

(8) $$\alpha U^{\alpha} u(x,y) \leqq u(x,y) \quad \text{for each } x \text{ for almost all } y.$$

Let $\varphi > 0$ be such that $\hat{U}\varphi(y)$ is continuous. As we observed before, for each Borel function $0 \leqq \rho \leqq 1$, the same is true of $\hat{U}(\rho\varphi)$. $\alpha U^{\alpha} u(x,y)$ being l.s.c., the same is true of the left side of

(9) $$\int \alpha U^{\alpha} u(x,y)\rho(x)\varphi(x)\,dx \leqq \int u(x,y)\rho(x)\varphi(x)\,dx,$$

the inequality in (9) holding for almost all y as seen from (8). The right side of (9) being continuous, (9) holds for all y. Since $\varphi > 0$ and $0 \leqq \rho \leqq 1$, arbitrary (7) is established.

Claim 2. For each y, $x \to U^{\beta} u(x,y)$ is super median for each β.

Indeed, applying U^{β} to both sides of (7), we see that $\alpha U^{\alpha}(U^{\beta} u) \leqq U^{\beta} u$ for all α, i.e. that $U^{\beta} u(x,y)$ is super median in x for each y.

Claim 3. $\alpha U^{\alpha}u(x,y)$ is increasing in α. Indeed, if g is function such that $U^{\beta}g$ is super median for each $\beta > 0$, then, as seen by using the resolvent equation $\beta U^{\beta}g$ is increasing in β.

Claim 4. Put

$$\tilde{u}(x,y) = \lim_{\alpha\uparrow\infty} \alpha U^{\alpha}u(x,y). \tag{10}$$

Then $\tilde{u}(x,\cdot) = u(x,\cdot)$ almost everywhere, $y \to \tilde{u}(x,y)$ is l.s.c. and $x \to \tilde{u}(x,y)$ is super median. If $v(x,y)$ is the excessive regularization of $\tilde{u}$, then for every class (D) potential s with Revuz measure μ

$$s = V\mu = \int v(x,y)\mu(dy). \tag{11}$$

The limit in (10) exists by Claim 3, and is super median in x by Claim 2. It is also l.s.c. in y since $\alpha U^{\alpha}u(x,y)$ is l.s.c. in y for each α. Operating both sides of (6) by αU^{α} and taking limits, we see

$$\int \tilde{u}(\cdot,y)\mu(dy) = s(\cdot). \tag{12}$$

Since s is excessive, we can replace $\tilde{u}$ by v in (12) to get (11). Since Uf is excessive of class (D) with Revuz measure f, we get

$$\tilde{U}f = Vf = Uf,$$

i.e. $\tilde{u}(x,y) = v(x,y) = u(x,y)$ almost every y it is also clear that $v(x,y)$ is l.s.c. in Y being the increasing limit of $\alpha U^{\alpha}\tilde{u}(x,y)$. That completes the proof of the theorem.

A simple consequence of Proposition 1 is that if u is infinite on the diagonal, then points are polar. Let us assume that points are polar and $u(\cdot,y)$ is finite almost everywhere for each y. It is clear from the proof of the above theorem that $v(\cdot,y)$ is also finite almost everywhere. The construction of §2 in [4] when applied to v gives us a kernel w satisfying

$$(13) \qquad P_D w(x,y) = w(x,y), \qquad y \in D,$$

is valid for all open sets D and $x \to w(x,y)$ is excessive for every y.

The proof of the following proposition is the same as the proof of Theorem 5, §3 of [4]. Only small changes are needed and we will only indicate these.

Proposition 4. The set of all y such that

$$(14) \qquad v(\cdot,y) \not\equiv w(\cdot,y)$$

has measure zero for any Revuz measure associated to a natural additive functional.

Proof. Let $Uf_n = Vf_n$ increase to $s = U_A 1$. Then for all bounded continuous φ, $V(f_n\varphi)$ tends to $U_A\varphi = V(\varphi\mu) = \int v(x,y)\varphi(y)\mu(dy)$. This means that $v(x,y)f_n(y)dy$ tends weakly to $v(x,y)\mu(dy)$. The rest of the proof is verbatim the same as that of Theorem 5, §3 of [4]. Q.e.d.

The above proposition implies: If s is a class D potential with Revuz measure μ, then

$$(15) \qquad V\mu = W\mu = s.$$

As in Theorem 8 of [4] we have uniqueness with regard to w. Since the proof is similar and simpler, we will only outline the proof.

Corollary 5. The set of y such that $v(\cdot,y) \not\equiv w(\cdot,y)$ is left polar, i.e. X_{t-} never hits this set

Theorem 6. Let s be a class D potential. If m is a Radon measure such that

$$s = Wm,$$

then $W(\varphi m) = W(\varphi\mu)$ for all Borel φ, where μ is the Revuz measure of s.

Proof. Step 1. Suppose first that m is concentrated on a compact set K. Then $P_D s = s$ for each open neighbourhood D of K. There is a sequence f_n which vanish off D such that Uf_n increase to s. The Revuz measure of s is then concentrated on $\bar{D}$. This being true for all open D containing K, μ, the Revuz measure of s is also concentrated on K.

Step 2. Suppose m is concentrated on a compact set K. Then $w dm = w d\mu$, μ = Revuz measure of s. The proof is verbatim the same as that of Step 2 in Theorem 8, §3 of [4].

Step 3. The general case. Let μ be the Revuz measure of s. For any compact set K, if $s_K(x) = \int_K w(x,y)m(dy)$, then s dominates s_K in the strong order. So μ dominates the Revuz measure of s_K, so from Step 2, $w(x,y)\mu(dy)$ dominates $w(x,y)1_K(y)m(dy)$.

This is true for all compacts K and $Wm = W\mu$, so we must have

$$w(x,y)m(dy) \equiv w(x,y)\mu(dy).$$

The proof is thus complete.

§3. In this article we compare the conditions in [3] with those of this note.

Let $\{U^\alpha, \alpha \geqq 0\}$ denote the resolvent for the Markov process. It is well-known that there is a dual resolvent $\{\hat{V}^\alpha \; \alpha \geqq 0\}$ - with respect to the excessive reference measure ξ. We will simply write U and $\hat{V}$ when $\alpha = 0$.

Proposition 1. Suppose u is a density for U such that $y \to u(x,y)$ is l.s.c. Put

(1) $$\hat{U}f(y) = \int u(x,y)f(x)dx, \qquad f \geqq 0.$$

Then $\hat{U}$ satisfies the maximum principle:

(2) $$\sup(\hat{U}f(y)) = \sup(\hat{U}f(y): f(y) > 0).$$

Proof. By Fubini, $\hat{U}f(y) = \hat{V}f(y)$ for almost all y. (2) holds with $\hat{U}$ replaced by $\hat{V}$ since the latter corresponds to a sub-Markov resolvent. Let $E = (\hat{U}f = \hat{V}f)$ and $g = 1_E . f$. Then $\hat{U}f \equiv \hat{U}g$ and $\hat{U}g = \hat{V}g$ on $(g > 0)$. Thus $\sup(\hat{U}f: f>0) \geqq \sup(\hat{U}g: g>0) = \sup(\hat{V}g: g>0) = \sup(\hat{V}g) = \sup \hat{V}f$. Lower semi continuity takes care of the rest. Q.E.D.

Corollary 2. Suppose the assumptions of Proposition 1 hold. If there is an f strictly positive such that $\hat{U}f$ is continuous and positive, then there is a strictly positive g such that Ug is bounded continuous and strictly positive.

Proof. If $0 \leqq \varphi \leqq f$, then $\hat{U}f = \hat{U}\varphi + \hat{U}(f-\varphi)$. Therefore continuity of the left side implies the continuity of each summand on the right because each is lower semi continuous. So let us show that there is a strictly positive $g \leqq f$ such that $0 < \hat{U}g \leqq 1$.

On each compact set K, $\hat{U}f$ is bounded. So by the maximum principle $\hat{U}(f 1_K)$ is bounded everywhere. Also as K increases to the state space E, these functions increase to $\hat{U}f$, which is strictly positive. Thus by Dini, to each compact set K corresponds a compact set L - which we may assume contains K - such that $\hat{U}(f 1_L)$ is strictly positive on K and bounded elsewhere.

A sum of suitable multiples of these functions gives us the desired function g. That completes the proof.

In the rest of this article we assume that u satisfies the conditions in [3], namely that

$$u(x,y) = \infty \quad \text{iff} \quad x = y$$

and $y \to u(x,y)^{-1}$ is finite and continuous.

Proposition 3. There is a strictly positive function b such that $0 < \hat{U}b \leq 1$ everywhere.

Proof. For any fixed x, the measure $U^1(x,dz)$ is absolutely continuous relative to dz. We claim it is equivalent to dz. Indeed, $U^1(x,f) = 0$ implies $P_t f(x) = 0$ almost all t, which in turn implies that $Uf(x) = 0$. Since $u(x,y) > 0$, this can only happen if $f = 0$.

Also $U^1Uf(x) \leqq Uf(x)$ for all $f \geqq 0$ and hence $\hat{U}\varphi(y) \leqq u(x,y)$ almost all y where φ is the density of $U^1(x,dz)$. In particular we have a strictly positive function φ such that $\hat{U}\varphi$ is finite almost everywhere.

The required function b can be constructed, using the maximum principle as in Corollary 2. Q.e.d.

Proposition 4 (The continuity principle). Let $f \geqq 0$ and $\hat{U}f$ be finite and continuous on support (f), which is assumed compact. Then $\hat{U}f$ is continuous everywhere.

Proof. Let K be the support of f. Note that dominated convergence cannot be used to conclude the continuity of $\hat{U}f$ off K. We proceed as follows.

First Uf being continuous on K is also bounded and hence bounded by the same constant everywhere, by the maximum principle. The continuity of $\hat{U}f$ on K and the continuity of $u(x,\cdot)$ imply that the set of functions $\{u(x,y)f(x),\ y \in K\}$ is uniformly integrable on K.

Therefore, given $\varepsilon > 0$, there is a $\delta > 0$ such that, $A \subset K$, $\xi(A) < \delta$ imply

$$\int_A u(x,y)f(x)dx < \varepsilon$$

for all $y \in K$ and hence everywhere by the maximum principle.

This fact together with the boundedness of Uf on E imply that the family $\{u(\cdot,y)f(\cdot),\ y \in E\}$ is uniformly integrable on K. See T19, p. 17 of Meyer [5]. Since $u(x,\cdot)$ is continuous, the proof is complete.

A standard argument using the above proposition and Lusin's theorem shows the following: If $\hat{U}f$ is finite almost everywhere, then we can write $f = \Sigma f_n$ so that for every n, $\hat{U}f_n$ is bounded and continuous on E.

We have shown in Proposition 3 that there is a strictly positive function b such that $\hat{U}b \leqq 1$. We can write $b = \Sigma b_n$ so that $\hat{U}b_n \leqq 1$ and is continuous everywhere. The function $a = \Sigma 2^{-n} b_n$ is strictly positive everywhere and $0 < \hat{U}a \leqq 1$ and is continuous. Thus we have

<u>Theorem 5</u>. There is a strictly positive function a such that $0 < \hat{U}a \leqq 1$ and Ua is continuous everywhere.

Therefore the conditions in [3] imply the conditions here.

R E F E R E N C E S

1. D. Revuz, Mesures associées aux fonctionelles additives de Markov. I. Trans.Amer.Math.Soc, 148 (1970), 501-531

2. P. A. Meyer, Seminaire de Probabilités. V., 211 - 212

3. K. L. Chung, Probabilistic approach in potential theory to the equilibrium problem, Ann.Inst. Fourier 23 (1973)

4. K. L. Chung and Murali Rao, On existence of a dual process, Preprint Series No. 25 1977/78, Mat. Inst., Aarhus Univ.

5. P. A. Meyer, Probability and potentials, Blaisdell 1966.

6. P. A. Meyer, Note sur l'interpretation des measures d'equilibre, Seminaire de Probabilités VII, 210-216

7. R. M. Blumenthal and R. K. Getoor, Markov processes and potential theory, Academic Press (1968).

Matematisk Institut
Aarhus Universitet
DK-8000 Aarhus C, Danemark

/KG

REGENERATIVE SETS ON REAL LINE

M. I. Taksar
Cornell University

A number of papers are devoted to studying regenerative sets on a positive half-line, i.e. random sets M which form a replica of themselves after each stopping time $\tau \in M$. Our objective is to construct translation invariant sets of this type on the entire real line. Besides we start from a weaker definition of regenerativity, involving only special times τ-infima of intersections M with half lines $[t,\infty[$.

1. INTRODUCTION

Let $(\Omega,\mathcal{F},P)$ be a probability space and let T be the real line $]-\infty,\infty[$. A subset M of $T \times \Omega$ is called a random set if M is $\mathcal{B} \times \mathcal{F}$-measurable and $M(\omega)$ is nonempty for a.e. ω, where $\mathcal{B}$ is the Borel σ-field of T and $M(\omega)$ is the ω-section of M.

We say that M is a closed (discrete, perfect, etc.) random set if $M(\omega)$ is closed (discrete, perfect, etc.) for almost all ω. We consider only closed random sets, so we shall not mention this explicitly each time. The complement of $M(\omega)$ is a countable union of disjoint open intervals $]\gamma,\delta[$. Let $I(t)$ stand for the interval $]\gamma,\delta[$ which covers t and z_t^-, z_t^+ stand for the ends of $I(t)$. (We put $z_t^- = z_t^+ = t$ if $t \in M$.) We associate with M a $(T)^2$-valued stochastic process $z_t = (z_t^-, z_t^+)$, $t \in T$. The σ-algebra in Ω generated by this process is denoted by $\sigma(M)$ and independence (or conditional independence) of random sets means independence (or conditional independence) of corresponding associated processes.

We denote by MI the intersection of M with an interval I and by $\sigma(MI)$ the corresponding σ-algebra in Ω. We write M_t and M^t for intersections of M with $I =]-\infty,t]$ and $[t,+\infty[$.

A random set M is called Markov if

1. A. For each t

a) M_t and M^t are conditionally independent, given z_t^+.

b) M_t and M^t are conditionally independent, given z_t^-.

A random set M is called right regenerative (r.r.) if

1. B. For any t, $M_{z_t^+}$ and $\tilde{M}^t = M^{z_t^+} - z_t^+$ are independent.

A random set is called left regenerative (l.r.) if

1. B'. For any t, $M^{z_t^-}$ and $\tilde{M}_t = M_{z_t^-} - z_t^-$ are independent.

The set satisfying both 1.B and 1.B' is called double regenerative (d.r.). It is obvious that 1.B implies 1.A.a and 1.B' implies 1.A.b and thus any d.r. set is Markov.

A random set is called translation invariant (t.i.) if

1. C. The distribution of $M + t$ does not depend on t.

This is equivalent to an assumption that $(z_t - t, P)$ is a stationary process, where $z_t - t = (z_t^- - t, z_t^+ - t)$.

Processes with independent increments can be used for constructing r.r. random sets. The following facts on these processes can be found, for example, in [1].

Let α be a nonnegative constant and Π be a measure on $]0,\infty[$ such that

$$\int_0^\infty x \wedge 1 \; \Pi(dx) < \infty \tag{1.1}$$

Then there exists a right-continuous increasing process y_t with independent increments, $t \in T_+ = [0,\infty[$, with transition probabilities P_ℓ and the set of discontinuities J such that

1. D. For any function f on T

$$P_\ell \sum_{t \in J, c < t \leq d} f(y_t - y_{t-}) = (d - c) \int_0^\infty f(x) \; \Pi(dx) \qquad *)$$

---

*We denote by one letter a measure and the integral with respect to this measure. Thus for a random variable ξ $P\xi$ means its mathematical expectation with respect to P.

1. E. $y_d - y_c = \alpha(d - c) + \sum_{t \in J, c < t \leq d} (y_t - y_{t-})$.

We call y_t an (α,Π)-process. The constant α is called translation constant and Π is called the Levy measure of the process. An (α,Π)-process is uniquely determined by its initial distribution at time 0. Put

$$e(\Pi) = \int_0^\infty x\Pi(dx) = \int_0^\infty \Pi(]x,\infty[)dx$$

The condition

$$e(\Pi) < \infty \tag{1.2}$$

is necessary and sufficient for $P_\ell(y_t - y_s) < \infty$ for all ℓ, s and t.

It follows from the results of Section 6 that the range of y_t (i.e. the closure of the set of values of y_t) is r.r. and Markov.

A set M is called (α,Π)-generated if for every $s > -\infty$ there exist an (α,Π)-process whose range restricted to $[s,\infty[$ has the same distribution as M^s. Our main result is the following.

THEOREM 1. Each right regenerative translation invariant closed random set M is left regenerative. There exists $\alpha \geq 0$ and Π subject to (1.2) such that M is (α,Π)-generated. The vector (α,Π) is unique up to proportionality and satisfies the following relations:

$$P\{t \in M\} = \alpha/(\alpha + e(\Pi)) \; ; \tag{1.3}$$

for any function f on $T \times T$

$$P\{\sum_\gamma f(\gamma,\delta)\} = c \int_{-\infty}^\infty \{\int_0^\infty f(s, s + y)\, \Pi(dy)\}ds \tag{1.4}$$

where

$$c = (\alpha + e(\Pi))^{-1} \tag{1.5}$$

Let $\alpha \geq 0$ and Π satisfy (1.2) and $\alpha + e(\Pi) > 0$. Then it is possible to construct one and only one double regenerative translation invariant closed set M which is (α,Π)-generated.

A random set M is called thin if for any t

$$P\{t \in M\} = 0$$

THEOREM 2. Each thin t.i set M subject to 1.A.a is d.r. and thus is $(0,\Pi)$-generated for some Π subject to (1.2).

Discrete t.i.r.r. sets can be considered in the domain of Renewal Theory. To each set M of such type there corresponds a random flow whose times of arrivals coincide with the points of M. In this case the property 1.C is equivalent to the stationarity of the flow, that is the distribution of the number of arrivals which occur in the intervals $I_1, I_2, \ldots, I_k$ is the same as that of $I_1 + t$, $I_2 + t, \ldots, I_k + t$ (see [2], p. 339). The property 1.B is equivalent to the independence of the lengths of the intervals between successive arrivals (waiting times). By virtue of Fubini's theorem any discrete M is thin, consequently it is $(0,\Pi)$-generated. The range of a $(0,\Pi)$-process is discrete iff Π is a finite measure (see [3], Ch. XI, TXI.1). Hence Theorem 1 implies the following known result.

THEOREM 3. All the stationary flows on the real line with independent waiting times between successive arrivals are in one-to-one correspondence with probability measures Π on $]0,\infty[$, subject to (1.2). The measure Π is the distribution of the waiting time between successive arrivals.

In the theory of regenerative sets on T_+ (see, for instance, [3], where further references may be found) it is supposed that M contains 0 and that M_t is adapted to an increasing family of σ-fields A_t in Ω. The definition of (right) regenerativity in the case of unbounded sets M is equivalent to the following:

1. F. For every stopping time τ with respect to A_t such that $\tau \in M$

   a) $M^\tau - \tau$ and M_τ are independent

   b) the distribution of $M^\tau - \tau$ does not depend on τ.

In our case 1.F holds for $\tau = z_t^+$: the relation 1.F.a is just the same as 1.B; and 1.F.b follows from translation invariance. Since we use only a very limited initial class of random times τ, our construction of the (α,Π)-process starting from a r.r. set is much more complicated than the analogous one in [3].

In Section 2 we prove some properties of the (α,Π)-processes. In the next section we introduce the families of the σ-fields generated by a random set M and prove that every t.i.r.r. set is either perfect or discrete. Then we construct, for each t, an (α,Π)-process $y_{\bullet}$ whose range coincides with M^t a.s. In the next two sections we prove that there exists no more than one t.i. (α,Π)-generated set and we construct such a set, given α and Π.

The main idea of the construction is rather simple. We take a sequence of (α,Π)-processes whose initial distributions are uniform on $[-n,0]$ and take the weak limit of their ranges, when $n \to \infty$. This simple idea however, causes a lot of technical problems; the most difficult is to show that all the properties of (α,Π)-generated sets are stable under a weak limit.

Section 7 is devoted to the proof of Theorem 2. We give an example of a t.i. Markov set which is not r.r.

The word "function" will always stand for a nonnegative bounded measurable function. All subsets Γ, Δ of T and $(T)^n$ are supposed to be Borel. We denote $[t,\infty[$ and $]-\infty,t]$ by T^t and T_t respectively. If Γ is a subset of T then the writing $\Gamma \geq t$ (or $\Gamma \leq t$) means that $\Gamma \subset T^t$ (or $\Gamma \subset T_t$).

If ξ is a random variable, then writing $\xi \in M$ means that $\xi(\omega) \in M(\omega)$ for a.e. ω.

If we have a Euclidean space E and we define a measure ν only on the subset Δ of the space E then it is always assumed that $\nu(E\setminus\Delta) = 0$.

2. PROPERTIES OF (α,Π)-PROCESSES

Fix α and Π subject to (1.1) and consider an (α,Π)-process y_t. Put

$$\sigma_\ell = \inf\{t:y_t > \ell\} = \inf\{t:y_{t-} > \ell\} ; \qquad (2.1)$$
$$U_\ell = y_{\sigma_\ell -}, \quad V_\ell = y_{\sigma_\ell} , \quad Y_\ell = (U_\ell, V_\ell) .$$

We call $Y_\ell = (U_\ell, V_\ell)$ the jump over ℓ.

Denote

$$\Pi(s;\Gamma) = \Pi(\Gamma - s) , \qquad \Gamma \subset T$$
$$\Pi_s(\Delta \times T) = 1_\Delta(s)\, \Pi(s;\Gamma) , \qquad \Gamma,\ \Delta \subset T$$

For f being a function on $(T)^2$ set

$$A_f(s,u) = \sum_{t \in J, s < t \leq u} f(y_{t-}, y_t) \qquad (2.2)$$

If $\Delta \subset T \times T$ we write $A_\Delta(s,u)$ instead of $A_{1_\Delta}(s,u)$. Writing A_f without any arguments stands for $A_f(0,\infty)$.

LEMMA 2.1. For any function f on $T \times T$,

$$P_b\{A_f\} = \int \lambda_b(dx)\, \Pi_x(f)$$

where

$$\lambda_b(\Gamma) = P_b \int_0^\infty 1_\Gamma(y_t)\,dt , \qquad \Gamma \subset T \qquad (2.3)$$

The proof of this Lemma is well-known.

LEMMA 2.2. For any $\Gamma \subset T^\ell$

$$P_b\{V_\ell \in \Gamma | U_\ell\} = \Pi(U_\ell;\Gamma)/\Pi(U_\ell;T^\ell) \quad \text{on the set } \{U_\ell < \ell\} \qquad (2.4)$$

Proof. Let $\Gamma_1, \Gamma_2 \subset T$, $\Gamma_1 < \ell \leq \Gamma_2$. Put $\Delta = \Gamma_1 \times \Gamma_2 \subset T \times T$. By virtue of Lemma 2.1

$$P_b\{U_\ell \in \Gamma_1, V_\ell \in \Gamma_2\} = P_b\{Y_\ell \in \Delta\} = P_b\{A_\Delta\} = \int \lambda_b(dx)\Pi_x(\Delta)$$

$$= \int_{\Gamma_1} \lambda_b(dx)\ \Pi(x;\Gamma_2) \tag{2.5}$$

Similarly

$$P_b\{U_\ell \in \Gamma_1\} = \int_{\Gamma_1} \lambda_b(dx)\ \Pi(x;T^\ell) \tag{2.6}$$

Comparing (2.5) and (2.6) we obtain (2.4).

LEMMA 2.3. Let (y_t,P) be an (α,Π)-process. If $e(\Pi) = \infty$, then for each $a > 0$

$$P\{V_N < N+a\} \to 0 \qquad \text{as} \quad N \to \infty .$$

Proof. Suppose $P = P_0$. Put $\eta(N) = \inf\{k\text{:}k\text{-integer}, y_k \geq N\}$. The conditions of the Lemma imply that $P_0\{y_1\} = \infty$. It is known (see [4], for example) that for each $a > 0$

$$P_0\{y_{\eta(N)} < N+a\} \to 0 \qquad \text{as} \quad N \to \infty .$$

Choose m such that $P_0\{y_1 > m\} < \varepsilon$. Let N be such that for any $L > N$, $P_0\{y_{\eta(L)} < L+m+a\} < \varepsilon$. Since $\eta(L) \leq \sigma_L + 1$, we have $y_{\eta(L)} \leq y_{\sigma_L+1}$. Therefore, for any $L > N$,

$$P_0\{V_L < L+a\} \leq P_0\{y_{\eta(L)} \leq L+m+a\} + P_0\{y_{\eta(L)} > L+m+a\ ,\ y_{\eta(L)} - y_{\sigma_L} > m\}$$

$$\leq \varepsilon + P_0\{y_1 > m\} \leq 2\varepsilon\ .$$

The passage from P_0 to an arbitrary P is trivial.

LEMMA 2.4. Let (y_t,P_b) be an (α,Π)-process and σ_N defined by (2.1). Then

$$\lim_{N\to\infty} P_b\{\sigma_N\}/N = (\alpha + e(\Pi))^{-1} \tag{2.7}$$

Moreover, the convergence is uniform for all $b \in [c,a]$, $c < a$.

Proof. The fundamental theorem of Renewal Theory implies that

$$\lim_{N\to\infty} P_b\{\phi_N\}/N = (P_b\{y_1\})^{-1} = (\alpha + e(\Pi))^{-1}$$

where $\phi_N = \sup\{k{:}k\text{-integer}, y_k < N\}$. (See [5], Ch. 9.)

Since $\phi_N \leq \sigma_N \leq \phi_N+1$, we have (2.7)

Inasmuch as for any $\ell > 0$

$$N^{-1}P_{a-\ell}\{\sigma_N\} = (N+\ell)^{-1} P_a\{\sigma_{N+\ell}\}(N+\ell)/N$$

the convergence in the left side of (2.7) for any fixed a implies the uniform convergence of (2.7) for all $b \in [c,a]$.

LEMMA 2.5. Let $f(x)$ be a bounded function on T^t. Suppose f has at most a countable number of discontinuities. Then so do the functions

$$\hat{f}(x) = \Pi(x;f) \ ,$$

$$\bar{f}(x) = \Pi(x;f)/\Pi(x;T^t), \qquad x \in]-\infty,t[\ .$$

Proof. Let Λ_1 be the set of discontinuities f and Λ_2 be the countable set of atoms of Π. Put

$$\Lambda = \{y{:}y = x_1 - x_2,\ x_i \in \Lambda_i\}$$

The family of measures $\Pi(x;-)$, $x \in T_{t-\varepsilon}$ is uniformly bounded by $\Pi(T^\varepsilon)$ and is weakly continuous with respect to x (being the shift on x of a single measure Π). Therefore (see [6], Th. 5.1) $\hat{f}(x)$ is continuous for all x such that $\Pi(x;-)$ does not charge Λ_1, that is for all $x \bar{\in} \Lambda$.

LEMMA 2.6. Let f be a continuous function on $(T \times T)^k$ and let $t_1 < t_2 < \cdots < t_k$. Then

$$P_b\{f(Y_{t_1}, Y_{t_2}, \ldots, Y_{t_k})\}$$

is a left-continuous function of b on the set $\{b < t_1\}$.

Proof. Consider $k = 1$. (The case $k > 1$ is similar.) Let $t > a$, and $b_n \uparrow a$. Put $t_n = t - b_n$. Since $\sigma_{t_n} = \sigma_t$ on the set $\{V_t > t_n\}$, we have

$$P_{b_n}\{f(Y_t)\} = P_a\{f(Y_{t_n})\} = P_a\{f(Y_{t_n});V_t > t_n\} + P_a\{f(Y_{t_n});V_t \leq t_n\} \quad (2.8)$$

Since $t_n \downarrow t$, then

$$\sigma_{t_n} \downarrow \sigma_t; \quad \{V_t > t_n\} \uparrow \{V_t > t\}; \quad \{V_t \leq t_n\} \downarrow \{V_t = t\} \ .$$

Using the bounded convergence theorem we get that the limit of (2.8) is equal to

$$P_a\{f(Y_t);V_t > t\} + P_a\{f(t,t);V_t = t\} = P_a\{f(Y_t)\} \ .$$

3. THE STRUCTURE OF A T.I.R.R. SET

In this section we prove that each t.i.r.r. set M is either discrete or perfect.

We put for convenience $u_t = z_t^-$, $v_t = z_t^+$. Set

$$D_t^\varepsilon = \{v_t \in M, \ ]v_t, v_t + \varepsilon[\ \cap M = \emptyset\}, \qquad D_t^0 = \bigcup_{\varepsilon>0} D_t^\varepsilon$$

$$C_t = \{v_t \in M \text{ and for each } \varepsilon > 0 \ ]v_t, v_t + \varepsilon[\ \cap M \neq \emptyset\}$$

LEMMA 3.1. Either

$$P\{D_t^0\} = 1 \qquad \text{for all } t \quad (3.1)$$

or

$$P\{C_t\} = 1 \qquad \text{for all } t. \quad (3.2)$$

Proof. 1^0. We have $P\{M \neq \emptyset\} = 1$, therefore

$$\lim_{t\to-\infty} P\{M^t \neq \emptyset\} = 1$$

Since M is t.i. then $P\{M^t \neq \emptyset\}$ does not depend on t and therefore is equal to 1. This implies $v_t < \infty$ a.s., so

$$v_t \in M \text{ a.s.} \quad (3.3)$$

2^0. Denote $\alpha^\varepsilon = P\{D_t^\varepsilon\}$, $\beta = P\{C_t\}$. Relation (3.3) implies

$$\alpha^0 + \beta = P\{v_t \in M\} = 1 \tag{3.4}$$

Put

$$t(k,n) = k2^{-n} \tag{3.5}$$

$$L(k,n) = [t(k-1, n), t(k,n)[\tag{3.6}$$

$$\ell_n(s) = t(k,n) \quad \text{if } s \in L(k,n) \tag{3.7}$$

Let $\phi = \ell_n(v_t)$. Calculate

$$P\{C_t D_\phi^\varepsilon\} = \sum_k P\{C_t, \phi = t(k,n), D_{t(k,n)}^\varepsilon\} \tag{3.8}$$

Since $\{C_t, \phi = t(k,n)\}$ is $M_{t(k,n)}$-measurable and $D_{t(k,n)}^\varepsilon$ is $\tilde{M}^{t(k,n)}$-measurable, we may apply 1.B to (3.8) and obtain

$$P\{C_t D_\phi^\varepsilon\} = P\{D_t^\varepsilon\} P\{\sum_k (C_t, \phi = t(n,k))\} = \alpha^\varepsilon P\{C_t\} = \alpha^\varepsilon \beta \tag{3.9}$$

Now let $n \to \infty$. On the set C_t $v_\phi \downarrow v_t$ and $1_{D_\phi^\varepsilon} \to 0$. Therefore the left side of (3.9) tends to 0 when $n \to \infty$. We get $\alpha^\varepsilon \beta = 0$ for each $\varepsilon > 0$. Since $\alpha^0 = \sup \alpha^\varepsilon$ then $\alpha^0 \beta = 0$. Comparing the last equality with (3.4) we get the statement of the lemma.

LEMMA 3.2. If M satisfies (3.1) then M is discrete, if M satisfies (3.2) then M is perfect.

<u>Proof</u>. 1^0. Put

$$\tau(0,t) = \tau_t = v_{t+} = \inf\{s > t, s \in M\} \tag{3.10}$$

$$\tau(k,t) = \tau(0, \tau(k-1,t))$$

If (3.1) holds then expressions similar to those of (3.8) and (3.9) show that for each k

$$P\{]\tau(k,t), \tau(k,t) + \varepsilon[\cap M = \emptyset \text{ for some } \varepsilon > 0\} = 1$$

and all $\eta_k = \tau(k,t) - \tau(k-1,t)$ are independent and identically distributed. Consequently $\tau(k,t) \to \infty$ as $k \to \infty$; M is equal to the union of the graphs of $\tau(k;t)$; as a result, M is discrete.

2^0. Suppose (3.2) holds and ϕ is an isolated point of $M(\omega)$. Then there exists $\varepsilon > 0$ such that $I =]\phi-\varepsilon, \phi[\cap M(\omega) = \emptyset$. Hence $\omega \in D_t^0$ for all $t \in I$. Applying the Fubini theorem, we see that this can happen only for ω with P-measure zero.

4. CONSTRUCTION OF THE GENERATING (α,Π)-PROCESS

In this section we construct an (α,Π)-process whose range is indistinguishable from M^t.

The case in which M is discrete has been already treated. In Section 1^0 of Lemma 3.2 we showed that for each t M^t is indistinguishable from the union of the graphs of the sums of i.i.d. positive random variables η_k. Thus M is $(0,\Pi)$-generated for $\Pi(\Gamma) = P\{\eta_1 \in \Gamma\}$

In the case when M is perfect the natural candidate for a generating process is the inverse of the local time of M. Since we can use regenerativity of M only for a very restricted class of stopping times we must construct a local time μ_t in such a way that μ_t has no discontinuity when t is the left endpoint of an interval contiguous to M. For this purpose we introduce the notion of regular and irregular points of a set and prove that the structure of the set of regular points on the interval $[a,\infty[$ depends only on the structure of the original set on the same interval (Lemma 4.1).

Put $N = M^0$. Denote

$$\mathcal{F}_t = \bar{\sigma}(N[0,t]), \quad \mathcal{A}_s = \mathcal{F}_{s+} = \bigwedge_{t>s} \mathcal{F}_t ,$$

$\bar{\sigma}(M)$ being the minimal σ-field generated by N and all sets of P-measure 0. Let τ_s be defined by (3.10) and $\hat{\xi}_t = \exp(t - \tau_t)$. Let ξ_t stand for the well-measurable projection of $\hat{\xi}_t$ with respect to $\mathcal{A}_t$. Denote by $\overleftarrow{N}$ the set of left endpoints of the intervals contiguous to N and put

$$\overleftarrow{N}_{reg} = \{t:\xi_t < 1\} \cap \overleftarrow{N} = \{t > 0: t = \gamma, \ \xi_t < 1\}$$

$$\overleftarrow{N}_{ir} = \overleftarrow{N} \setminus \overleftarrow{N}_{reg} = \{t > 0: t = \gamma, \ \xi_t \geq 1\}$$

The definition of $\overleftarrow{L}_{reg}$ and $\overleftarrow{L}_{ir}$ for an arbitrary set L is similar to the one given above. First we consider σ-fields $\mathcal{B}_t$ generated by the set L. Then we consider the family of stopping times (with respect to $\mathcal{B}_t$) τ_t which are the first hitting times of L after t. We consider the well-measurable projection ξ_t of $\exp(t - \tau_t)$, with respect to the filtration $\mathcal{B}_t$. The set of the left endpoints s of intervals contiguous to L such that $\xi_s < 1$ (such that $\xi_s = 1$) is denoted $\overleftarrow{L}_{reg}$ (is denoted $\overleftarrow{L}_{ir}$).

LEMMA 4.1. For any $u \geq 0$

$$(\widetilde{M}^u)^{\leftarrow}_{reg} = \{\overleftarrow{N}_{reg} - v_u\} \cap [0,\infty[\tag{4.1}$$

<u>Proof</u>. Denote $\mathcal{B}_s = \bigcap_{t>s} \bar{\sigma}(\widetilde{M}^u[0,t])$, $\tilde{\tau}_t = \inf[s > t: s \in \widetilde{M}^u\} = \tau_{v_u+t} - t$, $\hat{\eta}_t = \exp(t - \tilde{\tau}_t)$. Let η_t stand for the well-measurable projections of $\hat{\eta}_t$ with respect to $\mathcal{B}_t$. (See [7], Ch. V for the definition and details.) The statement of the Lemma follows from the following equality

$$\eta_t = \xi_{t+v_u} \quad \text{for all } t \quad \text{a.s.}, \tag{4.2}$$

which we are going to prove. By [7], Ch. IV, T28 ξ_t and η_t are a.s. right-continuous, hence it is enough to prove (4.2) for any fixed t. Put $\sigma = t + v_u$. Since σ is a stopping time with respect to $\mathcal{A}_t$, then $\mathcal{B}_t \subset \mathcal{A}_\sigma$. For any $A \in \mathcal{B}_t$

$$P\{1_A\xi_\sigma\} = P\{1_A\hat{\xi}_\sigma\} = P\{1_A\hat{\xi}_{t+v_u}\} = P\{1_A\hat{\eta}_t\} = P\{1_A\eta_t\}$$

Therefore

$$P\{\xi_\sigma/\mathcal{B}_t\} = P\{\eta_t/\mathcal{B}_t\} = \eta_t \quad \text{a.s.} \tag{4.3}$$

Prove that ξ_σ is $\mathcal{B}_t$-measurable. Define $L(k,n)$ by (3.6) and put $A(k,n) = \{v_u \in L(k,n)\}$. Put $\varepsilon = 2^{-n}$ and $a = v_u + \varepsilon$. We have $\xi_\sigma = \sum_k 1_{A(k,n)}\xi_\sigma$ is $\bar{\sigma}(N_{a+t})$-measurable. Since $\hat{\eta}_t$ is $\sigma(\widetilde{M}^u)$-measurable and

$$\bar{\sigma}(N_{a+t}) = \bar{\sigma}(N_{v_u})\vee\bar{\sigma}\{\widetilde{M}^u[0,\ t+\varepsilon]\} \tag{4.4}$$

we obtain

$$P\{\xi_\sigma | N_{v_u}\} = P\{P\{\xi_\sigma | A_\sigma\} | N_{v_u}\} = P\{\hat{\xi}_\sigma | N_{v_u}\} = P\{\hat{\eta}_t | N_{v_u}\} = P\{\hat{\eta}_t\}$$

$$= P\{\hat{\xi}_\sigma\} = P\{\xi_\sigma\} \qquad (4.5)$$

The expression (4.5) shows that ξ_σ and N_{v_u} are independent. Comparing this with (4.4) and 1.B we see that ξ_σ is $\bar{\sigma}(\widetilde{M}^u[0,t+\varepsilon])$-measurable. In view of arbitrariness of ε we get that ξ_σ is $\mathcal{B}_t$-measurable.

For a random set M and real numbers a and b put

$$\zeta(M,a,b) = m(M]a,b]) + \sum 1 - \exp(\gamma-\delta) ,$$

where the sum is taken over all (γ,δ) such that $a < \gamma \leq b$; $\gamma \in \overleftarrow{M}_{ir}$; and m is the Lebesgue measure. The functional ζ is used for the construction of a local time μ_t. We want μ_t to be "homogeneous," that is $\mu_{s+b} - \mu_s$ to depend only on the "shape" of $N[s,s+b]$ but not on s. For this reason we need the following

LEMMA 4.2. For any s, $b > 0$

$$\zeta(N,v_s,v_s+b) = \zeta(\widetilde{M}^s,0,b)$$

This follows immediately from Lemma 4.1.

LEMMA 4.3. If τ is a stopping time with respect to A_t then

$$P\{\tau \in \overleftarrow{M}_{ir}\} = 0$$

<u>Proof</u>. Put $A = \{\omega:\tau(\omega) \in \overleftarrow{M}_{ir}\}$. Let $\sigma(\omega) = \tau(\omega)$ if $\omega \in A$ and $\sigma(\omega) = \infty$, if $\omega \notin A$. Since σ is a stopping time and $A \in A_\sigma$ we have (see [7], Ch. V, T37)

$$P\{(\xi_\sigma - \hat{\xi}_\sigma)1_A\} = 0 \qquad (4.6)$$

But $\xi_\sigma = \xi_\tau \geq 1$ on A and $\hat{\xi}_\sigma = \exp(\sigma-\tau_\sigma) < 1$. Therefore (4.6) implies $P\{A\} = 0$.

Put $\hat{\mu}_t = \zeta(N,0,t)$ and let μ_t stand for the dual well-measurable projection of $\hat{\mu}_t$ with respect to A_t. (See [7], Ch. V for the definition and details.) Put

$$y_s = \inf\{u:\mu_u > s\} \qquad (4.7)$$

We prove that y_s generates N (Lemma 4.5). This proof uses a common technique of the general theory of processes (see [7], Ch. IV, V). Lemma 4.6 proves that y_s is a homogeneous process with independent increments. In order to apply 1.B we have to approximate the stopping time y_s by the stopping times η^n such that $\eta^n \downarrow y_s$ and η^n belongs to the set of the right endpoints of the intervals contiguous to M. Such an approximation is possible if y_s differs from all left endpoints of this type intervals. This fact follows from Lemma 4.4.

LEMMA 4.4. For any s

$$P\{y_s \in \overleftarrow{N}\} = 0 . \tag{4.8}$$

Proof. 1^0. Since $\hat{\mu}_t$ has discontinuities only when $t \in \overleftarrow{M}_{ir}$, then by Lemma 4.3 for any stopping time σ, $\hat{\mu}_\sigma = \hat{\mu}_{\sigma-}$ a.s. By [7], Ch. V, T30 for any well-measurable with respect to $\mathcal{A}_t$ process ϕ_t

$$P\{\int_0^\infty \phi_t \, d\hat{\mu}_t\} = P\{\int_0^\infty \phi_t d\mu_t\} \tag{4.9}$$

Taking $\phi_t = 1_{t=\sigma}$, we find out that $\mu_\sigma = \mu_{\sigma-}$ a.s. for any stopping time σ. By [7], Ch. IV, T30 μ_t is a continuous process.

2^0. Fix s and put $y_s = z$. Since $\mu.$ is continuous, $\mu_z = s$; and for any $\varepsilon > 0$, $\mu_{z+\varepsilon} > s$. Put $A = \{z \in \overleftarrow{N}\}$, $I = [z,\tau_z[$, τ_t being defined by (3.10) and set $\phi_t = 1_A 1_I(t)$. Applying (4.9) to ϕ_t, we get

$$P\{1_A(\mu_{\tau_z} - \mu_z)\} = P\{1_A \; m(M[z,\tau_z[)\} + P\{1_A 1_{\overleftarrow{M}_{ir}}(z)(1 - \exp(z-\tau_z)\} \tag{4.10}$$

The first summand in the right side of (4.10) vanishes, because $m(M[z,\tau_z[) = 0$ for any z. The second summand is also equal to zero, because z is a stopping time and by Lemma 4.3 $P\{z \in \overleftarrow{M}_{ir}\} = 0$. Since $\mu_{\tau_z} > \mu_z$ a.s. on A, we get $P\{A\} = 0$.

LEMMA 4.5. The range $\tilde{N}$ of the process y_s is indistinguishable from N.

Proof. 1^0. Since y_s is an increasing right continuous process, then $\tilde{N}$ is a closure of the set $\{t:t = y_r, \text{r-rational}\}$. By [7], Ch. VI, T4, $\tilde{N}$ is a well-measurable set. The set N is also well-measurable, because N is closed and N_t is adapted to $\mathcal{A}_t$. Put $A_k = \overleftarrow{N} \cap \{t:\xi_t < 1 - k^{-1}\}$. By [7], Ch. VI, T2, A_k is progressive measurable. Usual arguments show that A_k is discrete. By [7], Ch. VI, T4 it is well-measurable. Inasmuch as $\overleftarrow{N}_{reg} = \bigcup_k A_k$ we get that $\overleftarrow{N}_{reg}$ is well-measurable the same as $N \setminus \overleftarrow{N}_{reg}$.

2^0. Since N and $N \setminus \overleftarrow{N}_{reg}$ have the same closure it is enough to show that

$$N \supseteq \tilde{N} \quad \text{a.s.} \tag{4.11}$$

$$\tilde{N} \supseteq N \setminus \overleftarrow{N}_{reg} \quad \text{a.s.} \tag{4.12}$$

Let σ be a stopping time such that $\sigma \in N \setminus \overleftarrow{N}_{reg}$ a.s. on $\{\sigma < \infty\}$. By Lemma 4.3 $P\{\sigma \in \overleftarrow{N}\} = 0$, hence $\hat{\mu}_{\sigma+\varepsilon} - \hat{\mu}_\sigma > 0$ for all $\varepsilon > 0$. The same reasoning as in Section 2^0 of Lemna 4.4 shows that $\mu_{\sigma+\varepsilon} - \mu_\sigma > 0$ a.s. on $\{\sigma < \infty\}$. Therefore $y_{\mu_\sigma} = \sigma$ a.s. on $\{\sigma < \infty\}$ and we have $\sigma \in \tilde{N}$ a.s. on $\{\sigma < \infty\}$. By [7], Ch. IV, T13, this implies (4.12).

By (4.9)

$$P\{\int_0^\infty 1_{T \setminus N}(t)d\mu_t\} = P\{\int_0^\infty 1_{T \setminus N}(t)d\hat{\mu}_t\} = 0 .$$

Hence μ_t does not increase on $T \setminus N$ a.s.; and $P\{y_r \in T \setminus N \text{ for any } r > 0\} = 0$. This implies (4.11).

LEMMA 4.6. The process (y_t,P) is a homogeneous process with independent increments.

Proof. 1^0. Let us show that for each $r \geq 0$

$$P\{r \in \overleftarrow{N}\} = 0 \tag{4.13}$$

In view of 1.C the left side of (4.13) does not depend on r; therefore

$$P\{r \in \overleftarrow{N}\} = \int_0^\infty e^{-u} P\{u \in \overleftarrow{N}\}du = P\{\int_0^\infty e^{-u} 1_{\overleftarrow{N}}(u)du\} = 0$$

2^0. Let $t(k,n)$, $L(k,n)$ and ℓ_n be defined by formulae (3.5), (3.6) and

(3.7) respectively. Fix $0 \leq s < t$ and put $z = y_s$; $z^n = \tau_{\ell_n(y_s)}$. Fix $a \geq 0$. Let $\eta = \tau_{t(k,n)}$; put

$$B = \{\mu_{z+a} - \mu_z < t-s\}, \qquad B_n = \{\mu_{z^n+a} - \mu_{z^n} < t-s\},$$

$$B_n^k = \{\mu_{\eta+a} - \mu_\eta < t-s\}, \qquad C_n^k = \{z \in L(n,k)\}$$

In view of 1.C $P\{\zeta(\widetilde{M}^u,0,c) < b\}$ does not depend on u; we denote this number by $r(c,b)$.

Let $A \in A_{y_s}$. Consider

$$P\{A, y_t - y_s > a\} = P\{A, \mu_{z+a} - \mu_z < t-s\} = P\{AB\} \tag{4.14}$$

By Lemma 4.4. $P\{y_s \in \overleftarrow{M}\} = 0$; therefore, $z^n \downarrow z$ a.s. In view of continuity of μ_t, $B^n \to B$; hence

$$P\{AB\} = \lim_{n\to\infty} P\{AB^n\} = \lim_{n\to\infty} P\{\sum_{k=1}^{\infty} AC_n^k B_n\} \tag{4.15}$$

Note that $C_n^k B_n = C_n^k B_n^k$. Put $D = AC_n^k$, and $\phi_t = 1_D 1_{\eta < t < \eta+a}$. Applying (4.9) to ϕ, we get

$$P\{DB_n\} = P\{DB_n^k\} = P\{D, \hat{\mu}_{\eta+a} - \hat{\mu}_\eta < t-s\} = P\{D, \zeta(N,\eta, \eta+a) < t-s\} \tag{4.16}$$

Formula (4.13) implies $\tau_{t(k,n)} = v_{t(k,n)}$ a.s., hence we can replace in (4.16) $\tau_{t(k,n)}$ by $v_{t(k,n)}$ and apply Lemma 4.2. Doing so, we get

$$P\{DB_n^k\} = P\{D, \zeta(\widetilde{M}^{t(k,n)}, 0, a) < t-s\} \tag{4.17}$$

Since D is $\bar{\sigma}(M_{t(k,n)})$-measurable, we can apply 1.B to (4.17)

$$P\{DB_n^k\} = P\{D\}\, r(a,t-s) \tag{4.18}$$

Comparing (4.18), (4.15) and (4.14) we obtain

$$P\{y_t - y_s > a | A_{y_s}\} = r(a,t-s)$$

and that proves the lemma.

LEMMA 4.7. The process y_s is an increasing (α,Π)-process with Π subject to (1.2).

Proof. We have already proved that y_s is a homogeneous process with independent increments; that is an (α,Π)-process.

Since y_s generates M^0, the distribution of $V_t - t$ is equal to that of $\tau_t - t$ for each $t > 0$. By 1.C the distribution of $\tau_t - t$ does not depend on t. Choose a such that $P\{\tau_t - t < a\} > 0.5$. Suppose Π does not satisfy (1.2). By virtue of Lemma 2.3 $P\{V_t - t < a\}$ tends to 0 when $t \to \infty$. Therefore, we come to a contradiction.

LEMMA 4.8. If M is a t.i. (α,Π)-generated set then the vector (α,Π) satisfies the equations (1.3) and (1.4), which determine it up to proportionality.

Proof. 1^0. Let μ_t be the distribution of v_t and let λ_b be defined by (2.3). Consider

$$\Lambda_t(\Gamma) = \int_0^\infty \lambda_b(\Gamma)\,\mu_t(db)\,, \qquad \Gamma \subset T$$

It is easy to see that for each $a \in T$ and $\Delta \subset T$, $\lambda_b(\Delta) = \lambda_{b+a}(\Delta + a)$. In view of t.i. the same is true for the family of measures μ_t. Therefore,

$$\Lambda_t(\Gamma) = \Lambda_{t+a}(\Gamma + a) \tag{4.19}$$

Let π be a measure on $T \times T$ defined

$$\pi(\Gamma) = P\{\sum_\gamma 1_\Gamma(\gamma,\delta)\}\,, \qquad \Gamma \subset T \times T$$

Let A_f be defined by (2.2). If $f(x,y)$ is a function on $T \times T$ such that $f(x,y) = 0$ for $x \le t$, then

$$\pi(f) = P\{\sum_\gamma f(\gamma,\delta)\} = \int_t^\infty \mu_t(db)\,P_b\{A_f\} = \int_t^\infty \Lambda_t(dx)\,\Pi_x(f) \tag{4.20}$$

Taking $s < t$, and applying the same computations we get

$$\pi(f) = \Lambda_s(\Pi.(f)) \tag{4.21}$$

Put $I = [a,b]$, $t < a < b$ and put $f(x,y) = (e(\Pi))^{-1} 1_I(x)(y-x)$. Applying to f (4.20) and (4.21) we obtain

$$\pi(f) = \Lambda_s(I) = \Lambda_t(I) \tag{4.22}$$

In view of (4.19) the relation (4.22) is equivalent to $\Lambda_t(I) = \Lambda_t(I + t - s)$. Therefore, $\Lambda_t(dx) = cm(dx)$ (on $[t,\infty[$). Substituting the expression for Λ_t into (4.20), we get (1.4) for f with support in $T^t \times T$. Standard arguments show that (1.4) holds for all f.

2^0. Let $g(x,y) = y - x$ and $\widetilde{P} = \int \mu_0(db)P_b$. Since M is t.i. we have

$$P\{u \in M\} = L^{-1} \int_0^L P\{t \in M\}dt = \lim_{L\to\infty} L^{-1} P\{\int_0^L 1_M(t)dt\}$$

$$= \lim_{L\to\infty} L^{-1} \widetilde{P}\{V_L - y_0 - A_g(0,\sigma_L)\}$$

$$= \lim_{u\to\infty} \lim_{L\to\infty} P^{(u)}\{V_L - y_0 - A_g(0,\sigma_L)\}, \tag{4.23}$$

where $P^{(u)} = \int_0^u P_b\, \mu_0(db) + \mu_0[u,\infty[P_u$. (The last equality in (4.23) is due to the fact that $|\widetilde{P}(C) - P^{(u)}(C)| \to 0$ for each event C.) By virtue of 1.E the expression under $P^{(u)}$ is equal to $\alpha\sigma_L$. Applying Lemma 2.4 we see that (4.23) is equal to $\alpha/(\alpha + e(\Pi))$.

3^0. Formulae (1.3) and (1.4) imply

$$\Pi(\Gamma) = c^{-1} P\{ \sum_{0<\gamma<1} 1_\Gamma(\delta - \gamma)\} , \qquad \Gamma \subset T \tag{4.24}$$

$$\alpha = P\{t \in M\}\, e(\Pi)/(1 - P\{t \in M\}) \tag{4.25}$$

The expressions (4.25) and (4.24) determine (α,Π) up to a constant c.

COROLLARY. The constant c in (1.4) is given by (1.5).

Proof. Since $P\{t \in M\} + P\{u_t < t < v_t\} = 1$ we get

$$\alpha/(\alpha + e(\Pi)) + c \int_{-\infty}^t \Pi(x;T^t) = \alpha/(\alpha + e(\Pi)) + ce(\Pi) = 1$$

and this is equivalent to (1.5).

5. CONSTRUCTION OF A T.I. SET, GIVEN α AND Π.

In this section first we prove that (z_t, P) is a Markov process whose one-dimensional distributions and transition function are uniquely determined by α and Π. This implies the uniqueness of a t.i. (α,Π)-generated set.

The main part of this section is devoted to constructing a t.i. set with given α and Π. First we consider the (α,Π)-process with initial distribution uniform on $[-n,0]$. Let (Y_t, P^n) be the corresponding jump process. We get the process (z_t, P) by passing to a weak limit as $n \to \infty$. To justify this we make use of the following Lemma, proved in [6] (see Th.5.1).

LEMMA 5.1. If ρ^n is a sequence of measures on a topological space X and ρ^n converges weakly to ρ then

$$\rho^n(f) \to \rho(f)$$

for each f whose set of discontinuities has ρ-measure zero.

We apply this lemma to the case of an open half-line X, an absolutely continuous (with respect to Lebesgue's measure m) measure ρ, and a function f with at most a countable number of discontinuities. We use also the following fact, the proof of which is trivial.

LEMMA 5.2. If ρ^n is a sequence of measures on X and any subsequence of ρ^n has a sub-subsequence which converges weakly to a measure ρ, then ρ^n converges weakly to ρ.

The plan of the construction of (z_t, P), given α and Π is the following. First we show that the sequence of distributions of U_t under P_n is tight (Lemma 5.4). Then we show that this sequence is weakly convergent and we find the limit measure (Lemma 5.6). After that we find the conditional distribution of $(V_t, Y_{t_1}, Y_{t_2}, \ldots, Y_{t_k})$, $t \leq t_1 < \cdots < t_k$, given U_t and show that this distribution does not depend on n (Lemma 5.7). Applying Lemma 5.1 we find that the finite dimensional distributions of P^n weakly converge to those of measure P (Lemma 5.9).

Further improvement of the trajectories of (Y_t,P) and the construction of the set is done in Section 6.

LEMMA 5.3. If M is a t.i. (α,Π)-generated set then the associated process (z_t,P) is Markov with one-dimensional distributions

$$\nu_t(\Gamma) = c(\alpha 1_{(t,t)}(\Gamma) + \int_{-\infty}^{t} \Pi_x(\Gamma)dx) \tag{5.1}$$

c given by (1.5), $\Gamma \subset T_t \times T^t$, and transition function

$$p(s,z;t,\Gamma) = \begin{cases} 1_\Gamma(z) , & \text{if } y \geq t \\ P_y\{Y_t \in \Gamma\} & \end{cases} \tag{5.2}$$

Here $z = (x,y) \in T \times T$, $\Gamma \subset T_t \times T^t$, P_y the transition probabilities of (α,Π)-process, $Y_t = (U_t,V_t)$ is a jump over t, defined in Section 2.

Proof. If M is t.i. then $P\{t = \gamma\}$ does not depend on t and

$$P\{t=\gamma\} = \int_0^\infty e^{-s} P\{s=\gamma\}ds = P\{\int_0^\infty e^{-s}1_\gamma(s)ds\} = 0 .$$

Similarly $P\{t=\delta\} = 0$. Therefore for each t a.s. $v_t = v_{t+}$, $u_t = u_{t-}$. If the range of (α,Π)-process (y_s,P) coincides with M^0, then $v_{t+} = V_t$ and $u_{t-} = U_t$.

The strong Markov property of y_t implies that $z_t = (u_t,v_t)$ is a Markov process with the transition function (5.2). It is obvious that the distribution of z_t is concentrated on $T_t \times T^t$. Let Γ be a subset of $T_t \times T^t$. By virtue of Lemma 4.8 α and Π satisfy (1.3) and (1.4); hence

$$\begin{aligned} P\{z_t \in \Gamma\} &= P\{z_t = (t,t),\ (t,t) \in \Gamma\} + P\{u_t < t,\ z_t \in \Gamma\} \\ &= P\{t \in M\}1_{(t,t)}(\Gamma) + P\{\sum_\gamma 1_{\gamma < t < \delta}\, 1_\Gamma(\gamma,\delta)\} \\ &= 1_\Gamma(t,t)\alpha c + c\int_{-\infty}^{t} \Pi_x(\Gamma)dx = \nu_t(\Gamma) . \end{aligned}$$

Lemma 5.3 points to a natural way of constructing a t.i. (α,Π)-generated set. First we have to construct a Markov process (z_t,P) with transition function (5.2) and one-dimensional distributions (5.1) and define M as the range of z_t^+.

Unfortunately, we cannot prove directly that ν_t is an entrance law with respect to p; that is why we use a long and cumbersome procedure to construct (z_t, P). Let λ_b be defined by (2.3) and λ stand for λ_0.

LEMMA 5.4. For any $s \geq 0$ and $a > 0$

$$\lambda[0,a] \geq \lambda[s,s+a] . \tag{5.3}$$

There exist $N \geq 0$ and $d > 0$ such that

$$\lambda[s,s+N] \geq d\lambda[0,N] . \tag{5.4}$$

Proof. 1^0. Applying strong Markov property, we have

$$\lambda[s,s+a] = P_0\{\int_0^\infty 1_{[s,s+a]}(y_t)dt\} = P_0\{\lambda_{V_s}[V_s,s+a]\}$$

$$\leq P_0\{\lambda_{V_s}[V_s,V_s+a]\} = \lambda[0,a] .$$

2^0. Since Π is subject to (1.2), y_t has a finite mean; therefore, we can apply to the sequence y_k, $k = 0,1,2,\ldots$, Renewal Theorem (see [5], p. 363). By virtue of this theorem there exist N_1 and N_2 such that for any $s > N_1$

$$P_0\{y_i \in [s,s+N_2] \text{ for some integer } i\} > 0.5 .$$

Therefore for any $s > N_1$, $P_0\{V_s - s < N_2\} > 0.5$. In view of right continuity of y_t, $\sigma_1 > 0$ a.s. P_0; therefore, $d_1 = \lambda[0,1] = P_0\{\sigma_1\} > 0$. Take $N = N_1 + N_2 + 1$. Let $s > 0$ and let $u = s \vee N_1$. We have

$$\lambda[s,s+N] \geq \lambda[u,u+N_2+1] \geq P_0\{1_{V_u - u < N_2} P_{V_u}\{\sigma_{u+1} - \sigma_u\}\}$$

$$\geq 0.5\, P_0\{\sigma_1\} = d_1/2 . \tag{5.5}$$

The inequality (5.5) implies (5.4) with $d = d_1/2\lambda[0,N]$.

COROLLARY. For any t and any $\varepsilon > 0$ there exists m such that for any $b < t$

$$P_b\{U_t < m\} < \varepsilon . \tag{5.6}$$

Proof. Let $t = 0$. Put $n = \inf\{i : i \text{ is integer}, i \geq b\}$. For m being negative integer, we have

$$P_b\{U_0 < m\} = P_b\{\int_0^\infty 1_{y_s < m}\, \Pi(y_s;T^0)\,ds\} = \int_b^m \lambda_b(dx)\, \Pi(x;T^0)$$

$$= \sum_{k=n}^{m} \int_{k-1}^{k} \lambda_b(dx)\, \Pi(x,T^0) \leq \lambda[0,1] \sum_{k=n}^{m} \Pi(k;T^0)$$

$$\leq \lambda[0,1] \sum_{k=-\infty}^{m} \Pi(k;T^0) \leq \lambda[0,1] \int_{-\infty}^{m+1} \Pi(x;T^0)\,dx \tag{5.7}$$

(The first inequality in (5.7) is due to Lemma 5.2.) In view of (1.2) the right side of (5.7) tends to zero, when $m \to -\infty$.

Consider the sequence of measures

$$P^n = n^{-1} \int_{-n}^{0} P_b\, db\ .$$

As it was mentioned, we are interested in the limit behavior of the finite dimensional distributions of the processes (Y_t, P^n). We want to study separately the singular and the regular parts (with respect to the Lebesgue measure) of the one-dimensional distributions of the above processes. For this purpose we need the following

LEMMA 5.5. For any t and any $n \geq 1$

$$P^n\{U_t = t,\ V_t > t\} = P^n\{V_t = t,\ U_t < t\} = 0\ ; \tag{5.8}$$

and

$$\lim_{\varepsilon\to 0}\ \sup_n\ P^n\{t-\varepsilon < U_t < t\} = \lim_{\varepsilon\to 0}\ \sup_n\ P^n\{t < V_t < t+\varepsilon\} = 0\ . \tag{5.9}$$

<u>Proof</u>. 1^0. We suppose $t = 0$ (the case in which $t \neq 0$ is similar)

$$P^n\{U_0=0,\ V_0 > 0\} = n^{-1}\int_{-n}^{0} P_b\{V_0 > 0,\ U_0 = 0\}\,db = n^{-1}\int_0^n P_0\{V_s > s,\ U_s = s\}\,ds$$

$$= n^{-1}\, P_0\{\int_0^\infty 1_{s\in J}\, 1_{U_s \leq n}\, ds\} = 0\ . \tag{5.10}$$

2^0. Put $f_\varepsilon(x) = x \wedge \varepsilon$, $g_\varepsilon(x,y) = f_\varepsilon(y-x)$. The computations similar to those of (5.10) show

$$P^n\{0 < V_0 < \varepsilon\} = n^{-1} P_0\{\int_0^n 1_{s < V_s < s+\varepsilon} ds\}$$

$$\leq n^{-1} P_0\{A_{g_\varepsilon}(0,\sigma_n)\} = \Pi(f_\varepsilon) P_0\{\sigma_n\}/n.$$

By Lemma 2.4, $P_0\{\sigma_n\}/n$ has a limit when $n \to \infty$; therefore, this quantity is uniformly bounded for all n. By monotone convergence theorem $\Pi(f_\varepsilon) \to 0$ as $\varepsilon \to 0$.

Let δ_t be a unit mass concentrated at the point t. Denote

$$\kappa_t^n(\Delta) = P^n\{U_t \in \Delta\}, \qquad \Delta \subset T \tag{5.11}$$

$$\beta_t^n = \kappa_t^n\{t\} = P^n\{U_t = t\}, \tag{5.12}$$

$$\rho_t^n = \kappa_t^n - \beta_t^n \delta_t . \tag{5.13}$$

Put

$$\rho_t(\Gamma) = c \int_\Gamma \Pi(x;T^t)\,dx, \qquad \Gamma \subset T_t \tag{5.14}$$

where c is given by (1.5).

LEMMA 5.6. Let $\beta = \alpha c$. Then for each t

$$\lim_{n\to\infty} \beta_t^n = \beta; \tag{5.15}$$

$$w - \lim_{n\to\infty} \rho_t^n = \rho_t ; \tag{5.16}$$

$$w - \lim_{n\to\infty} \kappa_t^n = \kappa_t ; \tag{5.17}$$

where $\kappa_t = \rho_t + \beta\delta_t$; the sign "w-lim" means the weak limit of measures.

<u>Proof</u>. 1^0. Fix t. The Corollary to Lemma 5.4 implies that the sequence of measures κ_t^n on T_t is tight. By virtue of Lemma 5.5 so is the sequence of measures ρ_t^n on $]-\infty,t[$. Therefore there exist measures $\tilde{\kappa}_t$ on T_t and $\tilde{\rho}_t$ on $]-\infty,t[$ such that w-lim $\kappa_t^{n(k)} = \tilde{\kappa}_t$ and w-lim $\rho_t^{n(k)} = \tilde{\rho}_t$ for some sequence $n(k)$

of positive integers. In view of (5.13) there exists a constant β_t such that $\beta_t^{n(k)} \to \beta_t$.

2^0. Let $s \neq t$. Let f be a positive continuous function bounded by 1. Put $g(x) = f(x + s - t)$. It is obvious that

$$P^n\{g(U_s)\} = n^{-1} \int_{-n+t-s}^{t-s} P_b\{f(U_t)\}db .$$

Therefore

$$|\kappa_s^n(g) - \kappa_t^n(f)| = |n^{-1} \int_{-n+t-s}^{-n} P_b\{f(U_t)\}db - n^{-1} \int_{t-s}^{0} P_b\{f(U_t)\}db| \leq 2|t-s|/n. \tag{5.18}$$

The expression (5.18) tends to zero uniformly for all s belonging to a compact set as $n \to \infty$. Consequently, $\kappa_s^{n(k)}$ converges weakly, the convergence is uniform on any bounded set of s and

$$\tilde{\kappa}_s(\Gamma) = \tilde{\kappa}_t(\Gamma + t - s) . \tag{5.19}$$

Formula (5.19) implies that β_t does not depend on t and is equal to a constant $\tilde{\beta}$.

The computations similar to those of Section 2^0 of Lemma 4.8 show

$$\begin{aligned}
\tilde{\beta} &= \lim_{k \to \infty} P^{n(k)}\{U_0 = 0\} \\
&= \lim_{k \to \infty} n(k)^{-1} \int_{-n(k)}^{0} P_b\{U_0 = 0\}db \\
&= \lim_{k \to \infty} n(k)^{-1} \int_{0}^{n(k)} P_0\{U_t = t\}dt \\
&= \lim_{k \to \infty} P_0\{\alpha\sigma_{n(k)}|n(k)\} = \alpha c .
\end{aligned}$$

(The last equality is due to Lemma 2.4.) Therefore $\tilde{\beta} = \beta$.

3^0. Set

$$\lambda^k(\Gamma) = n(k)^{-1} \int_{-n(k)}^{0} \lambda_b(\Gamma)db = P^{n(k)} \{\int_0^\infty 1_\Gamma(y_t)dt\} , \qquad \Gamma \subset T .$$

Let N be the same as in Lemma 5.4. By virtue of this lemma λ^k restricted to the interval $[-\ell N,\ell N]$, ℓ being an integer, is a sequence of measures uniformly bounded above and away from zero. Hence, there exists a subsequence $k(q)$ (which depends on ℓ) such that $\lambda^{k(q)}$ is weakly convergent on $[-\ell N,\ell N]$. Using the diagonal method, we can choose a subsequence $k(m)$ and a measure $\tilde{\lambda}$ on $]-\infty,\infty[$ such that $\lambda^{k(m)}(f) \to \tilde{\lambda}(f)$ for any continuous f with compact support, as $m \to \infty$. Let $g(x) = f(x-r)$, $r \in T$. Let $\phi = n(k(m))$

$$\tilde{\lambda}(f) - \tilde{\lambda}(g) = \lim_{m\to\infty} \lambda^{k(m)}(f-g) = \lim_{m\to\infty} \phi^{-1} \int_{-\phi}^{0} \lambda_b(f-g)\,db$$

$$= \lim_{m\to\infty} \phi^{-1}\{\int_{-\phi}^{0} \lambda_b(f)\,db - \int_{-\phi+r}^{r} \lambda_b(f)\,db\}$$

$$= \lim_{m\to\infty} \phi^{-1}\{\int_{-\phi}^{r-\phi} \lambda_b(f)\,db - \int_{0}^{r} \lambda_b(f)\,db\} = 0 \,. \tag{5.20}$$

The relation (5.20) shows that $\lambda(\Gamma) = \lambda(\Gamma + r)$. Therefore $\tilde{\lambda}(dx) = d\cdot m(dx)$ where d is a constant.

4^0. Let f be a continuous function on T_t with compact support. Put $h(x,y) = f(x)\, 1_{T^t}(y)$; $\hat{f}(x) = f(x)\, \Pi(x;T^t) 1_{x<t}$. By Lemma 2.5 $\hat{f}(x)$ has at most a countable number of discontinuities. Applying successively Lemma 2.1 and Lemma 2.5 we get

$$\tilde{\rho}_t(f) = \lim_{k\to\infty} \rho_t^{n(k)}(f) = \lim_{m\to\infty} \rho_t^{\phi}(f) = \lim_{m\to\infty} P^{\phi}\{f(U_t)\}$$

$$= \lim_{m\to\infty} P^{\phi}\{A_h\} = \lim_{m\to\infty} \int_{-\infty}^{t} \hat{f}(x)\, \tilde{\lambda}^{\phi}(dx) = \tilde{\lambda}(\hat{f})$$

$$= d\int_{-\infty}^{\infty} f(x)\, 1_{x<t}\, \Pi(x;T^t)\,dx = (d/c)\, \rho_t(f) \,.$$

Thus we see that $\tilde{\rho}_t(f) = (d/c)\, \rho_t(f)$ for any continuous f with compact support; therefore for all f. Taking $f(x) = 1_{x<t}$ and noticing that $\tilde{\rho}_t(f) + \beta = 1$, we get $d = c$.

5^0. The same reasoning shows that ρ_t is a weak limit point of each subsequence of ρ_t^n. By Lemma 5.2 ρ_t^n converges weakly to ρ_t. Similarly $\beta_t^n \to \beta$ and $\kappa_t^n \to \kappa_t$.

For $x \leq t \in T$, $\Gamma \subset T^t$ put

$$K(t,x;\Gamma) = \begin{cases} 1_\Gamma(x) , & \text{if } x = t \\ \\ \Pi(x;\Gamma)/\Pi(x;T^t) , & \text{if } x < t . \end{cases} \tag{5.21}$$

For $z = (x,y) \in T \times T$, $\Gamma \subset (T \times T)^n$ and $s < t_1 < t_2 < \cdots < t_n \in T$ put

$$p^n(s,z;t_1,t_2,\ldots,t_n;\Gamma)$$

$$= \int_\Gamma p(x,z;t_1,dz_1)\ p(t_1,z_1;t_2,dz_2) \cdots p(t_{n-1},z_{n-1};t_n,dz_n) \quad . \tag{5.22}$$

Let $\Delta \subset T \times (T \times T)^n$. Let Δ^1 be the projection of Δ on the first axis and Δ_x be the section of Δ_x when the first coordinate is equal to x. For $t < t_1 < t_2 < \cdots < t_n$ put

$$Q(x,t,t_1,\ldots,t_n;\Delta) = \int_{\Delta^1} K(t,x;dy)\ p^n(t,(x,y);t_1,\ldots, t_n;\Delta_y) \ . \tag{5.23}$$

Now we prove that the conditional distribution of $V_t, Y_{t_1},Y_{t_2},\ldots,Y_{t_n}$ given U_t is defined by the kernel Q.

LEMMA 5.7. Let G be a function on $(T)^{2n+1}$ and h be a function on T. Let $t < t_1 < t_2 < \cdots < t_n$. If (y_t,R) is an (α,Π)-process such that

$$R\{U_y = t,\ V_t > t\} = 0 \tag{5.24}$$

then

$$R\{h(U_t)\ G(V_t,Y_{t_1},Y_{t_2},\ldots\ ,\ Y_{t_n})\} = R\{h(U_t)\ Q(U_t,t,t_1,\ldots,t_n;G)\} \ . \tag{5.25}$$

Proof. By the strong Markov property of (y_t,R)

$$R\{h(U_t)\ G(V_t,Y_{t_1},\ldots,\ Y_{t_n})\} = R\{h(U_t)\ \pi(U_t,V_t)\} \tag{5.26}$$

where $\pi(x,y) = \int p^n(t,(x,y);t_1,\ldots,t_n,dz_1,\ldots,dz_n)\, G(y,z_1,\ldots,z_n)$. By (5.24) and Lemma 2.2,

$$R\{h(U_t)\ \pi(U_t,V_t)\}$$
$$= R\{h(t)\ \pi(t,t)1_{U_t=t}\} + R\{h(U_t)\ \pi(U_t,V_t)1_{U_t<t}\}$$
$$= R\{h(U_t) \int K(t,U_t;dx)\ \pi(U_s,x)\} \quad . \tag{5.27}$$

Comparing (5.27) and (5.26) we get (5.25)

LEMMA 5.8. Fix $t_1 < t_2 < \cdots < t_k$. For G being a function on $(T)^{2k}$, put

$$Q_G(x) = \int Q(x;t_1,t_2,\ldots,t_k,dy,dz_1,dz_2,\ldots,dz_{k-1})\cdot G(x,y,z_1,\ldots,z_{k-1}) \quad . \tag{5.28}$$

Here x, $y \in T$, z_1, z_2, ... , $z_k \in T \times T$. If G is a continuous function with compact support then $Q_G(x)$, $x \in]-\infty,t_1]$ has at most a countable number of discontinuities.

Proof. The family of functions for which the statement of the Lemma holds is invariant under linear operations and uniform convergence. Hence, it is enough to prove the Lemma for functions G of the form

$$G(z_1,z_2,\ldots, z_k) = h_1(z_1) \cdots h_k(z_k) \tag{5.29}$$

where $z_i = (x_i,y_i) \in T \times T$, $h_i(z) = f_i(x)\ g_i(y)$, f_i and g_i are continuous functions. Put $t_0 = -\infty$,

$$q_{k+1}(y) \equiv 1,\ q_i(y) = P_y\{h_i(Y_{t_i})\ h_{i+1}(Y_{t_{i+1}})\cdots h_k(Y_{t_k})\},\quad y < t_i \ ;$$

$$F_i(y) = 1_{[t_{i-1},t_i[}(y)\ q_i(y)\ g_1(y)\ g_2(y) \cdots g_{i-1}(y) \ ,$$

$$H_i(x) = f_1(x)\ f_2(x) \cdots f_{i-1}(x)\ K(t_1,x;F_i), \quad i = 1,2,\ldots, k+1;$$

Direct computations show that $Q_G(x) = \sum_{i=1}^{k+1} H_i(x)$. By Lemma 2.6 all the functions q_i have at most a countable number of discontinuities. It is obvious that so does F_i and by Lemma 2.5 so does H_i.

LEMMA 5.9. Let $\mu_{t_1 t_2 \cdots t_k}$ be a measure on $(T \times T)^k$, whose projection on the first axis is κ_t and the conditional distribution of $(y_1, x_2, y_2, x_3, y_3, \ldots, x_k, y_k)$ given x_1 is $Q(x_1, t_1, t_2, \ldots, t_k; -)$. Put $\mu^n_{t_1 t_2 \cdots t_k}(\Gamma) = P^n\{Y_{t_1}, \ldots, Y_{t_k}) \in \Gamma\}$. Then $\mu^n_{t_1 \cdots t_k}$ converges weakly to $\mu_{t_1 \cdots t_k}$.

Proof. 1^0. Since $U_{t_1} \leq V_{t_1} \leq U_{t_2} \leq \cdots \leq U_{t_k} \leq V_{t_k}$, then $\max(|U_{t_1}|, |V_{t_1}|, \ldots, |U_{t_k}|, |V_{t_k}|) = \max(|U_{t_1}|, |V_{t_k}|)$. The computations similar to those of Lemma 5.4 show that $P^n\{\max(|U_{t_1}|, |V_{t_k}|) > N\}$ tends to 0 when $N \to \infty$ uniformly for all n. Therefore the sequence of measures $\mu^n_{t_1 t_2 \cdots t_k}$ is tight and has a weak limit point $\tilde{\mu}$.

2^0. Let G be of the form (5.29) and $Q_G(x)$ be given by (5.28). By Lemma 5.7 and (5.8)

$$P^n\{G(Y_{t_1}, Y_{t_2}, \ldots, Y_{t_n})\} = P^n\{Q_G(U_{t_1})\} = \kappa^n_{t_1}(Q_G) = \rho^n_{t_1}(Q_G) + \beta^n_{t_1} Q_G(t) . \quad (5.30)$$

By Lemma 5.6 the sequence of real numbers $\beta^n_{t_1}$ converges to β. The sequence of measures $\rho^n_{t_1}$ converges weakly to ρ_t which is a continuous measure. By Lemma 5.8 and Lemma 5.1 $\rho^n_{t_1}(Q_G) \to \rho_{t_1}(Q_G)$ when $n \to \infty$. Therefore $\tilde{\mu}(G) = \rho_t(Q_G) + \beta Q_G(t) = \kappa_t(Q_G) = \mu_{t_1 \cdots t_k}(G)$ for each G of the form (5.29), hence for any function G on $(T \times T)^k$.

3^0. We can apply the same arguments to any subsequence of $\mu^n_{t_1 \cdots t_k}$. By Lemma 5.2 $\mu^n_{t_1 \cdots t_k}$ converges weakly when $n \to \infty$.

The family of measures $\mu_{t_1 \cdots t_k}$ is obtained as a weak limit of the families of finite dimensional distributions of (Y_t, P^n). Therefore $\mu_{t_1 \cdots t_k}$ is a consistent family of distributions. By the Kolmogorov theorem there exists a process (Y_t, P), $t \in T$, $Y_t = (U_t, V_t) \in T \times T$ with finite dimensional distributions $\mu_\bullet$.

6. CONSTRUCTION OF A T.I. SET GIVEN α AND Π (CONTINUATION)

If $z_t = (u_t, v_t)$ is the process associated with a random set M, then M is equal to the complement of the union of the intervals $]u_t, v_t[$. We start from the process Y_t, defined in Section 5 and we construct $z_t = (u_t, v_t)$ such that

(a) $z_t = Y_t$ a.s. P for each t

(b) u_t is right-continuous, v_t is left-continuous a.s.P. To construct z_t we establish first certain properties for Y_t (Lemmas 6.1 and 6.2).

LEMMA 6.1. Fix $u < s < t$. Then a.s.P

$$U_s \neq u, \quad V_s \neq t \tag{6.1}$$

$$V_s < U_t \quad \text{on the set} \quad \{V_s < t\} \cup \{U_t > s\} \tag{6.2}$$

$$Y_s = Y_t \quad \text{on the set} \quad \{V_s > t\} \cup \{U_t < s\} \tag{6.3}$$

$$U_s \leq V_s \tag{6.4}$$

To prove (6.1), (6.2), (6.3) and (6.4) it suffices to consider the one-dimensional and two-dimensional distributions of (Y_t, P), the formula for which was obtained in Lemma 5.9.

LEMMA 6.2. The process (Y_t, P) is a stochastically continuous Markov process with one-dimensional distributions (5.1) and transition function (5.2).

Proof. 1^0. The finite dimensional distributions of P have been already calculated. Easy computations show that μ_t is equal to ν_t, where ν_t is given by (5.1).

Let f be a continuous function on $(T \times T)^m$ and g be a continuous function on $T \times T$. To get the Markov property for (Y_t, P) it is sufficient to pass to a limit in the relation

$$P^n\{f(Y_{t_1}, \ldots, Y_{t_m})\, g(Y_t)\} = P^n\{f(Y_{t_1}, \ldots, Y_{t_m})\, p(t_m, Y_{t_m}; t, g\}, \quad t_1 < \cdots < t_m < t$$

(which is justified by Lemmas 5.8 and 5.1).

2^0. Fix $\varepsilon > 0$. The right-continuity of the (α,Π)-process y_t implies that there exists $\psi > 0$ such that

$$P_0\{|V_\psi| > \varepsilon\} < \varepsilon/2 \tag{6.5}$$

Let $\phi > 0$ be such that

$$c \int_{-\infty}^{0} \Pi(x;]0,\phi])dx < \varepsilon/2 \tag{6.6}$$

c given by (1.5). Let $t > s$ and $t-s < \phi \wedge \psi$. Denote $A = \{|Y_t - Y_s| \geq \varepsilon\}$. We have

$$P\{A\} = P\{A,V_s > t\} + P\{A,V_s \leq t\} = P\{A,s < V_s \leq t\} + P\{A,V_s = s\} \tag{6.7}$$

The first term in the right side of (6.7) is not greater than $P\{V_s \in]s,t]\}$ and by (6.6) does not exceed $\varepsilon/2$. Put $z = (s,s)$. The second term in (6.7) is less than or equal to

$$P\{Y_s=z\}\ p(s,z;t,T_t \times T^{s+\varepsilon})$$

$$= P\{Y_s=z\}\ P_s\{|V_t-s| \geq \varepsilon\} = P\{Y_s=z\}\ P_0\{V_{t-s} > \varepsilon\} \leq \varepsilon/2$$

Now put $u_t = \lim U_r$, $r\downarrow t$; and $v_t = \lim V_r$, $r\uparrow t$, r is rational. Put $z_t = (u_t,v_t)$, $I(t) =]u_t,v_t[$. By Lemma 6.2 the family u_t and v_t satisfy (6.1)-(6.4) for all t a.s.P. It is easy to see that u_t is right and v_t is left continuous a.s.P. Therefore z_t may be considered as a process associated with a set M, which can be defined as

$$M = T - \bigcup_t I(t) \tag{6.8}$$

LEMMA 6.3. The set M defined by (6.8) is a t.i. (α,Π)-generated set.

<u>Proof</u>. 1^0. Let μ_t be the distribution of v_t. Let $t < t_1 < \cdots < t_k$. By Lemma 6.2, $z_t = Y_t$ a.s. Therefore, applying the first part of Lemma 6.2, we get

$$P\{z_{t_1} \in \Gamma_1, z_{t_2} \in \Gamma_2, \dots , z_{t_k} \in \Gamma_k, u_{t_1} > t\}$$

$$= \int_{-\infty}^{t_1} \mu_t(dy) \int_{\Gamma_1} p(t,(x,y);t_1 dz_1) \int_{\Gamma_2} p(t_1,z_1;t_2 dz_2) \dots \int_{\Gamma_{k-1}} p(t_{k-1};z_{k-1};t_k,\Gamma_k)$$

$$= \int_{-\infty}^{t_1} \mu_t(dy)\, P_y\{Y_{t_1} \in \Gamma_1, Y_{t_2} \in \Gamma_2, \dots, Y_{t_k} \in \Gamma_k\} \tag{6.9}$$

The expression (6.9) shows that M^t has the same distribution as the range of the (α,Π)-process, whose initial distribution is equal to μ_t.

2^0. Consider the process $(z_t - t, P)$, which is Markov. Formula (5.2) shows that this process has a stationary transition function, and (5.1) implies that the one-dimensional distributions of $(z_t - t, P)$ are stationary. Therefore $(z_t - t, P)$ is a stationary process, which is equivalent to M being t.i.

The rest of this section is devoted to the proof of the first statement of Theorem 1 (that each t.i.r.r. set is l.r.). We shall prove even more; namely that $-M$ has the same distribution as M; therefore $-M$ is (α,Π)-generated. To this end we consider the jumps of the process $y_t^* = -y_t$, where y_t is an (α,Π)-process. We prove that: (i) the backward transition function of (z_t, P) coincides with the backward transition function of the jumps of y_t^* (Lemma 6.6); (ii) the one-dimensional distributions of M are equal to those of $-M$ (Lemma 6.5).

The process y_t^* is a decreasing process with independent increments with translation constant $-\alpha$ and the Levy measure $\Pi^*(\Gamma) = \Pi(-\Gamma)$. Let P_b^* be the transition probabilities of y_t^*. Put

$$\lambda_b^*(\Gamma) = P_b^* \{\int_0^\infty 1_\Gamma(y_t^*)\,dt\}$$

It is clear that $\lambda_b^*(\Gamma) = \lambda_{-b}(-\Gamma)$. Let $\Pi^*(x;-)$ and Π_x^* be defined the same way as $\Pi(x;-)$ and Π_x. Put $g = \pi f$ if $g(x) = \Pi(x;f)$; put $h = \Lambda f$, if $h(x) = \lambda_x(f)$. The operators π^* and Λ^* are defined similarly. We denote by (f,g) the integral of fg with respect to the Lebesgue measure.

LEMMA 6.4. If f and g are functions on T_t and T^t respectively then

$$(\Lambda f,g) = (f,\Lambda^* g) \tag{6.10}$$

$$(\pi f,g) = (f,\pi^* g) \tag{6.11}$$

Proof. Let f and g be infinite differentiable with compact support. Consider the sequence of functions q_n such that $(q_n,h) \to \lambda_0(h)$ for each infinitely differentiable h with a compact support. Then,

$$(\Lambda f,g) = \int_{-\infty}^{\infty}\int_{-\infty}^{\infty} f(x+y)\,\lambda_0(dx)\,g(y)dy = \lim_{n\to\infty}\int_{-\infty}^{\infty}\int_{-\infty}^{\infty} q_n(z-y)\,f(z)dz\,g(y)dy$$

$$= \lim_{n\to\infty}\{\int f(z)dz\int q_n(z-y)\,g(y)dy\} = \int \lambda_z^*(g)\,f(z)dz = (f,\Lambda^* g)\ .$$

The usual arguments show that (6.10) is true for all f. The proof of (6.1.1) is similar.

For $z = (x,y)$, put $\bar{z} = (y,x)$. If $\Gamma \subset T \times T$ then $\bar{\Gamma}$ must be understood in the same way.

LEMMA 6.5. If M is a t.i. (α,Π)-generated set then the distribution of $-\bar{z}_t$ coincides with that of z_{-t}.

Proof. Put $\nu_t^*(\Gamma) = P\{-\bar{z}_t \in \Gamma\}$. By virtue of (5.1)

$$\nu_t^*(\Gamma) = P\{z_t \in -\bar{\Gamma}\} = c\alpha\, 1_{(t,t)}(-\bar{\Gamma}) + c\int_{-\infty}^{t} \Pi_x(-\bar{\Gamma})dx$$

$$= c\alpha\, 1_{(-t,-t)}(\Gamma) + c\int_{-t}^{\infty} \Pi_x^*(\Gamma)dx\ ,\quad \Gamma \subset T_{-t} \times T^{-t}\ . \tag{6.12}$$

By virtue of (6.11) the second summand in (6.12) is equal to $c\int_{-\infty}^{-t} \Pi_x(\Gamma)dx$; therefore (6.12) is equal to $\nu_{-t}(\Gamma)$.

For $t > s \in T$, $z \in T \times T$, $\Gamma \subset T \times T$ put $p^*(t,z;s,\Gamma) = p(-t,-\bar{z};-s,-\bar{\Gamma})$. The function p^* is the backward transition function of the process $Y_t^* = -\bar{Y}_{-t}$, which is the process of jumps of y_t^*.

LEMMA 6.6. If M is a t.i. (α,Π)-generated set, then the backward transition function of (z_t, P) is equal to p^*.

Proof. Let $s < t$ and f, g, h, j be functions on T with supports on $]-\infty,s[$, $]s,t[$, $]s,t[$ and $]t,\infty[$ respectively. Put $F(x,y) = f(x)\, g(y)$; $H(x,y) = h(x)\, j(y)$. By Lemma 2.1

$$P_y\{H(Y_t)\} = P_y\{\sum_{u\in J} f(y_{u-})\, j(y_u)\} = \int_y^t \lambda_y(dx)\, h(x)\, \Pi(x;j) \tag{6.13}$$

By virtue of Lemma 5.3 and (6.13)

$$P\{F(z_s)\, H(z_t)\} = \int \nu_s(dz)\, F(z)\, p(s,z;t,H)$$

$$= \int_{-\infty}^{s} dx\, f(x) \int_s^t \Pi(x;dy)\, g(y) \int_y^t \lambda_y(du)\, h(u) \int_t^{\infty} \Pi(u;dv)\, j(v) \tag{6.14}$$

Applying successively (6.11), (6.10) and (6.11) we get that (6.14) is equal to

$$\int_t^{\infty} dv\, j(v) \int_s^t \Pi^*(v;du)\, h(u) \int_s^u \lambda^*_u(dy)\, g(y) \int_{-\infty}^{s} \Pi^*(y;dx)\, f(x)$$

$$= \int \nu^*_{-t}(dz)\, H(z)\, p^*(t,z;s,F) = P\{F(z_s)\, H(z_t)\} \tag{6.15}$$

For arbitrary H and F the equality (6.15) is proved similarly. By Lemma 6.5 $\nu^*_{-t} = \nu_t$; therefore we get the statement of the lemma.

LEMMA 6.7. If M is a t.i. (α,Π)-generated set then so is $-M$.

Proof. Let $\tilde{z}_t$ be the process associated with $-M$. It is easy to see that $\tilde{z}_t = -\bar{z}_{-t}$; therefore $\tilde{z}_t$ is a Markov process. By Lemma 6.5 the one-dimensional distributions of $\tilde{z}_t$ are equal to those of z_t. The transition function of $\tilde{z}_t$ is equal to $\tilde{p}(s,z;t,\Gamma) = p^*(-s,-\bar{z};-t,-\bar{\Gamma}) = p(s,z;t,\Gamma)$. Consequently the distribution of $-M$ is equal to that of M.

The following lemma will be useful in the sequel. Its proof follows from Theorem 1 and Lemma 6.7.

LEMMA 6.8. Let P_y and P^*_y be the transition probabilities of an (α,Π)-process y_t and a $(-\alpha,\Pi^*)$-process y^*_t respectively. For a function F on $(T \times T)^n$ and a function G on $(T \times T)^m$ put

$$g(x) = P_x\{\Sigma\, G(y_{t_1-}, y_{t_1}, \ldots, y_{t_m-}, y_{t_m})\}\ , \tag{6.16}$$

$$f(y) = P^*_y\{\Sigma\, F(y^*_{s_n}, y^*_{s_n-}, \ldots, y^*_{s_1}, y^*_{s_1-})\} \tag{6.17}$$

where the sum in (6.16) is taken over all $t_1 < t_2 < \cdots < t_m$, $t_1, t_2, \ldots, t_m \in J$; and the sum in (6.17) is taken over all $s_1 < s_2 < \cdots < s_n$, $s_1, s_2, \ldots, s_n \in J$. Let M be a t.i. (α,Π)-generated set and let $\Sigma^{(k)}$ denote the sum over all k-tuples $\gamma_1, \gamma_2, \ldots, \gamma_k$ such that $\gamma_1 < \gamma_2 < \cdots < \gamma_k$. Then

$$P\{\Sigma^{(m+n)} F(\gamma_1,\delta_1,\gamma_2,\delta_2,\ldots,\gamma_n,\delta_n)\, G(\gamma_{n+1},\delta_{n+1},\ldots,\gamma_{n+m},\delta_{n+m})$$

$$= P\{\Sigma^{(n)} F(\gamma_1,\delta_1,\gamma_2,\delta_2,\ldots,\gamma_n,\delta_n)\, g(\delta_n)\}$$

$$= P\{\Sigma^{(m)} f(\gamma_1)\, G(\gamma_1,\delta_1,\ldots,\gamma_m,\delta_m)\ .$$

7. MARKOV T.I. SETS

In this section we prove Theorem 2 and give an example of a t.i. Markov set which is not r.r. The proof of Theorem 2 is based on the following two analytic lemmas.

LEMMA 7.1. If μ is a finite measure on $]0,\infty[$ such that

$$\mu(\Gamma + t) \leq \mu(\Gamma)\ , \qquad t > 0 \tag{7.1}$$

then μ is absolutely continuous with respect to Lebesgue's measure m and $k(x) = \mu(dx)/m(dx)$ can be chosen as a monotone function of x, $x > 0$.

Proof. 1^0. Let μ^t be a measure on $]0,\infty[$ defined by $\mu^t(\Gamma) = \mu(\Gamma + t)$, $\Gamma \subset\ ]0,\infty[$. The relation (7.1) implies

$$\mu^t(\Gamma) \leq \mu^s(\Gamma] \qquad \text{if} \qquad t > s . \tag{7.2}$$

Put

$$\nu(\Gamma) = \int_0^\infty e^{-t} \mu_t(\Gamma)dt = \int_0^\infty \{ \int_0^x e^{-t} 1_\Gamma(x-t)dt\} \mu(dx) . \tag{7.3}$$

It is easy to see that if $f = 0$ m-almost everywhere then

$$\nu(f) = \int_0^\infty \{\int_0^x e^{-t} f(x-t)dt\} \mu(dx) = 0 .$$

Therefore ν is absolutely continuous with respect to the Lebesgue measure m.

On the other hand, if $\nu(\Gamma) = 0$ then for m-a.e. t

$$\mu_t(\Gamma) = 0 \tag{7.4}$$

and there exists a sequence $t_n \downarrow 0$ such that (7.4) holds for each t_n. In view of (7.2), (7.4) holds for all t. Therefore for each t μ_t is absolutely continuous with respect to m, hence μ is absolutely continuous with respect to m on $]t,\infty[$ for each $t > 0$.

2^0. Let $\tilde{k}$ be any density of μ with respect to m and let $L(n,k)$ be defined by (3.6). Put

$$k^n(x) = \sum_{k=1}^\infty 1_{L(k,n)}(x) \mu(L(k,n))\cdot 2^n .$$

The function $k^n(x)$ is monotone and so is $k(x) = \limsup_n k^n(x)$, which is equal to $\tilde{k}(x)$ for m-almost all x.

LEMMA 7.2. Let μ be the measure, satisfying the same conditions as in Lemma 7.1. If $f(y)$ is a function on T such that for any fixed $r > 0$ for μ-almost all $y > r$

$$f(y-r) = f(y)$$

then $f(y)$ is a constant μ-a.e.

<u>Proof</u>. Put $a = \inf\{x : k(x) = 0\}$. The measures μ and m are equivalent on $]0,a[$. Consider a set Γ in $T \times T : \Gamma = \{(x,y) : f(y) \neq f(x)\}$. By the Fubini theorem

$$\int_0^a \int_0^a 1_\Gamma dx\, dy = 2 \int_0^a dx \int_x^a 1_\Gamma(y,y-x)dy = 0 .$$

Therefore there exists x_0 such that $m\{y : (x_0,y) \in \Gamma\} = 0$. Hence $f(y) = f(x_0)$ for m- almost all y.

LEMMA 7.3. If M is a t.i. set subject to 1.A.a and ξ is $\sigma(\widetilde{M}^s)$-measurable then there exist two constants a and b such that

$$P\{\xi | \sigma(M_{v_s})\} = a 1_{v_s < s} + b\, 1_{v_s = s} \quad \text{a.s.} \tag{7.5}$$

<u>Proof</u>. Let $0 < t_1 < t_2 < \cdots < t_k$ and f be a function on $(T \times T)^k$. For a random set N, put $\zeta(N) = f(z_{t_1}^{(N)}, z_{t_2}^{(N)}, \ldots, z_{t_k}^{(N)})$, where $z_t^{(N)}$ is the process associated with the random set N. It is enough to prove (7.5) for ξ of the form $\zeta(\widetilde{M}^s)$.

By 1.A.a M^s and M_s are conditionally independent given v_s. Since $\sigma(M_{v_s}) = \sigma(M_s) \vee \sigma(v_s)$; therefore M_{v_s} and M^s are also conditionally independent given v_s. But $\sigma(\widetilde{M}^s) = \sigma(M^s - v_s)$ is a subfield of $\sigma(M^s)$; consequently for each $s \in T$

$$P\{\zeta(\widetilde{M}^s)/\sigma(M_{v_s})\} = P\{\zeta(\widetilde{M}^s)/v_s\} = g_s(v_s) \quad \text{a.s.}$$

where $g_s(x)$ is a function on T^s. Owing to the fact that M is t.i., we get

$$g_s(x) = g_t(x - s + t) \quad \text{for } \mu_s \text{ a.e. } x, \tag{7.6}$$

μ_s being the distribution of v_s. On the other hand $v_s = v_t$ and $\widetilde{M}^s = \widetilde{M}^t$ a.s. on the set $\{v_s > t\}$, therefore

$$g_s(x) = g_t(x) \qquad \text{a.s. } \mu_s \text{ on the set } \{x > t\} . \tag{7.7}$$

Let μ be the restriction of μ_0 to $]0,\infty[$. Since $\tilde{M}^0 = \tilde{M}^t$ and $v_0 = v_t$ on the set $\{v_0 > t\}$; then for any $\Gamma \subset]0,\infty[$

$$\mu(\Gamma + t) = P\{v_0 \in \Gamma + t\} = P\{v_{-t} \in \Gamma\} \leq P\{v_0 \in \Gamma\} = \mu(\Gamma) . \tag{7.8}$$

The expressions (7.6), (7.7) and (7.8) show that μ satisfies the conditions of Lemma 7.1 and $g_0(x)$, $x > 0$ satisfies the conditions of Lemma 7.2. By virtue of these two lemmas these exists a constant a such that $g_0(x) = a$ for μ-a.e., $x > 0$. Put $b = g_0(0)$. By virtue of (7.6) $g_s(x) = a\, 1_{x<s} + b\, 1_{x=s}$. Hence (7.5) is proved.

COROLLARY (THEOREM 2). Every thin t.i. set M subject to 1.A.a is $(0,\Pi)$-generated.

<u>Proof</u>. Since $P\{v_s = s\} = 0$, the expression $b\, 1_{v_s=s}$ is equal to 0 a.s. Therefore for each $\sigma(\tilde{M}^s)$-measurable ξ the right side of (7.5) is a constant a.s. This is equivalent to M_{v_s} being independent on $\tilde{M}^s$. Therefore M is r.r. by virtue of Theorem 1 M is (α,Π)-generated. Formula (1.3) impiles that $\alpha = 0$.

An example of a t.i. Markov set which is not r.r. is very simple. Consider a t.i. $(0,\Pi)$-generated set M_1 and a $(1,0)$-generated set M_2 (this means that $M_2 \equiv T$). The set M which is the mixture of M_1 and M_2 with the coefficients p and q, $p+q = 1$, $p,q \neq 0$, is the set we are looking for. To prove that M is t.i. and Markov we have to use the same arguments as in proving that the mixture of two stationary Markov processes with singular one-dimensional distributions is stationary and Markov.

I would like to thank E. Dynkin for his encouragement with this problem.

REFERENCES

[1] A. V. Skorohod, Stochastic Processes with Independent Increments (in Russian), "Nauka", Moscow, 1964.

[2] D. R. Cox, H. D. Miller, The Theory of Stochastic Processes, Methuen and Co., Ltd., London 1968.

[3] B. Maisonneuve, Systèms Régénératifs, Asterisque 15, 1974.

[4] E. B. Dynkin, Some Limit Theorems for Sums of Independent Random Variables with Infinite Mathematical Expectations, Selected Translations in Mathematics Statistics and Probability, Vol. 1 (1961), IMS-AMS, 171-189.

[5] W. Feller, An Introduction to Probability Theory and its Application, Volume II, John Wiley and Sons, Inc., New York, London, Sydney, Toronto, 1971.

[6] P. Billingsley, Convergence of Probability Measures, John Wiley and Sons, Inc., New York, London, Sydney, Toronto, 1968.

[7] C. Dellacherie, Capacités et processus stochastique, Springer-Verlag, Berlin-Heidelberg-New York, 1972.

SUR UN THEOREME DE MARUYAMA

par Michel WEBER

0. DEFINITIONS ET NOTATIONS.

Considérons un processus gaussien centré stationnaire mesurable $\{X(\omega, t) , (\omega, t) \in \Omega \times \mathbb{R}\}$ et soit $r(t) = \int_0^\infty \cos \lambda t \, d\mu(\lambda)$ sa covariance. On sait que la mesure spectrale μ se décompose en la somme suivante :

$$\mu = \mu_a + \mu_c + \mu_{cs} ,$$

où μ_a est purement atomique, μ_c absolument continue et μ_{cs} continue singulière par rapport à la mesure de Lebesgue. On dit que μ est continue lorsque $\mu_a \equiv 0$.

Soient $E = \{f : \mathbb{R} \longrightarrow \mathbb{R}\}$, $\mathcal{B} = \bigotimes_{t \text{ réel}} \mathcal{B}(\mathbb{R}_t)$, $P_X = X(P)$.

Nous notons $\mathcal{S}(X) = (E , \mathcal{B} , P_X)$ l'espace de probabilité canonique du processus X . Notons aussi $\widetilde{X}$ le processus canonique défini sur $\mathcal{S}(X) \times \mathbb{R}$ par les applications coordonnées ; $\widetilde{X}(f , t) = f(t)$. Pour tout réel u , nous notons T^u la transformation de E dans E , mesurable définie par $T^u(f) = f \circ \tau_u = f(.+u)$ où τ_u est la translation par u . L'ensemble G de ces transformations est un groupe multiplicatif. On vérifie que G laisse la mesure P_X invariante de sorte que $(\mathcal{S}(X) , G)$ forme un système dynamique mesuré (définition [1] p. 99). On appelle ensemble invariant tout élément A de $\mathcal{B}$ tel que

$$A \,\Delta\, T(A) \quad \text{où} \quad A \,\Delta\, T^{-1}(A) \quad \text{est } P_X\text{-négligeable.}$$

Lorsque les seuls invariants de $(\mathcal{S}(X) , G)$ sont les éléments de $\mathcal{B}$ de P_X-mesure égale à 0 ou 1, le système est dit ergodique. On dira alors que le processus X est ergodique. Lorsque G est engendré par un seul élément (T^1 par exemple), ($\mathcal{S}(X)$, G) est ergodique si et seulement si la propriété suivante est vérifiée ([1], p. 101),

$$\text{quels que soient } A , B \in \mathcal{B} , \lim_{n\to\infty} \frac{1}{n} \sum_{k=0}^{n-1} P_X(A \cap T^{-k} B) = P_X(A)\, P_X(B) ,$$

On vérifie de même à l'aide du théorème de Von Neumann (cf. par exemple [1] p. 99) que d'une façon générale X est ergodique si et seulement si

$$\text{pour tous } A , B \in \mathcal{B} , \quad \lim_{T\to\infty} \frac{1}{T} \int_0^T P_X(A \cap T^{-u} B)\, du = P_X(A) . P_X(B) .$$

DEFINITION 0.1. <u>Le système</u> $(\mathcal{S}(X), G)$ <u>(resp. le processus</u> X) <u>est faiblement mélangeant si pour tous</u> A , B <u>éléments de</u> $\mathcal{B}$,

$$\lim_{T\to\infty} \frac{1}{T} \int_0^T |P_X (A \cap T^{-u} B) - P_X(A) . P_X(B)|\, du = 0 .$$

<u>On dit de même que le système</u> $(\mathcal{S}(X), G)$ <u>(resp. le processus</u> X) <u>est fortement mélangeant lorsque pour tous</u> A , B <u>éléments de</u> $\mathcal{B}$:

$$\lim_{u\to\infty} P_X(A \cap T^{-u} B) = P_X(A) . P_X(B) .$$

Notons enfin $\mathbb{C}$ la semi-algèbre des cylindres C mesurables définis par

$C = \prod_{t \in R} C_t$ où $C_t = \mathbb{R}$ sauf pour un ensemble fini d'indices $\varepsilon(C)$ et $\Gamma = \prod_{t \in \varepsilon(C)} C_t = [[a , b[[$ avec

$$a = (a_t , t \in \varepsilon(C)) \leq b = (b_t , t \in \varepsilon(C)) .$$

1. Dans un théorème paru dans [4], Maruyama a caractérisé les propriétés de mélange et d'ergodicité lorsque celles-ci sont définies relativement à la semi-algèbre $\mathbb{C}$.

Son énoncé est le suivant :

THEOREME A. Soit $X(t)$, t réel, un processus gaussien stationnaire de covariance $r(t) = \int_0^\infty \cos \lambda t \, d\mu(\lambda)$. On a les équivalences suivantes :

a) X est fortement mélangeant si et seulement si $\lim_{t\to\infty} r(t) = 0$,

b) X est faiblement mélangeant si et seulement si μ est continue,

c) X est ergodique si et seulement si μ est continue.

Un argument simple de prolongement sur des classes monotones montre que ce théorème caractérise aussi les mêmes propriétés lorsque celles-ci sont définies relativement à la tribu $\mathcal{B}$. Il semble cependant que ce résultat soit peu utilisé dans certains champs d'applications pourtant proches ; ainsi dans [6], Qualls, Watanabe et Simmons mettent en évidence une loi de $0-1$ indépendamment du théorème A dont elle se déduit pourtant aisément. Nous l'énonçons.

THEOREME B. Soit $X(t)$, $t \geq 0$ un processus gaussien stationnaire de covariance $r(t)$. Supposons l'hypothèse suivante

$$\text{(a-1)} \qquad \lim_{t\to\infty} r(t) = 0 .$$

Soit alors $\varphi : \mathbb{R}_+ \longrightarrow \mathbb{R}_+$ croissante. Dans ces conditions on a aussi

$$P\{X(n) > \varphi(n) \text{ i.o.}\} = 0 \text{ ou } 1 .$$

Ces auteurs affirment aussi sans démonstration que l'hypothèse

$$\text{(a-2)} \qquad \lim_{T\to\infty} \frac{1}{T}\int_0^T r(u)\, du = 0$$

suffit pour la même conclusion ; or il est facile de construire un contrexemple si on ne suppose pas $\lim_{t\to\infty} \varphi(t) = \infty$; en fait l'hypothèse (a-2) doit être modifiée sous la forme suivante :

$$\text{(a'-2)} \qquad \mu \text{ est continue} .$$

2. Nous nous proposons dans ce qui suit de donner une nouvelle démonstration de la partie la plus intéressante du théorème A , à savoir l'implication

(*) (μ est continue) $\Longrightarrow$ (X est faiblement mélangeant) .

Cette démonstration est basée sur un lemme comparant les lois de deux vecteurs gaussiens dont l'un a ses composantes indépendantes par blocs. Elle est aussi analogue dans sa démarche à celle donnée par Grenander ([2] p. 158) caractérisant le mélange fort. Elle est donc plus probabiliste que la démonstration de Maruyama.

3. Nous avons noté dans le lemme qui suit pour toute fonction $g : \mathbb{R}\times\mathbb{R} \longrightarrow \mathbb{R}$ et tout réel h les opérateurs

$$\Delta_h^1 \, g(u,v) = g(u+h,v) - g(u,v) \quad ,$$

$$\Delta_h^2 \, g(u,v) = g(u,v+h) - g(u,v) \quad .$$

Lemme 1. (*)

Soient $n > 0$, et X un vecteur gaussien centré sur $[1,n]$ ou sur un ensemble fini A de cardinal n , de covariance $r(\alpha,\beta)$ avec $r(\alpha,\alpha) = 1$ pour tout α . Soit de plus Θ une partition de $[1,n]$ ou A , de terme générique σ , et $(x),(y)$ deux suites de réels indexées par A ou $[1,n]$ telles que pour tout α ,

$$-\infty \le x_\alpha \le y_\alpha \le +\infty \quad .$$

Notons aussi , $C_\alpha =]\bar{-} x_\alpha, y_\alpha][$,

$$V_\sigma = \prod_{\alpha\in\sigma} C_\alpha \quad , \qquad V = \prod_{\sigma\in\Theta} V_\sigma \quad ,$$

$$X_\sigma = (X(\alpha), \alpha\in\sigma) \quad .$$

Dans ces conditions, on a

$$\left| P\{X\in V\} - \prod_{\sigma\in\Theta} P\{X_\sigma\in V_\sigma\}\right| \le \frac{1}{2} \sum_{\sigma\ne\sigma'} \sum_{\alpha\in\sigma} \sum_{\beta\in\sigma'} k(\alpha,\beta)\,|r(\alpha,\beta)| \quad ,$$

(*) Un résultat similaire a été obtenu dans [6] avec $\Theta = \{\sigma_1,\sigma_2\}$.

où $k(\alpha,\beta) = \int_0^1 \Delta^1_{y_\alpha - x_\alpha} \circ \Delta^2_{y_\beta - x_\beta} \left(\Phi(x_\alpha, x_\beta, \lambda r(\alpha,\beta))\right) d\lambda$,

et $\Phi(x,y,\rho) = \dfrac{1}{2\pi(1-\rho^2)^{\frac{1}{2}}} \exp\{ - \dfrac{x^2+y^2 - 2\rho xy}{2(1-\rho^2)} \}$.

Démonstration :

On la fait pour $A = [1,n]$. Nous commençons par traiter le cas où

1) $\Gamma_1 = \mathrm{Cov}(X)$ est inversible .

Dans toute la suite nous utiliserons les importantes évaluations développées en [3] p. 19 , et plus particulièrement le lemme 2.1.4.

Soit pour chaque σ appartenant à $\mathfrak{S}$, X'_σ un vecteur gaussien sur σ de même loi que X_σ , et tel que les X'_σ soient mutuellement indépendants, nous notons alors

$$\Lambda = (X'_\sigma \, , \, \sigma \in \mathfrak{S}) \quad .$$

Le lemme que nous établissons compare les lois de Λ et X pour des pavés.

Posons pour tout λ compris entre 0 et 1 , $\Gamma(\lambda) = \lambda\Gamma_1 + (1-\lambda)\Gamma_0$.
Il est net que $\Gamma(\lambda)$ est inversible pour tout λ dans $[0,1]$, de plus

$$\Gamma(1) = \Gamma_1 = \mathrm{Cov}(X)$$
$$\Gamma(0) = \Gamma_0 = \mathrm{Cov}(\Lambda)$$

Notons dans ces conditions

$$F(\lambda) = \int_{R^n} I_V(u) \, g_\lambda(u) du$$

$$g_\lambda(u) = K_n \int_{R^n} \exp\{i < u,y >\} \exp\{- \tfrac{1}{2}\, {}^t y\Gamma(\lambda)y\} dy \quad ,$$

$$= \frac{1}{(2\pi)^{\frac{n}{2}} \sqrt{\det \Gamma(\lambda)}} \exp\{ - \tfrac{1}{2}\, {}^t u \, \Gamma^{-1}(\lambda)u\} \quad .$$

On sait (c.f. Lemme 2.1.4 p.19, [3]) que $F(\lambda)$ est dérivable, et que sa dérivée $F'(\lambda)$ peut être évaluée sous la forme

$$F'(\lambda) = \int_{R^n} I_V(u) \frac{\partial}{\partial\lambda} (g_\lambda(u))du \quad ,$$

où $$\frac{\partial}{\partial\lambda} (g_\lambda(u)) = \tfrac{1}{2} \operatorname{Tr} \left[\frac{d\Gamma(\lambda)}{d\lambda} \cdot \frac{d^2}{du^2} (g_\lambda(u)) \right] .$$

Mais,

$$\left(\frac{d\Gamma(\lambda)}{d\lambda} \right)_{\alpha,\beta} = \begin{cases} r(\alpha,\beta) & \text{si } \alpha \in \sigma \text{ , } \beta \in \sigma' \text{ , } \sigma \neq \sigma' \\ 0 & \text{sinon .} \end{cases} ,$$

Par conséquent,

$$\frac{\partial}{\partial\lambda} (g_\lambda(u)) = \tfrac{1}{2} \sum_{\sigma\neq\sigma'} \sum_{\alpha\in\sigma} \sum_{\beta\in\sigma'} r(\alpha,\beta) \frac{\partial^2}{\partial u_\alpha \partial u_\beta} (g_\lambda(u)) \quad ,$$

ainsi

$$F'(\lambda) = \tfrac{1}{2} \sum_{\sigma\neq\sigma'} \sum_{\alpha\in\sigma} \sum_{\beta\in\sigma'} r(\alpha,\beta) \int_{R^n} I_V(u) \frac{\partial^2}{\partial u_\alpha \partial u_\beta} (g_\lambda(u))du \quad .$$

Or,

$$\int_{R^n} I_V(u) \frac{\partial^2}{\partial u_\alpha \partial u_\beta} (g_\lambda(u))du = \int_{x_1}^{y_1} du_1 \int_{x_2}^{y_2} du_2 \cdots\cdots \int_{x_\alpha}^{y_\alpha} du_\alpha \int_{x_\beta}^{y_\beta} \frac{\partial^2}{\partial u_\alpha \partial u_\beta} (g_\lambda(u))du_\beta$$

$$= \int_{x_1}^{y_1} du_1 \int_{x_2}^{y_2} du_2 \cdots\cdots \int_{x_\alpha}^{y_\alpha} \left[\frac{\partial}{\partial u_\alpha} \left(g_\lambda(u_1,u_2,\ldots,y_\beta,\ldots) - g_\lambda(u_1,u_2,\ldots,x_\beta,\ldots) \right) \right] du_\alpha$$

$$= \int_{R^{n-2}\ \prod_{r\neq\alpha,\, r\neq\beta} C_r} I(v) \ \square_{\alpha,\beta}(g_\lambda(v))dv \ , \quad \text{où l'on a noté}$$

$$\square_{\alpha,\beta}(g_\lambda(v)) = g(v_1,v_2,\ldots,\underset{(\alpha^{\text{ième}})}{y_\alpha},\ldots\ldots,\underset{(\beta^{\text{ième}})}{y_\beta},\ldots\ldots)$$

$$- g(v_1,v_2,\ldots,x_\alpha,\ldots\ldots,y_\beta,\ldots\ldots)$$

$$- g(v_1,v_2,\ldots,y_\alpha,\ldots\ldots,x_\beta,\ldots\ldots)$$

$$+ g(v_1,v_2,\ldots,x_\alpha,\ldots\ldots,x_\beta,\ldots\ldots) .$$

Il s'en suit

$$\Big| \int_{R^{n-2}} \underset{\substack{r\neq\alpha \\ r\neq\beta}}{I(v)_{\Pi C_r}} \ \square_{\alpha,\beta}(g_\lambda(v)dv \Big|$$

$$\leq \sum_{(s,t)}^{*} \int_{R^{n-2}} \underset{\substack{r\neq\alpha \\ r\neq\beta}}{I(v)_{\Pi C_r}} \ g(v_1,v_2,\ldots,s,\ldots,t,\ldots)dv ,$$

$$\leq \sum_{(s,t)}^{*} \int_{R^{n-2}} g(v_1,v_2,\ldots,s,\ldots,t,\ldots)dv ,$$

$$= \sum_{(s,t)}^{*} \Phi(s,t, \lambda r(\alpha,\beta)) ,$$

où la sommation Σ^* est indexée sur l'ensemble à quatre éléments $\{(y_\alpha,y_\beta) , (y_\alpha,x_\beta) , (x_\alpha,x_\beta) , (x_\alpha,y_\beta)\}$.

Dès lors

$$|P\{X \in V\} - \prod_{\sigma\in\Theta} P\{X_\sigma \in V_\sigma\}| = |F(1) - F(0)|$$

$$= \Big| \int_0^1 F'(\lambda)d\lambda \Big| = \tfrac{1}{2} \Big| \sum_{\sigma\neq\sigma'} \sum_{\alpha\in\sigma} \sum_{\beta\in\sigma'} r(\alpha,\beta) \int_0^1 d\lambda \Big(\int_{R^n} I_V(u)\frac{\partial^2}{\partial u_\alpha \, \partial u_\beta} (g_\lambda(u))du\Big) \Big|$$

$$= \Big| \tfrac{1}{2} \sum_{\sigma\neq\sigma'} \sum_{\alpha\in\sigma} \sum_{\beta\in\sigma'} r(\alpha,\beta) \int_0^1 d\lambda \Big(\int_{R^{n-2}} \underset{\substack{r\neq\alpha \\ r\neq\beta}}{I(v)_{\Pi C_r}} \ \square_{\alpha,\beta} (g_\lambda(v))dv\Big)\Big|$$

$$\leq \tfrac{1}{2} \sum_{\sigma\neq\sigma'} \sum_{\alpha\in\sigma} \sum_{\beta\in\sigma'} |r(\alpha,\beta)| \sum_{(s,t)}^{*} \Phi(s,t,\lambda|r(\alpha,\beta|)$$

$$= \frac{1}{2} \sum_{\sigma \neq \sigma'} \sum_{\alpha \in \sigma} \sum_{\beta \in \sigma'} |r(\alpha,\beta)| \, k(\alpha,\beta) \quad .$$

2) $\Gamma_1 = \mathrm{Cov}(X)$ <u>n'est pas inversible</u>.

Soit N un vecteur gaussien normal à valeurs dans $\mathbb{R}^n$ indépendant de X, pour tout réel u posons

$$X_u = X + uN \qquad \Lambda_u = \Lambda + uN \quad .$$

Si u est non nul les covariances Γ_{X_u}, Γ_{Λ_u} sont inversibles, la première partie de la démonstration montre que X_u vérifie les conclusions du lemme, de plus

$$\Gamma_{X_u}(\alpha,\beta) = r(\alpha,\beta) + u^2 \quad .$$

On constate alors qu'il suffit de faire tendre u vers zéro pour conclure identiquement sur X.

<u>Lemme 2.</u>

<u>Si</u> $\mu = \mu_d$, <u>alors</u> $\lim_{T \to \infty} \frac{1}{T} \int_0^T |r(u)| du = 0$.

<u>Démonstration</u>. Elle est immédiate puisque les coefficients de Fourier de $r(t)$ sont tous nuls.

3. Nous sommes en mesure à présent de démontrer la partie (*) du théorème (A).

<u>1ère Etape</u> : Soient pour tout B élément de $\mathcal{B}$,

$$\mathcal{G}_B = \{A \in \mathcal{B} : \lim_{T \to \infty} \frac{1}{T} \int_0^T | P_X(A \cap T^{-u} B) - P_X(A).P_X(B)| du = 0\} \quad ,$$

et pour tout A élément de $\mathcal{B}$,

$$\mathcal{C}'_A = \{B \in \mathcal{B} : \lim_{T\to\infty} \frac{1}{T}\int_0^T |P_X(A \cap T^{-u}B) - P_X(A).P_X(B)|du = 0\} \quad .$$

Nous montrons que $\mathcal{C}_B$ et $\mathcal{C}'_A$ sont des classes monotones. Il suffit d'établir que $\mathcal{C}_B$ est une classe monotone puisque la transformation T est inversible. Soient (A_n) une suite d'éléments de $\mathcal{C}_B$ de limite A dans $\mathcal{B}$. Alors pour tout réel u et tout entier n ,

$$\begin{aligned}(1) \quad |P_X(A \cap T^{-u}B) - P_X(A).P_X(B)| &\le |P_X(A \cap T^{-u}B) - P_X(A_n \cap T^{-u}B)| \\ &+ |P_X(A_n \cap T^{-u}B) - P_X(A_n).P_X(B)| \\ &+ |P_X(A).P_X(B) - P_X(A_n).P_X(B)| \\ &= P_1 + P_2 + P_3 \quad .\end{aligned}$$

Soit $\varepsilon > 0$, pour tout n assez grand nous avons

$$P_1 = |P_X(A \cap T^{-u}B) - P_X(A_n \cap T^{-u}B)| \le P_X((A \cap T^{-u}B) \,\Delta\, (A_n \cap T^{-u}B)) \quad ,$$

$$\le P_X(A \,\Delta\, A_n) + P_X(T^{-u}B \,\Delta\, T^{-u}B) \le \frac{\varepsilon}{2} \quad ,$$

$$P_3 \le P_X(B).P_X\{A \,\Delta\, A_n\} \le \frac{\varepsilon}{2} \quad ,$$

d'où $P_1 + P_3 \le \varepsilon$.

Intégrant chaque membre de (1) par rapport à $T^{-1} I_{[0,T]}(t)dt$, il vient pour tout n assez grand fixé ,

$$\begin{aligned}\gamma(T) &= \frac{1}{T}\int_0^T |P_X(A \cap T^{-u}B) - P_X(A).P_X(B)|du \\ &\le \varepsilon + \frac{1}{T}\int_0^T |P_X(A_n \cap T^{-u}B) - P_X(A_n).P_X(B)|du \quad ,\end{aligned}$$

d'où puisque A_n appartient $\mathcal{G}_B$,

$$0 \leq \overline{\lim_{T\to\infty}} \gamma(T) \leq \varepsilon .$$

Mais $\varepsilon > 0$ est arbitraire, par conséquent $\lim_{T\to\infty} \gamma(T) = 0$. Donc A appartient à $\mathcal{G}_B$, et $\mathcal{G}_B$ est une classe monotone, il en est de même pour $\mathcal{G}'_A$ compte tenu de la remarque faite au début.

2ème Etape : $\mathcal{G}_B \supset \mathcal{C}$, $\mathcal{G}'_A \supset \mathcal{C}$, où $\mathcal{C}$ est la semi algèbre des cylindres C mesurables définis par

$$C = \prod_{t\in R} C_t \text{ , où } C_t = R \text{ sauf pour un ensemble fini d'indices } \varepsilon(C) ,$$

et $\Gamma = \prod_{t\in\varepsilon(C)} C_t = [[a,b[[$, où

$$a = (a_t , t \in \varepsilon(C)) \leq b = (b_t , t \in \varepsilon(C)) .$$

Soient C et D deux éléments de $\mathcal{C}$ de bases respectives $\Gamma = [[a,b[[$, $\Delta = [[c,d[[$, on supposera dans toute la suite que les nombres a_t , b_t , c_t , d_t sont finis et tous distincts, ce qui puisque $\mathcal{G}'_A$, (resp. $\mathcal{G}_B$) est une classe monotone suffit pour conclure.

En vertu du lemme 1, pour tout réel u tel que

$$\tau_u(\varepsilon(D)) \cap \varepsilon(C) = \emptyset ,$$

$$\begin{aligned}\beta(u) &= |P_X(C \cap T^{-u}D) - P_X(C).P_X(D)| \\ &= |P\{ (X(t), t \in \varepsilon(C)) \in \Gamma , (X(s+u) , s \in \varepsilon(D)) \in \Delta \} \\ &\qquad - P\{ (X(t),t \in \varepsilon(C)) \in \Gamma\}.P\{ (X(s),s \in \varepsilon(D)) \in \Delta\} | \\ &\leq \tfrac{1}{2} \sum_{\substack{s\in\varepsilon(D)\\ t\in\varepsilon(C)}} |r(s-t+u)|\, h(s,t) ,\end{aligned}$$

où pour tout s et t ,

$$h(s,t) = \int_0^1 \Delta^1_{d_s - c_s} \circ \Delta^2_{b_t - a_t} \left(\Phi\, (c_s, a_t, \lambda r(s-t+u))\right) d\lambda \quad .$$

Mais pour tout réel $x \neq \pm y$,

$$0 < f(x,y) = \sup_{-1 \leq \rho \leq 1} \Phi(x,y,\rho) < \infty \quad .$$

Les nombres a_t , b_t , c_s , d_s sont tous distincts par hypothèse. On déduit de la relation précédente qu'il existe une constante $K = K(\Gamma,\Delta)$ positive finie, telle que pour tout u assez grand $(u > u_o)$,

$$(2) \qquad \beta(u) \leq K \sum_{\substack{\alpha = s-t \\ s \in \varepsilon(C) \\ t \in \varepsilon(D)}} |r(\alpha+u)| \quad .$$

D'où,

$$(3) \qquad \frac{1}{T}\int_0^T \beta(u)du \leq K' \sum_{\substack{\alpha = s-t \\ s \in \varepsilon(C) \\ t \in \varepsilon(D)}} \frac{1}{T}\int_0^T |r(\alpha+u)|du \quad .$$

Finalement, à l'aide du lemme 2,

$$(4) \qquad \lim_{T\to\infty} \frac{1}{T}\int_0^T |P_X(C \cap T^{-u}D) - P_X(C).P_X(D)|du = 0 \quad .$$

Ainsi pour tous éléments C, D de $\mathcal{C}$,

$$\mathcal{G}_D \supset \mathcal{C} \quad , \quad \mathcal{G}'_C \supset \mathcal{C} \quad .$$

A l'aide de la proprosition I-4-2 de (*) , on en déduit que

$$(5) \qquad \mathcal{G}_D = \mathcal{G}'_C = \mathcal{B} \quad .$$

Cela entraîne pour tout élément A, B de $\mathcal{B}$

(*) J. Neveu. Bases Math. du Calcul des Probabilités (Masson, (1964)).

(6) $\mathcal{G}_B = \mathcal{G}'_C = \mathcal{B}$.

Par conséquent, le processus X est faiblement mélangeant, il est donc ergodique, ce qui achève la démonstration.

Nous déduisons de ce résultat le

COROLLAIRE :

Soit $X(t)$, $t \in \mathbb{R}_+$ (ou $\mathbb{R}$) , un processus gaussien stationnaire centré séparable ergodique. Alors pour toutes $g, \varphi : \mathbb{R}_+ \to \mathbb{R}_+$ croissantes continues telles que $\lim_{t\to\infty} g(t) = \infty$ et tout $S > 0$,

1) $$P\{\overline{\lim_{T\to\infty}} \frac{\lambda(S \le s \le T : X(\omega,s) > \varphi(s))}{g(T)} = \text{Const.}\} = 1 ,$$

2) $$P\{\underline{\lim}_{T\to\infty} \frac{\lambda(S \le s \le T : X(\omega,s) > \varphi(s))}{g(T)} = \text{Const.}\} = 1 ,$$

3) $$P\{\overline{\lim_{T\to\infty}} \frac{\lambda(S \le s \le T : X(\omega,s) \le \varphi(s))}{g(T)} = \text{Const.}\} = 1 ,$$

4) $$P\{\underline{\lim}_{T\to\infty} \frac{\lambda(S \le s \le T : X(\omega,s) \le \varphi(s))}{g(T)} = \text{Const.}\} = 1 .$$

où λ est la mesure de Lebesgue.

Démonstration :

Quitte à prolonger en loi X sur $\mathbb{R}$, on suppose que X est défini sur tout $\mathbb{R}$. Soit alors $\mathcal{S}(X) = \{\mathbb{R}^{\mathbb{R}} , \bigotimes_{t\in\mathbb{R}} \mathcal{B}(\mathbb{R}_t) , X(P) = \pi\}$ l'espace de probabilité canonique de X .

Notons aussi pour tout $f : \mathbb{R} \to \mathbb{R}$,

- $\theta = T^1$, $(T^1(f) = f \circ \tau_1)$,
- $A_\varphi(f) = \{ t \text{ réel} : f(t) > \varphi(t)\}$,
- τ_k la translation par k .

Alors pour tout intervalle non vide I , tout $f : \mathbb{R} \to \mathbb{R}$,

(1) $\tau_{-1} (A_\varphi(f) \cap I) \subset \tau_{-1}(I) \cap A_\varphi(\theta(f))$,

d'où pour tout $S < T$,

(2) $\lambda(A_\varphi(f) \cap [S,T]) \le \lambda(A_\varphi(\theta(f)) \cap [S,T]) + 1$.

Notons pour simplifier

- $L(f,S,T) = \dfrac{\lambda(A_\varphi(f) \cap [S,T])}{g(T)}$

- $\Lambda(f,S,T) = \dfrac{\lambda(A^c_\varphi(f) \cap [S,T])}{g(T)}$.

Nous avons, à partir de (2)

(3) $\overline{\lim}_{T\to\infty} L(f,S,T) \le \overline{\lim}_{T\to\infty} L(\theta(f),S,T)$,

$\underline{\lim}_{T\to\infty} L(f,S,T) \le \underline{\lim}_{T\to\infty} L(\theta(f),S,T)$,

(4) $\overline{\lim}_{T\to\infty} \Lambda(f,S,T) \ge \overline{\lim}_{T\to\infty} \Lambda(\theta(f),S,T)$,

$\underline{\lim}_{T\to\infty} \Lambda(f,S,T) \ge \underline{\lim}_{T\to\infty} \Lambda(\theta(f),S,T)$.

Posons maintenant pour tout $\alpha \ge 0$, $S > 0$,

$$(5) \quad B_{\alpha,S} = \{ f : \overline{\lim_{T\to\infty}} \; L(f,S,T) > \alpha \} ,$$

$$C_{\alpha,S} = \{ f : \underline{\lim_{T\to\infty}} \; L(f,S,T) > \alpha \} ,$$

$$D_{\alpha,S} = \{ f : \overline{\lim_{T\to\infty}} \; \Lambda(f,S,T) > \alpha \} ,$$

$$E_{\alpha,S} = \{ f : \underline{\lim_{T\to\infty}} \; \Lambda(f,S,T) > \alpha \} .$$

(3) et (4) montrent que, $\theta(B) \subset B$, $\theta(C) \subset C$, $\theta^{-1}(D) \subset D$, $\theta^{-1}(E) \subset E$, mais puisque

$$\pi(B) = \pi(\theta(B)) , \text{ (de même pour } C , D \text{ et } E) .$$

Ces ensembles sont invariants. Or X est ergodique. Par conséquent leurs probabilités ne peuvent être que 0 ou 1 , pour tout $\alpha \geq 0$, ce qui permet de conclure au résultat.

BIBLIOGRAPHIE

[1] CONZE J.P., Systèmes topologiques et métriques en théorie ergodique. Ecole d'Eté de Probabilité de St Flour (1974). Lect. Notes Math., 480, (1975), p. 100-187.

[2] CRAMER H., LEADBETTER M.R., Stationary and Related Stochastic Processes (1967). Wiley.

[3] FERNIQUE X. , Régularité des trajectoires des fonctions aléatoires gaussiennes. Ecole d'Eté de Probabilité de St Flour (1974). Lect. Notes Math., 480, (1975), p. 2-95.

[4] MARUYAMA G. The harmonic analysis of stationary stochastic processes, Mem. Fac. Sci. Kyusyu Univ. A4 (1949), p. 45-46.

[5] QUALLS C., WATANABE H., and SIMMONS G., A note on a 0-1 law for stationary Gaussian processes. Inst. of Statis., (1972), Mimeo Series n° 798.

[6] VISHNU HEBBAR H., A law of the iterated logarithm for Extrem values from gaussian Sequences. Z. Wahrscheinlichkeitsth. verw. Gebiete, (1979), vol. 48, p. 1-16.

Séminaire de Probabilités

1978/79

INTEGRALE STOCHASTIQUE CURVILIGNE LE LONG D'UNE COURBE RECTIFIABLE

par R. CAIROLI

Une manière naturelle de définir l'intégrale stochastique curviligne le long de la frontière d'une région de $\mathbb{R}_+^2$ consiste à définir d'abord cette intégrale pour une région rectangulaire et à approcher ensuite la région donnée de l'intérieur par des régions rectangulaires appropriées.

Sous l'hypothèse que la frontière est rectifiable et que le processus à intégrer est à accroissements verticaux orthogonaux, le programme peut être réalisé et aboutit à la définition de l'intégrale stochastique $\int_{\partial A} \varphi \partial_1 W$.

Pour la notation et la terminologie, nous renvoyons le lecteur à [4] . Ajoutons que si A est un sous-ensemble de $\mathbb{R}_+^2$, A^o désignera l'intérieur de A , ∂A sa frontière et $\ell(\partial A)$ la longueur de ∂A lorsque celle-ci est définie. Nous désignerons en outre par $|A|$ l'aire de A .

Nous supposerons donnés un espace probabilisé complet $(\Omega,\mathcal{F},P)$ et un processus de Wiener à paramètre bi-dimensionnel $W = \{W_z, z \in \mathbb{R}_+^2\}$. Nous désignerons par $\{\mathcal{F}_z , z \in \mathbb{R}_+^2\}$ la famille des tribus complétées engendrée par W .

Nous appellerons processus à 2-<u>accroissements orthogonaux</u> un processus $\varphi = \{\varphi(s,t), (s,t) \in \mathbb{R}_+^2\}$

a) $\mathcal{F}^1_{st}$ - adapté :

b) à accroissements orthogonaux en t et nul pour $t = 0$;

c) équi-continu dans L^2 en t (le mot "équi" se refère à s variant dans un ensemble borné) .

La définition de processus à 1-accroissements orthogonaux est analogue et nous appellerons un processus qui est à la fois à 1- et à 2-accroissements orthogonaux processus séparément à accroissement orthogonaux. On remarquera qu'un processus séparément à accroissement orthogonaux est continu dans L^2.

Nous appellerons un sous-ensemble R de $\mathbb{R}_+^2$ région rectangulaire si

a) R est la réunion d'un nombre fini de rectangles fermés de côtés parallèles aux axes ;

b) R^o est un domaine simplement connexe.

Soit A un sous-ensemble fermé et borné de $\mathbb{R}_+^2$ dont l'intérieur est un domaine simplement connexe et la frontière une courbe rectifiable.

Supposons que $A \subset [0,a]$, $a = (s_a, t_a)$. Couvrons $[0,a]$ d'un quadrillage de maille (= longueur du côté) λ et choisissons λ suffisamment petit pour qu'au moins un carré du quadrillage soit contenu dans A^o. Prolongeons ce carré en un ensemble maximal Q contenu dans A^o, par adjonction successive de carrés qui ont au moins un côté en commun avec l'ensemble auquel ils sont adjoints. Il est évident que Q ainsi défini est une région rectangulaire.

Nous allons énoncer une conclusion qui résulte en modifiant légèrement un raisonnement dû à BEHNKE et SOMMER ([1], p. 74) : pour tout $\delta > 0$, on peut choisir λ et une partition de $A - Q$ au moyen des lignes du quadrillage en n régions Q_i qui se recouvrent au plus sur ces lignes, de telle manière que

a) $n\lambda \leq 24\,\ell(\partial A)$;

b) diamètre $Q_i \leq \delta$, $i = 1,2,\dots,n$;

c) $|A - Q| \leq \delta$.

Donnons-nous un $\epsilon > 0$ et choisissons un δ dans $(0,\epsilon]$ tel que

(1) $E\{(\varphi(s,t') - \varphi(s,t))^2\} \leq \epsilon$, pour tout $(s,t),(s,t') \in [0,a]$ avec $|t-t'| \leq \delta$.

Un tel choix est possible car, pour t variant dans un ensemble borné, l'équi-continuité est uniforme.

Choisissons ensuite λ (donc Q) et les Q_i tels que a), b) et c) ci-dessus soient satisfaites.

Nous allons montrer que si R est une région rectangulaire telle que $Q \subset R^{o} \subset A$, alors

(2) $$E\{(\int_{\partial R}\varphi\partial_1 W-\int_{\partial Q}\varphi\partial_1 W)^2\} \leq (t_a\ell(\partial R) + 24t_a\ell(\partial A) + \sup_{s\leq s_a} E\{(\varphi^2(s,t_a)\})\,\varepsilon\ .$$

Il est entendu que l'intégrale par rapport à $\partial_1 W$ le long de la frontière d'une région rectangulaire est posée égale à la somme des intégrales relatives à W le long des segments horizontaux de cette frontière, orientés dans le sens indirect.

Désignons par R_i la fermeture de $R \cap Q_i^{o}$. Le premier membre de (2) s'écrit alors sous la forme

(3) $$E\{(\sum_{i=1}^{n}\int_{\partial R_i}\varphi\partial_1 W)^2\}\ .$$

Mais si $i \neq j$, $\int_{\partial R_i}\varphi\partial_1 W$ est orthogonal à $\int_{\partial R_j}\varphi\partial_1 W$. Pour le vérifier, on écrit d'abord les deux intégrales comme sommes finies d'intégrales le long de la frontière de rectangles, cela permettant de ramener l'assertion au cas où

$$R_i = [s,s']\times[t_i,t_i'] \quad \text{et} \quad R_j = [s,s']\times[t_j,t_j'] \ , \text{ avec } s<s', t_i< t_i'\leq t_j < t_j'\ .$$

En écrivant ensuite

(4) $$\int_{\partial R_k}\varphi\partial_1 W = \int_{R_k}\varphi(u,t_k')dW_{uv} + \int_{s}^{s'}(\varphi(u,t_k') - \varphi(u,t_k))\, d_u W_{ut_k}\ , \quad k = i, j\ ,$$

on constate que le premier terme du second membre de l'équation d'indice j est orthogonal aux deux termes du second membre de l'équation d'indice i , en vertu des propriétés de l'intégrale stochastique, et qu'on peut en dire de même du second terme, en raison de l'orthogonalité des accroissements de φ .

L'espérance sous (3) est donc égale à

$$\sum_{i=1}^{n} E\{(\int_{\partial R_i}\varphi\partial_1 W)^2\}$$

et l'inégalité (2) résultera de l'estimation de $E\{(\int_{\partial R_i}\varphi\partial_1 W)^2\}$ que nous allons établir. Prolongeons les segments verticaux de ∂R_i de manière à obtenir des bandes verticales adjacentes. L'intégrale $\int_{\partial R_i}\varphi\partial_1 W$ est la somme des intégrales le long des intersections de ∂R_i avec chacune de ces bandes et ces intégrales sont orthogonales deux à deux. Fixons une bande. Son intersection avec R_i est de la forme $\bigcup_{j=1}^{m} H_j$, où $H_j = [s,s'] \times [t_j,t'_j]$, $s < s'$, $t_1 < t'_1 < t_2 < \ldots < t_m < t'_m$. En décomposant chaque $\int_{\partial H_j} \varphi \partial_1 W$ comme dans (4) , il est facile de voir que

$$(5) \quad E\{(\sum_{j=1}^{m} \int_{\partial H_j} \varphi \partial_1 W)^2\} = \sum_{j=1}^{m} \int_s^{s'} E\{(\varphi(u,t'_j) - \varphi(u,t_j))^2\} t_j du + \\ + |\bigcup_{j=1}^{m} H_j| \sup_{u \le s_a} E\{\varphi^2(u,t_a)\} .$$

Mais puisque δ a été choisi tel que (1) soit valable et que le diamètre de Q_i , donc de R_i , est $\le \delta$, le premier terme du second membre de (5) est majoré par

$$m(s'-s)t_a \varepsilon + |\bigcup_{j=1}^{m} H_j| \sup_{u \le s_a} E\{\varphi^2(u,t_a)\} .$$

Si $m \geq 2$, au moins m segments horizontaux de longueur $s'-s$ font partie de $\partial R \cap \partial(\bigcup_{j=1}^{m} H_j)$. Si $m = 1$, il est possible que les deux côtés horizontaux de H_1 ne font pas partie de ∂R . Ce cas ne peut toutefois se produire que pour une seule bande, plus précisément celle adjacente à Q , en raison du fait que R^o est un domaine simplement connexe. La largeur de cette bande est certainement $\le \lambda$, sinon Q ne serait pas maximal. En sommant sur les bandes, nous obtenons donc l'inégalité

$$E\{(\int_{\partial R_i} \varphi \partial_1 W)^2\} \le (\ell(\partial R \cap Q_i) + \lambda) t_a \varepsilon + |Q_i| \sup_{s \le s_a} E\{\varphi^2(s,t_a)\} .$$

En sommant sur i , nous en concluons que

$$\sum_{i=1}^{m} E\{(\int_{\partial R_i} \varphi \partial_1 W)^2\} \le (\ell(\partial R) + n\lambda) t_a \varepsilon + |A - Q| \sup_{s \le s_a} E\{\varphi^2(s,t_a)\} .$$

Il ne reste alors plus qu'à observer que $n\lambda \le 24\,\ell(\partial A)$ et $|A - Q| \le \varepsilon$.

Nous pouvons maintenant définir l'intégrale stochastique le long de ∂A . A cet effet, considérons une suite de régions rectangulaires A_i telle que

$$(6) \qquad A_i \subset A_{i+1} \text{ pour tout } i \text{ , } \bigcup_i A_i = A^o \text{ et } \sup_i \ell(\partial A_i) < \infty .$$

Donnons-nous un $\varepsilon > 0$ et considérons la région rectangulaire Q figurant sous (2) définie à partir de $\epsilon/4c$, c étant le terme entre parenthèses au second membre de (2) avec $\sup_i \ell(\partial A_i)$ à la place de $\ell(\partial R)$. Puisque les ensembles A_i^o recouvrent Q et que Q est compact, il existe i_o tel que

$$Q \subset A_i^o \text{ , pour tout } i \geq i_o \text{ .}$$

En vertu de (2) nous avons donc l'inégalité

$$E\{(\int_{\partial A_i} \varphi \partial_1 W - \int_{\partial A_j} \varphi \partial_1 W)^2\} \leq \epsilon \text{ , pour tout } i,j \geq i_o \text{ ,}$$

ce qui nous montre que la suite des intégrales le long des A_i converge dans L^2 . La limite est, par définition, l'intégrale de φ le long de ∂A . En symboles :

$$\int_{\partial A} \varphi \partial_1 W = \lim_{i \to \infty} \int_{\partial A_i} \varphi \partial_1 W \text{ , dans } L^2 \text{ .}$$

Il est clair que cette définition ne dépend pas du choix particulier de la suite de régions rectangulaires A_i satisfaisant à (6) .

Il n'est pas difficile de constater que si R est une région rectangulaire

$$E\{(\int_{\partial R} \varphi \partial_1 W)^2\} = \int_{\partial R} E\{\varphi^2(s,t)\} \, t \, ds \text{ .}$$

Par ailleurs, une légère modification des arguments utilisés par BEHNKE et SOMMER dans l'ouvrage cité antérieurement montre que pour un choix approprié, et donc pour tout choix, des régions rectangulaires A_i satisfaisant à (6),

$$\lim_{i \to \infty} \int_{\partial A_i} E\{\varphi^2(s,t)\} \, t \, ds = \int_{\partial A} E\{\varphi^2(s,t)\} \, t \, ds \text{ .}$$

Nous pouvons donc en conclure que

$$E\{(\int_{\partial A} \varphi \partial_1 W)^2\} = \int_{\partial A} E\{\varphi^2(s,t)\} \, t \, ds \text{ .}$$

Si φ est à 1-accroissements orthogonaux, nous définissons $\int_{\partial A} \varphi \partial_2 W$ de manière analogue et si φ est séparément à accroissements orthogonaux, nous posons

$$\int_{\partial A} \varphi \partial W = \int_{\partial A} \varphi \partial_1 W + \int_{\partial A} \varphi \partial_2 W \text{ .} \tag{7}$$

Dans le cas où φ est à accroissements bidimensionnels orthogonaux, on peut arriver aux mêmes résultats plus rapidement en introduisant les intégrales doubles

$$\int_{\mathbb{R}_+^2 \times \mathbb{R}_+^2}\int \alpha\, d W\, d\varphi \quad \text{et} \quad \int_{\mathbb{R}_+^2 \times \mathbb{R}_+^2}\int \alpha\, d\varphi\, d W ,$$

définies, pour des processus α déterministes, suivant le procédé utilisé dans [5] et [2] pour définir l'intégrale double $\int_{\mathbb{R}_+^2 \times \mathbb{R}_+^2}\int \psi\, dW dW$. En gros, ces deux intégrales sont respectivement la limite dans L^2 de

$$\sum_{\substack{z\ z' \\ z \wedge z'}}\sum \alpha(z,z')\Delta_z W \Delta_{z'}\varphi, \quad \sum_{\substack{z\ z' \\ z \wedge z'}}\sum \alpha(z,z')\Delta_z\varphi\, \Delta_{z'}W ,$$

On pose

$$\mathcal{J}^1_\varphi(A) = \int_{\mathbb{R}_+^2 \times \mathbb{R}_+^2}\int I_A(z \vee z')\, d_z W\, d_{z'}\varphi ,$$

$$\mathcal{J}^2_\varphi(A) = \int_{\mathbb{R}_+^2 \times \mathbb{R}_+^2}\int I_A(z \vee z')\, d_z\varphi\, d_{z'}W .$$

Il est alors aisé de voir que si A est un rectangle de côtés parallèles aux axes

$$\int_{\partial A} \varphi\, \partial_1 W = \int_A \varphi dW + \mathcal{J}^2_\varphi(A) .$$

Cette formule s'étend aussitôt au cas où A est une région rectangulaire et constitue une sorte de formule de Green analogue à celle qui figure dans [3] . Par passage à la limite, elle peut être utilisée pour définir l'intégrale stochastique curviligne par rapport à $\partial_1 W$ le long d'une courbe rectifiable. En définissant $\int_{\partial A} \varphi\, \partial_2 W$ de manière correspondante, nous déduisons, compte tenu de (7) , que

$$\int_{\partial A} \varphi\, \partial W = \mathcal{J}^2_\varphi(A) - \mathcal{J}^1_\varphi(A)$$

BIBLIOGRAPHIE

[1] BEHNKE H. et SOMMER F. Theorie der analytischen Funktionen einer komplexen Veränderlichen. Springer Verlag Berlin (1972).

[2] CAIROLI R. et WALSH J.B. Stochastic integrals in the plane. Acta mathematica 134, 111-183 (1975).

[3] CAIROLI R. et WALSH J.B. Martingale representations and holomorphic processes. Annals of Probability 5, 511-521 (1977).

[4] CAIROLI R. et WALSH J.B. Régions d'arrêt, localisations et prolongements de martingales. Z. Wahrscheinlichkeitstheorie 44, 279-306 (1978).

[5] WONG E. et ZAKAI M. Martingales and stochastic integrals for processes with a multi-dimensional parameter. Z. Wahrscheinlichkeitstheorie 29, 109-122 (1974).

ECOLE POLYTECHNIQUE FEDERALE
LAUSANNE

INSTITUT DE RECHERCHE MATHEMATIQUE AVANCEE
Laboratoire Associé au C.N.R.S.
Université Louis Pasteur
7, rue René Descartes
67084 STRASBOURG Cédex

Démonstration d'un théorème de F. Knight à l'aide de martingales exponentielles.

C. Cocozza et M. Yor

En [3], F. Knight démontre le théorème suivant, déjà annoncé, et partiellement démontré en [4]

Théorème 1 :

Soit $[\Omega, \mathcal{F}, (\mathcal{F}_t), P]$ un espace de probabilité filtré usuel, et $(X^1, \dots, X^n)$ une suite finie de $(\mathcal{F}_t)$ martingales locales continues, nulles en 0, deux à deux orthogonales. Pour tout $k \in \{1, \dots, n\}$, et tout $t \geq 0$, on note $\tau_t^k = \inf\{s \ / \ \langle X^k \rangle_s > t\}$

Quitte à élargir l'espace de probabilité d'origine, on peut supposer qu'il existe un mouvement brownien $\beta = (\beta^1, \dots, \beta^n)$, à valeurs dans $\mathbb{R}^n$, issu de 0, et indépendant de $X = (X^1, \dots, X^n)$.

Alors, le processus $B = (B^1, \dots, B^n)$ défini par :

$$(1) \qquad B_t^k(\omega) = \begin{cases} X^k_{\tau_t^k}(\omega), & \text{si } \langle X^k \rangle_\infty(\omega) > t \\ X^k_\infty(\omega) + \beta^k_{(t - \langle X^k \rangle_\infty(\omega))}, & \text{si } \langle X^k \rangle_\infty(\omega) \leq t \end{cases}$$

est un mouvement brownien à valeurs dans $\mathbb{R}^n$.

Remarques :

1) Soulignons que les processus $B^k (1 \leq k \leq n)$ sont bien définis par la formule (1), grâce à l'égalité : $\left\{X_t^k \underset{t \to \infty}{\longrightarrow} \cdot\right\} = \left\{\langle X^k \rangle_\infty < \infty\right\}$ P p.s.

2) Un théorème, maintenant classique, obtenu simultanément par Dambis [9] d'une part, Dubins et Schwarz [10] d'autre part, affirme que, pour tout k, B^k est un mouvement brownien réel, rélatif à la filtration $(\mathcal{F}_{\tau_t^k})$.

Nous utiliserons constamment ce résultat par la suite.

Avant de passer à notre démonstration du théorème de Knight, indiquons que P.A. Meyer a déjà donné une démonstration simplifiée de ce théorème en [5]. La démonstration de Meyer s'appuie sur la représentation des martingales d'un mouvement brownien réel comme intégrales stochastiques par rapport à ce processus (théorème dû à K. Ito), et sur un argument de récurrence.

La démonstration ci-dessous nous semble plus immédiate, pour deux raisons :

- on ne procède pas par récurrence

- la méthode des martingales exponentielles est un outil simple (et efficace !) pour démontrer le théorème d'Ito sur les martingales du mouvement brownien (et, plus généralement, sur les martingales des processus à accroissements indépendants ; voir, par exemple, [8], où ce point de vue est adopté).

Voici (enfin !) notre démonstration (par étapes).

Etape 1. Le théorème sera démontré dès que l'on aura obtenu la formule (2) suivante, pour toute suite $(f^k)_{1 \leq k \leq n}$ de fonctions réelles, bornées, définies sur $[0, \infty[$, et à support compact :

(2) $$E\left[\prod_{k=1}^{n} \exp\{i \int_0^\infty f^k(s)dB_s^k + \frac{1}{2}\int_0^\infty (f^k(s))^2 ds\}\right] = 1$$

Supposons (2) vérifiée : alors, si l'on fixe $0 = t_0<t_1<t_2<\dots<t_p < \infty$, et que l'on prend $f^k = \sum_{j=1}^{p} \lambda_j^k 1_{]t_{j-1},t_j]}$, on observe, en faisant varier les coefficients (λ_j^k) dans $\mathbb{R}$, que le vecteur aléatoire $(B_{t_j}^k - B_{t_{j-1}}^k)_{1\le j\le p\ ;\ 1\le k\le n}$ a la transformée de Fourier, et donc la loi, cherchée.

Etape 2. Décomposons l'intégrale $\int_0^\infty f^k(s)dB_s^k$ en :

(3) $$\int_0^{<X^k>_\infty} f^k(s)dB_s^k + \int_{<X^k>_\infty}^\infty f^k(s)dB_s^k.$$

(la variable aléatoire $<X^k>_\infty$ est un $\{\mathcal{F}_{\tau_t^k}\}$ temps d'arrêt ; les intégrales qui figurent en (3) sont donc bien des intégrales stochastiques).

A l'aide de la remarque 2, et d'un argument de classe monotone, on peut écrire :

(4) $$\int_0^{<X^k>_\infty} f^k(s)dB_s^k = \int_0^\infty f^k(<X^k>_s)dX_s^k,$$

et

(5) $$\int_{<X^k>_\infty}^\infty f^k(s)dB_s^k = \int_0^\infty f^k(t+<X^k>_\infty)d\beta_t^k.$$

(le mouvement brownien β^k étant indépendant de la tribu $\mathcal{X}$ engendrée par les variables $(X_t^k)_{t\ge 0\ ;\ 1\le k\le n}$, l'intégrale stochastique en $d\beta^k$ est bien définie).

Enfin, la formule de changement de variables dans les intégrales de Stieltjes permet d'écrire, en posant $g^k = (f^k)^2$:

(6) $$\int_0^\infty g^k(s)ds = \int_0^\infty g^k(<X^k>_s)d<X^k>_s + \int_0^\infty g^k(t+<X^k>_\infty)dt.$$

Etape 3. A l'aide des formules (4), (5) et (6), et de l'orthogonalité des martingales locales $(X^1,\dots,X^n)$, on peut écrire l'intégrand du membre de gauche de (2) comme le produit IJ, où :

$$I = \exp\{i\ X_\infty^F + \frac{1}{2} <X^F>_\infty\}$$

[$X_t^F = \int_0^t (F_s,dX_s)$; $(\cdot,\cdot)$ désigne le produit scalaire dans $\mathbb{R}^n$, et (F_s) le processus à valeurs dans $\mathbb{R}^n$, dont la $k^{\text{ième}}$ composante est $F_s^k = f^k(<X^k>_s)$]

et $\qquad J = \exp\{i\,\beta^G_\infty + \frac{1}{2}<\beta^G>_\infty\}$

$$\Big[\beta^G_t = \int_0^t (G_s, d\beta_s), \text{ et } G^k_s = f^k(s+<X^k>_\infty)\Big].$$

Etape 4. Les processus β et X étant indépendants, la variable aléatoire β^G_∞ est, conditionnellement à $\mathcal{X}$, une variable gaussienne, centrée, de covariance $<\beta^G>_\infty$. On a donc :

(7) $\qquad E[IJ] = E[I].$

D'autre part, d'après la formule d'Ito, on a :

$$I = 1 + \int_0^\infty I_s\,(idX^F_s),$$

où $I_s = \exp\left[iX^F_s + \frac{1}{2}<X^F>_s\right]$. I est donc la variable terminale de la martingale bornée (I_t), égale à 1 en $t=0$.

Finalement, on a donc : $E[I] = 1$, d'où le résultat, d'après (7).

Un théorème analogue au théorème de Knight, pour des martingales locales sommes de sauts compensés, a été dégagé, et démontré par P.A. Meyer en [5], toujours à l'aide de la méthode de représentation des martingales comme intégrales stochastiques. Il s'énonce ainsi :

Théorème 2 :

Sur un espace de probabilité filtré usuel, soient $X^1,\dots,X^n$ des martingales locales, sommes de sauts compensés, à sauts totalement inaccessibles, tous égaux à 1, nulles en 0, et deux à deux orthogonales. On suppose que pour tout $k \in \{1,\dots,n\}$ $<X^k>_\infty = +\infty$ et, pour tout $t \geq 0$ on note $\tau^k_t = \inf\{s \,/\, <X^k>_s > t\}$.

Alors les processus $N^1,\dots,N^n$ définis par

$$N^k_t(\omega) = X^k_{\tau^k_t}(\omega)$$

sont des processus de Poisson compensés, de paramètre 1, indépendants.

Remarque : Il est amusant de noter que Meyer se demande, en [5], si le théorème 2 n'est autre qu'une curiosité mathématique. Celui-ci se trouve jouer, en fait, un rôle important dans l'article [2] qui a été, par ailleurs, à l'origine de cette note.

Ce théorème se généralise au cas où $<X^k>_\infty$ n'est pas égal à $+\infty$, en "complétant" les processus N^k par des processus de Poisson compensés indépendants et indépendants de $(X^1,\dots,X^n)$.

La démonstration du théorème 2, tout à fait semblable à celle du théorème 1, repose sur la formule exponentielle suivante (voir [7], par exemple).

Soit X une martingale locale quasi continue à gauche dont les sauts sont bornés par une constante k, alors

$$\exp\{X_t - \frac{1}{2}\langle X^c, X^c\rangle_t - \int_{]o,t]\times(\mathbb{R}\setminus\{o\})} (e^x-1-x)\,\gamma(dx,ds)\},$$

où γ désigne la mesure de Lévy de X, est une martingale locale.

Remarquons que cette formule exponentielle permet de démontrer à la fois que les processus N^k sont des processus de Poisson compensés (ce théorème est dû à S. Watanabe [6] ; en fait, la méthode utilisée ici pour $n\in\mathbb{N}$ n'est autre que l'extension de celle utilisée par P. Brémaud en [1] pour n=1) et qu'ils sont indépendants.

Références :

[1] P. BREMAUD : An extension of Watanabe's theorem of characterization of Poisson processes over the positive real half line. J. App. Prob. 12, 396-399 (1975).

[2] C. COCOZZA & C. KIPNIS : Processus de vie et mort sur $\mathbb{R}$, avec interaction selon les particules les plus proches. (à paraître au Zeitschrift für Wahr).

[3] F.B. KNIGHT : A reduction of continuous square-integrable martingales to Brownian motion. Lect. Notes in Maths 190. Springer (1970).

[4] F.B. KNIGHT : An infinitesimal decomposition for a class of Markov processes. Ann. of Math. Stat. 41, 5, 1970.

[5] P.A. MEYER : Démonstration simplifiée d'un théorème de Knight. Séminaire de Probabilités V. Lect. Notes in Maths 191. Springer (1971).

[6] S. WATANABE : On discontinuous additive functionals and Lévy measures of Markov processes. Japanese J. Maths 34, 53-70 (1964).

[7] M.YOR : Sur les intégrales stochastiques optionnelles, et une suite remarquable de formules exponentielles. Séminaire de Probabilités X. Lect. Notes in Maths 511. Springer (1976).

[8] M. YOR : Remarques sur la représentation des martingales comme intégrales stochastiques Séminaire de Probabilités XI. Lect. Notes in Maths 581. Springer (1977).

[9] K. DAMBIS : On the decomposition of continuous sub-martingales. Teo. Verojatnost. Vol 10 (1965), pp. 438-448.

[10] L. DUBINS & G. SCHWARZ : On continuous martingales. Proc. Nat. Acad. Sci. USA. Vol 53 (1965), p. 913-916.

Université de Rouen
Séminaire de Probabilités 1978/79

TRIBUS DE MEYER ET THEORIE DES PROCESSUS

par E. Lenglart

INTRODUCTION

Lorsqu'une filtration $\mathbb{F}$ n'est ni continue à droite, ni complétée, l'étude de ses (sur) martingales fortes optionnelles est facilitée par l'introduction de la tribu engendrée par les processus càdlàg indistinguables de processus $\mathbb{F}$-optionnels. Cette tribu n'est pas, en général, une tribu optionnelle, mais est située entre les tribus prévisible et optionnelle de la filtration vérifiant les "conditions habituelles" associée à $\mathbb{F}$.

Dans un premier temps, nous reprenons tous les concepts de la théorie générale des processus, mais sous un angle différent. Nous partons non d'une filtration sur Ω, mais d'une tribu $\underline{\underline{A}}$ sur $\mathbb{R}_+ \times \Omega$, engendrée par une famille de processus càdlàg contenant $(t,\omega) \to t$ et stable par arrêt $X \to X^t$ en tout $t \in \mathbb{R}_+$. Nous appelons tribu de Meyer une tribu vérifiant ces conditions. Nous montrons qu'on peut, à partir d'une tribu de Meyer $\underline{\underline{A}}$, développer tous les concepts de la théorie générale des processus introduits par P.A. MEYER et son école: filtration associée à $\underline{\underline{A}}$, temps d'arrèt de $\underline{\underline{A}}$, puis, après introduction d'une probabilité, théorèmes de section, de projection, de projection duale. Cette partie suit de très près l'article de C. DELLACHERIE "Sur les théorèmes fondamentaux de la théorie générale des processus"[1], mais le point de vue adopté est différent, et plus maniable pour les applications.

La seconde partie, qui s'appuie fortement sur la première, est consacrée à la théorie générale des (sur)martingales. Après avoir introduit la notion de $\underline{\underline{A}}$-(sur)martingale, nous élucidons complètement leur structure: régularité des trajectoires, théorème de modification, décomposition de Mertens. A cette occasion, nous introduisons la notion fondamentale de co-$\underline{\underline{A}}$-martingale: si $\mathbb{F}$ est la filtration vérifiant les "conditions habituelles" associée à la filtration $\mathbb{F}^a$ de $\underline{\underline{A}}$, les co-$\underline{\underline{A}}$-martingales sont les $\mathbb{F}$-martingales L, purement discontinues, vérifiant $E[L_T|\underline{\underline{F}}^a_T]=L_{T-}$, pour tout temps d'arrêt T de $\underline{\underline{A}}$. Toute $\underline{\underline{A}}$-martingale M se décompose alors, de façon unique, en $M=L_-+N$, où L est une co-$\underline{\underline{A}}$-martingale locale, et N une $\mathbb{F}$-martingale locale (au sens habituel, donc càdlàg) $\underline{\underline{A}}$-mesurable. Si, par exemple, $\underline{\underline{A}}$ est la tribu prévisible de $\mathbb{F}$, les co-$\underline{\underline{A}}$-martingales sont les martingales purement discontinues; si $\underline{\underline{A}}$ est la tribu optionnelle d'une filtration complète $\mathbb{G}$, les co-$\underline{\underline{A}}$-martingales bornées dans L^2 sont les éléments de l'espace vectoriel fermé dans $\underline{\underline{M}}^2$, engendré par les martingales de la forme $xI_{[\![t,+\infty[\![}$, où $t\varepsilon\mathbb{R}_+$ et $x\varepsilon L^2(\underline{\underline{G}}_{t+})\ominus L^2(\underline{\underline{G}}_t)$. Les "martingales de saut" de Lejan sont un cas particulier de co-$\underline{\underline{A}}$-martingales [5]. Nous devons beaucoup au volume 2 de Probabilité et Potentiel de Dellacherie-Meyer, qui nous a guidé dans notre recherche. Nous en profitons pour remercier ses deux co-auteurs, pour leurs conseils et leur aide amicale.

La dernière partie est consacrée à l'étude des semimartingales dans notre cadre. Nous montrons qu'à l'exception du caractère continu à droite, qu'il faut abandonner (et remplacer par "làdlàg"), tous les théorèmes de structure connus, démontrés sous les conditions habituelles sont encore valides. Nous montrons enfin que l'intégrale stochastique peut se développer de manière, ô surprise!, très simple: on peut développer un bon calcul intégral stochastique, pour les processus làdlàg X tels que X_+ soit une $\mathbb{F}$-semimartingale, où $\mathbb{F}$ est une filtration vérifiant les conditions habituelles (ce qui est le cas de tous les processus étudiés ici). Cette intégrale stochastique vérifie, de plus, des conditions du type: si X est une $\underline{\underline{A}}$-semimartingale (resp. $\underline{\underline{A}}$-martingale locale), et si f est prévisible localement borné, $\int f\,dX$ est une $\underline{\underline{A}}$-semimartingale (resp. $\underline{\underline{A}}$-martingale locale). Les théorèmes usuels de la théorie des équations différentielles stochastiques restent valides dans ce cadre.

I <u>THEORIE ABSTRAITE</u> (<u>sans probabilité</u>).

Ω est un ensemble donné, fixé une fois pour toute.

DEFINITIONS 0. Nous appelons <u>temps</u>, toute application $T:\Omega\to[0,+\infty]$. Si T est un temps, nous notons $[\![T,+\infty[\![$ l'ensemble, appelé intervalle stochastique, égal à $\{(t,\omega)\varepsilon\mathbb{R}_+\times\Omega\ ,\ T(\omega)\leq t\}$. Les autres types d'intervalles stochastiques sont définis de façon similaire. Nous noterons $[\![T]\!]$ l'ensemble $\{(t,\omega)\varepsilon\mathbb{R}_+\times\Omega\ ,\ T(\omega)=t<+\infty\}$, et dirons que c'est le <u>graphe</u> de T. Si B est une partie de Ω, nous notons T_B le temps qui vaut T sur B et $+\infty$ sur B^c.

Nous appelons <u>processus</u> toute application $X:\ \mathbb{R}_+\times\Omega\to\mathbb{R}$.

DEFINITIONS 1.- Si $\underline{\underline{A}}$ est une tribu sur $\mathbb{R}_+ \times \Omega$, nous dirons qu'un temps T est:

- <u>un temps de coupe de</u> $\underline{\underline{A}}$, si l'ensemble $[\![T,+\infty[\![$ appartient à $\underline{\underline{A}}$.
- <u>un temps de stabilité de</u> $\underline{\underline{A}}$, si, pour tout processus $\underline{\underline{A}}$-mesurable X, le processus arrété en T, X^T, est encore $\underline{\underline{A}}$-mesurable.
- <u>un temps d'arrèt de</u> $\underline{\underline{A}}$, si T est à la fois un temps de coupe de $\underline{\underline{A}}$ et un temps de stabilité de $\underline{\underline{A}}$.

Nous verrons, plus loin, que pour les tribus considérées ici, les notions de temps de coupe et de temps d'arrèt se confondent. Nous les avons cependant introduites, car, dans un cadre plus général, ces notions sont distinctes.

Les temps d'arrèt de $\underline{\underline{A}}$ sont caractérisés par la propriété suivante: <u>un temps</u> T <u>est un temps d'arrêt de</u> $\underline{\underline{A}}$, <u>si et seulement si</u>, <u>pour tout processus</u> $\underline{\underline{A}}$-<u>mesurable</u> X, <u>le processus</u> $X_T I_{[\![T,+\infty[\![}$ <u>est</u> $\underline{\underline{A}}$-<u>mesurable</u>.

Voici le type fondamental de tribu étudiée ici.

DEFINITION 2.Nous dirons qu'une tribu $\underline{\underline{A}}$, sur $\mathbb{R}_+ \times \Omega$, est une <u>tribu de Meyer</u> si :

1°) $\underline{\underline{A}}$ <u>est engendrée par des processus càdlàg</u> (continus à droite et ayant des limites à gauche).

2°) $\underline{\underline{A}}$ <u>contient la tribu"déterministe"</u> $\underline{\underline{B}}_{\mathbb{R}_+} \times \{\emptyset,\Omega\}$.

3°) <u>Si</u> X <u>est un processus</u> $\underline{\underline{A}}$-<u>mesurable</u>, <u>et</u> $t \in \mathbb{R}_+$, X^t <u>est</u> $\underline{\underline{A}}$-<u>mesurable</u>.

Remarquons qu'avec le langage introduit dans la définition I, les conditions 2°) et 3°) se résument en : <u>les temps constants sont des temps d'arrèt de</u> $\underline{\underline{A}}$.

EXEMPLES. Rappelons qu'une <u>filtration</u> $\mathbb{F}$ sur Ω,est une famille croissante de tribus $(\underline{\underline{F}}_t)$ sur Ω, indéxée par $\mathbb{R}_+ \cup \{0-\}$ (0- est un symbole, et l'on fait la convention $0- < 0$).

On dit qu'un processus X est $\mathbb{F}$-<u>adapté</u> si, pour tout $t \in \mathbb{R}_+$, X_t est $\underline{\underline{F}}_t$-mesurable.

La <u>tribu optionnelle</u> de $\mathbb{F}$, notée $\mathbb{O}(\mathbb{F})$, est la tribu, sur $\mathbb{R}_+ \times \Omega$, engendrée par les processus càdlàg $\mathbb{F}$-adaptés.

La <u>tribu prévisible</u> de $\mathbb{F}$, notée $\mathbb{P}(\mathbb{F})$, est la tribu, sur $\mathbb{R}_+ \times \Omega$, engendrée par les processus continus $\mathbb{F}$-adaptés X, tels que X_0 est $\underline{\underline{F}}_{0-}$-mesurable.

Les tribus $\mathbb{P}(\mathbb{F})$ et $\mathbb{O}(\mathbb{F})$ sont des tribus de Meyer, et $\mathbb{P}(\mathbb{F})$ est incluse dans $\mathbb{O}(\mathbb{F})$. On sait que les temps d'arrêt de $\mathbb{O}(\mathbb{F})$ sont les temps T tels que, pour tout $t \in \mathbb{R}_+$,l'ensemble $\{T \leq t\}$ appartient à $\underline{\underline{F}}_t$, c'est à dire les temps d'arrêt de la filtration $\mathbb{F}$. Les temps d'arrêt de $\mathbb{P}(\mathbb{F})$ sont par définition, les temps d'arrêt prévisibles de $\mathbb{F}$.

Dans toute la suite $\underline{\underline{A}}$ désigne une tribu de Meyer.

FILTRATION ASSOCIEE. Si $t\in\mathbb{R}_+$, on appelle $\underline{\underline{F}}^a_t$ la tribu sur Ω, engendrée par les applications X_t, X décrivant l'ensemble des processus $\underline{\underline{A}}$-mesurables. Les temps constants étant des temps de stabilité de $\underline{\underline{A}}$, on vérifie aisément que la famille $(\underline{\underline{F}}^a_t)$ est croissante. On pose $\underline{\underline{F}}^a_{0-}=\underline{\underline{F}}^a_0$ et on appelle filtration de $\underline{\underline{A}}$ la famille $(\underline{\underline{F}}^a_t)_{t\in\mathbb{R}_+\cup\{0-\}}$. On note $\mathbb{F}^a$ cette filtration et $\underline{\underline{F}}^a_\infty$ la tribu $\bigvee_t \underline{\underline{F}}^a_t$.

THEOREME 1. <u>La tribu $\underline{\underline{A}}$ est située entre les tribus prévisible et optionnelle de sa filtration. Réciproquement, une tribu, sur $\mathbb{R}_+\times\Omega$, engendrée par des processus càdlàg, est une tribu de Meyer si elle est située entre les tribus prévisible et optionnelle d'une filtration</u>.

DEMONSTRATION. La tribu $\underline{\underline{A}}$ étant engendrée par des processus càdlàg, il est clair qu' elle est incluse dans $\mathbb{O}(\mathbb{F}^a)$. La tribu prévisible de $\mathbb{F}^a$ est engendrée par les processus de la forme $xI_{]t,+\infty[}$, où x est une application $\underline{\underline{F}}^a_{t-}$-mesurable ($\underline{\underline{F}}^a_{t-}=\bigvee_{s<t}\underline{\underline{F}}^a_s$) et $xI_{[0,+\infty[}$, x appartenant à $\underline{\underline{F}}^a_0$. Il est clair qu'elle est alors engendrée par les processus $xI_{[t,+\infty[}$, où x est $\underline{\underline{F}}^a_u$-mesurable et $u<t$ (sauf pour $t=0$, auquel cas $u=0$). Soit $xI_{[t,+\infty[}$ un tel processus; comme x est aussi $\underline{\underline{F}}^a_t$-mesurable, on peut trouver un processus X $\underline{\underline{A}}$-mesurable tel que $x=X_t$, et donc $xI_{[t,+\infty[}=X_tI_{[t,+\infty[}$ est $\underline{\underline{A}}$-mesurable. On a donc prouvé que $\mathbb{P}(\mathbb{F}^a)$ est incluse dans $\underline{\underline{A}}$.

Montrons la réciproque. Soit $\underline{\underline{B}}$ une tribu située entre les tribus prévisible et optionnelle d'une filtration $\mathbb{F}$. Montrons que les temps constants sont des temps d'arrêt de $\underline{\underline{B}}$. Si X est un processus $\underline{\underline{B}}$-mesurable et $t\in\mathbb{R}_+$, $X_tI_{[\![t,+\infty[\![}$ est égal à $XI_{[\![t]\!]}+X_tI_{]\!]t,+\infty[\![}$. Le processus $X_tI_{]\!]t,+\infty[\![}$ est prévisible, donc $\underline{\underline{B}}$-mesurable, et il est clair que $XI_{[\![t]\!]}$ est $\underline{\underline{B}}$-mesurable , $[\![t]\!]$ étant prévisible. Le temps constant t est donc un temps d'arrêt de $\underline{\underline{B}}$.

Nous noterons $\mathbb{F}^{a+}$ la filtration définie par $\underline{\underline{F}}^{a+}_t=\underline{\underline{F}}^a_{t+}=\bigcap_{s>t}\underline{\underline{F}}^a_s$ si $t\in\mathbb{R}_+$ et $\underline{\underline{F}}^{a+}_{0-}=\underline{\underline{F}}^a_{0-}=\underline{\underline{F}}^a_0$.

THEOREME 2. 1°) <u>Les temps de stabilité de $\underline{\underline{A}}$ sont les temps d'arrêt de la filtration $\mathbb{F}^{a+}$</u>.

2°) T <u>est un temps d'arrêt de $\underline{\underline{A}}$ si et seulement si</u> T <u>est un temps de coupe de $\underline{\underline{A}}$</u>.

DEMONSTRATION. 1°) Soit T un temps de stabilité de $\underline{\underline{A}}$. Le processus déterministe $X_t=t$, est $\underline{\underline{A}}$-mesurable, et donc, pour tout t, $X^T_t=t\wedge T$ est $\underline{\underline{F}}^a_t$-mesurable, ce qui implique le résultat. Réciproquement, soit T un temps d'arrêt de $\mathbb{F}^{a+}$. Si X est un processus $\underline{\underline{A}}$-mesurable, on a

$X^T = XI_{[\![0,T]\!]} + X_T I_{]\!]T,+\infty[\![}$. La tribu prévisible de $\mathbb{F}^{a+}$ étant égale à la tribu prévisible de $\mathbb{F}^a$, X^T est $\underline{\underline{A}}$-mesurable car $[\![0,T]\!]$ et $X_T I_{]\!]T,+\infty[\![}$ sont prévisibles, donc $\underline{\underline{A}}$-mesurables. Le 2°) résulte immédiatement du 1°).

COROLLAIRE 1.1°) Les temps d'arrêt de $\underline{\underline{A}}$ sont les temps T tels que $[\![T,+\infty[\![$ appartienne à $\underline{\underline{A}}$.
2°) Les temps de stabilité de $\underline{\underline{A}}$ sont les temps T tels que $]\!]T,+\infty[\![$ appartienne à $\underline{\underline{A}}$.

DEFINITION. Si A est une partie de $\mathbb{R}_+ \times \Omega$, on appelle début de A, le temps D_A défini par $D_A(\omega) = \inf\{t \in \mathbb{R}_+,\ (t,\omega) \in A\}$ ($\inf \emptyset = +\infty$)

COROLLAIRE 2. Soit $A \in \underline{\underline{A}}$. Si le début de A est un temps de stabilité de $\underline{\underline{A}}$ dont le graphe est inclus dans A, alors c'est un temps d'arrêt de $\underline{\underline{A}}$.

DEMONSTRATION. $[\![D_A,+\infty[\![= A \cup]\!]D_A,+\infty[\![$.

THEOREME 3. La tribu $\underline{\underline{A}}$ est engendrée par les intervalles stochastiques $[\![0,T[\![$, où T décrit l'ensemble des temps d'arrêt de $\underline{\underline{A}}$.

DEMONSTRATION. Soit $\underline{\underline{B}}$ la tribu engendrée par les intervalles stochastiques $[\![0,T[\![$, où T décrit les t.a. (temps d'arrêt) de $\underline{\underline{A}}$. Il est clair que $\underline{\underline{B}}$ est incluse dans $\underline{\underline{A}}$. Réciproquement, considérons un processus X càdlàg et $\underline{\underline{A}}$-mesurable. Nous allons adapter la démonstration de D-M [3] p.197, à laquelle nous renvoyons pour les détails. Soit $\varepsilon > 0$. Considérons la suite de temps (T_n) définie par récurrence: $T_0 = 0$, T_{n+1} est le début de l'ensemble $A_n =]\!]T_n,+\infty[\![\cap \{|X - X^{T_n}| \geq \varepsilon$ ou $|X_- - X^{T_n}| \geq \varepsilon\}$, où X_- désigne le processus càg X_{t-} (avec $X_{0-} = X_0$). On montre alors que, pour tout n, T_n est un t.a. de $\mathbb{F}^a$. D'après les résultats précédents et le fait que X_- est prévisible, on voit que A_n est $\underline{\underline{A}}$-mesurable. Le lecteur vérifiera que A_n est à coupes fermées, et donc que $[\![T_{n+1}]\!]$ est inclus dans A_n, ce qui prouve, d'après le corollaire 2, que les temps T_n sont des t.a. de $\underline{\underline{A}}$. Si X^ε désigne le processus $\sum_n X_{T_n} I_{[\![T_n,T_{n+1}[\![}$, X^ε approche uniformément X à ε près; il suffit donc de montrer que X^ε est $\underline{\underline{A}}$-mesurable. On est donc ramené à montrer que si X est un processus $\underline{\underline{A}}$-mesurable et T un t.a. de $\underline{\underline{A}}$, le processus $X_T I_{[\![T,+\infty[\![}$ est $\underline{\underline{B}}$-mesurable. Si X est l'indicatrice d'un ensemble $\underline{\underline{A}}$-mesurable A, en appelant B l'ensemble A_T ($= \{\omega, (T(\omega),\omega) \in A\}$), on voit que $X_T I_{[\![T,+\infty[\![}$, qui est $\underline{\underline{A}}$-mesurable, est égal à $I_{[\![T_B,+\infty[\![}$; d'où l'on déduit que T_B est un t.a. de $\underline{\underline{A}}$ et donc que $X_T I_{[\![T,+\infty[\![}$ est $\underline{\underline{B}}$-mesurable. Le résultat s'ensuit par un argument de limite monotone.

DEFINITIONS. Nous dirons qu'un processus X défini sur $[0,+\infty] \times \Omega$ est $\underline{\underline{A}}$-mesurable si et seulement si sa restriction à $\mathbb{R}_+ \times \Omega$ est $\underline{\underline{A}}$-mesurable et X_∞ est $\underline{\underline{F}}^a_\infty$-mesurable.

Si T est un temps, nous appelons $\underline{\underline{F}}^a_T$ la tribu sur Ω, engendrée par les applications X_T où X décrit l'ensemble des processus $\underline{\underline{A}}$-mesurables, définis sur $[0,+\infty]\times\Omega$.

THEOREME 4.1°) Si S et T sont deux temps de stabilité de $\underline{\underline{A}}$ tels que $S\leq T$, on a $\underline{\underline{F}}^a_S \subset \underline{\underline{F}}^a_T$.
2°) Si T est un temps d'arrêt de $\underline{\underline{A}}$, on a $\underline{\underline{F}}^a_T = \{A\in\underline{\underline{F}}^a_{\infty},\ T_A \text{ est un t.a.de } \underline{\underline{A}}\}$

DEMONSTRATION. Le 1°) est évident. Montrons le 2°). Soit T un t.a. de $\underline{\underline{A}}$. Si A est $\underline{\underline{F}}^a_{\infty}$-mesurable et tel que T_A soit un t.a. de $\underline{\underline{A}}$, soit X le processus égal à $I_{[\![T_A,+\infty[\![}$, prolongé à l'infini par $X_{\infty} = I_A$. Le processus X est $\underline{\underline{A}}$-mesurable et $X_T = I_A$, ce qui prouve que A appartient à $\underline{\underline{F}}^a_T$. Réciproquement, si A appartient à $\underline{\underline{F}}^a_T$ et si Y est un processus $\underline{\underline{A}}$-mesurable tel que $I_A = Y_T$, on a, pour tout processus $\underline{\underline{A}}$-mesurable X: $X_{T_A} I_{[\![T_A,+\infty[\![} = (XY)_T I_{[\![T,+\infty[\![}$; ceci, joint au fait que T est un t.a. de $\underline{\underline{A}}$, prouve que T_A est un t.a. de $\underline{\underline{A}}$.

REMARQUE. Si T est un t.a. fini de $\underline{\underline{A}}$, on a $\underline{\underline{F}}^a_T = \{A\in\Omega,\ T_A \text{ t.a. de } \underline{\underline{A}}\}$.

Nous laissons au lecteur le soin d'établir le corollaire suivant

COROLLAIRE.1°) Si T est un t.a. de $\underline{\underline{A}}$ et S un temps de stabilité de $\underline{\underline{A}}$, l'ensemble $\{S<T\}$ est $\underline{\underline{F}}^a_S$ et $\underline{\underline{F}}^a_T$ mesurable.
2°) Si S et T sont deux t.a. de $\underline{\underline{A}}$, les ensembles $\{S\leq T\}$, $\{S<T\}$, $\{S=T\}$ sont $\underline{\underline{F}}^a_S$ et $\underline{\underline{F}}^a_T$ mesurables.
3°) Si S et T sont deux t.a. de $\underline{\underline{A}}$ et $A\in\underline{\underline{F}}^a_S$, les ensembles $A\cap\{S\leq T\}$, $A\cap\{S<T\}$ et $A\cap\{S=T\}$ sont $\underline{\underline{F}}^a_T$-mesurables.

REMARQUE. Si $\underline{\underline{A}}$ est la tribu optionnelle d'une filtration $\mathbb{F}$, et T est un t.a. de $\underline{\underline{A}}$ (i.e. de $\mathbb{F}$), la tribu $\underline{\underline{F}}^a_T$ est alors égale à la tribu $\{A\in\underline{\underline{F}}_{\infty}: \forall t\ A\cap\{T\leq t\}\in\underline{\underline{F}}_t\}$ habituellement notée $\underline{\underline{F}}_T$.
Si $\underline{\underline{A}}$ est la tribu prévisible de $\mathbb{F}$, la tribu $\underline{\underline{F}}^a_T$ est notée $\underline{\underline{F}}_{T-}$. On pourra vérifier que, pour $t>0$, on a $\underline{\underline{F}}_{t-} = \bigvee_{s<t}\underline{\underline{F}}_s$, ce qui justifie l'appellation, et que $\underline{\underline{F}}_{T-}$ est la tribu engendrée par $\underline{\underline{F}}_{0-}$ et les ensembles $A\cap\{t<T\}$, $t\geq 0$, $A\in\underline{\underline{F}}_t$, si T est un t.a. de $\mathbb{F}$.

II. THEORIE PROBABILISTE. LES THEOREMES FONDAMENTAUX.

Nous allons montrer, dans ce chapitre, qu'après introduction d'une probabilité, une tribu de Meyer satisfait aux théorèmes de section, de projection et de projection duale. Les démonstrations consistent essentiellement à montrer que l'on peut se ramener aux théorèmes de Dellacherie, énoncés dans son article "Sur les théorèmes fondamentaux de la théorie générale des processus" [1]. Pour cela, nous introduirons la notion fondamentale de P-complétée d'une tribu de Meyer.

Nous considérons maintenant un espace probabilisé $(\Omega,\underline{\underline{F}},P)$. Nous ne perdrons pas de généralité en le supposant complet. Les tribus étudiées seront toujours supposées, implicitement, incluses dans la tribu produit $\underline{\underline{B}}_{\mathbb{R}_+} \times \underline{\underline{F}}$, appelée tribu des processus mesurables. Un temps aléatoire sera un temps $\underline{\underline{F}}$-mesurable. Les temps aléatoires sont les temps d'arrêt de $\underline{\underline{B}}_{\mathbb{R}_+} \times \underline{\underline{F}}$, qui est une tribu de Meyer.

§ 1. LE THEOREME DE SECTION.

DEFINITION 1. Un ensemble de temps aléatoires V est un système d'arrêt si il vérifie les conditions suivantes:

a) V est stable pour les "sup" et "inf" finis.

b) V est stable pour les limites le long des suites croissantes.

c) 0 et $+\infty$ appartiennent à V.

d) Si S et T appartiennent à V, alors $S_{\{S<T\}}$ appartient à V.

Le lecteur vérifiera que l'ensemble des temps d'arrêt d'une tribu de Meyer est un système d'arrêt qui, de plus, contient les temps constants et est stable pour les limites le long des suites décroissantes stationnaires (une suite (T_n) de temps, est dite stationnaire si, pour tout ω, la suite $(T_n(\omega))$ est constante à partir d'un certain rang).

Si V est un système d'arrêt, on notera $\underline{\underline{A}}_V$ la tribu engendrée par les intervalles stochastiques $[\![0,T[\![$, T décrivant V.

Si A est une partie mesurable de $\mathbb{R}_+ \times \Omega$, nous notons p(A) sa projection sur Ω, qui est $\underline{\underline{F}}$-mesurable, $\underline{\underline{F}}$ étant complète; l'ensemble A est dit évanescent si sa projection est négligeable. Deux processus X et Y sont dits indistinguables si l'ensemble $\{X \neq Y\}$ est évanescent.

THEOREME DE SECTION 0. Soit V un système d'arrêt. Si A appartient à $\underline{\underline{A}}_V$, pour tout $\varepsilon>0$, on peut trouver un temps $T\varepsilon V$ vérifiant la condition: $\{T<+\infty\} = $ p.s. $\{\omega: (T(\omega),\omega)\varepsilon A\}$ et $P[p(A)] \leq P[T<+\infty] + \varepsilon$.

DEMONSTRATION. Soit $\overline{V}$ l'ensemble des temps aléatoires égaux p.s. à des temps de V. $\overline{V}$ forme encore un système d'arrêt et est saturé pour l'égalité presque sure; il satisfait donc aux hypothèses du théorème général de section de Dellacherie [0]. Il est clair que $\underline{\underline{A}}_{\overline{V}}$ contient $\underline{\underline{A}}_V$. Soient $A\varepsilon\underline{\underline{A}}_V$ et $\varepsilon>0$. Il existe alors un temps S de $\overline{V}$, dont le graphe est inclus dans A et tel que $P[p(A)] \leq P[S<+\infty] + \varepsilon$. Il suffit de choisir un temps $T\varepsilon V$ égal p.s. à S.

THEOREME DE SECTION 1. Soit $\underline{\underline{A}}$ une tribu de Meyer. Si A appartient à $\underline{\underline{A}}$, pour tout $\varepsilon>0$, on peut trouver un temps d'arrêt T de $\underline{\underline{A}}$, dont le graphe est inclus dans A, et tel que $P[p(A)] \leq P[T<+\infty] + \varepsilon$.

DEMONSTRATION. Nous avons vu que l'ensemble V des temps d'arrêt de $\underline{\underline{A}}$ est un système d'arrêt et que $\underline{\underline{A}}$ est égale à $\underline{\underline{A}}_V$ (th.3,I). Soient $A\in\underline{\underline{A}}$ et $\varepsilon>0$. Soit S un t.a. de $\underline{\underline{A}}$ tel que l'ensemble $\{S<+\infty\}$ est égal p.s. à $B=\{\omega: (S(\omega),\omega)\in A\}$. L'ensemble B est $\underline{\underline{F}}^a_S$-mesurable, et donc $T=S_B$ est un t.a. de $\underline{\underline{A}}$ égal p.s. à S et dont le graphe est inclus dans $\underline{\underline{A}}$.

COROLLAIRE. *Soit* $\underline{\underline{A}}$ *une tribu de Meyer. Si* X *et* Y *sont deux processus* $\underline{\underline{A}}$*-mesurables tels que, pour tout temps d'arrêt borné* T *de* $\underline{\underline{A}}$*, on ait* $X_T\leq Y_T$ p.s. (resp. $X_T=Y_T$ p.s.), *alors l'ensemble* $\{X>Y\}$ *est évanescent* (resp. X et Y *sont indistinguables*).

§2. TRIBU P-COMPLETE, P-COMPLETEE D'UNE TRIBU.

Dans toute la suite, $\underline{\underline{A}}$ désigne une tribu de Meyer incluse dans $\underline{\underline{B}}_{\mathbb{R}_+}\times\underline{\underline{F}}$.

THEOREME ET DEFINITION 2. *Les propositions suivantes sont équivalentes.*

a) *Tout temps égal* p.s. *à un temps d'arrêt de* $\underline{\underline{A}}$ *est un temps d'arrêt de* $\underline{\underline{A}}$.

b) *Tout processus càdlàg indistinguable d'un processus* $\underline{\underline{A}}$*-mesurable est* $\underline{\underline{A}}$*-mesurable.*

c) *Tout processus mesurable indistinguable d'un processus* $\underline{\underline{A}}$*-mesurable est* $\underline{\underline{A}}$*-mesurable.*

Si $\underline{\underline{A}}$ *vérifie ces propositions, nous dirons que* $\underline{\underline{A}}$ *est* P-*complète*.

DEMONSTRATION. L'implication c)$\Rightarrow$b) est évidente car tout processus càdlàg indistinguable d'un processus mesurable est lui-même mesurable. Montrons b)$\Rightarrow$a): soit T un temps égal p.s. à un temps d'arrêt S de $\underline{\underline{A}}$. Le processus $I_{[\![T,+\infty[\![}$ est indistinguable du processus $\underline{\underline{A}}$-mesurable (càdlàg) $I_{[\![S,+\infty[\![}$, et donc est $\underline{\underline{A}}$-mesurable, ce qui prouve que T est un temps d'arrêt de $\underline{\underline{A}}$. Montrons a)$\Rightarrow$c): soit X un processus mesurable élémentaire de la forme $I_F I_{[\![t,+\infty[\![}$, où $F\in\underline{\underline{F}}$. Si X est indistinguable d'un processus $\underline{\underline{A}}$-mesurable Y, X est alors indistinguable du processus $\underline{\underline{A}}$-mesurable $Y_t I_{[\![t,+\infty[\![}$ et on peut supposer que Y_t est l'indicatrice d'un élément A de $\underline{\underline{F}}^a_t$. Le temps t_F est alors égal p.s. au temps t_A et donc est un t.a. de $\underline{\underline{A}}$. Par suite X (égal à $I_{[\![t_F,+\infty[\![}$) est $\underline{\underline{A}}$-mesurable. On en déduit aisément le résultat (cf. la démonstration du th. 5)

Revenons à notre tribu $\underline{\underline{A}}$, qui n'est pas nécessairement P-complète.

DEFINITION. *Nous appelons* $\underline{\underline{A}}^P$ *la tribu engendrée par les intervalles stochastiques* $[\![0,T[\![$, *où* T *est un temps égal p.s. à un temps d'arrêt de* $\underline{\underline{A}}$.

On voit immédiatement que $\underline{\underline{A}}^P$ *est encore une tribu de Meyer*. Un argument de classe monotone montre que *tout processus* $\underline{\underline{A}}^P$*-mesurable*

<u>est indistinguable d'un processus $\underline{\underline{A}}$-mesurable</u>. Si $\underline{\underline{A}}$ est P-complète, on a évidemment $\underline{\underline{A}} = \underline{\underline{A}}^P$; nous allons voir que, de manière générale, $\underline{\underline{A}}^P$ est P-complète (ce n'est pas évident!).

Appelons $\bar{V}$ l'ensemble des temps égaux p.s. à des temps d'arrêt de $\underline{\underline{A}}$. Avec cette définition, nous avons $\underline{\underline{A}}^P = \underline{\underline{A}}_{\bar{V}}$.

LEMME. <u>L'ensemble $\bar{V}$ est un système d'arrêt stable pour les limites le long des suites décroissantes stationnaires.</u>

DEMONSTRATION. Nous avons déjà vu que $\bar{V}$ est un système d'arrêt. Soit (T_n) une suite décroissante stationnaire de temps de $\bar{V}$. Soit (S^n) une suite de t.a. de $\underline{\underline{A}}$ tels que, pour tout n, S^n soit égal p.s. à T_n. Nous pouvons supposer que la suite (S^n) est décroissante. Pour tout n, posons $A_n = \bigcap_{m\geq n}\{S^n=S^m\}$. L'ensemble A_n appartient à $\underline{\underline{F}}^a_{S^n}$, et donc $S'_n = S^n_{A_n}$ est un t.a. de $\underline{\underline{A}}$. La suite (S'_n) est décroissante et stationnaire, et admet donc pour limite un t.a. de $\underline{\underline{A}}$, noté S. Il est clair qu'alors T est égal presque surement à S.

THEOREME 3. <u>Un temps</u> T <u>est un temps d'arrêt de $\underline{\underline{A}}^P$ si et seulement si il est égal p.s. à un temps d'arrêt de $\underline{\underline{A}}$.</u>

DEMONSTRATION. Il nous faut donc montrer que $\bar{V}$ est l'ensemble des t.a. de $\underline{\underline{A}}^P$. Il est clair que $\bar{V}$ est un ensemble de t.a. de $\underline{\underline{A}}^P$. Soit T un temps d'arrêt de $\underline{\underline{A}}^P$. On a vu qu'alors $[\![T,+\infty[\![$ et $]\!]T,+\infty[\![$ appartiennent à $\underline{\underline{A}}^P$(I,th.2,Cor.1); par différence, on voit que $[\![T]\!]$ appartient à $\underline{\underline{A}}^P$. Montrons, plus généralement, que si T est un temps dont le graphe appartient à $\underline{\underline{A}}^P$, alors T appartient à $\bar{V}$ (et donc, est un t.a. de $\underline{\underline{A}}^P$). Appliquons le théorème de section 0 à $[\![T]\!]$. Soit (S_n) une suite de temps de $\bar{V}$ tels que $[\![S_n]\!]$ soit inclus dans $[\![T]\!]$ et $P[T<+\infty]$ soit majoré par $P[S_n<+\infty]+2^{-n}$. La suite (R_n), définie par $R_n = \inf_{i\leq n} S_i$ est décroissante stationnaire. D'après le lemme précédent, sa limite R est un temps de $\bar{V}$ égal p.s. à T. Le système $\bar{V}$ étant saturé pour l'égalité presque sure, T appartient à $\bar{V}$.

REMARQUE. La démonstration montre, en particulier, que <u>si $\underline{\underline{A}}$ est</u> P-<u>complète</u>, <u>un temps</u> T <u>est un temps d'arrêt de $\underline{\underline{A}}$ si et seulement si</u> $[\![T]\!]$ <u>appartient à $\underline{\underline{A}}$</u>.

COROLLAIRE 1. <u>La tribu $\underline{\underline{A}}^P$ est</u> P-<u>complète</u>.

DEMONSTRATION. Le théorème 3 montre, à l'évidence, que l'ensemble des temps d'arrêt de $\underline{\underline{A}}^P$ est saturé pour l'égalité presque sure.

COROLLAIRE 2. <u>La tribu $\underline{\underline{A}}^P$ est engendrée par les processus càdlàg</u> (resp. <u>mesurables</u>) <u>indistinguables de processus $\underline{\underline{A}}$-mesurables</u>.

DEFINITION. <u>Nous dirons que $\underline{\underline{A}}^P$ est la</u> P-<u>complétée de $\underline{\underline{A}}$</u>.

NOTATION. Si $\underline{\underline{G}}$ est une sous tribu de $\underline{\underline{F}}$, nous notons $\overline{\underline{\underline{G}}}$ la tribu engendrée par $\underline{\underline{G}}$ et les ensembles négligeables de $\underline{\underline{F}}$.

THEOREME 4. Si T est un temps d'arrêt de $\underline{\underline{A}}^P$, $\underline{\underline{F}}_T^{a^P}$ est égale à $\overline{\underline{\underline{F}}}_T^a$.[1]

DEMONSTRATION. Si T est un temps borné, tout processus $\underline{\underline{A}}^P$-mesurable étant indistinguable d'un processus $\underline{\underline{A}}$-mesurable, il est clair que $\underline{\underline{F}}_T^{a^P}$ est incluse dans $\overline{\underline{\underline{F}}}_T^a$. On en déduit que $\underline{\underline{F}}_\infty^{a^P}$ est incluse dans $\overline{\underline{\underline{F}}}_\infty^a$, et donc que, pour tout temps T, $\underline{\underline{F}}_T^{a^P}$ est incluse dans $\overline{\underline{\underline{F}}}_T^a$. Soit T un temps d'arrêt de $\underline{\underline{A}}^P$; soit S un t.a. de $\underline{\underline{A}}$ qui lui est égal p.s. . Il est clair que $\overline{\underline{\underline{F}}}_S^a$ est égale à $\overline{\underline{\underline{F}}}_T^a$. Soit A un élément de $\overline{\underline{\underline{F}}}_T^a$; si B est un élément de $\underline{\underline{F}}_S^a$ qui lui est égal p.s., T_A est égal p.s. à S_B qui est un t.a. de $\underline{\underline{A}}$. Par suite T_A est un t.a. de $\underline{\underline{A}}^P$ et donc (I,Th.4), A est $\underline{\underline{F}}_T^{a^P}$-mesurable.

EXEMPLES. Soit $\mathbb{F}$ une filtration sur Ω, constituée de sous tribus de $\underline{\underline{F}}$.
1°) Si $\mathbb{F}$ est continue à droite, la P-complétée de sa tribu optionnelle est la tribu optionnelle de $\overline{\mathbb{F}}$ (qui vérifie les conditions habituelles) (Voir D-M[3],p.193)
2°) La P-complétée de la tribu prévisible de $\mathbb{F}$ est la tribu prévisible de $\overline{\mathbb{F}}$, qui est égale à la tribu prévisible de $\overline{\mathbb{F}}^+$, où l'on a posé $\overline{\underline{\underline{F}}}_{0-}^+$ égale à $\overline{\underline{\underline{F}}}_{0-}$. (D-M [3], p. 213).
3°) Si $\mathbb{F}$ n'est pas continue à droite, la P-complétée de sa tribu optionnelle n'est pas, en général, un tribu optionnelle:

Si la P-complétée de $\mathbb{O}(\mathbb{F})$ était une tribu optionnelle, ce ne pourrait être que la tribu optionnelle de sa filtration $\overline{\mathbb{F}}$. Tout t.a. de $\overline{\mathbb{F}}$ serait alors égal p.s. à un t.a. de $\mathbb{F}$, ce qui n'est pas en général (on peut montrer, par contre, que tout t.a. de $\overline{\mathbb{F}}$ est égal p.s. à un t.a. de $\mathbb{F}^+$, la réciproque étant évidemment fausse D-M [3], p. 193): considérons, sur un "bon" espace, une filtration $\mathbb{F}$, continue à gauche. D'après le " test de Galmarino"(D-M,[3], p.234), tout t.a. de $\mathbb{F}$ est prévisible. La tribu optionnelle de $\mathbb{F}$ est donc égale à la tribu prévisible de $\mathbb{F}$. La P-complétée de $\mathbb{O}(\mathbb{F})$ est donc la tribu prévisible de $\overline{\mathbb{F}}$, différente de la tribu optionnelle de $\overline{\mathbb{F}}$, en général, car celle-ci peut posséder des t.a. totalement inaccessibles.

THEOREME 5. Une tribu engendrée par des processus càdlàg est une tribu de Meyer P-complète si, et seulement si, elle est située entre les tribus prévisible et optionnelle d'une filtration vérifiant les conditions habituelles.

----

1 $\underline{\underline{F}}_T^{a^P}$ désigne la "valeur en T" de la filtration associée à $\underline{\underline{A}}^P$.

DEMONSTRATION. Si $\underline{\underline{A}}$ est une tribu de Meyer P-complète, elle est comprise entre les tribu prévisible et optionnelle de sa filtration, qui est "P-complète"(égale à $\bar{\mathbb{F}}^a$). Elle est alors située entre les tribus optionnelle et prévisible de la filtration $\mathbb{F}^{a+}$, qui vérifie les conditions habituelles. Réciproquement, soit $\underline{\underline{B}}$ une tribu située entre les tribus prévisible et optionnelle d'une filtration $\mathbb{F}$ vérifiant les conditions habituelles. Montrons que tout processus mesurable indistinguable d'un processus $\underline{\underline{B}}$-mesurable est $\underline{\underline{B}}$-mesurable. Par différence, il suffit de montrer que tout processus mesurable indistinguable de 0 est $\mathbb{P}(\mathbb{F})$-mesurable. Soit X un tel processus; posons $A = \{\omega: \exists t\ X_t(\omega) \neq 0\}$. Comme A est négligeable, il est $\underline{\underline{F}}_{0-}$-mesurable. Soit $\underline{\underline{C}}$ la tribu engendrée par les processus mesurables à trajectoires nulles hors de A; il est clair que $\underline{\underline{C}}$ est engendrée par les processus mesurables élémentaires, de ce type. Si $Y = yI_{[t,+\infty[}$ est nul hors de A, il est clair que y est $\underline{\underline{F}}_{0-}$-mesurable, et donc, que Y est prévisible.

§3. CLASSIFICATION DES TEMPS ALEATOIRES.

DEFINITION. Un temps aléatoire T est dit $\underline{\underline{A}}$-accessible s'il existe une suite (T_n) de t.a. de $\underline{\underline{A}}$ telle que l'on ait: $P[\bigcup_n \{T_n = T < +\infty\}] = P[T < +\infty]$. Un temps aléatoire T est dit totalement $\underline{\underline{A}}$-inaccessible si l'on a $P[S=T<+\infty] = 0$, pour tout t.a. S de $\underline{\underline{A}}$.

Remarquons que la P-complétée de $\underline{\underline{A}}$ donne la même classification que $\underline{\underline{A}}$ aux temps aléatoires. Nous notons $\underline{\underline{T}}(\underline{\underline{A}})$ l'ensemble des t.a. de $\underline{\underline{A}}$.

THEOREME 6. Soit $\underline{\underline{B}}$ une tribu de Meyer contenant $\underline{\underline{A}}$. Si T est un temps d'arrêt de $\underline{\underline{B}}$, il existe une partition, essentiellement unique, de $\{T<+\infty\}$, en deux ensembles A et I, $\underline{\underline{F}}^b_T$-mesurables, tels que T_A soit un t.a. de $\underline{\underline{B}}$ $\underline{\underline{A}}$-accessible, et T_I un t.a. de $\underline{\underline{B}}$ totalement $\underline{\underline{A}}$-inaccessible.

DEMONSTRATION. Soit T un t.a. de $\underline{\underline{B}}$. Si S est un t.a. de $\underline{\underline{A}}$, S est un t.a. de $\underline{\underline{B}}$ car l'ensemble $[\![S,+\infty[\![$ appartient à $\underline{\underline{A}}$, donc à $\underline{\underline{B}}$; l'ensemble $\{S = T < +\infty\}$est donc $\underline{\underline{F}}^b_T$-mesurable. Soit $\underline{\underline{H}} = \{\bigcup_n \{S_n = T < +\infty\}, (S_n) \in \underline{\underline{T}}(\underline{\underline{A}})^{\mathbb{N}}\}$; les éléments de $\underline{\underline{H}}$ sont $\underline{\underline{F}}^b_T$-mesurables et $\underline{\underline{H}}$ est stable pour les réunions dénombrables. Si A est un représentant de ess.sup $\underline{\underline{H}}$, et I est son complémentaire dans $\{T<+\infty\}$, on vérifie aisèment que ces ensembles conviennent. L'unicité essentielle est évidente.

REMARQUE. En particulier, tout temps aléatoire se décompose, de manière essentiellement unique, en un temps aléatoire $\underline{\underline{A}}$-accessible, et un temps aléatoire totalement $\underline{\underline{A}}$-inaccessible. Cette classification dépend évidemment de la probabilité de référence.

THEOREME 7. Soit A un ensemble $\underline{\underline{A}}$-mesurable dont presque toutes les coupes sont dénombrables. L'ensemble A est alors indistinguable d'une réunion dénombrable et disjointe de graphes de temps d'arrêt de $\underline{\underline{A}}$.

DEMONSTRATION. On sait que A est indistinguable d'une réunion dénombrable de graphes de temps aléatoires (D [0], p.137). Soit (T_n) une telle suite de temps aléatoires. Appelons T_n^a (resp. T_n^i) la partie $\underline{\underline{A}}$-accessible (resp. totalement $\underline{\underline{A}}$-inaccessible) de T_n. Soit (S^n) une suite de t.a. de $\underline{\underline{A}}$ telle que $\bigcup_n [\![T_n^a]\!]$ soit indistinguable de $\bigcup_n [\![S^n]\!]$. L'ensemble $\underline{\underline{A}}$-mesurable $A \setminus \bigcup_n [\![S^n]\!]$ est indistinguable de $\bigcup_n [\![T_n^i]\!]$; il est donc évanescent d'après le théorème de section. L'ensemble A est donc indistinguable de l'ensemble $\bigcup_n A \cap [\![S^n]\!]$ égal à $\bigcup_n [\![S_n']\!]$, où l'on a posé $S_n' = S^n_{A_{S^n}}$. Pour rendre disjointe cette réunion, il suffit de poser $[\![U_n]\!] = [\![S_n']\!] \setminus \bigcup_{p<n} [\![S_p']\!]$.

REMARQUE. Si $\underline{\underline{A}}$ est P-complète, on a vu que si les coupes de A ont au plus un point, A est le graphe d'un t.a. de $\underline{\underline{A}}$; de même, si les coupes de A sont dénombrables, A est égal à une réunion dénombrable de graphes de t.a. de $\underline{\underline{A}}$.

§ 4. LE THEOREME DE PROJECTION.

THEOREME DE PROJECTION 8. Si X est un processus mesurable borné, il existe un processus $\underline{\underline{A}}$-mesurable Y, unique à l'indistinguabilité près, vérifiant: pour tout t.a. T de $\underline{\underline{A}}$, on a $Y_T I_{\{T<+\infty\}} = E[X_T I_{\{T<+\infty\}} | \underline{\underline{F}}_T^a]$.

On notera ${}^aX$ ce processus, et on l'appellera la $\underline{\underline{A}}$-projection de X.

DEMONSTRATION. Quitte à démontrer le théorème pour $\underline{\underline{A}}^P$, et prendre ensuite pour $\underline{\underline{A}}$-projection de X un processus $\underline{\underline{A}}$-mesurable indistinguable de la $\underline{\underline{A}}^P$-projection de X, on peut supposer que $\underline{\underline{A}}$ est P-complète. La tribu $\underline{\underline{A}}$ est alors située entre les tribus prévisible et optionnelle d'une filtration $\mathbb{F}$ vérifiant les conditions habituelles. Nous recopions alors la démonstration de Dellacherie [1]. Le théorème de projection sous les conditions habituelles, permet de projeter les processus mesurables bornés sur $\mathbb{O}(\mathbb{F})$. On est donc ramené à projeter sur $\underline{\underline{A}}$ les processus optionnels bornés. Par un raisonnement de classe monotone, on voit qu'il suffit de savoir projeter les intervalles stochastiques $[\![0,T[\![$, où T est un t.a. de $\mathbb{F}$. Si T est un t.a. de $\mathbb{F}$, $[\![0,T]\!]$ est prévisible et sa projection doit lui être égale; il reste à savoir projeter $[\![T]\!]$. Si T^a et T^i désignent respectivement les t.a. de $\mathbb{F}$ $\underline{\underline{A}}$-accessible et totalement $\underline{\underline{A}}$-inaccessible associés à T, on a alors $[\![T]\!] = [\![T^a]\!] + [\![T^i]\!]$. Nécessairement, la projection de $[\![T^i]\!]$ doit être nulle. Il reste à projeter $[\![T^a]\!]$. Soit (S_n) une suite de t.a. de $\underline{\underline{A}}$, à

graphes disjoints, tels que $[\![T^a]\!] = \bigcup_n [\![T]\!] \cap [\![S_n]\!]$. Il suffit donc de savoir projeter $[\![T]\!] \cap [\![S_n]\!]$ égal à $[\![T_{\{T=S_n\}}]\!]$ qui est inclus dans $[\![S_n]\!]$. On est donc ramené à la situation suivante: projeter un t.a. T dont le graphe est inclus dans le graphe d'un t.a. S de $\underline{\underline{A}}$. Considérons alors la mesure L définie sur $\underline{\underline{B}}_{\mathbb{R}_+} \times \underline{\underline{F}}$, par $L[X] = E[X_S I_{\{S<+\infty\}}]$. Une projection de $[\![T]\!]$ sur $\underline{\underline{A}}$ est fournie par une version de l'espérance conditionnelle de $[\![T]\!]$ par rapport à L et à la tribu $\underline{\underline{A}}$, nulle hors du graphe de S.
On a donc établi l'existence d'une projection sur $\underline{\underline{A}}$. L'unicité est immédiate à partir du théorème de section.

On pourrait démontrer, en reprenant les mêmes arguments que ceux utilisés dans la démonstration du th.48, ch. VI de D-M [4], le résultat suivant

THEOREME 9. Un processus $\underline{\underline{A}}$-mesurable borné[1] X a presque surement ses trajectoires limitées à droite (resp. à gauche) si et seulement si $E[X_{T^n}]$ converge, pour toute suite décroissante (resp. croissante) et uniformément bornée (T^n) de temps d'arrêt de $\underline{\underline{A}}$.

COROLLAIRE. Si un processus mesurable borné a presque surement ses trajectoires limitées à droite (resp. à gauche), il en est de même pour sa $\underline{\underline{A}}$-projection.

Complément au théorème de projection.

Ce complément nous sera essentiel par la suite.

DEFINITION. Soit X un processus mesurable. Si T est un t.a. de $\underline{\underline{A}}$, nous dirons que X est $\underline{\underline{A}}$-projetable en T si $E[|X_T| I_{\{T<+\infty\}} | \underline{\underline{F}}^a_T]$ est fini p.s.

THEOREME 10. Soit X un processus mesurable. Il existe un processus $\underline{\underline{A}}$-mesurable Y tel qu'en tout t.a. T de $\underline{\underline{A}}$ où X est $\underline{\underline{A}}$-projetable, on a: $Y_T I_{\{T<+\infty\}} = E[X_T I_{\{T<+\infty\}} | \underline{\underline{F}}^a_T]$ p.s. .

DEMONSTRATION. Par différence, il suffit de montrer ce résultat quand X est positif. Soit (X^n) une suite de processus mesurables bornés positifs croissant vers X. Pour tout n, soit Y^n la $\underline{\underline{A}}$-projection de X^n. Il suffit alors de poser $Y = (\liminf Y^n) I_{\{\liminf Y^n < +\infty\}}$.

DEFINITION. Un processus mesurable est dit $\underline{\underline{A}}$-projetable si et seulement s'il est $\underline{\underline{A}}$-projetable en tout temps d'arrêt de $\underline{\underline{A}}$.

---

[1] la démonstration montre, en fait, que si X_T est intégrable pour tout t.a. borné T et si $E[X_{T^n}]$ converge pour toute suite décroissante (resp. croissante) uniformément bornée de t.a. de $\underline{\underline{A}}$, alors X est p.s. à trajectoires limitées à droite (resp. à gauche).

COROLLAIRE. Soit X un processus mesurable $\underline{\underline{A}}$-projetable. Il existe un processus $\underline{\underline{A}}$-mesurable Y, unique à l'indistinguabilité près, tel que, pour tout t.a. T de $\underline{\underline{A}}$, on a : $Y_T I_{\{T<+\infty\}} = E[X_T I_{\{T<+\infty\}} | \underline{\underline{F}}^a_T]$ p.s.

On notera encore ${}^aX$ ce processus, et il sera appelé la $\underline{\underline{A}}$-projection de X.

THEOREME 11. Soit X un processus mesurable. S'il existe une suite (T_n) croissante p.s. vers $+\infty$ de temps de stabilité de $\underline{\underline{A}}$ tels que, pour tout n, X^{T_n} soit $\underline{\underline{A}}$-projetable, alors X est $\underline{\underline{A}}$-projetable.

DEMONSTRATION. Soit T un t.a. de $\underline{\underline{A}}$. La mesure $L^n = |X^{T_n}_T| I_{\{T<+\infty\}}.P$ est σ-finie sur $\underline{\underline{F}}^a_T$ et concentrée sur $\{T<+\infty\}$. Les ensembles $A_n=\{T\leq T_n\}$ recouvrent $\{T<+\infty\}$ et sont $\underline{\underline{F}}^a_T$ mesurables. Sur A_n, la mesure $|X_T| I_{\{T<+\infty\}}.P$ appelée L, coincide avec L^n. On en déduit que la mesure L est σ-finie sur $\underline{\underline{F}}^a_T$, ce qui prouve que X est projetable en T.

Du théorème de projection, on déduit un théorème général de modification.

THEOREME DE MODIFICATION 12. Soit X un processus mesurable. Il existe un processus $\underline{\underline{A}}$-mesurable Y tel que, pour tout t.a. T de $\underline{\underline{A}}$ tel que $X_T I_{\{T<+\infty\}}$ soit $\overline{\underline{\underline{F}}}^a_T$-mesurable, on ait $X_T = Y_T$ p.s. sur $\{T<+\infty\}$.

DEMONSTRATION. C'est un conséquence immédiate du théorème 10.

§ 4 . LE THEOREME DE PROJECTION DUALE.

THEOREME 13. Un processus càdlàg X est $\underline{\underline{A}}^P$-mesurable si, et seulement si, il vérifie les deux conditions

a) Pour tout t.a. fini T de $\underline{\underline{A}}$, X_T est $\overline{\underline{\underline{F}}}^a_T$-mesurable.

b) Pour tout temps de stabilité T de $\underline{\underline{A}}$ totalement $\underline{\underline{A}}$-inaccessible, $\Delta X_T = 0$ p.s. .

Le processus X vérifie alors $\Delta X_T=0$ p.s. pour tout temps aléatoire totalement $\underline{\underline{A}}$-inaccessible T.

DEMONSTRATION. Montrons que les conditions sont nécessaires. Considérons un processus càdlàg $\underline{\underline{A}}^P$-mesurable X (donc indistinguable d'un processus $\underline{\underline{A}}$-mesurable). Il est clair que X vérifie la condition a). Montrons b). L'ensemble $\{\Delta X\neq 0\}$ est à coupes dénombrables; il est indistinguable d'un ensemble $A\in\underline{\underline{A}}$ qui est donc égal, à un évanescent près, à un réunion dénombrable de graphes de t.a. de $\underline{\underline{A}}$. Si T est un temps aléatoire totalement $\underline{\underline{A}}$-inaccessible, $[\![T]\!]\cap\{\Delta X\neq 0\}$ est donc évanescent. Montrons que ces deux conditions sont suffisantes. La condition a) indique que X est adapté à $\mathbb{F}^{a^P}$; appelons $\mathbb{F}$ la filtration $\mathbb{F}^{a^P+}$. Le processus X_- est $\underline{\underline{A}}^P$-mesurable car $\mathbb{F}$-prévisible. Il reste à voir que ΔX est

$\underline{\underline{A}}^P$-mesurable. Soit (T_n) une suite de t.a. de $\mathbb{F}$ épuisant les sauts de X; d'après la condition b), on peut les supposer $\underline{\underline{A}}$-accessibles. On peut alors trouver une suite (S^n) de t.a. de $\underline{\underline{A}}$, à graphes disjoints telle que X est indistinguable de $Z = \sum_n X_{S^n} I_{[\![S^n]\!]}$. D'après a) et le fait que X_- est $\underline{\underline{A}}^P$-mesurable, Z est $\underline{\underline{A}}^P$-mesurable. Le processus X, étant càdlàg et indistinguable de $X_- + Z$ qui est $\underline{\underline{A}}^P$-mesurable, est donc $\underline{\underline{A}}^P$-mesurable.

CONVENTION. Un processus mesurable positif A, est appelé <u>croissant continu à droite</u> (en abrégé, càd) si <u>presque toutes ses trajectoires</u> sont croissantes et continues à droite. Nous précisons "continu à droite" car nous rencontrerons souvent par la suite, des processus à trajectoires croissantes non continues à droite. Nous dirons que A est <u>intégrable</u> si A_∞ est intégrable. On notera ΔA tout processus mesurable ($\underline{\underline{A}}$-mesurable si A l'est) dont presque toutes les trajectoires sont égales aux trajectoires des sauts de A.

LEMME. <u>Si</u> A <u>et</u> B <u>sont deux processus croissants càd intégrables $\underline{\underline{A}}$-mesurables, vérifiant</u> $E[\int_0^\infty X_s \, dA_s] = E[\int_0^\infty X_s \, dB_s]$ <u>pour tout processus</u> X <u>$\underline{\underline{A}}$-mesurable borné, alors</u> A <u>et</u> B <u>sont indistinguables</u>.

DEMONSTRATION. Nous pouvons supposer que $\underline{\underline{A}}$ est P-complète. Si T est un t.a. de $\mathbb{F} = \mathbb{F}^{a+}$, on obtient, en considérant le processus $X = I_{[\![0,T]\!]}$, $E[A_T] = E[B_T]$, ce qui prouve que A-B est une $\mathbb{F}$-martingale à variation finie. Posons $A_{0-} = B_{0-} = 0$. Pour tout t.a. T de $\underline{\underline{A}}$ et toute v.a. $\underline{\underline{F}}^a_T$-mesurable x, on a $E[x \, \Delta A_T] = E[x \, \Delta B_T]$ (considérer $X = xI_{[\![T]\!]}$), ce qui montre que ΔA_T est égal p.s. à ΔB_T. Par suite ΔA et ΔB sont indistinguables. La martingale A-B est donc à variation finie, continue et nulle en 0. On sait alors qu'elle est indistinguable de 0.

DEFINITION. Une mesure m sur $\underline{\underline{B}}_{\mathbb{R}_+} \times \underline{\underline{F}}$ est dite <u>engendrée par le processus croissant càd</u> A si on peut écrire $m[X] = E[\int_0^\infty X_s \, dA_s]$, pour tout processus X mesurable borné.
Une mesure m sur $\underline{\underline{B}}_{\mathbb{R}_+} \times \underline{\underline{F}}$ est appelée <u>une $\underline{\underline{A}}$-mesure</u> si et seulement si elle est positive, finie, elle ne charge pas les ensembles évanescents et elle vérifie $m[X] = m[{}^aX]$, pour tout processus mesurable borné X.

THEOREME 14. <u>Une mesure</u> m, <u>sur</u> $\underline{\underline{B}}_{\mathbb{R}_+} \times \underline{\underline{F}}$, <u>est une $\underline{\underline{A}}$-mesure si et seulement si elle est engendrée par un processus croissant càd intégrable $\underline{\underline{A}}$-mesurable</u>. <u>Un tel processus est unique</u> (à l'indistinguabilité près).

DEMONSTRATION. Nous pouvons supposer que $\underline{\underline{A}}$ est P-complète (sinon on travaille dans $\underline{\underline{A}}^P$ et on revient à $\underline{\underline{A}}$ en considérant des processus $\underline{\underline{A}}$-mesurables indistinguables de ceux introduits). Considérons une $\underline{\underline{A}}$-mesure m. La mesure m ne chargeant pas les évanescents, on sait qu'il existe

un processus croissant càd mesurable et intégrable A, qui l'engendre. Montrons que A est $\underline{\underline{A}}$-mesurable. Soient T un t.a. fini de $\underline{\underline{A}}$ et x une v.a. bornée orthogonale à $\underline{\underline{F}}^a_T$. On vérifie que la $\underline{\underline{A}}$-projection du processus $X = xI_{[\![0,T]\!]}$ est nulle. On a donc $E[xA_T] = 0$, ce qui prouve que A_T est $\underline{\underline{F}}^a_T$-mesurable. Soit T un temps aléatoire totalement $\underline{\underline{A}}$-inaccessible. On a alors $m([\![T]\!]) = m({}^a[\![T]\!]) = 0 = E[\Delta A_T]$, ce qui montre que $\Delta A_T = 0$ p.s. . D'après le théorème précédent, A est $\underline{\underline{A}}$-mesurable.
Montrons que la condition est nécessaire. Soit A un processus croissant càd intégrable et $\underline{\underline{A}}$-mesurable, et m la mesure qu'il engendre. Posons $L(X) = m({}^aX)$ pour tout processus mesurable borné X. La mesure L est une $\underline{\underline{A}}$-mesure; elle est donc engendrée par un processus croissant càd $\underline{\underline{A}}$-mesurable et intégrable B. Ces deux mesures coincident sur $\underline{\underline{A}}$, et donc, d'après le lemme précédent, A et B sont indistinguables. La mesure m est donc une $\underline{\underline{A}}$-mesure.

THEOREME DE PROJECTION DUALE 15. <u>Soit</u> B <u>un processus croissant càd mesurable et intégrable</u>. <u>Il existe un processus croissant càd $\underline{\underline{A}}$-mesurable et intégrable</u>, <u>unique</u> (à l'indistinguabilité près), <u>noté</u> B^a, <u>vérifiant</u> $E[\int_0^\infty X_s\, dB^a_s] = E[\int_0^\infty {}^aX_s dB_s]$, <u>pour tout processus</u> X <u>mesurable borné</u>. <u>On appellera projection duale de</u> B <u>ce processus</u>.

DEMONSTRATION. Soit L la mesure engendrée par B. Il suffit de prendre pour B^a le processus croissant qui engendre la $\underline{\underline{A}}$-mesure $m(X) = L({}^aX)$. L'unicité provient du lemme précédent (qui est plus précis).

REMARQUES. Il est clair que si B est un processus mesurable càd, à variation intégrable, on peut, par différence, définir la $\underline{\underline{A}}$-projection duale de B, notée encore B^a.
Soit B un processus mesurable càd, presque surement à variation finie. Supposons qu'il existe une suite (T_n), croissante p.s. vers $+\infty$, de temps de stabilité de $\underline{\underline{A}}$ tels que, pour tout n, B^{T_n} soit à variation intégrable. On peut alors, grâce à l'unicité, recoller les $\underline{\underline{A}}$-projections duales des processus B^{T_n} en un processus càd, p.s. à variation intégrable, $\underline{\underline{A}}$-mesurable, noté encore B^a. En tout temps de stabilité T de $\underline{\underline{A}}$ tel que B^T soit à variation intégrable, $(B^a)^T$ est la $\underline{\underline{A}}$-projection duale de B^T. L'unicité d'un tel processus est évidente, on l'appellera encore la $\underline{\underline{A}}$-projection duale de B.

<u>Calculs sur les projections duales</u>.

THEOREME 16. <u>Si</u> B <u>est un processus mesurable càd à variation intégrable</u>, ΔB^a <u>est indistinguable de</u> ${}^a(\Delta B)$.

DEMONSTRATION. Soient T un t.a. de $\underline{\underline{A}}$ et x une v.a. $\underline{\underline{F}}^a_T$-mesurable bornée. Le processus $X = xI_{[\![T]\!]}$ est $\underline{\underline{A}}$-mesurableet l'on a $E[x\,\Delta B_T] = E[x\,\Delta B^a_T]$. Par suite, ΔB^a_T est égal p.s. à $E[\Delta B_T | \underline{\underline{F}}^a_T]$, ce qui prouve le théorème.

Remarquons que l'on a, en particulier, $B^a_0 = E[B_0 | \underline{\underline{F}}^a_0]$ (car on a posé $B^a_{0-} = B_{0-} = 0$).

THEOREME 17. Soient x une v.a. intégrable, T un temps aléatoire, et B le processus mesurable $xI_{[\![T,+\infty[\![}$. On a alors
1°) Si T est un t.a. de $\underline{\underline{A}}$, le processus B^a est égal à $E[x | \underline{\underline{F}}^a_T] I_{[\![T,+\infty[\![}$.
2°) Si T est totalement $\underline{\underline{A}}$-inaccessible, le processus B^a est continu.

DEMONSTRATION. Le point 1°) est immédiat, par unicité. Montrons le 2°) Si S est un t.a. de $\underline{\underline{A}}$, $\Delta B^a_S = E[xI_{\{T=S<+\infty\}} | \underline{\underline{F}}^a_S] = 0$ p.s. , ce qui implique que ΔB^a est indistinguable de 0.

§ 5. UN THEOREME D'ANALYSE FONCTIONNELLE.

Le théorème suivant est du à Meyer. On en trouvera sa démonstration dans D-M [4], VII, th.2 . Celle-ci est fort longue et nous avons maintenant tous les arguments nécessaires pour pouvoir la recopier, mutatis mutandis, en la replaçant dans notre cadre. Pour cette raison, nous nous contenterons de l'énoncé du théorème, renvoyant le lecteur scrupuleux au livre précité.

Nous désignons par $\mathbb{G}$ un espace vectoriel de processus $\wedge$-stable, contenant les constantes, possédant les propriétés suivantes
1°) Tout $X \in \mathbb{G}$ est borné càglàd (avec une limite à l'infini) et tel que X_+ est $\underline{\underline{A}}$-mesurable.
2°) Pour tout t.a. T de $\underline{\underline{A}}$, le processus $I_{]\!]T,+\infty[\![}$ appartient à $\mathbb{G}$.

THEOREME 18. Soit J une forme linéaire positive sur $\mathbb{G}$, possédant la propriété suivante: pour toute suite décroissante (X^n) d'éléments positifs de $\mathbb{G}$, telle que $\lim_n (X^n)^*_\infty = 0$ p.s., on a $\lim_n J(X^n) = 0$
Il existe alors deux processus croissants càd intégrables A et B, A $\mathbb{F}^a$-prévisible nul en 0, pouvant sauter à l'infini, B purement discontinu $\underline{\underline{A}}$-mesurable, tels que l'on ait pour $X \in \mathbb{G}$

$$J(X) = E[\int_{]0,+\infty]} X_s \, dA_s + \int_{[0,+\infty[} X_{s+} \, dB_s] .$$

Une telle représentation est unique (à l'indistinguabilité près).

III . THEORIE DES MARTINGALES.

Pour simplifier nos notations et conventions, nous supposerons dorénavant que $\underline{\underline{A}}$ est une tribu de Meyer P-complète. Nous ne perdons en fait aucune généralité: si $\underline{\underline{A}}$ n'était pas P-complète, nous travaillerions dans $\underline{\underline{A}}^P$, et reviendrions sur $\underline{\underline{A}}$ pour l'énoncé des résultats; en quelque sorte, sous la loi P, $\underline{\underline{A}}^P$ est "indistinguable" de $\underline{\underline{A}}$ (que notre lecteur se souvienne: tout t.a. de $\underline{\underline{A}}^P$ est égal p.s. à un t.a. de $\underline{\underline{A}}$, tout processus $\underline{\underline{A}}^P$-mesurable est indistinguable d'un processus $\underline{\underline{A}}$-mesurable, $\underline{\underline{F}}_T^{aP}$ est égale à $\overline{\underline{\underline{F}}}_T^a$ pour tout t.a. de $\underline{\underline{A}}^P$ etc...).

Nous appelons $\mathbb{F}$ la filtration vérifiant les conditions habituelles $\mathbb{F}^{a+}$(rappelons la convention $\underline{\underline{F}}_{0-} = \underline{\underline{F}}_0^a$). Les tribus optionnelle et prévisible de $\mathbb{F}$ sont notées $\mathbb{O}$ et $\mathbb{P}$. Rappelons que $\underline{\underline{A}}$ est située entre ces tribus.

§0. $\underline{\underline{A}}$-MARTINGALES.

DEFINITION 1. Si $\mathbb{G}$ est une filtration, on appelle $\mathbb{G}$-martingale tout processus X vérifiant

a) Pour tout $t \in \mathbb{R}_+$ X_t, est $\underline{\underline{G}}_t$-mesurable et intégrable.

b) Pour tout couple (s,t) tel que $s \leq t$, on a $X_s = E[X_t | \underline{\underline{G}}_s]$ p.s.

DEFINITION 2. On appelle $\underline{\underline{A}}$-martingale tout processus X $\underline{\underline{A}}$-mesurable, vérifiant

a) Pour tout t.a. borné T de $\underline{\underline{A}}$, X_T est intégrable.

b) Pour tout couple (S,T) de t.a. bornés de $\underline{\underline{A}}$ tel que $S \leq T$, on a $X_S = E[X_T | \underline{\underline{F}}_S^a]$ p.s.

Il est facile de vérifier qu'un processus $\underline{\underline{A}}$-mesurable X est une $\underline{\underline{A}}$-martingale si, et seulement si, $E[X_T] = E[X_0]$ pour tout t.a. borné T de $\underline{\underline{A}}$. Nous dirons qu'un processus X est une modification d'un processus Y, si l'on a $X_t = Y_t$ p.s. pour tout $t \in \mathbb{R}_+$.

THEOREME DE MODIFICATION 1. Toute $\mathbb{F}^a$-martingale admet une modification en une $\underline{\underline{A}}$-martingale. Une telle modification est unique[1].

DEMONSTRATION. Soit X une $\mathbb{F}^a$-martingale. Si Y est une $\underline{\underline{A}}$-martingale modification de X, on doit avoir, pour tout n et tout t.a. de $\underline{\underline{A}}$ T borné par n, $Y_T = E[X_n | \underline{\underline{F}}_T^a]$ p.s. . Le théorème de section montre qu'une telle modification est unique. Montrons l'existence d'une telle modification. Pour tout n, soit Y^n la $\underline{\underline{A}}$-projection du processus constant (en t) égal à X_n. Il est clair que Y^n est une $\underline{\underline{A}}$-martingale et vérifie $Y_T^n = E[X_n | \underline{\underline{F}}_T^a]$ pour tout t.a. T de $\underline{\underline{A}}$ borné par n. D'après le théorème de section, on voit que Y^n et Y^m doivent coincider sur $[\![0, n \wedge m]\!]$ pour tout n et m. Posons $Y = (\liminf Y^n) I_{\{\limsup |Y^n| < +\infty\}}$. Le processus Y est $\underline{\underline{A}}$-mesurable et coincide avec Y^n sur $[\![0,n]\!]$. On vérifie aisément que Y est la modification cherchée.

COROLLAIRE. Deux $\underline{\underline{A}}$-martingales modifications l'une de l'autre sont indistinguables.

----

[1] à l'indistinguabilité près, nous ne le dirons plus.

Nous étudions maintenant la structure des $\underline{\underline{A}}$-martingales. On peut voir tout de suite, en utilisant le théorème 9, ch. II et sa note en bas de page, qu'une $\underline{\underline{A}}$-martingale est à trajectoires làdlàg (à Limites A Droite et à Limites A Gauche). Nous n'aurons pas besoin de ce théorème. Le sort des $\underline{\underline{A}}$-martingales càdlàg est réglé par le lemme suivant (laissé au lecteur). Rappelons que les $\mathbb{O}$-martingales sont les $\mathbb{F}$-martingales càdlàg.

LEMME. Soit X un processus càdlàg. Les conditions suivantes sont équivalentes

a) X est une $\mathbb{F}$-martingale $\underline{\underline{A}}$-mesurable.

b) X est une $\mathbb{F}^a$-martingale $\underline{\underline{A}}$-mesurable.

c) X est une $\underline{\underline{A}}$-martingale.

§1. STRUCTURE DES MARTINGALES BORNEES DANS L^2.

Nous appelons $\underline{\underline{M}}$ l'espace des $\mathbb{F}$-martingales càdlàg bornées dans L^2. L'espace $\underline{\underline{M}}$, muni du produit scalaire $(M,N) \to E[M_\infty N_\infty]$ est un espace de Hilbert isomorphe à $L^2(\underline{\underline{F}}_\infty)$ $(=L^2(\underline{\underline{F}}^a_\infty))$. Une norme équivalente est donnée par $p(M) = \|M^*_\infty\|_2$, où $M^*_t = \sup_{s\leq t}|M_s|$, $M^*_\infty = \sup_t|M_t|$.

DEFINITION. Nous appelons $^a\underline{\underline{M}}$ le sous espace de $\underline{\underline{M}}$ constitué des martingales càdlàg $\underline{\underline{A}}$-mesurables.

D'après le lemme précédent, les éléments de $^a\underline{\underline{M}}$ sont les $\underline{\underline{A}}$-martingales càdlàg bornées dans L^2. En utilisant la norme p, on voit immédiatement que $^a\underline{\underline{M}}$ est un sous espace fermé de $\underline{\underline{M}}$. Les temps d'arrêt de $\mathbb{F}$ étant les temps de stabilité de $\underline{\underline{A}}$, on voit de plus que $^a\underline{\underline{M}}$ est un sous espace stable de $\underline{\underline{M}}$ (fermé, et si T est un t.a. de $\mathbb{F}$, $A \in \underline{\underline{F}}_{0-}$ $(=\underline{\underline{F}}^a_0)$ et $M \in {}^a\underline{\underline{M}}$, alors $I_A M^T \in {}^a\underline{\underline{M}}$).

L'espace orthogonal à $^a\underline{\underline{M}}$, qui sera noté $\underline{\underline{M}}^a$, est appelé l'espace des co-$\underline{\underline{A}}$-martingales (sous entendu ici bornées dans L^2). L'espace $\underline{\underline{M}}^a$ est un sous espace stable de $\underline{\underline{M}}$.

Pour toute martingale M, nous ferons la convention $M_{0-} = E[M_0|\underline{\underline{F}}_{0-}]$. Si $\underline{\underline{A}}$ est égale à $\mathbb{P}$, on sait que $^p\underline{\underline{M}}$ est l'espace des martingales continues (y compris en 0: $M_{0-} = M_0$, c'est à dire M_0 est $\underline{\underline{F}}_{0-}$-mesurable). Son orthogonal (espace des co-$\mathbb{P}$-martingales) sera appelé l'espace des martingales purement discontinues, noté $\underline{\underline{M}}_d$. Si $M \in \underline{\underline{M}}_d$, on doit avoir $M_{0-}=0$ (i.e. $E[M_0|\underline{\underline{F}}_{0-}] = 0$). Si M se décompose en L + N, avec L purement discontinue et N continue, on a $L_0 = M_0 - M_{0-}$ et $N_0 = M_{0-}$.

LEMME. Si B est un processus $\mathbb{F}$-adapté càdlàg à variation intégrable, $B - B^a$ est une $\mathbb{F}$-martingale càdlàg. Si la variation de B est de carré intégrable, $B - B^a$ est bornée dans L^2.

DEMONSTRATION. Si T est un t.a. de $\mathbb{F}$, l'ensemble $[\![0,T]\!]$ appartient à $\underline{\underline{A}}$ et donc, par intégration du processus $X = I_{[\![0,T]\!]}$, on voit que $E[B_T]$ est égal à $E[B^a_T]$, soit encore $E[(B-B^a)_T] = 0$. Le processus $B-B^a$ étant adapté, le résultat s'ensuit. Les inégalités usuelles entre un processus à variation intégrable et sa projection duale prévisible, sont encore valides entre un processus à variation intégrable et sa $\underline{\underline{A}}$-projection duale (exercice), ce qui montre le deuxième point.

THEOREME 2. <u>L'espace des co-$\underline{\underline{A}}$-martingales est l'adhérence dans $\underline{\underline{M}}$ de l'espace des martingales de la forme $B-B^a$, où B est un processus càdlàg $\mathbb{F}$-adapté à variation de carré intégrable.</u>

DEMONSTRATION. Montrons tout d'abord que si B est un processus càdlàg $\mathbb{F}$-adapté, à variation de carré intégrable, $B-B^a$ est une co-$\underline{\underline{A}}$-martingale: soit $M \in {}^a\underline{\underline{M}}$; on a alors la suite d'égalités $E[M_\infty B_\infty] = E[\int M_s dB_s]$ $= E[\int M_s dB^a_s] = E[M_\infty B^a_\infty]$ (car $M = {}^o(M_\infty) = {}^a(M_\infty)$). Par différence, on voit que $B-B^a$ est orthogonale à M.
Appelons $\mathbb{L}$ l'espace des martingales de la forme $B-B^a$ que nous venons d'étudier. Il nous suffit de montrer que toute martingale M de $\underline{\underline{M}}$, orthogonale à $\mathbb{L}$, est $\underline{\underline{A}}$-mesurable.
Soit M une telle martingale. 1°) Si T est un t.a. fini de $\underline{\underline{A}}$, montrons que M_T est $\underline{\underline{F}}^a_T$-mesurable. Soit $x \in L^2(\underline{\underline{F}}_T) \ominus L^2(\underline{\underline{F}}^a_T)$ et appelons B le processus $xI_{[\![T,+\infty[\![}$. Nous avons vu que $B^a = E[x|\underline{\underline{F}}^a_T]I_{[\![T,+\infty[\![}$ et donc, ici, B^a est nul. M étant orthogonale à B ($=B-B^a$), on a $E[M_T x] = E[M_\infty B_\infty] = 0$, ce qui prouve que M_T est $\underline{\underline{F}}^a_T$-mesurable.
2°) Si T est un t.a. d'arrêt de $\mathbb{F}$ totalement $\underline{\underline{A}}$-inaccessible, montrons que $\Delta M_T = 0$. Soit $x \in L^2(\underline{\underline{F}}_T)$ et B le processus $xI_{[\![T,+\infty[\![}$. Nous avons vu que B^a est continu. Nous avons alors la suite d'égalités:
$E[\Delta M_T x] = E[\int M_s dB_s] - E[\int M_{s-} dB_s] = E[\int M_s dB_s] - E[\int M_{s-} dB^a_s]$ (M_- est $\underline{\underline{A}}$-mesurable) $= E[\int M_s dB_s] - E[\int M_s dB^a_s]$ (B^a est continu) $= E[M_\infty B_\infty] - E[M_\infty B^a_\infty]$ (car $M = {}^o(M_\infty)$) $= E[M_\infty (B-B^a)_\infty] = 0$ (car M et $B-B^a$ sont orthogonales).
Par suite, ΔM_T est égale à 0 p.s.
On conclut grâce au théorème 13, §4, II .

COROLLAIRE. $\underline{\underline{A}}$-THEOREME D'ARRET. <u>L'espace des co-$\underline{\underline{A}}$-martingales est l'espace des martingales</u> L, <u>purement discontinues, de $\underline{\underline{M}}$, vérifiant</u> ${}^aL = L_-$.

DEMONSTRATION. On a vu que les co-$\underline{\underline{A}}$-martingales sont purement discontinues. Si L est une co-$\underline{\underline{A}}$-martingale de la forme $B-B^a$, nous avons vu que ΔB^a est égal à ${}^a(\Delta B)$ (th. 16, II). On a alors ${}^aL = L_- + {}^a(\Delta L) = L_-$.
Par densité, on voit que le résultat est vrai pour toute co-$\underline{\underline{A}}$-martingale. Réciproquement, soit M une martingale purement discontinue, vérifiant ${}^aM = M_-$. Décomposons M en $L+N$, où L est une co-$\underline{\underline{A}}$-martingale, et

N une martingale $\underline{\underline{A}}$-mesurable. On a alors $L_- + N_- = {}^aM = L_- + N$, et donc N est égale à N_-, ce qui montre qu'elle est continue. La martingale N est aussi purement discontinue car L et M le sont; elle est donc nulle. Par suite M est égale à L, et est donc une co-$\underline{\underline{A}}$-martingale.

DEFINITION. On dit qu'<u>une $\underline{\underline{A}}$-martingale est bornée dans</u> L^2 si elle est la $\underline{\underline{A}}$-projection d'un processus constant (en t), égal à une v.a. de $L^2(\underline{\underline{F}}_\infty)$ $(=L^2(\underline{\underline{F}}^a_\infty))$.

THEOREME 3. <u>Un processus</u> X <u>est une</u> $\underline{\underline{A}}$-<u>martingale bornée dans</u> L^2 <u>si et seulement si on peut l'écrire</u> $X = L_- + N$, <u>où</u> L <u>est une co-</u>$\underline{\underline{A}}$-<u>martingale (bornée dans</u> L^2) <u>et</u> N <u>une</u> $\mathbb{F}$-<u>martingale càdlàg</u> $\underline{\underline{A}}$-<u>mesurable bornée dans</u> L^2. <u>Une telle décomposition est unique</u>.

DEMONSTRATION. Montrons l'unicité. Si $L_- + N = 0$, en prenant les limites à droite, on obtient $L + N = 0$, et par unicité $L = N = 0$.
Montrons que tout processus de la forme $L_- + N$ est une $\underline{\underline{A}}$-martingale bornée dans L^2. en effet on a $L = {}^o(L_\infty)$, $N = {}^o(N_\infty)$, et donc $L_- = {}^aL = {}^a(L_\infty)$ et $N = {}^a(N_\infty)$. Par suite, $L_- + N = {}^a(L_\infty + N_\infty)$ est une $\underline{\underline{A}}$-martingale bornée dans L^2.
Réciproquement, si X est une $\underline{\underline{A}}$-martingale bornée dans L^2, $\underline{\underline{A}}$-projection du processus constant(en t) égal à $x \in L^2(\underline{\underline{F}}_\infty)$, appelons M la projection optionnelle de x. On peut décomposer M en $L + N$. Par transitivité des projections, on obtient $X = {}^aM = {}^a(L + N) = L_- + N$.

REMARQUE. On voit ainsi que toute $\underline{\underline{A}}$-martingale M bornée dans L^2, est làdlàg, que M^+ est une martingale de $\underline{\underline{M}}$ et que $M = {}^a(M_+) = {}^a(M_\infty)$.

EXEMPLES. Considérons une filtration $\mathbb{F}$ vérifiant les conditions habituelles et $\underline{\underline{H}}$ un ensemble de t.a. de $\mathbb{F}$. Pour tout élément T de $\underline{\underline{H}}$, donnons nous une tribu $\underline{\underline{G}}_T$ telle que $\underline{\underline{F}}_{T-} \subset \underline{\underline{G}}_T \subset \underline{\underline{F}}_T$.
DEFINITION. Nous appelons <u>tribu associée à</u> $(\underline{\underline{G}}_T)_{T\in \underline{\underline{H}}}$ la tribu sur $\mathbb{R}_+ \times \Omega$ engendrée par les processus càdlàg $\mathbb{F}$-adaptés, vérifiant $X_T I_{\{T<+\infty\}}$ est $\underline{\underline{G}}_T$-mesurable pour tout $T \in \underline{\underline{H}}$.

-Si $\underline{\underline{H}}$ est l'ensemble des temps d'arrêt de $\mathbb{F}$ et $\underline{\underline{G}}_T = \underline{\underline{F}}_{T-}$, la tribu associée a été étudiée par Y. Lejan qui l'a appelée "<u>tribu des optionnels stricts</u>" [5] et notée $\underline{\underline{S}}$. Les co-$\underline{\underline{S}}$-martingales ont été appelées "<u>les martingales de sauts</u>". Remarquons que cette construction à partir des prévisibles $(\underline{\underline{F}}_{T-} = \underline{\underline{F}}^p_T)$, peut être reprise à partir d'une tribu $\underline{\underline{A}}$ située entre $\mathbb{P}$ et $\mathbb{O}$: on peut étudier la tribu associée à $(\underline{\underline{F}}^a_T)_{T\in\underline{\underline{T}}(\mathbb{F})}$, les résultats qu'on obtient alors sont très voisins de ceux de Lejan.
Dans le même ordre d'idée, on pourrait étudier, par exemple, la tribu associée à $(\underline{\underline{F}}^a_T)_{T\in\underline{\underline{T}}(\underline{\underline{A}})}$.
- Si $(\underline{\underline{G}}_t)_{t\in\mathbb{R}_+}$ est une filtration complète telle que $\mathbb{G}^+ = \mathbb{F}$, la tribu

associée à $(\underline{\underline{G}}_t)_{t\in\mathbb{R}_+}$ est la tribu optionnelle de $\mathbb{G}$.

Soit donc $\underline{\underline{A}}$ la tribu associée à $(\underline{\underline{G}}_T)_{T\in\underline{\underline{H}}}$. On vérifie immédiatement les points suivants

a) Un temps T est un t.a. de $\underline{\underline{A}}$ ssi T est un t.a. de $\mathbb{F}$ vérifiant, pour tout $S\in\underline{\underline{H}}$, $\{T\leq S\}\in\underline{\underline{G}}_S$.

b) Si T est un t.a. de $\underline{\underline{A}}$, $\underline{\underline{F}}^a_T = \{A\in\underline{\underline{F}}_\infty : \forall S\in\underline{\underline{H}} \quad A\cap\{T\leq S\}\in\underline{\underline{G}}_S\}$, et, pour $A\in\underline{\underline{F}}^a_T$ et $S\in\underline{\underline{H}}$, $A\cap\{T=S\}$ appartient à $\underline{\underline{G}}_S$.

On en déduit aisément le lemme suivant

LEMME. Soient S un temps de $\underline{\underline{H}}$ et x un élément de $L^2(\underline{\underline{F}}_S)\ominus L^2(\underline{\underline{G}}_S)$. Si T est un t.a. de $\underline{\underline{A}}$, $xI_{\{S=T\}}$ appartient à $L^2(\underline{\underline{F}}_T)\ominus L^2(\underline{\underline{F}}^a_T)$.

THEOREME. L'espace des co-$\underline{\underline{A}}$-martingales est l'espace vectoriel fermé engendré par les martingales $xI_{[\![T,+\infty[\![}$, où $T\in\underline{\underline{H}}$ et $x\in L^2(\underline{\underline{F}}_T)\ominus L^2(\underline{\underline{G}}_T)$.

DEMONSTRATION. Appelons $\mathbb{L}$ l'ensemble des martingales $xI_{[\![T,+\infty[\![}$ de la forme précitée. a) Montrons que $\mathbb{L}$ est inclus dans $\underline{\underline{M}}^a$. Soit T un temps de H et $L=xI_{[\![T,+\infty[\![}$ une martingale de $\mathbb{L}$. Si S est un t.a. de $\underline{\underline{A}}$, on a, d'après le lemme précédent, $E[\Delta L_S|\underline{\underline{F}}^a_S] = E[xI_{\{S=T\}}|\underline{\underline{F}}^a_S]I_{\{S<+\infty\}} = 0$, ce qui prouve que L est un co-$\underline{\underline{A}}$-martingale.

b) Réciproquement, soit M une martingale orthogonale à $\mathbb{L}$. Soit $T\in\underline{\underline{H}}$ et $x\in L^2(\underline{\underline{F}}_T)\ominus L^2(\underline{\underline{G}}_T)$. Posons $L=xI_{[\![T,+\infty[\![}$. On a alors $E[M_T I_{\{T<+\infty\}}x] = E[M_\infty L_\infty] = 0$. Par suite, $M_T I_{\{T<+\infty\}}$ est $\underline{\underline{G}}_T$-mesurable. Ceci étant vrai pour tout temps de H, M est $\underline{\underline{A}}$-mesurable.

§3. STRUCTURE DES $\underline{\underline{A}}$-MARTINGALES, $\underline{\underline{A}}$-MARTINGALES LOCALES.

la structure des $\underline{\underline{A}}$-martingales ne s'exprime bien qu'en termes de martingales locales. C'est pourquoi nous introduisons tout de suite la définition suivante

DEFINITION. Un processus X est une $\underline{\underline{A}}$-martingale locale si et seulement s'il existe une suite (T_n) de temps d'arrêt de $\underline{\underline{A}}$, croissant p.s. vers $+\infty$ et tels que, pour tout n, X^{T_n} soit une $\underline{\underline{A}}$-martingale.

D'après le "complément au théorème de projection", toute $\mathbb{F}$-martingale locale (sous entendu càdlàg, nous l'omettrons toujours par la suite) est $\underline{\underline{A}}$-projetable.

Nous dirons qu'un processus croissant càdlàg A est localement intégrable s'il existe une suite (T_n) de t.a. de $\mathbb{F}$, croissante p.s. vers $+\infty$, et tels que, pour tout n, A_{T_n} soit intégrable.

THEOREME 4. Soit A un processus croissant càdlàg localement intégrable. Il existe alors une suite (T_n) de t.a. prévisibles, croissante vers $+\infty$, tels que, pour tout n, A_{T_n} soit intégrable.

DEMONSTRATION. Soit A^p la projection duale prévisible de A. Appelons S_n le t.a. prévisible égal à $\inf\{t: A^p_t \geq n\}$. Le temps S_n est annoncé par une suite de temps d'arrêt prévisibles. On peut alors construire une suite (T_n) de temps d'arrêt prévisibles, croissante vers $+\infty$, tels que, pour tout n, $A^p_{T_n}$ soit intégrable. On a alors, en utilisant la propriété de Beppo-Lévi, $E[A_{T_n}] = E[A^p_{T_n}] < +\infty$.

Ce résultat montre, par exemple, que si M est une $\mathbb{F}$-martingale locale localement dans $\underline{\underline{H}}^p$, M peut être réduite, dans $\underline{\underline{H}}^p$, par une suite de temps d'arrêt prévisibles. Si M est une $\mathbb{F}$-martingale locale, on peut trouver une suite (T_n) de temps d'arrêt prévisibles, croissante vers $+\infty$, tels que, pour tout n, M^{T_n} soit une $\mathbb{F}$-martingale (càdlàg) vérifiant $(M^{T_n})^*_\infty$ est intégrable (i.e. est dans H^1), ceci parce que M^*_t est localement intégrable.

On en déduit

COROLLAIRE. Un processus càdlàg X est une $\underline{\underline{A}}$-martingale locale si et seulement s'il est une $\mathbb{F}$-martingale locale $\underline{\underline{A}}$-mesurable.

DEFINITIONS. On dira qu'une $\mathbb{F}$-martingale locale est purement discontinue si on peut l'écrire, localement, comme la somme d'une martingale purement discontinue bornée dans L^2 et d'un processus càdlàg à variation intégrable V, vérifiant $E[V_0|\underline{\underline{F}}_{0-}] = 0$.
Pour toute $\mathbb{F}$-martingale locale M, on fait la convention $M_{0-} = E[M_0|\underline{\underline{F}}_{0-}]$. Toute $\mathbb{F}$-martingale locale M purement discontinue vérifie donc $M_{0-} = 0$.

On appelle co-$\underline{\underline{A}}$-martingale locale toute $\mathbb{F}$-martingale locale purement discontinue M, vérifiant ${}^aM = M_-$.

Les symboles L et N désigneront toujours, respectivement, une co-$\underline{\underline{A}}$-martingale locale et une $\mathbb{F}$-martingale locale $\underline{\underline{A}}$-mesurable.

THEOREME 5. Toute $\mathbb{F}$-martingale locale se décompose, de façon unique, en la somme d'une co-$\underline{\underline{A}}$-martingale locale et d'une $\mathbb{F}$-martingale locale $\underline{\underline{A}}$-mesurable.

DEMONSTRATION. Unicité. Il suffit, par différence, de montrer que toute co-$\underline{\underline{A}}$-martingale locale $\underline{\underline{A}}$-mesurable est nulle. Soit L une telle co-$\underline{\underline{A}}$-martingale locale. On a alors $L = {}^aL = L_-$, ce qui montre que L est continue nulle en 0. On peut alors l'écrire localement comme une co-$\underline{\underline{A}}$-martingale bornée et $\underline{\underline{A}}$-mesurable; or, par définition, toute co-$\underline{\underline{A}}$-martingale bornée dans L^2 et $\underline{\underline{A}}$-mesurable est nulle.
Existence. Grâce à l'unicité établie précédemment, on peut se ramener au cas où M se décompose en X + V, avec X une martingale bornée dans L^2 et V à variation intégrable (c'est bien connu). Décomposons X en la

somme d'une co-$\underline{\underline{A}}$-martingale L bornée dans L^2, et d'une $\mathbb{F}$-martingale N càdlàg bornée dans L^2 et $\underline{\underline{A}}$-mesurable. Il suffit alors de poser L' égale à $L+(V-V^a)$ et N' à $N+V^a$, pour avoir la décomposition cherchée.

THEOREME DE STRUCTURE DES $\underline{\underline{A}}$-MARTINGALES LOCALES 6. *Soit* X *un processus. Les conditions suivantes sont équivalentes*

a) X *est une* $\underline{\underline{A}}$-*martingale locale.*

b) X *est làdlàg,* X_+ *est une* $\mathbb{F}$-*martingale locale et* $X = {}^a(X_+)$.

c) X *est la* $\underline{\underline{A}}$-*projection d'une* $\mathbb{F}$-*martingale locale.*

d) *On peut écrire* $X = L_- + N$, *où* L *est une co-*$\underline{\underline{A}}$-*martingale locale, et* N *une* $\mathbb{F}$-*martingale locale* $\underline{\underline{A}}$-*mesurable.*

La décomposition figurant en d) *est unique.*

DEMONSTRATION. a) $\Rightarrow$ b). Soit (T_n) une suite, croissante vers $+\infty$, de temps d'arrêt de $\underline{\underline{A}}$ bornés et tels que, pour tout n, X^{T_n} soit une $\underline{\underline{A}}$-martingale. Montrons tout d'abord le point pour X^{T_n}. On est ramené au cas d'une $\underline{\underline{A}}$-martingale M, vérifiant $M = {}^a(M_\infty)$. Posons $Y = {}^o(M_\infty)$; Y est une $\mathbb{F}$-martingale càdlàg et peut donc se décomposer en $L+N$; par transitivité des projections, on a $M = {}^a(Y) = {}^a(L+N) = L_- + N$, ce qui prouve que M est làdlàg, M_+ est une $\mathbb{F}$-martingale (égale à Y) et $M = {}^a(M_+)$. Reprenons notre démonstration. On vient de voir que, pour tout n, X^{T_n} est làdlàg, et donc que X est elle même làdlàg; de plus, $(X^{T_n})_+$ est une $\mathbb{F}$-martingale et X^{T_n} est égale à ${}^a((X^{T_n})_+)$. Par suite, T_n étant un t.a. de $\underline{\underline{A}}$, $XI_{[\![0,T_n[\![}$ est égal à ${}^a((X^{T_n})_+ I_{[\![0,T_n[\![}) = {}^a(X_+ I_{[\![0,T_n[\![})$. On en déduit que X_+ est $\underline{\underline{A}}$-projetable et que X est égal à ${}^a(X_+)$. On voit, en particulier, que $E[\Delta_+ X_{T_n} | \underline{\underline{F}}^a_{T_n}] = 0$ ($\Delta_+ X = X_+ - X$), et donc que $\Delta_+ X_{T_n} I_{[\![T_n,\infty[\![}$ est une $\mathbb{F}$-martingale locale. Par différence, $(X_+)^{T_n}$ est une $\mathbb{F}$-martingale locale. Le processus X_+ est donc une $\mathbb{F}$-martingale locale.
Il est clair que b) implique c). Montrons c) $\Rightarrow$ d). Soit M une $\mathbb{F}$-martingale locale. M se décompose en $L+N$, et donc ${}^aM$ est égal à $L_- + N$. Montrons que d) $\Rightarrow$ a). Si X peut s'écrire $L_- + N$, alors $X_+ = L + N$ est une $\mathbb{F}$-martingale locale et l'on a $X = {}^a(X_+)$. D'après le théorème 4, X_+ peut être réduite par une suite (T_n) de temps d'arrêt prévisibles (donc de $\underline{\underline{A}}$). On a alors $X^{T_n} = {}^a((X_+)^{T_n})^{T_n}$, et donc, X^{T_n} est une $\underline{\underline{A}}$-martingale locale.
L'unicité de la décomposition figurant dans d) est évidente: si X se décompose en $L_- + N$, X_+ est égal à $L+N$ et on a vu qu'alors L et N étaient uniquement déterminées.

REMARQUES. On a prouvé que, pour toute $\underline{\underline{A}}$-martingale locale, il existe une suite (T_n), croissante vers $+\infty$, de temps d'arrêt prévisibles, tels que pour tout n, X^{T_n} est une $\underline{\underline{A}}$-martingale.
Si X est une $\underline{\underline{A}}$-martingale, de décomposition $L_- + N$, $L+N$ est une

$\mathbb{F}$-martingale.

Si X est un processus làdlàg, nous noterons $\Delta_+ X$ le processus $X_+ - X$ et $\Delta_- X$ le processus $X - X_-$.

THEOREME 7. Toute $\underline{\underline{A}}$-martingale locale X peut s'écrire $M + V$, où M est une $\underline{\underline{A}}$-martingale locale à sauts gauches et droits bornés, et V est une $\underline{\underline{A}}$-martingale locale à variation finie (làdlàg).

DEMONSTRATION. La $\underline{\underline{A}}$-martingale locale X se décompose en $L_- + N$. Posons $B_t = \sum_{s \leq t} \Delta L_s I_{\{|\Delta L_s| \geq a\}}$ et $A_t = \sum_{s \leq t} \Delta N_s I_{\{|\Delta N_s| \geq a\}}$ $(a \in \mathbb{R}_+)$. On montre facilement que $N' = N - (A - A^p)$ est une $\mathbb{F}$-martingale locale, $\underline{\underline{A}}$-mesurable, à sauts bornés par 2a (lemme du à Yen). La même démonstration, appliquée à L et B, montre que $L' = L - (B - B^a)$ est une co-$\underline{\underline{A}}$-martingale à sauts bornés par 2a. Il suffit alors de poser $M = L'_- + N'$ et $V = (B_- - B^a_-) + (A - A^p)$. On a ainsi $|\Delta_+ M| = |\Delta L'| \leq 2a$ et $|\Delta_- M| = |\Delta N'| \leq 2a$.

Crochet droit d'une $\underline{\underline{A}}$-martingale locale.

DEFINITION. Soit M une $\underline{\underline{A}}$-martingale locale, de décomposition $L_- + N$. La partie martingale continue de M, notée M^c, sera, par définition, la partie martingale continue de $N - N_0$ (elle sera donc nulle en 0); c'est en fait la partie martingale continue de M_+ au sens habituel. On pose, par définition, $[M,M] = [L,L]_- + 2[L,N]_- + [N,N]$, et on dit que c'est le crochet droit de M.

Il faut bien prendre garde: $[M,M]$ n'est pas, comme d'habitude, un processus croissant (attention aussi, $M_{0-} = M_0 = N_0$, $M_{0+} = L_0 + N_0$).

THEOREME 8. Avec les notations précédentes, on a

a) $[M,M]_t$ est égal à $\langle M^c, M^c\rangle_t + \sum_{0 \leq s < t}(M_{s+} - M_{s-})^2 + (M_t - M_{t-})^2$.

b) $[M,M]$ est un processus làdlàg à variation finie, $\underline{\underline{A}}$-mesurable.

c) $M^2 - [M,M]$ est une $\underline{\underline{A}}$-martingale locale.

DEMONSTRATION. Un simple calcul prouve l'assertion a). Pour prouver b) il suffit de montrer que $\sum_{s \leq t}(M_s - M_{s-})^2$ est finie pour tout t, ce qui est vrai car cette somme est égale à la variation quadratique de la partie martingale locale discontinue de N.

Montrons c) La $\mathbb{F}$-martingale locale M_+ se décompose en $L + N$, et on a $M_+^2 - [M_+, M_+] = (L^2 - [L,L]) + 2(LN - [L,N]) + (N^2 - [N,N])$.

$N^2 - [N,N]$ est une $\mathbb{F}$-martingale locale $\underline{\underline{A}}$-mesurable.

$L' = L^2 - [L,L]$ est une co-$\underline{\underline{A}}$-martingale locale car ${}^a(\Delta L') = L_-{}^a(\Delta L) = 0$.

$NL - [L,N]$ est une $\mathbb{F}$-martingale locale de $\underline{\underline{A}}$-projection $NL_- - [L,N]_-$ car ${}^a(NL)$ est égal à $N^aL = NL_-$ et ${}^a(\Delta N \Delta L) = \Delta N^a(\Delta L) = 0$.

On voit alors que $M^2 - [M,M]$ est la $\underline{\underline{A}}$-projection de $M_+^2 - [M_+, M_+]$, qui est une $\mathbb{F}$-martingale locale, ce qui prouve le point c).

REMARQUE $[M,M]_+ = [M_+,M_+]$ et $[M,M]_- = [M_-,M_-]$ (M_- est une $\mathbb{P}$-martingale locale).

On polarise de façon évidente cette notion, et on obtient le résultat <u>Si</u> M <u>et</u> M' <u>sont deux $\underline{\underline{A}}$-martingales locales</u>, [M,M'] <u>est $\underline{\underline{A}}$-mesurable, à variation finie</u> (làdlàg), <u>et</u> MM' - [M,M'] <u>est une $\underline{\underline{A}}$-martingale locale</u>.

IV <u>THEORIE DES $\underline{\underline{A}}$-SURMARTINGALES</u>.

Nous supposons encore, sans perte de généralité, que $\underline{\underline{A}}$ est P-complète.

DEFINITION 1. <u>Si $\mathbb{G}$ est une filtration, on appelle $\mathbb{G}$-surmartingale, tout processus</u> X <u>vérifiant</u>

a) <u>Pour tout</u> $t\in\mathbb{R}_+$, X_t <u>est $\underline{\underline{G}}_t$-mesurable et intégrable</u>.

b) <u>Pour tout couple</u> (s,t), <u>tel que</u> $s \leq t$, <u>on a</u> $E[X_t|\underline{\underline{G}}_s] \leq X_s$ p.s.

DEFINITION 2. <u>On appelle $\underline{\underline{A}}$-surmartingale tout processus</u> X, <u>$\underline{\underline{A}}$-mesurable vérifiant</u>

a) <u>Pour tout temps d'arrêt borné</u> T <u>de</u> $\underline{\underline{A}}$, X_T <u>est intégrable</u>.

b) <u>Pour tout couple</u> (S,T) <u>de t.a. bornés de</u> $\underline{\underline{A}}$, <u>tel que</u> $S\leq T$, <u>on a</u>
$E[X_T|\underline{\underline{F}}^a_S] \leq X_S$ p.s.

THEOREME DE MODIFICATION 1. <u>Toute $\mathbb{F}^a$-surmartingale admet une modification en une $\underline{\underline{A}}$-surmartingale</u>.

DEMONSTRATION. (elle est inspirée de celle de Dellacherie [2], mais est plus simple). Considérons une $\mathbb{F}^a$-surmartingale X (rappelons que $\mathbb{F}=\mathbb{F}^{a+}$ vérifie les conditions habituelles). L'application $t \to E[X_t]=m(t)$ est décroissante et admet donc une quantité au plus dénombrable de points de discontinuité. Notons $\mathbb{S}$ l'ensemble de ses points de discontinuité et $\mathbb{S}_n$ l'ensemble des points s de $\mathbb{S}$ tels que $|\Delta m(s)| \geq n^{-1}$. La suite $\mathbb{S}_n$ croit vers $\mathbb{S}$ et ne rencontre chaque intervalle borné qu'en un nombre fini de points. Soit $\mathbb{D}$ l'ensemble des dyadiques et $\mathbb{D}_n$ l'ensemble $\{k2^{-n}, k\in\mathbb{N}\}$. Posons $\mathbb{I} = \mathbb{S}\cup\mathbb{D}$ et $\mathbb{I}_n = \mathbb{S}_n\cup\mathbb{D}_n$. Nous rangeons les points de $\mathbb{I}_n$ en une suite croissante $(i^n_k)_{k\in\mathbb{N}}$ (qu'il ne faut pas confondre avec les $k2^{-n}$). L'ensemble $\mathbb{I}$ est dénombrable dense dans $\mathbb{R}_+$. La théorie habituelle des surmartingales montre que si l'on pose X^+_t égal à $\lim_{s\in\mathbb{I}, s\downarrow t, s>t} X_s$ (qui existe), X^+ est une $\mathbb{F}$-surmartingale càdlàg et, pour tout $t\in\mathbb{R}_+$, on a $X_t \geq E[X^+_t|\underline{\underline{F}}^a_T]$ (M. [9]). Le processus X^+ est $\underline{\underline{A}}$-projetable, nous notons Y sa $\underline{\underline{A}}$-projection. Il est clair que Y est une $\underline{\underline{A}}$-surmartingale et que $X_t \geq Y_t$ p.s. pour tout t.
Si t n'appartient pas à $\mathbb{S}$, on a $E[X_t] = E[X^+_t] = E[Y_t]$ et donc $X_t = Y_t$ p.s. Posons alors $\bar{X}_t = Y_t I_{\{t\notin\mathbb{S}\}} + X_t I_{\{t\in\mathbb{S}\}}$. Il est clair, d'après ce qui précéde, que $\bar{X}$ est une modification de X. On peut écrire que $\bar{X}$ est

égal à $YI_{\mathbb{S}^c\times\Omega}+\sum_{s\in\mathbb{S}} X_s I_{[\![s]\!]}$, ce qui montre que $\bar{X}$ est $\underline{\underline{A}}$-mesurable.
Il reste à montrer que $\bar{X}$ est une $\underline{\underline{A}}$-surmartingale.
Si T est un t.a. de $\underline{\underline{A}}$ borné, posons $T^{(n)}(\omega) = T(\omega)$ si $T(\omega) \in \mathbb{S}_n$, et i^n_{k+1} si $T(\omega) \notin \mathbb{S}_n$ et $i^n_k \leq T(\omega) < i^n_{k+1}$.
On vérifie aisément les points suivants: la suite $(T^{(n)})$ est décroissante, stationnaire sur $\{T\in\mathbb{S}\}$ (et seulement sur cet ensemble), et constituée de temps d'arrêt étagés de $\underline{\underline{A}}$. Si $S \leq T$, on a $S^{(n)} \leq T^{(n)}$ (se rappeler que $\mathbb{S}_n$ est inclus dans $\mathbb{I}_n$).
Il est clair que $X_{T^{(n)}}$ converge vers $X_T I_{\{T\in\mathbb{S}\}} + X^+_T I_{\{T\notin\mathbb{S}\}}$. la suite $T^{(n)}$ étant décroissante, on a $E[X_{T^{(n)}}] \to E[X_T I_{\{T\in\mathbb{S}\}} + X^+_T I_{\{T\notin\mathbb{S}\}}]$ qui est égal à $E[X_T I_{\{T\in\mathbb{S}\}} + Y_T I_{\{T\notin\mathbb{S}\}}] = E[\bar{X}_T]$.
On a alors, si S et T sont deux t.a. bornés de $\underline{\underline{A}}$ tels que $S\leq T$:
$E[\bar{X}_S] = \lim_n E[X_{S^{(n)}}] \geq \lim_n E[X_{T^{(n)}}] = E[\bar{X}_T]$, ce qui prouve que $\bar{X}$ est une $\underline{\underline{A}}$-surmartingale (utiliser l'astuce habituelle).

THEOREME 2 Toute $\underline{\underline{A}}$-surmartingale est à trajectoires làdlàg.

DEMONSTRATION. Si (T_n) est une suite croissante (resp. décroissante) de temps d'arrêt de $\underline{\underline{A}}$ bornés par N, la suite $E[X_{T_n}]$ est décroissante minorée par $E[X_N]$ (resp. croissante, majorée par $E[X_0]$) et est donc convergente. Il suffit alors d'appliquer le th. 9 II (et la note en bas de page).

THEOREME 3. Soit X une $\underline{\underline{A}}$-surmartingale. Il existe un processus croissant B càdlàg purement discontinu et $\underline{\underline{A}}$-mesurable, tel que $\Delta B = X - {}^a(X_+)$
Si (S,T) est un couple de temps d'arrêt bornés de $\underline{\underline{A}}$ tel que $S \leq T$, on a $E[B_T - B_S] \leq E[X_{S+} - X_{T+}]$.

DEMONSTRATION. Il est clair (cf. la démonstration du th. 1) que X_+ est une $\mathbb{F}$-surmartingale càdlàg.
a) Montrons que $X \geq {}^a(X_+)$. Si T est un t.a. borné de $\underline{\underline{A}}$, et $T^n = T + n^{-1}$, $E[X_{T^n} | \underline{\underline{F}}^a_T]$ est majorée par X_T; passant à la limite ((X_{T^n}) est uniformément intégrable), on obtient $E[X_{T+} | \underline{\underline{F}}^a_T] \leq X_T$ p.s. Le théorème de section permet alors de conclure.
b) l'ensemble $\{X > {}^a(X_+)\}$ est à coupes dénombrables. L'ensemble $\{X \neq X_+\}$ est à coupes dénombrables. D'après le théorème de décomposition des temps aléatoires, on peut trouver une suite (S_n) de t.a. de $\underline{\underline{A}}$ et une suite (T_n) de temps aléatoires totalement $\underline{\underline{A}}$-inaccessibles tels que $\{X\neq X_+\}$ soit inclus dans $(\bigcup_n [\![S_n]\!]) \cup (\bigcup_n [\![T_n]\!])$. L'ensemble $\{X \neq {}^a(X_+)\}$ est alors inclus dans $\bigcup_n [\![S_n]\!]$.
c) Montrons le résultat pour une $\underline{\underline{A}}$-surmartingale définie à l'infini et vérifiant l'inégalité des surmartingales pour tout couple (S,T) de t.a. de $\underline{\underline{A}}$ tel que $S \leq T$.

Soit X une telle $\underline{\underline{A}}$-surmartingale. Posons $M = {}^a(X_\infty)$ et $Y = X - M$. Le processus Y est une $\underline{\underline{A}}$-surmartingale de même type que X, mais est positif et nul à l'infini. Il est clair que $Y - {}^a(Y_+) = X - {}^a(X_+)$ et, pour tout couple (S,T) de t.a. $E[X_{S+} - X_{T+}] = E[Y_{S+} - Y_{T+}]$. Il suffit donc de montrer ce résultat pour Y.

Posons $B_t = \sum_{s \leq t} (Y_s - {}^a(Y_+)_s)$. Il nous faut montrer que B est fini. Soit (S_n) une suite de t.a. de $\underline{\underline{A}}$, à graphes disjoints, tels que l'ensemble $\{Y > {}^a(Y_+)\}$ soit inclus dans $\bigcup_n [\![S_n]\!]$. Le processus B est alors égal à $\sum_n (Y_{S_n} - {}^a(Y_+)_{S_n}) I_{[\![S_n,\infty[\![}$. Posons $B^n = \sum_{k \leq n} (Y_{S_k} - {}^a(Y_+)_{S_k}) I_{[\![S_k,\infty[\![}$

On peut supposer, n étant fixé, que $S_1 \leq S_2 \leq \ldots \leq S_n$ et $S_1 < S_2 < \ldots < S_k$ sur $\{S_k < +\infty\}$. Soit (S,T) un couple de t.a. de $\underline{\underline{A}}$ tel que $S \leq T$. On a alors $B^n_T - B^n_S = \sum_{k \leq n} (Y_{T_k} - {}^a(Y_+)_{T_k})$, où l'on a posé $T_k = S_{k\{S < S_k \leq T\}}$. On vérifie que $E[Y_{T_k}] \leq E[Y_{T_{k-1}+} I_{\{T_k < \infty\}}] \leq E[Y_{T_{k-1}+}]$ (car Y_+ est ≥ 0), et que $E[Y_{T_1}] \leq E[Y_{S+}]$, $E[Y_{T_n+}] \geq E[Y_{T+}]$.

On a donc: $E[B^n_T - B^n_S] = \sum_{k \leq n} E[Y_{T_k}] - E[Y_{T_k+}] \leq E[Y_{S+} - Y_{T+}]$.
faisant tendre n vers l'infini, on obtient $E[B_T - B_S] \leq E[Y_{S+} - Y_{T+}]$, ce qui prouve l'inégalité cherchée et que B est fini (et donc $\underline{\underline{A}}$-mesurable par construction).

d) Cas général. Soit (B^n) le processus croissant associé à X^n (X arrêté en n) construit précédemment. Si $n < m$, B^n et B^m coincident sur $[\![0,n[\![$. Les processus B^n se recollent donc en un processus croissant B, $\underline{\underline{A}}$-mesurable purement discontinu, vérifiant $B = X - {}^a(X_+)$.
Si $S \leq T \leq n$, on a : $E[B_T - B_S] \leq E[(X^{n+1})_{S+} - (X^{n+1})_{T+}] = E[X_{S+} - X_{T+}]$.

THEOREME DE STRUCTURE DES $\underline{\underline{A}}$-SURMARTINGALES 4. *Soit X une $\underline{\underline{A}}$-surmartingale. Elle se décompose, de façon unique, en $X = M - A - B_-$, où M est une $\underline{\underline{A}}$-martingale locale, A un processus croissant càdlàg prévisible nul en 0, et B un processus croissant càdlàg $\underline{\underline{A}}$-mesurable et purement discontinu, dont la valeur en 0 est $X_0 - E[X_{0+} | \underline{\underline{F}}^a_0]$.*

DEMONSTRATION. On sait que X_+ se décompose en $M' - A'$, où M' est une $\underline{\underline{F}}$-martingale locale et A' un processus croissant càdlàg prévisible nul en 0 (c'est la décomposition de Doob-Meyer de X_+). Soit B le processus purement discontinu $\underline{\underline{A}}$-mesurable càdlàg vérifiant $\Delta B = X - {}^a(X_+)$. Le processus B est localement intégrable ($E[B_n] \leq E[X_{0+} - X_{n+}]$) et admet donc une projection duale prévisible B^p. On a alors: $X = {}^a(X_+) + \Delta B$, égal à ${}^a(M') + (B - B^p) - (A' - B^p) - B_-$. Posons $M = {}^a(M') + (B - B^p)$, c'est une $\underline{\underline{A}}$-martingale locale. Il reste à montrer que le processus càdlàg prévisible à variation finie $A = A' - B^p$ est croissant. Le processus $(X_+)^*_t$ étant localement intégrable, on peut trouver une suite (T_n) de t.a. prévisibles, croissante vers $+\infty$, tels que, pour tout n, $(X_+)^{T_n}$

soit de la classe (D). Si (S,T) est un couple de t.a. bornés de $\underline{\underline{A}}$, vérifiant $S \leq T \leq T_n$, on a $E[B^p_T - B^p_S] = E[B_T - B_S] \leq E[X_{S+} - X_{T+}] = E[A'_T - A'_S]$, et donc par différence, $E[A_S] \leq E[A_T]$. Le processus à variation finie prévisible càdlàg A est une sous martingale locale. Par l'unicité de la décomposition de Doob-Meyer, c'est un processus croissant.

Il reste à montrer l'unicité d'une telle décomposition. Si X s'écrit $M - A - B_-$, avec les notations de l'énoncé, X_+ est égal à $M_+ - A - B$ et, B étant $\underline{\underline{A}}$-mesurable, $^a(X_+)$ vaut $M - A - B$. Par suite, ΔB est égal à $X - {}^a(X_+)$, ce qui détermine B (B est purement discontinu). Le processus $X_+ + B$ est alors égal à $M_+ - A$ et donc est une $\mathbb{F}$-semimartingale spéciale dont la décomposition canonique est M_+ et $-A$.

REMARQUE. Si l'on pose $A' = A - B_-$, A' est un processus croissant (làdlàg) tel que A'_+ est $\underline{\underline{A}}$-mesurable. On retrouve A et B à partir de A' car $\Delta B = \Delta_+ A'$ et B est purement discontinu. On peut donc énoncer le théorème de décomposition en disant que X <u>peut s'écrire</u>, <u>de manière unique</u>, <u>sous la forme</u> $X = M - A$, <u>où</u> M <u>est une</u> $\underline{\underline{A}}$<u>-martingale locale et</u> A <u>un processus croissant prévisible</u> (<u>làdlàg</u>), <u>nul en</u> 0, <u>tel que</u> A_+ <u>soit</u> $\underline{\underline{A}}$<u>-mesurable</u>.

Nous avons démontré le théorème de décomposition des $\underline{\underline{A}}$-surmartingales à partir de la décomposition de Doob-Meyer d'une $\mathbb{F}$-surmartingale càdlàg. <u>Une autre voie pour parvenir à ce résultat est d'utiliser le "théorème d'analyse fonctionnelle"</u> (th. 18, II). <u>C'est la voie suivie par Meyer pour les surmartingales fortes optionnelles</u> ($\mathbb{O}$-surmartingales). On trouvera cet argument dans D-M [4] VII.

V <u>THEORIE DES</u> $\underline{\underline{A}}$<u>-SEMIMARTINGALES</u>.

Nos notations et conventions sont celles des chapitres III et IV.

DEFINITION. <u>Un processus</u> X <u>est une</u> $\underline{\underline{A}}$<u>-semimartingale si et seulement si on peut l'écrire</u> $X = M + A$, <u>où</u> M <u>est une</u> $\underline{\underline{A}}$<u>-martingale locale et</u> A <u>un processus</u> $\underline{\underline{A}}$<u>-mesurable à variation finie</u> (làdlàg).

REMARQUE. La théorie usuelle des semimartingales suppose celles-ci <u>c</u>àdlàg. Il existe cependant des "semimartingales làdlàg" naturelles, même dans le cadre des conditions habituelles (exemple les surmartingales fortes optionnelles). Pour nous une semimartingale sera à priori làdlàg, et nous allons voir que tous les théorèmes connus sont encore valides dans notre cadre.

Nous avons vu que <u>toute</u> $\underline{\underline{A}}$<u>-sur-martingale est une</u> $\underline{\underline{A}}$<u>-semimartingale d'un type spécial</u> (A est prévisible et A_+ est $\underline{\underline{A}}$-mesurable). A cette occasion, nous pourrions introduire la notion de $\underline{\underline{A}}$-semimartingale

spéciale, ce que nous ne ferons pas, nous contentant de la suggérer.[1]
Le théorème 8, III , montre que <u>le produit de deux $\underline{\underline{A}}$-martingales locales est une $\underline{\underline{A}}$-semimartingale</u>.
Si X est une $\underline{\underline{A}}$-semimartingale, il est clair que X est làdlàg et que X_+ est une semimartingale càdlàg de $\mathbb{O}(\mathbb{F})$; de même X_- est une $\mathbb{P}(\mathbb{F})$-semimartingale. Les réciproques sont fausses.

THEOREME 1. <u>Si</u> X <u>est une</u> $\underline{\underline{A}}$-<u>semimartingale et</u> T <u>un temps de stabilité de</u> $\underline{\underline{A}}$, X^T <u>est encore une</u> $\underline{\underline{A}}$-<u>semimartingale</u>.

DEMONSTRATION. Il suffit de le montrer pour une $\underline{\underline{A}}$-martingale locale M. Soit T un temps de stabilité de $\underline{\underline{A}}$ (i.e. un t.a. de $\mathbb{F}$). Posons $R = {}^a((M_+)^T)$; c'est une $\underline{\underline{A}}$-martingale locale et M^T ne diffère de R que par le processus $\underline{\underline{A}}$-mesurable à variation finie (càg) $({}^a(M_+)_T - M_{T+})I_{]\!]T,\infty[\![}$

THEOREME 2. <u>Le produit de deux</u> $\underline{\underline{A}}$-<u>semimartingales est une</u> $\underline{\underline{A}}$-<u>semimartingale</u>.

Nous démontrerons ce résultat après l'introduction de l'intégrale stochastique générale. Il n'y aura pas de cercle vicieux car la définition de l'intégrale stochastique ne reposera pas sur les résultats qui vont suivre.

THEOREME 3. INVARIANCE PAR CHANGEMENT DE PROBABILITE. <u>Si</u> Q <u>est une probabilité équivalente à</u> P, <u>toute</u> $(\underline{\underline{A}},P)$-<u>semimartingale est une</u> $(\underline{\underline{A}},Q)$-<u>semimartingale</u>.

DEMONSTRATION. Il suffit de montrer que toute $(\underline{\underline{A}},P)$-martingale locale est une $(\underline{\underline{A}},Q)$-semimartingale. Soit M une $(\underline{\underline{A}},P)$-martingale locale. Soit D une version $\underline{\underline{A}}$-martingale forte de $E_P[dQ/dP|\underline{\underline{F}}^a_T]$ $(D = {}^a_P(dQ/dP))$. D'après le théorème de section, D est strictement positive. Le processus 1/D est une $(\underline{\underline{A}},Q)$-martingale égale à ${}^a_Q(dP/dQ)$. D'après le théorème 8 ch. III, le processus $MD - [M,D]$ est une $(\underline{\underline{A}},P)$-martingale locale, et donc, $M - [M,D]\times 1/D$ est une $(\underline{\underline{A}},Q)$-martingale locale (exercice). Le processus $[M,D]\times 1/D$, produit de deux $(\underline{\underline{A}},Q)$-semimartingales est une $(\underline{\underline{A}},Q)$-semimartingale, ce qui prouve que M est une $(\underline{\underline{A}},Q)$-semimartingale.

<u>Caractérisation des $\underline{\underline{A}}$-semimartingales par des propriétés d'intégrateur</u>.

Cette partie, inspirée du théorème de Dellacherie-Mokobodzki [8], a été l'occasion de nombreuses discussions avec C. Dellacherie, qu'il nous est agréable de remercier.

Tout d'abord un petit lemme très utile, qui nous servira souvent par la suite (en fait ce sera le "Hint" des :(exercice)). Nous laissons au lecteur le soin de le démontrer (par récurrence).

----

[1] En fait nous l'introduisons au lemme 5 suivant le théorème 5

LEMME. Si $T_1, T_2, \dots, T_n$ sont n t.a. de $\underline{\underline{A}}$, on peut trouver n autres t.a. de $\underline{\underline{A}}$, $S_1, S_2, \dots, S_n$ tels que $S_1 \leq S_2 \leq \dots \leq S_n$ et $\bigcup_i [\![S_i]\!] = \bigcup_i [\![T_i]\!]$.

Nous dirons que $S_1, S_2, \dots, S_n$ est un réordonnement de $T_1, T_2, \dots, T_n$.

Nous appelons $\mathbb{D}$ l'espace vectoriel engendré par les processus de la forme $yI_{]\!]S,T]\!]}$ où S et T sont deux t.a. bornés de $\underline{\underline{A}}$ tels que $S \leq T$, et y est une v.a. étagée (à nombre fini de valeurs) $\underline{\underline{F}}^a_S$-mesurable.

On vérifie (exercice) que tout processus Y de $\mathbb{D}$ peut s'écrire sous la forme $Y = \sum_i y_i I_{]\!]T_i, T_{i+1}]\!]}$, avec T_i t.a. borné de $\underline{\underline{A}}$, $T_1 \leq T_2 \leq \dots \leq T_n$ et y_i $\underline{\underline{F}}^a_{T_i}$-mesurable étagée.

On note $\mathbb{D}^u$ l'espace $\mathbb{D}$ muni de la topologie de la convergence uniforme (en (t,ω)). L'espace L^0 est l'espace des v.a. muni de la topologie de la convergence en probabilité.

Si X est un processus,[1] on note J_X l'application de $\mathbb{D}$ dans L^0 qui, à tout processus Y de $\mathbb{D}$, de la forme précitée, associe la variable aléatoire $J_X(Y) = \sum_i y_i(X_{T_{i+1}} - X_{T_i})$. Cette définition est cohérente car elle ne dépend pas de la décomposition particulière de Y.

Nous dirons que J_X est localement continue si, pour tout entier N, pour toute suite (Y^n) d'éléments de $\mathbb{D}$ convergeant uniformément vers 0, en restant nulle hors de $[0,N]$, $J_X(Y^n)$ converge en probabilité vers 0.

THEOREME 4. Soit X un processus.[1] S'il existe une suite (U_n) de temps aléatoires convergeant p.s. vers $+\infty$, et une suite (Z^n) de processus[1] tels que, pour tout n, J_{Z^n} soit localement continue et que l'on ait $XI_{[\![0,U_n[\![} = Z^n I_{[\![0,U_n[\![}$, alors J_X est localement continue.

DEMONSTRATION. Ceci se déduit immédiatement de l'inégalité:

$P[|J_X(Y)| \geq \varepsilon] \leq P[|J_{Z^k}(Y)| \geq \varepsilon] + P[U_k \leq N]$, pour Y nul hors de $[0,N]$.

Voici le théorème fondamental de ce paragraphe. Il généralise le théorème de Dellacherie-Mokobodzki (exposé par Meyer [8]).

THEOREME 5. Soit X un processus $\underline{\underline{A}}$-mesurable. X est une $\underline{\underline{A}}$-semimartingale si et seulement si J_X est localement continue.

La démonstration se fera par étapes, en plusieurs lemmes qui, tous ont leur intérêt.

LEMME 1. Si X est une $\underline{\underline{A}}$-semimartingale, on peut trouver une suite (T_n) croissante vers $+\infty$, de temps de stabilité de $\underline{\underline{A}}$ tels que, pour tout n X^{T_n} puisse se décomposer en la somme d'une $\underline{\underline{A}}$-martingale bornée et d'un processus à variation finie.

----

[1] mesurable.

DEMONSTRATION. Soit X une $\underline{\underline{A}}$-semimartingale. D'après le théorème 7, III elle peut se décomposer en $M+A$, où M est une $\underline{\underline{A}}$-martingale à sauts gauches et droits bornés, et A est un processus à variation finie. La $\mathbb{F}$-martingale locale M_+ est alors localement bornée et on peut trouver une suite (T_n), croissante vers $+\infty$, de t.a. bornés de $\mathbb{F}$ tels que, pour tout n, $(M_+)^{T_n}$ soit bornée. Posons $W^n = {}^a((M_+)^{T_n})$, c'est une $\underline{\underline{A}}$-martingale bornée; si l'on pose $V_n = A^{T_n} + ({}^a(M_+)_{T_n} - M_{T_n+})I_{]\!]T_n,\infty[\![}$, un calcul simple montre que X^{T_n} est égal à $W^n + V^n$.

REMARQUE. Les temps T_n ne sont que des temps de stabilité de $\underline{\underline{A}}$. La même démonstration, mais en utilisant le th. 4,III, montre qu'on peut trouver une suite (S_n) de temps d'arrêt prévisibles (donc de $\underline{\underline{A}}$) tels que pour tout n, X^{S_n} se décompose en une $\underline{\underline{A}}$-martingale bornée dans L^2 (ou L^p) et un processus à variation finie.

Montrons maintenant que si X *est une* $\underline{\underline{A}}$*-semimartingale, alors* J_X *est localement continue.*

D'après le th.4 et le lemme précédent, on est ramené au cas d'une $\underline{\underline{A}}$-semimartingale de la forme $X = M+A$, où M est une $\underline{\underline{A}}$-martingale bornée et A est à variation totale finie.
Il est clair que $J_A : \mathbb{D}^u \to L^0$ est continue, car on a, en notant $\mathrm{Var}(A)$ la variation totale de A, $|J_A(Y)| \leq \|Y\|_u \mathrm{Var}(A)$.
Un calcul élémentaire (en théorie des martingales) montre que $\|J_M(Y)\|_2$ est majorée par $\|Y\|_u \|M_\infty\|_2$, et donc que $J_M : \mathbb{D}^u \to L^2$ est continue.

Il nous faut maintenant montrer la réciproque. Celle-ci est fort longue et reprend les idées de Dellacherie-Mokobodzki (le lemme 3 est nouveau et simplifie beaucoup leur démonstration).

LEMME 2. *Soit* (C_n) *une suite de convexes de* $L^1(P)$ *bornés dans* L^0. *Il existe une probabilité* Q *équivalente à* P, *de densité bornée, et telle que, pour tout* n, $\sup_{x \in C_n} |E_Q[x]| < +\infty$.

Voir les commentaires de Meyer au théorème de Yan sur les convexes de L^1, dans ce volume.

LEMME 3. *Soit* X *un processus* $\underline{\underline{A}}$*-mesurable tel que* J_X *soit localement continue. Pour tout* N, *la v.a.* $Y_N = \operatorname{ess\,sup}_T |X_T^N|$ *est finie p.s.*, T *décrivant l'ensemble des t.a. bornés de* $\underline{\underline{A}}$.

DEMONSTRATION. Il suffit de démontrer que si $J_X : \mathbb{D}^u \to L^0$ est continue, $Y = \operatorname{ess\,sup}_T |X_T|$ est finie p.s. . Nous pouvons supposer que $X_0 = 0$. Il faut montrer que pour toute famille dénombrable $\underline{\underline{H}}$ de t.a. bornés de $\underline{\underline{A}}$, $\sup_H |X_T|$ est finie p.s. . Si T est un t.a. borné de $\underline{\underline{A}}$, X_T est égal à $J_X(\,]\!]0,T]\!]\,)$. Par suite, $\{X_T,\ T$ t.a. borné de $\underline{\underline{A}}\}$ *est un borné de* L^0, car inclus dans $J_X(B)$ (où B désigne la boule unité de $\mathbb{D}^u$). C'est seulement cette condition qui nous est utile. Soit $\underline{\underline{H}}$ une famille dénombrable de t.a. bornés de $\underline{\underline{A}}$. Soit $I = \{T_1, T_2, \ldots, T_n\}$ une sous famille finie de $\underline{\underline{H}}$. Considérons un réordonnement $S_1 \leq S_2 \leq \ldots \leq S_n$ de cette famille. Soient $\varepsilon > 0$, et $c > 0$ tels que, pour tout t.a. borné T de $\underline{\underline{A}}$, $P[|X_T| > c] \leq \varepsilon$. Posons $T = \inf\{S_i, |X_{S_i}| > c\} \wedge S_n$. T est un t.a. borné de $\underline{\underline{A}}$ (exercice) et on a $P[\sup_I |X_{T_i}| > c] \leq P[|X_T| > c] \leq \varepsilon$. En faisant croitre I vers $\underline{\underline{H}}$, on obtient $P[\sup_{\underline{\underline{H}}} |X_T| > c] \leq \varepsilon$. Ceci démontre le lemme.

DEFINITION. <u>Un processus</u> X <u>est une</u> $\underline{\underline{A}}$<u>-quasimartingale</u> si et seulement si il est $\underline{\underline{A}}$-mesurable et vérifie: pour tout t.a. borné T de $\underline{\underline{A}}$, X_T est intégrable, et, pour tout N, $V_N(X) = \sup_{\underline{\underline{S}}_N} E[\sum_i |E[X_{T_{i+1}} - X_{T_i}]|]$ est fini, $\underline{\underline{S}}_N$ désignant l'ensemble des subdivisions $0 \leq T_1 \leq \ldots \leq T_n \leq N$, formées de temps d'arrêt de $\underline{\underline{A}}$.

REMARQUE. On montre très facilement que, si L_X désigne la forme linéaire $E[J_X(.)]$ sur $\mathbb{D}^u$, $V_N(X)$ <u>est la norme de</u> $L_X N$.

LEMME 4. <u>Soit</u> X <u>un processus</u> $\underline{\underline{A}}$<u>-mesurable tel que</u> J_X <u>est localement continue</u>. <u>Il existe alors une probabilité équivalente à</u> P, <u>de densité bornée</u>, <u>telle que</u> X <u>soit une</u> ($\underline{\underline{A}}$,Q)<u>-quasimartingale</u>.

DEMONSTRATION. D'après le lemme 3, pour tout N, $Y_N = \text{ess}\sup_T |X_T^N|$ est finie p.s. D'après le lemme de Borel-Cantelli, on peut trouver une probabilité Q^1 équivalente à P, de densité bornée, telle que, pour tout N, Y_N soit Q^1-intégrable. Si $\underline{\underline{B}}$ désigne la boule unité de $\mathbb{D}^u$, pour tout N, $C_N = J_X N(\underline{\underline{B}})$ est un convexe de $L^1(Q)$, borné dans $L^0(Q^1)$ ($=L^0(P)$). D'après le lemme 2, on peut trouver une probabilité Q équivalente à Q^1 de densité bornée, telle que, pour tout N $\sup_{Y \in \underline{\underline{B}}} |E_Q[J_X N(Y)]| < +\infty$, ce qui revient à dire, d'après la remarque précédente, que X est une ($\underline{\underline{A}}$,Q)-quasimartingale.

LEMME 5. <u>Si</u> X <u>est une</u> $\underline{\underline{A}}$<u>-quasimartingale</u>, X <u>est une</u> $\underline{\underline{A}}$<u>-semimartingale</u>.

DEMONSTRATION. On peut montrer que si X est une $\underline{\underline{A}}$-quasimartingale, pour tout N, X^N est différence de deux $\underline{\underline{A}}$-surmartingales. Ce résultat, qui généralise la décomposition de Rao, n'est pas facile et nous renvoyons le lecteur à un article à paraitre, écrit en collaboration avec C. Dellacherie et qui reprend ces questions dans un cadre plus général (on considère des v.a. X(T) indexées par certains t.a. de $\underline{\underline{A}}$) Nous laissons donc le lecteur sur sa faim, attendant(?) [7].

Nous avons vu, au ch. IV, que toute $\underline{\underline{A}}$-surmartingale se décompose de façon unique, en la différence d'une $\underline{\underline{A}}$-martingale locale et d'un processus croissant prévisible A tel que A_+ soit $\underline{\underline{A}}$-mesurable (un Processus $\underline{\underline{A}}$ - Mesurable!).
Nous avons besoin maintenant de parler de $\underline{\underline{A}}$<u>-semimartingale spéciale</u>.

On appelle ainsi toute $\underline{\underline{A}}$-semimartingale X pouvant s'écrire $X = M + A$, où M est une $\underline{\underline{A}}$-martingale locale et A un processus prévisible à variation finie, tel que A_+ est $\underline{\underline{A}}$-mesurable et $A_0 = X_0$. Montrons qu'une telle décomposition est unique. Par différence, il suffit de montrer que si une $\underline{\underline{A}}$-martingale locale M est égale à un processus prévisible A nul en 0, à variation finie et tel que A_+ soit $\underline{\underline{A}}$-mesurable, alors M (et A) est identiquement nulle. La $\underline{\underline{A}}$-martingale M étant prévisible, on a $M = {}^a(M_+) = {}^p(M_+) = M_-$, et donc M est continue à gauche. De même, $M_+ = A_+$ est $\underline{\underline{A}}$-mesurable, et donc $M = {}^a(M_+) = M_+$, ce qui prouve que M est continue; comme elle est de plus nulle en 0 et à variation finie, elle est identiquement nulle.

Reprenons notre démonstration. Le processus X étant une $\underline{\underline{A}}$-quasimartingale, X^N est, pour tout N, une $\underline{\underline{A}}$-semimartingale spéciale. Il est clair, d'après ce qui précède, que X est une $\underline{\underline{A}}$-semimartingale spéciale.

La réciproque du théorème 5 est alors établie: si X est $\underline{\underline{A}}$-mesurable et tel que J_X soit localement continue, il existe une probabilité Q équivalente à P, de densité bornée, telle que X soit une $(\underline{\underline{A}},Q)$-quasimartingale et donc une $(\underline{\underline{A}},Q)$ semimartingale (spéciale). La probabilité Q étant équivalente a P, on a vu qu'alors X est une $(\underline{\underline{A}},P)$-semimartingale (th. 3).

Conséquences du théorème 5. Propriétés de stabilité.

Nous ne supposerons pas ici que $\underline{\underline{A}}$ est P-complète. Nous dirons qu'un processus X est une $(\underline{\underline{A}},P)$-semimartingale si et seulement X est $\underline{\underline{A}}$-mesurable et indistinguable d'une $(\underline{\underline{A}}^P,P)$-semimartingale.

Il est clair qu'un processus $\underline{\underline{A}}$-mesurable X est une $(\underline{\underline{A}},P)$-semimartingale si et seulement si $J_X : \mathbb{D}_{\underline{\underline{A}}} \to \underline{\underline{L}}^0(P)$ est localement continue, $\mathbb{D}_{\underline{\underline{A}}}$ étant défini comme plus haut, mais sans supposer que $\underline{\underline{A}}$ est P-complète.

THEOREME 6. Si Q est une probabilité absolument continue par rapport à P, toute $(\underline{\underline{A}},P)$-semimartingale est une $(\underline{\underline{A}},Q)$-semimartingale.

DEMONSTRATION. "L'inclusion" $j: L^0(P) \to L^0(Q)$ est continue.

THEOREME 7. Soit X un processus $\underline{\underline{A}}$-mesurable. L'ensemble $\underline{\underline{S}}(\underline{\underline{A}},X)$ des lois de probabilité P faisant de X une $(\underline{\underline{A}},P)$-semimartingale est dénombrablement convexe.

DEMONSTRATION. Soient (P_n) une suite de probabilités de $\underline{\underline{S}}(\underline{\underline{A}},X)$ et (c_n) une suite de nombres strictement positifs, de somme égale à 1. Montrons que $P = \sum_n c_n P_n$ appartient à $\underline{\underline{S}}(\underline{\underline{A}},X)$. Soient $\varepsilon > 0$, $N \in \mathbb{N}$ et $d > 0$; soit n tel que $\sum_{k>n} c_k < d/2$, soit $a > 0$ tel que, pour tout $Y \in \mathbb{D}_{\underline{\underline{A}}}$ nul hors de $[0,N]$ et de norme $\|Y\|_u < a$, on ait $P_k[|J_X(Y)|] \leq d/2nc_k$, pour

$k=1,\dots,n$. On a alors, si Y est nul hors de $[0,N]$ et de norme $\leq a$, $P[|J_X(Y)|\geq\varepsilon]\leq d$, c.q.f.d.

Si A est une partie mesurable de Ω, de probabilité >0 , nous notons P^A la probabilité $P[.\cap A]/P[A]$.

COROLLAIRE. Soit X un processus $\underline{\underline{A}}$-mesurable. Soit (A_n) une suite de parties mesurables de Ω, de probabilité >0 , et telle que $P[\bigcup_n A_n]=1$. Si, pour tout n, X est une $(\underline{\underline{A}},P^{A_n})$-semimartingale, alors X est une $(\underline{\underline{A}},P)$-semimartingale.

Ceci résulte immédiatement du théorème précédent. En particulier, si pour tout n, il existe une $(\underline{\underline{A}},P)$-semimartingale Z^n telle que Z^n et X coincident sur A_n, alors X est une $(\underline{\underline{A}},P)$-semimartingale (utiliser le th.6).

THEOREME 8. Soit $\underline{\underline{B}}$ une tribu de Meyer incluse dans $\underline{\underline{A}}$. Si X est une $(\underline{\underline{A}},P)$-semimartingale, X est une $(\underline{\underline{B}},P)$-semimartingale.

DEMONSTRATION. C'est immédiat car $\mathbb{D}_{\underline{\underline{B}}}$ est inclus dans $\mathbb{D}_{\underline{\underline{A}}}$, tout t.a. de $\underline{\underline{B}}$ étant un temps de coupe de $\underline{\underline{A}}$, et donc un temps d'arrêt de $\underline{\underline{A}}$.

THEOREME 9. Soit X un processus $\underline{\underline{A}}$-mesurable. S'il existe une suite (U_n) de temps aléatoires, qui converge p.s. vers $+\infty$, et une suite (Z^n) de $(\underline{\underline{A}},P)$-semimartingales telles que, pour tout n, $XI_{[\![0,U_n[\![}$ soit égale à $Z^nI_{[\![0,U_n[\![}$, alors X est une $(\underline{\underline{A}},P)$-semimartingale.

Ceci résulte immédiatement des théorèmes 4 et 5. En particulier, si, pour tout n, X^{U_n} est une $(\underline{\underline{A}},P)$-semimartingale, X est une $(\underline{\underline{A}},P)$-semimartingale.

Quelques remarques.

Nous supposons de nouveau, pour simplifier, que $\underline{\underline{A}}$ est P-complète.

LEMME Soit X un processus $\underline{\underline{A}}$-mesurable làdlàg tel que $X_+=0$. Le processus X est une $\underline{\underline{A}}$-semimartingale si, et seulement si, il est à variation finie.

DEMONSTRATION. Si X est une $\underline{\underline{A}}$-semimartingale, X peut se décomposer en L_-+N+A (avec nos notations habituelles). Par hypothése, $L+N+A_+=0$, ce qui prouve que $M=L+N$ est à variation finie. On a alors $L=M-M^a$ et $N=M^a$, ce qui montre que L et N sont à variation finie. Le processus $X=L_-+N+A$ est alors à variation finie.

COROLLAIRE. Soit X une $\underline{\underline{A}}$-semimartingale. Le processus X est une $\mathbb{O}(\mathbb{F})$-semimartingale si et seulement si Δ_+X est à variation finie.

DEMONSTRATION. Si X est une $\mathbb{O}(\mathbb{F})$-semimartingale, par différence, Δ_+X est une $\mathbb{O}(\mathbb{F})$-semimartingale, et donc, d'après le lemme, est à variation finie $((\Delta_+X)_+ = (X_+ - X)_+ = 0)$. Réciproquement, si Δ_+X est à variation finie, $X = X_+ - \Delta_+X$ est une $\mathbb{O}(\mathbb{F})$-semimartingale.

On voit ainsi qu'il peut exister des $\underline{\underline{A}}$-semimartingales qui ne soient pas des $\mathbb{O}(\mathbb{F})$-semimartingales. En fait, toute $\underline{\underline{A}}$-semimartingale est une $\mathbb{O}(\mathbb{F})$-semimartingale si et seulement si toute co-$\underline{\underline{A}}$-martingale est à variation finie, ou, ce qui revient au même, toute co-$\underline{\underline{A}}$-martingale L vérifie, pour tout t, $\sum_{s \leq t} |\Delta L_s| < +\infty$ (exercice).

De même, si X est un processus $\underline{\underline{A}}$-mesurable làdlàg tel que X_+ soit une $\mathbb{O}(\mathbb{F})$-semimartingale, X n'est pas nécessairement une $\underline{\underline{A}}$-semimartingale: considérons un processus déterministe X (donc $\underline{\underline{A}}$-mesurable) làdlàg tel que $X_+ = 0$ et, pour au moins un t, $\sum_{s \leq t} |\Delta_+ X_s| = +\infty$. Le processus X_+ est une $\mathbb{O}(\mathbb{F})$-semimartingale et $\Delta_+X = -X$ n'est pas à variation finie.

Rappelons cependant que si X est une $\underline{\underline{A}}$-semimartingale, X_+ est une $\mathbb{O}(\mathbb{F})$-semimartingale.

VI. L'INTEGRALE STOCHASTIQUE .

Après de longs tâtonnements, nous nous sommes aperçus que l'on pouvait définir trivialement (à partir de l'intégrale stochastique usuelle, qui elle n'est pas triviale!) une très bonne intégrale stochastique d'un processus prévisible, disons localement borné (pour simplifier) par rapport à un processus làdlàg X tel que X_+ soit une $\mathbb{F}$-semimartingale. Cette intégrale posséde les propriétés suivantes: elle satisfait au théorème de convergence dominé; si X est $\underline{\underline{A}}$-mesurable, (resp. une $\underline{\underline{A}}$-semimartingale, une P-$\underline{\underline{A}}$-Martingale locale), le processus $f.X = \int_0^{\cdot} f_s \, dX_s$ conserve cette propriété. Pour bien comprendre cette notion, il faut plutôt concevoir l'intégration comme un procédé qui, à un processus fait correspondre un autre processus.

Etudions d'abord le cas des processus à variation finie (làdlàg).

§ 1. INTEGRATION PAR RAPPORT A UN PROCESSUS A VARIATION FINIE.

Soit A une fonction à variation finie définie sur $\mathbb{R}_+$. Si A est continue à droite, on définit l'intégrale de Lebesgue-Stielges habituelle par rapport à une fonction mesurable localement bornée, sur tout intervalle de temps [0,t]. Nous notons $\int_0^t f_s \, dA_s$ cette intégrale et f.A la fonction (à variation finie càd) qui à t associe $\int_0^t f_s \, dA_s$.

Supposons maintenant que A soit seulement à variation finie. On sait alors construire l'intégrale Riemanienne par rapport à A, ce que nous ne ferons pas car celle-ci est seulement continue pour la convergence uniforme et ne satisfait donc pas au théorème de convergence dominée.

La fonction A est làdlàg et A_+ est càdlàg à variation finie. Si f est une fonction mesurable localement bornée, nous posons, par définition, $f.A = f.A_+ - f\Delta_+A$, et notons $\int_0^t f_s dA_s$ la valeur en t de f.A .

THEOREME 1. Si une suite (f^n) de fonctions mesurables localement bornées converge simplement vers une fonction f, en restant majorées en module par une fonction localement bornée fixe, alors $f^n.A$ converge uniformément sur tout compact vers f.A.

DEMONSTRATION. C'est bien connu pour $f^n.A_+$ et résulte du théorème de Prokhorov. C'est à peu prés immédiat pour $f^n\Delta_+A$ car le nombre de sauts à droite (et à gauche) de A, d'amplitude $\geq \varepsilon$, est fini sur tout intervalle compact.

Pour tout t, l'application qui à f mesurable localement bornée, fait correspondre $\int_0^t f_s dA_s$ est une mesure sur $\mathbb{R}_+$. C'est la mesure associée à la fonction à variation finie càd $(A^t)_+$ (qu'il ne faut pas confondre avec $(A_+)^t$!)

On voit ainsi que cette intégrale est non anticipante: pour connaitre $\int_0^t f_s dA_s$, il suffit de connaitre A sur [0,t], car on connait alors A_+ sur [0,t[. Le déroulement du temps joue un rôle primordial.

On a les propriétés élémentaires:

$$I_{[0,t]}.A = AI_{[0,t]} + A_{t+}I_{]t,\infty[} \quad (\neq A^t) .$$
$$I_{[0,t[}.A = AI_{[0,t[} + A_{t-}I_{[t,\infty[} \quad = A^{t-} .$$

Signalons que si X est continue à gauche (resp. à droite), f.A est l'intégrale habituellement définie dans ces conditions.

Ceci étant posé, on s'aperçoit que A n'a pas besoin d'être à variation finie, mais seulement làdlàg et tel que A_+ soit à variation finie l'intégrale f.A étant toujours définie par $f.A = f.A_+ - f\Delta_+A$. Toutes les propriétés énoncées ci-dessus restent encore valides.

§2 INTEGRALE STOCHASTIQUE PAR RAPPORT A UNE A-SEMIMARTINGALE.

Les notations et conventions restent celles des chapitres précédents. Un processus prévisible f est dit localement borné s'il existe une suite (T_n) de t.a. , croissante vers $+\infty$, et tels que, pour tout n, $f^{T_n}I_{\{T^n>0}$ soit borné. On peut montrer que ceci équivaut simplement à ce que, pour tout t, f_t^* soit fini p.s.

Si (X^n) est une suite de processus mesurables et X est un processus mesurable, nous dirons que X^n converge simplement vers X, si, pour presque tout ω et pour tout t, $X_t^n(\omega)$ converge vers $X_t(\omega)$; on notera ceci par $X^n \xrightarrow{s} X$. Nous dirons que X^n converge uniformément en probabilité sur tout compact vers X si, pour tout t, $(X^n - X)_t^*$ converge en probabilité vers 0. Il suffit en fait qu'il existe une suite (T_n) de temps aléatoires convergeant p.s. vers $+\infty$ et tels, que pour tout n, $(X^k-X)^*_{T_n}$ converge en probabilité vers 0. On notera ceci par $X^n \xrightarrow{ucp} X$. Par un procédé diagonal, on peut alors extraire une sous-suite (n_k) telle que, pour presque tout ω, $X^{n_k}_{\bullet}(\omega)$ converge uniformément sur tout compact vers $X_{\bullet}(\omega)$. En particulier, $X^{n_k} \xrightarrow{s} X$.

Nous allons effectuer la même construction que précédemment, mais à partir de l'intégrale stochastique usuelle. On pourrait, bien entendu, construire intrinsèquement cette "nouvelle intégrale", mais la voie la plus courte est évidemment celle consistant à se ramener à l'intégrale existante.

Nous considérons un processus làdlàg X tel que X_+ soit une $\mathbb{F}$-semimartingale.

DEFINITION. Si f est un processus prévisible localement borné, on pose $f.X = f.X_+ - f\Delta_+X$, où $f.X_+$ désigne l'intégrale stochastique habituelle par rapport à la semimartingale continue à droite X_+. On note $\int_0^t f_s dX_s$ la valeur en t du processus f.X .

Il est clair que cette définition ne dépend pas de la probabilité P au sens suivant: si Q est absolument continue par rapport à P, les processus $f_{\stackrel{\bullet}{P}}X$ et $f_{\stackrel{\bullet}{Q}}X$ sont Q-indistinguables. On voit aussi que f.X est làdlàg, et que $(f.X)_+ = f.X_+$, qui est encore une $\mathbb{F}$-semimartingale. On vérifie immédiatement que $\Delta_+(f.X) = f\,\Delta_+X$; $\Delta_-(f.X) = f\,\Delta_-X$.

Le théorème de convergence se déduit immédiatement, comme pour le théorème 1, des propriétés de l'intégrale stochastique usuelle. Les processus f^n et f sont des processus prévisibles localement bornés.

THEOREME 2. Si $f^n \xrightarrow{s} f$, en restant majorés en module par un processus prévisible localement borné fixe, alors $f^n.X \xrightarrow{ucP} f.X$.

Considérons un processus prévisible localement borné f.

COROLLAIRE. Si X est $\underline{\underline{A}}$-mesurable, f.X est $\underline{\underline{A}}$-mesurable.

DEMONSTRATION. Si f est prévisible élémentaire de la forme $I_A I_{]s,t]}$, A $\underline{\underline{F}}_s$-mesurable et s<t, on a $f.X = I_A(X - X_{s+})I_{]s,t]} + I_A(X_{t+}-X_{s+})I_{]t,+\infty[}$ ce qui montre que f.X est $\underline{\underline{A}}$-mesurable.
Un argument de classe monotone, utilisant le théorème 2, montre que la propriété est encore vraie si f est un processus prévisible borné. On en déduit le résultat car tout t.a. de $\mathbb{F}$ est un temps de stabilité de $\underline{\underline{A}}$.

Remarquons que, pour ce résultat, $\underline{\underline{A}}$ n'a pas besoin d'être une tribu de Meyer située entre $\mathbb{P}$ et $\mathbb{O}$, mais une tribu située entre les prévisibles et les progressivement mesurables de $\mathbb{F}$.

THEOREME 3. Si X est une $\underline{\underline{A}}$-semimartingale (resp. $\underline{\underline{A}}$-martingale locale) $f.X$ est une $\underline{\underline{A}}$-semimartingale (resp. $\underline{\underline{A}}$-martingale locale).

DEMONSTRATION. Si X est une $\underline{\underline{A}}$-martingale locale, on peut décomposer X en $L_- + N$ (avec nos notations habituelles). On voit alors que $f.X$ est égal à $(f.L)_- + (f.N)$ (car $f\Delta_+ X = f\Delta L$). le processus $f.N$ est une $\mathbb{F}$-martingale locale $\underline{\underline{A}}$-mesurable, donc une $\underline{\underline{A}}$-martingale locale. Le processus $f.L$ est encore une co-$\underline{\underline{A}}$-martingale locale car c'est une $\mathbb{F}$-martingale locale purement discontinue et on a ${}^a(\Delta(f.L)) = f\,{}^a(\Delta L) = 0$. le processus $(f.L)_-$ est donc une $\underline{\underline{A}}$-martingale locale.
Remarquons que $f.X = {}^a(f.X_+)$.
Si X est une $\underline{\underline{A}}$-semimartingale, X peut se décomposer en $X = M + A$, où M est une $\underline{\underline{A}}$-martingale locale et A est à variation finie, $\underline{\underline{A}}$-mesurable. Nous venons de voir que $f.M$ est une $\underline{\underline{A}}$-martingale locale. Quant à $f.A$, c'est l'intégrale, trajectoire par trajectoire, définie précédemment, de f par le processus à variation fini A. C'est donc un processus à variation finie, $\underline{\underline{A}}$-mesurable d'après le corollaire du th. 2.

§3. REGLES DU CALCUL STOCHASTIQUE.

Le processus X est toujours un processus làdlàg tel que X_+ est une $\mathbb{F}$-semimartingale. Nous appellerons X^c la partie martingale continue de X_+, nulle en 0, et posons $X_{0-} = X_0$.

Formule d'ITO.

De la formule d'Ito usuelle, on déduit trivialement la formule générale: si f est une fonction de $\mathbb{R}$ dans $\mathbb{R}$, de classe C^2, on a

$$f(X_t) = f(X_0) + \int_0^t f'(X_{s-})\,dX_s + \frac{1}{2}\int_0^t f''(X_{s-})\,d\langle X^c,X^c\rangle_s$$
$$+ \sum_{0\leq s<t} f(X_{s+}) - f(X_{s-}) - f'(X_{s-})(X_{s+} - X_{s-})$$
$$+ f(X_t) - f(X_{t-}) - f'(X_{t-})(X_t - X_{t-}) \quad .$$

Bien que déduite trivialement de la formule usuelle, cette formule a des implications très intéressantes, grâce au théorème 3.

Crochet droit.

DEFINITION. Le processus $X_0^2 + \langle X^c,X^c\rangle_t + \sum_{0\leq s<t}(X_{s+}-X_{s-})^2 + (X_t - X_{t-})^2$ est appelé le crochet droit de X, et on le note $[X,X]$.
On polarise cette notion de manière évidente: si Y est du même type que X, on note $[X,Y]$ le processus $\frac{1}{4}([X+Y,X+Y]-[X-Y,X-Y])$.
On obtient la formule d'intégration par partie: $XY = X_-.Y + Y_-.X + [X,Y]$
Le lecteur pourra vérifier que l'on a $[f.X,Y] = f.[X,Y]$ (avec nos nouvelles intégrales).
Il faut bien prendre garde que le processus $[X,X]$ n'est pas, en général, croissant, ni même à variation finie. Il est clair que $[X,X]_+$

est égal à $[X_+,X_+]$ qui est croissant, donc à variation finie. Il en résulte que $[X,X]$ *est à variation finie si et seulement si*, *pour tout* t, *la somme* $\sum_{s\leq t}(X_s - X_{s-})^2$ *est finie* p.s.

LEMME. *Si* X *est une* $\underline{\underline{A}}$*-semimartingale*, $[X,X]$ *est à variation finie*.

DEMONSTRATION. Décomposons X en $L_- + N + A$ (notations évidentes). On a alors $(\Delta_- X)^2 = (\Delta N + \Delta_- A)^2 \leq 2((\Delta N)^2 + (\Delta_- A)^2)$, ce qui implique le résultat.

On en déduit immédiatement le théorème suivant, à l'aide de la formule d'Ito:

THEOREME 4. *La classe des* $\underline{\underline{A}}$*-semimartingales est une algèbre sur laquelle opèrent les fonctions de classe* C^2.

On pourrait également introduire les règles de calcul pour les *fonctions convexes*. Nous ne citerons que la formule du temps local, car elle aura un corollaire intéressant pour les $\underline{\underline{A}}$-semimartingales. Nous notons $X^+ = \sup(X,0)$ et $X^- = -\inf(X,0)$, et $L(X)$ le processus croissant continu, temps local de X_+ en 0.

On a alors (trivialement à partir de la formule usuelle)

$$X_t^+ = X_0^+ + \int_0^t I_{\{X_{s-}>0\}}dX_s + \frac{1}{2}L_t(X) + \sum_{0\leq s<t} X_{s+}^+ I_{\{X_{s-}\leq 0\}} + X_{s-}^- I_{\{X_{s-}>0\}}$$
$$+ X_t^+ I_{\{X_{t-}\leq 0\}} + X_t^- I_{\{X_{t-}>0\}}$$

Si X est une $\underline{\underline{A}}$-semimartingale, on peut montrer (de façon un peu compliquée) que X^+ est encore une $\underline{\underline{A}}$-semimartingale. De ce résultat et de la formule précédente, il résulte que le processus $X_t^+ I_{\{X_{t-}\leq 0\}} + \cdots$ est à variation finie, d'où

THEOREME 5. *Si* X *est une* $\underline{\underline{A}}$*-semimartingale*, *pour tout* t, *la somme* $\sum_{s\leq t} X_s^+ I_{\{X_{s-}\leq 0\}} + X_s^- I_{\{X_{s-}>0\}}$ *est finie p.s.* .

§ 3. EQUATIONS DIFFERENTIELLES STOCHASTIQUES.

Pour être complet, nous énonçons le théorème principal d'existence et d'unicité des équations différentielles stochastiques. Celui-ci se déduit trivialement du théorème établi sous les conditions habituelles. Nous l'énonçons dans $\mathbb{R}^n$, avec des notations matricielles.

Soit X un processus à valeurs dans $\mathbb{R}^p$, tel que X_+ soit une $\mathbb{F}$-semimartingale (i.e. ses coordonnées le sont). Soit $f(t,\omega,x)$ une application de $\mathbb{R}_+ \times \Omega \times \mathbb{R}^n$ dans $\underline{\underline{L}}(\mathbb{R}^p,\mathbb{R}^n)$ (espace des applications linéaires de $\mathbb{R}^p$ dans $\mathbb{R}^n$), vérifiant

a) Pour ω et x, $t \to f(t,\omega,x)$ est continue à gauche.

b) Pour tout t et x, $f(t,.,x)$ est $\underline{\underline{F}}_t$-mesurable.

c) Il existe une application $c:\mathbb{R}_+ \times \Omega \to \mathbb{R}_+$ telle que, pour tout ω,

l'application $t \to c(t,\omega)$ est bornée sur tout compact et, pour tout t,ω,x,y, $\|f(t,\omega,x)-f(t,\omega,y)\| \leq c(t,\omega)\|x-y\|$.
Soit de plus H un processus làdlàg, à valeurs dans $\mathbb{R}^n$, tel que H_+ soit $\mathbb{F}$-adapté.

THEOREME 6. <u>Sous les hypothèses précédentes, il existe un processus Y làdlàg, tel que Y_+ est $\mathbb{F}$-adapté, unique à l'indistinguabilité près, vérifiant</u>

$$Y_t = H_t + \int_0^t f(s,.,Y_{s-})\, dX_s$$

<u>Si</u> H <u>et</u> X <u>sont $\underline{\underline{A}}$-mesurables</u> (resp. <u>des $\underline{\underline{A}}$-martingales locales, des $\underline{\underline{A}}$-semimartingales</u>), Y <u>possède cette propriété</u>.

DEMONSTRATION. Soit Z l'unique solution de l'équation "usuelle" $Z_t = H_{t+} + \int_0^t f(s,.,Z_{s-})\, dX_{s+}$. Si nous posons $Y_t = Z_t - \Delta_+ H_t - f(t,.,Z_{t-})\Delta_+ X_t$ Y est làdlàg, vérifie $Y_+ = Z$ et $Y_- = Z_-$. On voit ainsi que Y est solution de l'équation intégrale posée dans le théorème. Si Y' est une solution de cette équation, on doit avoir $Y'_+ = Z$, et donc $Y' = Y$.

EXEMPLE. L'équation $Y_t = 1 + \int_0^t Y_{s-}\, dX_s$ admet pour solution $Y_t = \exp(X_t - \frac{1}{2}\langle X^c,X^c\rangle_t) \prod_{s<t}(1+X_{s+}-X_{s-})e^{-(X_{s+}-X_{s-})} x(1+X_t-X_{t-})e^{-(X_t-X_{t-})}$ qui est une $\underline{\underline{A}}$-martingale locale si X en est une.

<u>APPENDICE</u>.

I <u>Une confusion à éviter</u>.

Si $\underline{\underline{A}}$ et $\underline{\underline{B}}$ sont deux tribus de Meyer ayant même filtration, $\mathbb{F}^a = \mathbb{F}^b$, il faut bien prendre garde que ceci signifie <u>seulement</u> $\underline{\underline{F}}^a_t = \underline{\underline{F}}^b_t$, pour tout t élément de $\mathbb{R}_+$. Il ne faut surtout pas croire que l'on a nécessairement $\underline{\underline{F}}^a_T = \underline{\underline{F}}^b_T$ pour d'autres temps T.
Ceci s'applique notamment à la situation suivante, qui risque de prêter à confusion: soit $\underline{\underline{A}}$ une tribu de Meyer de filtration $\mathbb{F}^a$, et soit $\mathbb{O}(\mathbb{F}^a)$ la tribu optionnelle de $\mathbb{F}^a$, notée $\mathbb{O}$. On a bien $\mathbb{F}^o = \mathbb{F}^a$, cependant si T est un temps, on a $\underline{\underline{F}}^a_T \subset \underline{\underline{F}}^o_T$, l'inclusion pouvant être stricte en général. La convention habituelle, consistant à noter $\underline{\underline{F}}_T$ la tribu $\underline{\underline{F}}^o_T$, si $\mathbb{O}$ est la tribu optionnelle de $\mathbb{F} = (\underline{\underline{F}}_t)$ est ici malheureuse, car alors on ne peut plus faire la différence entre $\underline{\underline{F}}^a_T$ et $\underline{\underline{F}}^{o(\mathbb{F}^a)}_T$!

II. <u>SI $\underline{\underline{A}}$ N'EST PAS ENGENDREE PAR DES PROCESSUS CADLAG</u>.

Nous allons sortir de notre cadre, et considérer <u>dans la suite</u>, une tribu $\underline{\underline{A}}$ sur $\mathbb{R}_+ \times \Omega$, vérifiant seulement les conditions 2°) et 3°) de la définition d'une tribu de Meyer, soit: "<u>les temps constants sont des temps d'arrêt de $\underline{\underline{A}}$</u>". Rappelons que cela signifie que $\underline{\underline{A}}$ contient la tribu déterministe et est stable par arrêt en $t \in \mathbb{R}_+$; ou encore, si X est un processus $\underline{\underline{A}}$-mesurable et $t \in \mathbb{R}_+$, $X_t I_{[t,+\infty[}$ est $\underline{\underline{A}}$-mesurable.

On associe encore à $\underline{\underline{A}}$ <u>sa filtration</u>. La tribu $\underline{\underline{F}}_t^a$ est la tribu engendrée par les applications X_t, lorsque X décrit l'ensemble des processus $\underline{\underline{A}}$-mesurables. La tribu $\underline{\underline{F}}_\infty^a$ est la tribu $\bigvee_t \underline{\underline{F}}_t^a$ et, si T est un temps, $\underline{\underline{F}}_T^a$ est la tribu engendrée par les applications X_T, X décrivant l'ensemble des processus $\underline{\underline{A}}$-mesurables définis à l'infini et tels que X_∞ soit $\underline{\underline{F}}_\infty^a$-mesurable. Si T est un temps d'arrêt de $\underline{\underline{A}}$ (cf. déf.1,I), on vérifie aisément que $\underline{\underline{F}}_T^a = \{A\varepsilon\underline{\underline{F}}_\infty^a : T_A$ est un temps d'arrêt de $\underline{\underline{A}}\}$, qui est alors égale à $\{A\varepsilon\underline{\underline{F}}_\infty^a : T_A$ est un temps de coupe de $\underline{\underline{A}}\}$.

1. <u>Si $\underline{\underline{A}}$ est engendrée par des processus continus à gauche</u>.

THEOREME. <u>La tribu $\underline{\underline{A}}$ est engendrée par des processus continus à gauche si et seulement si elle est la tribu prévisible d'une filtration. Elle est alors égale à la tribu prévisible de sa filtration</u>; <u>en particulier</u>, <u>$\underline{\underline{A}}$ est alors une tribu de Meyer</u>.

DEMONSTRATION. Il est clair que si $\underline{\underline{A}}$ est engendrée par des processus continus à gauche, alors $\underline{\underline{A}}$ est incluse dans la tribu prévisible de sa filtration. Montrons qu'alors elle est, en fait, égale à cette tribu prévisible; celle-ci est engendrée par les processus $Y = yI_{[\![t,+\infty[\![}$, où y est $\underline{\underline{F}}_s^a$-mesurable et s<t (sauf pour t=0, auquel cas s=t=0). Si Y est un tel processus, y est en particulier $\underline{\underline{F}}_t^a$-mesurable et donc égale à X_t, pour un processus X $\underline{\underline{A}}$-mesurable. Les temps constants étant des temps d'arrêt de $\underline{\underline{A}}$, le processus $Y = X_t I_{[\![t,+\infty[\![}$ est $\underline{\underline{A}}$-mesurable. Par suite $\underline{\underline{A}}$ est égale à $\mathbb{P}(\mathbb{F}^a)$, et le résultat s'ensuit.

REMARQUE. On voit ainsi que si $\underline{\underline{A}}$ est engendrée par des processus càdlàg <u>ou</u> (inclusif) càg, $\underline{\underline{A}}$ est une tribu de Meyer.

2. <u>Tribus stables</u>.

DEFINITION. On dit que $\underline{\underline{A}}$ <u>est stable</u> si tout temps de coupe de $\underline{\underline{A}}$ est un temps de stabilité de $\underline{\underline{A}}$ (donc un temps d'arrêt de $\underline{\underline{A}}$)

On a vu que toute tribu de Meyer est stable. Cette notion est très importante et nous allons voir que si $\underline{\underline{A}}$ est stable, $\underline{\underline{A}}$ est "proche" d'une tribu de Meyer.

EXEMPLES. Soit $\mathbb{F}$ une filtration sur Ω et supposons que $\underline{\underline{A}}$ est une tribu située entre la tribu prévisible de $\mathbb{F}$ (égale à celle de $\mathbb{F}^+$) et la tribu des progressivement mesurables de $\mathbb{F}^+$.
<u>La tribu $\underline{\underline{A}}$ admet alors les temps constants pour temps d'arrêt et est stable</u>.

DEMONSTRATION. Il est clair que tout temps de coupe est un temps d'arrêt de $\mathbb{F}^+$. Montrons que l'ensemble des t.a. de $\mathbb{F}^+$ est l'ensemble des temps de stabilité de $\underline{\underline{A}}$. Si T est un temps de stabilité de $\underline{\underline{A}}$, en considérant le processus $(t,\omega)\to t$, qui est prévisible, on voit que, pour tout t, $T\wedge t$ est $\underline{\underline{F}}^a_t$-mesurable, donc $\underline{\underline{F}}_{t+}$-mesurable, ce qui prouve que T est un t.a. de $\mathbb{F}^+$. Réciproquement, si T est un t.a. de $\mathbb{F}^+$ et X un processus $\underline{\underline{A}}$-mesurable, on a $X^T = XI_{[\![0,T]\!]} + X_T I_{]\!]T,+\infty[\![}$; le processus $I_{[\![0,T]\!]}$ est prévisible et donc $XI_{[\![0,T]\!]}$ est $\underline{\underline{A}}$-mesurable, quant au processus $X_T I_{]\!]T,+\infty[\![}$, c'est un processus $\mathbb{F}^+$-adapté et continu à gauche donc prévisible, donc $\underline{\underline{A}}$-mesurable. Le processus X^T est donc $\underline{\underline{A}}$-mesurable. Si T est un temps de coupe de $\underline{\underline{A}}$, on voit que T est un t.a. de $\mathbb{F}^+$ et donc un temps de stabilité de $\underline{\underline{A}}$ (et donc un t.a. de $\underline{\underline{A}}$).

Soit Ω un espace polonais[1] (ou analytique) et $\mathbb{F}$ une filtration constituée de sous tribus de la tribu borélienne de Ω, $\underline{\underline{B}}_\Omega$. Soit $\underline{\underline{A}}$ la tribu engendrée par les processus adaptés à $\mathbb{F}$. Il est clair que $\underline{\underline{A}}$ admet les temps constants pour temps d'arrêt.

La tribu $\underline{\underline{A}}$ n'est pas stable: l'ensemble de ses temps de coupe est l'ensemble des temps d'arrêt de $\mathbb{F}$, l'ensemble de ses temps de stabilité est l'ensemble des temps d'arrêt étagés (i.e. à valeurs dénombrables) de $\mathbb{F}^+$, et l'ensemble de ses temps d'arrêt est l'ensemble des temps d'arrêt étagés de $\mathbb{F}$.

DEMONSTRATION. Il suffit de montrer que l'ensemble des temps des temps de stabilité de $\underline{\underline{A}}$ est l'ensemble des temps d'arrêt étagés de $\mathbb{F}^+$. Il est clair que tout t.a. étagé de $\mathbb{F}^+$ est un temps de stabilité de $\underline{\underline{A}}$ (exercice) et que tout temps de stabilité de $\underline{\underline{A}}$ est un t.a. de $\mathbb{F}^+$. Soit T un t.a. de $\mathbb{F}^+$ non étagé (i.e. non à valeurs dénombrables). L'ensemble $T(\Omega)$ est alors non dénombrable et on peut trouver $t_o \in \mathbb{R}_+$ tel que $A = T(\Omega)\cap [0,t_o[$ est non dénombrable. Cet ensemble, égal à $T(T^{-1}([0,t_o[)$ est analytique dans $\mathbb{R}$ et a donc la puissance du continu. Puisque $\underline{\underline{B}}_\Omega$ a la puissance du continu, on peut trouver $B\subset A$ tel que $T^{-1}(B)$ n'appartienne pas à $\underline{\underline{B}}_\Omega$. Posons alors $C = \bigcup_{t\in B}\{t\}\times\{T\geq t\}$ et $X = I_C$. le processus X est adapté car $X_t = 0$ si $t\notin B$ et $X_t = I_{\{T\geq t\}}$ si $t\in B$. Le processus X^T n'est pas adapté car $X^T_{t_o} = X_{T\wedge t_o} = I_{T^{-1}(B)}$ n'est même pas $\underline{\underline{B}}_\Omega$-mesurable.

3 Régularisée de $\underline{\underline{A}}$.

DEFINITION. On appelle $\hat{\underline{\underline{A}}}$ la tribu engendrée par les processus càdlàg $\underline{\underline{A}}$-mesurables, et on dit que c'est la régularisée de $\underline{\underline{A}}$.

Rappelons que $\underline{\underline{A}}$ est supposée admettre les temps constants pour temps d'arrêt. Il est clair que $\hat{\underline{\underline{A}}}$ est une tribu de Meyer, et que c'est la plus grande tribu de Meyer incluse dans $\underline{\underline{A}}$. Si $\underline{\underline{A}}$ est une tribu située entre la tribu optionnelle d'une filtration $\mathbb{F}$ et la tribu engendrée par les processus $\mathbb{F}$-adaptés, la régularisée de $\underline{\underline{A}}$ est la tribu optionnelle

----

[1] non dénombrable

On voit alors que *l'ensemble des tribus de Meyer sur* $\mathbb{R}_+ \times \Omega$ *est un treillis complet*: si $(\underline{\underline{A}}^i)_{i\in I}$ est une famille de tribus de Meyer sur $\mathbb{R}_+ \times \Omega$, sa borne supérieure est la tribu engendrée par les $\underline{\underline{A}}^i$, $\bigvee_I \underline{\underline{A}}^i$, qui est clairement une tribu de Meyer. Sa borne inférieure, dans l'ensemble des tribus de Meyer, est la régularisée de $\bigcap_I \underline{\underline{A}}^i$ (qui est une tribu stable), que l'on notera $\bigwedge_I \underline{\underline{A}}^i$. La plus grande tribu de Meyer est la tribu $\underline{\underline{B}}_{\mathbb{R}_+} \times \underline{\underline{P}}(\Omega)$, la plus petite est la tribu déterministe $\underline{\underline{B}}_{\mathbb{R}_+} \times \{\emptyset,\Omega\}$.

Si $\mathbb{F}$ est une filtration sur Ω, et $\mathbb{F}^\varepsilon$ est la filtration $(\underline{\underline{F}}_{t+\varepsilon})$, la tribu progressive de $\mathbb{F}^+$ est la tribu égale à $\bigcap_{\varepsilon>0} \mathbb{O}(\mathbb{F}^\varepsilon)$ (démontré par C.Stricker dans ce volume) et donc $\bigwedge_{\varepsilon>0} \mathbb{O}(\mathbb{F}^\varepsilon)$ est égale à $\mathbb{O}(\mathbb{F}^+)$; c'est aussi la tribu $\bigwedge_{\varepsilon>0} \mathbb{P}(\mathbb{F}^\varepsilon)$. Il est clair que $\bigvee_{\varepsilon>0} \mathbb{O}(\mathbb{F}^\varepsilon)$ est égale à $\underline{\underline{B}}_{\mathbb{R}_+} \times \underline{\underline{F}}_\infty$.

Pour tout temps d'arrêt T de $\underline{\underline{A}}$, on a $\underline{\underline{F}}^a_T = \underline{\underline{F}}^{\hat{a}}_T$. En particulier, si $\underline{\underline{A}}$ est stable, $\underline{\underline{A}}$ et $\hat{\underline{\underline{A}}}$ ont mêmes temps d'arrêt et $\underline{\underline{F}}^a_T = \underline{\underline{F}}^{\hat{a}}_T$ pour tout temps d'arrêt T de $\hat{\underline{\underline{A}}}$.

Modification.

Si P est une probabilité sur $(\Omega,\underline{\underline{F}})$ et si $\underline{\underline{A}}$ est incluse dans la tribu mesurable $\underline{\underline{B}}_{\mathbb{R}_+} \times \underline{\underline{F}}$, il résulte du théorème de modification relatif à $\hat{\underline{\underline{A}}}$ (II, th. 12, paragraphe 3) que *si* X *est* $\underline{\underline{A}}$*-mesurable*, *il existe un processus* Y $\hat{\underline{\underline{A}}}$*-mesurable tel que*, *pour tout temps d'arrêt* T *de* $\underline{\underline{A}}$, *on ait* $X_T = Y_T$ *p.s. sur* $\{T<+\infty\}$.

En particulier, *si* $\underline{\underline{A}}$ *est stable*, $\underline{\underline{A}}$ est à $\hat{\underline{\underline{A}}}$ ce qu'est la tribu progressive d'une filtration $\mathbb{F}$ à sa tribu optionnelle: *si* X *est* $\underline{\underline{A}}$*-mesurable*, *il existe un unique* (à l'indistinguabilité près) *processus* Y $\hat{\underline{\underline{A}}}$*-mesurable tel que*, *pour tout t.a.* T *de* $\hat{\underline{\underline{A}}}$, $X_T = Y_T$ *p.s. sur* $\{T<+\infty\}$.

III. TRIBU DE MEYER ENGENDREE PAR UN PROCESSUS CADLAG OU CAG.

DEFINITION. Soit X un processus càdlàg ou càg. *La plus petite tribu de Meyer rendant* X *mesurable est la tribu*, *notée* $\underline{\underline{A}}^X$, *engendrée par les processus arrêtés* X^t et $(s,\omega) \to s\wedge t$, *où* $t \in \mathbb{R}_+$. Nous dirons que c'est la *tribu de Meyer engendrée par* X.

La filtration associée à $\underline{\underline{A}}^X$ est la filtration naturelle de X: $\underline{\underline{F}}^{a^X}_t$ est égale à la tribu $\sigma(X_s, s\leq t)$, habituellement notée $\underline{\underline{F}}^X_t$. Nous noterons $\mathbb{O}^X$ et $\mathbb{P}^X$ les tribus optionnelle et prévisible de $\mathbb{F}^X$. Si T est un temps nous notons $\underline{\underline{F}}^X_T$ la tribu $\underline{\underline{F}}^{o^X}_T$ et $\underline{\underline{F}}^X_{T-}$ la tribu $\underline{\underline{F}}^{p^X}_T$. Il est clair que l'on a $\underline{\underline{F}}^X_{T-} \subset \underline{\underline{F}}^{a^X}_T \subset \underline{\underline{F}}^X_T$.

Il est clair, compte tenu du système de générateurs de $\underline{\underline{A}}^X$, que si T est un temps, on a $\underline{\underline{F}}^{a^X}_T = \sigma(T\wedge t, X_{T\wedge t} ; t\in \mathbb{R}_+) = \sigma(T) \vee \sigma(X_{T\wedge t} ; t\in \mathbb{R}_+)$ ce qui n'est pas vrai pour $\underline{\underline{F}}^X_T$, en général.

PROPOSITION. La tribu prévisible $\mathbb{P}^X$ est la tribu de Meyer engendrée par X_- ($X_{0-} = X_0$).

DEMONSTRATION. Il est clair, d'après ce qui précéde, que $\underline{\underline{A}}^{X_-} = \mathbb{P}^{X_-}$ et que $\mathbb{P}^{X_-}$ est incluse dans $\mathbb{P}^X$. Montrons l'inclusion réciproque. La tribu $\mathbb{P}^X$ est engendrée par les processus $I_{[\![t,+\infty[\![}$ et $X_s I_{[\![t,+\infty[\![}$ avec $s<t$ (ou $s=t=0$). On voit alors qu'elle est également engendrée par les processus $I_{[\![t,+\infty[\![}$ et $X_{s-} I_{[\![t,+\infty[\![}$ avec $s<t$ (ou $s=t=0$), ce qui prouve le résultat.

COROLLAIRE. Si T est un temps, on a $\underline{\underline{F}}^X_{T-} = \sigma(T) \vee \sigma(X_{(T\wedge t)-}\ ;\ t \in \mathbb{R}_+)$

Considérons maintenant une famille $\mathbb{L}$ de processus càdlàg ou càg. La plus petite tribu de Meyer rendant mesurable ces processus est la tribu, notée $\underline{\underline{A}}^{\mathbb{L}}$, engendrée par les processus X^t et $(s,\omega) \to s\wedge t$ où $X \in \mathbb{L}$ et $t \in \mathbb{R}_+$. On note $\mathbb{P}^{\mathbb{L}}$ et $\mathbb{O}^{\mathbb{L}}$ les tribu prévisible et optionnelle de la filtration $\mathbb{F}^{a^{\mathbb{L}}}$, et, si T est un temps, $\underline{\underline{F}}^{\mathbb{L}}_{T-}$ et $\underline{\underline{F}}^{\mathbb{L}}_T$ les tribus associées.
Il est clair que $\underline{\underline{A}}^{\mathbb{L}}$ est égale à $\bigvee_{X\in\mathbb{L}} \underline{\underline{A}}^X$ et $\underline{\underline{F}}^{a^{\mathbb{L}}}_T = \bigvee_{X\in\mathbb{L}} \underline{\underline{F}}^{a^X}_T$.
On voit aussi que $\mathbb{P}^{\mathbb{L}}$ est la tribu de Meyer engendrée par les processus $X_-, X\in\mathbb{L}$. On en déduit les points suivants
Si T est un temps, on a $\underline{\underline{F}}^{a^{\mathbb{L}}}_T = \sigma(T) \vee \sigma(X_{T\wedge t}\ ;\ t\in\mathbb{R}_+ \text{ et } X \in \mathbb{L})$; on a également $\underline{\underline{F}}^{\mathbb{L}}_{T-} = \sigma(T) \vee \sigma(X_{(T\wedge t)-}\ ;\ t\in\mathbb{R}_+ \text{ et } X\in\mathbb{L})$.

IV UNE REMARQUE SUR L'INTEGRALE OPTIONNELLE.

Soit $\mathbb{F}$ une filtration sur $(\Omega,\underline{\underline{F}},P)$ vérifiant les conditions habituelles. Considérons une tribu $\underline{\underline{A}}$ engendrée par des processus càdlàg et située entre $\mathbb{P}$ ($=\mathbb{P}(\mathbb{F})$) et $\mathbb{O}$ ($=\mathbb{O}(\mathbb{F})$). Appelons $\underline{\underline{M}}^{(a)}$ l'espace des martingales M de $\underline{\underline{M}}$ (espace des martingales càdlàg bornées dans L^2) telles que ${}^aM = M_-$. On a $\underline{\underline{M}}^{(a)} = \underline{\underline{M}}^c \oplus \underline{\underline{M}}^a$, où $\underline{\underline{M}}^c$ est l'espace des martingales bornées dans L^2 continues et $\underline{\underline{M}}^a$ est l'espace des co-$\underline{\underline{A}}$-martingales bornées dans L^2.
Avec ces notations, on a $\underline{\underline{M}}^{(p)} = \underline{\underline{M}}$; $\underline{\underline{M}}^{(o)} = \underline{\underline{M}}^c$ et, si $\underline{\underline{A}}$ est la tribu des accessibles, $\underline{\underline{M}}^{(a)} = \underline{\underline{M}}^{qcg}$, espace des martingales bornées dans L^2 et quasi-continues à gauche.

LEMME. Si M est une martingale de $\underline{\underline{M}}^{(a)}$ et T est un temps d'arrêt de $\underline{\underline{A}}$, alors M^{T-} est encore une martingale de $\underline{\underline{M}}^{(a)}$ ($M_{0-} = E[M_0 | \underline{\underline{F}}_{0-}]$).[1]

DEMONSTRATION. L'espace $\underline{\underline{M}}^{(a)}$ étant stable, il suffit de montrer que si M appartient à $\underline{\underline{M}}^{(a)}$ et T est un t.a. de $\underline{\underline{A}}$, alors $M_T I_{[\![T,+\infty[\![}$ est encore une martingale de $\underline{\underline{M}}^{(a)}$; appelons L ce processus. Il est clair que L est une martingale bornée dans L^2 car M_T appartient à $L^2(\underline{\underline{F}}_T) \ominus L^2(\underline{\underline{F}}^a_T)$

---

1 $M^{T-} = M\, I_{[\![0,T[\![} + M_{T-} I_{[\![T,+\infty[\![}$

inclus dans $L^2(\underline{\underline{F}}_T) \ominus L^2(\underline{\underline{F}}_{T-})$. Si S est un temps d'arrêt de $\underline{\underline{A}}$, on a $E[\Delta L_S | \underline{\underline{F}}^a_S] = E[\Delta M_T I_{\{S=T\}} | \underline{\underline{F}}^a_S] = E[\Delta M_S | \underline{\underline{F}}^a_S] I_{\{S=T\}} = 0$, ce qui prouve que L est une co-$\underline{\underline{A}}$-martingale.

Si M appartient à $\underline{\underline{M}}$, nous appelons $L^2(\underline{\underline{A}},M)$ l'espace $L^2(\underline{\underline{A}}, dP\otimes d[M,M])$ La classe des intervalles stochastiques $[\![0,T[\![$, T décrivant l'ensemble des temps d'arrèt de $\underline{\underline{A}}$, forme un système total dans $L^2(\underline{\underline{A}},M)$. Nous allons voir que l'intégrale stochastique optionnelle (dite compensée) est une intégrale de Lebesgue quand on intègre des processus de $L^2(\underline{\underline{A}},M)$ par rapport à M appartenant à $\underline{\underline{M}}^{(a)}$. C'est alors le prolongement " Lebesguien" naturel de l'intégrale stochastique prévisible.

THEOREME. <u>Soit</u> M <u>une martingale de</u> $\underline{\underline{M}}^{(a)}$. <u>Soit</u> Φ <u>l'application intégrale stochastique optionnelle par rapport à</u> M <u>de</u> $L^2(\mathbb{O},M)$ <u>dans</u> $\underline{\underline{M}}$. <u>L'application</u> Φ <u>restreinte à</u> $L^2(\underline{\underline{A}},M)$ <u>est l'unique isométrie</u> Ψ <u>de</u> $L^2(\underline{\underline{A}},M)$ <u>dans</u> $\underline{\underline{M}}$ <u>vérifiant</u> $\Psi(I_{[\![0,T[\![}) = M^{T-}$, <u>pour tout t.a.</u> T <u>de</u> $\underline{\underline{A}}$. <u>Elle prend ses valeurs dans</u> $\underline{\underline{M}}^{(a)}$.

DEMONSTRATION. L'unicité vient du fait que $\{[\![0,T[\![\ ;\ T\in \underline{\underline{T}}(\underline{\underline{A}})\}$ est total dans $L^2(\underline{\underline{A}},M)$. Appelons Ψ la restriction de Φ à $L^2(\underline{\underline{A}},M)$. Montrons d'abord que Ψ est une isométrie de $L^2(\underline{\underline{A}},M)$ dans $\underline{\underline{M}}$. Nous renvoyons le lecteur à Meyer [6], p. 274-276, pour la démonstration qui suit.
Si T est un temps d'arrêt prévisible, et f appartient à $L^2(\underline{\underline{A}},M)$, on a $E[f_T \Delta M_T | \underline{\underline{F}}_{T-}] = E[f_T E[\Delta M_T | \underline{\underline{F}}^a_T] | \underline{\underline{F}}_{T-}] = 0$. Meyer montre alors que l'on a $E[\Phi^2(f)_\infty] = E[\int f^2_s d[M,M]_s]$, ce qui prouve que Ψ est une isométrie. Il reste à voir que $\Psi([\![0,T[\![) = M^{T-}$, pour tout t.a. T de $\underline{\underline{A}}$. Il suffit de montrer que $\Psi([\![T]\!]) = \Delta M_T I_{[\![T,+\infty[\![}$ si T est un t.a. de $\underline{\underline{A}}$. Ces deux martingales sont purement discontinues; il suffit donc de montrer qu'elles ont mêmes sauts. Meyer montre que la condition $E[f_T \Delta M_T | \underline{\underline{F}}_{T-}]$ égal 0[1] implique que $\Delta\Phi(f) = f\Delta M$, ce qui prouve le résultat. Remarquons que, d'après le lemme précédent, si T est un t.a. de $\underline{\underline{A}}$, la martingale M^{T-} appartient à $\underline{\underline{M}}^{(a)}$ et donc, cet espace étant fermé, Ψ prend ses valeurs dans $\underline{\underline{M}}^{(a)}$.

Cette intégrale mérite donc d'être notée $\int f\,dM$. Elle possède les propriétés suivantes: $\Delta\int f\,dM = f\Delta M$; pour tout $N\in\underline{\underline{M}}$, on a la relation $[\int f\,dM,N] = \int f\,d[M,N]$. Si M est à variation finie, $\int f\,dM$ coincide avec l'intégrale de Lebesgue-Stielges de f par M.

---

[1] pour tout t.a. T prévisible.

<u>REFERENCES</u>.

0. C. DELLACHERIE. Capacités et processus stochastiques. Ergeb. der Math. n°67 Springer, 1972.
1. C. DELLACHERIE. Sur les théorèmes fondamentaux de la théorie générale des processus. Sém. de Proba. VII, lect. notes in M. n°321

2 C. DELLACHERIE. Sur la régularisation des surmartingales. Sém. de Proba. XI, lect. notes in M. n°581, Springer-Verlag. 1977
3 C. DELLACHERIE, P.A. MEYER. Probabilités et Potentiels, chap. I-IV Actualités scientifiques et industrielles, n° 1372, Hermann. 1975
4 C. DELLACHERIE, P.A. MEYER. Probabilités et Potentiels, Vol. 2, théorie des martingales. A paraître chez Hermann.
5 Y. LEJAN. Temps d'arrêt stricts et martingales de sauts. Z.f.W. n° 44 , 213-225, 1978.
6 P.A. MEYER. Un cours sur les intégrales stochastiques. Sém. de Proba. X, lect. notes in M. n°511, Springer-Verlag. 1976
7 C. DELLACHERIE, E. LENGLART. Sur des problèmes de modification, de recollement et d'interpolation en théorie des martingales. A paraître
8 P.A. MEYER. Une caractérisation des semimartingales, d'après Dellacherie. Séminaire de Proba. XIII, lect notes in M. n° 721, Springer Verlag 1979
9 P.A. MEYER. Probabilités et Potentiels. 1ère édition. Actualités scientifiques et industrielles n°1318; Hermann 1966.
10 J.F. MERTENS. Théorie des processus stochastiques généraux. Application aux surmartingales. Z. Wahr. verw. geb. 22,45-68; 1972.
11 C. STRICKER. Semimartingales et valeur absolue. Sém. de Proba XIII lect. notes in M. n° 721, Springer-Verlag, 1979.
12 H. DOSS, E. LENGLART. Sur l'existence, l'unicité et le comportement asymptotique des solutions d'équations différentielles stochastiques Ann. Inst. Henri Poincaré. Vol XIV, n°2, 189-214 , 1978.
13 C. DOLEANS-DADE, P.A. MEYER . Equations différentielles stochastiques Sém. de Proba. XI, Lect. notes in M. n°581, Springer-Verlag, 1977.

Erik Lenglart.
Université de Rouen.
Département de mathématiques
Laboratoire de mathématiques
76 130 Mont Saint Aignan
France.

Vol. 609: General Topology and Its Relations to Modern Analysis and Algebra IV. Proceedings 1976. Edited by J. Novák. XVIII, 225 pages. 1977.

Vol. 610: G. Jensen, Higher Order Contact of Submanifolds of Homogeneous Spaces. XII, 154 pages. 1977.

Vol. 611: M. Makkai and G. E. Reyes, First Order Categorical Logic. VIII, 301 pages. 1977.

Vol. 612: E. M. Kleinberg, Infinitary Combinatorics and the Axiom of Determinateness. VIII, 150 pages. 1977.

Vol. 613: E. Behrends et al., L^p-Structure in Real Banach Spaces. X, 108 pages. 1977.

Vol. 614: H. Yanagihara, Theory of Hopf Algebras Attached to Group Schemes. VIII, 308 pages. 1977.

Vol. 615: Turbulence Seminar, Proceedings 1976/77. Edited by P. Bernard and T. Ratiu. VI, 155 pages. 1977.

Vol. 616: Abelian Group Theory, 2nd New Mexico State University Conference, 1976. Proceedings. Edited by D. Arnold, R. Hunter and E. Walker. X, 423 pages. 1977.

Vol. 617: K. J. Devlin, The Axiom of Constructibility: A Guide for the Mathematician. VIII, 96 pages. 1977.

Vol. 618: I. I. Hirschman, Jr. and D. E. Hughes, Extreme Eigen Values of Toeplitz Operators. VI, 145 pages. 1977.

Vol. 619: Set Theory and Hierarchy Theory V, Bierutowice 1976. Edited by A. Lachlan, M. Srebrny, and A. Zarach. VIII, 358 pages. 1977.

Vol. 620: H. Popp, Moduli Theory and Classification Theory of Algebraic Varieties. VIII, 189 pages. 1977.

Vol. 621: Kauffman et al., The Deficiency Index Problem. VI, 112 pages. 1977.

Vol. 622: Combinatorial Mathematics V, Melbourne 1976. Proceedings. Edited by C. Little. VIII, 213 pages. 1977.

Vol. 623: I. Erdelyi and R. Lange, Spectral Decompositions on Banach Spaces. VIII, 122 pages. 1977.

Vol. 624: Y. Guivarc'h et al., Marches Aléatoires sur les Groupes de Lie. VIII, 292 pages. 1977.

Vol. 625: J. P. Alexander et al., Odd Order Group Actions and Witt Classification of Innerproducts. IV, 202 pages. 1977.

Vol. 626: Number Theory Day, New York 1976. Proceedings. Edited by M. B. Nathanson. VI, 241 pages. 1977.

Vol. 627: Modular Functions of One Variable VI, Bonn 1976. Proceedings. Edited by J.-P. Serre and D. B. Zagier. VI, 339 pages. 1977.

Vol. 628: H. J. Baues, Obstruction Theory on the Homotopy Classification of Maps. XII, 387 pages. 1977.

Vol. 629: W. A. Coppel, Dichotomies in Stability Theory. VI, 98 pages. 1978.

Vol. 630: Numerical Analysis, Proceedings, Biennial Conference, Dundee 1977. Edited by G. A. Watson. XII, 199 pages. 1978.

Vol. 631: Numerical Treatment of Differential Equations. Proceedings 1976. Edited by R. Bulirsch, R. D. Grigorieff, and J. Schröder. X, 219 pages. 1978.

Vol. 632: J.-F. Boutot, Schéma de Picard Local. X, 165 pages. 1978.

Vol. 633: N. R. Coleff and M. E. Herrera, Les Courants Résiduels Associés à une Forme Méromorphe. X, 211 pages. 1978.

Vol. 634: H. Kurke et al., Die Approximationseigenschaft lokaler Ringe. IV, 204 Seiten. 1978.

Vol. 635: T. Y. Lam, Serre's Conjecture. XVI, 227 pages. 1978.

Vol. 636: Journées de Statistique des Processus Stochastiques, Grenoble 1977, Proceedings. Edité par Didier Dacunha-Castelle et Bernard Van Cutsem. VII, 202 pages. 1978.

Vol. 637: W. B. Jurkat, Meromorphe Differentialgleichungen. VII, 194 Seiten. 1978.

Vol. 638: P. Shanahan, The Atiyah-Singer Index Theorem, An Introduction. V, 224 pages. 1978.

Vol. 639: N. Adasch et al., Topological Vector Spaces. V, 125 pages. 1978.

Vol. 640: J. L. Dupont, Curvature and Characteristic Classes. X, 175 pages. 1978.

Vol. 641: Séminaire d'Algèbre Paul Dubreil, Proceedings Paris 1976–1977. Edité par M. P. Malliavin. IV, 367 pages. 1978.

Vol. 642: Theory and Applications of Graphs, Proceedings, Michigan 1976. Edited by Y. Alavi and D. R. Lick. XIV, 635 pages. 1978.

Vol. 643: M. Davis, Multiaxial Actions on Manifolds. VI, 141 pages. 1978.

Vol. 644: Vector Space Measures and Applications I, Proceedings 1977. Edited by R. M. Aron and S. Dineen. VIII, 451 pages. 1978.

Vol. 645: Vector Space Measures and Applications II, Proceedings 1977. Edited by R. M. Aron and S. Dineen. VIII, 218 pages. 1978.

Vol. 646: O. Tammi, Extremum Problems for Bounded Univalent Functions. VIII, 313 pages. 1978.

Vol. 647: L. J. Ratliff, Jr., Chain Conjectures in Ring Theory. VIII, 133 pages. 1978.

Vol. 648: Nonlinear Partial Differential Equations and Applications, Proceedings, Indiana 1976–1977. Edited by J. M. Chadam. VI, 206 pages. 1978.

Vol. 649: Séminaire de Probabilités XII, Proceedings, Strasbourg, 1976–1977. Edité par C. Dellacherie, P. A. Meyer et M. Weil. VIII, 805 pages. 1978.

Vol. 650: C*-Algebras and Applications to Physics. Proceedings 1977. Edited by H. Araki and R. V. Kadison. V, 192 pages. 1978.

Vol. 651: P. W. Michor, Functors and Categories of Banach Spaces. VI, 99 pages. 1978.

Vol. 652: Differential Topology, Foliations and Gelfand-Fuks-Cohomology, Proceedings 1976. Edited by P. A. Schweitzer. XIV, 252 pages. 1978.

Vol. 653: Locally Interacting Systems and Their Application in Biology. Proceedings, 1976. Edited by R. L. Dobrushin, V. I. Kryukov and A. L. Toom. XI, 202 pages. 1978.

Vol. 654: J. P. Buhler, Icosahedral Golois Representations. III, 143 pages. 1978.

Vol. 655: R. Baeza, Quadratic Forms Over Semilocal Rings. VI, 199 pages. 1978.

Vol. 656: Probability Theory on Vector Spaces. Proceedings, 1977. Edited by A. Weron. VIII, 274 pages. 1978.

Vol. 657: Geometric Applications of Homotopy Theory I, Proceedings 1977. Edited by M. G. Barratt and M. E. Mahowald. VIII, 459 pages. 1978.

Vol. 658: Geometric Applications of Homotopy Theory II, Proceedings 1977. Edited by M. G. Barratt and M. E. Mahowald. VIII, 487 pages. 1978.

Vol. 659: Bruckner, Differentiation of Real Functions. X, 247 pages. 1978.

Vol. 660: Equations aux Dérivée Partielles. Proceedings, 1977. Edité par Pham The Lai. VI, 216 pages. 1978.

Vol. 661: P. T. Johnstone, R. Paré, R. D. Rosebrugh, D. Schumacher, R. J. Wood, and G. C. Wraith, Indexed Categories and Their Applications. VII, 260 pages. 1978.

Vol. 662: Akin, The Metric Theory of Banach Manifolds. XIX, 306 pages. 1978.

Vol. 663: J. F. Berglund, H. D. Junghenn, P. Milnes, Compact Right Topological Semigroups and Generalizations of Almost Periodicity. X, 243 pages. 1978.

Vol. 664: Algebraic and Geometric Topology, Proceedings, 1977. Edited by K. C. Millott. XI, 240 pages. 1978.

Vol. 665: Journées d'Analyse Non Linéaire. Proceedings, 1977. Edité par P. Bénilan et J. Robert. VIII, 256 pages. 1978.

Vol. 666: B. Beauzamy, Espaces d'Interpolation Réels: Topologie et Géometrie. X, 104 pages. 1978.

Vol. 667: J. Gilewicz, Approximants de Padé. XIV, 511 pages. 1978.

Vol. 668: The Structure of Attractors in Dynamical Systems. Proceedings, 1977. Edited by J. C. Martin, N. G. Markley and W. Perrizo. VI, 264 pages. 1978.

Vol. 669: Higher Set Theory. Proceedings, 1977. Edited by G. H. Müller and D. S. Scott. XII, 476 pages. 1978.

Vol. 670: Fonctions de Plusieurs Variables Complexes III, Proceedings, 1977. Edité par F. Norguet. XII, 394 pages. 1978.

Vol. 671: R. T. Smythe and J. C. Wierman, First-Passage Perculation on the Square Lattice. VIII, 196 pages. 1978.

Vol. 672: R. L. Taylor, Stochastic Convergence of Weighted Sums of Random Elements in Linear Spaces. VII, 216 pages. 1978.

Vol. 673: Algebraic Topology, Proceedings 1977. Edited by P. Hoffman, R. Piccinini and D. Sjerve. VI, 278 pages. 1978.

Vol. 674: Z. Fiedorowicz and S. Priddy, Homology of Classical Groups Over Finite Fields and Their Associated Infinite Loop Spaces. VI, 434 pages. 1978.

Vol. 675: J. Galambos and S. Kotz, Characterizations of Probability Distributions. VIII, 169 pages. 1978.

Vol. 676: Differential Geometrical Methods in Mathematical Physics II, Proceedings, 1977. Edited by K. Bleuler, H. R. Petry and A. Reetz. VI, 626 pages. 1978.

Vol. 677: Séminaire Bourbaki, vol. 1976/77, Exposés 489–506. IV, 264 pages. 1978.

Vol. 678: D. Dacunha-Castelle, H. Heyer et B. Roynette. Ecole d'Eté de Probabilités de Saint-Flour. VII-1977. Edité par P. L. Hennequin. IX, 379 pages. 1978.

Vol. 679: Numerical Treatment of Differential Equations in Applications, Proceedings, 1977. Edited by R. Ansorge and W. Törnig. IX, 163 pages. 1978.

Vol. 680: Mathematical Control Theory, Proceedings, 1977. Edited by W. A. Coppel. IX, 257 pages. 1978.

Vol. 681: Séminaire de Théorie du Potentiel Paris, No. 3, Directeurs: M. Brelot, G. Choquet et J. Deny. Rédacteurs: F. Hirsch et G. Mokobodzki. VII, 294 pages. 1978.

Vol. 682: G. D. James, The Representation Theory of the Symmetric Groups. V, 156 pages. 1978.

Vol. 683: Variétés Analytiques Compactes, Proceedings, 1977. Edité par Y. Hervier et A. Hirschowitz. V, 248 pages. 1978.

Vol. 684: E. E. Rosinger, Distributions and Nonlinear Partial Differential Equations. XI, 146 pages. 1978.

Vol. 685: Knot Theory, Proceedings, 1977. Edited by J. C. Hausmann. VII, 311 pages. 1978.

Vol. 686: Combinatorial Mathematics, Proceedings, 1977. Edited by D. A. Holton and J. Seberry. IX, 353 pages. 1978.

Vol. 687: Algebraic Geometry, Proceedings, 1977. Edited by L. D. Olson. V, 244 pages. 1978.

Vol. 688: J. Dydak and J. Segal, Shape Theory. VI, 150 pages. 1978.

Vol. 689: Cabal Seminar 76–77, Proceedings, 1976–77. Edited by A.S. Kechris and Y. N. Moschovakis. V, 282 pages. 1978.

Vol. 690: W. J. J. Rey, Robust Statistical Methods. VI, 128 pages. 1978.

Vol. 691: G. Viennot, Algèbres de Lie Libres et Monoïdes Libres. III, 124 pages. 1978.

Vol. 692: T. Husain and S. M. Khaleelulla, Barrelledness in Topological and Ordered Vector Spaces. IX, 258 pages. 1978.

Vol. 693: Hilbert Space Operators, Proceedings, 1977. Edited by J. M. Bachar Jr. and D. W. Hadwin. VIII, 184 pages. 1978.

Vol. 694: Séminaire Pierre Lelong – Henri Skoda (Analyse) Année 1976/77. VII, 334 pages. 1978.

Vol. 695: Measure Theory Applications to Stochastic Analysis, Proceedings, 1977. Edited by G. Kallianpur and D. Kölzow. XII, 261 pages. 1978.

Vol. 696: P. J. Feinsilver, Special Functions, Probability Semigroups, and Hamiltonian Flows. VI, 112 pages. 1978.

Vol. 697: Topics in Algebra, Proceedings, 1978. Edited by M. F. Newman. XI, 229 pages. 1978.

Vol. 698: E. Grosswald, Bessel Polynomials. XIV, 182 pages. 1978.

Vol. 699: R. E. Greene and H.-H. Wu, Function Theory on Manifolds Which Possess a Pole. III, 215 pages. 1979.

Vol. 700: Module Theory, Proceedings, 1977. Edited by C. Faith and S. Wiegand. X, 239 pages. 1979.

Vol. 701: Functional Analysis Methods in Numerical Analysis, Proceedings, 1977. Edited by M. Zuhair Nashed. VII, 333 pages. 1979.

Vol. 702: Yuri N. Bibikov, Local Theory of Nonlinear Analytic Ordinary Differential Equations. IX, 147 pages. 1979.

Vol. 703: Equadiff IV, Proceedings, 1977. Edited by J. Fábera. XIX, 441 pages. 1979.

Vol. 704: Computing Methods in Applied Sciences and Engineering, 1977, I. Proceedings, 1977. Edited by R. Glowinski and J. L. Lions. VI, 391 pages. 1979.

Vol. 705: O. Forster und K. Knorr, Konstruktion verseller Familien kompakter komplexer Räume. VII, 141 Seiten. 1979.

Vol. 706: Probability Measures on Groups, Proceedings, 1978. Edited by H. Heyer. XIII, 348 pages. 1979.

Vol. 707: R. Zielke, Discontinuous Čebyšev Systems. VI, 111 pages. 1979.

Vol. 708: J. P. Jouanolou, Equations de Pfaff algébriques. V, 255 pages. 1979.

Vol. 709: Probability in Banach Spaces II. Proceedings, 1978. Edited by A. Beck. V, 205 pages. 1979.

Vol. 710: Séminaire Bourbaki vol. 1977/78, Exposés 507–524. IV, 328 pages. 1979.

Vol. 711: Asymptotic Analysis. Edited by F. Verhulst. V, 240 pages. 1979.

Vol. 712: Equations Différentielles et Systèmes de Pfaff dans le Champ Complexe. Edité par R. Gérard et J.-P. Ramis. V, 364 pages. 1979.

Vol. 713: Séminaire de Théorie du Potentiel, Paris No. 4. Edité par F. Hirsch et G. Mokobodzki. VII, 281 pages. 1979.

Vol. 714: J. Jacod, Calcul Stochastique et Problèmes de Martingales. X, 539 pages. 1979.

Vol. 715: Inder Bir S. Passi, Group Rings and Their Augmentation Ideals. VI, 137 pages. 1979.

Vol. 716: M. A. Scheunert, The Theory of Lie Superalgebras. X, 271 pages. 1979.

Vol. 717: Grosser, Bidualräume und Vervollständigungen von Banachmoduln. III, 209 pages. 1979.

Vol. 718: J. Ferrante and C. W. Rackoff, The Computational Complexity of Logical Theories. X, 243 pages. 1979.

Vol. 719: Categorial Topology, Proceedings, 1978. Edited by H. Herrlich and G. Preuß. XII, 420 pages. 1979.

Vol. 720: E. Dubinsky, The Structure of Nuclear Fréchet Spaces. V, 187 pages. 1979.

Vol. 721: Séminaire de Probabilités XIII. Proceedings, Strasbourg, 1977/78. Edité par C. Dellacherie, P. A. Meyer et M. Weil. VII, 647 pages. 1979.

Vol. 722: Topology of Low-Dimensional Manifolds. Proceedings, 1977. Edited by R. Fenn. VI, 154 pages. 1979.

Vol. 723: W. Brandal, Commutative Rings whose Finitely Generated Modules Decompose. II, 116 pages. 1979.

Vol. 724: D. Griffeath, Additive and Cancellative Interacting Particle Systems. V, 108 pages. 1979.

Vol. 725: Algèbres d'Opérateurs. Proceedings, 1978. Edité par P. de la Harpe. VII, 309 pages. 1979.

Vol. 726: Y.-C. Wong, Schwartz Spaces, Nuclear Spaces and Tensor Products. VI, 418 pages. 1979.

Vol. 727: Y. Saito, Spectral Representations for Schrödinger Operators With Long-Range Potentials. V, 149 pages. 1979.

Vol. 728: Non-Commutative Harmonic Analysis. Proceedings, 1978. Edited by J. Carmona and M. Vergne. V, 244 pages. 1979.